WPS Office高效办公

数据处理与分析

凤凰高新教育◎编著

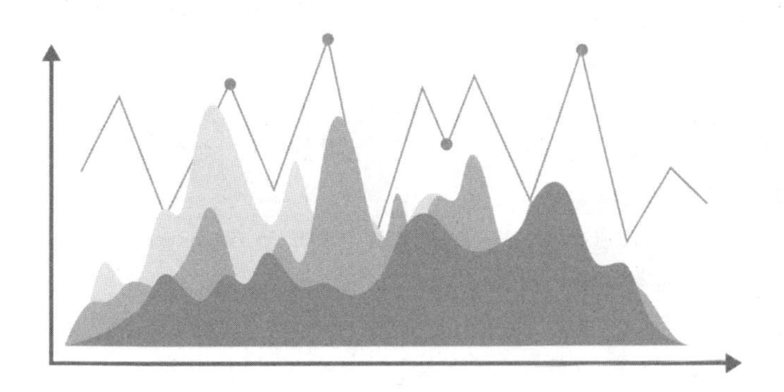

内 容 提 要

本书以WPS Office办公软件为操作平台，系统、全面地讲解了在日常工作中使用WPS表格分析数据的方法和技巧等知识，并分享了数据处理的思路和经验。

全书共10章，通过真实案例介绍了什么是数据分析，以及录入数据、整理数据、公式计算、函数计算、排序和筛选、图表分析、数据透视表/透视图分析、数据工具分析，最后通过行业案例，将数据分析知识融会贯通，应用于实际工作当中，帮助读者迅速掌握多项数据分析的实战技能。

本书内容循序渐进，章节安排合理，案例丰富翔实，既适合零基础又想快速掌握WPS表格的读者学习，也可以作为期望提高WPS Office操作技能水平、积累和丰富实操经验的文秘与行政从业人员的参考书，还可以作为各大、中专职业院校及计算机培训班相关专业的教学参考用书。

图书在版编目(CIP)数据

WPS Office高效办公 ：数据处理与分析 / 凤凰高新教育编著. — 北京 ：北京大学出版社，2023.1

ISBN 978-7-301-33411-9

Ⅰ. ①W… Ⅱ. ①凤… Ⅲ. ①办公自动化—应用软件 Ⅳ. ①TP317.1

中国版本图书馆CIP数据核字(2022)第179725号

书　　名 WPS Office高效办公：数据处理与分析
WPS Office GAOXIAO BANGONG: SHUJU CHULI YU FENXI

著作责任者 凤凰高新教育 编著

责 任 编 辑 刘 云 刘羽昭

标 准 书 号 ISBN 978-7-301-33411-9

出 版 发 行 北京大学出版社

地　　址 北京市海淀区成府路205号 100871

网　　址 http://www. pup. cn 新浪微博：@ 北京大学出版社

电 子 信 箱 pup7@ pup. cn

电　　话 邮购部 010-62752015 发行部 010-62750672 编辑部 010-62570390

印 刷 者 天津中印联印务有限公司

经 销 者 新华书店

787毫米×1092毫米 16开本 22.75印张 442千字

2023年1月第1版 2023年1月第1次印刷

印　　数 1-4000册

定　　价 89.00元

WPS Office 是一款历经 30 多年研发、具有完全自主知识产权的国产办公软件。它具有强大的办公功能，包含文字、表格、演示文稿、PDF、流程图、脑图、海报、表单等多个办公组件，被广泛应用于日常办公。

近几年来，随着全社会的数字化转型持续深化，WPS Office 作为国内办公软件的龙头之一，持续优化各项功能体验，实现了用户数持续稳健增长，截至 2022 年 6 月，WPS Office 主产品的月活跃设备数量为 5.72 亿台。

从工具到服务，从单机到协作，现在的 WPS Office 不仅仅是一款传统的办公软件，它还致力于提供以“云服务为基础，多屏、内容为辅助，AI 赋能所有产品”为代表的未来办公新方式，不仅针对不同的办公场景做了多屏适配，还针对不同的操作系统（包括 Windows、Android、iOS、Linux、MacOS 等主流操作系统）实现了全覆盖。无论是手机端，还是 PC 端，WPS 都可以帮助我们实现办公场景的无缝链接，从而享受不受场所和设备限制的办公新体验。

简单来说，WPS Office 已经成为现代化数字办公的首要生产力工具，无论是政府机构、企业用户，还是校园师生，各类场景的办公需求都可以通过 WPS Office 系列办公套件去管理和解决。在这个高速的信息化时代，WPS Office 系列办公套件已经成为职场人士的必备必会软件之一。

为了让更多的初学用户和专业领域人士快速掌握 WPS Office 办公软件的使用，金山办公协同国内优秀的办公领域专家——KVP（金山办公最有价值专家），共同策划并编写了这套“WPS Office 高效办公”图书，以服务于不同办公需求的人群。

经验技巧、职场案例，都在这套书中有所体现和讲解。本套书最大的特点是不仅仅教你如何学会和掌握 WPS Office 软件的基础与进阶使用，更重要的是教你如何在职场中更高效地运用 WPS Office 解决实际问题。无论你是一线的普通白领、高级管理的金领，还是从事数据分析、行政文秘、人力资源、财务会计、市场销售、教育培训等行业的人士，相信都将从本套书中获益。

本套书内容均由获得 KVP 认证的老师们贡献，他们具有丰富的办公软件实战应用经验和 WPS 应用知识教学授课经验。每本书均经过金山办公官方编委会的审读与修改。这几本书从选题策划到内容创作，从官方审读到编校出版，历经一年多时间，凝聚了参与编撰的专家、老师们的辛勤付出和智慧结晶。在此，对参与内容创作的 KVP、金山办公内部专家道一声“感谢”！

一部实用的 WPS 技巧指导书，能够帮助你轻松实现从零基础到职场高手的蜕变，你值得拥有！

金山办公生态合作高级总监

苟薇华

前言

WPS

INTRODUCTION

为什么编写并出版这本书

如今，我们正处在信息爆炸的时代，身处时代的中心，如何从海量的数据中抽丝剥茧，找到其中隐藏的数据信息，是当代职场人的必修课程。WPS 表格是 WPS Office 办公软件中的组件之一，除了记录与查询数据，还具有强大的数据分析与统计功能，被广泛地应用于销售、管理、财经、金融等众多领域。

然而，在实际工作中，很多人都认为自己已经熟练掌握了 WPS 表格，却在面对海量数据时无从下手。这是因为，大多数人仅把 WPS 表格作为记录工具，而不是分析工具。要想通过 WPS 表格分析数据，找到数据的规律，就必须熟练掌握 WPS 表格中数据处理与分析的方法，合理应用数据分析工具。

为此，我们编写了这本《WPS Office 高效办公：数据处理与分析》，系统全面地介绍使用 WPS 表格处理数据和分析数据的实际应用方法，目的正是帮助从业人员找到使用 WPS 表格分析数据的方法，从而能够在工作中游刃有余地解决各种数据分析难题，找到数据的规律，为企业决策提供有力的依据。

本书的特色有哪些

◆ 案例翔实，引导学习

本书精心安排了实际工作案例来讲解数据分析的方法，涉及行业非常广泛，主要包括行政、销售、人力资源、财税等常见应用领域，可以让读者产生代入感，置身于真实的工作场景之中，从而学到真正的实战技能。

◆ 实用功能，学以致用

数据分析的方法很多，但并不是每一项都适用于工作中。数据分析的目的在于找到有效数据，完成工作任务。本书内容结合了真实的职场案例，精选实用的功能，从而使读者朋友可以学以致用。

◆ 实战技巧，高手支招

本书 1~9 章末尾设置了“高手支招”专栏，安排了 27 个操作技巧，紧密围绕每章主题进行查漏补缺，补充介绍正文案例中未曾涉及的知识点、实用操作技巧等，帮助读者巩固学习成果，进一步提高实操技能，从而做到真正的“高效办公”。

◆ 双栏排版，信息量充足

本书采用“N”字形阅读的双栏排版方式进行编写，其图书信息容量是传统单栏图书的两倍，力求将知识讲全、讲透。

◆ 视频教学，同步学习

本书提供案例同步学习文件和教学视频，并赠送相关学习资源，帮助读者学习和掌握更多相关技能，从而在职场中快速提升自己的核心竞争力！

配套资源及下载说明

本书配套赠送丰富的学习资源，读者可以参考说明进行下载。

一、同步学习文件

（1）素材文件：指本书中所有章节实例的素材文件。读者在学习时，可以参考图书讲解内容，打开对应的素材文件进行同步操作练习。

（2）结果文件：指本书中所有章节实例的最终效果文件。读者在学习时，可以打开结果文件，查看实例效果，为自己在学习中的练习操作提供帮助。

二、同步教学视频

本书为读者提供长达 7 小时与书同步的视频教程。读者可以通过视频播放软件打开每章的视频文件进行学习。并且每个视频都有语音讲解，非常适合无基础的读者学习。

三、PPT课件

本书为教师提供了非常方便的 PPT 教学课件，方便教学使用。

四、赠送职场高效办公相关资源

（1）赠送高效办公电子书:《微信高手技巧手册随身查》《QQ 高手技巧手册随身查》《手机办公 10 招就够》，教授读者移动办公诀窍。

（2）赠送《10 招精通超级时间整理术》和《5 分钟学会番茄工作法》讲解视频，专家教你如何整理时间、管理时间，如何有效利用时间。

温馨提示

以上资源，请用手机微信扫描下方二维码关注公众号，输入本书 77 页的资源下载码，获取下载地址及密码。

创作者说

本书由凤凰高新教育策划并组织编写。参与编写的老师都是金山 WPS Office KVP，对 WPS Office 软件的应用具有丰富的经验。在本书的编写过程中，得到了金山官方相关老师的协助和指正，在此表示由衷的感谢！我们竭尽所能地为您呈现最好、最全的实用功能，但仍难免有疏漏和不妥之处，敬请广大读者不吝指正。

目录

WPS

CONTENTS

第1章 从零开始 打开 WPS 表格的数据分析大门

第2章 做好准备 WPS 表格数据源的输入与获取

第3章 确保有效 WPS 表格数据的清洗与整理

第4章 数据计算神器之一 使用公式计算数据

第5章 数据计算神器之二 使用函数计算数据

第6章 简单分析 数据的排序、筛选和分类汇总

第7章 直观分析 使用统计图表展现数据

第8章 灵活分析 使用透视表/透视图分析数据

第 9 章 高级分析　数据的预算与决算处理

第 10 章 从零开始　打开 WPS 表格的数据分析大门

WPS

第1章

从零开始
打开 WPS 表格的数据分析大门

本章导读

很多人都以为，数据分析就是把各种数据录入工作表中，然后通过求和、求平均数等方法查看数据规律。其实不然，这只是整理数据的必要过程而已。真正的数据分析，需要从数据中找到数据的走向，了解数据变化的趋势，让决策有据可依。本章将为大家介绍什么是数据分析，以及数据分析的主要方法和工具。

知识要点

- 认识数据分析
- 数据分析的要素
- 数据分析的指标与术语
- 数据分析的步骤
- 数据分析的工具
- 获取数据的其他途径

1.1 数据分析是什么

在学习数据分析之前，首先要知道什么是数据分析。数据分析并不是简单的求和计算，也不是单纯的排序汇总，而是从众多数据中找到有用的信息，分析存在的问题，从而为企业决策提供有力的依据。

1.1.1 什么是数据分析

什么是数据分析？从字面上理解，就是对现有数据进行分析。

而实际上，我们要打开数据分析大门，所要学习的是如何通过科学的统计方法和严谨的分析技巧，得到数据的关键信息。在数据分析的过程中，首先需要对数据进行整理和汇总，然后对数据进行加工处理，最后对处理过的有效数据进行分析，最大化地利用数据信息，找到问题的根本所在。

在进行数据分析时，需要从庞大的数据库中提取有用的信息，得出结论，再对提取出的数据进行详细的研究和总结。

数据分析中的数据也被称为观测值，是通过实验、测量、观察、调查等方式获取的信息。

全球知名咨询公司麦肯锡提出："数据已经渗透到当今每一个行业和业务职能领域，成为重要的生产因素。人们对于海量数据的挖掘和运用，预示着新一波生产率增长和消费者盈余浪潮的到来。"

这就是"大数据时代"的特点。

而我们之所以要进行数据分析，是为了在海量的数据中找到数据的规律，分析数据的本质，从而使管理者通过数据的特点掌握企业的前进方向，帮助企业掌舵人做出正确的判断和决策。

例如，为了制订合理的销售策略，市场营运部门需要分析数据，以了解当前产品的市场反馈；为了找到正确的研发方向，研发人员需要分析用户的需求数据，以找到用户对产品的需求；为了了解员工的工作能力和归属动向，让每一位员工都能在合适的工作岗位上发光发热，人力资源部需要分析员工的考核成绩，如业务考核、心理考核等。

在统计学领域，有人将数据分析细分为描述性数据分析、探索性数据分析和验证性数据分析，如下图所示。

- 描述性数据分析：用于概括、描述事物的整体状况及事物间的关联和类属关系，常见的分析方法有对比分析法、平均分析法、交叉分析法等。
- 探索性数据分析：用于在数据中发现新的特征，常见的分析方法有相关分析、因子分析、回归分析等。
- 验证性数据分析：用于已有假设的证实或证伪，常见的分析方法与探索性数据分析相同。

在日常学习和工作中，需要用到的数据分析方法多为描述性数据分析，这是常用的初级数据分析。

1.1.2 数据分析的 4 大要素

需要进行数据分析的行业非常广泛，小到家门口的蔬菜店，大到跨国集团，每个领域都不能缺少数据分析。

但是，很多人在进行数据分析时，并没有认识到数据分析的重要性，而实际上，数据分析的作用无可替代。

1. 评估产品机会

在研发一个新产品之前，首先需要进行用户需求调研和市场调研。对调研结果进行数据分析，不仅可以明确新产品的研发方向，还能为后期产品设计及换代更新提供依据。

评估产品机会，是决定一个产品的未来和核心理念的必要过程。

2. 分析解决问题

用户在使用产品时，不可避免会遇到多种问题，此时就需要对产品出现的问题进行收集，并对收集的信息进行分析汇总。

在汇总、分析数据时，数据分析师要通过必要的数据试验找到问题的源头，从而制订解决方案，彻底解决问题。

3. 支持运营活动

推广产品时，总会遇到一个选择题：哪个方案更好？

在判断此类关于“标准”的问题时，如果只是凭个人喜好和感觉来评判，得到的结果会偏离大众的轨道。此时，只有依靠真实、可靠、客观的数据，才能对具体的方案做出公平的评判。

4. 预测优化产品

通过数据分析，不仅可以反映出产品目前的状态，还可以分析出产品未来一段时间内可能发生的问题。如果我们提前预知了问题，就可以马上做出调整，从而避免问题的出现，优化产品。

1.1.3 数据分析常用指标与术语

在进行数据分析时，经常会使用一些统计学中的专业术语。了解这些术语，不仅可以帮助我们打开分析的思路，还有助于我们在完成数据分析之后，规范地撰写数据分析报告。充分地利用专业术语来完成数据分析，可以体现分析者的专业性和严谨性，让数据报告更加可靠。

1. 平均数

数据分析中的平均数是指算术平均数，即一组数据累加后除以数据个数得到的算术平均值，是非常重要的基础性指标。平均数是综合指标，它将总体内各单位的数量差异抽象化，代表总体的一般水平，掩盖各单位的差异。

例如，销售部统计了下半年各部门的销售业绩，通过计算销量平均数，可以得到总平均数。将各部门的销量与总平均数进行比较，就可以发现哪些部门的销量高于平均水平，需要保持；哪些部门的销量低于平均水平，需要继续努力，如下图所示。

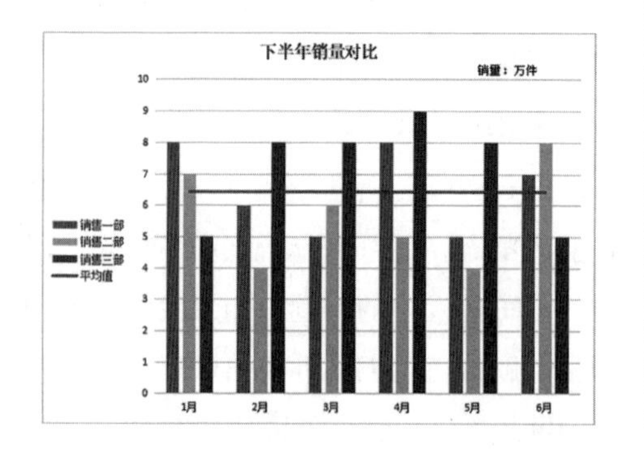

> **温馨提示**
>
> 除了算术平均数，还有几何平均数、调和平均数等，在日常生活中提到的“平均数”，通常都是指算术平均数。

2. 相对数与绝对数

在进行数据分析时，相对数与绝对数是经常会使用的综合指标。

相对数是由两个有关联的指标对比计算而得到的结果，用于反映客观现象之间的数量联系程度，其计算公式如下图所示。

$$相对数=\frac{比较数值（比数）}{基础数值（基数）}$$

在这个公式中，用来作为对比标准的指标数值称为“基础数值”，即“基数”；用来与基础数值进行对比的指标数值称为“比较数值”，即“比数”。

相对数多以倍数、成数、百分数等表示，反映的是客观现象总体在一定时间、地点条件下的总规模、总水平，或者表现在一定时间、地点条件下数量的增减变化。

绝对数反映的是客观现象在特定时间段、指定条件下的规模数据指标，如人口总数、GDP、销售数量等就是绝对数。

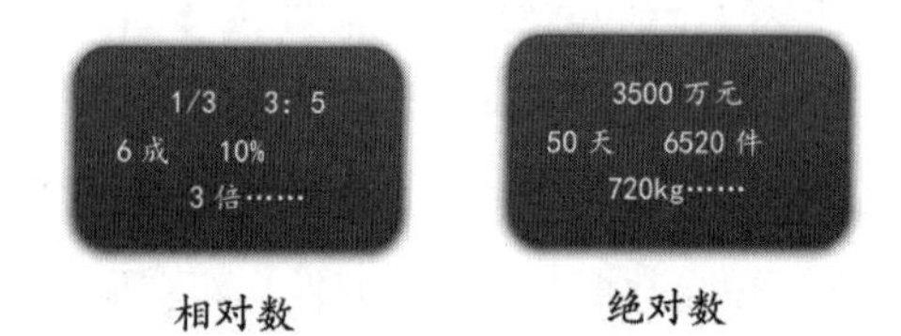

3. 比例与比率

在统计学概念中，比例是总体中部分数据与总体数据的比较，反映的是部分与整体的关系。例如，公司共有产品 A、产品 B 和产品 C 三类产品，现在要计算产品 A 的销售比例，计算公式如下图所示。

$$比例=\frac{产品A}{产品A+产品B+产品C}$$

比率是总体中一部分数据与另一部分数据的比较，反映的是部分与部分的关系。例如，公司共有产品 A、产品 B 和产品 C 三类产品，现在要计算产品 A 与产品 B 的销售比率，计算公式如下图所示。

$$比率=\frac{产品A}{产品B}$$

4. 番数与倍数

番数与倍数属于相对数，在使用时容易发生混淆。

番数是原数量的 2 的 n 次方倍（2^n）。例如，如果说“今年的销量比去年翻了一番”,此时的计算公式为原数量的 2 倍（2^1）；如果说“翻了两番”，则表示数量为原数量的 4 倍（2^2），而不是原数量乘以 2；“翻了三番”即是 8 倍（2^3），以此类推。

倍数是一个数除以另一个数所得的商。例如，如果说“今年的销量是去年的 3 倍”，此时的计算公式如下图所示。

$$\frac{今年的销量}{去年的销量}=3$$

温馨提示●

倍数一般用于表示数量的增长或上升幅度，如果需要表示减少或下降的幅度，可以使用百分比等数值，如“成本降低了 50%”。

5. 百分比与百分点

百分比属于相对数，也叫百分数或百分率，它可以表示一个数是另一个数的百分之多少，计算公式如下图所示。

$$百分比=\frac{比数}{基数}\times 100\%$$

例如，成本从 24 元降低到 18 元，套用以上公式，得到的结果如下图所示。

$$\frac{24-18}{24}\times 100\% = 25\%$$

而百分点是指在以百分数形式表示数据的情况下，不同时期的相对指标的变动幅度，1 个百分点 =1%。例如，“今年公司利润为 56%，与去年的 43% 相比，提高了 13 个百分点”。

6. 频数与频率

频数属于绝对数，是指一组数据中个别数据重复出现的次数。

例如，某商场开业，从进入商场的 300 人中获取测试数据，其中的 120 人购买了商品，可以按是否购买商品来分类，购买商品的人数为 120，未购买商品的人数为 180，这就是频数。

频率用于反映某类别在总体中出现的频繁程度，一般用百分数表示，是一种相对数，其计算公式如下图所示。

$$频率 = \frac{某组类别次数}{总次数} \times 100\%$$

例如，在购买了某产品的 100 人中进行调查，其中 36 人回购了该产品，64 人在一年内未进行回购，那么计算商品回购率的公式如下图所示。

$$\frac{36}{100} \times 100\% = 36\%$$

7. 同比与环比

同比是今年某个时期与去年相同时期的数据比较。例如，去年的第 1 季度和今年的第 1 季度相比、去年的国庆黄金周和今年的国庆黄金周相比、去年的 1 月和今年的 1 月相比等，都属于同比。同比数据说明了本阶段发展水平与去年同阶段发展水平的相对发展速度。

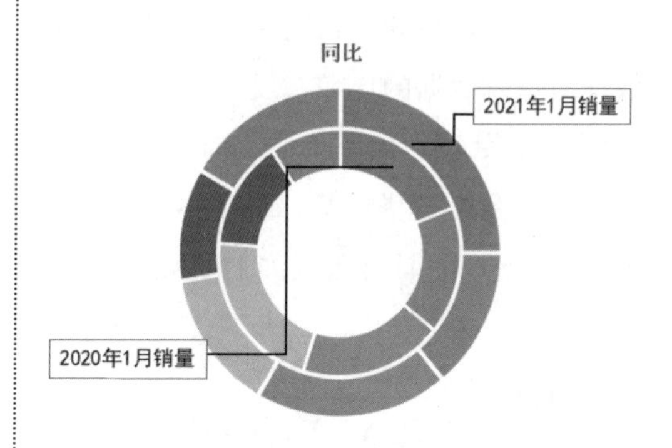

环比是某个时期与前一时期的数据比较。例如，2021 年 7 月和 2021 年 8 月相比、今年的第 1 季度和今年的第 2 季度相比、今年的上半年和今年的下半年相比等，都属于环比。环比数据说明了逐渐发展的趋势和速度。

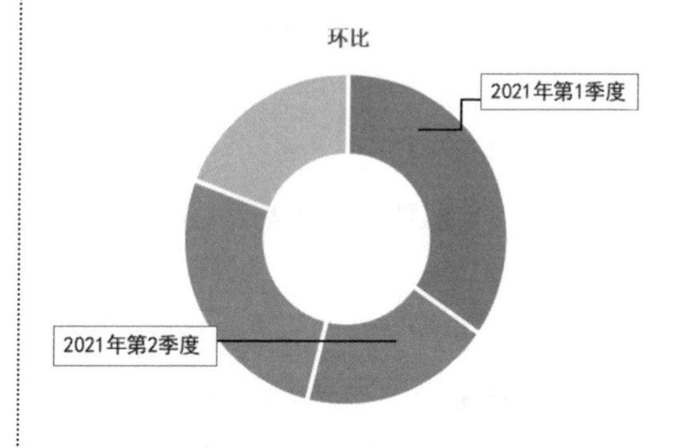

1.2 数据分析的 6 个步骤

数据分析的目的是让决策者根据数据的引导，做出更好的决策。我们在进行数据分析时，需要以目标为引导，按照步骤准备数据、分析数据，才能在分析过程中找到关键数据。

1.2.1 目标确定

在面对大量数据时，很多人会觉得无从下手，这是因为没有找到数据分析的方向。

无论做什么事情，都需要先确定目标。在数据分析之前，我们可以先问问自己，通过这次数据分析，我们想得到什么结果？

只有带着目标分析数据，才不会使数据分析偏离航向。在确定目标之后，还需要把目标分解成若干个不同的分析要点，明确要达到目标需要从哪几个方面、哪几个点进行分析，需要分析的内容有什么。

例如，要分析一家超市上半年的销量数据，以达到提升销量的目的，不仅要分析每个月的销量，还要分析超市的客流、附近的人流、超市的货品、超市的促销活动等，如下图所示。

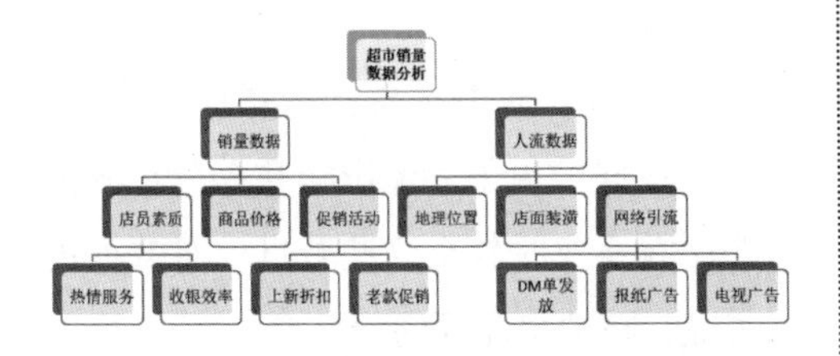

在确定了数据分析的目标之后，接下来就要进行有目的的数据收集，以保证数据分析的有效性。

1.2.2 数据收集

数据分析需要有数据库的支持，只有收集了相关的数据，才能进一步建立数据模型，发现数据规律和相关性，从而解决问题，实现预测。

如果只是进行简单的数据分析，如当月销售数据分析，可以使用公司的数据库，但如果要实现更多目的，如数据预测、分析数据趋势等，就需要不同渠道的各种数据的支持。例如，公开出版物、互联网、市场调查、数据搜集机构等，都是收集数据的好渠道，接下来一一介绍这些渠道。

1. 公司数据库

公司从成立开始，就记录了众多数据，如不同时间的产量、销售数据、盈利数据等，是数据分析的最佳数据资源。

2. 公开出版物

在分析发展前景、行业增长数据、社会行为数据等时，可以在公开出版的书籍中寻找数据源，如《中国统计年鉴》《中国社会统计年鉴》《世界发展报告》《世界经济年鉴》等统计类出版物。

3. 互联网

在网络时代，很多网络平台都会定期发布相关的数据统计，而利用搜索工具，可以快速地搜集到所需的数据。例如，在国家及地方统计局网站、各行业组织网站、政府机构网站、传播媒体网站、大型综合门户网站等，都可以找到想要的数据。下图所示为国家统计局发布的近 10 年的国内生产总值，数据全面且有效。

4. 市场调查

在进行产品数据分析时，用户的需求与感受是分析的第一要素，为了获取相关的信息，需要使用各种手段来了解产品的反馈信息，分析市场范围，了解市场的现状和发展空间，为市场预测和营销决策提供客观、准确的数据资料。市场调查一般可以通过问卷调查、观察调查、走访调查等方式来完成。

5. 数据搜集机构

在信息时代，数据量每天都呈爆发式增长。要获取第一手的数据，不妨选择专业的数据搜集机构来完成数据的收集工作。数据搜集机构虽然有庞大的数据库，但也由于数据太多，在进行数据分析时，需要整理出适合当前需要的数据。

1.2.3 数据处理

在收集数据时应该多多益善，但在分析数据时却需要关键数据。收集数据的渠道不同，得到的数据往往比较杂乱，此时，我们需要将不规则的数据统一格式，删除错误和重复的数据，提取出有效数据，为数据分析打下基础。

在处理数据时，我们可以通过数据检查、数据清洗、数据转换、数据提取、数据分组、数据计算等方法来完成数据的规范工作。

1. 数据检查

为了确保数据的真实性、有效性和准确性，在分析数据之前，首先要进行数据检查。在检查数据时，将不需要的数据、逻辑混乱的数据筛选出去，可以让数据更加严谨。

数据检查

- 检查数据的准确性
- 检查数据是否符合逻辑

2. 数据清洗

收集的数据中难免会有错误、多余、重复的数据，为了避免影响数据分析的准确性，需要及时找出这些数据，对数据进行清洗，筛选出需要的信息。

数据清洗

- 删除错误数据
- 删除多余数据
- 删除重复数据

3. 数据转换

数据的来源众多，在收集数据和汇总数据时，会发现数据格式和数据单位参差不齐，如果直接进行数据分析，得出的结果必然会有较大的误差。我们需要先统一数据格式和数据单位，将其转换为标准数据。

数据转换
- 转换数据格式
- 转换数据单位

4. 数据提取

在分析数据时，并不是所有数据都要参与到分析中。我们可以根据分析内容查看重点数据，也可以根据分析内容提取关键数据，如最大数据、最小数据、平均数据等。

数据提取
- 根据分析内容查看重点数据
- 提取最大/最小/平均数据

5. 数据分组

数据分组是以数据的特点为依据，将相同的数据分为一组，以便于进行数据分析。例如，产品的销售情况、生产情况、市场占有率等，都可以作为分组的依据。

数据分组
- 根据数据的特点，将相同类型的数据分为一组

6. 数据计算

在分析数据时，很多情况下不能仅凭原始数据来完成分析，而是需要经过计算，得到更准确的数据，如求和、求平均数等，再使用计算的结果寻找数据的规律。

数据计算
- 求和
- 求平均数

通过数据处理，我们可以从杂乱的数据库中找到需要的数据。在处理数据时，也许一些本不起眼的数据，经过分组、计算等操作之后，会以一种全新的面貌出现在我们的面前。

1.2.4 数据分析

我们所说的数据分析，主要是通过统计分析、数据挖掘等方法，对处理过的数据进行分析和研究，发现其中的规律，从而形成结论，为解决问题提供最佳决策。

在目标分析阶段，我们就需要思考应该用什么样的方法来分析目标内容。在进行数据分析时，需要使用各种工具，如数据透视表、WPS 表格中的数据分析工具等。

在进行数据分析时，除了工具的使用，更重要的是进行数据分析的思路，这种思路指导我们如何开展数据分析工作，明确要从哪方面下手，需要哪些内容或指标等。

1. 5W2H 分析法

5W2H 分析法，是以 5 个 W 开头的英语单词和 2 个 H 开头的英语单词进行提问，从回答中找到解决问题的线索。5W2H 分析法的具体框架如下图所示。

5W2H分析法						
What 什么事？	Who 什么人？	When 什么时候？	Where 什么地方？	Why 什么原因？	How 怎么做？	How much 多少钱？

这种简单方便的方法经常应用于市场营销和管理活动等，对决策和执行都有很大的帮助。

例如，我们要通过 5W2H 分析法进行商场客流分析，可以先了解顾客的购买目的（Why），然后审视商场的商品是否与顾客的预期相同（What），再具体分析谁会是我们的顾客（Who），顾客什么时候会购买商品（When），顾客会在哪些柜台购买商品（Where），顾客如何购买商品（How），顾客花费的金钱和时间成本分别是多少（How much），如下图所示。

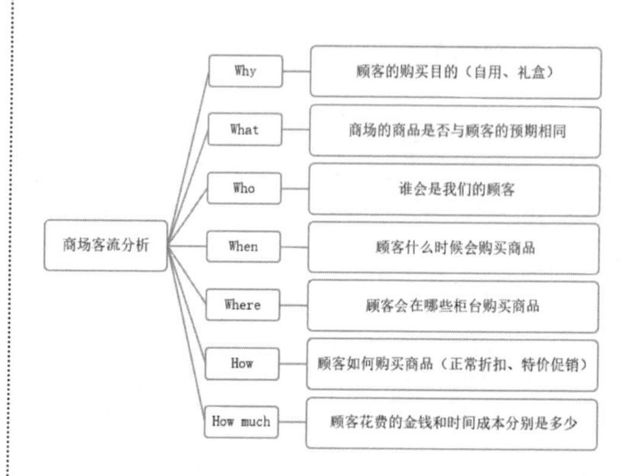

2. PEST 分析法

PEST 分析法是对一切影响行业和企业的宏观环境进行分析。由于行业不同，分析内容会有区别，但基本都会包括政治、经济、技术和社会这四类环境因素。

在进行 PEST 分析时，需要掌握大量、充分的相关研究资料，并对所分析的企业有深刻的认识，否则，此种分析很难进行下去。PEST 分析主要包括以下几个方面，如下图所示。

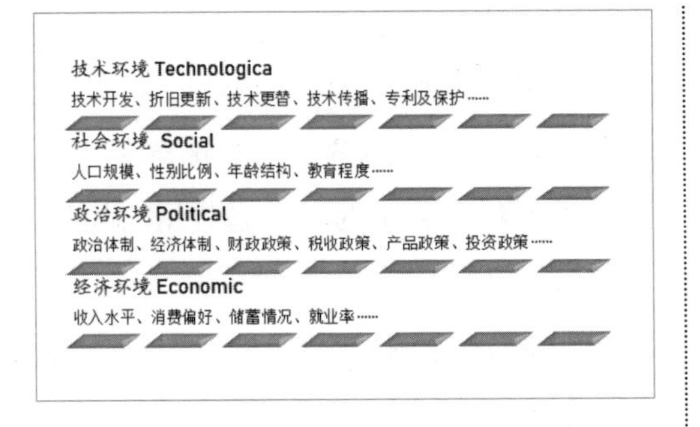

3. 4P 营销理论

4P 营销理论是将营销组合的几十个要素分为 4 类，包括产品、价格、渠道和促销，以此为指导建立公司业务分析框架，如下图所示。

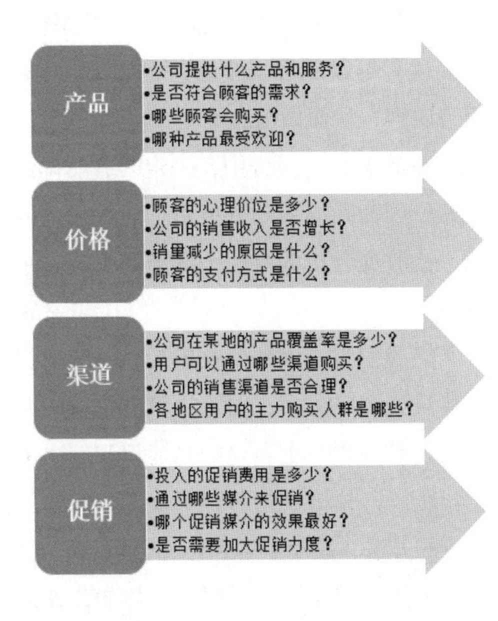

4. 逻辑树

逻辑树是分析问题常用的工具之一，也叫问题树、分解树等。使用逻辑树分析问题的关键在于将所有子问题分层罗列，找出问题所有的关键项目，帮助理清思路，避免重复和无关的思考，如下图所示。

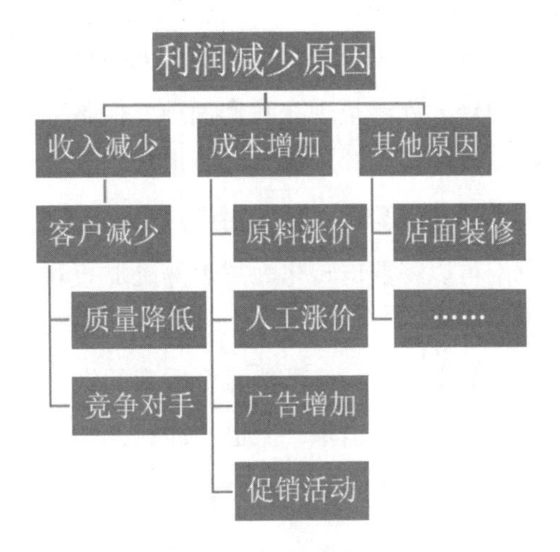

5. 用户使用行为理论

用户使用行为理论多用于网站分析，是指用户为获取、使用物品或服务所采取的各种行动。用户使用行为有一个完整的过程，利用这个过程可以梳理出相关指标之间的逻辑关系，如下图所示。

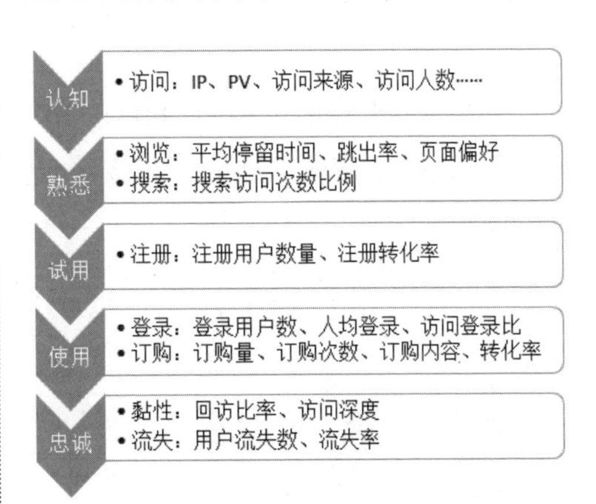

数据分析的方法很多，可以单独使用，也可以嵌套使用，根据实际情况灵活选择即可。

1.2.5 数据展现

经过数据分析之后，隐藏的数据和数据的规律就会呈现在我们面前。但是，通过枯燥的数据并不能直接看出数据之间的关系，也不容易发现其中的规律。此时，我们可以将数据转化为图表等更加直观的表现形式。

如下图所示，虽然每个季度的销售情况已经被罗列出来，但也不能让人一目了然地看出每个季度的销量变化。

2021年汽车销售情况分析

时间	汽车A	汽车B	汽车C	汽车D
第1季度	100	135	148	146
第2季度	132	116	125	125
第3季度	124	95	110	131
第4季度	95	85	136	106

如果将数据转化为图表，则可以清晰地看到，每个季度的销量明显呈下滑的趋势，如下图所示。

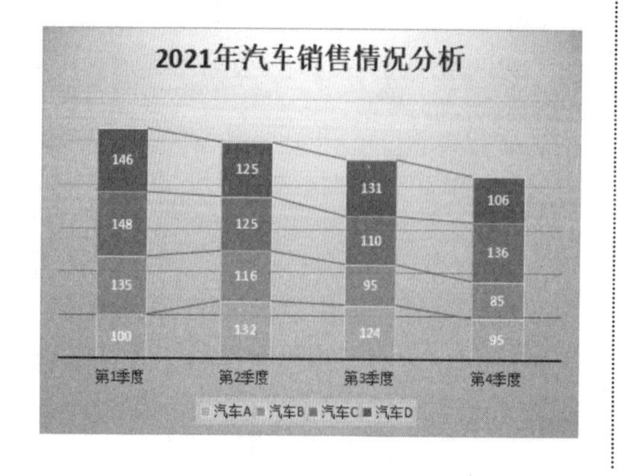

图表是展现数据的优秀工具。常用的数据图表包括柱形图、条形图、折线图、饼图、散点图、雷达图等。在选择图表时，需要根据数据分析的目的和数据的规律，选择相应的图表。

1.2.6 报告撰写

数据分析的目的，是将数据分析的结果用报告的形式清晰、直观地呈现出来，因此，撰写数据报告是数据分析必不可少的一环。

一份合格的数据分析报告，必须有一个好的分析框架，且图文并茂、层次分明，让阅读者可以一目了然地查看数据，理解报告内容，从而做出决策。

在数据分析报告中，一定要有明确的结论，因为我们明确分析目标时提出的问题，让数据分析的每一个环节都围绕这个问题。

当我们找出问题的关键后，一定要提出建议或解决方案，因为决策者需要的并不仅仅是问题，更需要的是建议和解决方案。所以，分析数据时，不仅要熟悉数据分析的方法，还要了解和熟悉公司的情况，这样才能根据实际情况提出具体的建议或解决方案。

得出解决方案之后，如果仅使用 WPS 表格来制作报告效果不佳，此时可以选择使用 WPS 文字或 WPS 演示来制作报告，陈述数据分析的结果。

如果报告需要递交给上级，或者作为企业存档，可以选择使用 WPS 文字制作报告。一份完整的 WPS 文字报告的框架如下图所示，报告以文字为主，图形为辅。

如果报告需要在会议室、展会等公共场所演示，可以选择使用 WPS 演示制作报告。WPS 演示报告以图片为主，文字为辅，其框架如下图所示。

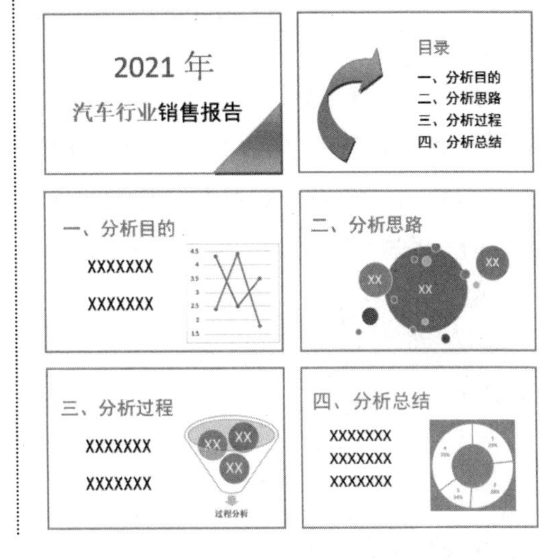

1.3 WPS 表格的数据分析利器

在分析数据的过程中，仅凭表格中的原始数据并不能看出数据的规律，此时需要使用数据分析工具来厘清分析的思路。

1.3.1 排序和筛选

排序和筛选是最基本的数据分析方法。当面对大量数据源中的数据时，经常需要从中找出最大、最小、符合某项条件的数据，此时就可以使用排序和筛选功能来完成。

例如，对于下图中的销售数据，如果想让销售总额按从低到高的顺序排列，是否需要制作新的表格呢？

	A	B	C	D	E
1	员工销售提成结算				
2	员工姓名	销量（件）	单价（元）	销售总额（元）	销售提成（元）
3	张浩	39	710	27690	1820
4	刘妙儿	33	855	28215	2080
5	吴欣	45	776	34920	2340
6	李冉	50	698	34900	2340
7	朱杰	56	809	45304	3120
8	王欣雨	32	629	20128	1300
9	林霖	37	640	23680	1560
10	黄佳华	47	703	33041	2340
11	杨笑	65	681	44265	3120
12	吴佳佳	45	645	29025	2080

其实，只要使用排序功能，就可以轻松实现升序或降序排列，如下图所示。

	A	B	C	D	E
1	员工销售提成结算				
2	员工姓名	销量（件）	单价（元）	销售总额（元）	销售提成（元）
3	王欣雨	32	629	20128	1300
4	林霖	37	640	23680	1560
5	张浩	39	710	27690	1820
6	刘妙儿	33	855	28215	2080
7	吴佳佳	45	645	29025	2080
8	黄佳华	47	703	33041	2340
9	李冉	50	698	34900	2340
10	吴欣	45	776	34920	2340
11	杨笑	65	681	44265	3120
12	朱杰	56	809	45304	3120

如果只想查看数据中符合某个条件的数据，使用筛选功能可以暂时隐藏不需要查看的数据。例如，要查看销量大于40的数据，经过筛选后，结果如下图所示。

	A	B	C	D	E
1	员工销售提成结算				
2	员工姓名	销量（件）	单价（元）	销售总额（元）	销售提成（元）
5	吴欣	45	776	34920	2340
6	李冉	50	698	34900	2340
7	朱杰	56	809	45304	3120
10	黄佳华	47	703	33041	2340
11	杨笑	65	681	44265	3120
12	吴佳佳	45	645	29025	2080

1.3.2 数据透视表

数据透视表是一种交互式的表，可以根据数据的不同项目进行快速统计，并能动态地更改数据表的版面布置，从不同的角度多面分析数据。

例如，某文具批发公司每天会记录较多的销售数据，如下图所示。在每周盘点时，需要对数据进行分析。常见的分析内容有不同日期不同产品的销量、不同产品不同地区的销量、不同销售员的总销量、不同产品的总销量等。

	A	B	C	D	E	F	G
1	日期	种类	价格（件）	销量（件）	销售地区	销售额（元）	销售人
2	2月1日	铅笔	6	672	武汉	4032	刘光华
3	2月1日	签字笔	5	934	昆明	4670	李云云
4	2月1日	文具盒	12	852	重庆	10224	张渝
5	2月1日	文件袋	3	987	武汉	2961	刘丽
6	2月1日	手工卡纸	4	513	昆明	2052	周航
7	2月1日	素描纸	10	652	广州	6520	王彤
8	2月1日	三角尺	1	708	杭州	708	王光平
9	2月1日	直尺	1	915	昆明	915	牟世军
10	2月1日	笔记本	3	572	上海	1716	刘欣娟
11	2月1日	笔记本	3	692	南京	2076	王彤
12	2月1日	文件袋	3	752	重庆	2256	刘丽
13	2月1日	直尺	1	932	昆明	932	张渝
14	2月1日	签字笔	5	931	上海	4655	王光平
15	2月1日	签字笔	5	533	武汉	2665	李云云
16	2月2日	手工卡纸	4	788	广州	3152	刘光华

此时，可以通过制作数据透视表来查看不同条件下的数据，如下图所示。

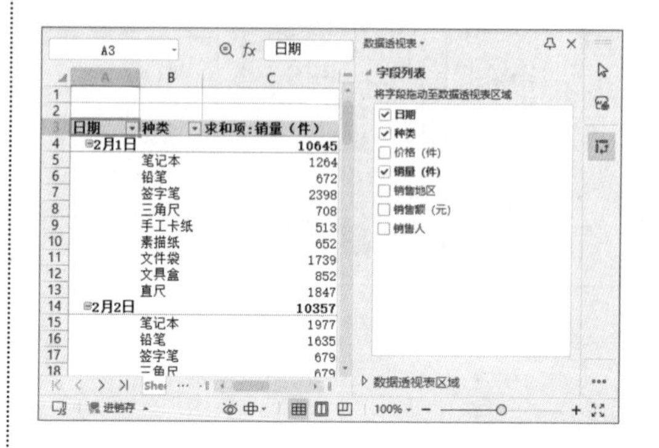

使用切片器还可以动态地查看数据。在切片器中，只需要选择需要的条件，即可快速显示符合条件的数据。例如，要查看笔记本在广州地区的销售额，只需要依次选择相关的条件即可，如下图所示。

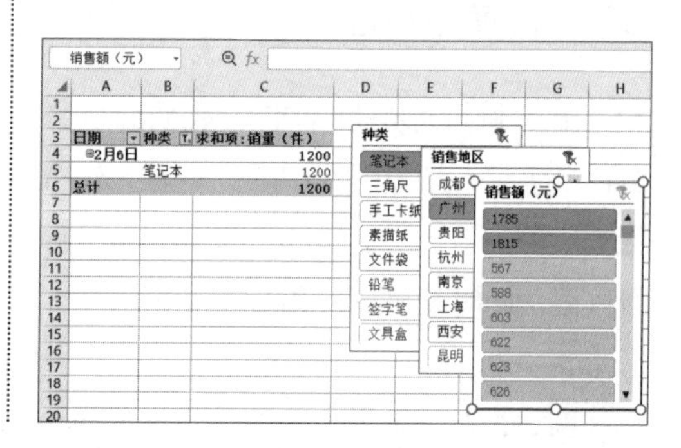

从以上例子中不难看出，数据透视表具有强大的数据分析功能，不仅可以快速生成报表，还能快速切换报表数据，并对数据进行排序、筛选等，是数据分析的强大助手。

1.3.3 图表

图表是制作数据报告时展示数据的重要形式，可以通过图形的变化，展现数据的规律，帮助我们从中发现隐藏的重要数据。

在 WPS 表格中选中数据后，打开【图表】对话框，就可以看到可以选择的图表类型，其中包括柱形图、折线图、饼图、条形图等多种图表类型，可以满足大部分数据分析需求，如下图所示。

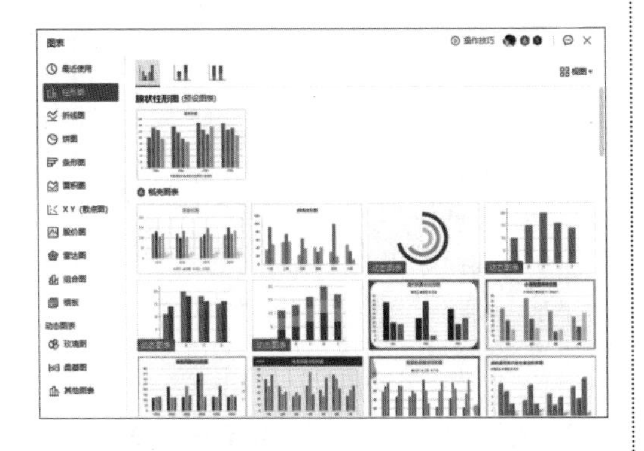

选择图表类型之后，就可以轻松创建图表。在使用图表时，有两点需要记住。

1. 添加到模板

默认的图表样式一成不变，在使用时可以根据需要设置图表样式，在设置完成后，可以将设置好的图表样式添加到模板中，以便下次使用。

2. 丰富内容

图表的样式多种多样，通过调整图表布局，可以制作出更多丰富的图表。因此，不要固守传统的图表布局，要结合数据的特点和分析内容，让图表多样化地呈现在大家面前。

1.3.4 迷你图

工作表中的数据可以让数据分析师了解数据的大小，图表中的数据可以帮助数据分析师看清数据的走势。

那么，有没有一种方法，可以让数据分析师既能查看详细数据，又能了解数据的走势呢？此时，选择迷你图就没错了。

迷你图是 WPS 表格中的微型图表工具，使用该工具可以在单元格中绘制图表。

虽然是微型图表工具，但迷你图也具有图表的大多数功能，并提供了柱形图、折线图和盈亏图三种图表类型，如下图所示。

2021年汽车销售情况分析

时间	汽车A	汽车B	汽车C	汽车D	图例
第1季度	100	135	148	146	
第2季度	132	116	125	125	
第3季度	124	95	110	131	
第4季度	95	85	136	106	

在迷你图中，不仅可以设置数据的高点、低点等重点数据，还可以设置坐标轴等元素，在保留图表主要功能的情况下满

足数据分析的需求。

1.3.5 条件格式

使用 WPS 表格中的条件格式功能，可以快速地从众多数据中找出数据的规律，是数据分析中必不可少的工具。

条件格式工具的功能强大，善加利用可以完成以下操作。

1. 突出显示单元格规则

如果要找出数据源中符合要求的数据，如销量大于 200 万件的产品、年龄为 20~25 岁的员工、生产量小于 2 万件的产品等，可以使用条件格式中的【突出显示单元格规则】菜单中的选项来完成，如下图所示。

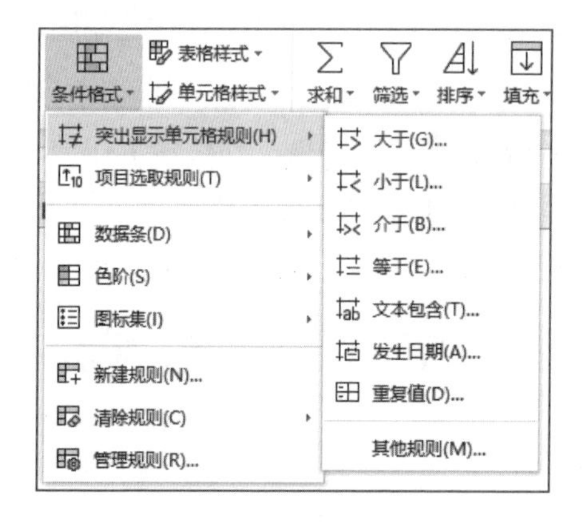

2. 项目选取规则

如果要找出排名靠前或靠后的数据，如销量前 5 名、考核前 3 名、销量最后的 30% 等数据，可以使用条件格式中的【项目选取规则】菜单中的选项来完成，如下图所示。

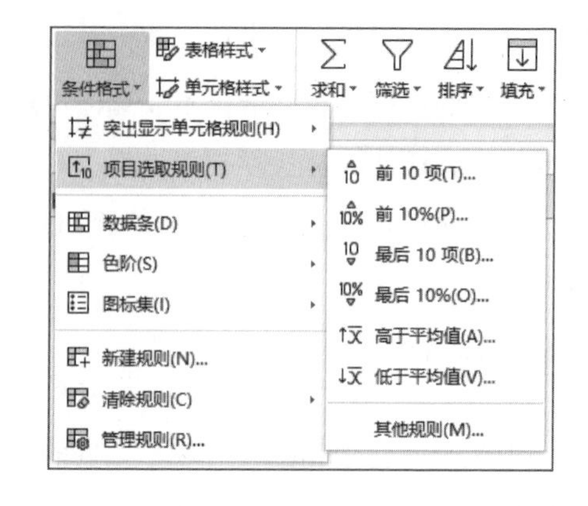

3. 数据条

如果想要为单元格中的数据添加数据条，通过数据条的长度来判断单元格中数据的大小分布情况，可以使用【数据条】菜单中的选项来完成，如下图所示。

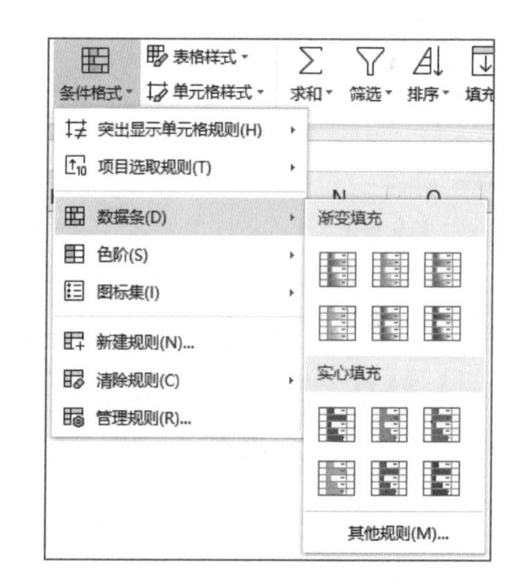

4. 色阶

如果想要根据单元格数据的大小添加颜色深浅不一的数据条，并通过数据条的颜色快速查看数据的大小分布情况，可以使用【色阶】菜单中的选项来完成，如下图所示。

5. 图标集

如果想要为单元格中的数据添加各种图标，以区分数据的大小，可以使用【图标集】菜单中的选项来完成，如下图所示。

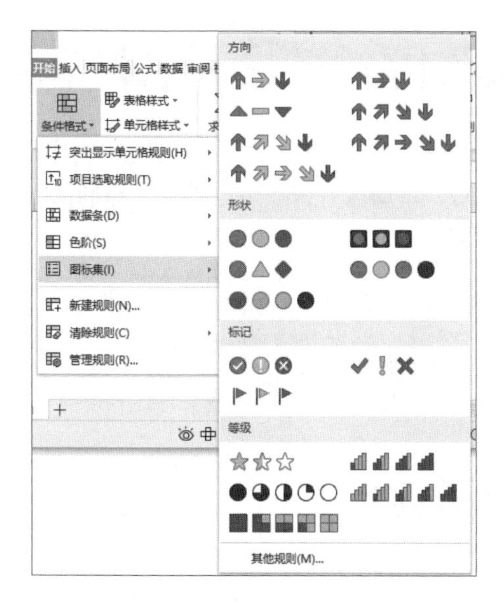

6. 新建条件格式

如果想要突出显示的数据比较复杂，可以在【新建格式规则】对话框中设置公式，以实现更复杂的单元格数据突出显示，如下图所示。

1.3.6 分类汇总

使用 WPS 表格中的分类汇总功能，可以将数据以不同形式汇总，方便数据分析师多方面分析数据。

在进行数据分析时，如果想要统计各项数据项目的总和，同时又要对比各项目总和的大小，就可以使用分类汇总功能。

例如，文具批发记录表中有日期、种类、价格、销量、销售地区等多种数据，如果想要根据日期汇总销售额数据，就可以使用分类汇总功能。

使用分类汇总功能之后，可以看到按日期对表格中的数据进行汇总的效果，如下图所示。

	A	B	C	D	E	F	G
1	日期	种类	价格（元）	销量（件）	销售地区	销售额（元）	销售人
2	2月1日	铅笔	6	672	武汉	4032	刘光华
3	2月1日	签字笔	5	934	昆明	4670	李云云
4	2月1日	文具盒	12	852	重庆	10224	张渝
5	2月1日	文件袋	3	987	武汉	2961	刘丽
6	2月1日	手工卡纸	4	513	昆明	2052	周航
7	2月1日	素描纸	10	652	广州	6520	王彤
8	2月1日	三角尺	1	708	杭州	708	王光平
9	2月1日	直尺	1	915	昆明	915	牟世军
10	2月1日	笔记本	3	572	上海	1716	刘欣娟
11	2月1日	笔记本	3	692	南京	2076	王彤
12	2月1日	文件袋	3	752	重庆	2256	刘丽
13	2月1日	直尺	1	932	昆明	932	张渝
14	2月1日	签字笔	5	931	上海	4655	王光平
15	2月1日	签字笔	5	533	武汉	2665	李云云
16	2月1日 汇总					46382	
17	2月2日	手工卡纸	4	788	广州	3152	刘光华
18	2月2日	铅笔	6	915	贵阳	5490	周航
19	2月2日	文件袋	3	861	广州	2583	王彤
20	2月2日	签字笔	5	679	杭州	3395	刘丽
21	2月2日	铅笔	6	720	成都	4320	刘欣娟
22	2月2日	素描纸	10	734	贵阳	7340	牟世军
23	2月2日	直尺	1	567	重庆	567	周航
24	2月2日	笔记本	3	776	贵阳	2328	王彤
25	2月2日	文件袋	3	933	成都	2799	刘欣娟
26	2月2日	素描纸	10	824	武汉	8240	王光平
27	2月2日	笔记本	3	564	成都	1692	刘光华
28	2月2日	笔记本	3	637	南京	1911	刘丽
29	2月2日	三角尺	1	679	广州	679	牟世军
30	2月2日	手工卡纸	4	680	杭州	2720	张渝
31	2月2日 汇总					47216	

高手支招

通过对前面知识的学习，相信读者朋友已经对数据分析有了一定的了解。下面结合本章内容，给读者介绍一些数据分析中的实用技巧，帮助读者快速迈进数据分析的大门。

01 使用“数字超市”获取数据

收集数据的渠道多种多样，在 WPS 表格的“数据超市”中，陈列着许多数据资料，可以方便地调用，操作方法如下。

第1步 打开“素材文件\第 1 章\数据超市.xlsx”工作簿，❶ 选中 A1 单元格；❷ 单击【数据】选项卡中的【地域】按钮，如下图所示。

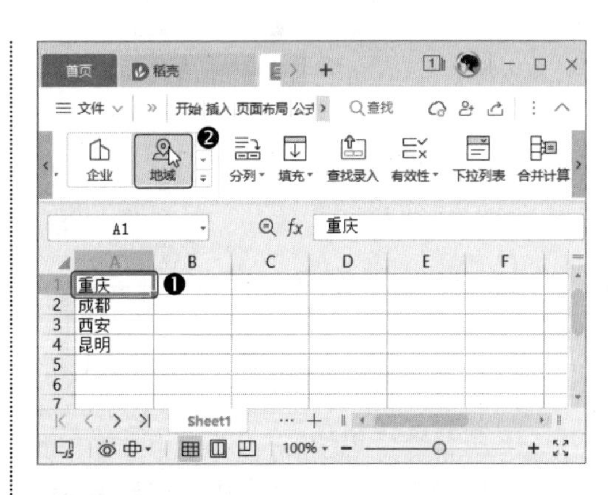

第2步 第一次使用“数据超市”会弹出提示对话框，单击【同意】按钮，如下图所示。

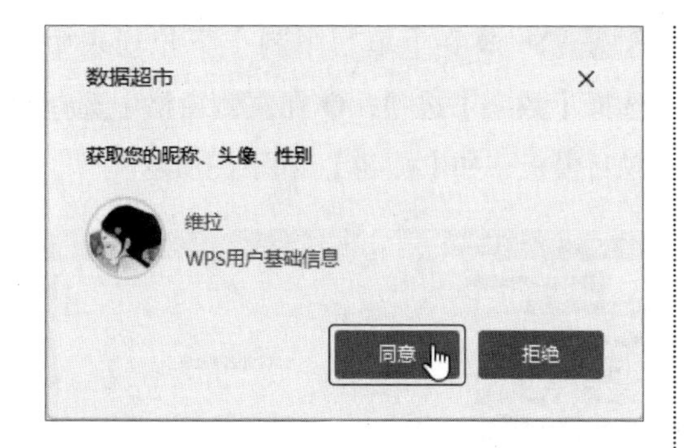

第3步 打开【数据超市】窗格，在搜索结果中选择一个地点，单击【选择】按钮，如下图所示。

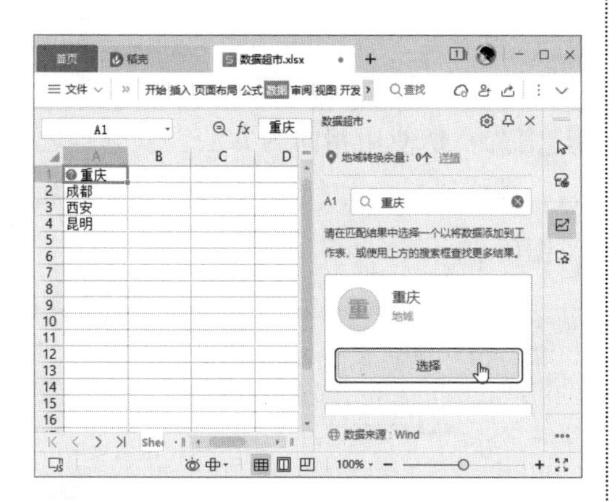

温馨提示

如果“数据超市”中仅有一个数据源，则不会打开【数据超市】窗格，而是默认选择该数据源。

第4步 ❶ 单击 A1 单元格右侧的 按钮；❷ 在弹出的下拉菜单中选择要插入的数据，如下图所示。

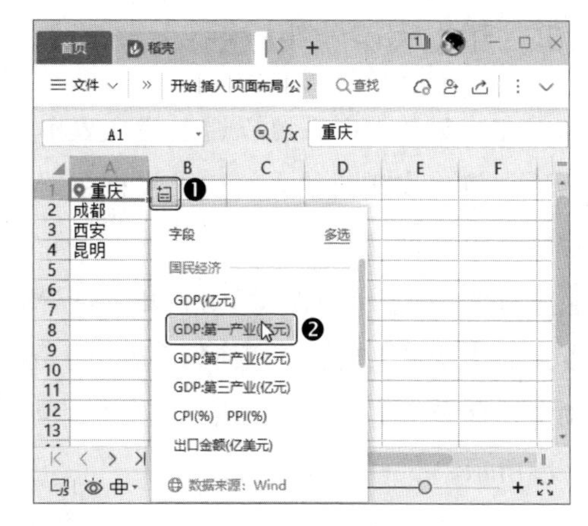

第5步 操作完成后即可看到所选数据已经插入工作表中，如下图所示。

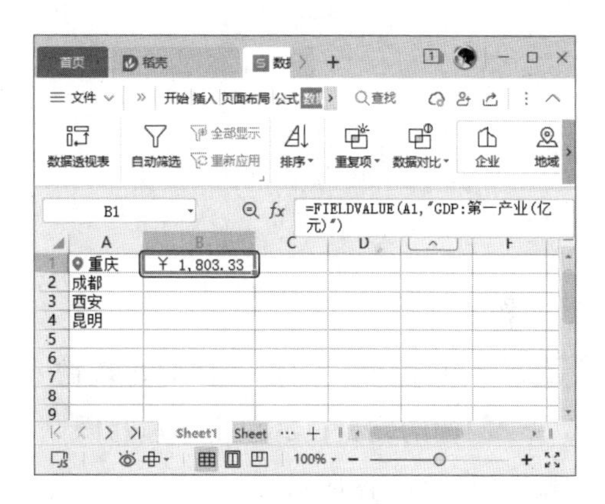

第6步 使用相同的方法插入其他数据即可，如下图所示。

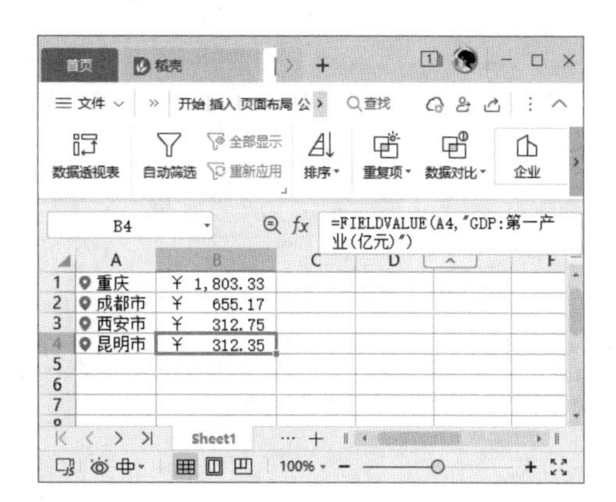

02 建立表单收集数据

在收集数据时，可以通过建立表单，然后把链接发送给他人，在线收集数据，操作方法如下。

第1步 ❶ 打开 WPS Office，单击 WPS 首页的【新建】按钮，切换到【表单】选项卡；❷ 单击【新建空白表单】命令，如下图所示。

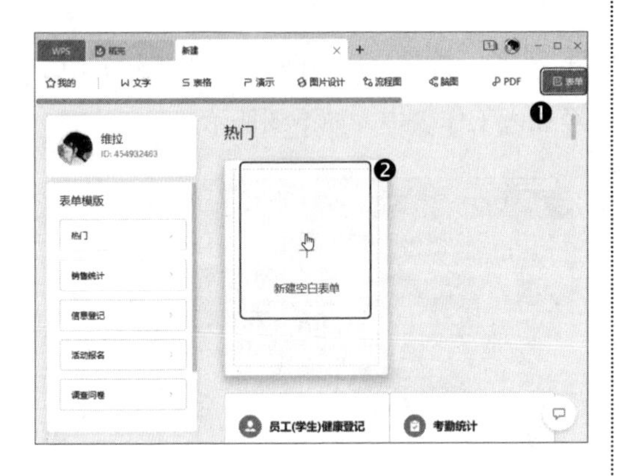

第2步 在标题栏中输入标题，❶ 输入第一个问题的题目；❷ 单击【填写限制】下拉按钮，如下图所示。

第3步 ❶ 在【填写限制】下拉列表中选择【数字】选项；❷ 在左侧窗格中选择题目模板，如【姓名】，如下图所示。

第4步 ❶ 使用相同的方法设置其他题目；❷ 完成后单击【完成创建】按钮，如下图所示。

第5步 ❶ 在【谁可以填写】栏中选择填写人群；❷ 在【邀请方式】栏中选择一种邀请方式，本例选择【链接】，即可将链接复制到剪贴板，然后将链接发送给需要填写的人群即可，如下图所示。

第6步 ❶ 他人在收到链接后，单击链接，打开表单文件，填写表单内容；❷ 单击【提交】按钮，如下图所示。

第7步 弹出【提交内容】对话框，提示提交后不可修改，单击【确定】按钮，如下图所示。

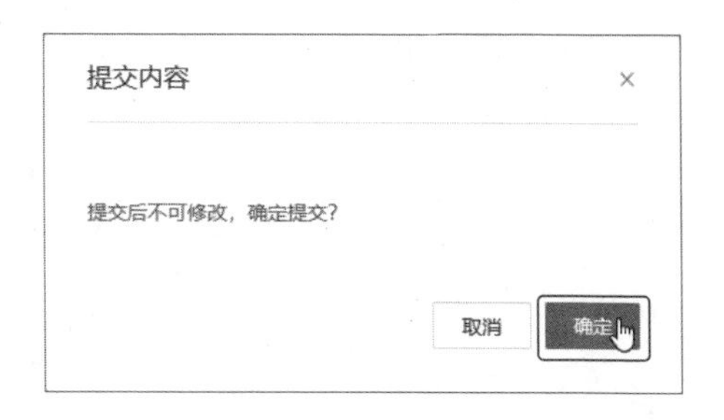

第8步 启动 WPS Office，❶ 在首页中单击【文档】选项；❷ 在中间窗格中单击【我的云文档】选项；❸ 在右侧窗格中双击【应用】选项，在打开的列表中双击表单标题，如下图所示。

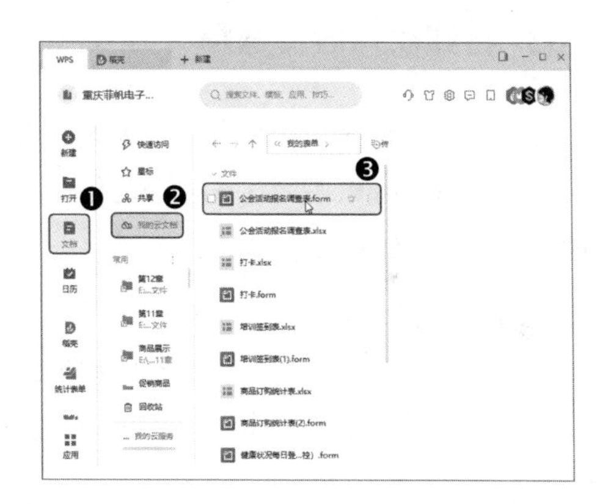

第9步 在打开的页面中，即可看到他人填写的数据，单击【查看数据汇总表】按钮，如下图所示。

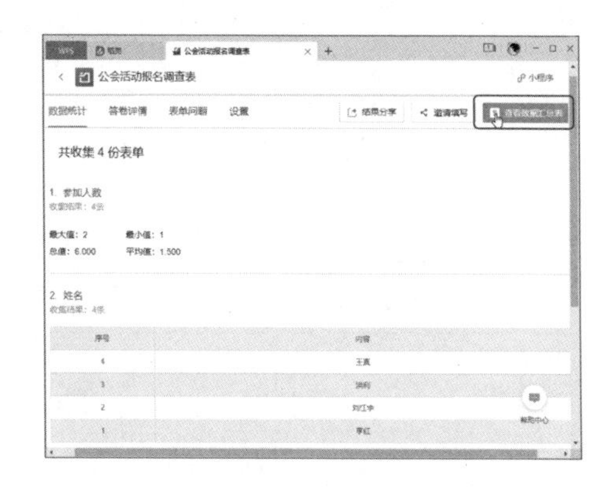

第10步 打开 WPS 表格，即可看到他人填写的数据内容，如下图所示。

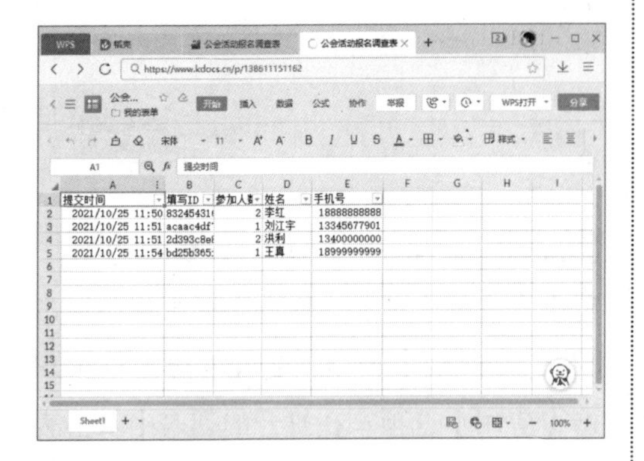

03 在线协作收集数据

在收集数据时，如果有数据需要与他人共同填写，可以使用在线协作功能来完成，操作方法如下。

第1步 打开“素材文件\第 1 章\协作收集 .xlsx”工作簿，❶ 单击【协作】按钮；❷ 在弹出的下拉菜单中单击【进入多人编辑】命令，如下图所示。

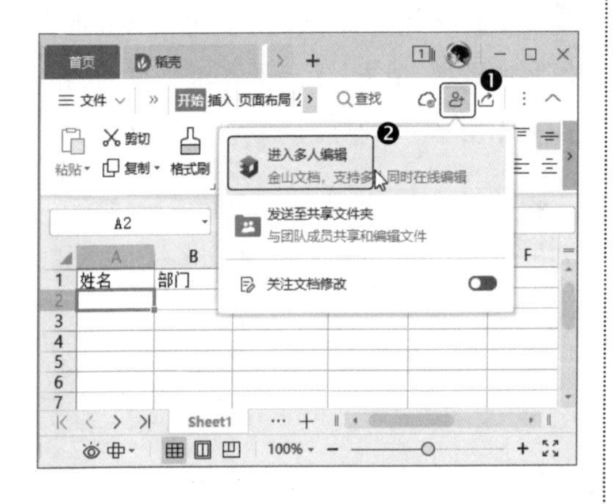

> **温馨提示**
> 如果选择把文件发送至共享文件夹，其他用户可以自行进入共享文件夹编辑文档。

第2步 进入协作界面，单击【分享】按钮，如下图所示。

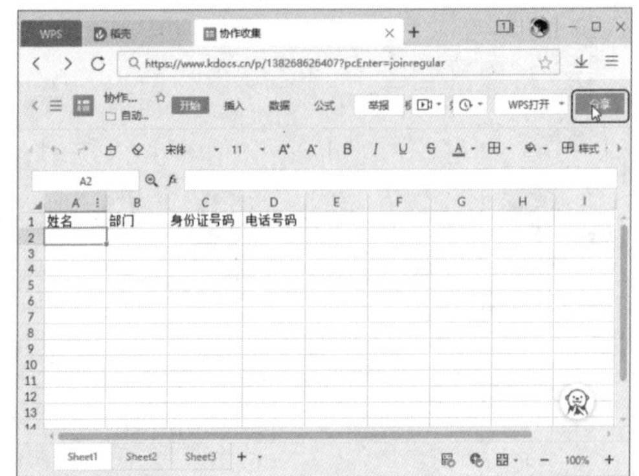

第3步 打开【分享】对话框，❶ 在【公开分享】栏中选择一种分享模式，如【任何人可编辑】；❷ 单击【创建并分享】按钮，如下图所示。

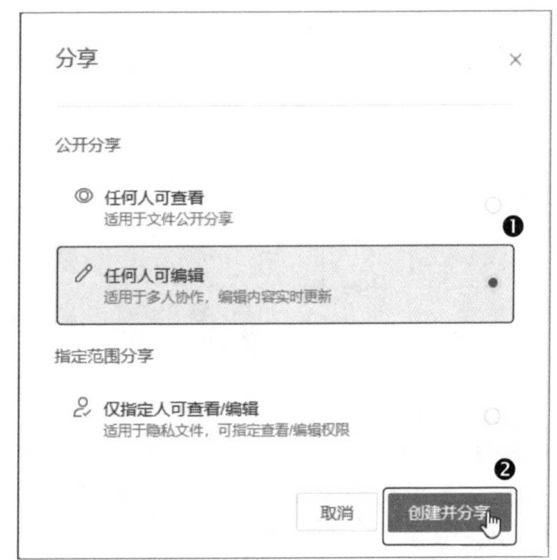

第4步 在打开的界面中单击【复制链接】命令，将提示复制成功，如下图所示。

第5步 将链接发送给他人，他人通过链接进入在线协作界面之后，在工具栏右侧可以查看正在编辑的用户情况，如下图所示。

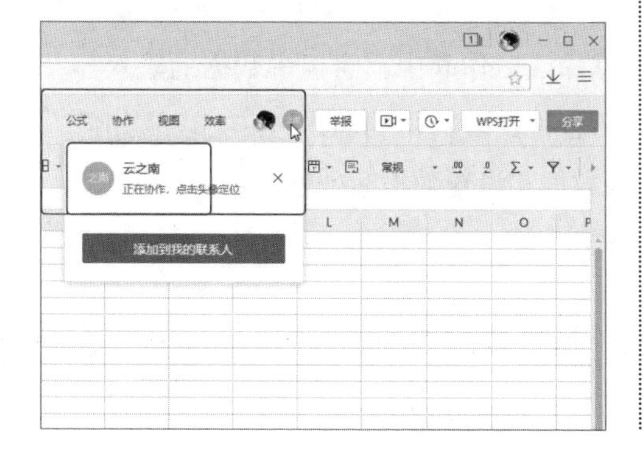

第6步 用户编辑文档时，工作表中会显示其他用户选择的单元格，如下图所示。

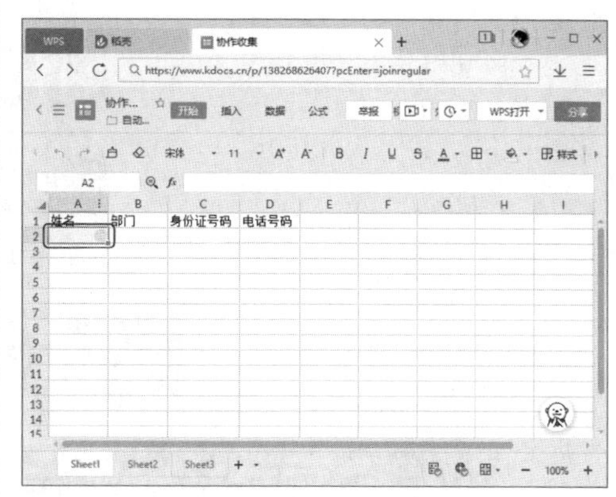

WPS

第 2 章

做好准备

WPS 表格数据源的输入与获取

本章导读

在进行数据分析之前，首先需要将数据输入工作表中，可以说数据的输入与获取是数据分析的第一步。本章将详细介绍各种类型数据的输入方法，以及如何快速地批量输入数据、链接数据、导入外部数据和设置数据有效性等。

知识要点

- 认识数据类型
- 输入特殊数据
- 批量输入数据
- 设置数据有效性
- 链接数据
- 导入外部数据

2.1 数据类型与输入方法

WPS 表格中的基本数据包括文本、数值、货币、日期等格式，输入不同类型的数据，其显示方式将不同。如果是输入比较常规的文本、日期、数值等数据，系统会自动识别输入的数据类型。但是如果需要输入一些特殊的数值，以及指定格式的日期、时间等，在输入之前则需要对单元格格式进行设置。

2.1.1 文本型数据

文本通常是指一些非数值型的文字、符号等，如公司的职员姓名、企业的产品名称、学生的考试科目等。此外，一些不需要进行计算的数字也可以保存为文本形式，如电话号码、身份证号码等。文本并没有严格意义上的概念，WPS 表格将许多不能理解的数值和公式数据都视为文本。

在输入编号数据时，如果编号的开头为 0，直接输入数据后，系统会自动省略编号前的 0，此时可以先将单元格格式设置为文本型，然后再进行输入，操作方法如下。

第1步 打开“素材文件 \ 第 2 章 \ 商品定购表 .xlsx”，❶ 选中要输入编号的单元格区域；❷ 单击【开始】选项卡中的【单元格格式：数字】对话框按钮 ⌟，如下图所示。

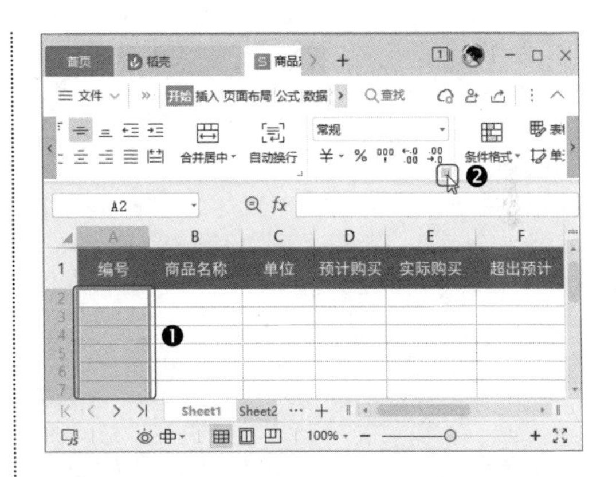

第2步 打开【单元格格式】对话框，❶ 在【数字】选项卡的【分类】列表框中选择【文本】选项；❷ 单击【确定】按钮，如下图所示。

第3步 返回工作表中，在设置了文本格式的单元格中输入以0开头的编号，即可正常显示，单元格的左上角会出现一个绿色小三角，如下图所示。

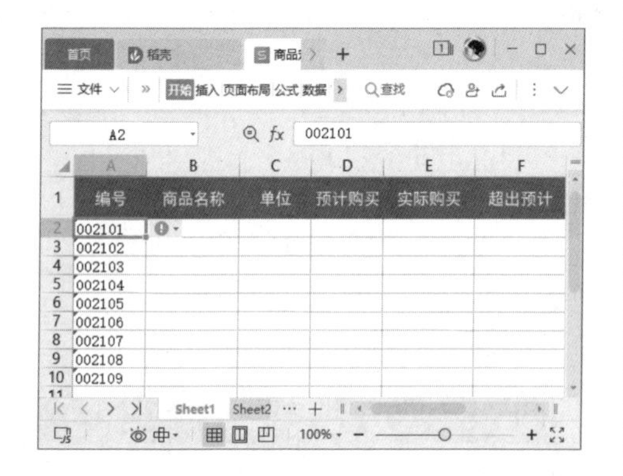

> **教您一招**
>
> **将文本型数值转换为数字**
>
> 数据记录为文本型之后，不能参与计算，如果要将文本型数据转换为数字，可以选中文本型数据，然后单击右侧的下拉按钮，在弹出的下拉菜单中选择【转换为数字】命令。

2.1.2 数值型数据

数值是代表数量的数字形式，如工厂的生产力及利润、学生的成绩、员工的工资等。数值可以是正数，也可以是负数，但共同的特点是都可以用于进行计算，如加、减、求和、求平均值等。除了数字，还有一些特殊的符号也被WPS表格理解为数值，如百分号（%），货币符号（$）、科学计数符号（E）等。

在单元格中输入普通数字的方法与输入文本的方法相似，即选择单元格，然后输入数字，完成后按【Enter】键或单击其他单元格即可。

在新建的WPS表格中，所有单元格都采用默认的常规数字格式，我们可以根据需要设置数字格式。

例如，在“商品定购表”中，预计购买的商品数量和实际购买的数量有差别，在计算预算的差距时，我们可以设置负数格式，突出显示超出预算的商品数量，操作方法如下。

第1步 打开“素材文件\第2章\商品定购表1.xlsx”，❶ 选中要设置数据格式的单元格区域并右击；❷ 在弹出的快捷菜单中选择【设置单元格格式】选项，如下图所示。

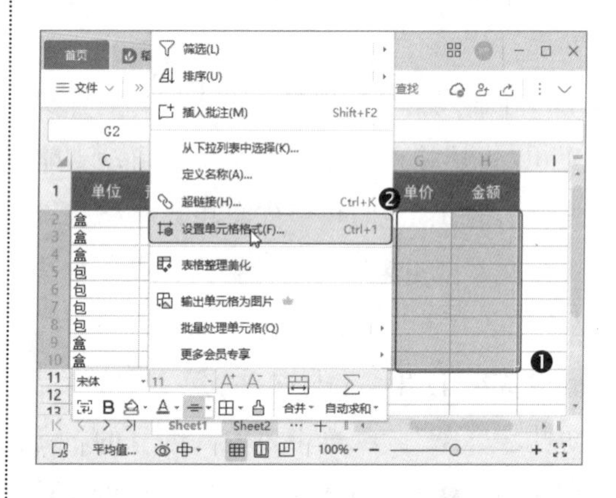

第2步 打开【单元格格式】对话框，❶ 在【数字】选项卡的【分类】列表框中选择【数值】选项；❷ 在右侧的【小数位数】微调框中设置小数位数为“0”；❸ 在【负数】列表框中选择一种负数样式；❹ 单击【确定】按钮，如下图所示。

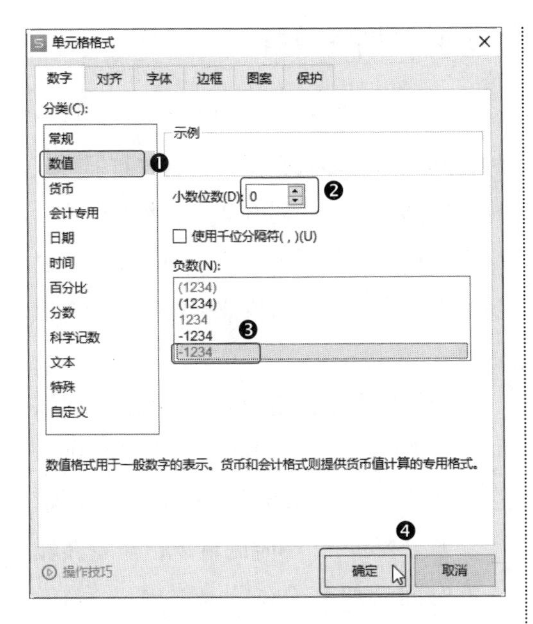

第3步 返回工作表中，在 F2 单元格中输入公式“=D2-E2”，如下图所示。

> **温馨提示**
> 公式的使用方法请参考第 4 章。

第4步 按【Enter】键确认，并将公式填充至下方，即可看到设置数字格式后的效果，如下图所示。

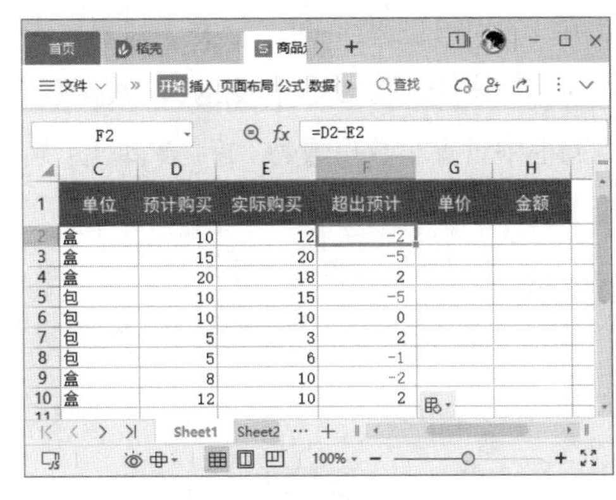

2.1.3 货币型数据

货币型数据也属于数值型数据，为了方便区分货币型数据，可以为其设置货币符号，操作方法如下。

第1步 打开“素材文件 \ 第 2 章 \ 商品定购表 2.xlsx”，❶ 选中要设置数据格式的单元格区域；❷ 单击【开始】选项卡中的【数字格式】下拉按钮▾；❸ 在弹出的下拉菜单中选择【其他数字格式】选项，如下图所示。

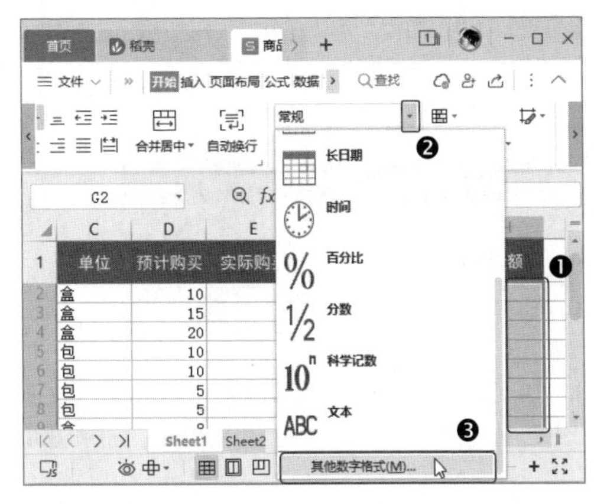

第2步 打开【单元格格式】对话框，

❶ 在【数字】选项卡的【分类】列表框中选择【货币】选项；❷ 在右侧的【小数位数】微调框中设置小数位数为“1”；❸ 单击【确定】按钮，如下图所示。

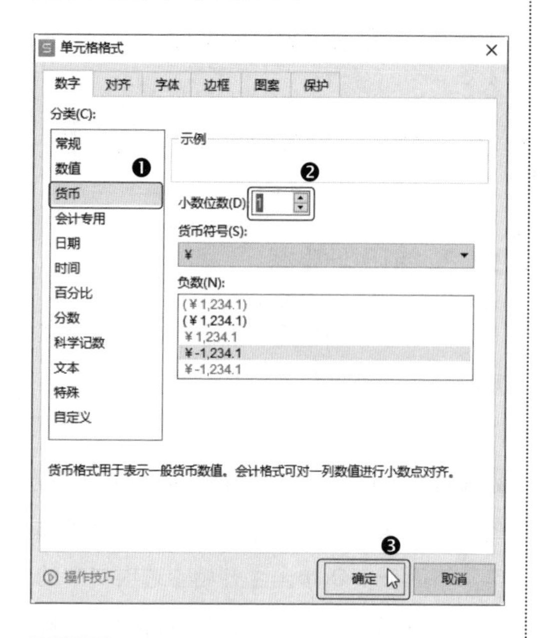

第3步 返回工作表中，在单元格中输入数据，即可看到货币符号，如下图所示。

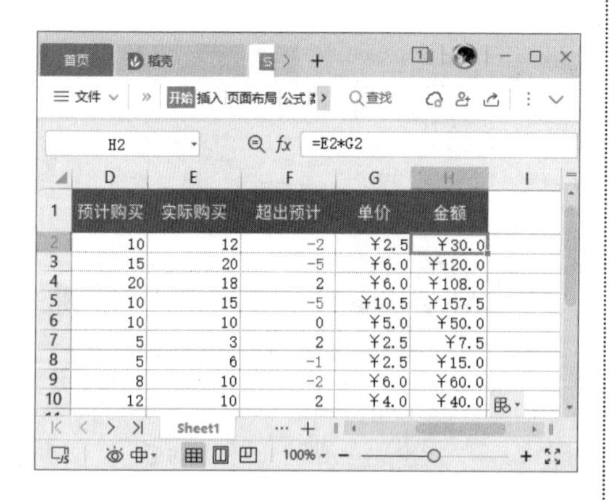

	D	E	F	G	H
1	预计购买	实际购买	超出预计	单价	金额
2	10	12	-2	¥2.5	¥30.0
3	15	20	-5	¥6.0	¥120.0
4	20	18	2	¥6.0	¥108.0
5	10	15	-5	¥10.5	¥157.5
6	10	10	0	¥5.0	¥50.0
7	5	3	2	¥2.5	¥7.5
8	5	6	-1	¥2.5	¥15.0
9	8	10	-2	¥6.0	¥60.0
10	12	10	2	¥4.0	¥40.0

2.1.4 日期型数据

在 WPS 表格中，日期和时间是以一种特殊的数值形式存储的，这种数值形式称为“序列值”。序列值是一个大于等于 0，小于 2958465 的数值，所以日期也可以理解为一个包含在数值数据范畴中的数值区间。

如果要在单元格中输入时间，可以以时间格式直接输入，如输入“15：30：00”。在 WPS 表格中，系统默认按 24 小时制输入，如果要按 12 小时制输入，需要在输入的时间后加上“AM”或“PM”字样，表示上午或下午。

如果要在单元格中输入日期，可以在年、月、日之间用“/”或“-”隔开。例如，在单元格中输入“21/12/1”，按【Enter】键后就会自动显示为日期格式“2021/12/1”。

如果要使输入的日期或时间以其他格式显示，如输入日期“2021/12/1”后自动显示为“2021 年 12 月 1 日”的格式，就需要设置单元格格式。例如，需要在“员工档案表”中输入员工生日，操作方法如下。

第1步 打开“素材文件\第 2 章\员工档案表 .xlsx”，❶ 选中要设置数据格式的单元格区域；❷ 单击【开始】选项卡中的【单元格格式：数字】对话框按钮 ⌟，如下图所示。

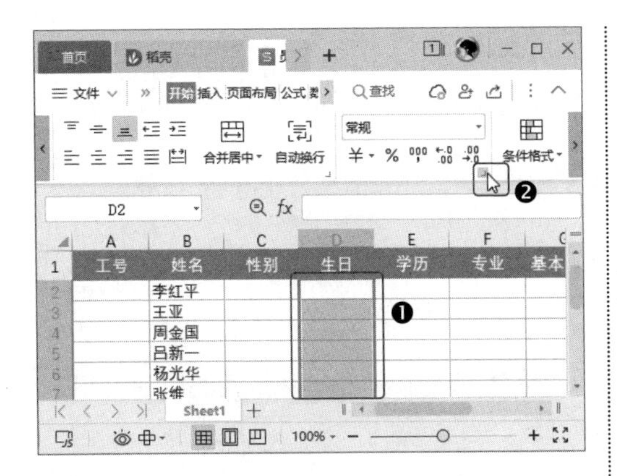

第2步 打开【单元格格式】对话框，❶ 在【数字】选项卡的【分类】列表框中选择【日期】选项；❷ 在右侧的【类型】列表框中选择需要的日期格式；❸ 单击【确定】按钮，如下图所示。

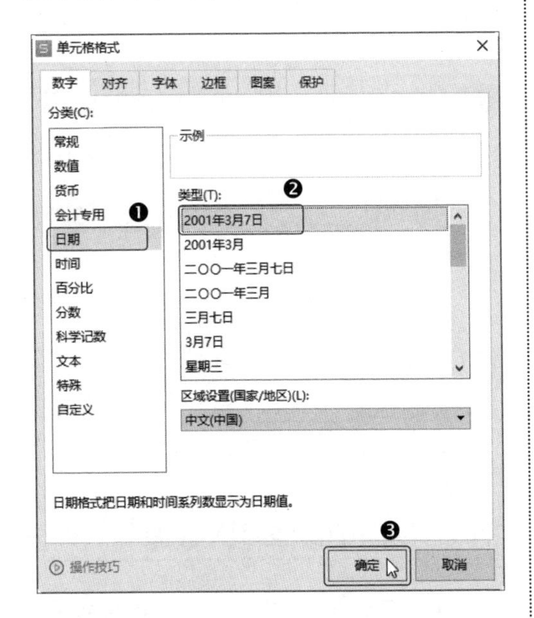

第3步 在设置了日期格式的单元格区域中输入日期“1995/3/9”，如下图所示。

第4步 输入完成后按【Enter】键，即可看到输入的日期自动转换为设置的日期格式，然后输入其他日期即可，如下图所示。

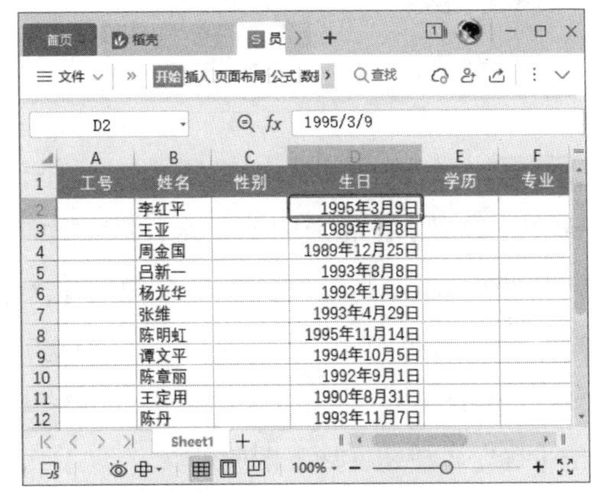

2.1.5 使用自定义数据格式

在编辑工作表时，经常会输入位数较多的员工编号、学号、证书编号等，如“RGB2021001，RGB2021002……”，这些编号中的部分字符是相同的，若重复地录入会非常烦琐，且容易出错，此时，可以通过自定义数据格式快速输入。

例如，要在“员工档案表”中输入工号，

操作方法如下。

第1步 打开“素材文件\第 2 章\员工档案表 1.xlsx”，❶ 选中要设置数据格式的单元格区域；❷ 单击【开始】选项卡中的【单元格格式：数字】对话框按钮 ⌟，如下图所示。

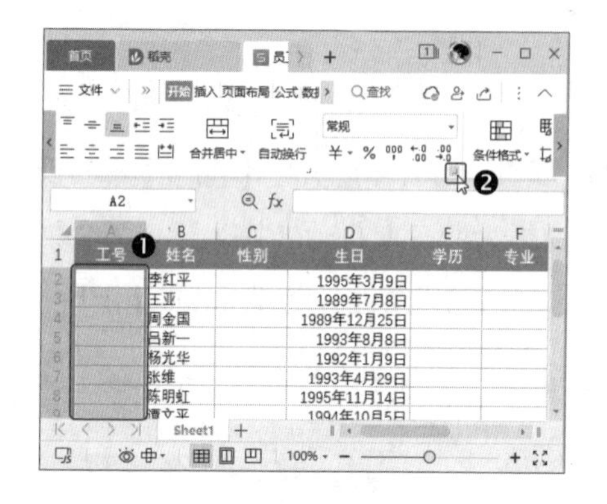

第2步 打开【单元格格式】对话框，❶ 在【数字】选项卡的【分类】列表框中选择【自定义】选项；❷ 在右侧的【类型】文本框中输入“"CQ2021cy"000”（"CQ2021cy" 是固定不变的内容）；❸ 单击【确定】按钮，如下图所示。

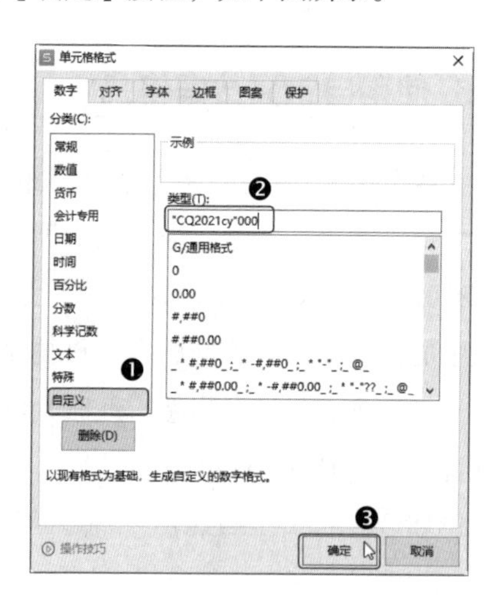

第3步 返回工作表，在单元格区域中输入工号后的序号，如“1”，如下图所示。

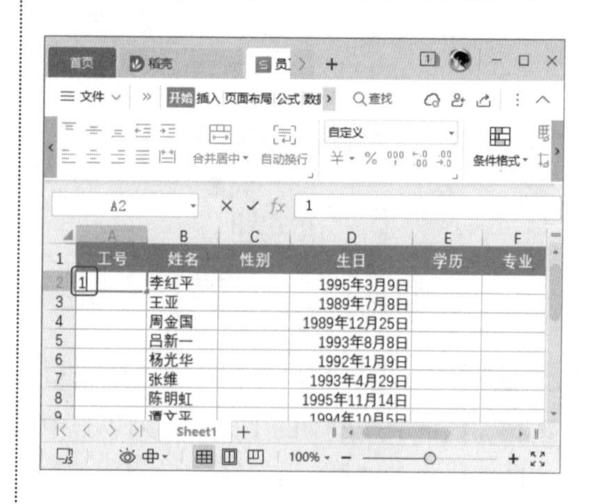

第4步 按【Enter】键确认，即可显示完整的工号，使用相同的方法输入其他工号即可，如下图所示。

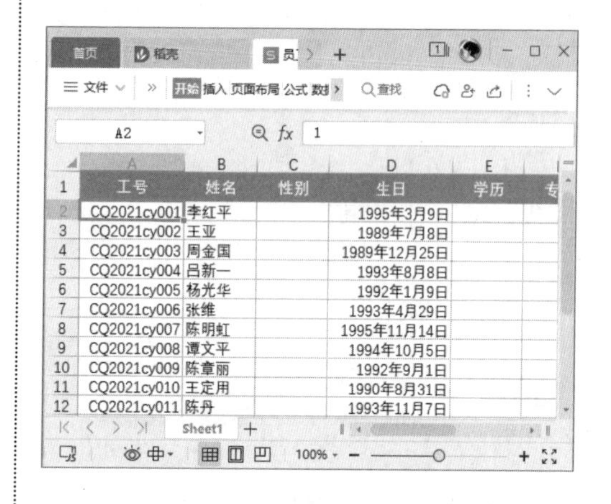

2.1.6 使用记录单输入数据

在填写数据时，有时因为数据量较大，直接在单元格中输入容易产生错误，此时可以新建记录单输入数据，操作方法如下。

第1步 ❶ 新建工作簿，分别输入表头文本，然后选中所有表头单元格；❷ 单击【数据】选项卡中的【记录单】按钮，如下图所示。

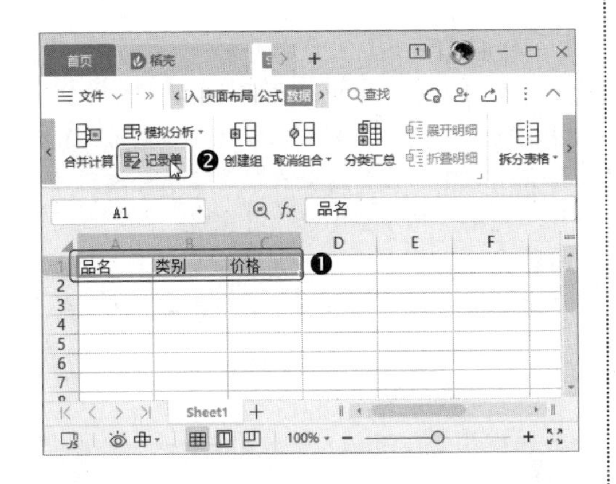

第2步 ❶ 在打开的对话框中已经自动添加了表头文本项目，分别输入相关信息；❷ 单击【新建】按钮，如下图所示。

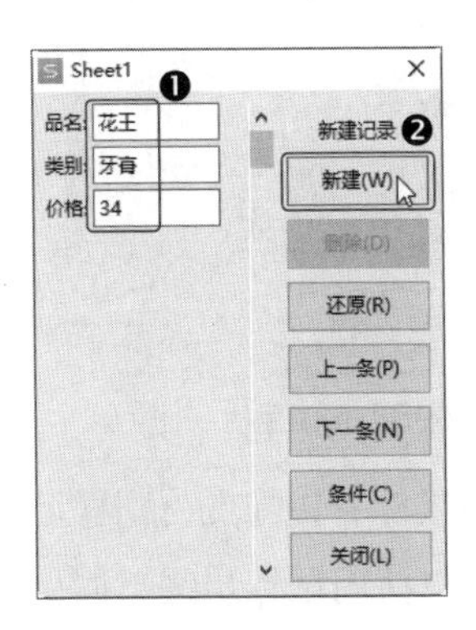

第3步 ❶ 使用相同的方法输入其他内容；❷ 完成后单击【关闭】按钮，如下图所示。

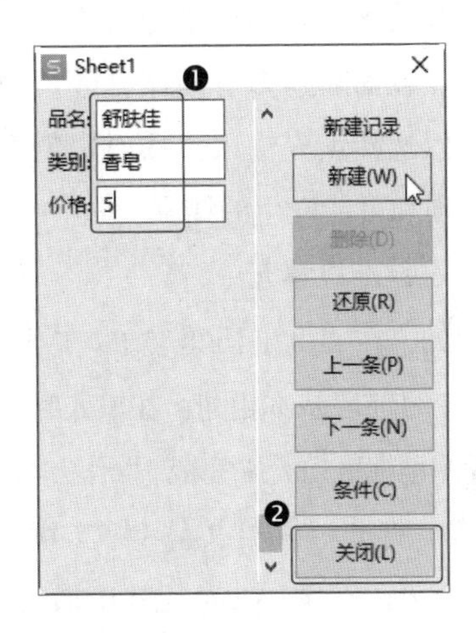

第4步 返回工作表中，即可看到记录单中输入的数据，如下图所示。

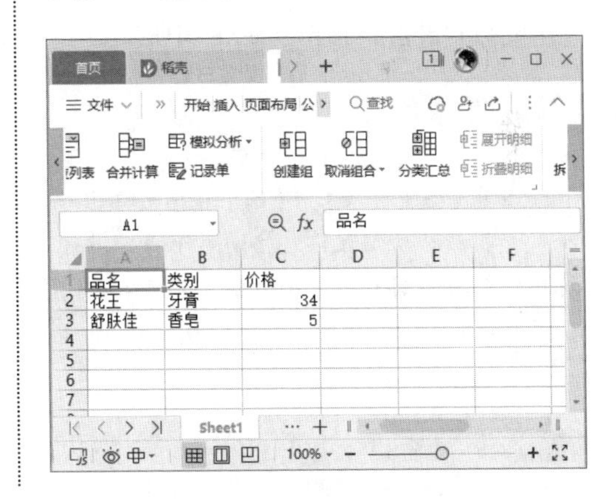

2.2 快速输入批量数据

使用 WPS 表格输入数据时，会遇到一些比较复杂，但又有规律的数据，如果逐个输入，不仅浪费时间，也容易发生错漏。此时，可以使用填充功能，快速输入这些规律的数据，如使用填充柄填充数据、输入等差序列、输入等比序列、自定义填充序列等。同样，如果遇到从其他表格中合并的数据有重复时，也可以批量删除。

2.2.1 填充数据

在 WPS 表格中输入数据时，最常用的方法是将光标定位到工作表中，然后输入数据。在面对众多有规律且较长的数据时，可以选择填充输入，从而避免手动操作的烦琐和可能发生的错漏。

1. 左键拖曳填充

例如，在“员工档案表 2”工作簿中，员工的工号前段基本相同，在输入时，就可以通过左键拖曳填充来完成，操作方法如下。

第1步 打开“素材文件\第 2 章\员工档案表 2.xlsx”，在 A2 单元格中输入工号，选中该单元格，然后将鼠标指针移动到该单元格的右下角，当鼠标指针变为 **+** 时，按住鼠标左键进行拖曳，如下图所示。

教您一招

快速填充数据

在单元格中输入工号，选中该单元格后，将鼠标指针移动到该单元格的右下角，当鼠标指针变为 **+** 时双击鼠标左键，即可快速向下填充数据。

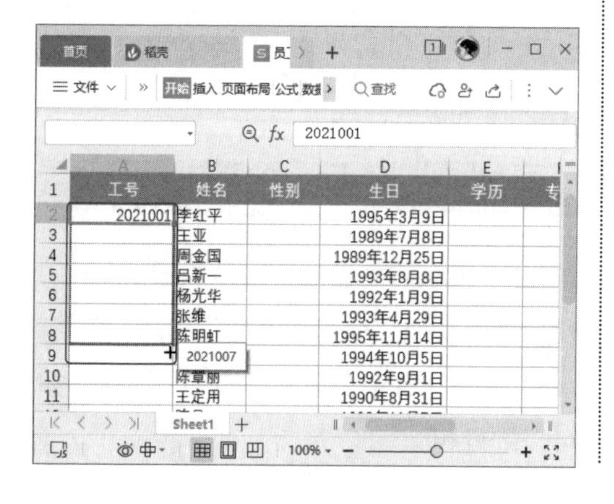

第2步 拖曳到合适的位置后，释放鼠标，即可看到数据已被填充，如下图所示。

温馨提示

在拖曳的过程中，右下角会出现一个数字，提示拖曳序列到当前单元格的数值。在拖曳完成后，右下角会出现拖曳填充柄到目标单元格，释放鼠标后，将出现一个【自动填充选项】按钮，单击这个按钮，可以展开填充选项列表，选择其中的选项，可以改变数据的填充方式。

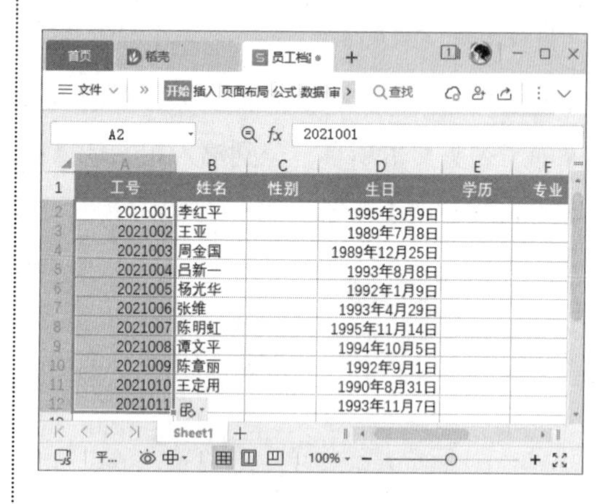

2. 右键拖曳填充

使用鼠标右键拖曳，同样可以填充数据，但是与使用鼠标左键不同。按住鼠标右键拖曳填充柄到目标单元格，释放鼠标后，将弹出一个快捷菜单，在这个快捷菜单中，可以选择更多填充选项。

例如，要在“考勤表”中输入工作日，如果使用左键拖曳，会依次填充日期。由于周末不需要输入考勤信息，需要再删除周六、周日的日期。

如果使用右键填充，可以选择只填充工作日，避免多余的操作，操作方法如下。

第1步 打开“素材文件\第 2 章\考勤表.xlsx”，❶ 在 A2 单元格中输入起始日期，选中该单元格，然后将鼠标指针移动到该单元格的右下角，当鼠标指针变为＋时，按住鼠标右键进行拖曳，到目标位置后释放鼠标；❷ 在弹出的快捷菜单中选择【以工作日填充】选项，如下图所示。

第2步 操作完成后，即可看到数据已被填充，如下图所示。

3. 自定义填充序列

在编辑工作表数据时，经常需要填充序列数据。WPS 表格提供了一些内置序列，用户可直接使用。对于经常使用但内置序列中没有的数据序列，则需要设置自定义数据序列，设置后便可填充自定义的序列，从而加快数据的输入速度。

例如，要自定义序列“行政部、销售部、财务部、开发部、市场部”，操作方法如下。

第1步 打开“素材文件\第 2 章\行政管理表.xlsx”，❶ 单击【文件】按钮；❷ 在弹出的下拉菜单中选择【选项】命令，如下图所示。

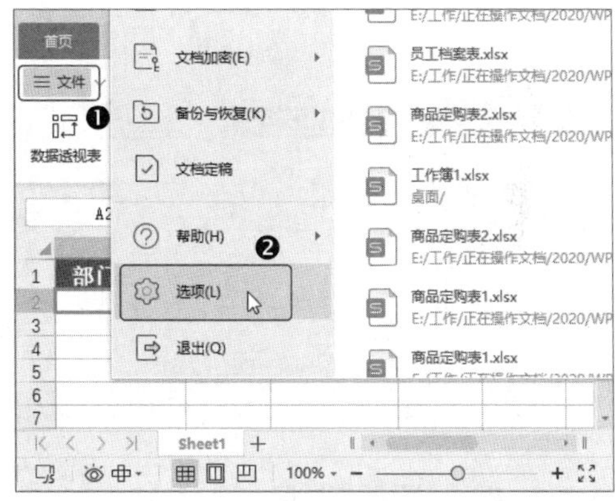

第2步 打开【选项】对话框，❶ 切换到【自定义序列】选项卡；❷ 在【输入序列】文本框中输入自定义序列的内容；❸ 单击【添加】按钮，将输入的数据序列添加到左侧【自定义序列】列表框中；❹ 单击【确定】按钮，如下图所示。

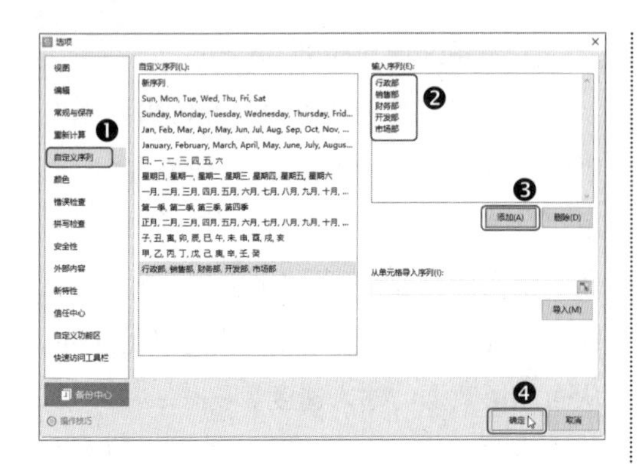

第3步 返回工作表中，在单元格中输入自定义序列中的第一项内容，再利用快速填充功能，即可自动填充自定义的序列，如下图所示。

2.2.2 输入相同数据

在制作表格时，经常会遇到需要在多个单元格中输入相同数据的情况，不管是直接输入，还是使用复制粘贴的方法，都比较耗时，此时可以选择以下方法。

1. 在多个单元格中输入相同数据

在输入数据时，有时需要在一些单元格中输入相同数据，如果逐个输入，非常浪费时间，且容易出错。为了提高输入速度，可以按以下操作在多个单元格中快速输入相同数据。

例如，要在员工档案表中输入员工的性别，操作方法如下。

第1步 打开“素材文件 \ 第 2 章 \ 员工档案表 3.xlsx”，按住【Ctrl】键，使用鼠标左键单击选择要输入“男”的单元格，选择完成后输入“男”，如下图所示。

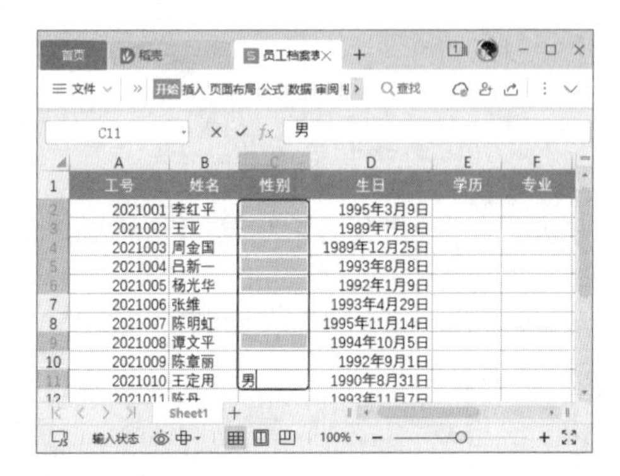

第2步 按【Ctrl+Enter】组合键确认，即可在选中的多个单元格中输入相同内容，如下图所示。

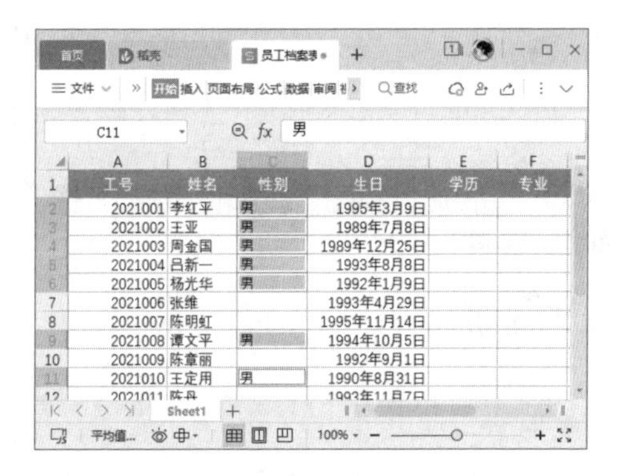

2. 填充空白单元格

在使用上面的方法填充数据后，如

果要在剩下的空白单元格中填充其他的数据，并不需要依次选中单元格再进行填充，可以利用 WPS 表格提供的“定位条件”功能选择空白单元格，然后进行填充。

例如，要在“性别”列剩下的单元格中输入“女”，操作方法如下。

第1步 接上一例操作，❶ 选中“性别”列的所有单元格；❷ 单击【开始】选项卡中的【查找】下拉按钮；❸ 在弹出的下拉列表中单击【定位】选项，如下图所示。

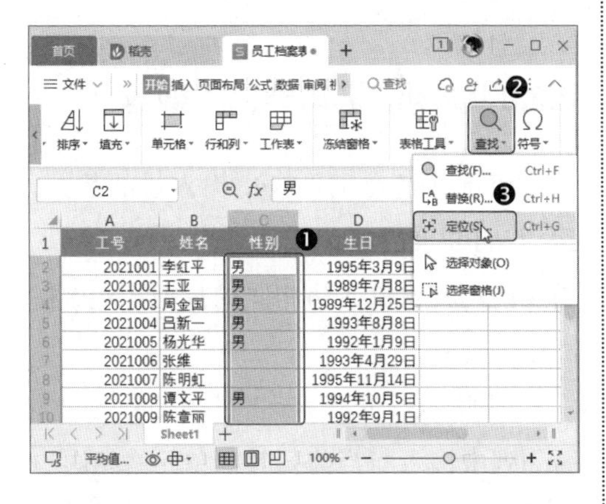

第2步 打开【定位】对话框，❶ 选择【空值】单选按钮；❷ 单击【定位】按钮，如下图所示。

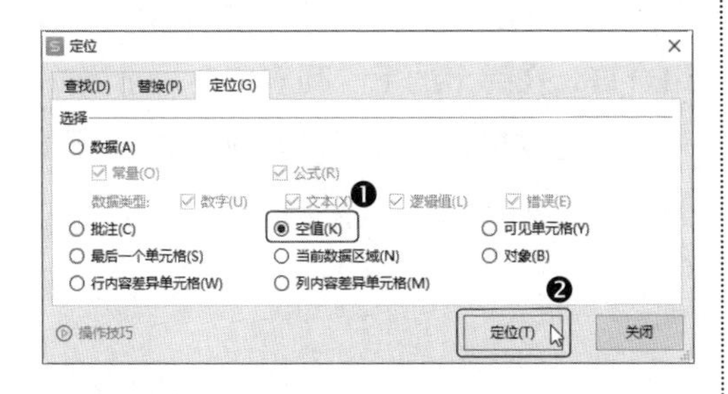

第3步 返回工作表，可以看到所选单元格区域中的所有空白单元格呈选中状态，输入需要的数据内容“女”，按【Ctrl+Enter】组合键，如下图所示。

3. 在多个工作表中同时输入相同数据

在输入数据时，不仅可以在多个单元格中输入相同数据，还可以在多个工作表中输入相同数据。

例如，要在“第 1 季度”“第 2 季度”“第 3 季度”“第 4 季度”4 张工作表中同时输入相同数据，操作方法如下。

第1步 新建一个空白工作簿，再新建 3 张工作表，然后分别将 4 张工作表命名为“第 1 季度”“第 2 季度”“第 3 季度”“第 4 季度”，如下图所示。

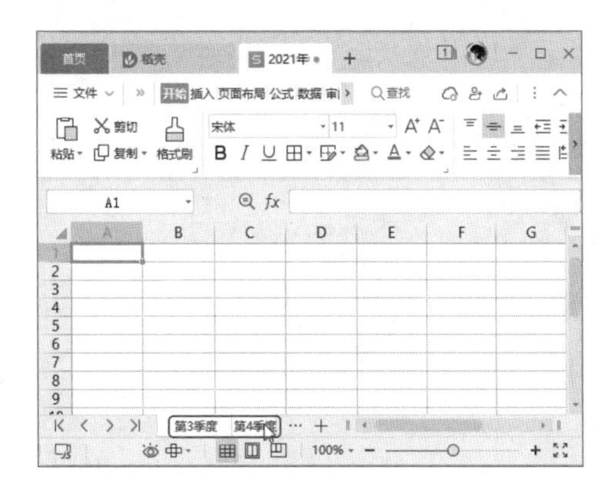

第2步 ❶ 按住【Ctrl】键，依次单击工作表对应的标签，选中需要同时输入相同数据的多张工作表，本例选中“第 1 季度”“第 2 季度”“第 3 季度”“第 4 季度”4 张工作表；❷ 直接在当前工作表中输入需要的数据，如下图所示。

第3步 输入完成后，在任意工作表标签上右击，在弹出的快捷菜单中单击【取消成组工作表】命令，取消多张工作表的选中状态，如下图所示。

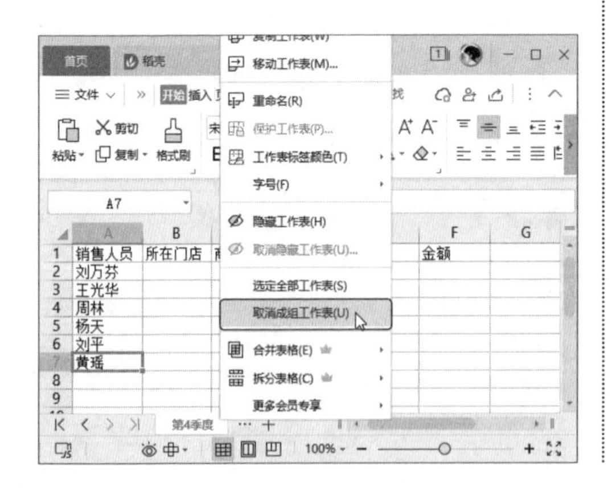

第4步 切换到其他工作表，即可看到在相同位置输入了相同数据，如下图所示。

2.2.3 使用记忆功能输入数据

对于已经在工作表中输入过的数据，运用 WPS 表格的记忆功能可以快速输入与当前列其他单元格相同的数据，从而提高输入效率。

例如，在“员工档案表”中，要在“学历”列中输入与当前列其他单元格相同的数据，操作方法如下。

第1步 打开“素材文件 \ 第 2 章 \ 员工档案表 4.xlsx”，选中要输入与当前列其他单元格相同数据的单元格，按【Alt+ ↓】组合键，在弹出的下拉列表中会显示当前列的所有数据，此时可以选择需要输入的数据，如下图所示。

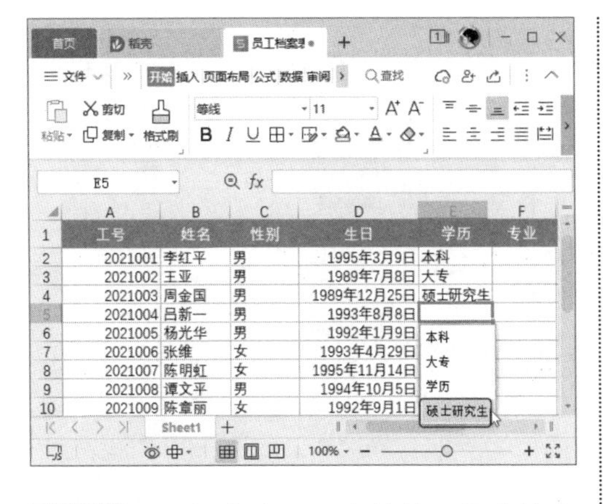

第2步 选择完成后，当前单元格中将自动输入所选数据，如下图所示。

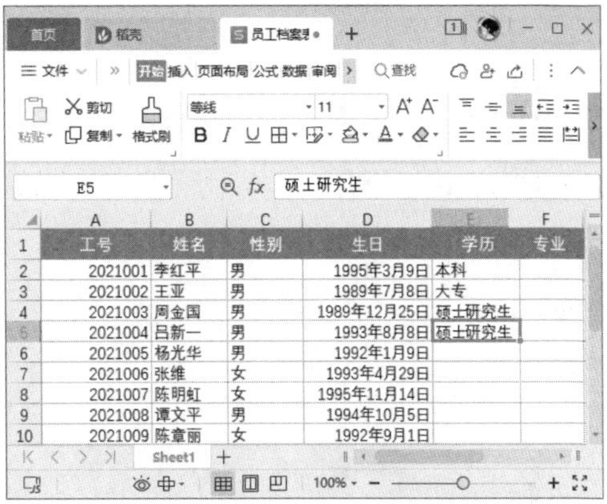

2.3 设置数据有效性，避免输入错误

在制作表格的时候，设置数据有效性可以限制单元格中可输入的内容，如单元格中数据的文本长度、文本内容、数值范围等。设置了数据有效性的单元格，可以为填写数据的人提供提示信息，减少输入错误，提高工作效率。

2.3.1 设置数据的输入范围

在输入表格数据时，如果对数据范围有要求，可以为数据设置输入范围，避免输入错误。

例如，在“商品定价表”中设置数据的输入范围，并设置输入信息和出错警告，操作方法如下。

第1步 打开“素材文件\第 2 章\商品定价表.xlsx”，❶ 选中要设置数据输入范围的单元格区域；❷ 单击【数据】选项卡中的【有效性】按钮，如下图所示。

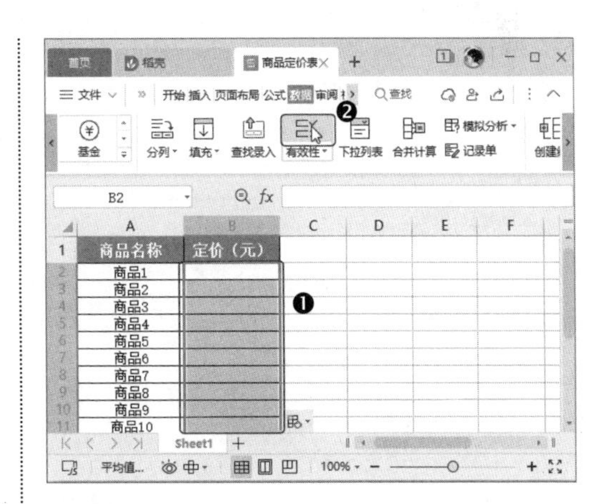

第2步 打开【数据有效性】对话框，在【允许】下拉列表中选择【整数】选项，在【数据】下拉列表中选择【介于】选项，设置最小值和最大值，如下图所示。

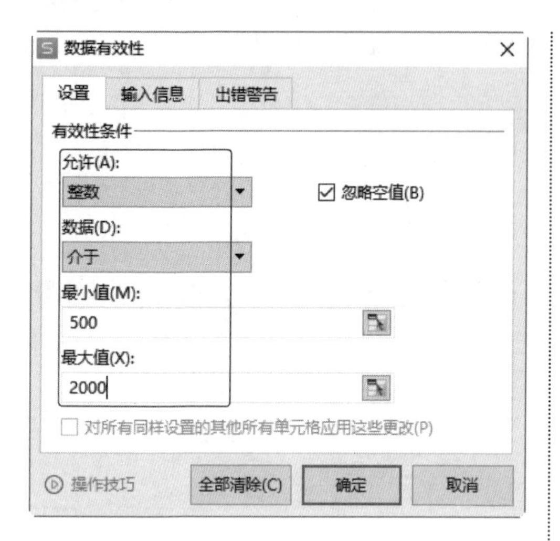

第3步 ❶ 切换到【输入信息】选项卡；❷ 在【标题】文本框中输入标题，在【输入信息】文本框中输入提示信息，如下图所示。

第4步 ❶ 切换到【出错警告】选项卡；❷ 在【标题】文本框中输入标题，在【错误信息】文本框中输入错误提示信息；❸ 单击【确定】按钮，如下图所示。

第5步 返回工作表，选中设置了数据有效性的单元格，即可显示提示信息，如下图所示。

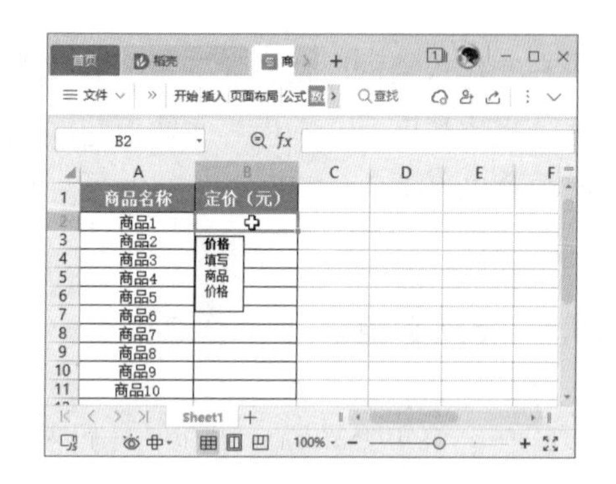

第6步 在设置了数据有效性的单元格中输入限制范围外的数据时，会出现出错警告，如下图所示。

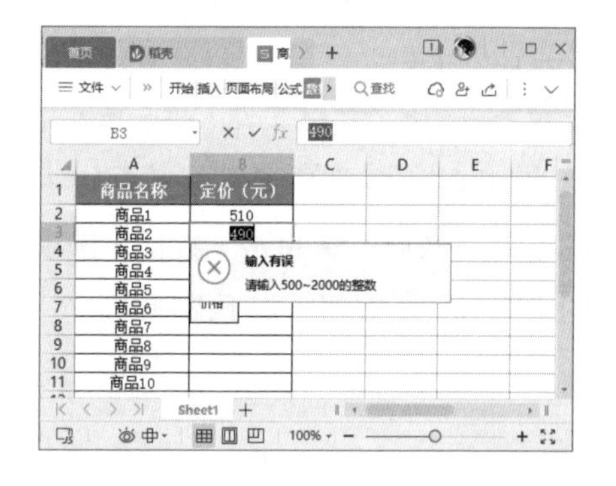

2.3.2 只允许在单元格中输入数值

在工作中，如果要规定在某个单元格区域中只能输入数值，不能输入文本、日期等其他格式的数据，可以使用公式来设置数据有效性。

例如，在“下半年销量统计”工作表中设置单元格区域只能输入数值，操作方法如下。

第1步 打开“素材文件\第 2 章\下半年销售统计 .xlsx”，❶ 选中要设置只能输入数值的单元格区域；❷ 单击【数据】选项卡中的【有效性】下拉按钮；❸ 在弹出的下拉菜单中选择【有效性】选项，如下图所示。

第2步 打开【数据有效性】对话框，❶ 在【允许】下拉列表中选择【自定义】选项，在【公式】文本框中输入“=ISNUMBER(B2)”，ISNUMBER 函数用于测试输入的数据是否为数值，“B2”是选择单元格区域的第一个活动单元格；❷ 单击【确定】按钮，如下图所示。

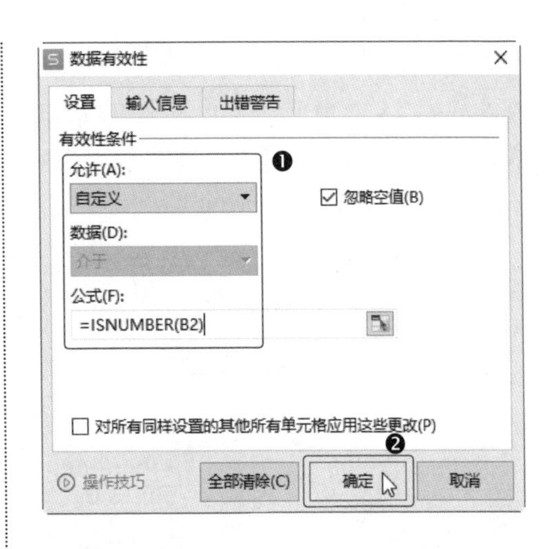

第3步 操作完成后，在 B2:B7 单元格区域中如果输入除数值以外的其他内容，就会出现错误提示，如下图所示。

2.3.3 创建下拉选择列表简单输入

如果要在单元格中填写几项固定的内容，可以创建下拉列表，在输入时从中选择固定内容即可。

例如，要在“员工档案表”中输入学历数据，可以创建下拉选择列表，操作方法如下。

第1步 打开"素材文件\第 2 章\员工档案表 4.xlsx"，❶ 选中要设置下拉列表的单元格区域；❷ 单击【数据】选项卡中的【下拉列表】按钮，如下图所示。

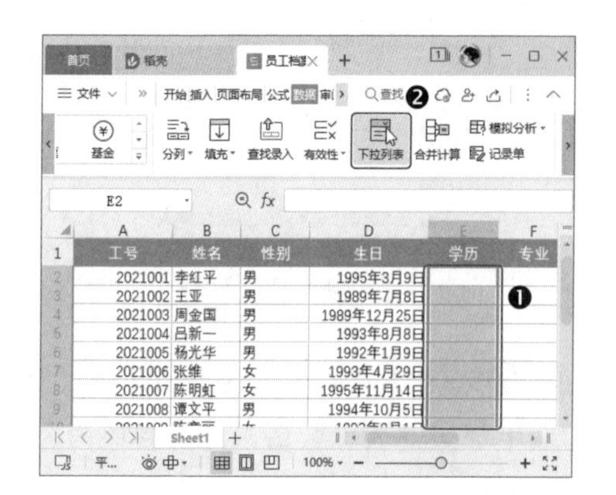

第2步 打开【插入下拉列表】对话框，默认选择了【手动添加下拉选项】单选按钮，❶ 在列表框中输入下拉列表的第一个选项；❷ 单击按钮，继续添加其他选项，如下图所示。

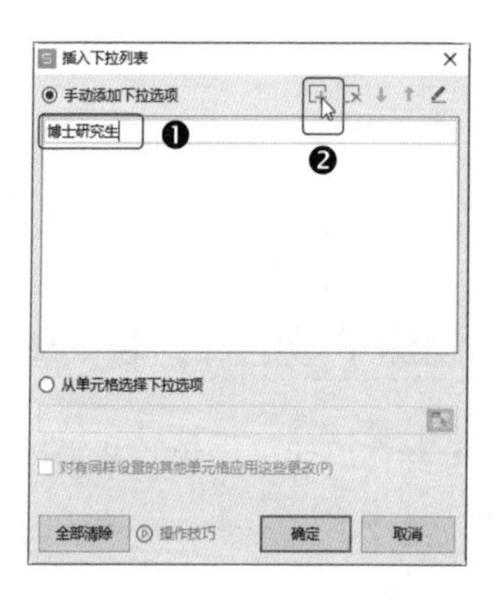

教您一招

从单元格选择下拉选项

在工作表中先输入下拉列表的选项后，在【插入下拉列表】对话框中选择【从单元格选择下拉选项】单选按钮，然后选择输入了下拉列表选项的单元格，可以根据输入的内容设置下拉选项。

第3步 使用相同的方法添加所有选项后，单击【确定】按钮，如下图所示。

第4步 ❶ 返回工作表，可以看到设置了下拉列表的单元格右侧会出现下拉按钮，单击该下拉按钮，将弹出一个下拉列表；❷ 单击某个选项，如下图所示。

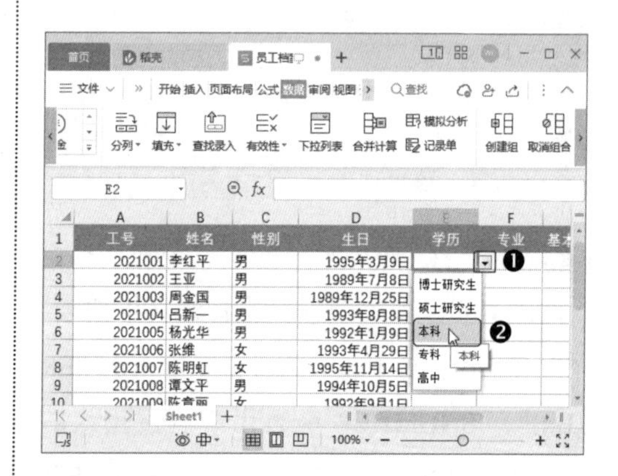

第5步 即可快速在该单元格中输入所选内容，使用相同的方法输入其他内容即可，如下图所示。

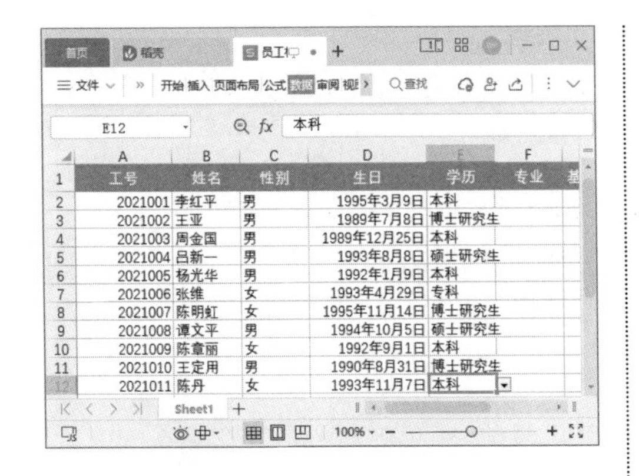

2.3.4 重复数据禁止输入

在输入表格数据时，身份证号码、发票号码等数据都具有唯一性，为了避免在输入过程中因为输入错误而导致数据相同，可以通过“数据有效性”功能禁止重复输入。

例如，在“员工档案表”工作表中设置单元格区域不允许输入重复值，操作方法如下。

第1步 打开“素材文件\第 2 章\员工档案表.xlsx”，❶ 选择要设置有效性的单元格区域；❷ 单击【数据】选项卡中的【有效性】按钮，如下图所示。

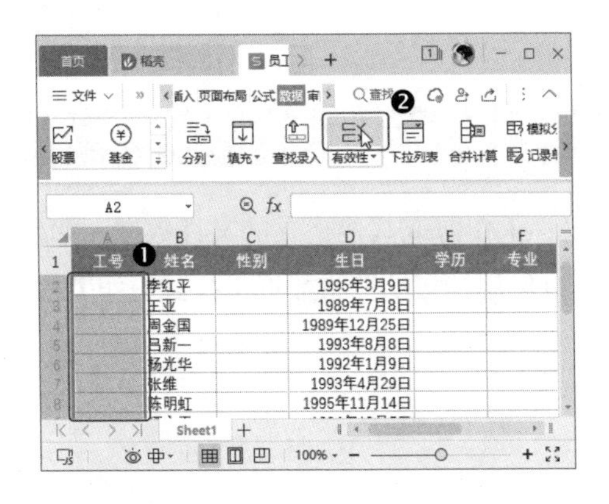

第2步 打开【数据有效性】对话框，❶ 在【允许】下拉列表中选择【自定义】选项，在【公式】文本框中输入“=COUNTIF($A$2:$A$12,A2)<=1”；❷ 单击【确定】按钮，如下图所示。

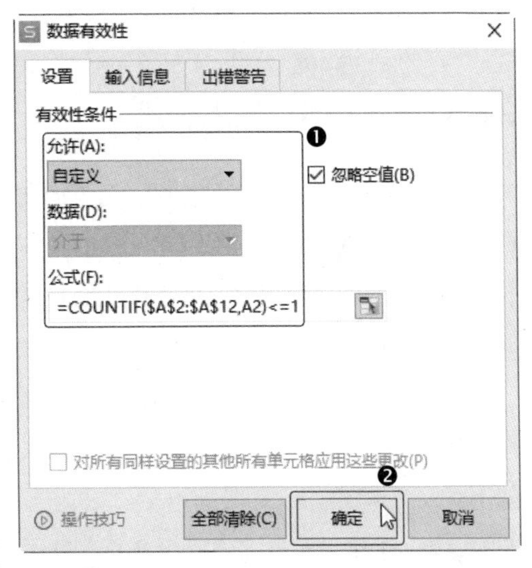

第3步 返回工作表中，在设置了数据有效性的单元格区域中输入重复数据时，就会出现错误提示，如下图所示。

教您一招

快速设置禁止输入重复数据

选中需要禁止输入重复数据的单元格区域后，单击【数据】选项卡中的【重复项】下拉按钮，在弹出的下拉菜单中选择【拒绝录入重复项】命令，在打开的【拒绝重复输入】对话框中单击【确定】按钮即可。

2.3.5 设置文本的输入长度

有些数据规定了固定的长度，为了加强输入数据的准确性，可以限制单元格的文本长度，当输入的内容超过或低于设置的长度时，就会出现错误提示。

例如，在“身份证号码采集表”工作表中设置单元格的文本长度，操作方法如下。

第1步 打开“素材文件\第2章\身份证号码采集表.xlsx”，选中要设置文本长度的单元格区域，打开【数据有效性】对话框，❶在【允许】下拉列表中选择【文本长度】选项，在【数据】下拉列表中选择【等于】选项，设置文本长度为【18】；❷单击【确定】按钮，如下图所示。

第2步 返回工作表中，在单元格中输入内容时，若文本长度不等于18，则会出现错误提示，如下图所示。

2.4 链接数据，实现数据跳转

在制作表格时，有时会需要用到其他工作表、工作簿或其他格式的文件数据，如果直接复制数据，可能会造成数据杂乱不堪，此时可以使用链接功能将数据链接到工作表中，单击链接就可以跳转到需要的位置。

2.4.1 工作表之间的链接

当工作簿中的工作表太多时，为了方便查找，可以建立一个汇总工作表，再给工作表之间创建超链接。创建完成之后，只要单击超链接，就可以跳转到想要的工作表。

例如，要为“公司产品销售情况”工作簿中的工作表设置超链接，操作方法如下。

第1步 打开“素材文件 \ 第 2 章 \ 公司产品销售情况 .xlsx”，❶ 在包含工作表名称的工作表中（本例为“工作表汇总”），选中要创建超链接的单元格，本例选中 A2 单元格；❷ 单击【插入】选项卡中的【超链接】按钮，如下图所示。

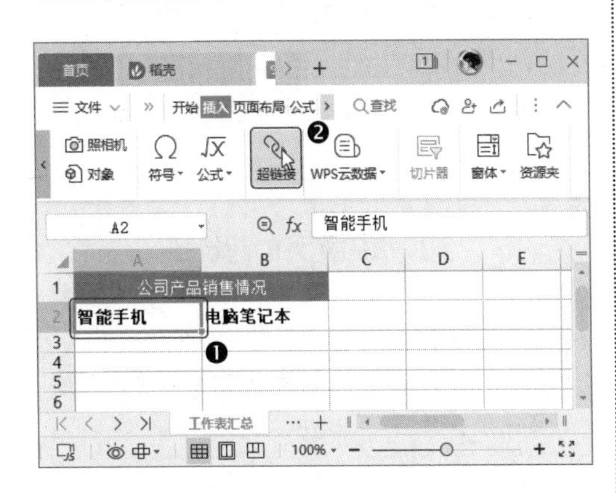

第2步 打开【超链接】对话框，❶ 选择【本文档中的位置】；❷ 在右侧的列表框中选择要链接的工作表，本例选择“智能手机”；❸ 单击【确定】按钮，如下图所示。

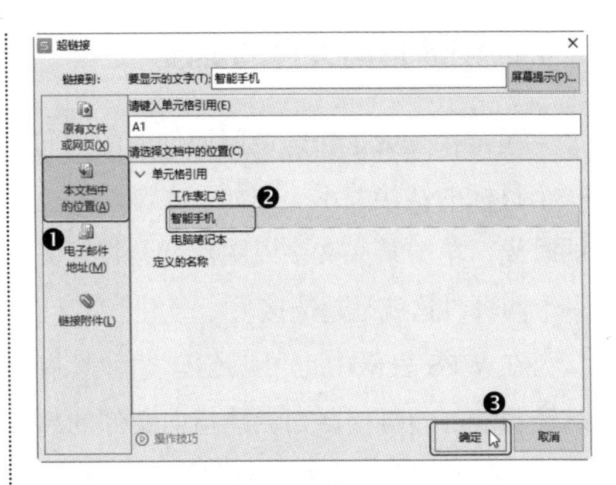

第3步 返回工作表，参照上述操作步骤，为其他单元格设置相应的超链接。设置超链接后，单元格中的文本呈蓝色并带有下划线，用鼠标单击设置了超链接的文本，即可跳转到相应的工作表，如下图所示。

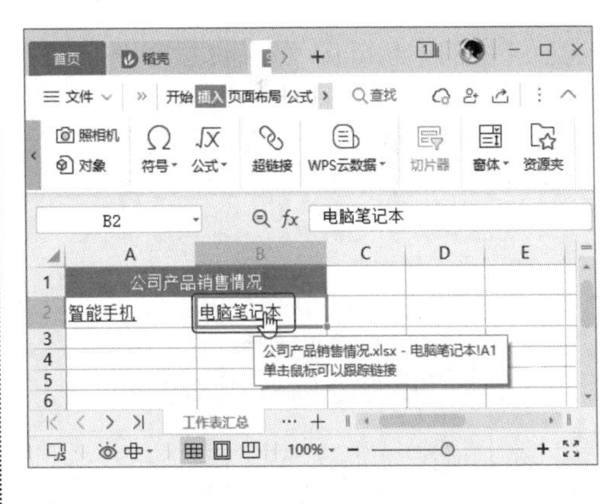

教您一招

删除超链接

如果要删除超链接，可以右击需要删除的超链接，在弹出的快捷菜单中单击【取消超链接】命令。

2.4.2 创建指向文件的链接

超链接是为了快速访问而创建的指向一个目标的链接关系。例如，在浏览网页的时候，单击某些文字或图片就会打开另一个网页，这就是超链接。

在 WPS 表格中也可以创建这种具有跳转功能的超链接，如创建指向文件的超链接、创建指向网页的超链接等。

例如，要为“员工成绩表”创建指向“员工成绩核定标准”工作簿的超链接，具体操作方法如下。

第1步 打开“素材文件\第 2 章\员工成绩表.xlsx”，❶ 选中要创建超链接的单元格，本例选择 A2 单元格；❷ 单击【插入】选项卡中的【超链接】按钮，如下图所示。

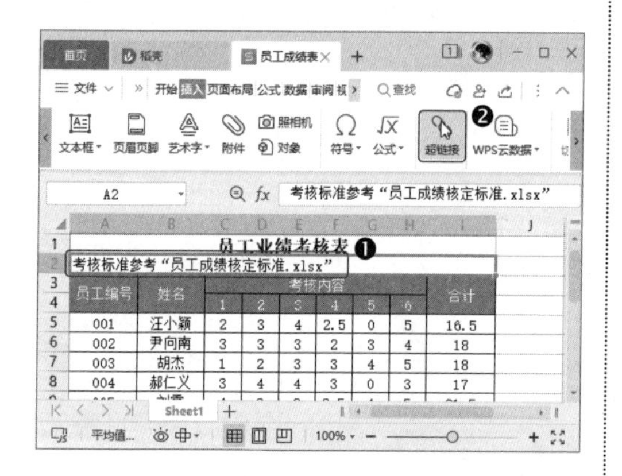

第2步 打开【超链接】对话框，❶ 选择【原有文件或网页】选项；❷ 在右侧的列表框中选择要引用的工作簿，本例选择“员工成绩核定标准.xlsx”；❸ 单击【确定】按钮，如下图所示。

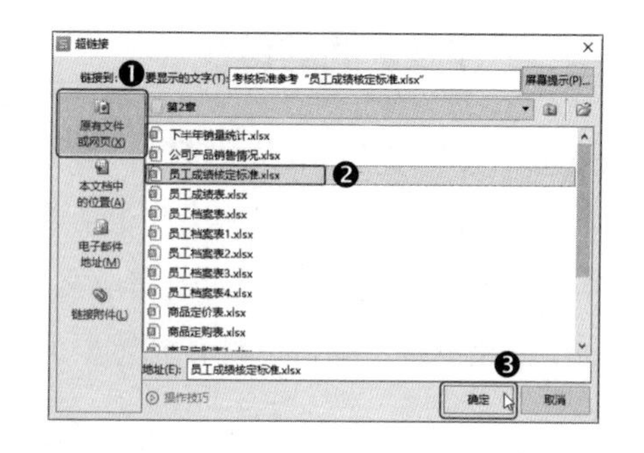

第3步 返回工作表，将鼠标指针指向超链接处，鼠标指针会变成手形，单击创建的超链接，即可打开所引用的工作簿，如下图所示。

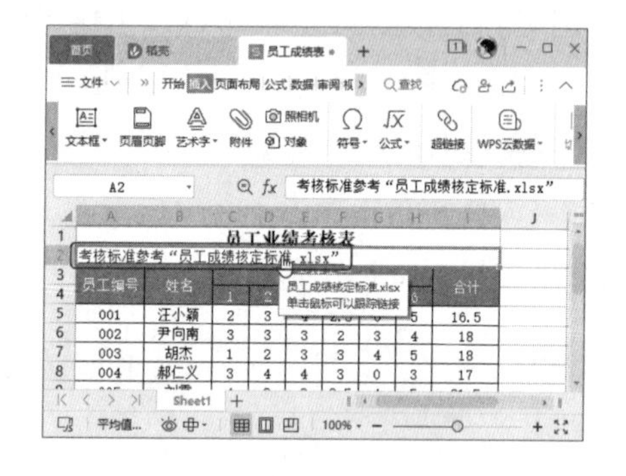

教您一招

创建指向网页的超链接

如果要创建指向网页的超链接，可以打开【超链接】对话框，选择【原有文件或网页】选项，在【地址】文本框中输入要链接到的网页地址，然后单击【确定】按钮即可。

2.4.3 阻止 WPS 表格自动创建超链接

默认情况下，在单元格中输入电子邮箱、网址等内容时，会自动生成超链接，当不小心单击超链接时，就会激活相应的程序。如果不需要使用这个功能，可以在输入电子邮箱、网址等数据时，阻止表格自动创建超链接，操作方法如下。

第1步 ❶ 单击【文件】下拉按钮；❷ 在弹出的下拉列表中选择【选项】命令，如下图所示。

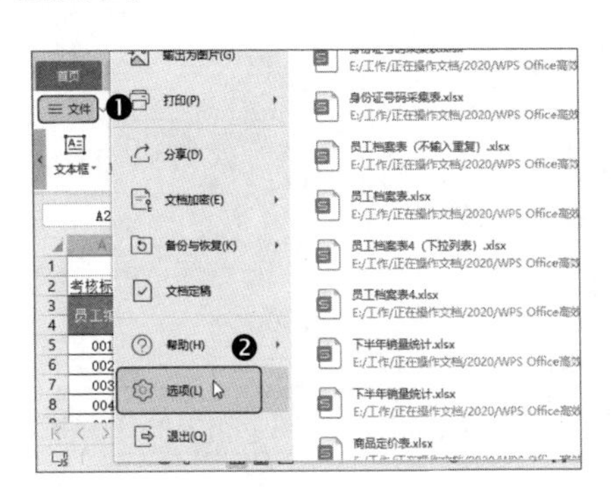

第2步 打开【选项】对话框，❶ 在【编辑】选项卡中取消勾选【键入时将 Internet 及网络路径转换为超链接】复选框；❷ 单击【确定】按钮即可，如下图所示。

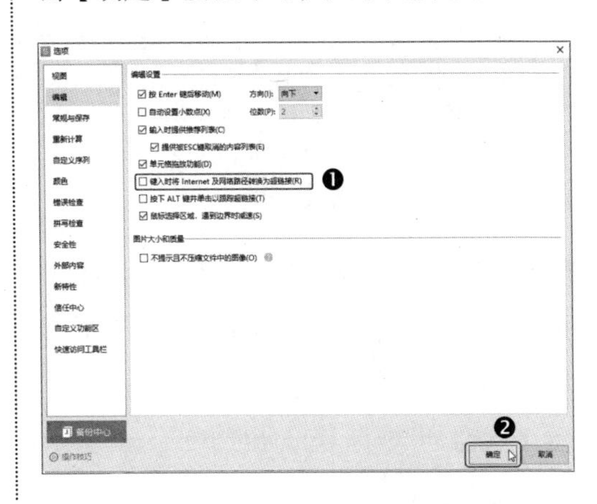

2.5 获取外部数据

除了手动输入数据，在 WPS 表格中，还有一种重要的输入数据的方式——导入外部数据。可以导入的外部数据很多，包括文本数据、网站数据、数据库数据等。本节将介绍几种常见的外部数据导入方式。

2.5.1 导入文本数据

在日常工作中，有一些数据是以文本文件保存的，如果想要将这些数据输入 WPS 表格中，可以通过导入文本数据功能来完成。

例如，从考勤机里导出的员工打卡记录是以文本文件保存的，如果想要将打卡记录导入表格中，操作方法如下。

第1步 打开“素材文件\第 2 章\导入考勤表 .xlsx”，❶ 选中放置数据的单元格，如 A1 单元格；❷ 单击【数据】选项卡中的【导入数据】下拉按钮；❸ 在弹出的下拉菜单中选择【导入数据】选项，如下图所示。

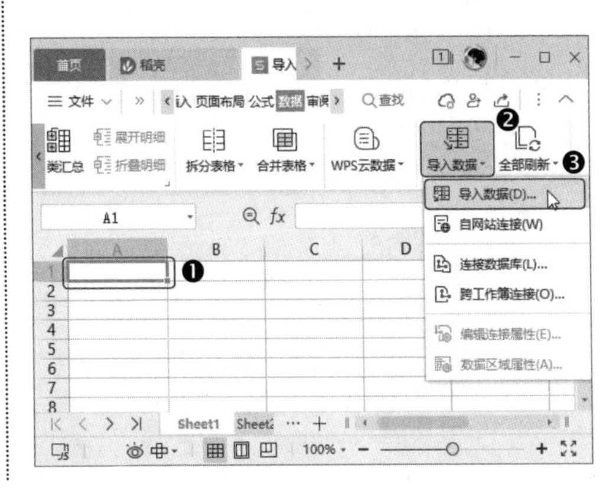

第2步 在弹出的对话框中单击【确定】按钮，如下图所示。

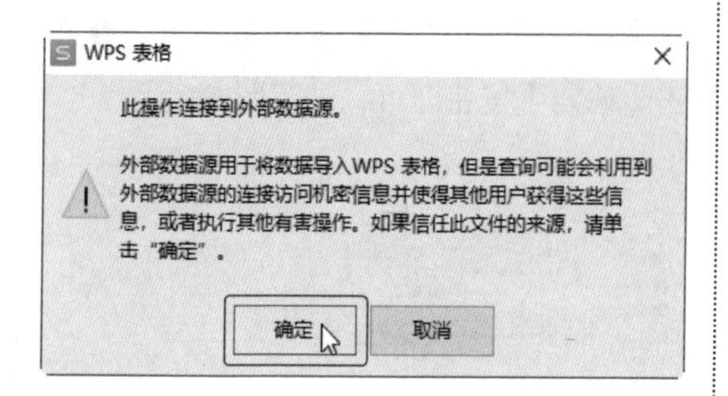

第3步 打开【第一步：选择数据源】对话框，单击【选择数据源】按钮，如下图所示。

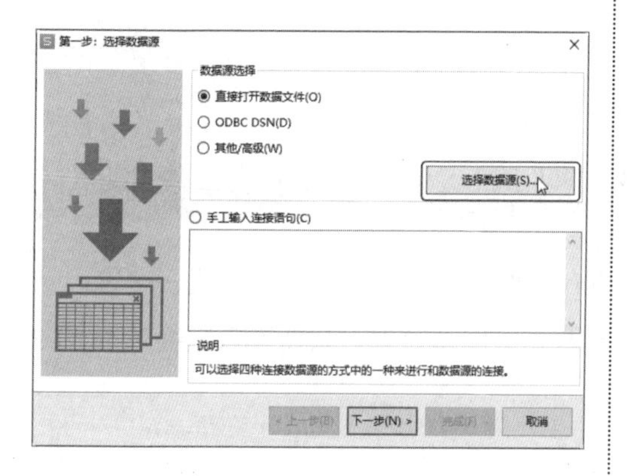

第4步 打开【打开】对话框，❶ 选择"素材文件 \ 第 2 章 \ 考勤表 .txt"；❷ 单击【打开】按钮，如下图所示。

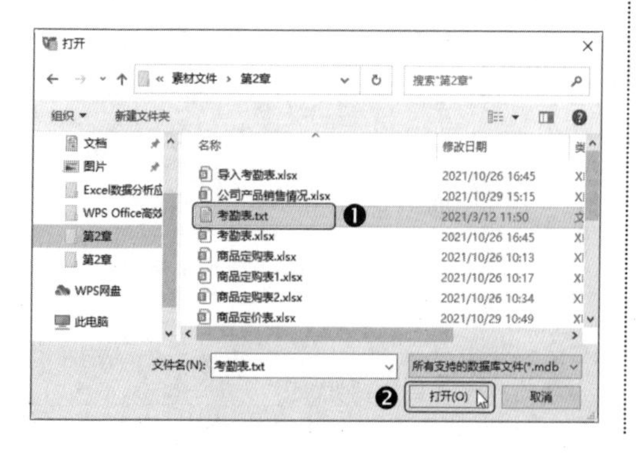

第5步 打开【文件转换】对话框，❶ 在【文本编码】栏中选择【其他编码】单选按钮；❷ 单击【下一步】按钮，如下图所示。

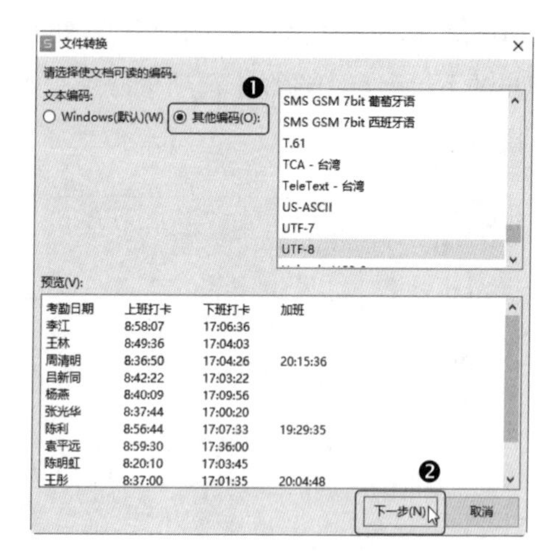

第6步 打开【文本导入向导 - 3 步骤之 1】对话框，❶ 在【请选择最合适的文件类型】区域中选择【分隔符号】单选按钮；❷ 单击【下一步】按钮，如下图所示。

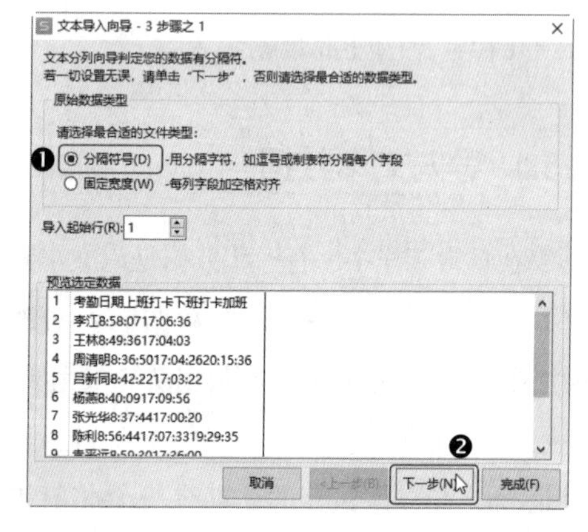

第7步 打开【文本导入向导 - 3 步骤之 2】对话框，❶ 在【分隔符号】区域中选择【Tab 键】复选框；❷ 单击【下一步】按钮，如下图所示。

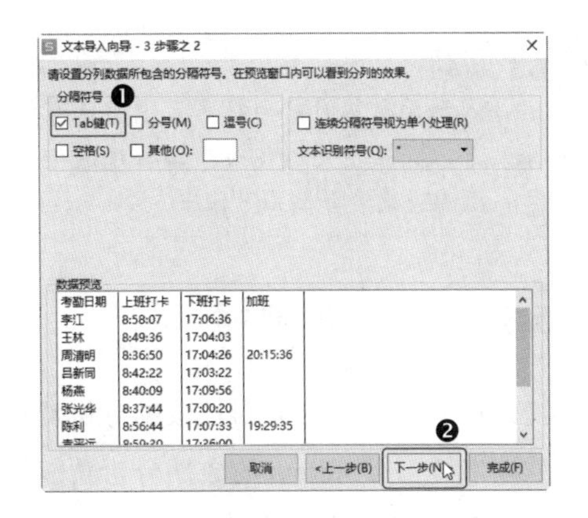

第8步 打开【文本导入向导 - 3 步骤之 3】对话框，❶ 在【列数据类型】区域中选择【常规】单选按钮；❷ 单击【完成】按钮，如下图所示。

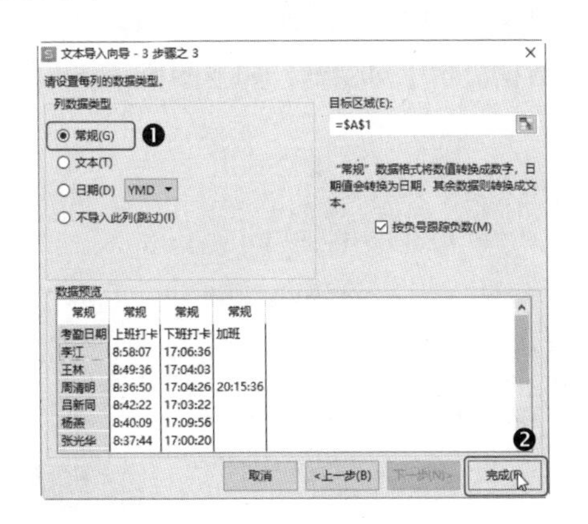

第9步 返回工作表，即可看到文本文件中的数据已被导入工作表中，如下图所示。

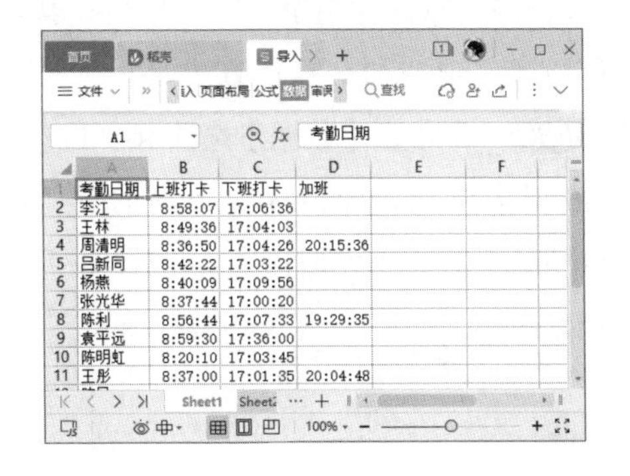

温馨提示

DOC、DOCX 等文本格式不能作为数据源导入表格中。如果需要将其导入，可以先将文本内容另存为 TXT 格式。

2.5.2 导入网站数据

想要及时、准确地获取需要的数据，就不能忽略网络资源。在国家统计局官网等专业网站上，我们可以轻松获取网站发布的数据，如产品报告、销售排行、股票行情、居民消费指数等。导入网站数据的具体方法如下。

第1步 打开“素材文件\第 2 章\导入网站数据 .xlsx”，❶ 单击【数据】选项卡中的【导入数据】下拉按钮；❷ 在弹出的下拉菜单中选择【自网站连接】选项，如下图所示。

第2步 打开【新建 Web 查询】对话框，❶ 在地址栏中输入网址；❷ 单击【转到】按钮；❸ 页面中将打开网页，单击【导入】按钮，如下图所示。

第3步 打开【导入数据】对话框，❶ 在【数据的放置位置】栏中选择数据的起始位置；❷ 单击【确定】按钮，如下图所示。

第4步 操作完成后即可将网站中的数据导入工作表中，如下图所示。

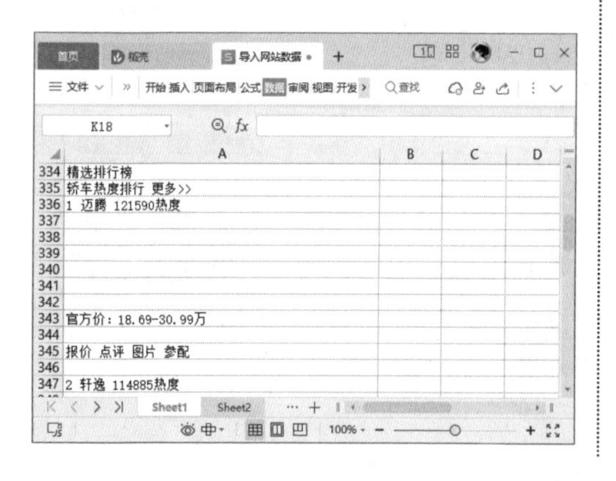

> **温馨提示**
>
> 导入网站数据时，会将页面中的所有数据依次导入，在使用数据时，需要先进行删除空行、删除无效数据等操作。

2.5.3 导入数据库数据

公司数据库中的数据是数据分析资料的最佳来源，但 Access 的数据分析功能较弱。使用 WPS 表格的导入功能，将 Access 中的数据导入 WPS 表格中，可以更好地分析数据。

在导入数据库数据之前，如果没有安装 Access 2010 数据库引擎，会弹出【导入数据提示】对话框，如下图所示。

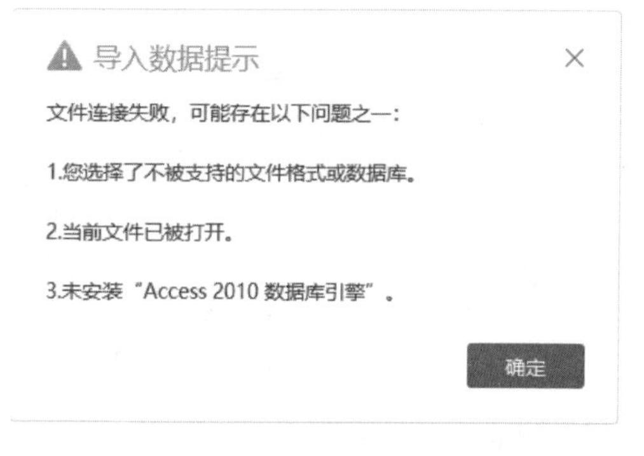

此时，我们可以在微软官方网站下载安装程序，数据库引擎安装完成后，就可以导入数据库文件，操作方法如下。

第1步 ❶ 单击【数据】选项卡中的【导入数据】下拉按钮；❷ 在弹出的下拉菜单中选择【连接数据库】选项，如下图所示。

第2步 打开【现有连接】对话框，单击【浏览更多】按钮，如下图所示。

第3步 打开【WPS 表格】对话框，提示此操作连接到外部数据源，单击【确定】按钮，如下图所示。

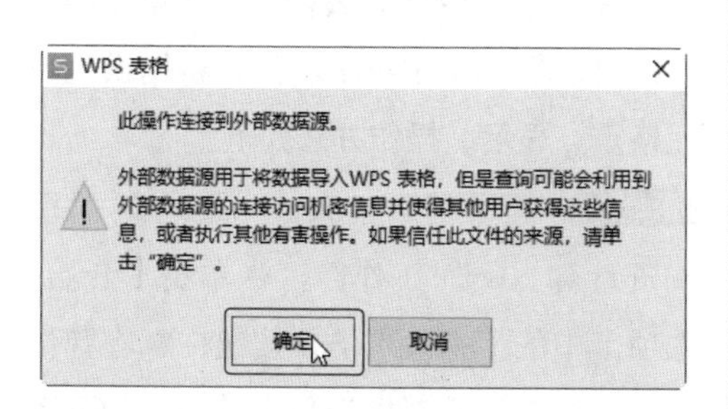

第4步 打开【打开】对话框，❶ 选择“素材文件 \ 第 2 章 \ 固定资产登记表 .accdb”文件；❷ 单击【打开】按钮，如下图所示。

第5步 弹出【导入数据】对话框，❶ 在【数据的放置位置】栏中选择数据的起始位置；❷ 单击【确定】按钮，如下图所示。

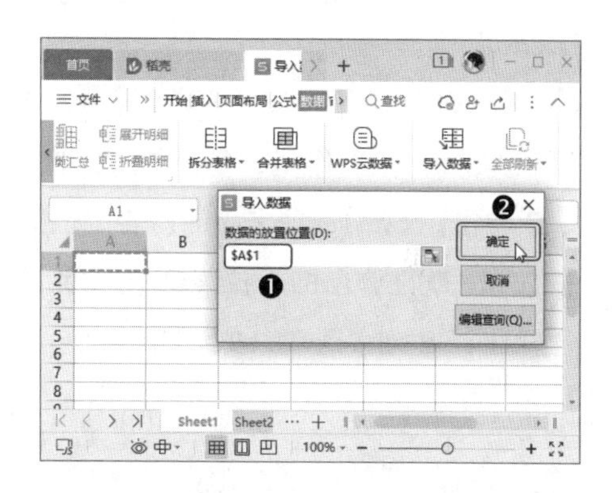

第6步 操作完成后，即可看到数据库中的数据已被导入工作表中，如下图所示。

ID	设备编码	设备名称	单位	购买时间	使用部门
1	GSSB45887	(联想电脑)服务器	台	2019/1/1	电控中心
2	GSSB45882	英全保险箱	台	2021/1/10	后勤部
3	GSSB45893	现代搬运车	台	2019/3/7	生产部
4	GSSB45894	现代搬运车	台	2020/1/10	生产部
5	GSSB45896	搬运台车	台	2019/5/8	生产部
6	GSSB45872	惠普打印机	台	2020/1/10	销售部
7	GSSB45875	惠普打印机	台	2019/1/1	后勤部
8	GSSB45871	联想电脑	台	2019/1/1	销售部
9	GSSB45888	联想电脑	台	2019/1/1	电控中心
10	GSSB45889	联想电脑	台	2019/1/1	行政部
11	GSSB45890	联想电脑	台	2019/3/7	电控中心

高手支招

通过对前面知识的学习，相信读者朋友已经掌握了数据的录入与获取的相关技能。下面结合本章内容，给读者介绍一些工作中的实用经验与技巧，让读者录入和获取数据更加高效。

01 冻结窗格查看数据

如果工作表中有大量数据，在查看数据时，为了保证在拖曳工作表滚动条时也能始终看到工作表的表头，可以冻结窗格。

例如，在“公司销售业绩”工作表中，要冻结第1行和第1~2列单元格区域，操作方法如下。

第1步 打开“素材文件\第2章\公司销售业绩.xlsx”工作簿，❶ 选中C2单元格；❷ 单击【开始】选项卡中的【冻结窗格】下拉按钮；❸ 在弹出的下拉菜单中选择【冻结至第1行B列】选项，如下图所示。

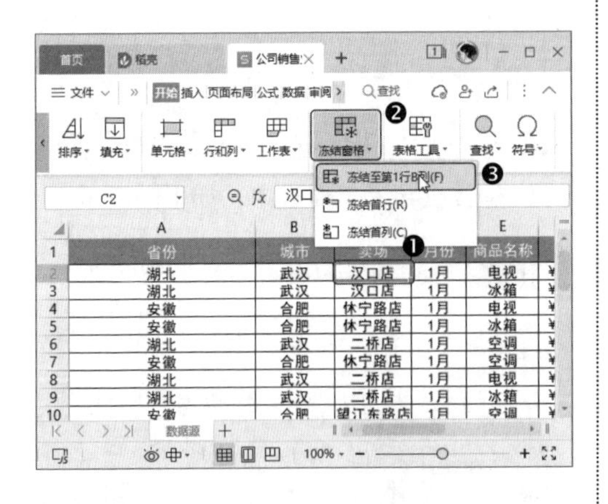

第2步 操作完成后，可以看到所选单元格左侧和上方的单元格区域被冻结，此时拖曳工作表滚动条查看表中的数据，被冻结的单元格区域始终保持不变，如下图所示。

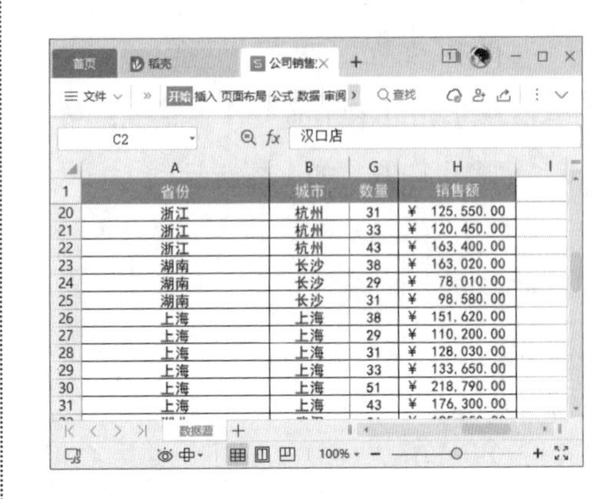

> **教您一招**
>
> **取消冻结窗格**
>
> 如果要取消冻结窗格，可以再次单击【开始】选项卡中的【冻结窗格】下拉按钮，在弹出的下拉菜单中选择【取消冻结窗格】命令。

02 使用定位功能查找错误值

在工作表中计算数据时，如果发生错误，可以使用【定位】功能，将错误的单元格重点显示，操作方法如下。

第1步 打开“素材文件\第2章\员工工资计算.xlsx”工作簿，❶ 单击【开始】选项卡中的【查找】下拉按钮；❷ 在弹出的下拉菜单中选择【定位】选项，如下图所示。

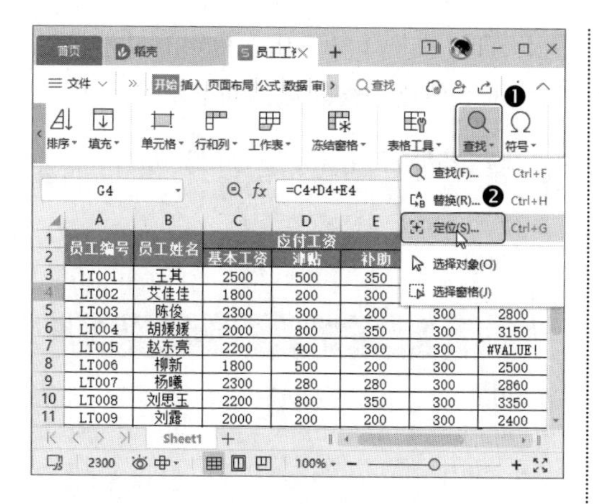

第2步 打开【定位】对话框，❶ 在【选择】区域中勾选【公式】和【错误】复选框；❷ 单击【定位】按钮，如下图所示。

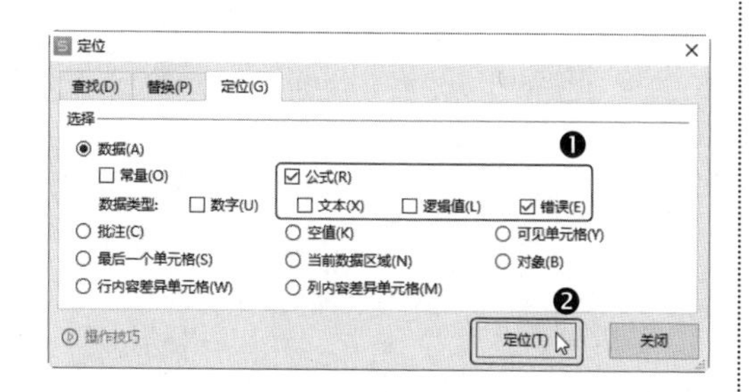

第3步 公式发生错误的单元格将被选定，单击【开始】选项卡中的【填充颜色】按钮，如下图所示。

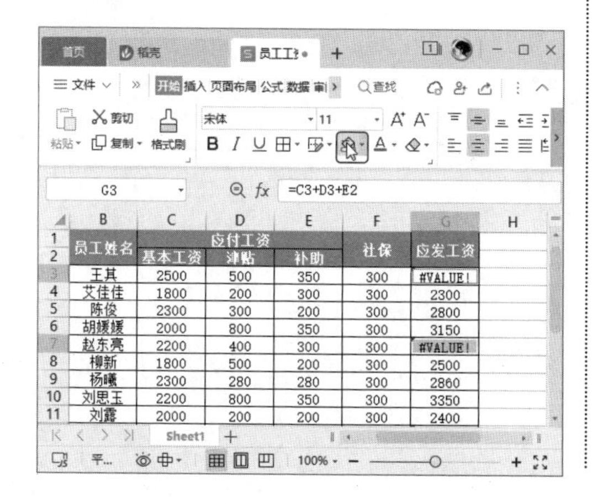

第4步 操作完成后，即可看到发生错误的单元格已经被突出显示，如下图所示。

03 使用自定义格式隐藏 0 值

在编辑工作表时，经常会出现 0 值，如果不希望显示 0 值，可以将其隐藏，操作方法如下。

第1步 打开“素材文件\第 2 章\商品定购表 3.xlsx”工作簿，❶ 选中单元格区域；❷ 单击【开始】选项卡中的【单元格格式：数字】对话框按钮，如下图所示。

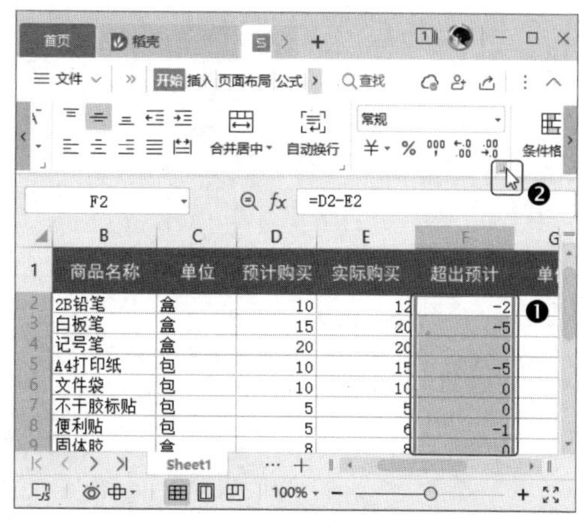

第2步 打开【单元格格式】对话框，❶ 在【分类】列表框中选中【自定义】选项；❷ 在右侧的【类型】文本框中输入“0;-0;;@”；❸ 单击【确定】按钮，如下图所示。

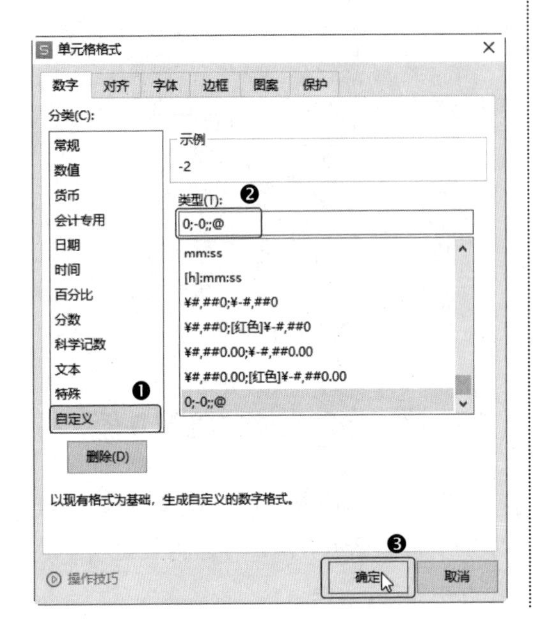

第3步 返回工作表中，可以看到所选区域中的 0 值已经被隐藏，如下图所示。

	B	C	D	E	F
1	商品名称	单位	预计购买	实际购买	超出预计
2	2B铅笔	盒	10	12	-2
3	白板笔	盒	15	20	-5
4	记号笔	盒	20	20	
5	A4打印纸	包	10	15	-5
6	文件袋	包	10	10	
7	不干胶标贴	包	5	5	
8	便利贴	包	5	6	-1
9	固体胶	盒	8	8	
10	燕尾夹	盒	12	10	2

第3章

确保有效
WPS表格数据的清洗与整理

本章导读

收集的数据信息通常比较杂乱，不容易让人看出其中的规律，而条理清晰、格式规范的数据可以让人更快地从中找出关键数据，得到准确的结果。因此在分析数据之前，还需要清洗与整理数据。除了规整不规范的数据，还可以设置单元格样式和表格样式，让表格更加规范、美观。本章将介绍如何对数据进行格式化管理，做好数据分析的第一步。

知识要点

- 删除重复项
- 删除空白行/列
- 规范单元格格式
- 巧用复制和粘贴
- 数据格式转换
- 设置表格样式
- 设置单元格样式

3.1 清洗不规范数据

要想高效地分析数据，工作表中的数据源必须结构清晰、格式统一、数据规范。而在实际工作中，收集到的数据表格式多种多样，为了更好地分析数据，需要将数据格式化、规范化。

3.1.1 快速删除重复项

在统计数据时，经常会发生重复统计的情况，此时需要删除重复项。除了逐一删除，还可以使用删除重复项功能，快速把重复项全部删除。

例如，在“行政管理表”中，要删除重复的部门，操作方法如下。

第1步 打开“素材文件\第3章\行政管理表.xlsx”，❶ 选中A2:A14单元格区域；❷ 单击【数据】选项卡中的【重复项】下拉按钮；❸ 在弹出的下拉菜单中选择【删除重复项】选项，如下图所示。

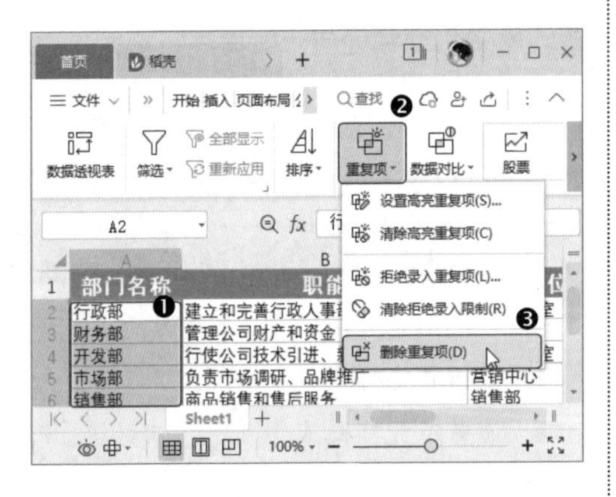

第2步 打开【删除重复项警告】对话框，直接单击【删除重复项】按钮，如下图所示。

第3步 打开【删除重复项】对话框，❶ 在【列】列表框中选择需要进行重复项检查的列；❷ 单击【删除重复项】按钮，如下图所示。

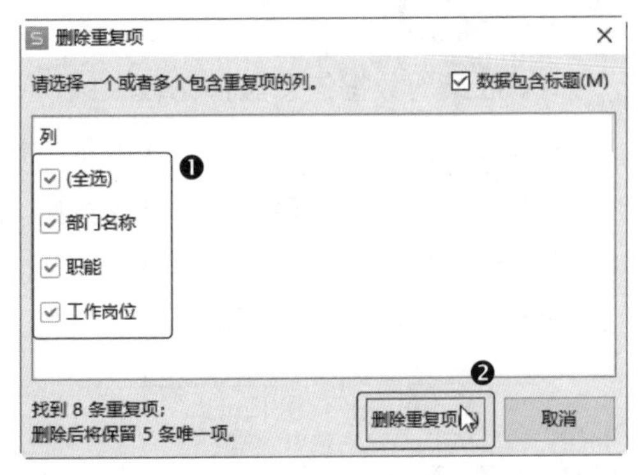

第4步 系统将对选中的列进行重复项检查并删除重复项，完成后会弹出提示框告知，单击【确定】按钮，如下图所示。

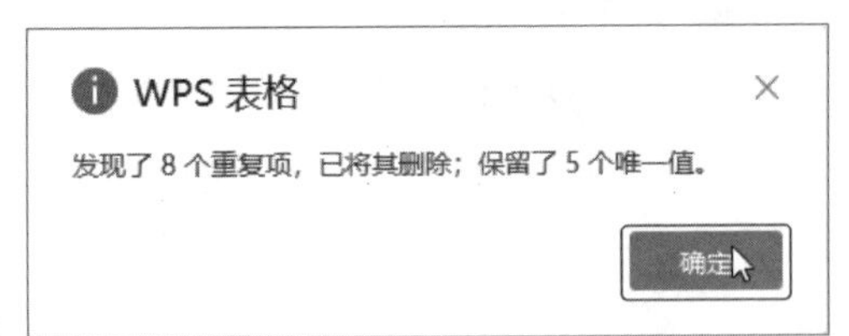

第5步 返回工作表中，即可看到重复数据已经被删除，如下图所示。

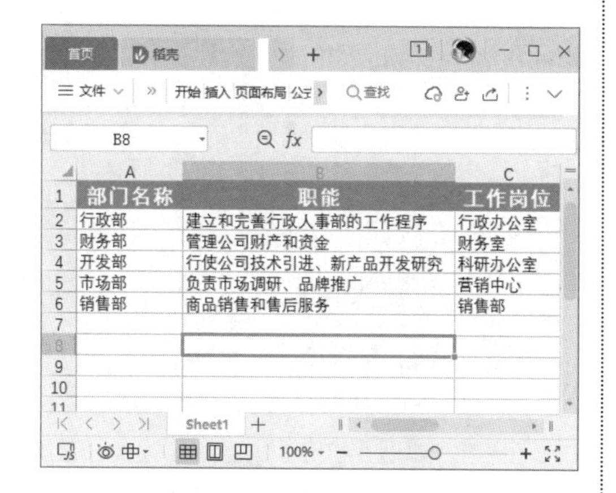

	A	B	C
1	部门名称	职能	工作岗位
2	行政部	建立和完善行政人事部的工作程序	行政办公室
3	财务部	管理公司财产和资金	财务室
4	开发部	行使公司技术引进、新产品开发研究	科研办公室
5	市场部	负责市场调研、品牌推广	营销中心
6	销售部	商品销售和售后服务	销售部

3.1.2 删除空白行和空白列

当工作表中含有空白行或空白列时，会影响数据分析的效果，需要删除空白行或列。

如果只有少量的空白行或列，可以选中空白行或列，然后单击鼠标右键，在弹出的快捷菜单中选择【删除】命令。

如果数据量较大的数据表中含有较多的空白行或列，则需要使用技巧来删除。

1. 使用【定位】功能删除

使用【定位】功能，可以先定位空白行或列，再执行删除，操作方法如下。

第1步 打开“素材文件 \ 第 3 章 \ 年度销量表 .xlsx”，❶ 选中数据区域中的任意单元格；❷ 单击【开始】选项卡中的【查找】下拉按钮；❸ 在弹出的下拉菜单中选择【定位】命令，如下图所示。

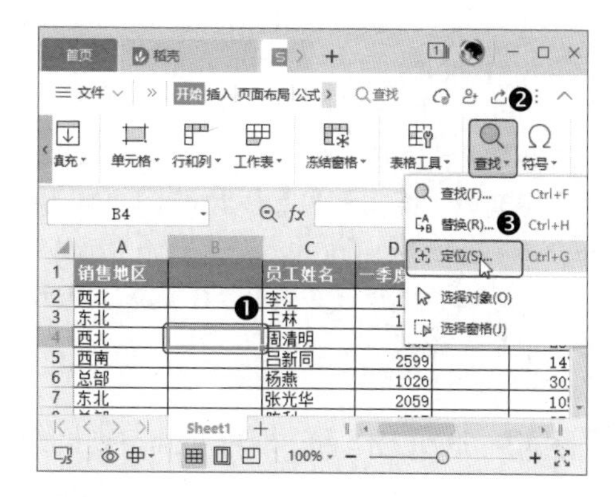

第2步 打开【定位】对话框，❶ 选择【空值】单选按钮；❷ 单击【定位】按钮，如下图所示。

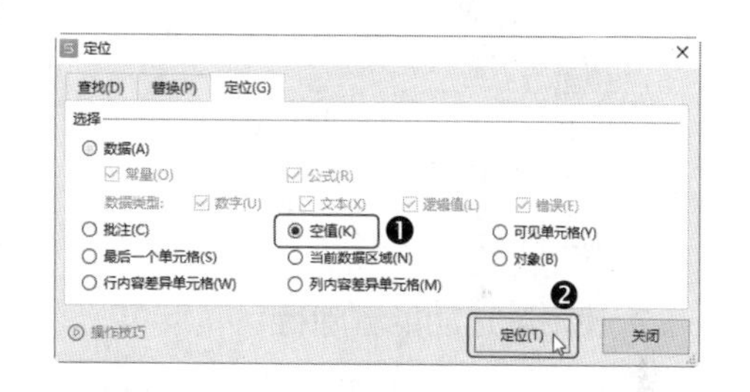

第3步 返回工作表中，即可看到空列已经被选中，❶ 单击【开始】选项卡中的【行和列】下拉按钮；❷ 在弹出的下拉菜单中选择【删除单元格】命令；❸ 在弹出的子菜单中选择【删除列】命令，如下图所示。

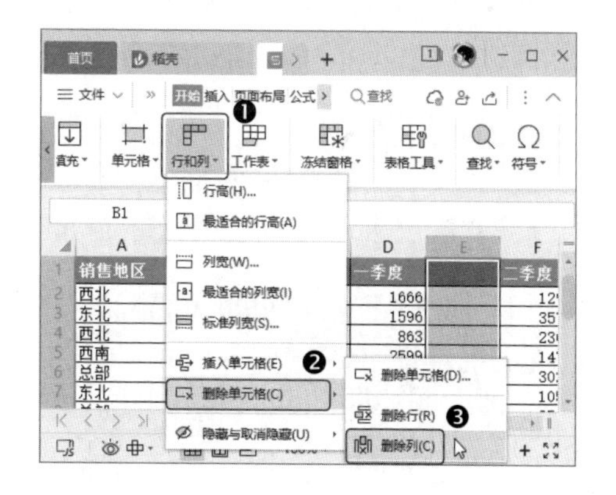

> **教您一招**
>
> **删除空白单元格**
>
> 如果要删除空白单元格，在选中空值后，单击【开始】选项卡中的【行和列】下拉按钮，在弹出的下拉菜单中选择【删除单元格】选项，再在弹出的子菜单中选择【删除单元格】命令即可。

第4步 返回工作表，即可看到空列已经被删除，如下图所示。

	A	B	C	D	E	F
1	销售地区	员工姓名	一季度	二季度	三季度	四季度
2	西北	李江	1666	1296	796	2663
3	东北	王林	1596	3576	1263	1646
4	西北	周清明	863	2369	1598	1729
5	西南	吕新同	2599	1479	2069	966
6	总部	杨燕	1026	3025	1566	1964
7	东北	张光华	2059	1059	866	1569
8	总部	陈利	1795	2589	3169	2592
9	西南	袁平远	1025	896	2632	1694
10	西北	陈明虹	1729	1369	2699	1086
11	西南	王彤	2369	1899	1556	1366

2. 使用筛选功能删除行

如果只是需要删除空白行，可以使用【筛选】功能筛选出数据表中的空白行，然后将其删除，操作方法如下。

第1步 打开“素材文件\第 3 章\促销商品销量表.xlsx”，❶ 选中所有数据区域；❷ 单击【开始】选项卡中的【筛选】按钮，如下图所示。

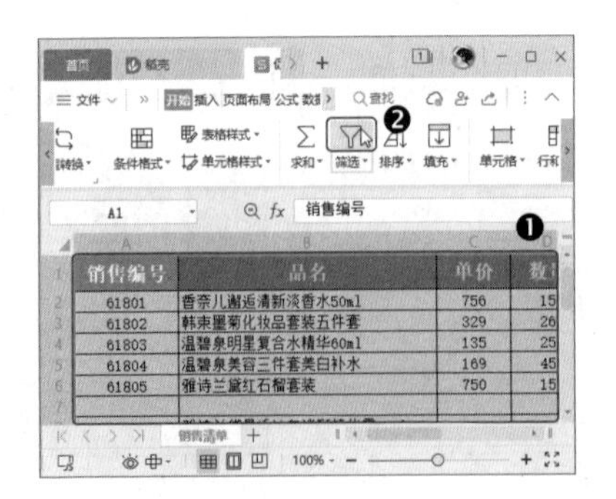

第2步 进入筛选状态，单击任意筛选字段右侧的下拉按钮 ▾，如下图所示。

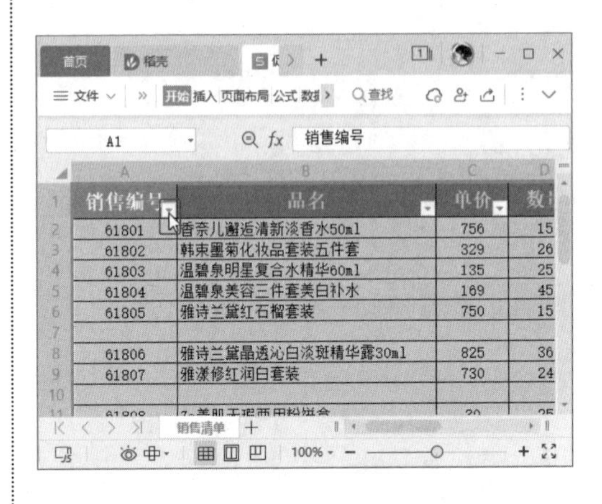

第3步 在弹出的下拉菜单中，将鼠标指针指向【空白】选项，右侧将出现命令按钮，单击【筛选空白】按钮，如下图所示。

第4步 返回工作表中，可以看到已经筛选出空白行，选中空白行并单击鼠标右键，在弹出的快捷菜单中选择【删除】命令，如下图所示。

第5步 单击【数据】选项卡中的【自动筛选】按钮，如下图所示。

第6步 取消筛选后即可看到已经删除了空白行，如下图所示。

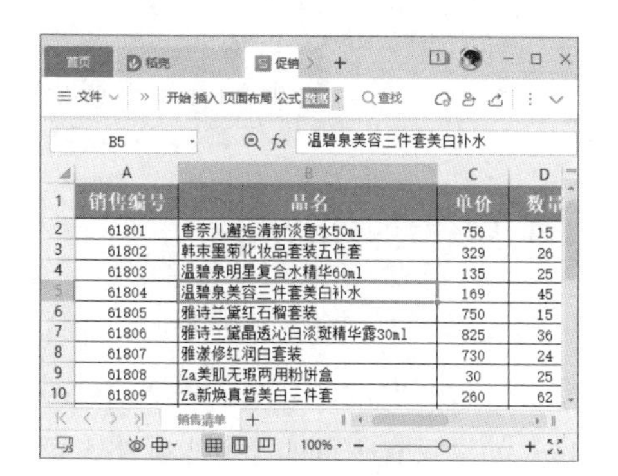

3.1.3 整理不规范日期

在制作表格时，有时因为不同人填写日期的习惯不同，同一张表格中会出现多种日期记录方式。此时，需要将日期统一整理，以便之后进行数据分析。

例如，在“家电销售情况”工作表中，要将不规范的日期统一整理，操作方法如下。

第1步 打开“素材文件\第 3 章\家电销售情况 .xlsx”，❶ 选中 B 列的日期数据；❷ 单击【数据】选项卡中的【分列】按钮，如下图所示。

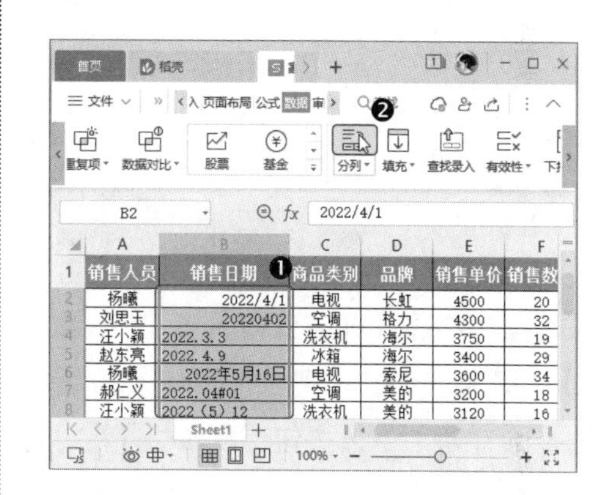

第2步 打开【文本分列向导 - 3 步骤之 1】对话框，❶ 在【请选择最合适的文件类型】区域中选择【分隔符号】单选按钮；❷ 单击【下一步】按钮，如下图所示。

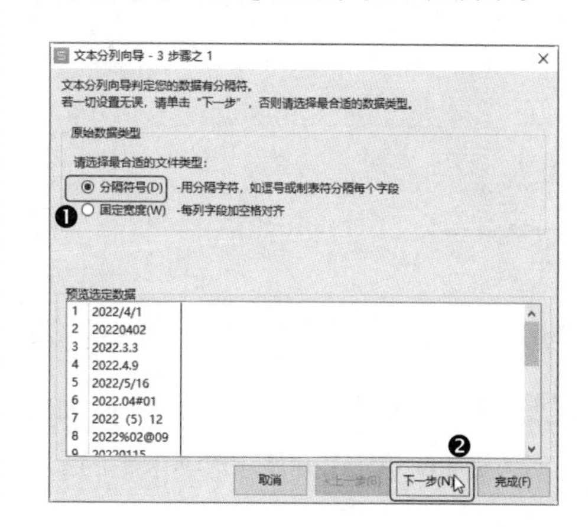

第3步 打开【文本分列向导 - 3 步骤之 2】对话框，❶ 在【分隔符号】区域中勾选【Tab 键】复选框；❷ 单击【下一步】按钮，如下图所示。

第4步 打开【文本分列向导 - 3 步骤之 3】对话框，❶ 在【列数据类型】区域中选择【日期】单选按钮；❷ 单击【完成】按钮，如下图所示。

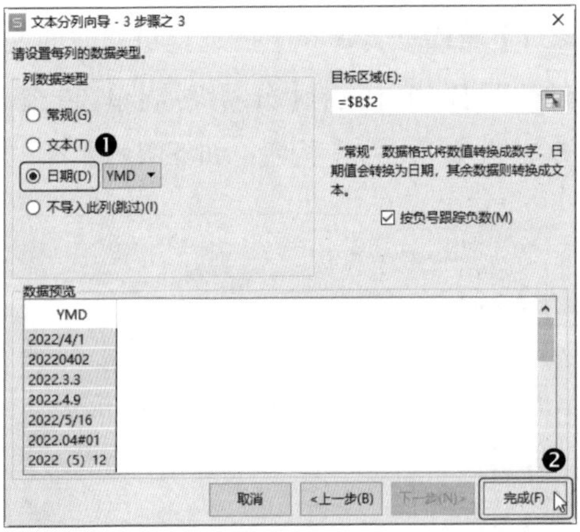

第5步 返回工作表中，❶ 选中 B 列的日期数据；❷ 单击【开始】选项卡中的【数字格式】下拉按钮；❸ 在弹出的下拉列表中选择【短日期】选项，如下图所示。

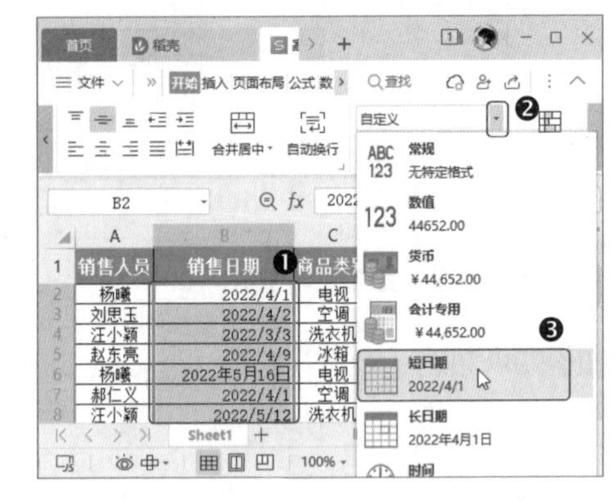

第6步 操作完成后，即可看到不规范的日期已经被更改为规范的日期，如下图所示。

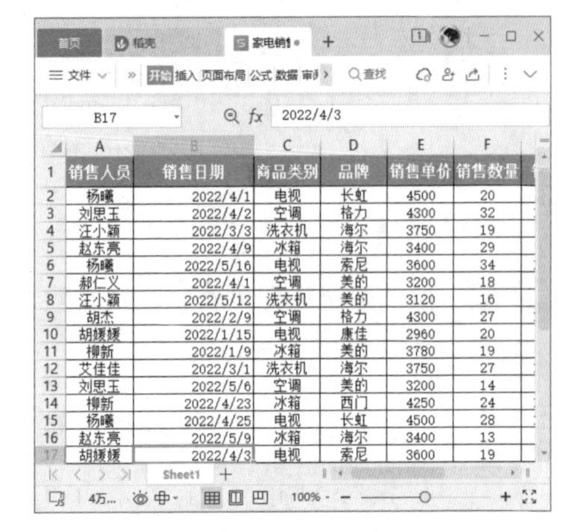

	A	B	C	D	E	F
1	销售人员	销售日期	商品类别	品牌	销售单价	销售数量
2	杨曦	2022/4/1	电视	长虹	4500	20
3	刘思玉	2022/4/2	空调	格力	4300	32
4	汪小颖	2022/3/3	洗衣机	海尔	3750	19
5	赵东亮	2022/4/9	冰箱	海尔	3400	29
6	杨曦	2022/5/16	电视	索尼	3600	34
7	郝仁义	2022/4/1	空调	美的	3200	18
8	汪小颖	2022/5/12	洗衣机	美的	3120	16
9	胡杰	2022/2/9	空调	格力	4300	27
10	胡媛媛	2022/1/15	电视	康佳	2960	20
11	柳新	2022/1/9	冰箱	美的	3780	19
12	艾佳佳	2022/3/1	洗衣机	海尔	3750	27
13	刘思玉	2022/5/6	空调	美的	3200	14
14	柳新	2022/4/23	冰箱	西门	4250	24
15	杨曦	2022/4/25	电视	长虹	4500	28
16	赵东亮	2022/5/9	冰箱	海尔	3400	13
17	胡媛媛	2022/4/3	电视	索尼	3600	19

3.1.4 整理合并单元格

当工作表中有合并单元格时，会影响数据的分析与处理，此时需要取消合并单元格。如果只有少量的合并单元格，可以依次执行取消合并操作，如果合并单元格较多，逐个取消无疑会浪费很多时间。取消合并单元格之后，还需要填充空白单元格，避免分析时发生错误。

例如，在“三年销量表”中，要取消合并单元格并填充空白单元格，操作方法如下。

第1步 打开“素材文件\第 3 章\三年销量表.xlsx”，❶ 选中多个合并单元格；❷ 在【开始】选项卡中单击【合并居中】下拉按钮；❸ 在弹出的下拉菜单中选择【取消合并单元格】命令，如下图所示。

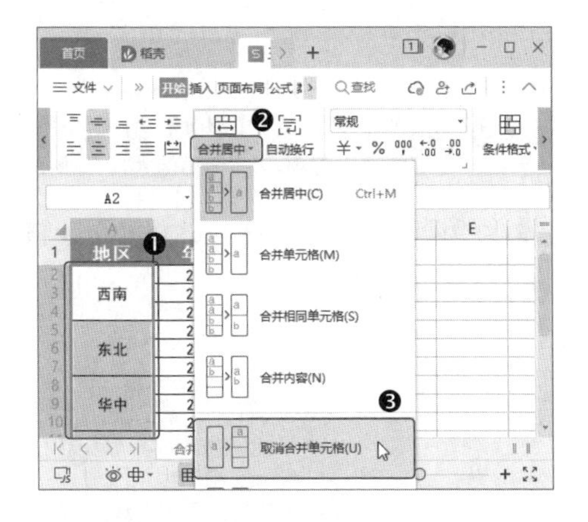

第2步 取消合并后将出现空白单元格，保持单元格的选中状态不变，❶ 单击【开始】选项卡中的【查找】下拉按钮；❷ 在弹出的下拉菜单中选择【定位】命令，如下图所示。

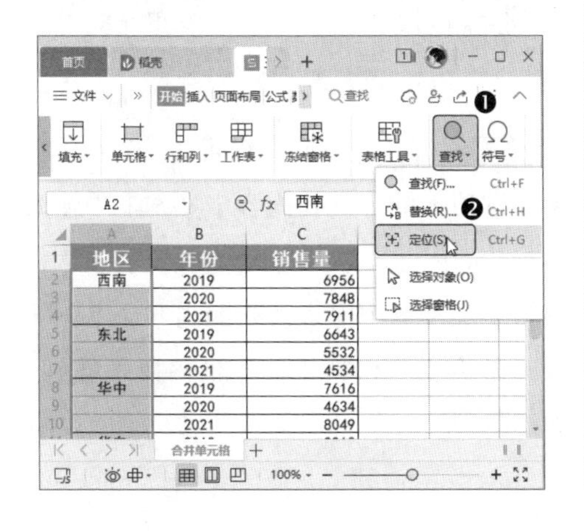

第3步 打开【定位】对话框，❶ 选择【空值】单选按钮；❷ 单击【定位】按钮，如下图所示。

第4步 此时将自动选中拆分出的所有空白单元格，将光标定位到 A3 单元格中，输入公式“=A2”（使用该公式，即表示空白单元格的内容与上一个单元格一样，若光标定位在 A7 单元格，则输入“=A6”，以此类推），如下图所示。

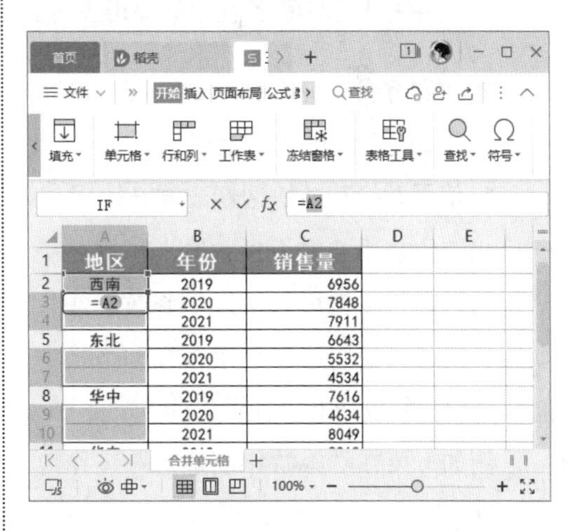

第5步 按【Ctrl+Enter】组合键，即可根据输入的公式，快速填充所选空白单元格，如下图所示。

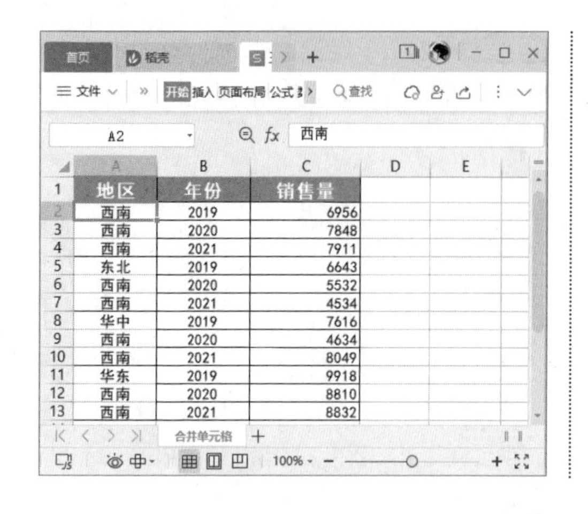

	A	B	C
1	地区	年份	销售量
2	西南	2019	6956
3	西南	2020	7848
4	西南	2021	7911
5	东北	2019	6643
6	西南	2020	5532
7	西南	2021	4534
8	华中	2019	7616
9	西南	2020	4634
10	西南	2021	8049
11	华东	2019	9918
12	西南	2020	8810
13	西南	2021	8832

教您一招

快速拆分并填充单元格

选中多个合并单元格后，单击【开始】选项卡中的【合并居中】下拉按钮，在弹出的快捷菜单中选择【拆分并填充内容】命令，可以快速拆分并填充单元格。

3.2 数据的整理与编辑

在数据量较大的工作表中，输入数据时难免发生错误，如果手动查找并替换单元格中的数据非常困难。此时，可以使用查找和替换功能来整理数据。

3.2.1 巧用查找和替换快速整理数据

查找和替换是一个强大的功能，合理利用这个功能可以快速地整理数据。

1. 使用替换功能快速修改同一错误

当工作表中有多个地方输入了同一个错误的内容，按常规方法逐个修改会非常烦琐。此时，我们可以利用查找和替换功能，一次性修改所有错误内容。

例如，要在“旅游年度报告”工作簿中修改错误内容，操作方法如下。

第1步 打开“素材文件\第3章\旅游年度报告.xlsx”，❶ 选择任意单元格，在【开始】选项卡中单击【查找】下拉按钮；❷ 在弹出的下拉菜单中单击【替换】选项，如下图所示。

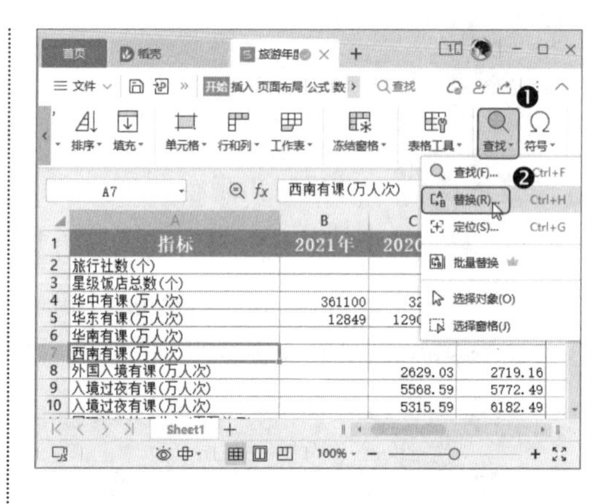

第2步 打开【替换】对话框，❶ 在【替换】选项卡的【查找内容】文本框中输入要查找的内容，本例输入“有课”，在【替换为】文本框中输入替换的内容，本例输入“游客”；❷ 单击【全部替换】按钮，如下图所示。

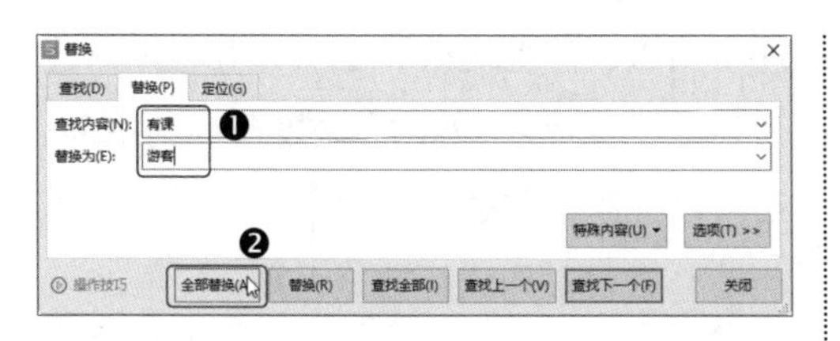

第3步 系统即会开始进行查找和替换，完成替换后，会弹出提示框告知，单击【确定】按钮，如下图所示。

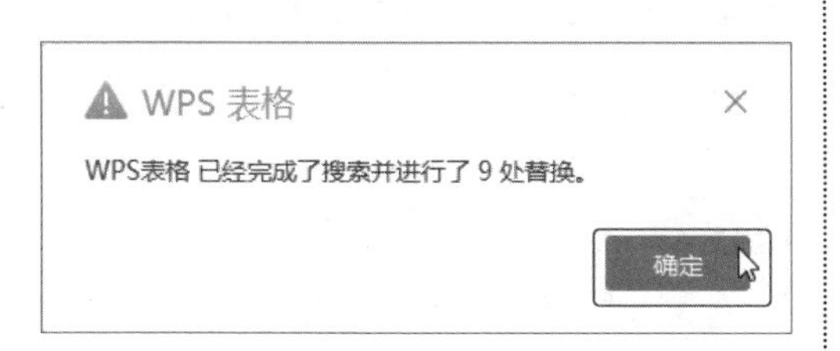

第4步 返回【替换】对话框，单击【关闭】按钮关闭该对话框。返回工作表中，即可看到数据已经被更改，如下图所示。

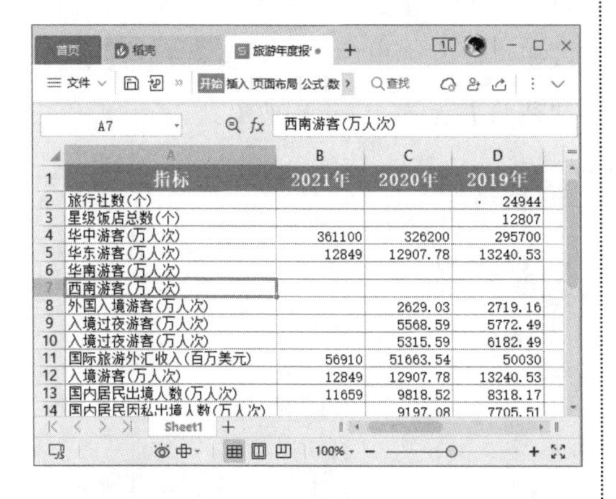

	A	B	C	D
1	指标	2021年	2020年	2019年
2	旅行社数(个)			24944
3	星级饭店总数(个)			12807
4	华中游客(万人次)	361100	326200	295700
5	华东游客(万人次)	12849	12907.78	13240.53
6	华南游客(万人次)			
7	西南游客(万人次)			
8	外国入境游客(万人次)		2629.03	2719.16
9	入境过夜游客(万人次)		5568.59	5772.49
10	入境过夜游客(万人次)		5315.59	6182.49
11	国际旅游外汇收入(百万美元)	56910	51663.54	50030
12	入境游客(万人次)	12849	12907.78	13240.53
13	国内居民出境人数(万人次)	11659	9818.52	8318.17
14	国内居民因私出境人数(万人次)		9197.08	7705.51

温馨提示

选中任意数据区域，按【Ctrl+H】组合键也可以打开【替换】对话框。

2. 查找和替换公式

使用查找和替换功能，不仅可以更改错误文本，也可以查找和替换公式。

例如，“销售订单”工作簿中错误地使用了 SUM 函数，现在需要将 SUM 函数替换成 PRODUCT 函数，操作方法如下。

第1步 打开“素材文件\第 3 章\销售订单 1.xlsx”，❶ 选择任意单元格，在【开始】选项卡中单击【查找】下拉按钮；❷ 在弹出的下拉菜单中单击【替换】选项，如下图所示。

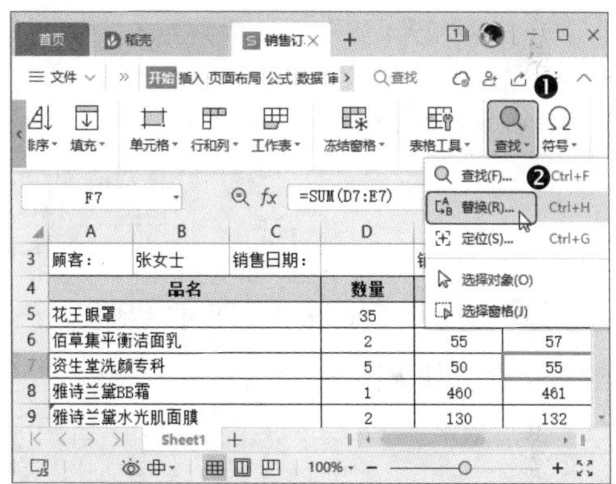

第2步 打开【替换】对话框，❶ 在【替换】选项卡的【查找内容】和【替换为】文本框中，分别输入要查找的函数和要替换的函数；❷ 单击【选项】按钮，如下图所示。

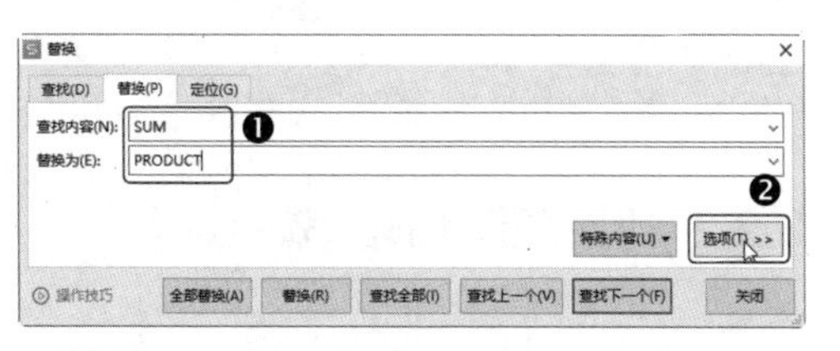

第3步 ❶ 在【查找范围】下拉列表中选择【公式】选项；❷ 单击【全部替换】

按钮，如下图所示。

第4步 系统即会开始进行查找和替换，完成替换后，会弹出提示框告知，单击【确定】按钮，如下图所示。

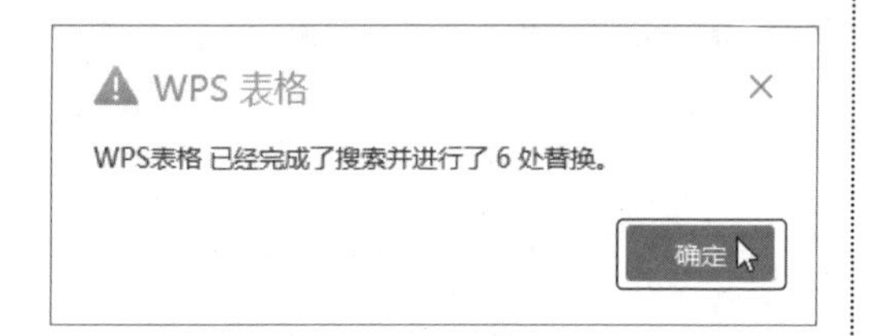

第5步 返回工作表中，即可看到公式已经被更改，如下图所示。

3.2.2 巧用复制粘贴编辑数据

在使用复制和粘贴功能时，我们经常做的是将数据从一个位置复制或移动到另一个位置。其实，复制和粘贴并不局限于这个用途，除此之外，也可以在粘贴时进行运算、让粘贴数据随源数据自动更新，还可以将数据粘贴为图片等。

1. 在粘贴时进行数据运算

在粘贴数据的时候，可以进行加、减、乘、除的运算。

例如，在“销售订单”工作表中，因为要计算折扣，所以产品的“单价”应减少 20%，可以使用“单价 ×0.8”来计算，操作方法如下。

第1步 打开“素材文件 \ 第 3 章 \ 销售订单 .xlsx”，❶ 在任意空白单元格中输入“0.8”后选择该单元格，按【Ctrl+C】组合键进行复制；❷ 选择要进行计算的目标单元格区域，本例选择 E5:E10 单元格区域；❸ 在【开始】选项卡中单击【粘贴】下拉按钮；❹ 在弹出的下拉列表中单击【选择性粘贴】选项，如下图所示。

第2步 打开【选择性粘贴】对话框，❶ 在【运算】区域中选择计算方式，本例选

择【乘】; ❷ 单击【确定】按钮,如下图所示。

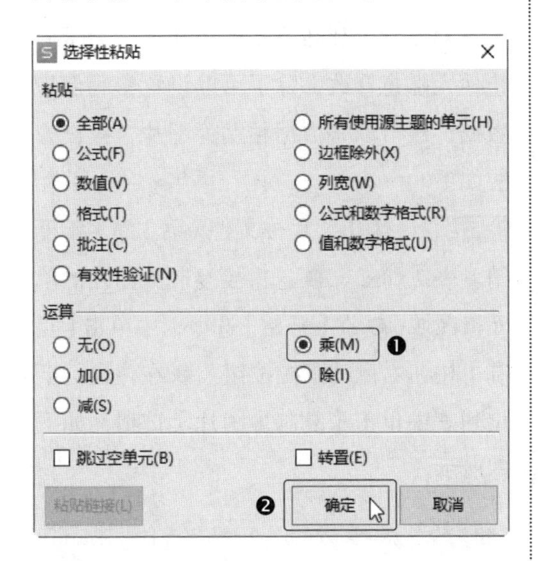

第3步 操作完成后，表格中所选区域中的数据都进行了相关计算，如下图所示。

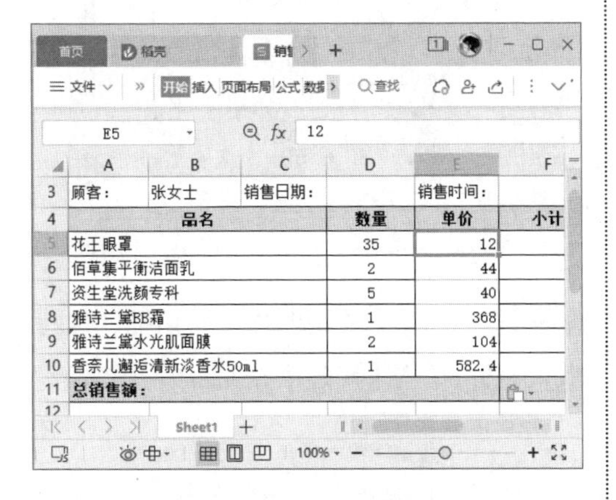

2. 让粘贴数据随源数据自动更新

在粘贴数据时，还可以设置让粘贴的数据跟随源数据自动更新，操作方法如下。

第1步 打开“素材文件 \ 第 3 章 \ 年度销量表 1.xlsx”，选中要复制的单元格或单元格区域，按【Ctrl+C】组合键进行复制，如下图所示。

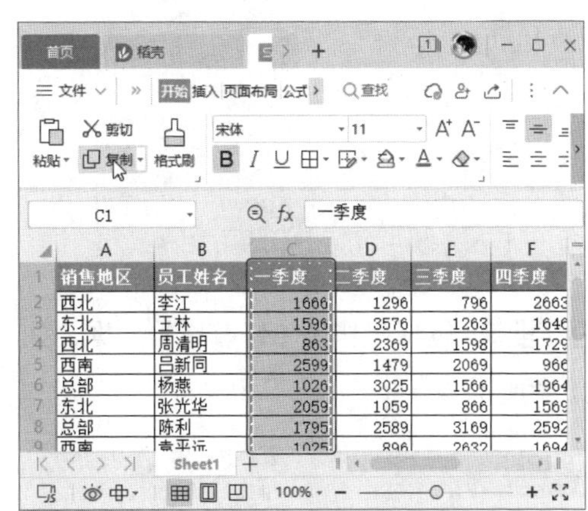

第2步 ❶ 选中要粘贴数据的单元格，单击【开始】选项卡中的【粘贴】下拉按钮；❷ 在弹出的下拉列表中单击【选择性粘贴】命令，如下图所示。

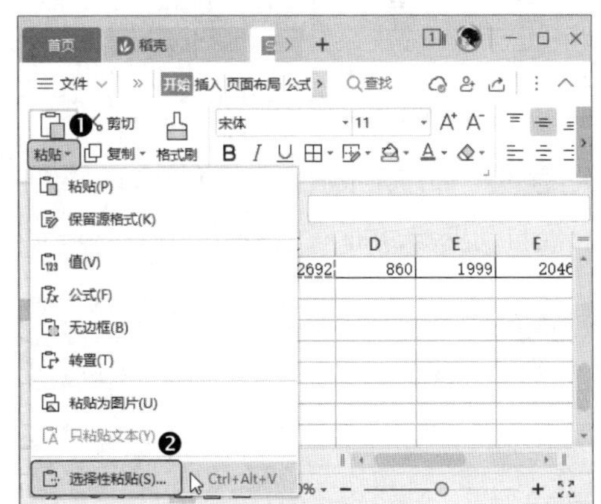

第3步 打开【选择性粘贴】对话框，单击【粘贴链接】按钮，如下图所示。

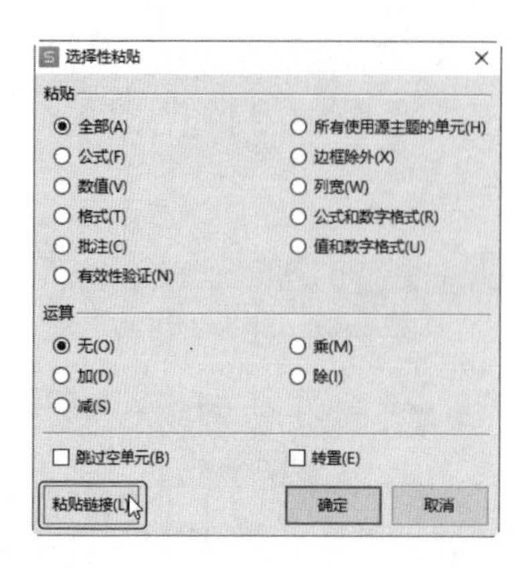

第4步 返回工作表，修改原始数据，如下图所示。

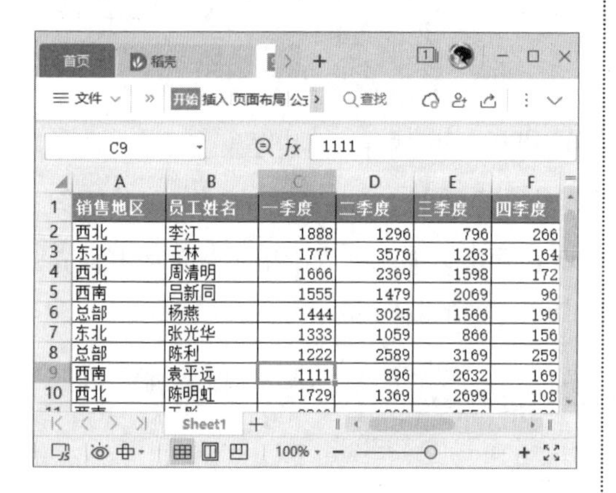

	A	B	C	D	E	F
1	销售地区	员工姓名	一季度	二季度	三季度	四季度
2	西北	李江	1888	1296	796	266
3	东北	王林	1777	3576	1263	164
4	西北	周清明	1666	2369	1598	172
5	西南	吕新同	1555	1479	2069	96
6	总部	杨燕	1444	3025	1566	196
7	东北	张光华	1333	1059	866	156
8	总部	陈利	1222	2589	3169	259
9	西南	袁平远	1111	896	2632	169
10	西北	陈明虹	1729	1369	2699	108

第5步 操作完成后可以看到粘贴的数据已经自动更新，如下图所示。

	A
17	
18	一季度
19	1888
20	1777
21	1666
22	1555
23	1444
24	1333
25	1222
26	1111
27	1729

3. 将数据粘贴为图片

对于数据比较重要的工作表，为了防止他人随意修改，除了可以设置密码保护数据，还可以将数据粘贴为图片，操作方法如下。

第1步 打开"素材文件\第3章\年度销量表2.xlsx"，❶ 选中要复制为图片的单元格区域；❷ 在【开始】选项卡中单击【复制】按钮右侧的下拉按钮；❸ 在弹出的下拉列表中单击【复制为图片】选项，如下图所示。

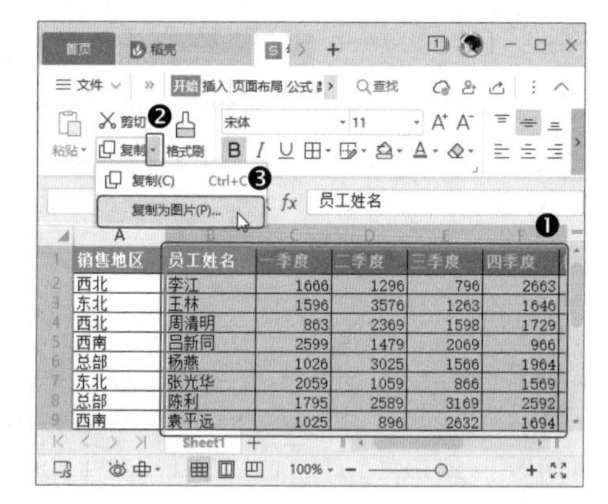

	A	B	C	D	E	F
1	销售地区	员工姓名	一季度	二季度	三季度	四季度
2	西北	李江	1666	1296	796	2663
3	东北	王林	1596	3576	1263	1646
4	西北	周清明	863	2369	1598	1729
5	西南	吕新同	2599	1479	2069	966
6	总部	杨燕	1026	3025	1566	1964
7	东北	张光华	2059	1059	866	1569
8	总部	陈利	1795	2589	3169	2592
9	西南	袁平远	1025	896	2632	1694

第2步 打开【复制图片】对话框，保持默认设置，单击【确定】按钮，如下图所示。

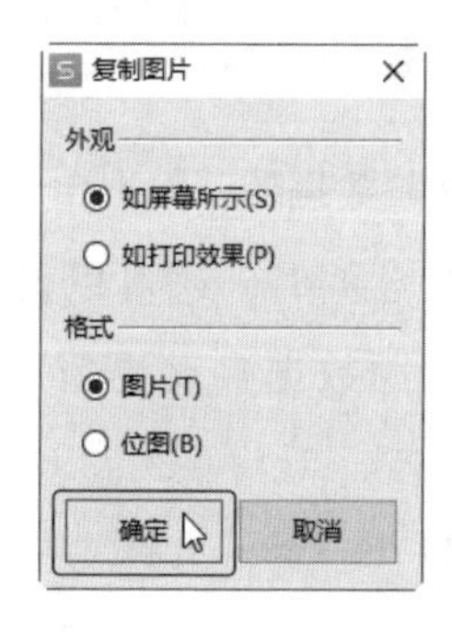

第3步 返回工作表，❶ 选择要粘贴的

目标单元格；❷ 单击【开始】选项卡中的【粘贴】按钮，如下图所示。

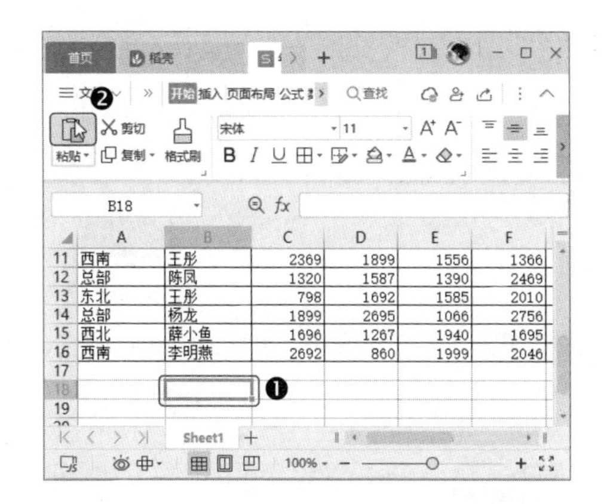

第4步 操作完成后，即可看到所选单元格区域中的数据被粘贴为图片，如下图所示。

3.2.3 数据的格式检查与转换

在整理数据时，有时会将包含某些数据的内容重点显示，或者转换显示方式。

1. 为查找到的数据设置指定格式

在工作中，有时需要在工作表中找到某个产品型号，并重点标注，此时可以使用查找和替换功能。在找到想要指定格式的内容后，为内容设置字体格式、单元格填充颜色等，完成重点标注。

例如，在“化妆品销售清单”工作簿中，对查找到的单元格设置填充颜色，操作方法如下。

第1步 打开“素材文件\第 3 章\化妆品销售清单 .xlsx”，❶ 选择任意单元格，单击【开始】选项卡中的【查找】下拉按钮；❷ 在弹出的下拉菜单中选择【替换】命令，如下图所示。

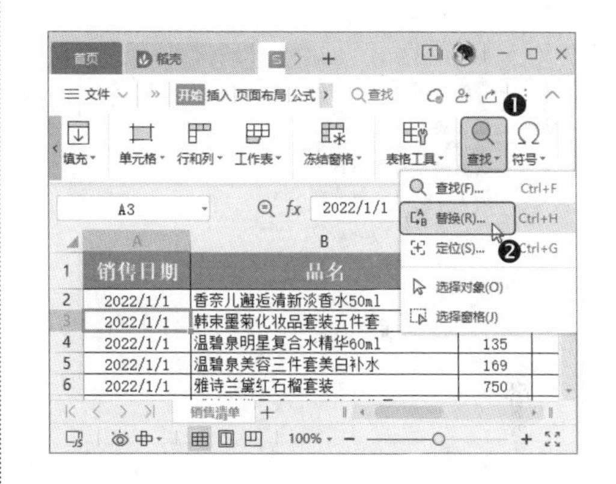

第2步 打开【替换】对话框，❶ 在【查找内容】和【替换为】文本框中分别输入相同的内容；❷ 单击【选项】按钮，如下图所示。

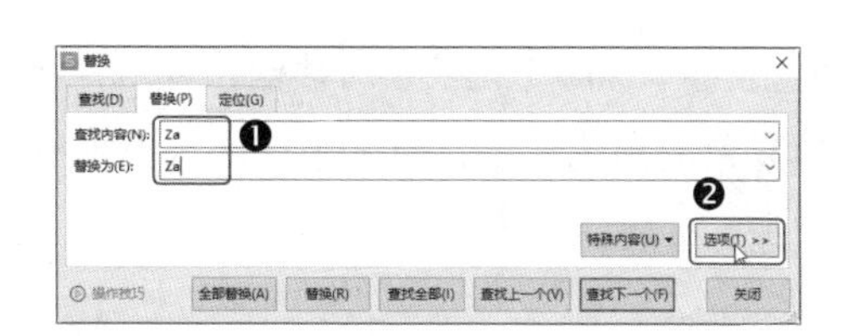

第3步 ❶ 单击【替换为】文本框右侧的【格式】下拉按钮；❷ 在弹出的下拉菜单中选择【设置格式】命令，如下图所示。

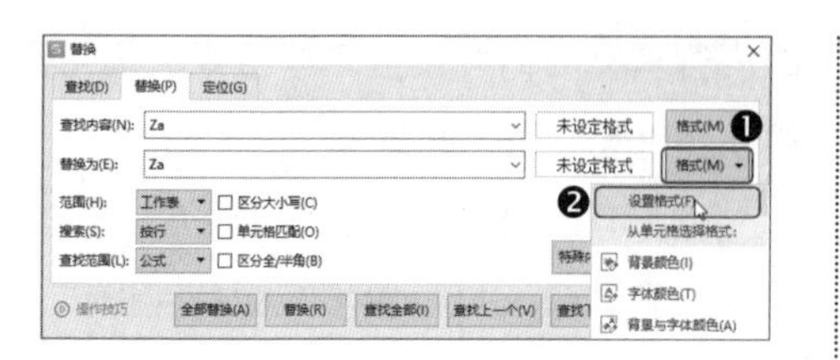

第4步 打开【替换格式】对话框，❶ 在【图案】选项卡中选择一种底纹颜色；❷ 单击【确定】按钮，如下图所示。

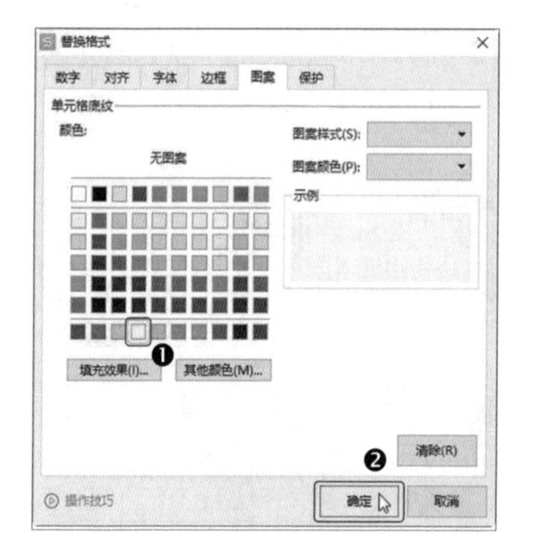

教您一招

设置其他数据格式

在为数据设置格式时，除了可以设置填充颜色，在【数字】【对齐】【字体】【边框】选项卡中，还可以设置数据的其他格式。

第5步 返回【替换】对话框，可以看到填充色的预览效果，单击【全部替换】按钮进行替换，如下图所示。

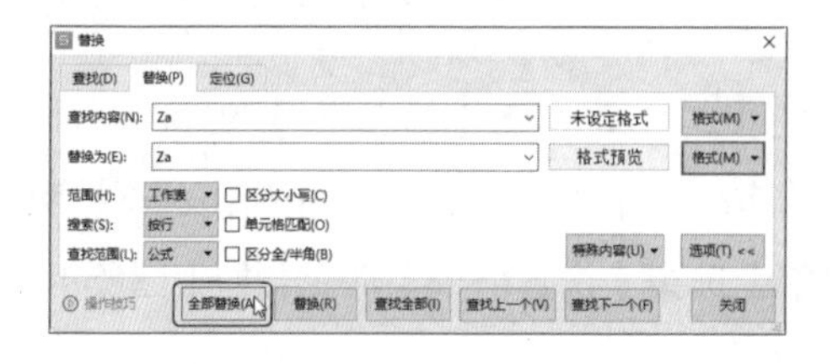

第6步 替换完成后会弹出提示框，提示已完成替换，单击【确定】按钮，然后关闭对话框，如下图所示。

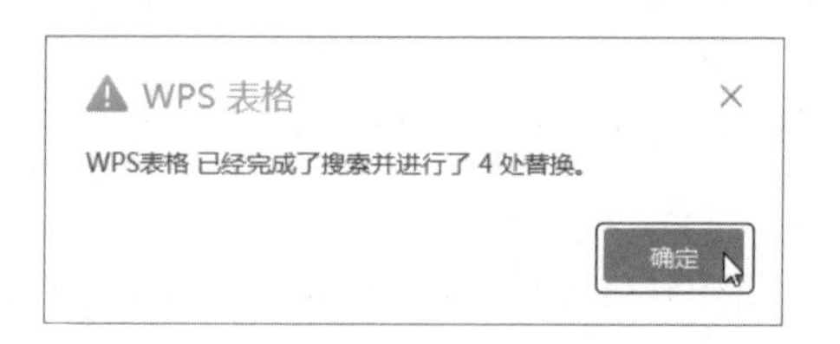

第7步 返回工作表，即可看到为数据设置了指定格式后的效果，如下图所示。

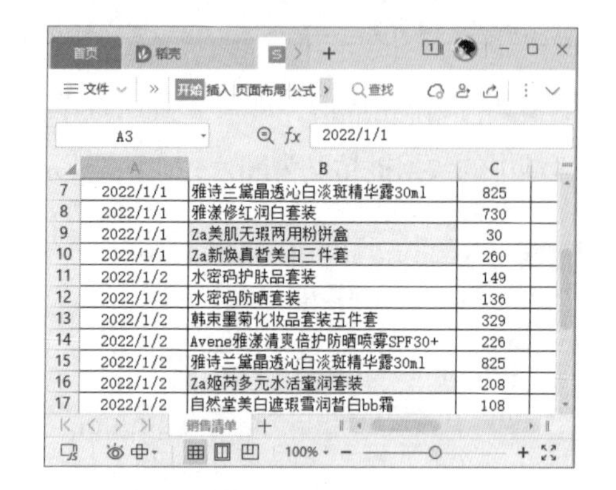

	A	B	C
7	2022/1/1	雅诗兰黛晶透沁白淡斑精华露30ml	825
8	2022/1/1	雅漾修红润白套装	730
9	2022/1/1	Za美肌无瑕两用粉饼盒	30
10	2022/1/1	Za新焕真皙美白三件套	260
11	2022/1/2	水密码护肤品套装	149
12	2022/1/2	水密码防晒套装	136
13	2022/1/2	韩束墨菊化妆品套装五件套	329
14	2022/1/2	Avene雅漾清爽倍护防晒喷雾SPF30+	226
15	2022/1/2	雅诗兰黛晶透沁白淡斑精华露30ml	825
16	2022/1/2	Za姬芮多元水活蜜润套装	208
17	2022/1/2	自然堂美白遮瑕雪润皙白bb霜	108

2. 将数据行列转置

在表格制作完成后，有时会觉得行与列互相调换能更清楚地记录数据，此时可以使用行列转置功能，将原来的行变成列，原来的列变成行。

例如，在“2021 年销售统计”工作簿中对数据进行转置，操作方法如下。

第1步 打开“素材文件\第 3 章\2021 年销售统计 .xlsx”，❶ 在工作表中选择数据区域，按【Ctrl+C】组合键进行复制操作；❷ 选择要粘贴的目标单元格；❸ 在【开始】选项卡中单击【粘贴】下拉按钮；❹ 在弹出的下拉列表中单击【转置】命令，如下图所示。

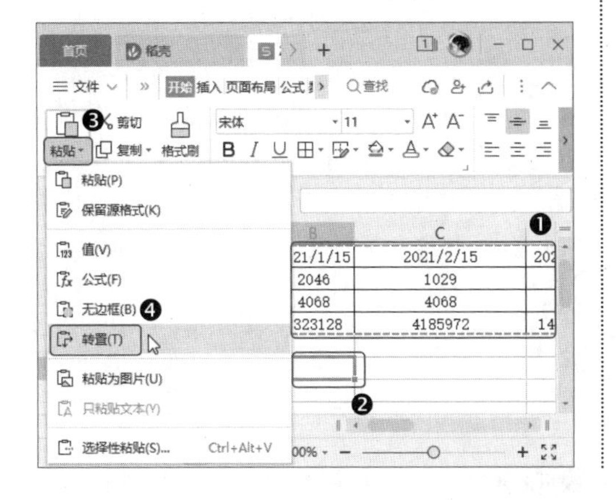

第2步 操作完成后，即可看到粘贴后的单元格已经完成行列转置，如下图所示。

	B	C	D	E
4	8323128	4185972	14075280	10926648
5				
6	日期	销售数量	销售单价	销售额
7	2021/1/15	2046	4068	8323128
8	2021/2/15	1029	4068	4185972
9	2021/3/15	3460	4068	14075280
10	2021/4/15	2686	4068	10926648
11	2021/5/15	1892	4068	7696656
12	2021/6/15	2895	4068	11776860
13	2021/7/15	1759	4068	7155612
14	2021/8/15	3499	4068	14233932
15	2021/9/15	1685	4068	6854580
16	2021/10/15	2866	4068	11658888
17	2021/11/15	4664	4068	18973152
18	2021/12/15	3895	4068	15844860

3.3 数据的格式美化

在制作表格时，默认的表格样式为白底黑字，虽然黑白分明，但对于数据量较大的表格，却不易阅读，此时可以对表格进行样式设置。

3.3.1 使用表格样式美化表格

WPS 表格内置了多种表格样式，可以轻松地制作出样式精美的表格，还可以根据需要，设计自定义样式的表格。

1. 套用内置表格样式

WPS 表格内置的表格样式预设了字体、边框、底纹等表格属性，只需选择需要的表格样式，就可以应用表格属性。例如，要在“销售业绩表”工作簿中使用内置表格样式，操作方法如下。

第1步 打开“素材文件\第 3 章\销售业绩表 .xlsx”，❶ 选中数据区域中的任意单元格；❷ 单击【开始】选项卡中的【表格样式】下拉按钮；❸ 在弹出的下拉菜单中选择一种表格样式，如下图所示。

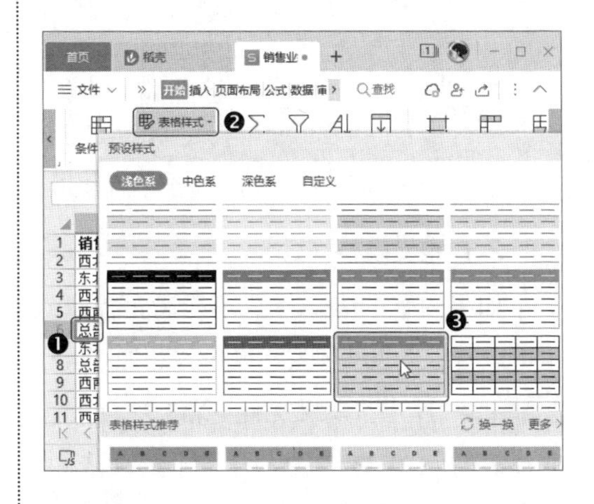

第2步 打开【套用表格样式】对话框，【表数据的来源】栏中已经自动选择了表

格中的数据区域，❶ 选择【仅套用表格样式】单选按钮，并设置【标题行的行数】为“1”；❷ 单击【确定】按钮，如下图所示。

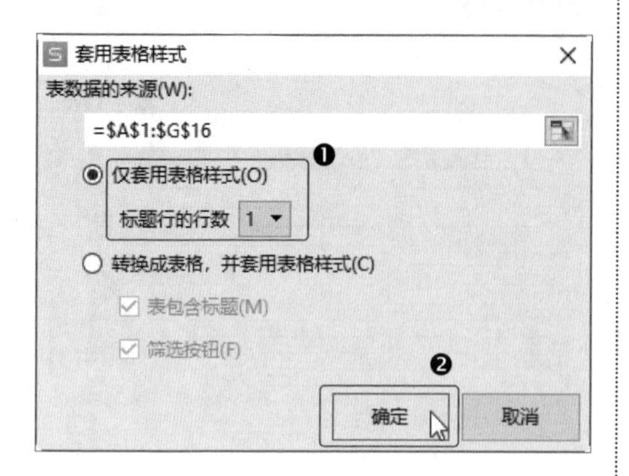

第3步 操作完成后，即可看到为表格应用了内置表格样式后的效果，如下图所示。

2. 自定义表格样式

如果内置的表格样式不能满足需求，也可以自定义表格样式，操作方法如下。

第1步 打开“素材文件\第 3 章\销售业绩表.xlsx”，❶ 单击【开始】选项卡中的【表格样式】下拉按钮；❷ 在弹出的下拉菜单中选择【新建表格样式】选项，如下图所示。

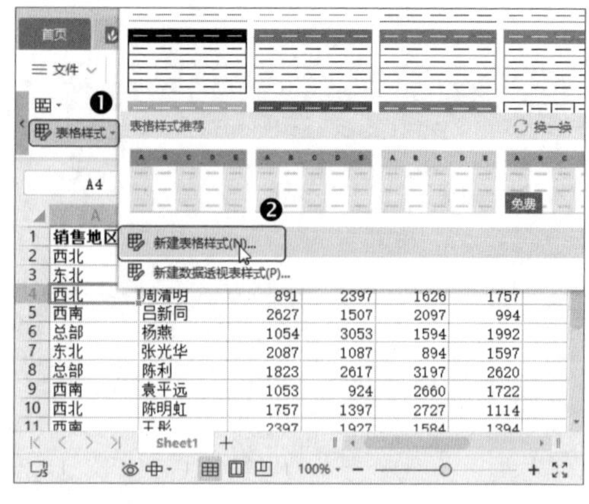

第2步 打开【新建表样式】对话框，❶ 在【名称】文本框中输入表样式的名称；❷ 在【表元素】列表框中选择【整个表】选项；❸ 单击【格式】按钮，如下图所示。

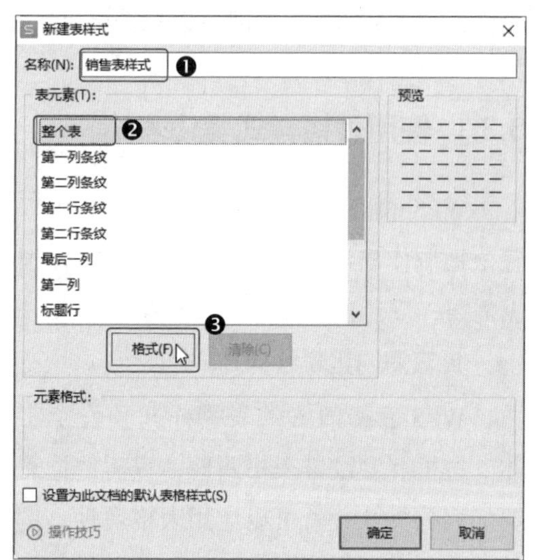

第3步 打开【单元格格式】对话框，❶ 在【边框】选项卡中选择边框的样式和颜色；❷ 在【预置】区域中选择【外边框】和【内部】选项；❸ 单击【确定】按钮，如

下图所示。

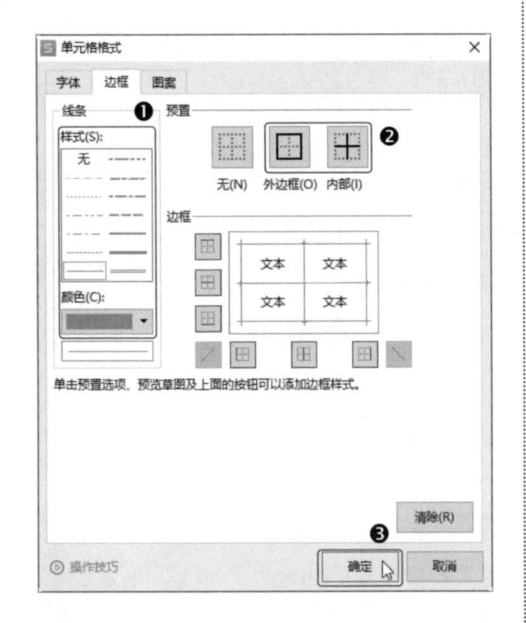

第4步 返回【新建表样式】对话框，❶在【表元素】列表框中选择【标题行】选项；❷单击【格式】按钮，如下图所示。

第5步 打开【单元格格式】对话框，❶在【字体】选项卡的【字形】列表框中选择【粗体】选项；❷在【颜色】下拉列表中选择【白色】，如下图所示。

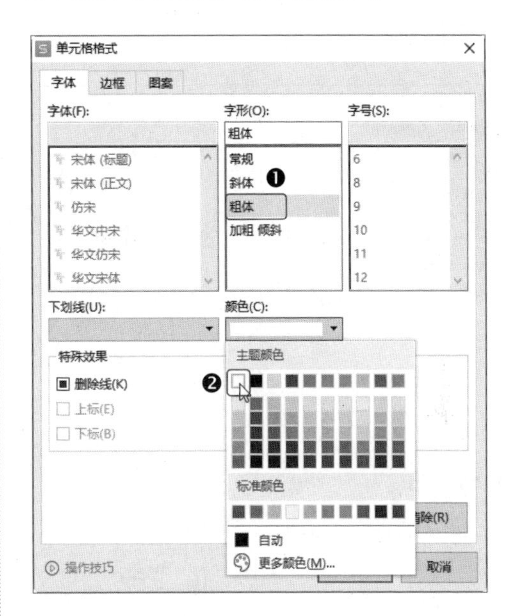

第6步 切换到【图案】选项卡，❶选择一种单元格底纹颜色；❷单击【确定】按钮，如下图所示。

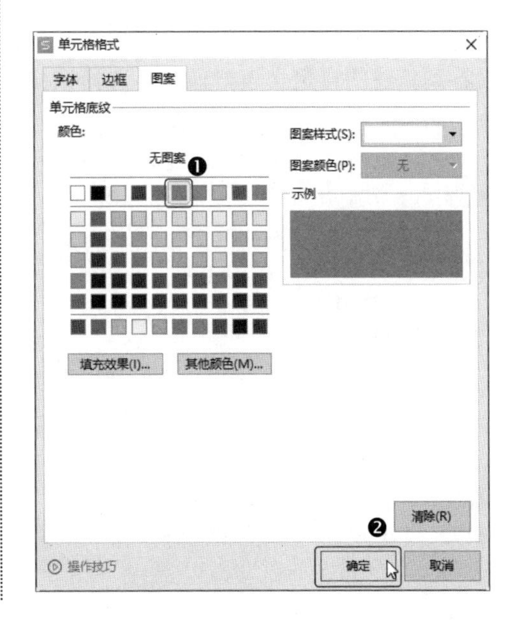

第7步▶ 返回【新建表样式】对话框，可以看到设置后的效果，单击【确定】按钮，如下图所示。

第8步▶ 返回工作表，❶ 选中数据区域中的任意单元格；❷ 单击【开始】选项卡中的【表格样式】下拉按钮；❸ 在弹出的下拉菜单中切换到【自定义】选项卡，可以看到新建的自定义表格样式，选择该样式，如下图所示。

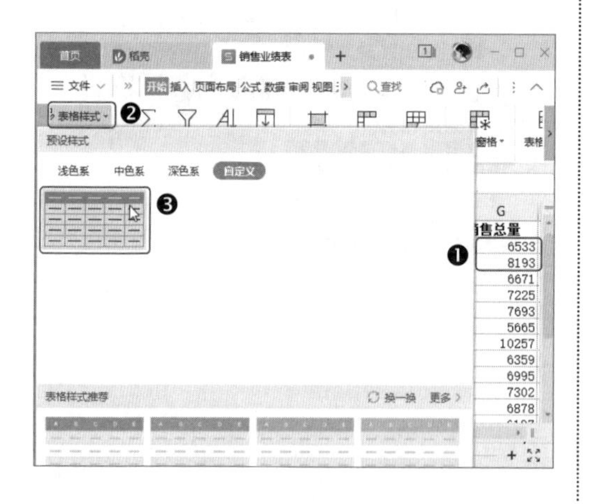

第9步▶ 打开【套用表格样式】对话框，保持默认设置，单击【确定】按钮，如下图所示。

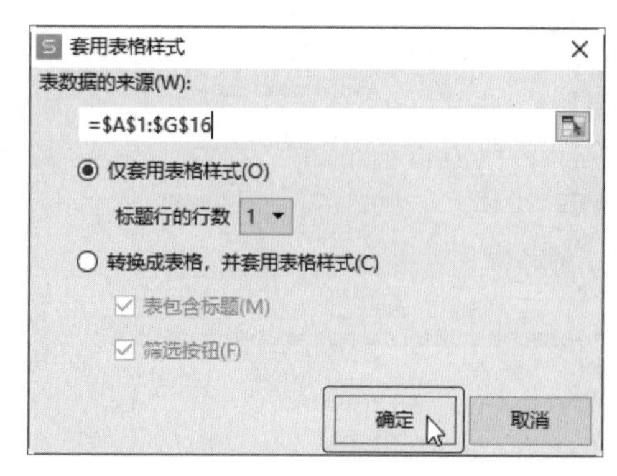

第10步▶ 操作完成后，即可看到应用了自定义表格样式后的效果，如下图所示。

销售地区	员工姓名	一季度	二季度	三季度	四季度	销售总量
西北	李江	1694	1324	824	2691	6533
东北	王林	1624	3604	1291	1674	8193
西北	周清明	891	2397	1626	1757	6671
西南	吕新同	2627	1507	2097	994	7225
总部	杨燕	1054	3053	1594	1992	7693
东北	张光华	2087	1087	894	1597	5665
总部	陈利	1823	2617	3197	2620	10257
西南	袁平远	1053	924	2660	1722	6359
西北	陈明虹	1757	1397	2727	1114	6995
西南	王彤	2397	1927	1584	1394	7302
总部	陈凤	1348	1615	1418	2497	6878
东北	王彤	826	1720	1613	2038	6197
总部	杨龙	1927	2723	1094	2784	8528
西北	薛小鱼	1724	1295	1968	1723	6710
西南	李明燕	2720	888	2027	2074	7709

3.3.2 设置单元格样式

在 WPS 表格中，除了可以应用表格样式来美化表格，还可以使用内置的单元格样式。WPS 表格为单元格预定义了不同的文字格式、数字格式、对齐格式、边框和底纹效果等格式模板。应用单元格样式可以快速地使每一个单元格都具有不同的特点，让用户轻松制作出美观的表格。

1. 套用单元格样式

WPS 表格内置了多种单元格样式，用户可以通过选择单元格样式快速美化单元格，操作方法如下。

第1步 打开“素材文件\第 3 章\销售业绩表 1.xlsx”，❶ 选中要套用单元格样式的单元格区域；❷ 单击【开始】选项卡中的【单元格样式】下拉按钮；❸ 在弹出的下拉菜单中选择一种单元格样式，如下图所示。

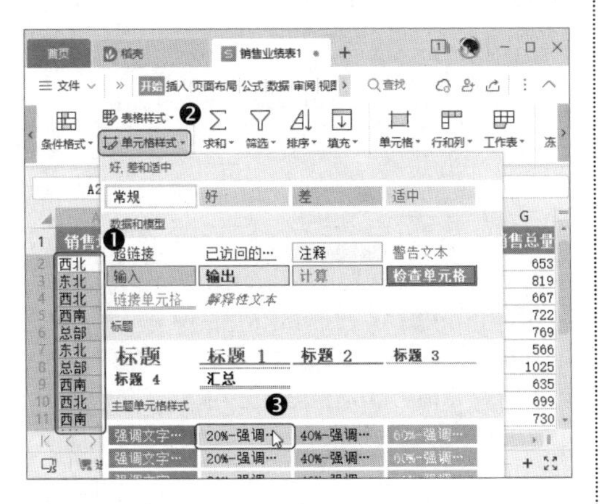

第2步 返回工作表，即可看到应用了单元格样式的效果，如下图所示。

	A	B	C	D	E	F	G
1	销售地区	员工姓名	一季度	二季度	三季度	四季度	销售总量
2	西北	李江	1694	1324	824	2691	653
3	东北	王林	1624	3604	1291	1674	819
4	西北	周清明	891	2397	1626	1757	667
5	西南	吕新同	2627	1507	2097	994	722
6	总部	杨燕	1054	3053	1594	1992	769
7	东北	张光华	2087	1087	894	1597	566
8	总部	陈利	1823	2617	3197	2620	1025
9	西南	袁平远	1053	924	2660	1722	635
10	西北	陈明虹	1757	1397	2727	1114	699
11	西南	王彤	2397	1927	1584	1394	730
12	总部	陈凤	1348	1615	1418	2497	687
13	东北	王彤	826	1720	1613	2038	619
14	总部	杨龙	1927	2723	1094	2784	852
15	西北	薛小鱼	1724	1295	1968	1723	671

2. 自定义单元格样式

如果内置的单元格样式不能满足需求，也可以自定义单元格样式，操作方法如下。

第1步 打开“素材文件\第 3 章\销售业绩表 1.xlsx”，❶ 单击【开始】选项卡中的【单元格样式】下拉按钮；❷ 在弹出的下拉菜单中选择【新建单元格样式】选项，如下图所示。

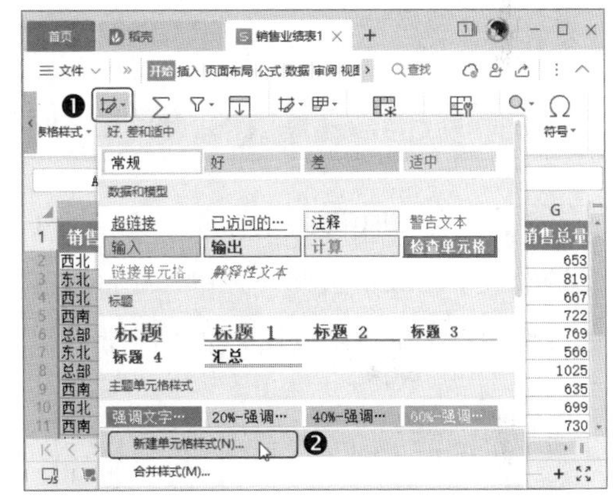

第2步 打开【样式】对话框，❶ 在【样式名】文本框中输入单元格样式的名称；❷ 单击【格式】按钮，如下图所示。

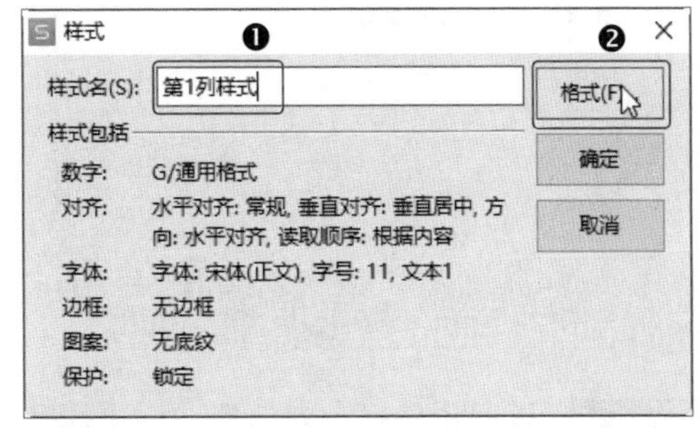

第3步 打开【单元格格式】对话框，在【对齐】选项卡中设置单元格的对齐方式，

如下图所示。

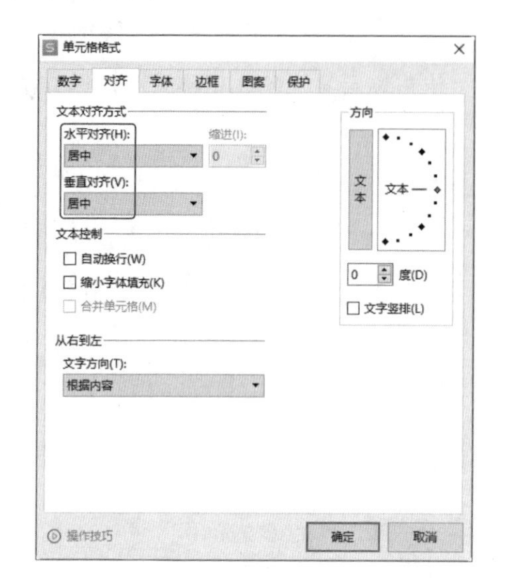

第4步 切换到【图案】选项卡，❶ 在【单元格底纹】区域中选择一种单元格底纹颜色；❷ 单击【确定】按钮，如下图所示。

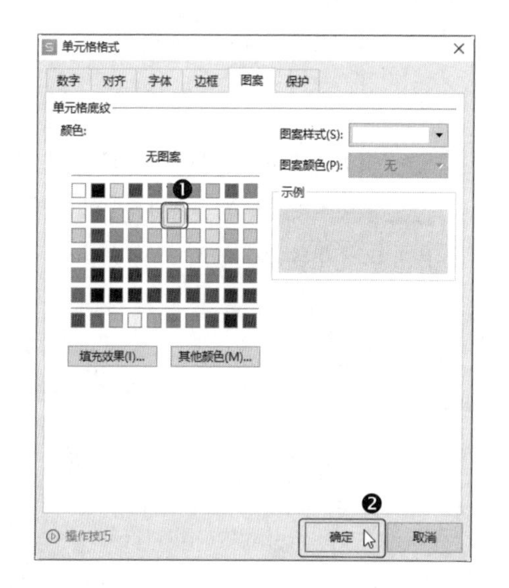

第5步 返回【样式】对话框，在【样式包括】区域中可以看到设置的单元格样式，单击【确定】按钮，如下图所示。

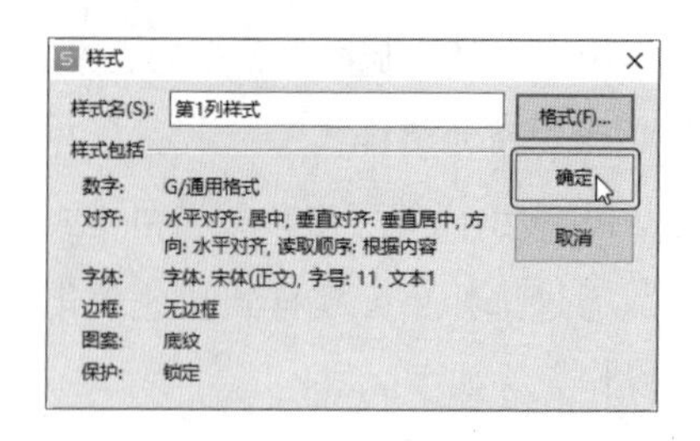

第6步 返回工作表，❶ 选中要应用单元格样式的单元格区域；❷ 单击【开始】选项卡中的【单元格样式】下拉按钮；❸ 在弹出的下拉菜单中选择新建的自定义单元格样式，如下图所示。

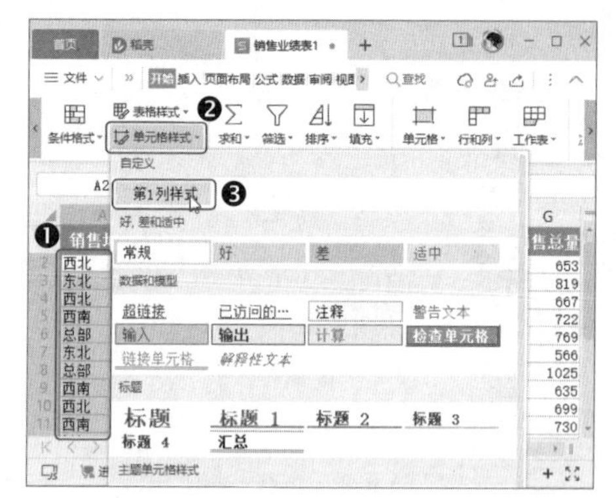

第7步 操作完成后，即可看到所选单元格区域已经应用了自定义单元格样式，如下图所示。

	A	B	C	D	E	F	G
1	销售地区	员工姓名	一季度	二季度	三季度	四季度	销售总量
2	西北	李江	1694	1324	824	2691	6533
3	东北	王林	1624	3604	1291	1674	8193
4	西北	周清明	891	2397	1626	1757	6671
5	西南	吕新同	2627	1507	2097	994	7225
6	总部	杨燕	1054	3053	1594	1992	7693
7	东北	张光华	2087	1087	894	1597	5665
8	总部	陈利	1823	2617	3197	2620	10257
9	西南	袁平远	1053	924	2660	1722	6359
10	西北	陈明虹	1757	1397	2727	1114	6995
11	西南	王彤	2397	1927	1584	1394	7302
12	总部	陈凤	1348	1615	1418	2497	6878
13	东北	王彤	826	1720	1613	2038	6197
14	总部	杨龙	1927	2723	1094	2784	8528
15	西北	薛小鱼	1724	1295	1968	1723	6710
16	西南	李明燕	2720	888	2027	2074	7709

教您一招

修改自定义单元格样式

设置了自定义单元格样式之后，如果对设置的样式不满意，还可以修改样式。方法是：右击新建的自定义单元格样式，在弹出的快捷菜单中选择【修改】命令，弹出【样式】对话框，单击【格式】按钮，在打开的【单元格格式】对话框中即可修改单元格样式。

高手支招

通过对前面知识的学习，相信读者朋友已经掌握了整理不规范数据、编辑数据和美化表格的相关操作。下面结合本章内容，给读者介绍一些工作中的实用经验与技巧，让读者在制作数据源时可以避开误区。

01 使用分列功能将单元格一分为二

在编辑工作表时，可以使用分列功能将一个列中的内容划分成多个单独的列进行放置，以便更好地查看数据，操作方法如下。

第1步 打开“素材文件\第 3 章\商品名称 .xlsx”工作簿，❶ 选择需要分列的单元格区域；❷ 单击【数据】选项卡中的【分列】按钮，如下图所示。

第2步 打开【文本分列向导 - 3 步骤之 1】对话框，❶ 在【请选择最合适的文件类型】区域中选择【分隔符号】单选按钮；❷ 单击【下一步】按钮，如下图所示。

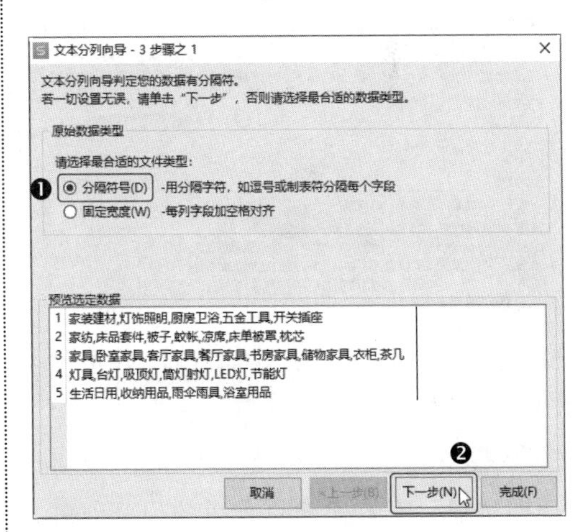

第3步 打开【文本分列向导 - 3 步骤之 2】对话框，❶ 在【分隔符号】区域中勾选【逗号】复选框；❷ 单击【下一步】按钮，如下图所示。

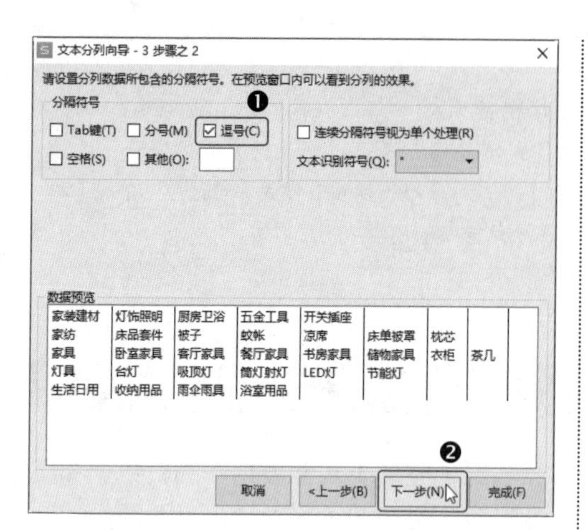

第4步 打开【文本分列向导 - 3 步骤之 3】对话框，根据需要选择数据类型，本例保持默认设置，直接单击【完成】按钮，如下图所示。

第5步 返回工作表，所选单元格区域将分列显示，为各列调整合适的列宽即可，效果如下图所示。

02 利用边框制作斜线表头

斜线表头是制作表格时经常会用到的一种表格样式，在 WPS 表格中，如果开通了会员，单击【开始】选项卡中的【表格工具】下拉按钮，在弹出的下拉菜单中选择【插入斜线表头】命令，可以直接制作斜线表头，如下图所示。

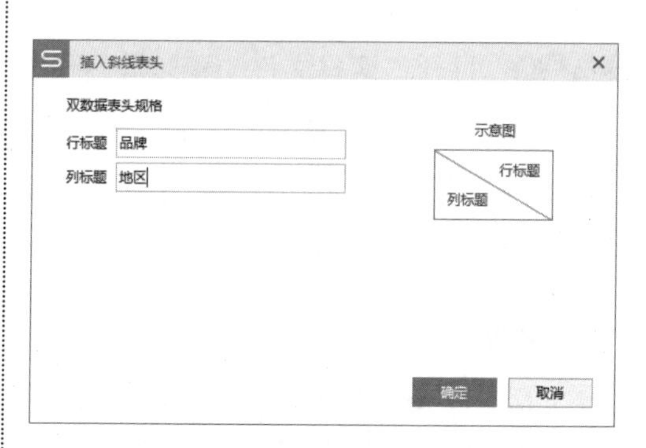

如果是 WPS 的普通用户，也可以利用边框制作斜线表头，操作方法如下。

第1步 打开"素材文件\第 3 章\手机销售情况 .xlsx"工作簿，❶ 选择 A2 单元格；

❷ 单击【开始】选项卡中的【边框】下拉按钮；❸ 在弹出的下拉菜单中选择【其他边框】选项，如下图所示。

第2步 打开【单元格格式】对话框，❶ 在【边框】选择卡的【边框】区域中单击斜线边框；❷ 单击【确定】按钮，如下图所示。

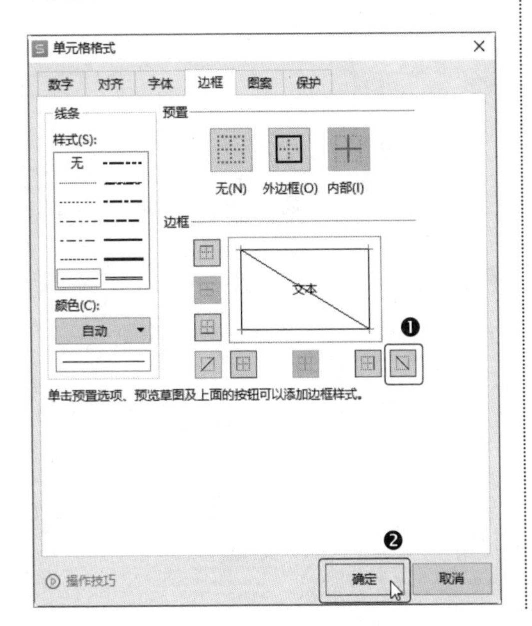

第3步 返回工作表，单击【插入】选项卡中的【文本框】按钮，如下图所示。

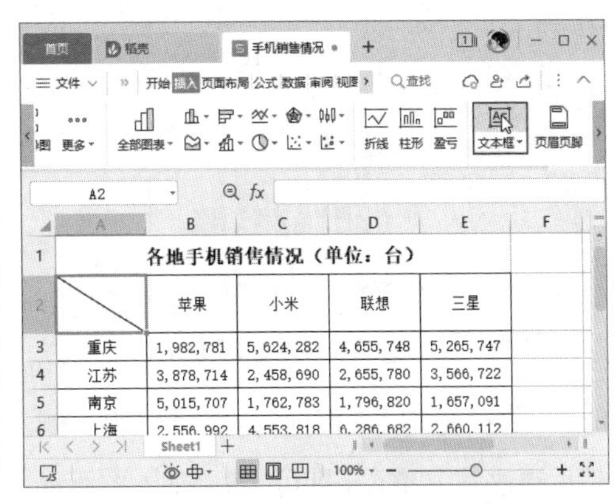

第4步 ❶ 在斜线表头的一侧绘制文本框并输入文本，选中文本框；❷ 单击【绘图工具】选项卡中的【填充】下拉按钮；❸ 在弹出的下拉菜单中选择【无填充颜色】选项，如下图所示。

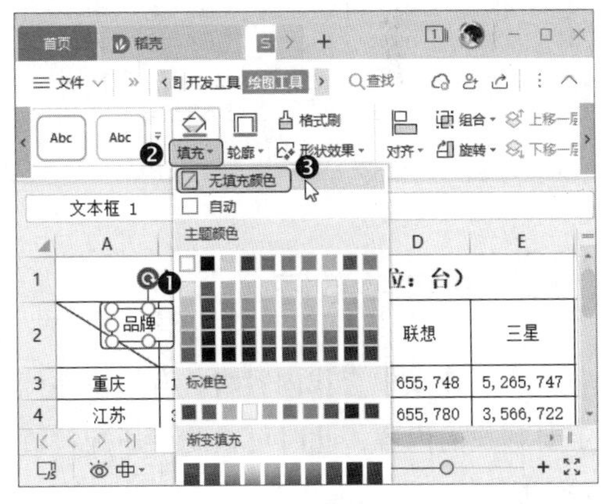

第5步 ❶ 单击【绘图工具】选项卡中的【轮廓】下拉按钮；❷ 在弹出的下拉菜单中选择【无边框颜色】选项，如下图所示。

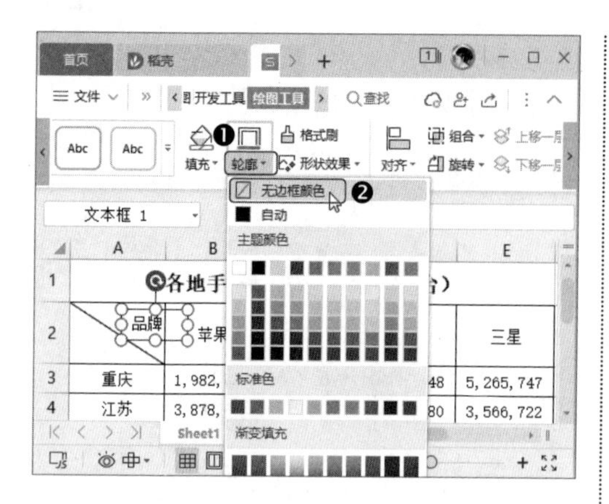

第6步 复制文本框到斜线表头的另一侧，然后更改其中的文本即可，效果如下图所示。

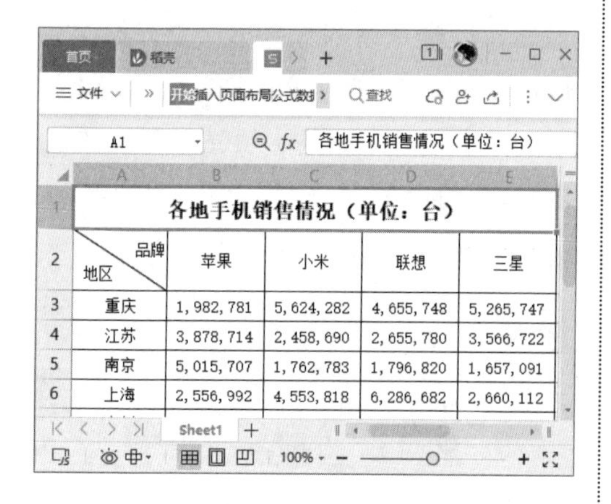

03 模糊查找数据

在工作表中查找内容时，有时不能确定要查找的内容，此时可以使用通配符进行模糊查找。

通配符主要有“?”与“*”两个，并且要在英文状态下输入。其中，“?”代表一个字符，“*”代表多个字符。

使用通配符“*”进行模糊查找的操作如下。

第1步 打开“素材文件\第3章\化妆品销售清单.xlsx”工作簿，❶单击【开始】选项卡中的【查找】下拉按钮；❷在弹出的下拉菜单中选择【查找】命令，如下图所示。

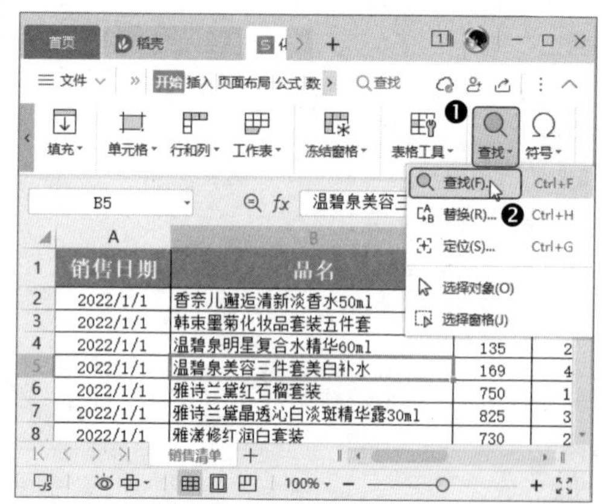

第2步 打开【查找】对话框，❶在【查找内容】文本框中输入模糊查找的内容“温*”；❷单击【查找全部】按钮，如下图所示。

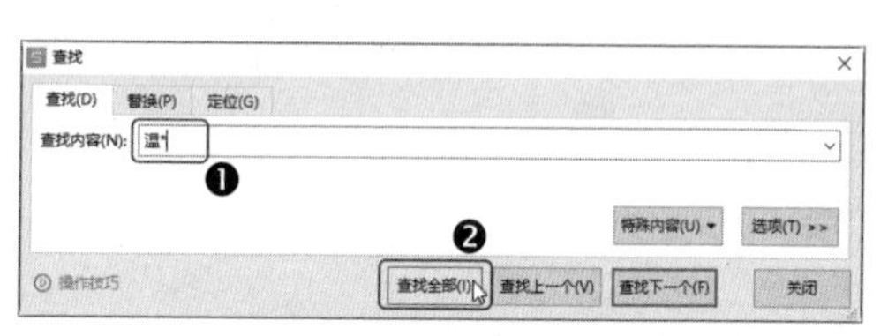

第3步 此时系统将模糊查找工作表中所有包含“温”的单元格，如下图所示。

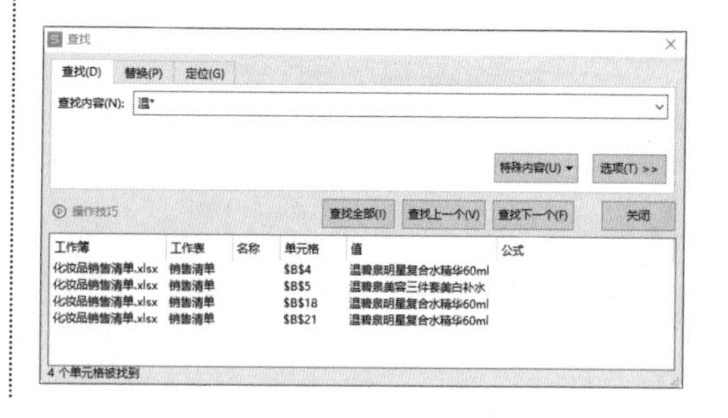

WPS

第 4 章

数据计算神器之一

使用公式计算数据

本章导读

WPS 表格具有强大的数据处理能力，能快速、准确地对数据进行计算。公式是 WPS 表格中进行数据统计和分析的工具，利用公式可以对数据进行自动计算。本章主要讲解 WPS 表格中公式的相关操作和使用公式时遇到问题的处理方法。

知识要点

- 认识公式
- 公式的引用
- 输入公式的方法
- 使用数组公式
- 编辑公式
- 审核与检测公式
- 公式错误的解决方法

资源下载码：E22A89

4.1 认识公式

公式是对工作表中的数据执行计算的等式，是以“=”开头的计算表达式，包含数值、变量、单元格引用、函数和运算符等。下面将介绍公式的组成、运算符的种类和优先级、自定义公式和复制公式等相关知识。

4.1.1 认识公式的组成

公式是以等号（=）为引导，通过运算符按照一定的顺序组合进行数据运算处理的等式。函数则是按特定算法执行计算时产生的一个或一组结果的预定义的特殊公式。

使用公式是为了有目的地计算，或根据计算结果改变其所作用的单元格的条件格式、设置规划求解模型等。因此，WPS表格的公式必须返回一个或几个值。

1. 公式的基本结构

公式的组成要素为等号、运算符和常量、单元格引用、函数、名称等，常见的公式组成有以下几种。

- =52+65+78+54+53+89：包含常量运算的公式。
- =B4+C4+D4+E4+F4+G4：包含单元格引用的公式。
- =SUM(B5:G5)：包含函数的公式。
- = 单价 * 数量：包含名称的公式。

2. 公式的规则

在 WPS 表格中输入公式，需要遵守以下规则。

- 输入公式之前，必须先选择有效运算结果的单元格。
- 公式通常以“=”开始，“=”之后是计算的元素。
- 参加计算的单元格地址表示方法为列标 + 行号，如 B3、F5 等。
- 参加计算的单元格区域的地址表示方法为左上角的单元格地址：右下角的单元格地址，如 B5:G5、A2:A10 等。

温馨提示●

在实际工作中，通常通过引用数值所在的单元格或单元格区域进行数据计算，而很少使用直接输入的方法。通过鼠标选择或拖曳，可以直接引用数据所在的单元格或单元格区域，不仅方便，而且不容易出错。

4.1.2 公式中的运算符与优先级

运算符是连接公式中的基本元素并完成特定计算的符号，如 +、/ 等，使用不同的运算符可以完成不同的运算。

在 WPS 表格中，有 4 种运算符类型，分别是算术运算符、比较运算符、文本运算符和引用运算符。

1. 算术运算符

算术运算符用于完成基本的数据运

算，主要分类和含义如表 4-1 所示。

表 4-1　算术运算符

算术运算符	含义	示例
+	加号	300+100
–	减号（负号）	360–120
*	乘号	56*96
/	除号	96/3
^	乘幂号	9^5
%	百分号	50%

2. 比较运算符

比较运算符用于比较两个值。当使用比较运算符比较两个值时，结果是逻辑值 TRUE 或 FALSE，其中 TRUE 表示真，FALSE 表示假。比较运算符的主要分类和含义如表 4-2 所示。

表 4-2　比较运算符

比较运算符	含义	示例
=	等于	A1=B1
<>	不等于	A1<>B1
<	小于	A1<B1
>	大于	A1>B1
<=	小于等于	A1<=B1
>=	大于等于	A1>=B1

3. 文本运算符

文本运算符用“&”表示，用于将两个文本连接起来合并成一个文本。例如，“北京市” & “朝阳区” 的计算结果就是 “北京市朝阳区”。

4. 引用运算符

引用运算符主要用于标明工作表中的单元格或单元格区域，包括冒号、逗号和空格。

- 冒号为区域运算符，用于对两个引用之间包括两个引用在内的所有单元格进行引用，如 B5:G5。
- 逗号为联合操作符，用于将多个引用合并为一个引用，如 SUM(B5:B10,D5:D10)。
- 空格为交叉运算符，用于对两个引用区域中共有的单元格进行运算，如 SUM(A1:B8 B1:D8)。

5. 运算符的优先级

公式中各种运算符在进行运算时，有不同的优先顺序。例如，数学运算中，*、/ 运算符优先于 +、–。在公式中，运算符的优先顺序如表 4-3 所示。

表 4-3　运算符的优先顺序

优先顺序	运算符	说明
1	：（冒号） ,（逗号）（空格）	引用运算符
2	–	作为负号使用，如 –9
3	%	百分比运算
4	^	乘幂运算
5	* 和 /	乘和除运算
6	+ 和 –	加和减运算
7	&	连接两个文本字符串
8	=、<、>、<>、<=、>=	比较运算符

4.1.3 认识公式的 3 种引用方式

使用公式或函数时经常会涉及单元格的引用，在 WPS 表格中，单元格地址引用的作用是指明公式中所使用的数据的地址。在编辑公式和函数时，需要对单元格的地址进行引用，一个引用地址代表工作表中的一个或多个单元格或单元格区域。单元格引用包括相对引用、绝对引用和混合引用，下面分别进行介绍。

1. 相对引用

相对引用是指公式中引用的单元格以它的行、列地址为它的引用名，如 A1、B2 等。

在相对引用中，如果公式所在单元格的位置改变，引用也会随之改变。如果多行或多列复制或填充公式，引用会自动调整。默认情况下，新公式常使用相对引用。下面以实例来讲解单元格的相对引用。

在工资表中，绩效工资等于加班时长乘以加班费用，此公式中的单元格引用就要使用相对引用，因为复制一个单元格中的数据到其他合计单元格时，引用的单元格要随着公式位置的变化而变化。具体方法如下。

第1步 打开“素材文件\第 4 章\工资表 .xlsx”工作簿，❶ 在 F2 单元格中输入计算公式“=C2*D2”；❷ 单击编辑栏中的【输入】按钮✓，如下图所示。

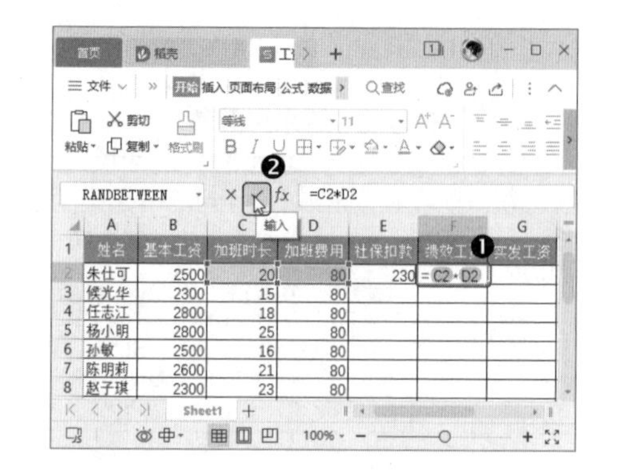

第2步 选择 F2 单元格，按住鼠标左键向下拖曳填充公式，如下图所示。

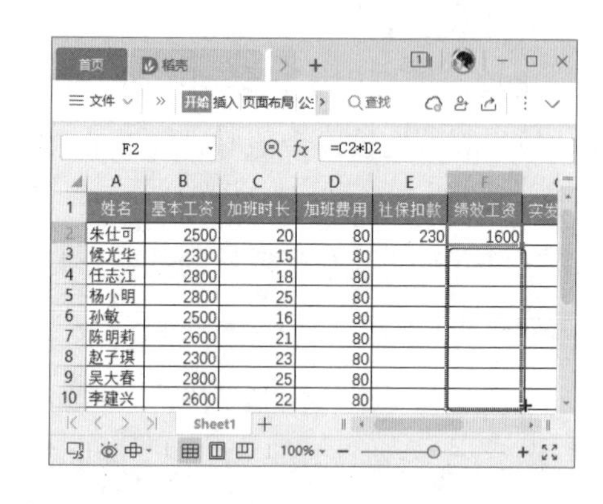

第3步 操作完成后可以发现，其他单元格的引用地址也随之变化，如下图所示。

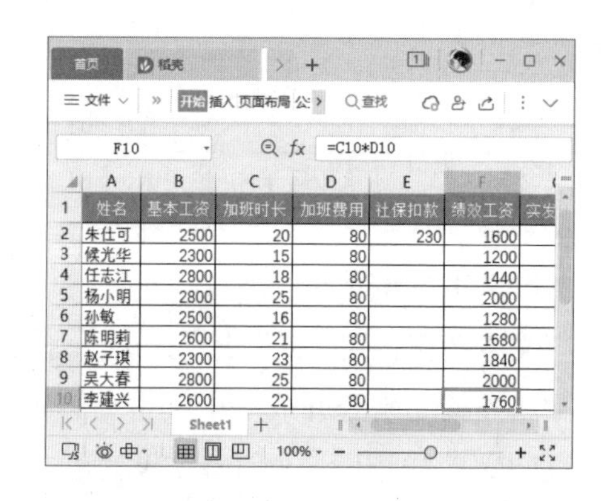

2. 绝对引用

绝对引用是指公式中引用的单元格，

在它的行号、列标前都加上一个美元符号“$”作为它的引用名。例如，A1是单元格的相对引用，而$A$1则是单元格的绝对引用。

在WPS表格中，绝对引用指的是某一确定的位置，如果公式所在单元格的位置改变，绝对引用将保持不变；如果多行或多列复制或填充公式，绝对引用也同样不作调整。

默认情况下，新公式常使用相对引用，用户也可以根据需要将相对引用转换为绝对引用。下面以实例来讲解单元格的绝对引用。

在工资表中，每个员工的社保扣款是相同的，在一个固定单元格中输入数据即可，因此社保扣款在公式中的引用要使用绝对引用。而不同员工的基本工资和绩效工资是不同的，因此基本工资和绩效工资的单元格应采用相对引用。该例操作方法如下。

第1步 接上一例操作，❶ 在G2单元格中输入计算公式“=B2+F2-$E$2”；❷ 单击编辑栏中的【输入】按钮✓，如下图所示。

RANDBETWEEN　=B2+F2-$E$2

	A	B	C	D	E	F	G
1	姓名	基本工资	加班时长	加班费用	社保扣款	绩效工资	实发工资
2	朱仕可	2500	20	80	230	1600	=B2+F2-$E$2
3	侯光华	2300	15	80		1200	
4	任志江	2800	18	80		1440	
5	杨小明	2800	25	80		2000	
6	孙敏	2500	16	80		1280	
7	陈明莉	2600	21	80		1680	
8	赵子琪	2300	23	80		1840	
9	吴大春	2800	25	80		2000	
10	李建兴	2600	22	80		1760	

第2步 选择G2单元格，按住鼠标左键向下拖曳填充公式，如下图所示。

G2　=B2+F2-$E$2

	A	B	C	D	E	F	G
1	姓名	基本工资	加班时长	加班费用	社保扣款	绩效工资	实发工资
2	朱仕可	2500	20	80	230	1600	3870
3	侯光华	2300	15	80		1200	
4	任志江	2800	18	80		1440	
5	杨小明	2800	25	80		2000	
6	孙敏	2500	16	80		1280	
7	陈明莉	2600	21	80		1680	
8	赵子琪	2300	23	80		1840	
9	吴大春	2800	25	80		2000	
10	李建兴	2600	22	80		1760	

第3步 操作完成后可以发现，虽然其他单元格的引用地址发生了变化，但绝对引用的E2单元格不会发生变化，如下图所示。

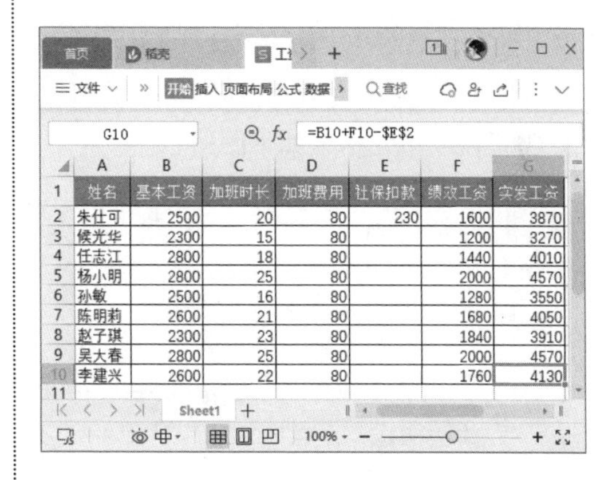

G10　=B10+F10-$E$2

	A	B	C	D	E	F	G
1	姓名	基本工资	加班时长	加班费用	社保扣款	绩效工资	实发工资
2	朱仕可	2500	20	80	230	1600	3870
3	侯光华	2300	15	80		1200	3270
4	任志江	2800	18	80		1440	4010
5	杨小明	2800	25	80		2000	4570
6	孙敏	2500	16	80		1280	3550
7	陈明莉	2600	21	80		1680	4050
8	赵子琪	2300	23	80		1840	3910
9	吴大春	2800	25	80		2000	4570
10	李建兴	2600	22	80		1760	4130

3. 混合引用

混合引用是指公式中引用的单元格同时有绝对列和相对行或绝对行和相对列。绝对引用列采用$A1、$B1等形式作为引用名，绝对引用行采用A$1、B$1等形式作为引用名。

如果公式所在的单元格的位置发生改

变，则相对引用改变，而绝对引用不变。如果多行或多列复制公式，相对引用会自动调整，而绝对引用不作调整。

例如，某公司准备在今后 10 年内，每年年末从利润留成中提取 10 万元存入银行，10 年后这笔存款将用于建造员工福利宿舍。假设银行存款年利率为 4.5%，那么 10 年后一共可以积累多少资金？假设年利率为 5%、5.5%、6%，又可以积累多少资金呢？

下面使用混合引用单元格的方法计算年金终值，操作方法如下。

第1步 打开“素材文件 \ 第 4 章 \ 计算普通年金终值 .xlsx”工作簿，在 C4 单元格中输入计算公式“=$A$3*(1+C$3)^$B4”。公式中绝对引用了 A3 单元格，混合引用了 C3 和 B4 单元格，如下图所示。

第2步 按【Enter】键得出计算结果，然后选中 C4 单元格，向下填充公式至 C13 单元格，如下图所示。

教您一招

普通年金终值介绍

普通年金终值是指最后一次支付时的本息和，它是每次支付的复利终值之和。假设每年的支付金额为 A，利率为 i，期数为 n，则按复利计算的普通年金终值 S 为：S=A+A×（1+i）+A（1+i）2+…+A×（1+i）n–1。

	A	B	C	D	E	F
1	计算普通年金终值					
2	本金		年利率			
3	100000		4.50%	5.00%	5.50%	6.00%
4	年数	1	104500			
5		2				
6		3				
7		4				
8		5				
9		6				
10		7				
11		8				
12		9				
13		10				

第3步 选中其他引用公式的单元格，可以发现，多列复制公式时，引用会自动调整。公式所在单元格的位置改变，混合引用中的列标也会随之改变。例如，单元格 C13 中的公式变为“=$A$3*(1+C$3)^$B13”，如下图所示。

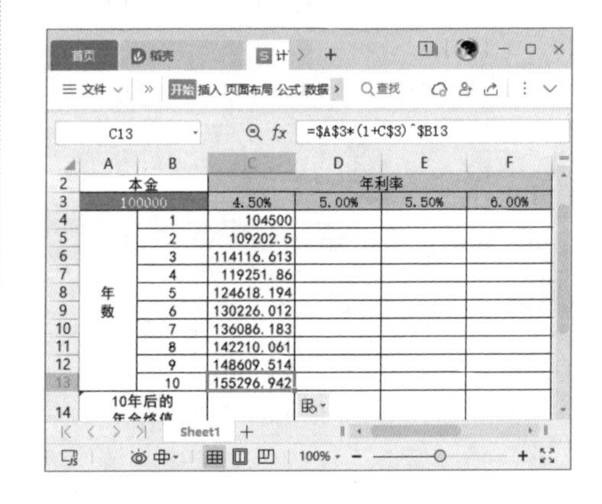

	A	B	C	D	E	F
2	本金		年利率			
3	100000		4.50%	5.00%	5.50%	6.00%
4	年数	1	104500			
5		2	109202.5			
6		3	114116.613			
7		4	119251.86			
8		5	124618.194			
9		6	130226.012			
10		7	136086.183			
11		8	142210.061			
12		9	148609.514			
13		10	155296.942			
14	10年后的年金终值					

第4步 选择 C4 单元格，向右填充公式至 F4 单元格，如下图所示。

C4 =$A$3*(1+C$3)^$B4

本金		年利率			
100000		4.50%	5.00%	5.50%	6.00%
年数	1	104500			
	2	109202.5			
	3	114116.613			
	4	119251.86			
	5	124618.194			
	6	130226.012			
	7	136086.183			
	8	142210.061			
	9	148609.514			
	10	155296.942			
10年后的					

第5步 操作完成后可以发现，多行复制公式时，引用会自动调整，公式所在单元格的位置改变，混合引用中的列标也会随之改变。例如，F4 单元格中的公式变为“=$A$3*(1+F$3)^$B4”，如下图所示。

F4 =$A$3*(1+F$3)^$B4

本金		年利率			
100000		4.50%	5.00%	5.50%	6.00%
年数	1	104500	105000	105500	106000
	2	109202.5			
	3	114116.613			
	4	119251.86			
	5	124618.194			
	6	130226.012			
	7	136086.183			
	8	142210.061			
	9	148609.514			
	10	155296.942			
10年后的					

第6步 使用相同的方法，将公式填充到其他空白单元格，此时可以计算出在不同利率条件下，不同年份的年金终值，如下图所示。

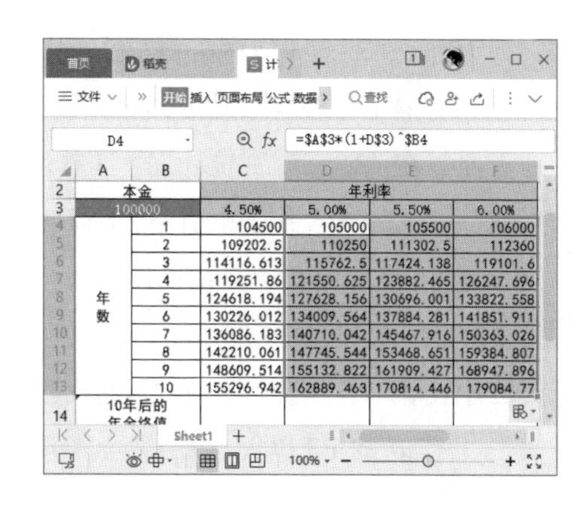

D4 =$A$3*(1+D$3)^$B4

本金		年利率			
100000		4.50%	5.00%	5.50%	6.00%
年数	1	104500	105000	105500	106000
	2	109202.5	110250	111302.5	112360
	3	114116.613	115762.5	117424.138	119101.6
	4	119251.86	121550.625	123882.465	126247.696
	5	124618.194	127628.156	130696.001	133822.558
	6	130226.012	134009.564	137884.281	141851.911
	7	136086.183	140710.042	145467.916	150363.026
	8	142210.061	147745.544	153468.651	159384.807
	9	148609.514	155132.822	161909.427	168947.896
	10	155296.942	162889.463	170814.446	179084.77
10年后的					

第7步 在 C14 单元格中输入公式“=SUM(C4:C13)”，并将公式填充到右侧的单元格，即可计算出不同利率条件下，10 年后的年金终值，如下图所示。

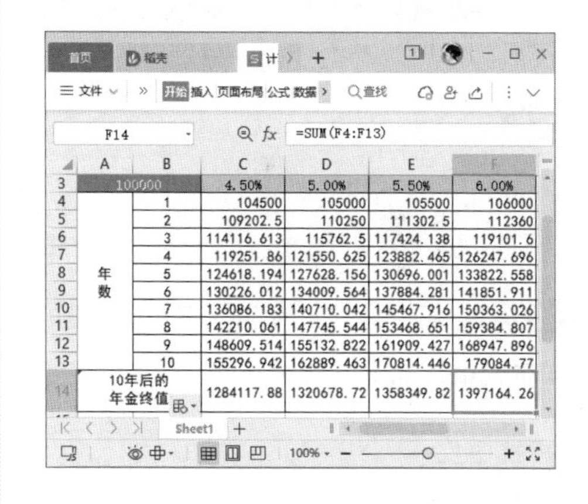

F14 =SUM(F4:F13)

100000		4.50%	5.00%	5.50%	6.00%
年数	1	104500	105000	105500	106000
	2	109202.5	110250	111302.5	112360
	3	114116.613	115762.5	117424.138	119101.6
	4	119251.86	121550.625	123882.465	126247.696
	5	124618.194	127628.156	130696.001	133822.558
	6	130226.012	134009.564	137884.281	141851.911
	7	136086.183	140710.042	145467.916	150363.026
	8	142210.061	147745.544	153468.651	159384.807
	9	148609.514	155132.822	161909.427	168947.896
	10	155296.942	162889.463	170814.446	179084.77
10年后的年金终值		1284117.88	1320678.72	1358349.82	1397164.26

4.1.4 引用同一工作簿中其他工作表的单元格

WPS 表格中不仅可以在同一工作表中引用单元格或单元格区域中的数据，还可以引用同一工作簿中多张工作表中的单元格或单元格区域中的数据。在同一工作簿不同工作表中引用单元格的格式为“工作表名称！单元格地址”，如“Shexlsx1！

F5”即为 Shexlsx1 工作表中的 F5 单元格，“！”用来分隔工作表与单元格。

下面以在“职工工资统计表”工作簿的“调整后工资表”工作表中引用“工资表”工作表中的单元格为例，介绍操作方法。

第1步 打开“素材文件\第 4 章\职工工资统计表 .xlsx”工作簿，在“调整后工资表”工作表的 E3 单元格中输入“=”，如下图所示。

RANDBETWEEN　=

	A	B	C	D	E	F	G
1	（补贴调整后）						
2	姓名	基本工资	奖金	补贴增加	应发工资	扣保险	扣所得税
3	刘华	1550	6300	150	=		
4	高辉	1550	598.4	150			
5	钟绵玲	1450	5325	150			
6	刘来	1800	3900	150			
7	慕庆阳	1250	10000	150			
8	宋起正	1650	6000	150			
9	言文静	1800	5610	150			
10	齐乃风	1450	6240	150			
11	刘勇	1430	14000	150			
12	杨颜萍	1100	6292.5	150			

第2步 切换到“工资表”工作表，选中 F4 单元格，如下图所示。

IF　=工资表!F4

	A	B	C	D	E	F
1						职工工资统计表
2	单位名称:					20
3	编号	姓名	基本工资	奖金	补贴	应发工资
4	1	刘华	1550	6300	70	792
5	2	高辉	1550	598.4	70	2218.4
6	3	钟绵玲	1450	5325	70	6845
7	4	刘来	1800	3900	70	5770
8	5	慕庆阳	1250	10000	70	11320
9	6	宋起正	1650	6000	70	7720
10	7	言文静	1800	5610	70	7480
11	8	齐乃风	1450	6240	70	7760
12	9	刘勇	1430	14000	70	15500
13	10	杨颜萍	1100	6292.5	70	7462.5

第3步 此时按【Enter】键，即可将“工资表”工作表 F4 单元格中的数据引用到“调整后工资表”工作表的 E3 单元格中，如下图所示。

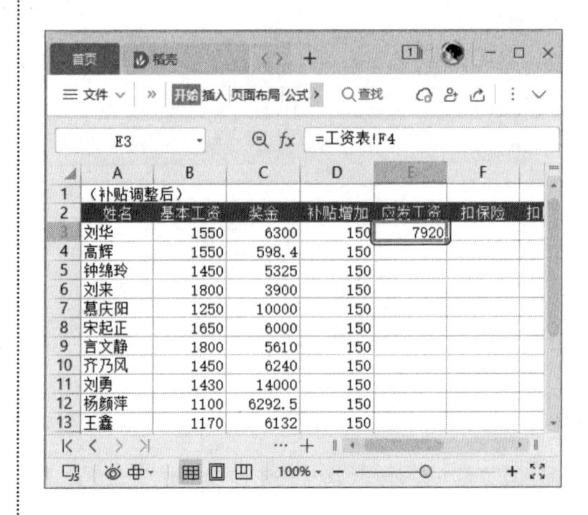

E3　=工资表!F4

	A	B	C	D	E	F
1	（补贴调整后）					
2	姓名	基本工资	奖金	补贴增加	应发工资	扣保险
3	刘华	1550	6300	150	7920	
4	高辉	1550	598.4	150		
5	钟绵玲	1450	5325	150		
6	刘来	1800	3900	150		
7	慕庆阳	1250	10000	150		
8	宋起正	1650	6000	150		
9	言文静	1800	5610	150		
10	齐乃风	1450	6240	150		
11	刘勇	1430	14000	150		
12	杨颜萍	1100	6292.5	150		
13	王鑫	1170	6132	150		

第4步 选择 E3 单元格，将公式填充到本列的其他单元格中，如下图所示。

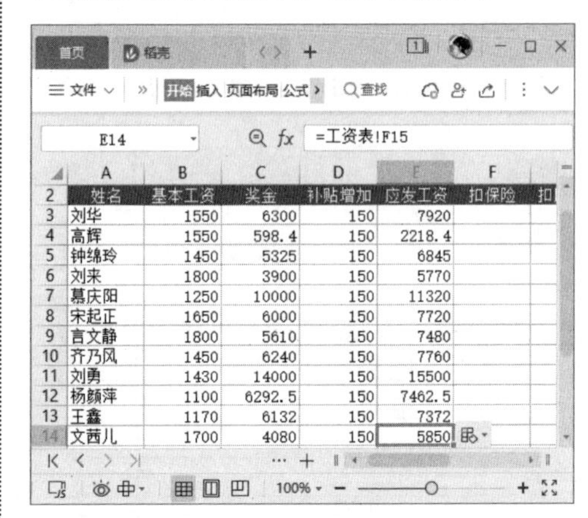

E14　=工资表!F15

	A	B	C	D	E	F
2	姓名	基本工资	奖金	补贴增加	应发工资	扣保险
3	刘华	1550	6300	150	7920	
4	高辉	1550	598.4	150	2218.4	
5	钟绵玲	1450	5325	150	6845	
6	刘来	1800	3900	150	5770	
7	慕庆阳	1250	10000	150	11320	
8	宋起正	1650	6000	150	7720	
9	言文静	1800	5610	150	7480	
10	齐乃风	1450	6240	150	7760	
11	刘勇	1430	14000	150	15500	
12	杨颜萍	1100	6292.5	150	7462.5	
13	王鑫	1170	6132	150	7372	
14	文茜儿	1700	4080	150	5850	

4.1.5 引用其他工作簿中的单元格

跨工作簿引用数据，即引用其他工作簿中工作表的单元格数据，方法与引用同一工作簿不同工作表的单元格数据的方法类似。以在“员工工资表”工作簿的“8

月工资表”工作表中引用“职工工资统计表”工作簿的“工资表”工作表中的单元格数据为例，操作方法如下。

第1步 打开“素材文件\第 4 章\职工工资统计表.xlsx”和“员工工资表.xlsx”工作簿，在“员工工资表”的“8 月工资表”工作表中选中 E3 单元格，输入“=”，如下图所示。

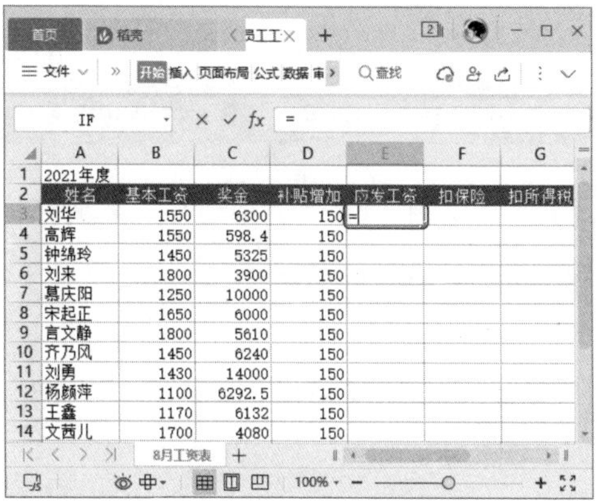

	A	B	C	D	E	F	G
1	2021年度						
2	姓名	基本工资	奖金	补贴增加	应发工资	扣保险	扣所得税
3	刘华	1550	6300	150	=		
4	高辉	1550	598.4	150			
5	钟绵玲	1450	5325	150			
6	刘来	1800	3900	150			
7	慕庆阳	1250	10000	150			
8	宋起正	1650	6000	150			
9	言文静	1800	5610	150			
10	齐乃风	1450	6240	150			
11	刘勇	1430	14000	150			
12	杨颜萍	1100	6292.5	150			
13	王鑫	1170	6132	150			
14	文茜儿	1700	4080	150			

第2步 切换到“职工工资统计表”工作簿的“工资表”工作表，选中 F4 单元格，如下图所示。

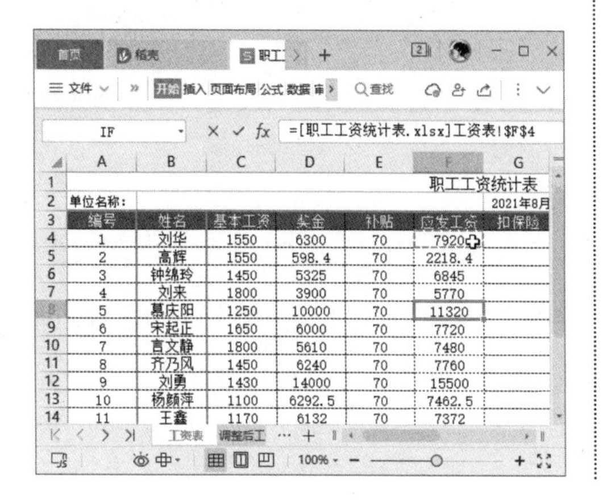

	A	B	C	D	E	F	G
1						职工工资统计表	
2	单位名称:						2021年8月
3	编号	姓名	基本工资	奖金	补贴	应发工资	扣保险
4	1	刘华	1550	6300	70	7920	
5	2	高辉	1550	598.4	70	2218.4	
6	3	钟绵玲	1450	5325	70	6845	
7	4	刘来	1800	3900	70	5770	
8	5	慕庆阳	1250	10000	70	11320	
9	6	宋起正	1650	6000	70	7720	
10	7	言文静	1800	5610	70	7480	
11	8	齐乃风	1450	6240	70	7760	
12	9	刘勇	1430	14000	70	15500	
13	10	杨颜萍	1100	6292.5	70	7462.5	
14	11	王鑫	1170	6132	70	7372	

第3步 此时按【Enter】键，即可将“职工工资统计表”工作簿的“工资表”工作表中 F4 单元格内的数据，引用到“员工工资表”的“8 月工资表”工作表的 E3 单元格中，如下图所示。

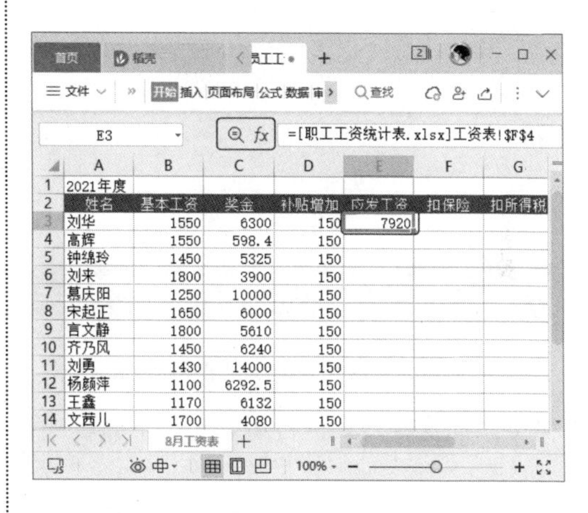

	A	B	C	D	E	F	G
1	2021年度						
2	姓名	基本工资	奖金	补贴增加	应发工资	扣保险	扣所得税
3	刘华	1550	6300	150	7920		
4	高辉	1550	598.4	150			
5	钟绵玲	1450	5325	150			
6	刘来	1800	3900	150			
7	慕庆阳	1250	10000	150			
8	宋起正	1650	6000	150			
9	言文静	1800	5610	150			
10	齐乃风	1450	6240	150			
11	刘勇	1430	14000	150			
12	杨颜萍	1100	6292.5	150			
13	王鑫	1170	6132	150			
14	文茜儿	1700	4080	150			

第4步 默认的引用是绝对引用，这里将公式中 F4 单元格的绝对引用“$F$4”更改为相对引用“F4”，如下图所示。

	A	B	C	D	E	F	G
1	2021年度						
2	姓名	基本工资	奖金	补贴增加	应发工资	扣保险	扣所得税
3	刘华	1550	6300	150	表!F4		
4	高辉	1550	598.4	150			
5	钟绵玲	1450	5325	150			
6	刘来	1800	3900	150			
7	慕庆阳	1250	10000	150			
8	宋起正	1650	6000	150			
9	言文静	1800	5610	150			
10	齐乃风	1450	6240	150			
11	刘勇	1430	14000	150			
12	杨颜萍	1100	6292.5	150			
13	王鑫	1170	6132	150			
14	文茜儿	1700	4080	150			

第5步 选中 E3 单元格，将公式填充到其他单元格，如下图所示。

E14 | =[职工工资统计表.xlsx]工资表!F15

	A	B	C	D	E	F	G
1	2021年度						
2	姓名	基本工资	奖金	补贴增加	应发工资	扣保险	扣所得税
3	刘华	1550	6300	150	7920		
4	高辉	1550	598.4	150	2218.4		
5	钟绵玲	1450	5325	150	6845		
6	刘来	1800	3900	150	5770		
7	慕庆阳	1250	10000	150	11320		
8	宋起正	1650	6000	150	7720		
9	言文静	1800	5610	150	7480		
10	齐乃风	1450	6240	150	7760		
11	刘勇	1430	14000	150	15500		
12	杨颜萍	1100	6292.5	150	7462.5		
13	王鑫	1170	6132	150	7372		
14	文茜儿	1700	4080	150	5850		

温馨提示●

跨工作簿引用的简单表达式：[工作簿名称] 工作表名称！单元格地址，如 [职工工资统计表 .xlsx] 调整后工资表 !E14。

4.2 公式的使用

在使用 WPS 表格管理数据时，经常会遇到加、减、乘、除等基本运算。如何在表格中添加这些公式进行运算呢？下面就来学习如何使用公式计算数据。

4.2.1 输入公式的方法

除了单元格格式为文本的单元格，在单元格中输入等号（=）时，WPS 表格将自动切换为输入公式的状态。如果在单元格中输入加号（ + ）、减号（ − ）等，系统也会自动在前面加上等号，切换为输入公式状态。

手动输入和使用鼠标辅助输入是输入公式的两种常用方法，下面分别进行介绍。

1. 手动输入

例如，要在“自动售货机销量”工作簿中计算销售总额，操作方法如下。

第1步● 打开“素材文件 \ 第 4 章 \ 自动售货机销量 .xlsx”工作簿，在 H3 单元格中输入公式“=B3+C3+D3+E3+F3+G3”，如下图所示。

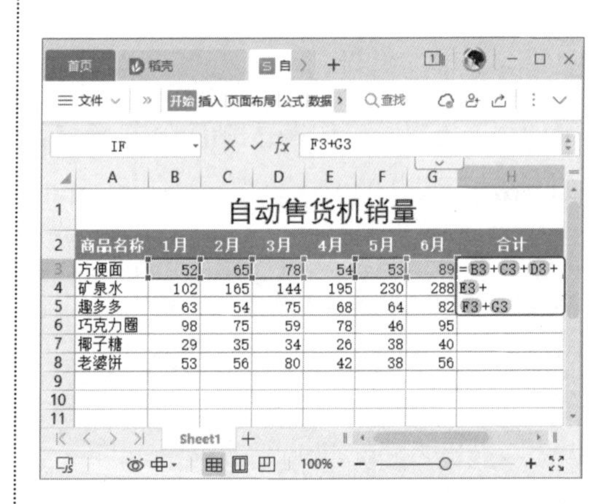

IF | F3+G3

	A	B	C	D	E	F	G	H
1	自动售货机销量							
2	商品名称	1月	2月	3月	4月	5月	6月	合计
3	方便面	52	65	78	54	53	89	=B3+C3+D3+E3+F3+G3
4	矿泉水	102	165	144	195	230	288	
5	趣多多	63	54	75	68	64	82	
6	巧克力圈	98	75	59	78	46	95	
7	椰子糖	29	35	34	26	38	40	
8	老婆饼	53	56	80	42	38	56	

第2步● 输入完成后，按【Enter】键，即可在 H3 单元格中显示计算结果，如下图所示。

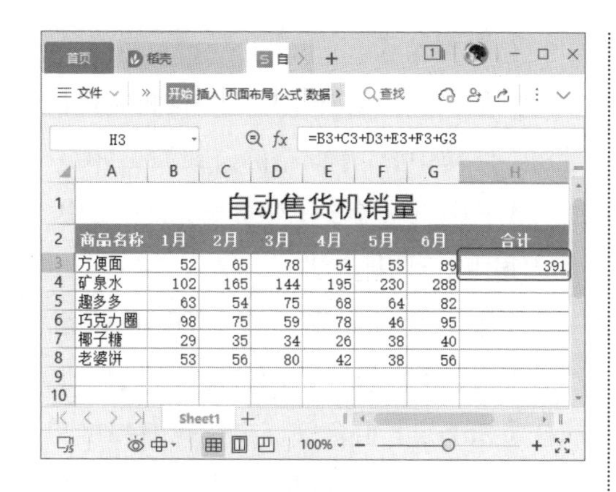

自动售货机销量							
商品名称	1月	2月	3月	4月	5月	6月	合计
方便面	52	65	78	54	53	89	391
矿泉水	102	165	144	195	230	288	
趣多多	63	54	75	68	64	82	
巧克力圈	98	75	59	78	46	95	
椰子糖	29	35	34	26	38	40	
老婆饼	53	56	80	42	38	56	

2. 使用鼠标辅助输入

在引用单元格较多的情况下，比起手动输入公式，有些用户更习惯使用鼠标辅助输入，操作方法如下。

第1步 接上一例操作，❶ 在 B9 单元格中输入“=”；❷ 单击 B3 单元格，此时该单元格周围出现闪动的虚线边框，可以看到 B3 单元格被引用到了公式中，如下图所示。

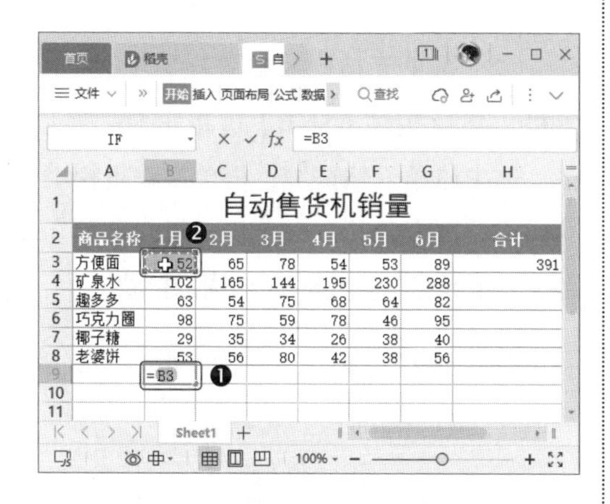

自动售货机销量							
商品名称	1月	2月	3月	4月	5月	6月	合计
方便面	52	65	78	54	53	89	391
矿泉水	102	165	144	195	230	288	
趣多多	63	54	75	68	64	82	
巧克力圈	98	75	59	78	46	95	
椰子糖	29	35	34	26	38	40	
老婆饼	53	56	80	42	38	56	

第2步 在 B9 单元格中输入运算符“+”，然后单击 B4 单元格，此时 B4 单元格也被引用到了公式中，如下图所示。

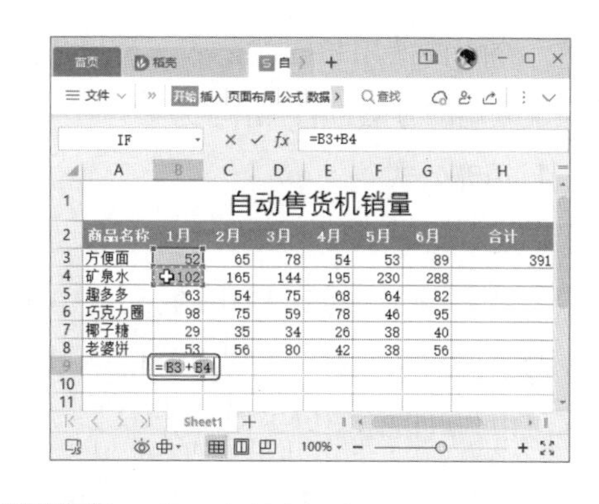

自动售货机销量							
商品名称	1月	2月	3月	4月	5月	6月	合计
方便面	52	65	78	54	53	89	391
矿泉水	102	165	144	195	230	288	
趣多多	63	54	75	68	64	82	
巧克力圈	98	75	59	78	46	95	
椰子糖	29	35	34	26	38	40	
老婆饼	53	56	80	42	38	56	

第3步 使用同样的方法引用其他单元格，如下图所示。

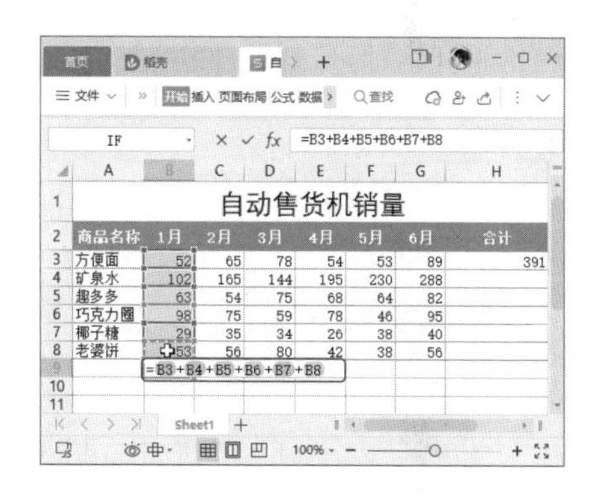

自动售货机销量							
商品名称	1月	2月	3月	4月	5月	6月	合计
方便面	52	65	78	54	53	89	391
矿泉水	102	165	144	195	230	288	
趣多多	63	54	75	68	64	82	
巧克力圈	98	75	59	78	46	95	
椰子糖	29	35	34	26	38	40	
老婆饼	53	56	80	42	38	56	

第4步 完成后按【Enter】键确认输入公式，即可得到计算结果，如下图所示。

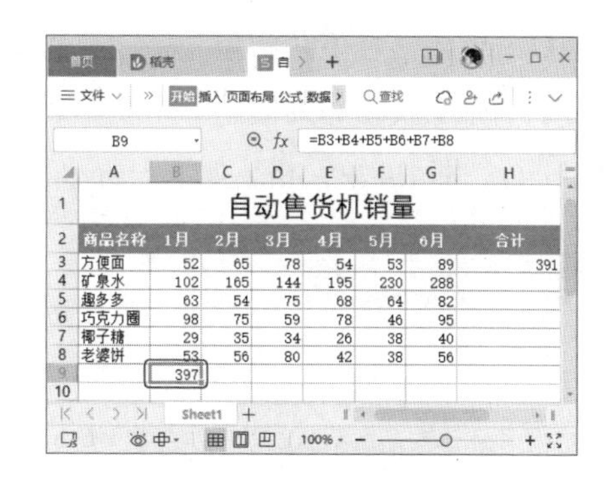

自动售货机销量							
商品名称	1月	2月	3月	4月	5月	6月	合计
方便面	52	65	78	54	53	89	391
矿泉水	102	165	144	195	230	288	
趣多多	63	54	75	68	64	82	
巧克力圈	98	75	59	78	46	95	
椰子糖	29	35	34	26	38	40	
老婆饼	53	56	80	42	38	56	
	397						

4.2.2 公式的填充与复制

在 WPS 表格中创建公式后，如果其

他单元格需要使用相同的公式，可以通过填充或复制的方法进行操作。

1. 填充公式

例如，要将 4.2.1 节中“自动售货机销量”工作簿 H3 单元格中的公式“=B3+C3+D3+E3+F3+G3”填充到 H4:H8 单元格区域中，可以使用以下两种方法。

（1）拖曳填充柄：选中 H3 单元格，指向该单元格右下角，当鼠标指针变为黑色十字填充柄时，按住鼠标左键，向下拖曳至 H8 单元格即可，如下图所示。

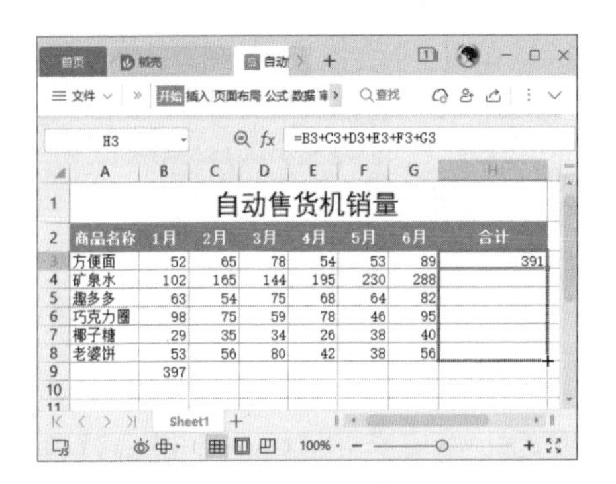

（2）双击填充柄：选中 H3 单元格，然后双击单元格右下角的填充柄，公式将会向下填充至其相邻列的第一个空单元格的上一行，即 H8 单元格，如下图所示。

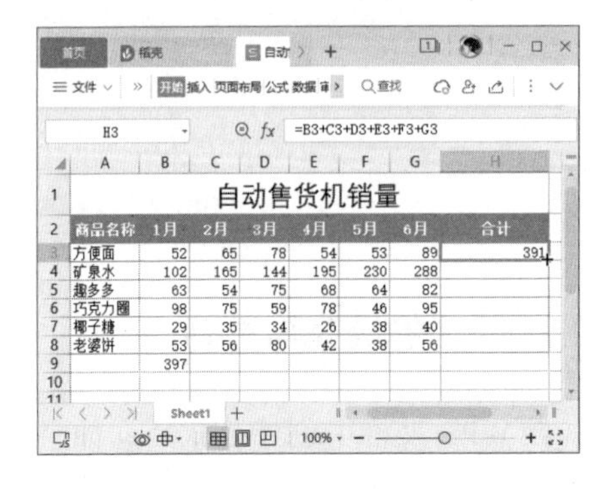

2. 复制公式

例如，要将 4.2.1 节中“自动售货机销量”工作簿中 H3 单元格的公式“=B3+C3+D3+E3+F3+G3”复制到 H4:H8 单元格区域中，可以使用以下两种方法。

（1）选择性粘贴：选中 H3 单元格，然后单击【开始】选项卡中的【复制】按钮，或按【Ctrl+C】组合键，再选择 H4:H8 单元格区域，单击【开始】选项卡中的【粘贴】下拉按钮，在弹出的快捷菜单中选择【公式】选项，如下图所示。

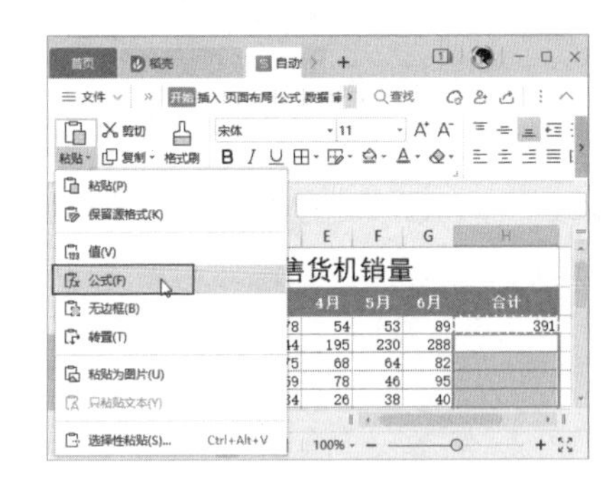

（2）多单元格同时输入：选中 H3 单元格，然后按住【Shift】键单击 H8 单元格，选中该单元格区域，再单击编辑栏中的公式，按【Ctrl+Enter】组合键，即可在 H4:H8 单元格区域中输入相同的公式。

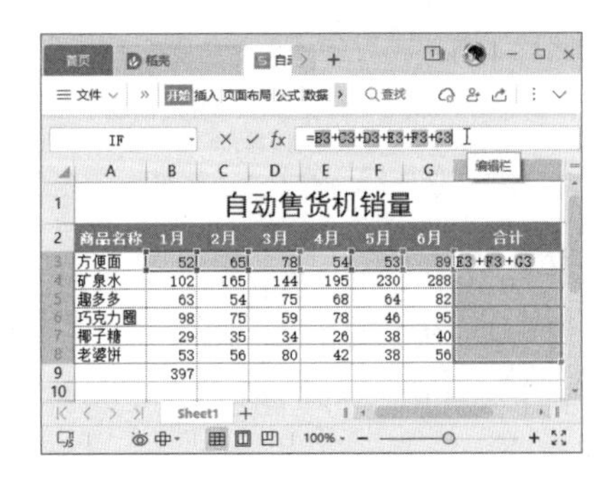

4.2.3 编辑与修改公式

如果发现公式输入错误，可以对其进行修改，如果不再需要公式，也可以进行删除。

1. 编辑公式

例如,要对 4.2.2 节中“自动售货机销量”工作簿中的公式“=B3+C3+D3+E3+F3+G3”进行修改，可以通过以下方法进入单元格编辑状态。

（1）选中公式所在的单元格，按【F2】键，即可进入编辑状态，如下图所示。

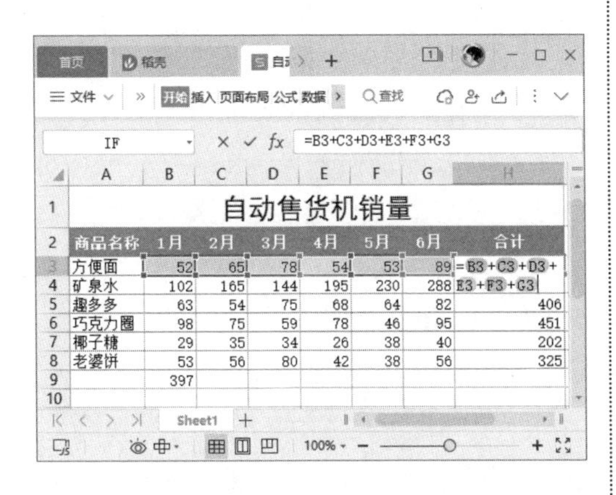

（2）双击公式所在的单元格，即可进入编辑状态。

（3）选中公式所在的单元格，单击上方的编辑栏，即可编辑公式，如下图所示。

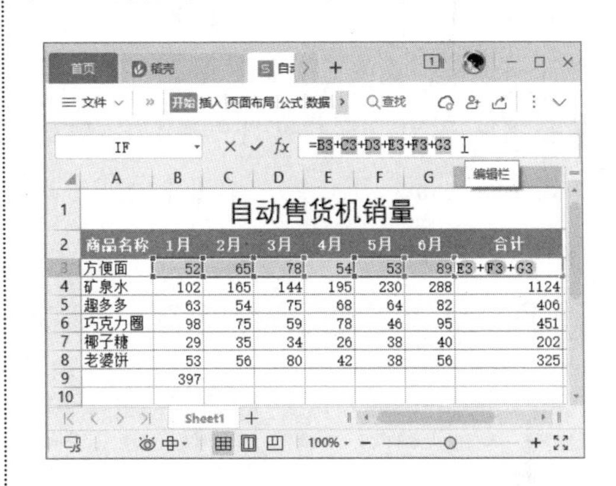

2. 删除公式

如果不再需要公式，可以通过以下方法将其删除。

（1）选中公式所在的单元格，按【Delete】键即可清除单元格中的全部内容。

（2）进入单元格编辑状态后，将光标放置在某个位置，按【Delete】键删除光标后面的公式或按【Backspace】键删除光标前面的公式。

（3）如果需要删除多单元格数组公式，需要选中其所在的全部单元格，再按【Delete】键。

4.3 巧用数组公式计算数据

数组就是多个数据的集合,组成数组的每个数据都是该数组的元素。在 WPS 表格中，如果需要对一组或多组数据进行多重计算，就可以使用数组公式，快速计算出结果。

4.3.1 为单元格定义名称

在 WPS 表格中，可以用名称来代替单元格地址，操作方法如下。

第1步 打开“素材文件\第 4 章\螺钉销售情况 .xlsx”工作簿，单击【公式】选项卡中的【名称管理器】按钮，如下图所示。

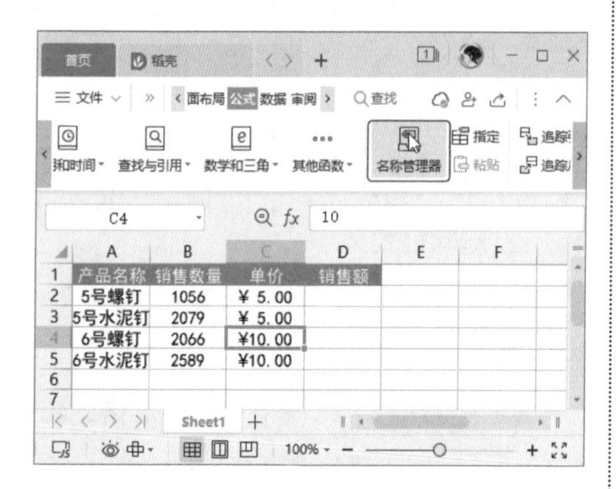

第2步 打开【名称管理器】对话框，单击【新建】按钮，如下图所示。

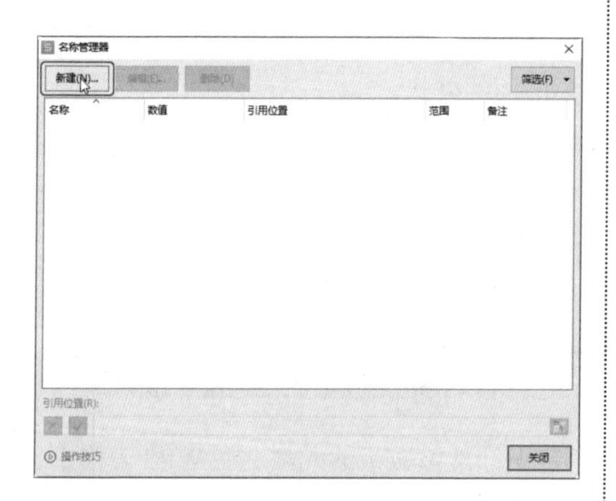

第3步 打开【新建名称】对话框，❶ 在【名称】文本框中输入要创建的名称；❷ 在【引用位置】栏右侧单击按钮，如下图所示。

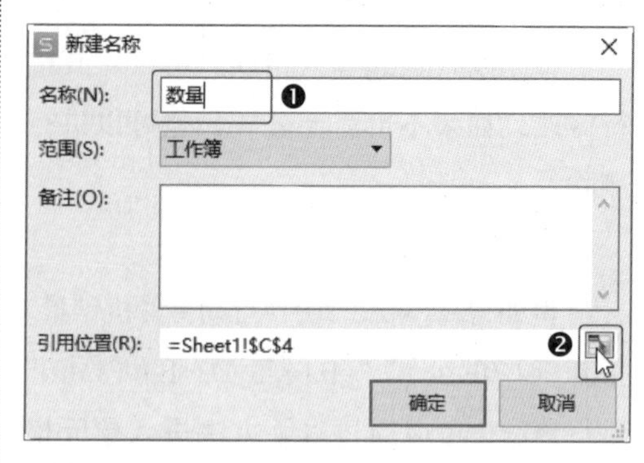

第4步 ❶ 在工作表中选择要引用的单元格区域；❷ 单击按钮，如下图所示。

第5步 返回工作表中，即可看到引用位置，单击【确定】按钮，如下图所示。

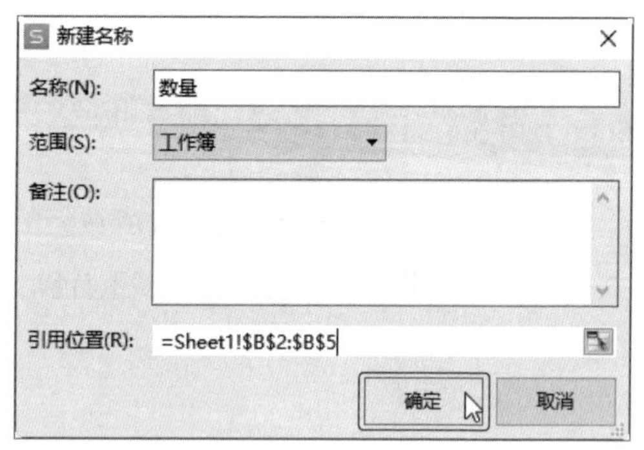

第6步 返回【名称管理器】对话框，即可查看定义的单元格名称，❶ 使用相同的方法再定义一个单元格名称；❷ 单击【关闭】按钮，如下图所示。

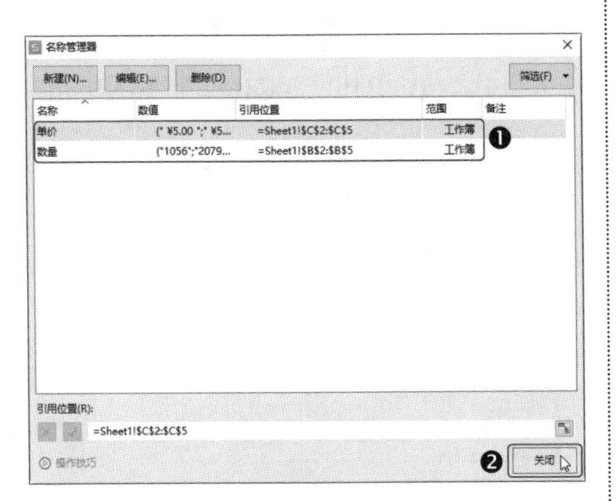

4.3.2 将自定义名称应用于公式

为单元格定义了名称之后，可以将其应用到公式计算中，以提高工作效率，减少计算错误，操作方法如下。

第1步 接上一例操作，在 D2 单元格中输入公式“= 数量 * 单价”，如下图所示。

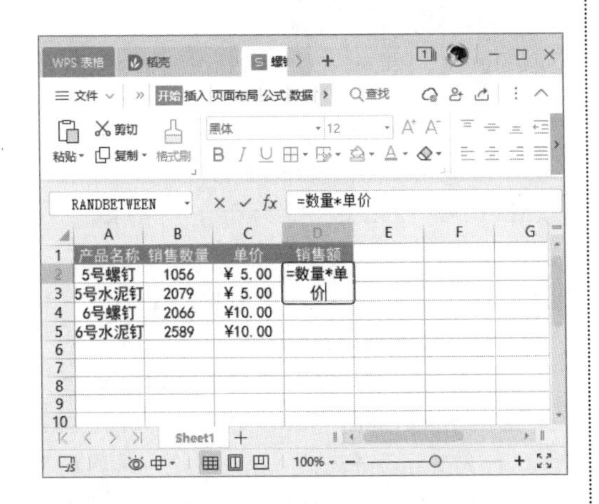

第2步 按【Enter】键确认，即可得到计算结果，利用填充柄将公式填充到相应单元格中，即可完成销售额的计算，如下图所示。

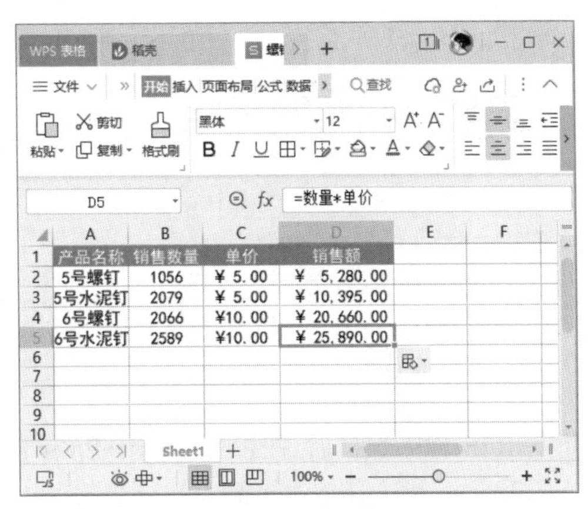

4.3.3 在单个单元格中使用数组公式进行计算

在 WPS 表格中，可以利用数组公式计算出单个结果，也可以利用数组公式计算出多个结果。操作的方法基本一致，都必须先创建好数组公式，然后再将创建好的数组公式运用到简单的公式计算或函数计算中，最后按【Ctrl+Shift+Enter】组合键显示出数组公式的计算结果。

数组公式可以代替多个公式，从而简化工作表模式。例如，表格中记录了多种水果产品的单价及销售数量，使用数组公式可以一次性计算出所有水果的销售总额，操作方法如下。

第1步 打开“素材文件 \ 第 4 章 \ 水果销售明细 .xlsx”工作簿，选择存放结果的 D11 单元格，输入公式“=SUM(B3:B10

*C3:C10)”，如下图所示。

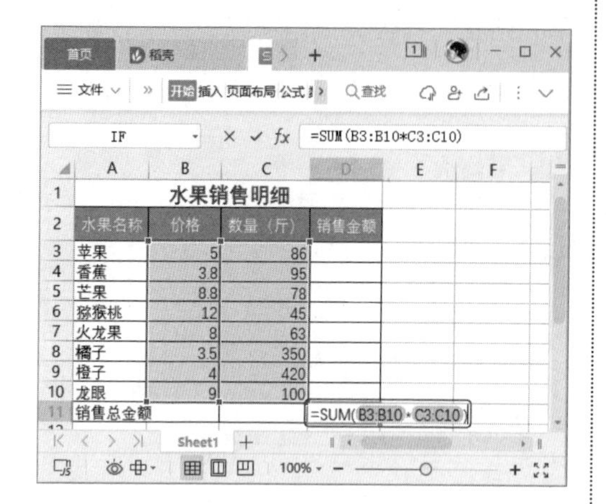

第2步 输入数据后，按【Ctrl+Shift+Enter】组合键，即可得出计算结果，如下图所示。

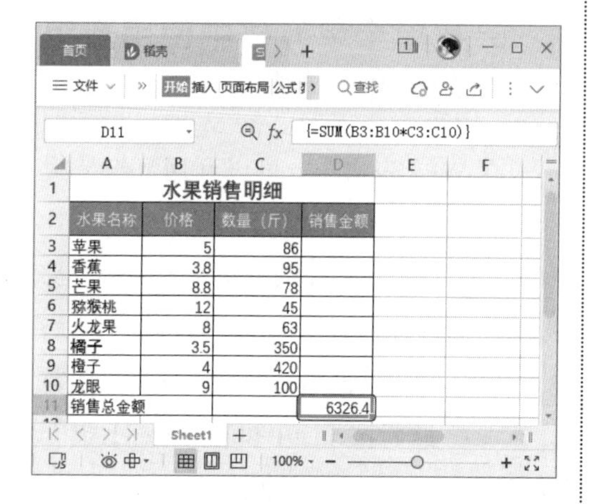

4.3.4 在多个单元格中使用数组公式进行计算

在WPS表格中，某些公式和函数可能会返回多个值，有一些函数也可能需要一组或多组数据作为参数。如果要使数组公式计算出多个结果，则必须将数组公式输入与数组参数具有相同列数和行数的单元格区域中。

例如，应用数组公式分别计算出各种水果的销售额的方法如下。

第1步 接上一例操作，❶ 选择存放结果的D3:D10单元格区域；❷ 在编辑栏中输入公式“=B3:B10*C3:C10”，如下图所示。

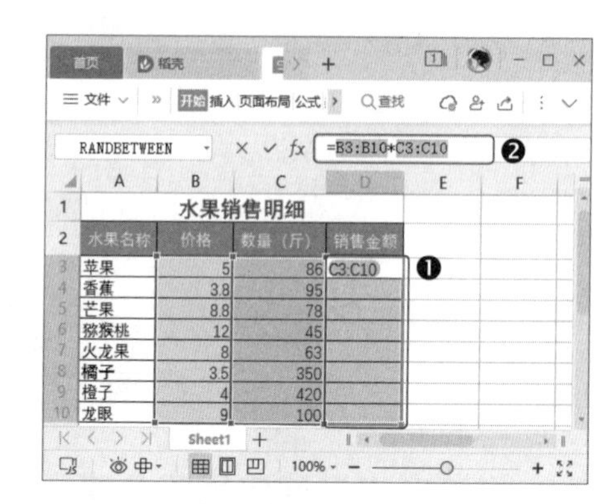

第2步 输入数据后，按【Ctrl+Shift+Enter】组合键确认计算多个结果，如下图所示。

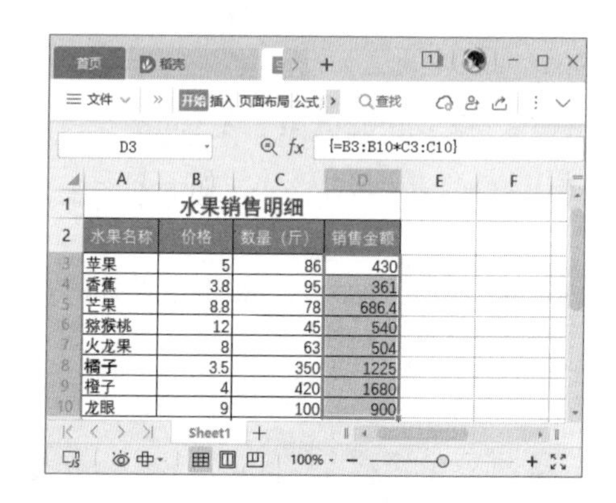

教您一招

数组的扩充功能

创建数组公式时，在公式输入完成后按【Ctrl+Shift+Enter】组合键，数组公式可以执行多项计算并返回一个或多个结果。数组公式对两组或多组数组参数的值执行运算时，每个数组参数都必须有相同数量的行和列。除了用【Ctrl+Shift+Enter】组合键输入公式，创建数组公式的方法与创建其他公式的方法相同。某些内置函数也是数组公式，这些公式必须作为数组输入，才能获得正确的结果。

4.3.5 编辑数组公式

当创建的数组公式出现错误时，计算出的结果也会出错，这时便需要对数组公式进行编辑。由于数组公式计算出的一组数据是一个整体，用户不能对结果中的任何一个单元格或一部分单元格的公式或结果进行更改和删除操作。

如果要修改数组公式，需要先选择数组公式的所有结果单元格，再在编辑栏中修改公式内容；如果要删除数组公式结果，同样需要先选择数组公式的所有结果单元格，才能进行删除。具体操作方法如下。

第1步 接上一例操作，❶ 选择要修改数组公式的 D3:D10 单元格区域；❷ 将光标定位于编辑栏中，输入正确的数组公式，如“=B3:B10*C3:C10”，如下图所示。

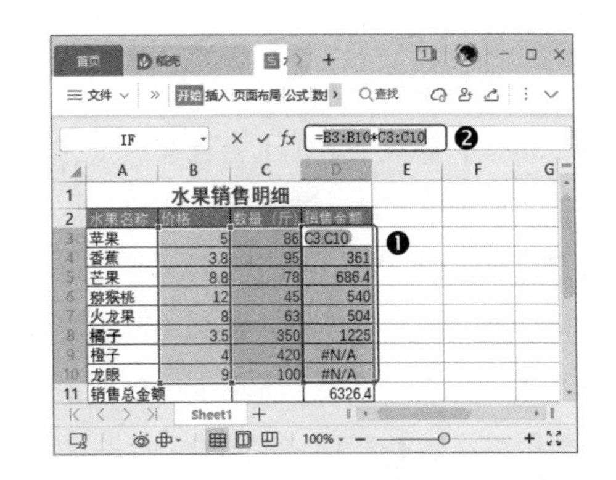

第2步 修改完成后，按【Ctrl+Shift+Enter】组合键，即可得到正确的数据结果，如下图所示。

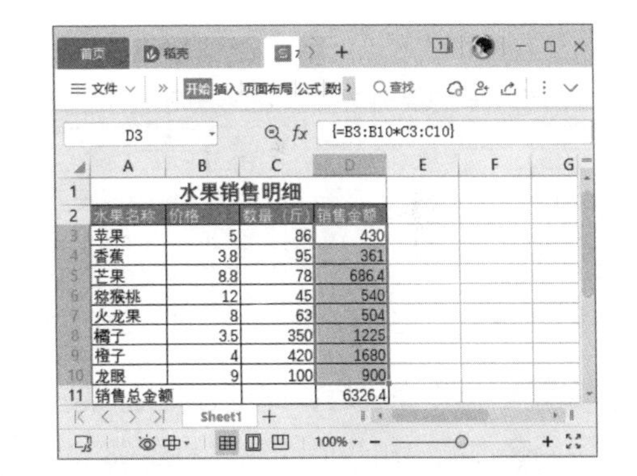

4.4 公式审核与检测

在使用公式和函数计算数据的过程中，难免出现错误，此时可以使用 WPS 表格提供的“公式审核”工具，帮助我们快速纠错。下面将介绍在 WPS 表格中审核公式的方法。

4.4.1 追踪引用单元格与追踪从属单元格

在公式出现错误的时候，只让数据表格中的公式显示出来还不够，我们还得对错误原因追根究底。WPS 表格提供了“追踪引用单元格”和“追踪从属单元格”功能，帮助我们查看当前公式是引用哪些单元格进行计算的，辅助我们对公式的错误原因进行查找。

1. 追踪引用单元格

例如，要在“员工工资计算”工作簿中追踪引用单元格，操作方法如下。

第1步 打开“素材文件\第4章\员工工资计算.xlsx”工作簿，❶ 选中要查看的单元格；❷ 在【公式】选项卡中单击【追踪引用单元格】按钮，如下图所示。

第2步 操作完成后，即可看到使用箭头显示的数据源引用指向，如下图所示。

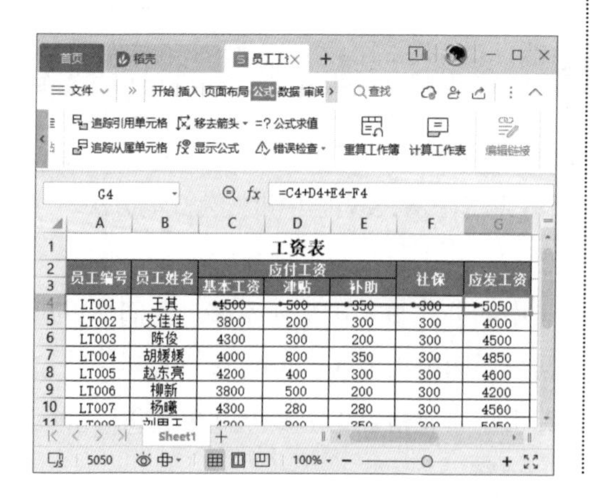

2. 追踪从属单元格

如果要追踪从属单元格，操作方法如下。

第1步 接上一例操作，❶ 选中要查看的单元格；❷ 在【公式】选项卡中单击【追踪从属单元格】按钮，如下图所示。

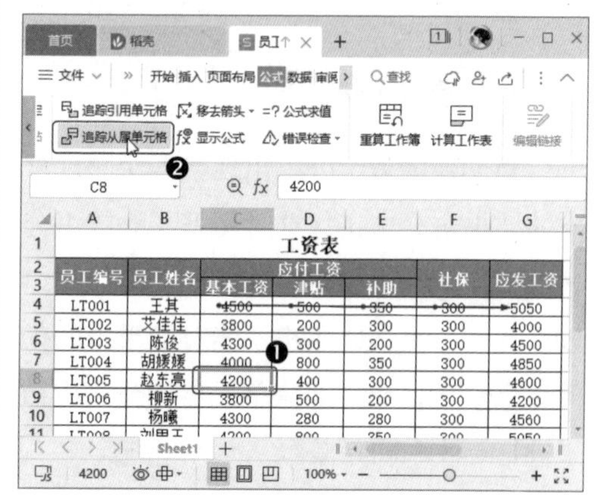

第2步 操作完成后，即可看到使用箭头显示的受当前所选单元格影响的单元格数据从属指向，如下图所示。

3. 删除箭头

如果不再需要追踪引用单元格或从属单元格，可以删除箭头，操作方法如下。

接上一例操作，单击【公式】选项卡中的【移去箭头】按钮即可，如下图所示。

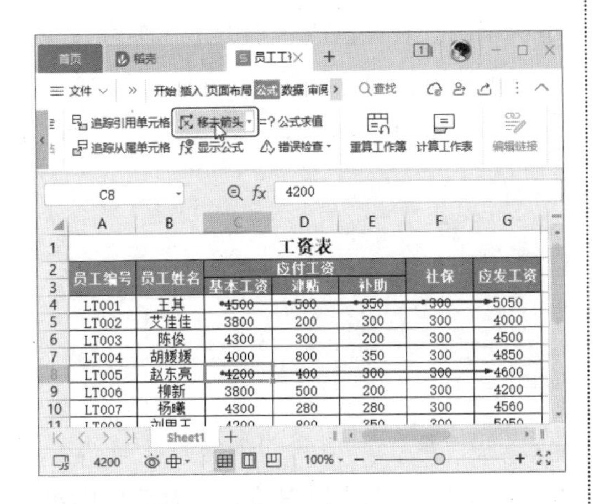

教您一招

只删除其中一类箭头

单击【公式】选项卡中的【移去箭头】按钮右侧的下拉按钮，在弹出的下拉菜单中选择【删除引用单元格追踪箭头】或【删除从属单元格追踪箭头】选项，可以只删除其中一类箭头。

4.4.2 使用公式求值功能查看公式分步计算结果

在工作表中使用公式计算数据后，除了可以在单元格中查看最终的计算结果，还可以使用公式求值功能查看分步计算结果，操作方法如下。

第1步 打开“素材文件\第 4 章\员工工资计算 .xlsx”工作簿，❶ 选中计算出结果的单元格；❷ 单击【公式】选项卡中的【公式求值】按钮，如下图所示。

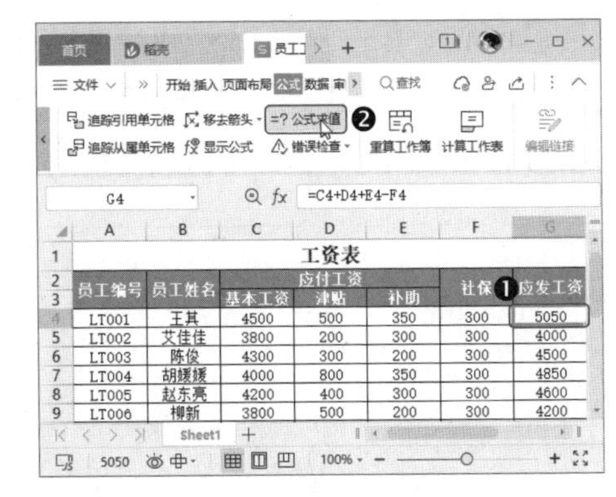

第2步 打开【公式求值】对话框，单击【求值】按钮，如下图所示。

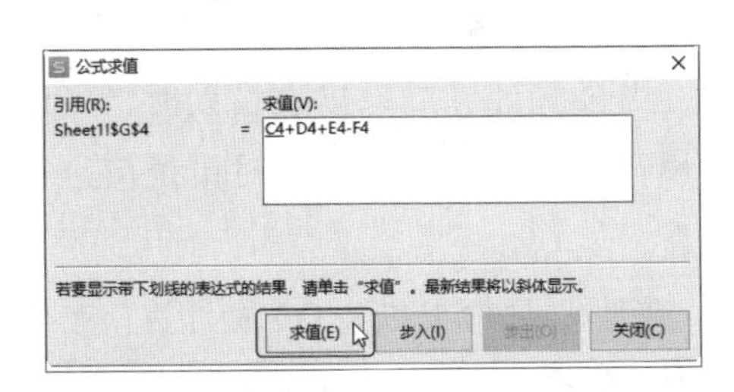

第3步 显示第一步的值，继续单击【求值】按钮，如下图所示。

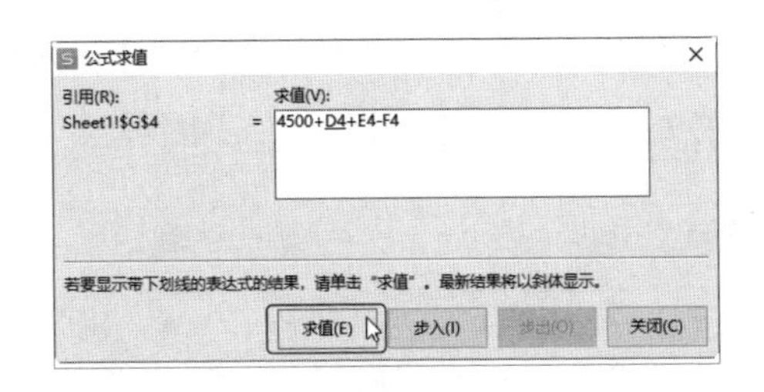

第4步 显示第一次公式计算出的值，并显示第二次要计算的公式，如下图所示。

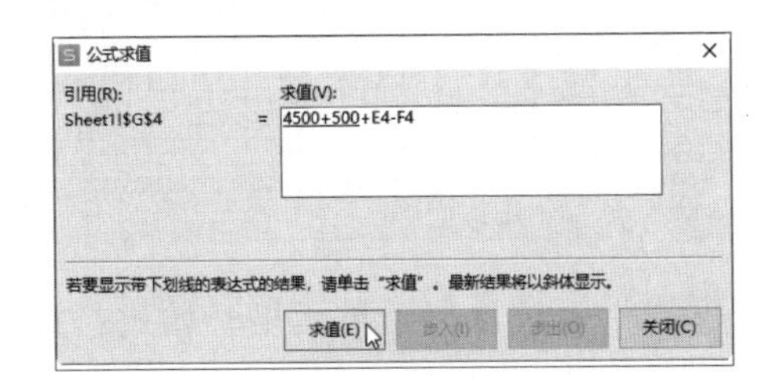

第5步 继续单击【求值】按钮，直到完成公式的计算，并显示最终结果后，单击【关闭】按钮关闭对话框即可，如下图所示。

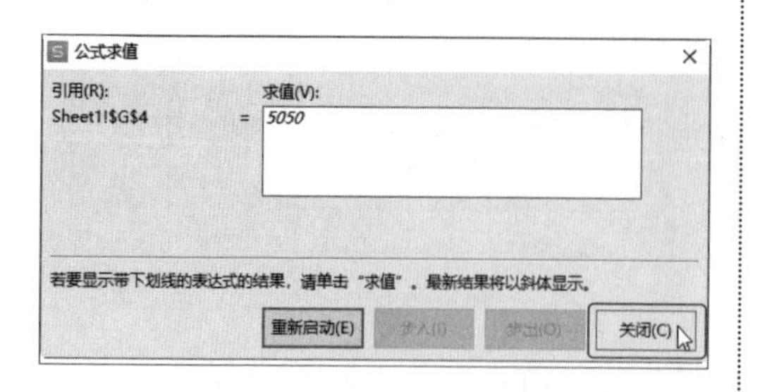

4.4.3 使用错误检查功能检查公式

当公式计算结果出现错误时，可以使用错误检查功能来逐一对错误值进行检查。

例如，要检查"员工工资计算"工作簿中的公式错误，操作方法如下。

第1步 打开"素材文件\第 4 章\员工工资计算 1.xlsx"工作簿，❶ 在数据区域中选择起始单元格；❷ 单击【公式】选项卡中的【错误检查】按钮，如下图所示。

第2步 系统从起始单元格开始进行检查，当检查到有错误公式时，会弹出【错误检查】对话框，并指出出错的单元格及错误原因。若要修改，单击【在编辑栏中编辑】按钮，如下图所示。

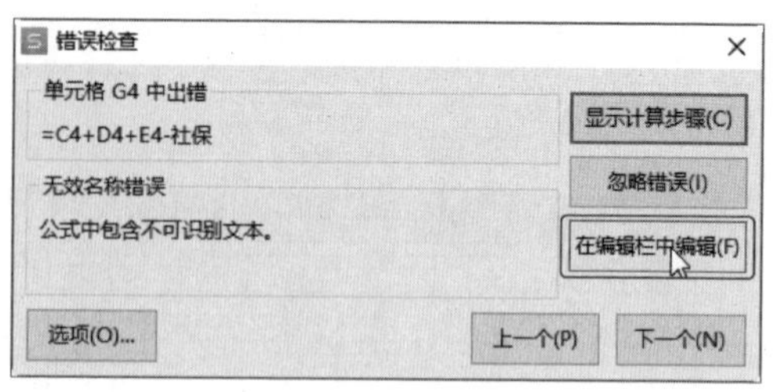

第3步 ❶ 在工作表的编辑栏中输入正确的公式；❷ 在【错误检查】对话框中单击【继续】按钮，继续检查工作表中的其他错误公式，如下图所示。

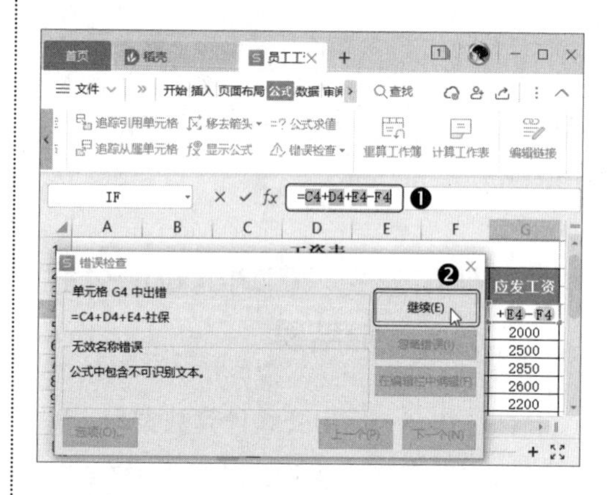

第4步 检查完成后，弹出提示对话框，提示已经完成工作表的错误检查，单击【确定】按钮即可，如下图所示。

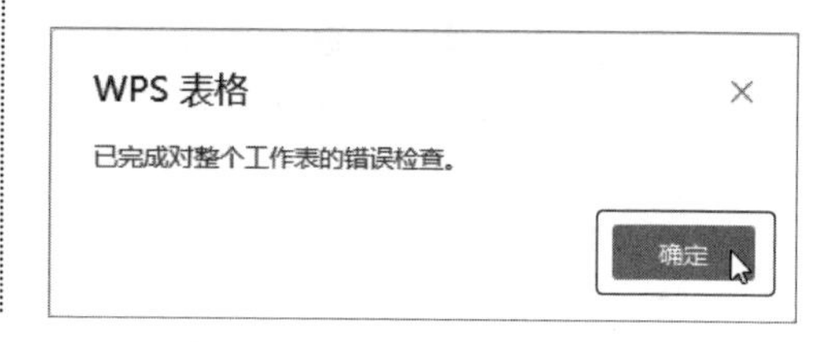

4.5 公式返回错误值的分析与解决

如果工作表中的公式使用错误，不仅不能计算出正确的结果，还会自动显示错误值，如“####”“#NAME？”等。为了避免发生错误，在使用公式前，需要了解公式的常见问题。

4.5.1 解决“####”错误

如果工作表的列宽比较窄，使单元格无法完整显示数据，或者使用的日期或时间为负数，便会出现“####”错误。

解决“####”错误的方法如下。

（1）当列宽不足以显示内容时，直接调整列宽即可。

（2）当日期和时间为负数时，可通过下面的方法进行解决。

- 如果用户使用的是 1900 日期系统，那么 WPS 表格中的日期和时间必须为正值。
- 如果需要对日期和时间进行减法运算，应确保建立的公式是正确的。
- 如果公式正确，但结果仍然是负值，可以通过将单元格的格式设置为非日期或时间格式来显示该值。

4.5.2 解决“#DIV/0!”错误

当用数值除以零时，便会出现“#DIV/0!”错误。

解决“#DIV/0!”错误的方法如下。

- 将除数更改为非零值。
- 确保作为除数的单元格不是空白单元格。

4.5.3 解决“#VALUE!”错误

使用的参数或数字的类型不正确时，便会出现“#VALUE!”错误。

解决“#VALUE!”错误的方法如下。

- 输入或编辑数组公式后，按【Enter】键确认：完成数组公式的输入后，需要按【Ctrl+Shift+Enter】组合键确认。
- 当公式需要数字或逻辑值，却输入了文本时：确保公式或函数所需的操作数或参数正确无误，且公式引用的单元格中包含有效的值。

4.5.4 解决“#NUM!”错误

当公式或函数中使用了无效的数值时，便会出现“#NUM!”错误。

解决“#NUM!”错误的方法如下。

- 在需要数字参数的函数中使用了无法接收的参数：确保函数中使用的参数是数字，而不是文本、时间或货币等其他格式。
- 输入公式后得出的数字太大或太小：在 WPS 表格中更改单元格中的公式，使运算的结果介于【-1*10307】~【1*10307】。

- 使用了迭代的工作表函数，且函数无法得到结果：为工作表函数设置不同的起始值，或者更改WPS表格迭代公式的次数。

教您一招

更改 WPS 表格迭代公式次数

在WPS表格中打开【选项】对话框，在【重新计算】选项卡中勾选【启用迭代计算】复选框，在下方设置最多迭代次数和最大误差，然后单击【确定】按钮。

4.5.5 解决“#NULL!”错误

当函数表达式中使用了不正确的区域运算符或指定了两个并不相交的区域的交点时，便会出现“#NULL!”错误。

解决“#NULL!”错误的方法如下。

- 使用了不正确的区域运算符：若要引用连续的单元格区域，应使用冒号对引用区域中的第一个单元格和最后一个单元格进行分隔；若要引用不相交的两个区域，应使用联合运算符，即逗号“,”。
- 区域不相交：更改引用以使其相交。

4.5.6 解决“#REF!”错误

当单元格引用无效时，如函数引用的单元格(区域)被删除、链接的数据不可用，便会出现“#REF!”错误。

解决“#REF!”错误的方法如下。

- 更改公式，也可以在删除或粘贴单元格后立即单击【撤销】按钮，以恢复工作表中的单元格。
- 启动使用的对象链接和嵌入(OLE)链接所指向的程序。
- 确保使用正确的动态数据交换(DDE)主题。
- 检查函数以确定参数是否引用了无效的单元格或单元格区域。

4.5.7 解决“#NAME?”错误

WPS表格无法识别公式中的文本时，将出现“#NAME?”错误。

解决“#NAME?”错误的方法如下。

- 区域引用中漏掉了冒号“:”：给所有区域引用添加冒号。
- 在公式中输入文本时没有使用双引号：公式中输入的文本必须用双引号括起来，否则WPS表格会把输入的文本内容看作名称。
- 函数名称拼写错误：更正函数拼写，若不知道正确的拼写，打开【插入函数】对话框，插入正确的函数即可。
- 使用了不存在的名称：打开【名称管理器】对话框，查看是否有当前使用的名称，若没有，定义一个新名称即可。

4.5.8 解决“#N/A”错误

当数值对函数或公式不可用时，便会出现“#N/A”错误。

解决“#N/A”错误的方法如下。

- 确保函数或公式中的数值可用。
- 找不到匹配值：可能是单元格格式不同导致的，在进行查找时，要求查找值与数据源对象数据类型必须完全一致。
- 为工作表函数中的 lookup_value 参数赋予了不正确的值：当为 MATCH、HLOOKUP、LOOKUP 或 VLOOKUP 函数的 lookup_value 参数赋予了不正确的值时，将出现“#N/A”错误，此时的解决方法是确保 lookup_value 参数值的类型正确。
- 使用函数时省略了必需的参数：当使用内置或自定义工作表函数时，若省略了一个或多个必需的参数，便会出现“#N/A”错误，此时将函数中的所有参数输入完整即可。

高手支招

通过对前面知识的学习，相信读者朋友已经掌握了在 WPS 表格中使用公式的技巧。下面结合本章内容，给读者介绍一些工作中的实用经验与技巧，让读者更快地适应使用公式计算数据。

01 取消公式错误检查标记

默认情况下，对工作表中的数据进行计算时，若公式中出现了错误，WPS 表格会在单元格中显示一些提示符号，表明错误的类型。另外，当在单元格中输入违反规则的内容时，如输入身份证号码、以 0 开头的编号等，单元格的左上角会出现一个绿色小三角，如下图所示。

编号	姓名	基本工资	奖金	补贴	应发工资
001	刘华	1550	6300	70	7920
002	高辉	1550	598.4	70	2218.4
003	钟绵玲	1450	5325	70	6845
004	刘来	1800	3900	70	5770
005	慕庆阳	1250	10000	70	11320
006	宋起正	1650	6000	70	7720
007	言文静	1800	5610	70	7480
008	齐乃风	1450	6240	70	7760
009	刘勇	1430	14000	70	15500

这是因为 WPS 表格有后台错误检查，根据操作需要，我们可以对公式的错误检

查选项进行设置，以符合自己的使用习惯，操作方法如下。

第1步 打开“素材文件\第 4 章\职工工资统计表 1.xlsx”工作簿，❶ 单击【文件】按钮；❷ 在打开的下拉菜单中选择【选项】命令，如下图所示。

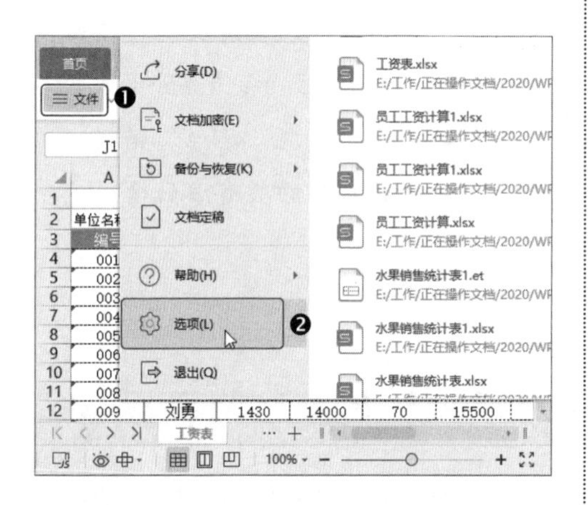

第2步 打开【选项】对话框，❶ 在【错误检查】选项卡中取消勾选【设置】区域中的【允许后台错误检查】复选框；❷ 单击【确定】按钮，如下图所示。

第3步 返回工作表中，可以看到已经不再显示错误标记，如下图所示。

	A	B	C	D	E	F
1						职工工资统
2	单位名称:					20
3	编号	姓名	基本工资	奖金	补贴	应发工资
4	001	刘华	1550	6300	70	7920
5	002	高辉	1550	598.4	70	2218.4
6	003	钟绵玲	1450	5325	70	6845
7	004	刘来	1800	3900	70	5770
8	005	慕庆阳	1250	10000	70	11320
9	006	宋起正	1650	6000	70	7720
10	007	言文静	1800	5610	70	7480
11	008	齐乃风	1450	6240	70	7760
12	009	刘勇	1430	14000	70	15500

02 使用“&”合并单元格内容

在编辑单元格内容时，如果希望将一个或多个单元格的内容合并起来，可通过运算符“&”来实现，操作方法如下。

第1步 打开“素材文件\第 4 章\员工基本信息 .xlsx”工作簿，选择要存放结果的单元格，输入公式“=B3&C3&D3”，如下图所示。

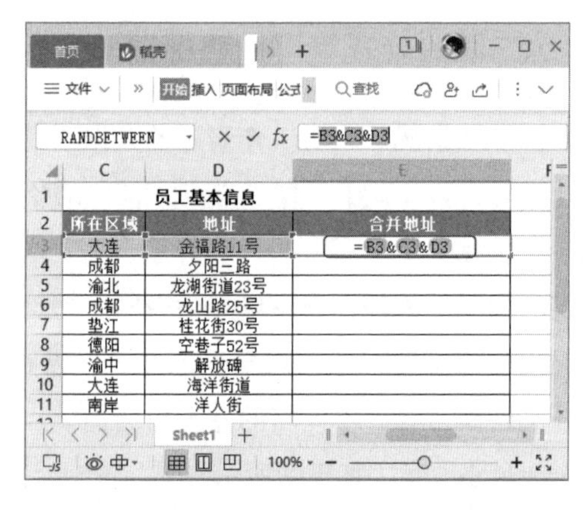

	C	D	E
1		员工基本信息	
2	所在区域	地址	合并地址
3	大连	金福路11号	=B3&C3&D3
4	成都	夕阳三路	
5	渝北	龙湖街道23号	
6	成都	龙山路25号	
7	垫江	桂花街30号	
8	德阳	空巷子52号	
9	渝中	解放碑	
10	大连	海洋街道	
11	南岸	洋人街	

第2步 按【Enter】键确认得出计算结果，然后将公式复制到其他单元格，得出计算结果，如下图所示。

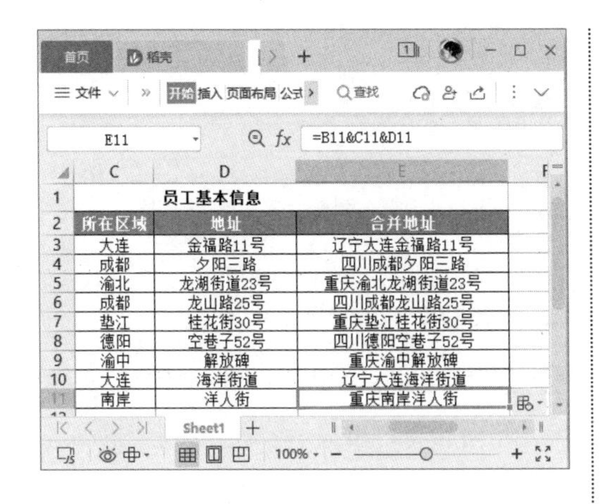

03 将公式隐藏

如果不想让其他用户看到正在使用的公式，可以将其隐藏起来。公式被隐藏后，当选中单元格时，仅会在单元格中显示计算结果，编辑栏中不会显示任何内容，操作方法如下。

第1步 打开“素材文件\第 4 章\员工工资计算.xlsx”工作簿，❶ 选中包含公式的单元格区域；❷ 单击【开始】选项卡中的【单元格格式：数字】对话框按钮 ⌟，如下图所示。

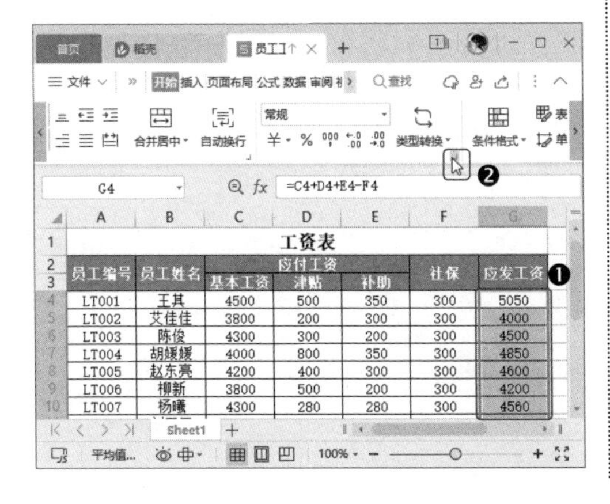

第2步 打开【单元格格式】对话框，❶ 勾选【保护】选项卡中的【隐藏】复选框；❷ 单击【确定】按钮，如下图所示。

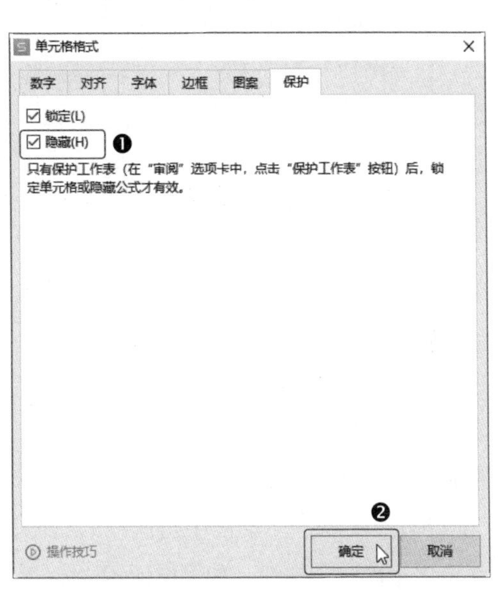

第3步 返回工作表，单击【审阅】选项卡中的【保护工作表】按钮，如下图所示。

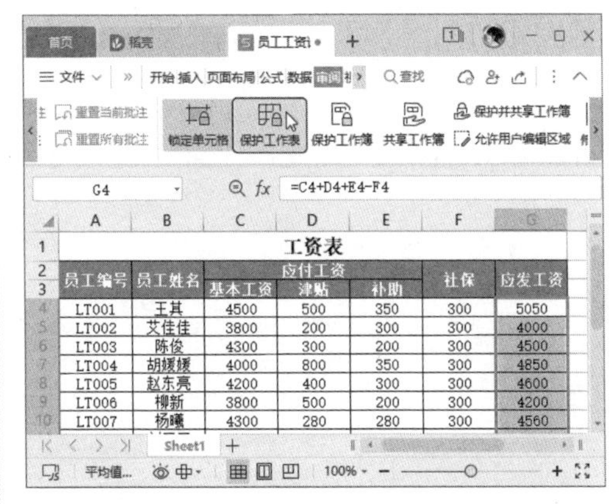

第4步 打开【保护工作表】对话框，❶ 在【密码】文本框中输入密码；❷ 单击【确定】按钮，如下图所示。

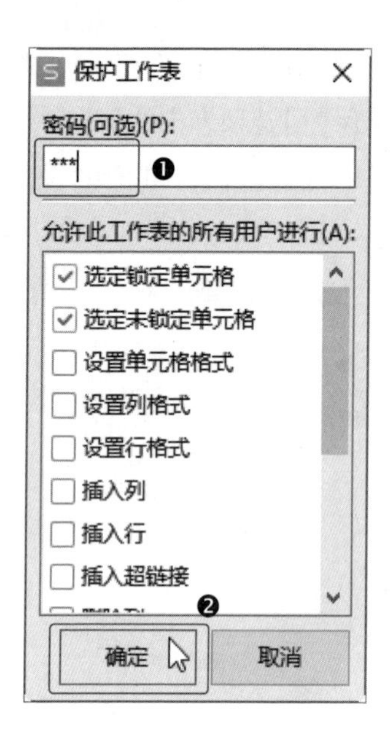

第5步 打开【确认密码】对话框，❶ 在【重新输入密码】文本框中再次输入密码；❷ 单击【确定】按钮，如下图所示。

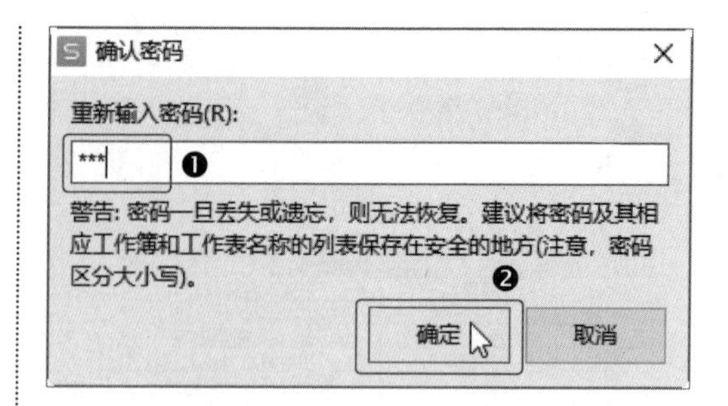

第6步 返回工作表中，选中含有公式的单元格时，将不再显示公式，如下图所示。

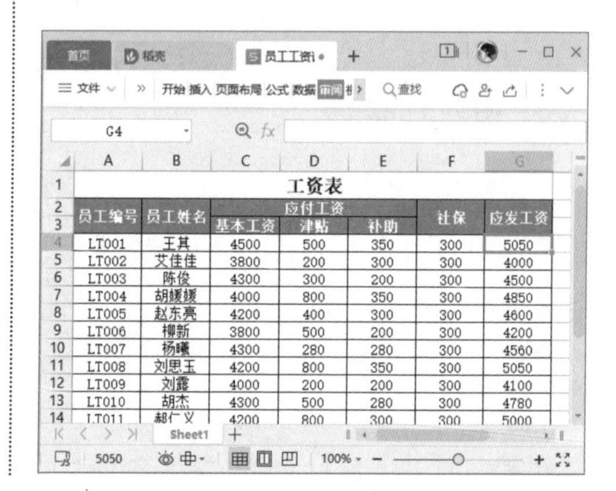

WPS

第5章

数据计算神器之二
使用函数计算数据

本章导读

函数是系统预先定义好的公式。利用函数，我们可以很轻松地完成各种复杂数据的计算，并简化公式的使用。本章先介绍函数的基本特性，然后介绍各种常用函数的使用方法，让读者可以熟练地使用函数计算数据。

知识要点

- 函数的基本知识
- 调用与编辑函数
- 常见函数的应用
- 财务函数的使用
- 文本、逻辑和时间函数的使用
- 统计函数的使用

5.1 认识函数

在 WPS 表格中，将一组特定功能的公式组合在一起，就形成了函数。利用公式可以计算一些简单的数据，而利用函数则可以很容易地完成各种复杂数据的处理工作，并简化公式的使用。

5.1.1 什么是函数

WPS 表格中的函数其实是一些预定义的公式，它们使用一些称为参数的特定数值按特定的顺序或结构进行计算。

用户可以直接用函数对某个区域内的数值进行一系列运算，如分析和处理日期值、时间值、确定贷款的支付额、确定单元格中的数据类型、计算平均值、排序显示和运算文本数据等。

WPS 表格中函数只有唯一的名称且不区分大小写，每个函数都有特定的功能和作用。

5.1.2 函数的语法结构

函数是预先编写的公式，可以将其看作一种特殊的公式。函数一般具有一个或多个参数，可以更加简单、便捷地进行多种运算，并返回一个或多个值。函数与公式的使用方法有很多相似之处，如需要先输入函数才能使用函数进行计算。使用函数前，还需要了解函数的结构。

函数作为公式的一种特殊形式，也是由“=”开始的，右侧依次是函数名称、左括号、以半角逗号分隔的参数和右括号。具体结构示意如下图所示。

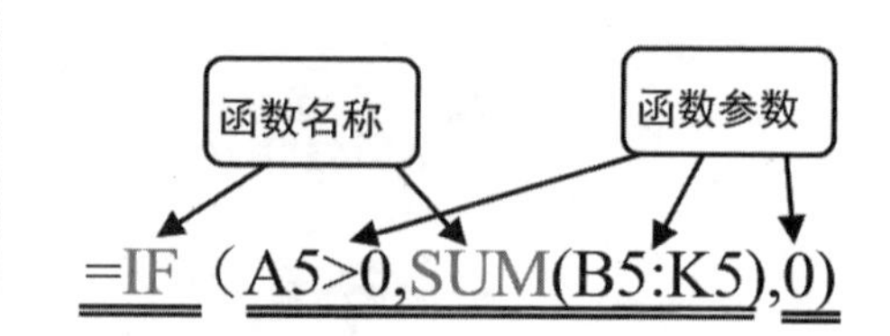

5.1.3 函数的分类

根据函数的功能，可将函数划分为 11 种类型。在使用函数的过程中，一般也是依据这个分类进行选择的。因此，学习使用函数，必须了解函数的分类。11 种函数的具体分类如下。

- 财务函数：WPS 表格中提供了非常丰富的财务函数，使用这些函数，可以完成大部分的财务统计和计算。例如，DB 函数可返回固定资产的折旧值，RATE 函数可以计算年金的各期利率等。财务人员如果能够正确、灵活地运用 WPS 表格的财务函数进行计算，可以大大减少日常工作中有关指标计算的工作量。
- 逻辑函数：该类型的函数只有 11 个，用于测试某个条件，总是返回逻辑值 TRUE 或 FALSE。它们与数值的关系有两个，①在数值运算中，TRUE=1，FALSE=0；②在逻辑判断中，0=FALSE，所有非 0 数值 =TRUE。

- 文本函数：在公式中处理文本字符串的函数叫作文本函数，主要功能包括截取、查找或搜索文本中的某个特殊字符或提取某些字符，也可以改变文本的编写状态。例如，字符串函数可将数值转换为文本，LOWER 函数可将文本字符串中的所有字母转换为小写形式。
- 日期和时间函数：用于分析或处理公式中的日期和时间值。例如，TODAY 函数可以返回当前系统日期。
- 查找与引用函数：用于在数据清单或工作表中查询特定的数值，或者查询某个单元格引用的函数。常见的示例是在税率表中使用 VLOOKUP 函数可以确定某一收入水平的税率。
- 数学和三角函数：该类型函数包括很多种，主要用于各种数学计算和三角计算，如 RADIANS 函数可以把角度转换为弧度。
- 统计函数：这类函数可以对一定范围内的数据进行统计学分析。例如，可以计算统计数据，如平均值、模数、标准偏差等。
- 工程函数：这类函数常用于工程应用，可以处理复杂的数字，在不同的计数体系和测量体系之间转换。例如，可以将十进制数转换为二进制数。
- 信息函数：这类函数可以确定单元格中数据的类型，还可以使单元格在满足一定的条件时返回逻辑值。
- 数据库函数：用于对存储在数据清单或数据库中的数据进行分析，判断其是否符合某些特定的条件。这类函数在汇总符合某一条件的列表中的数据时十分有用。

教您一招

VBA 函数

WPS 表格中还有一类函数是使用 VBA 创建的自定义工作表函数，称为【用户定义函数】。这些函数可以像 WPS 表格的内部函数一样运行，但不能在【粘贴函数】中显示每个参数的描述。

5.2 调用与编辑函数

函数的调用方法很多，可以根据自己的情况来选择。如果对函数很熟悉，可以直接调用函数；如果对函数比较熟悉，可以使用提示功能快速调用函数；如果对函数不太熟悉，可以使用函数库调用函数；如果要调用常用函数，可以在“自动求和”下拉列表中选择；如果不能确定函数的正确拼写或计算参数，可以使用【插入函数】对话框插入函数。下面一一介绍调用函数的方法。

5.2.1 直接输入函数

如果知道函数名称及函数的参数，可以直接在编辑栏中输入表达式调用函数，这是最常见的函数调用方法之一。

例如，要在“促销商品销量表”中计算“小计”，操作方法如下。

第1步 打开“素材文件\第 5 章\促销商品销量表.xlsx”工作簿，❶ 选中要存放结果的单元格，本例选择 E2 单元格；❷ 在编辑栏中输入函数表达式“=PRODUCT(C2:D2)”（意为对 C2:D2 单元格区域中的数值进行乘积运算），如下图所示。

IF　=PRODUCT(C2:D2) ❷

	B	C	D	E
1	品名	单价	数量	小计 ❶
2	儿邂逅清新淡香水50ml	756	65	(C2:D2)
3	墨菊化妆品套装五件套	329	76	
4	泉明星复合水精华60ml	135	75	
5	泉美容三件套美白补水	169	95	
6	兰黛红石榴套装	750	65	
7	兰黛晶透沁白淡斑精华露30ml	825	86	
8	修红润白套装	730	74	
9	肌无瑕两用粉饼盒	30	75	
10	焕真皙美白三件套	260	112	

第2步 完成输入后，单击编辑栏中的【输入】按钮✓，或者按【Enter】键进行确认，E2 单元格中即会显示计算结果，如下图所示。

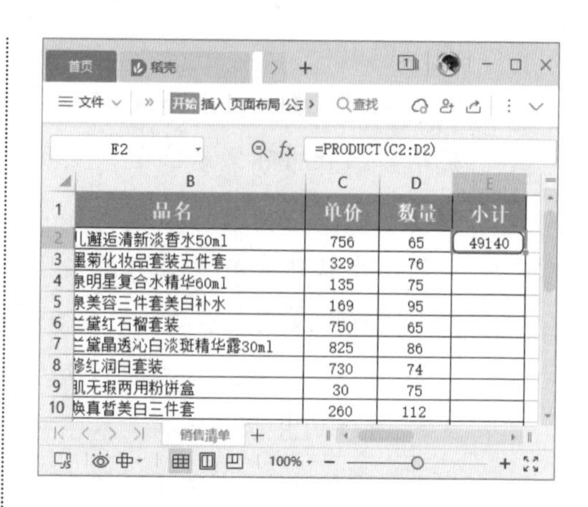
E2　=PRODUCT(C2:D2)

	B	C	D	E
1	品名	单价	数量	小计
2	儿邂逅清新淡香水50ml	756	65	49140
3	墨菊化妆品套装五件套	329	76	
4	泉明星复合水精华60ml	135	75	
5	泉美容三件套美白补水	169	95	
6	兰黛红石榴套装	750	65	
7	兰黛晶透沁白淡斑精华露30ml	825	86	
8	修红润白套装	730	74	
9	肌无瑕两用粉饼盒	30	75	
10	焕真皙美白三件套	260	112	

第3步 利用填充功能向下复制函数，即可计算出其他产品的“小计”，如下图所示。

E23　=PRODUCT(C23:D23)

	B	C	D	E
14	雅漾清爽倍护防晒喷雾SPF30+	226	76	17176
15	兰黛晶透沁白淡斑精华露30ml	825	67	55275
16	芮多元水活蜜润套装	208	65	13520
17	泉明星复合水精华60ml	135	84	11340
18	兰甜美粉嫩公主彩妆套装	280	75	21000
19	修红润白套装	730	64	46720
20	泉明星复合水精华60ml	135	106	14310
21	兰蜗牛化妆品套装	178	71	12638
22	肌无瑕两用粉饼盒	30	74	2220
23	兰黛红石榴套装	750	83	62250
24				

5.2.2 通过提示功能快速调用函数

如果用户对函数并不是非常熟悉，在输入函数表达式的过程中，可以利用函数的提示功能进行输入，以保证输入正确的函数。

例如，要在“部门工资表”中计算“实

发工资”，操作方法如下。

第1步 打开“素材文件\第5章\部门工资表.xlsx”工作簿，选中要存放结果的单元格，输入“=”，然后输入函数的首字母“S”，此时系统会自动弹出一个下拉列表，该列表中将显示所有以“S”开头的函数。此时可在列表中找到需要的函数，选中函数时，会出现一个浮动框，说明该函数的含义，如下图所示。

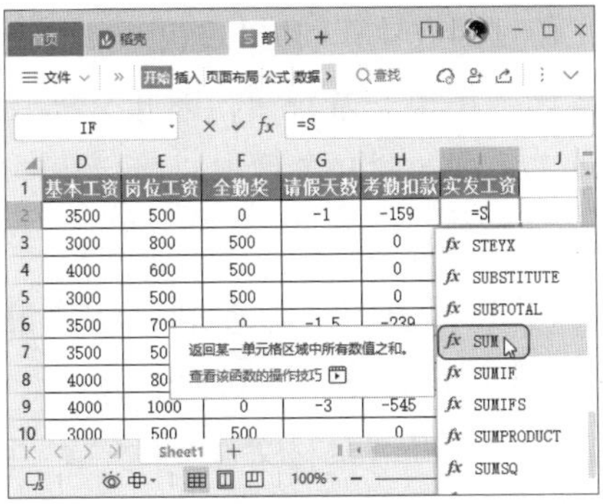

IF　=S

	D	E	F	G	H	I	J
1	基本工资	岗位工资	全勤奖	请假天数	考勤扣款	实发工资	
2	3500	500	0	-1	-159	=S	
3	3000	800	500		0		
4	4000	600	500		0		
5	3000	500	500		0		
6	3500	700	0	-1.5	-239		
7	3500	50					
8	4000	80					
9	4000	1000	0	-3	-545		
10	3000	500	500		0		

STEYX
SUBSTITUTE
SUBTOTAL
SUM
SUMIF
SUMIFS
SUMPRODUCT
SUMSQ

返回某一单元格区域中所有数值之和。
查看该函数的操作技巧

第2步 双击选中的函数，即可将其输入单元格中，输入函数后可以看到函数语法提示，如下图所示。

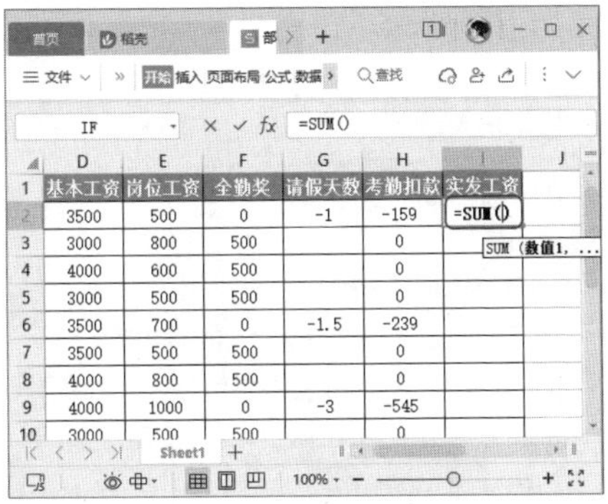

IF　=SUM()

	D	E	F	G	H	I	J
1	基本工资	岗位工资	全勤奖	请假天数	考勤扣款	实发工资	
2	3500	500	0	-1	-159	=SUM()	
3	3000	800	500		0		
4	4000	600	500		0		
5	3000	500	500		0		
6	3500	700	0	-1.5	-239		
7	3500	500	500		0		
8	4000	800	500		0		
9	4000	1000	0	-3	-545		
10	3000	500	500		0		

SUM (数值1, ...)

第3步 根据提示输入计算参数，如下图所示。

IF　=SUM(D2:H2)

	D	E	F	G	H	I	J
1	基本工资	岗位工资	全勤奖	请假天数	考勤扣款	实发工资	
2	3500	500	0	-1		=SUM(D2:H2)	
3	3000	800	500		0		
4	4000	600	500		0		
5	3000	500	500		0		
6	3500	700	0	-1.5	-239		
7	3500	500	500		0		
8	4000	800	500		0		
9	4000	1000	0	-3	-545		
10	3000	500	500		0		

SUM (数值1, ...)

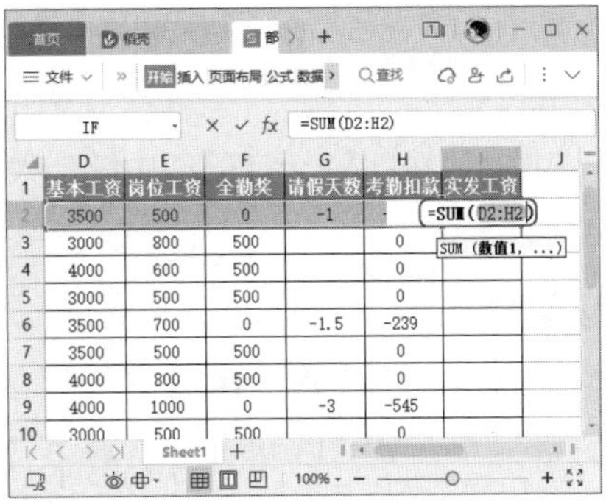

第4步 完成输入后，按【Enter】键，即可得到计算结果，如下图所示。

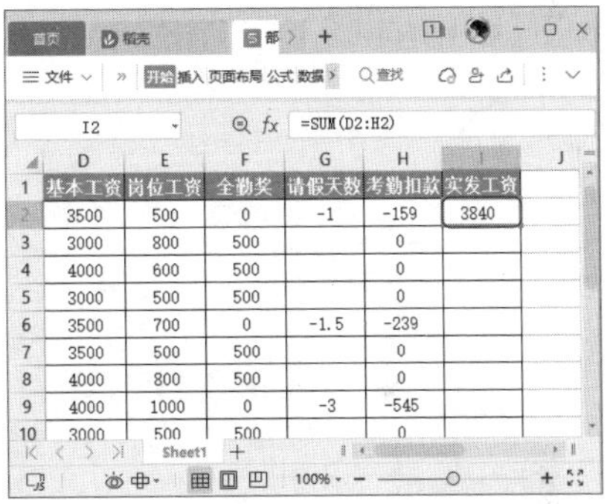

I2　=SUM(D2:H2)

	D	E	F	G	H	I	J
1	基本工资	岗位工资	全勤奖	请假天数	考勤扣款	实发工资	
2	3500	500	0	-1	-159	3840	
3	3000	800	500		0		
4	4000	600	500		0		
5	3000	500	500		0		
6	3500	700	0	-1.5	-239		
7	3500	500	500		0		
8	4000	800	500		0		
9	4000	1000	0	-3	-545		
10	3000	500	500		0		

第5步 利用填充功能向下复制函数，即可计算出其他员工的实发工资，如下图所示。

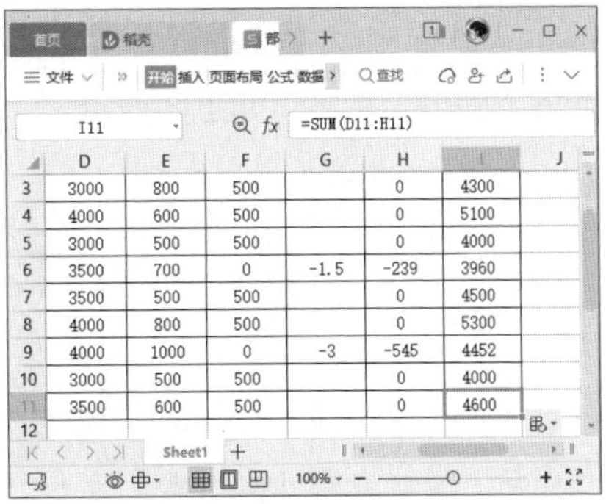

I11　=SUM(D11:H11)

	D	E	F	G	H	I	J
3	3000	800	500		0	4300	
4	4000	600	500		0	5100	
5	3000	500	500		0	4000	
6	3500	700	0	-1.5	-239	3960	
7	3500	500	500		0	4500	
8	4000	800	500		0	5300	
9	4000	1000	0	-3	-545	4452	
10	3000	500	500		0	4000	
11	3500	600	500		0	4600	
12							

5.2.3 通过函数库输入函数

WPS表格的功能区中有一个函数库，

库中提供了多种函数，用户可以非常方便地使用。

例如，要在“员工档案表”中统计人数，操作方法如下。

第1步 打开“素材文件\第5章\员工档案表.xlsx”工作簿，❶ 选中要存放结果的单元格，如C13单元格；❷ 在【公式】选项卡中单击【其他函数】下拉按钮；❸ 在弹出的下拉列表中选择【统计】选项；❹ 在弹出的子菜单中单击需要的函数，本例单击【COUNTA】，如下图所示。

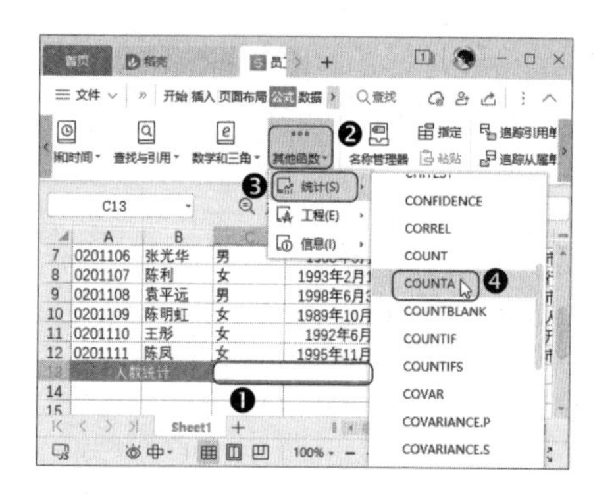

第2步 打开【函数参数】对话框，❶ 在【值1】参数框中设置要进行计算的参数；❷ 单击【确定】按钮，如下图所示。

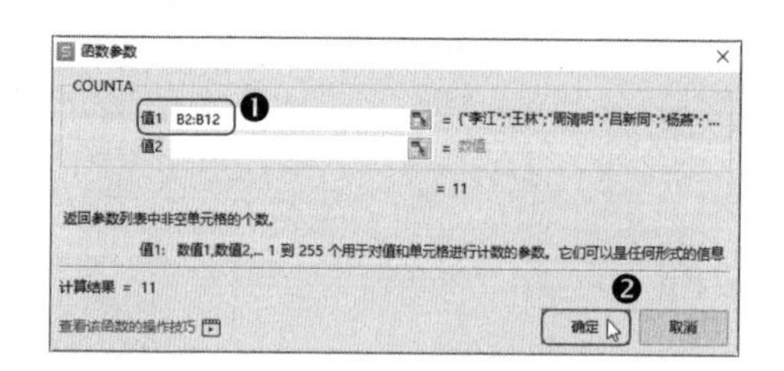

第3步 返回工作表，即可看到计算结果，如下图所示。

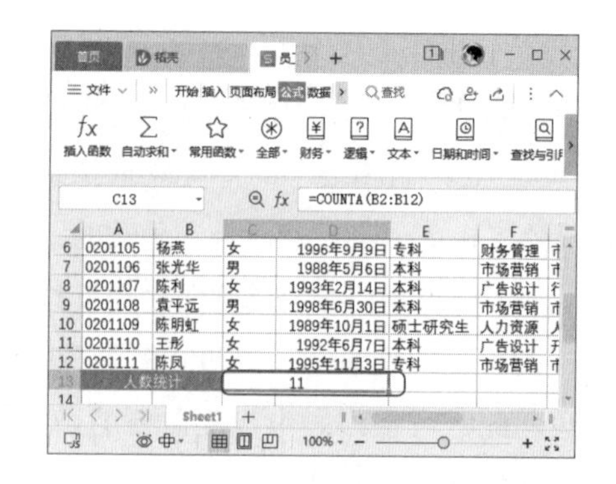

5.2.4 使用自动求和按钮调用函数

使用函数计算数据时，求和、求平均值等函数用得非常频繁，因此WPS表格提供了【自动求和】按钮，通过该按钮，可以快速进行计算。

例如，要在“半年销售情况表”中计算“平均销量”，操作方法如下。

第1步 打开“素材文件\第5章\半年销售情况表.xlsx”工作簿，❶ 选中要存放结果的单元格，如H2单元格；❷ 在【公式】选项卡中单击【自动求和】下拉按钮；❸ 在弹出的下拉列表中单击【平均值】选项，如下图所示。

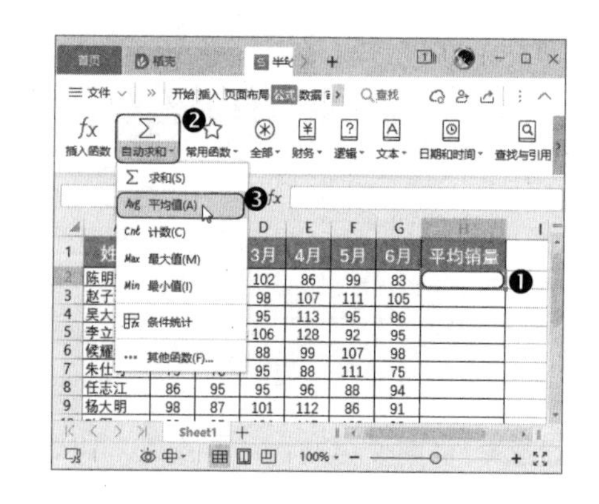

第2步 拖曳鼠标选择计算区域，默认选择左侧数据单元格，如下图所示。

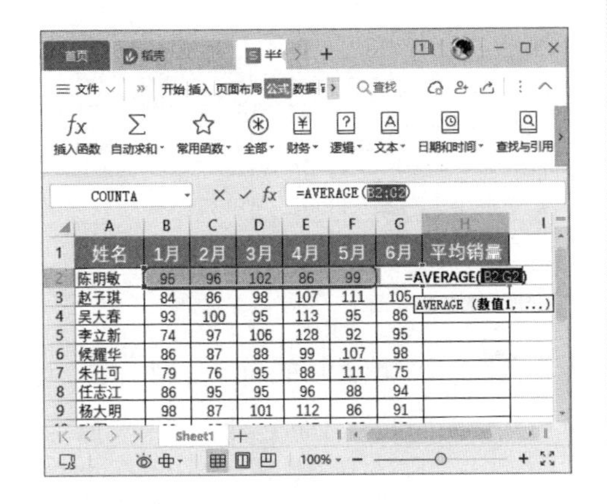

第3步 通过填充功能向下复制函数，计算出其他人的平均销量，如下图所示。

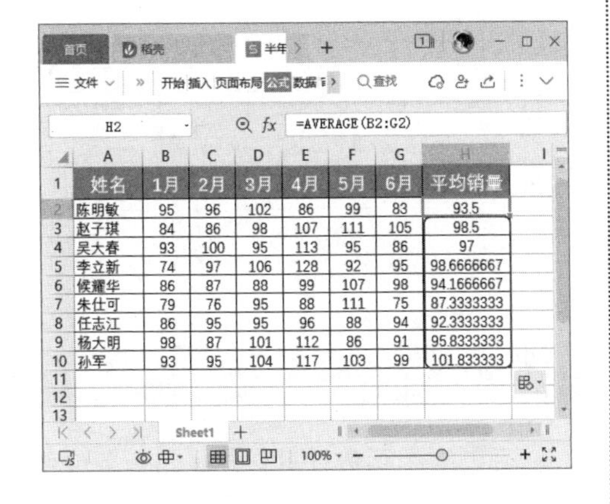

5.2.5 通过插入函数对话框调用函数

WPS 表格提供了数百个函数，如果不能确定函数的正确拼写或计算参数，建议用户使用【插入函数】对话框调用函数。

例如，要在“营业额统计周报表”中计算“合计”，操作方法如下。

第1步 打开“素材文件 \ 第 5 章 \ 营业额统计周报表 .xlsx”工作簿，❶ 选择要存放结果的单元格；❷ 单击编辑栏中的【插入函数】按钮 fx，如下图所示。

第2步 打开【插入函数】对话框，❶ 在【或选择类别】下拉列表中选择函数类别；❷ 在【选择函数】列表框中选择需要的函数，如【SUM】函数；❸ 单击【确定】按钮，如下图所示。

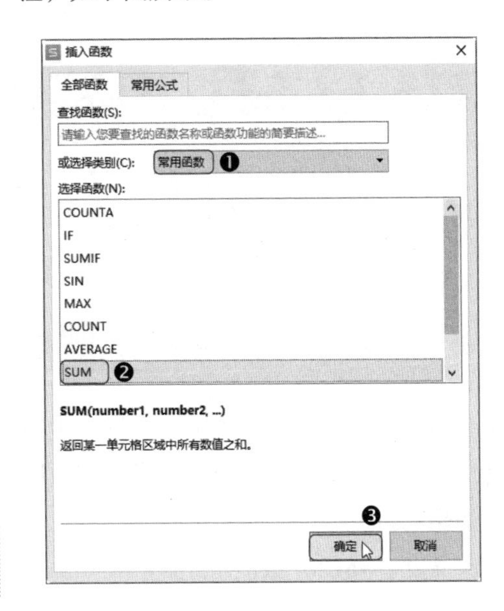

教您一招

查找函数

如果只知道某个函数的功能，不知道具体的函数名，可以在【查找函数】文本框中输入函数功能，如【随机】，此时下方的【选择函数】列表框中将显示 WPS 表格推荐的函数，在【选择函数】列表框中选择某个函数后，列表框下方会显示该函数的作用及语法等信息。

第3步 打开【函数参数】对话框，❶ 在【数值 1】参数框中设置要进行计算的参数；❷ 单击【确定】按钮，如下图所示。

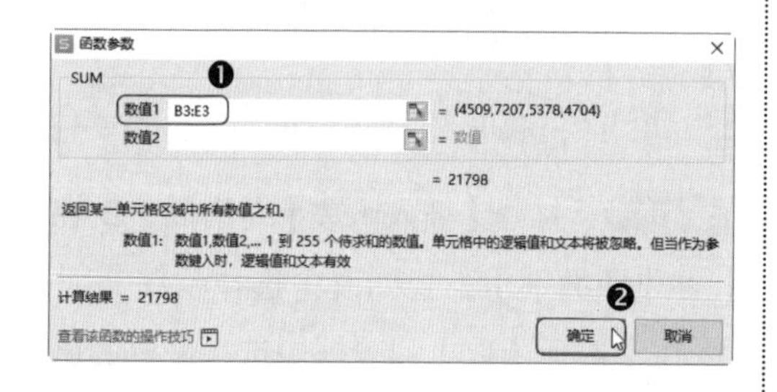

第4步 返回工作表，即可看到计算结果，如下图所示。

F3 =SUM(B3:E3)

	B	C	D	E	F
1			日期：2022年2月7日—2月13日		
2	五红路店	洪深路店	建兴东路店	沙磁巷店	合计
3	4509	7207	5378	4704	21798
4	3783	9283	8266	9570	
5	4459	6059	4606	5526	
6	4808	7655	6941	6589	
7	10077	8492	9884	5297	
8	5013	8854	7354	5076	
9	8375	7638	9281	4112	

第5步 通过填充功能向下复制函数，计算出其他时间的营业额合计，如下图所示。

F9 =SUM(B9:E9)

	B	C	D	E	F
1			日期：2022年2月7日—2月13日		
2	五红路店	洪深路店	建兴东路店	沙磁巷店	合计
3	4509	7207	5378	4704	21798
4	3783	9283	8266	9570	30902
5	4459	6059	4606	5526	20650
6	4808	7655	6941	6589	25993
7	10077	8492	9884	5297	33750
8	5013	8854	7354	5076	26297
9	8375	7638	9281	4112	29406

5.3 常用基本函数

在了解了使用函数进行数据运算的方法后，就可以应用函数计算数据了。首先介绍常用的基本函数，主要包括求和函数、平均值函数、最大值函数、最小值函数等。

5.3.1 使用 SUM 函数进行求和运算

在 WPS 表格中，SUM 函数是常用的函数之一，用于返回某一单元格区域中所有数据之和。

语法：=SUM(数值 1,...)。

参数说明如下。

数值 1,...：表示参加计算的 1~255 个参数。

例如，要在“销售业绩”表中使用 SUM 函数计算“销售总量”，操作方法如下。

第1步 打开“素材文件 \ 第 5 章 \ 销售业

绩 .xlsx”工作簿，选择要存放结果的单元格，如 E3 单元格，输入函数“=SUM(B3:D3)”，如下图所示。

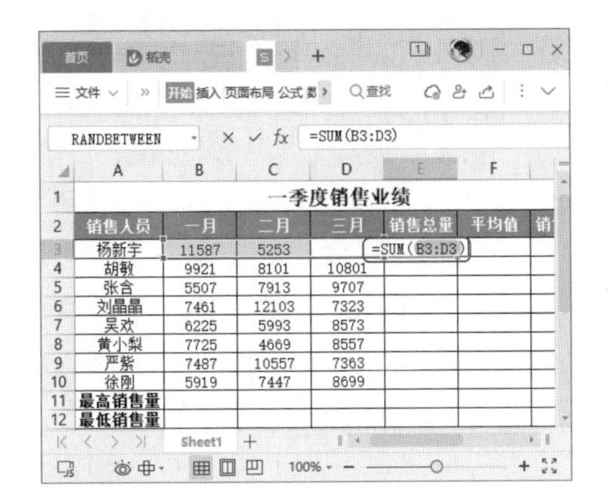

	A	B	C	D	E	F
1	一季度销售业绩					
2	销售人员	一月	二月	三月	销售总量	平均值
3	杨新宇	11587	5253		=SUM(B3:D3)	
4	胡敏	9921	8101	10801		
5	张含	5507	7913	9707		
6	刘晶晶	7461	12103	7323		
7	吴欢	6225	5993	8573		
8	黄小梨	7725	4669	8557		
9	严紫	7487	10557	7363		
10	徐刚	5919	7447	8699		
11	最高销售量					
12	最低销售量					

第2步 按【Enter】键确认，即可得出计算结果，通过填充功能向下复制函数，计算出所有人的销售总量，如下图所示。

	A	B	C	D	E	F
1	一季度销售业绩					
2	销售人员	一月	二月	三月	销售总量	平均值
3	杨新宇	11587	5253	9055	25895	
4	胡敏	9921	8101	10801	28823	
5	张含	5507	7913	9707	23127	
6	刘晶晶	7461	12103	7323	26887	
7	吴欢	6225	5993	8573	20791	
8	黄小梨	7725	4669	8557	20951	
9	严紫	7487	10557	7363	25407	
10	徐刚	5919	7447	8699	22065	
11	最高销售量					
12	最低销售量					

5.3.2 使用 AVERAGE 函数计算平均值

AVERAGE 函数用于返回参数的平均值，这个函数是对选择的单元格或单元格区域进行算术平均值运算。

语法：=AVERAGE(数值 1,...)。

参数说明如下。

数值 1,...：表示要计算平均值的 1~255 个参数。

例如，要在“销售业绩”表中使用 AVERAGE 函数计算“平均值”，操作方法如下。

第1步 接上一例操作，选择要存放结果的单元格，如 F3 单元格，输入函数“=AVERAGE(B3:D3)”，如下图所示。

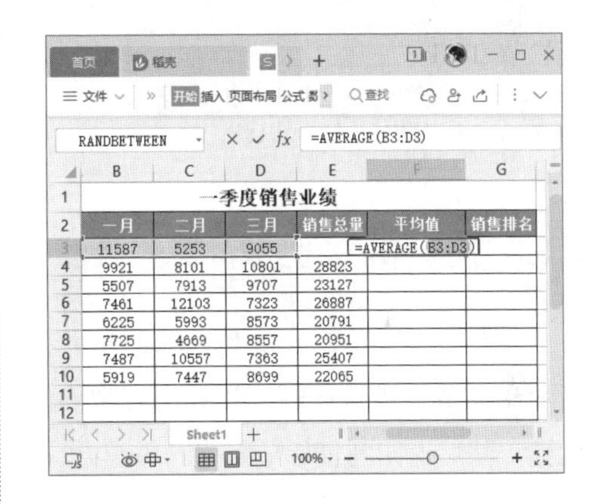

	B	C	D	E	F	G
1	一季度销售业绩					
2	一月	二月	三月	销售总量	平均值	销售排名
3	11587	5253	9055		=AVERAGE(B3:D3)	
4	9921	8101	10801	28823		
5	5507	7913	9707	23127		
6	7461	12103	7323	26887		
7	6225	5993	8573	20791		
8	7725	4669	8557	20951		
9	7487	10557	7363	25407		
10	5919	7447	8699	22065		
11						
12						

第2步 按【Enter】键确认，即可得出计算结果，通过填充功能向下复制函数，计算出所有人的销售平均值，如下图所示。

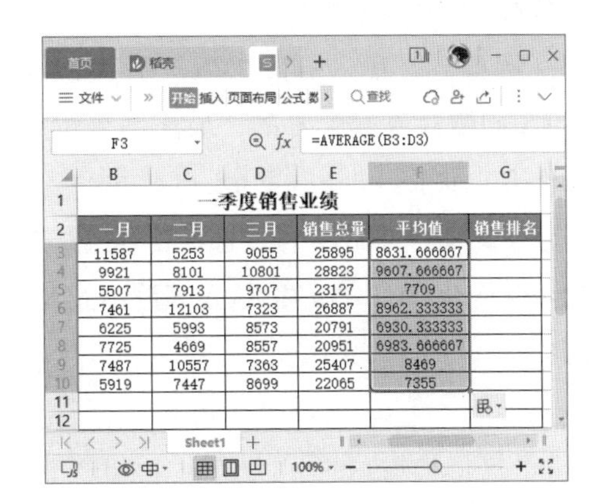

	B	C	D	E	F	G
1	一季度销售业绩					
2	一月	二月	三月	销售总量	平均值	销售排名
3	11587	5253	9055	25895	8631.666667	
4	9921	8101	10801	28823	9607.666667	
5	5507	7913	9707	23127	7709	
6	7461	12103	7323	26887	8962.333333	
7	6225	5993	8573	20791	6930.333333	
8	7725	4669	8557	20951	6983.666667	
9	7487	10557	7363	25407	8469	
10	5919	7447	8699	22065	7355	
11						
12						

第3步 ❶选中F3:F10单元格区域；❷单击多次【开始】选项卡中的【减少小数位数】按钮，将小数位数设置为2位，如下图所示。

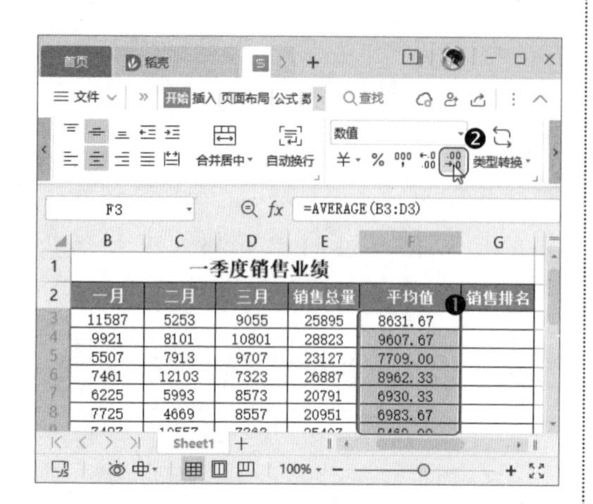

5.3.3 使用MAX函数计算最大值

使用MAX函数可以对选择的单元格区域中的数据进行比较，计算出其中的最大值，然后返回到目标单元格。

语法：=MAX(数值1,...)。

参数说明如下。

数值1,...：表示要参与比较，找出最大值的1~255个参数。

例如，要在“销售业绩”表中使用MAX函数计算每个月的“最高销售量”，操作方法如下。

第1步 接上一例操作，选择要存放结果的单元格，如B11单元格，输入函数“=MAX(B3:B10)”，如下图所示。

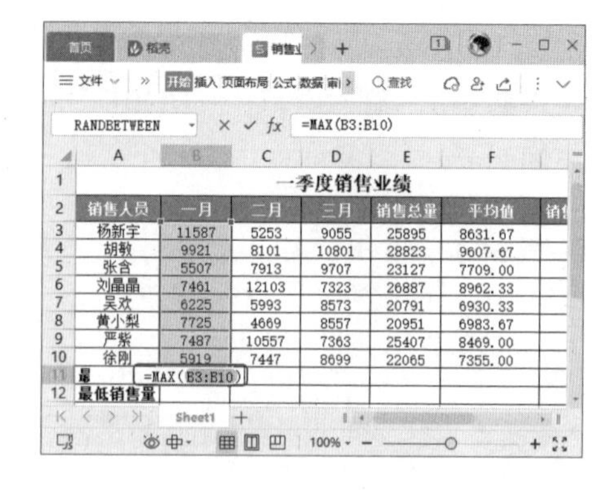

第2步 按【Enter】键确认，通过填充功能向右复制函数，即可计算出每个月和销售总量的最高销售量，如下图所示。

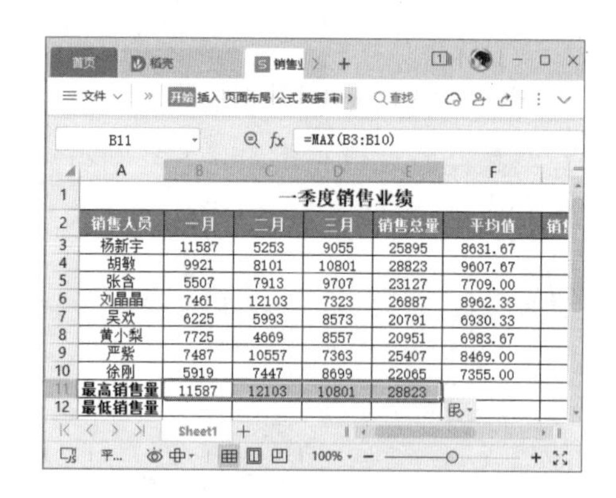

5.3.4 使用MIN函数计算最小值

MIN函数与MAX函数的作用相反，可以对选择的单元格区域中的数据进行比较，计算出其中的最小值，然后返回到目标单元格。

语法：=MIN(数值1,...)。

参数说明如下。

数值1,...：表示要参与比较，找出最小值的1~255个参数。

例如，要在“销售业绩”表中使用

MIN 函数计算每个月的“最低销售量”，操作方法如下。

第1步 接上一例操作，选择要存放结果的单元格，如 B12 单元格，输入函数“=MIN(B3:B10)”，如下图所示。

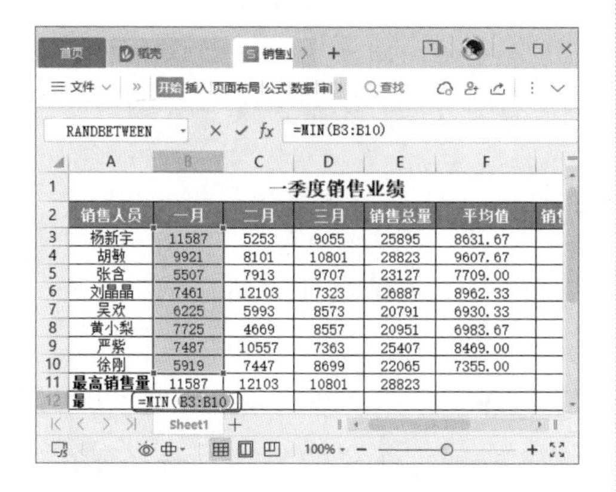

1	一季度销售业绩					
2	销售人员	一月	二月	三月	销售总量	平均值
3	杨新宇	11587	5253	9055	25895	8631.67
4	胡敏	9921	8101	10801	28823	9607.67
5	张含	5507	7913	9707	23127	7709.00
6	刘晶晶	7461	12103	7323	26887	8962.33
7	吴欢	6225	5993	8573	20791	6930.33
8	黄小梨	7725	4669	8557	20951	6983.67
9	严紫	7487	10557	7363	25407	8469.00
10	徐刚	5919	7447	8699	22065	7355.00
11	最高销售量	11587	12103	10801	28823	
12	最	=MIN(B3:B10)				

第2步 按【Enter】键确认，通过填充功能向右复制函数，即可计算出每个月和销售总量的最低销售量，如下图所示。

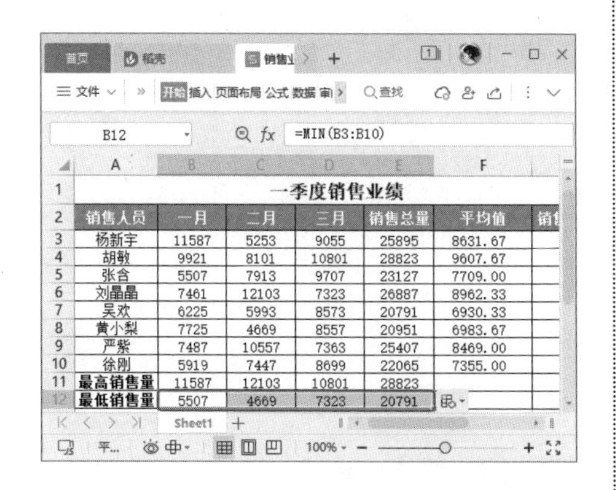

1	一季度销售业绩					
2	销售人员	一月	二月	三月	销售总量	平均值
3	杨新宇	11587	5253	9055	25895	8631.67
4	胡敏	9921	8101	10801	28823	9607.67
5	张含	5507	7913	9707	23127	7709.00
6	刘晶晶	7461	12103	7323	26887	8962.33
7	吴欢	6225	5993	8573	20791	6930.33
8	黄小梨	7725	4669	8557	20951	6983.67
9	严紫	7487	10557	7363	25407	8469.00
10	徐刚	5919	7447	8699	22065	7355.00
11	最高销售量	11587	12103	10801	28823	
12	最低销售量	5507	4669	7323	20791	

5.3.5 使用 RANK 函数计算排名

使用 RANK 函数可以将指定的数据在一组数据中进行比较，将比较的名次返回到目标单元格中，是计算排名的最佳函数。

语法：=RANK(数值,引用,[排位方式])

参数说明如下。

➢ 数值：表示要在数据区域中进行比较的指定数据。

➢ 引用：包含一组数字的数组或引用，其中的非数值型参数将被忽略。

➢ 排位方式：指定排名的方式。若 order 为 0 或省略，则按降序排列的数据清单进行排位；若 order 不为 0，则按升序排列的数据清单进行排位。

例如，要在“销售业绩”表中使用 RANK 函数计算“销售排名”，操作方法如下。

第1步 接上一例操作，选中要存放结果的单元格，如 G3 单元格，输入函数“=RANK(E3,$E$3:$E$10,0)”，如下图所示。

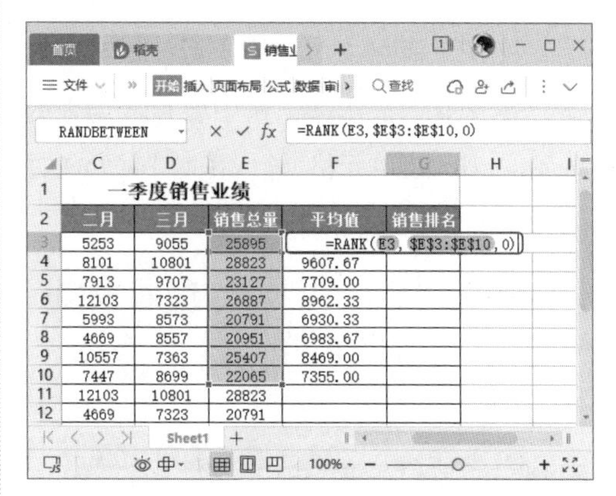

1	一季度销售业绩				
2	二月	三月	销售总量	平均值	销售排名
3	5253	9055	25895	=RANK(E3, $E$3:$E$10, 0)	
4	8101	10801	28823	9607.67	
5	7913	9707	23127	7709.00	
6	12103	7323	26887	8962.33	
7	5993	8573	20791	6930.33	
8	4669	8557	20951	6983.67	
9	10557	7363	25407	8469.00	
10	7447	8699	22065	7355.00	
11	12103	10801	28823		
12	4669	7323	20791		

第2步 按【Enter】键确认，通过填充功能向下复制函数，即可计算出每位员工的销售排名，如下图所示。

=RANK(E3,$E$3:$E$10,0)

	C	D	E	F	G
1	一季度销售业绩				
2	二月	三月	销售总量	平均值	销售排名
3	5253	9055	25895	8631.67	3
4	8101	10801	28823	9607.67	1
5	7913	9707	23127	7709.00	5
6	12103	7323	26887	8962.33	2
7	5993	8573	20791	6930.33	8
8	4669	8557	20951	6983.67	7
9	10557	7363	25407	8469.00	4
10	7447	8699	22065	7355.00	6
11	12103	10801	28823		
12	4669	7323	20791		

5.3.6 使用 COUNT 函数计算参数中包含数字的单元格的个数

使用 COUNT 函数可以统计包含数字的单元格的个数。

语法：=COUNT(数值 1,...)。

参数说明如下。

数值 1,...：表示要计数的 1~255 个参数。

例如，要在“员工报名登记表”中使用 COUNT 函数计算“报名人数”，操作方法如下。

打开“素材文件 \ 第 5 章 \ 员工报名登记表 .xlsx”工作簿，选中要存放结果的单元格，如 G3 单元格，输入函数“=COUNT (E3:E17)”，如下图所示。

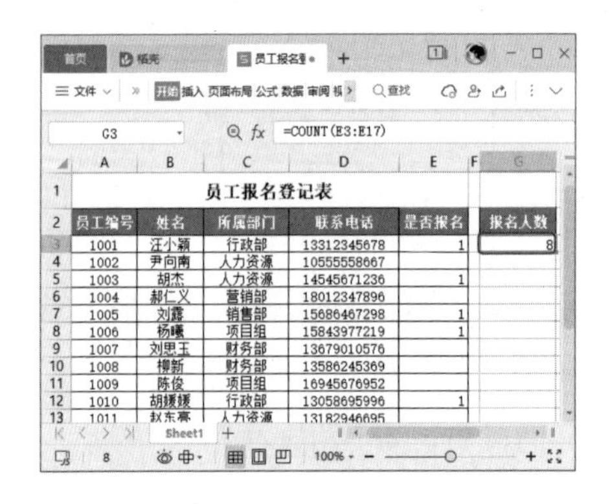

=COUNT(E3:E17)

	A	B	C	D	E	F	G
1	员工报名登记表						
2	员工编号	姓名	所属部门	联系电话	是否报名		报名人数
3	1001	汪小颖	行政部	13312345678	1		8
4	1002	尹向南	人力资源	10555558667			
5	1003	胡杰	人力资源	14545671236	1		
6	1004	郝仁义	营销部	18012347896			
7	1005	刘露	销售部	15686467298	1		
8	1006	杨曦	项目组	15843977219	1		
9	1007	刘思玉	财务部	13679010576			
10	1008	柳新	财务部	13586245369			
11	1009	陈俊	项目组	16945676952			
12	1010	胡媛媛	行政部	13058695996	1		
13	1011	赵东亮	人力资源	13182946695			

5.3.7 使用 PRODUCT 函数计算乘积

PRODUCT 函数用于计算所有参数的乘积。

语法：=PRODUCT(数值 1,...)。

参数说明如下。

数值 1,...：表示要参与乘积计算的 1~255 个参数。

例如，要在“货柜大小计算”表中使用 PRODUCT 函数计算货框的“体积”，操作方法如下。

第1步 打开“素材文件 \ 第 5 章 \ 货柜大小计算 .xlsx”工作簿，选择要存放结果的单元格，如 D2 单元格，输入函数“=PRODUCT(A2,B2,C2)”，如下图所示。

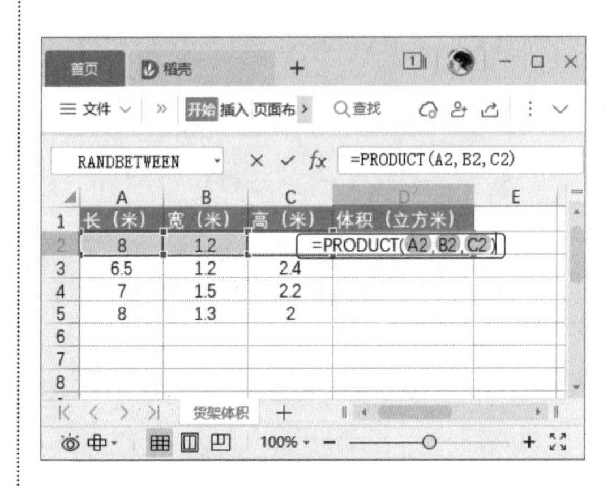

=PRODUCT(A2,B2,C2)

	A	B	C	D
1	长（米）	宽（米）	高（米）	体积（立方米）
2	8	1.2		=PRODUCT(A2,B2,C2)
3	6.5	1.2	2.4	
4	7	1.5	2.2	
5	8	1.3	2	

第2步 按【Enter】键确认，利用填充功能向下复制函数，计算出所有货柜的体积，如下图所示。

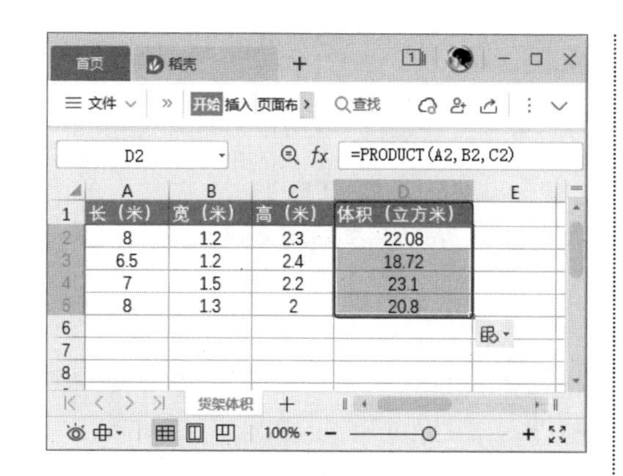

5.3.8 使用 IF 函数执行条件检测

IF 函数的功能是根据指定的条件进行检测，计算结果为 TRUE 或 FALSE。使用 IF 函数可以对数值和公式执行条件检测。

语法：=IF(测试条件 , 真值 ,[假值])。

参数说明如下。

➢ 测试条件：表示计算结果为 TRUE 或 FALSE 的任意值或表达式。例如，“B5>100”是一个逻辑表达式，若 B5 单元格中的值大于 100，则表达式的计算结果为 TRUE，否则为 FALSE。

➢ 真值：测试条件参数为 TRUE 时返回的值。例如，若此参数是文本字符串“合格”，且测试条件参数的计算结果为 TRUE，则返回结果“合格”；若测试条件为 TRUE 而真值为空，则返回 0。

➢ 假值：测试条件为 FALSE 时返回的值。例如，若此参数是文本字符串“不合格”，且测试条件参数的计算结果为 FALSE，则返回结果“不合格”；若测试条件为 FALSE 而假值被省略，即真值后面没有逗号，则会返回逻辑值 FALSE；若测试条件为 FALSE 且假值为空，即真值后面有逗号且紧跟着右括号，则返回 0。

例如，以“新进员工考核表”中的总分为关键字判断录用情况，80 分以上（含 80 分）的为“录用”，其余的则为“淘汰”，操作方法如下。

第1步 打开“素材文件 \ 第 5 章 \ 新进员工考核表 .xlsx”工作簿，❶ 选择要存放结果的单元格，如 G4 单元格；❷ 单击【公式】选项卡中的【插入函数】按钮，如下图所示。

第2步 打开【插入函数】对话框，❶ 在【选择函数】列表框中选择 IF 函数；❷ 单击【确定】按钮，如下图所示。

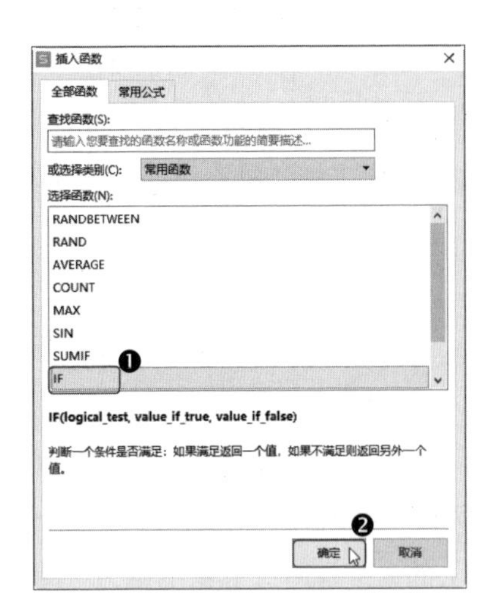

第3步 打开【函数参数】对话框，❶ 设置【测试条件】为【F4>=80】，【真值】为【"录用"】，【假值】为【"淘汰"】；❷ 单击【确定】按钮，如下图所示。

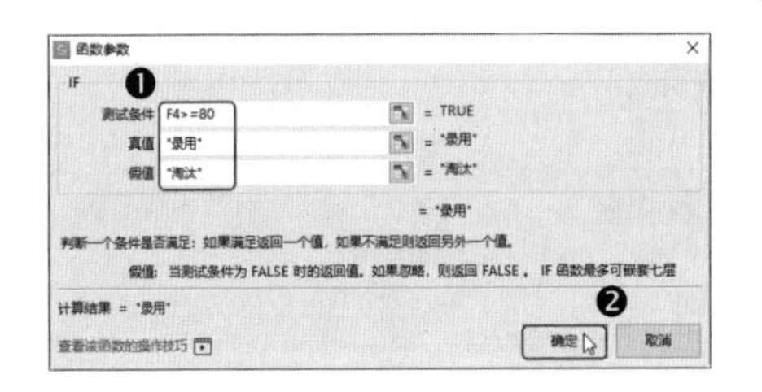

第4步 返回工作表中，即可看到使用 IF 函数的计算结果，利用填充功能向下复制函数，即可计算出其他员工的录用情况，如下图所示。

G4 =IF(F4>=80,"录用","淘汰")

新进员工考核表

各单科成绩满分25分

姓名	出勤考核	工作能力	工作态度	业务考核	总分	录用情况
刘露	25	20	23	21	89	录用
张静	21	25	20	18	84	录用
李洋洋	16	20	15	19	70	淘汰
朱金	19	13	17	14	63	淘汰
杨青青	20	18	20	18	76	淘汰
张小波	17	20	16	23	76	淘汰
黄雅雅	25	19	25	19	88	录用
袁志远	18	19	18	20	75	淘汰
陈倩	18	16	17	13	64	淘汰
韩丹	19	17	19	15	70	淘汰
陈强	15	17	14	10	56	淘汰

温馨提示

实际应用中，使用一个 IF 函数可能无法满足工作的需要，这时可以使用多个 IF 函数进行嵌套。

IF 函数嵌套的语法为：IF(logical_test, value_if_true,IF(logical_test,value_if_true,IF(logical_test,value_if_true,...,value_if_false)))，可以理解成“如果（某条件，条件成立返回的结果，（某条件，条件成立返回的结果，（某条件，条件成立返回的结果，……，条件不成立返回的结果）））”。例如，本例以表格中的总分为关键字，80 分以上（含 80 分）的为“录用”，70 分以上（含 70 分）的为“有待观察”，其余的则为“淘汰”，G4 单元格中的函数表达式为“=IF(F4>=80,"录用",IF(F4>=70,"有待观察","淘汰"))”。

5.4 常用财务函数

在办公应用中，财务函数是使用得比较频繁的一种。使用财务函数，可以非常便捷地进行一般的财务计算，如计算贷款的每期付款额、贷款在给定期间偿还的本金、给定时间内的折旧值、投资的未来值、投资的净现值等。

5.4.1 使用 FV 函数计算投资的未来值

终值函数可以基于固定利率和等额分期付款方式，计算某项投资的未来值。

语法：= 终值 (利率 , 支付总期数 , 定期支付额 ,[现值],[是否期初支付])。

参数说明如下。

利率（必选）：各期利率。

支付总期数（必选）：总投资期，即该项投资的付款期总数。

定期支付额（必选）：各期应支付的金额，其数值在整个年金期间保持不变，通常定期支付额包括本金和利息，但不包括其他费用及税款，如果省略定期支付额（可选），则必须包括现值参数。

现值（可选）：现值，即从该项投资开始计算时已经入账的款项，或一系列未来付款的当前值的累积和，也称为本金，如果省略现值，则假设其值为零，并且必须包括定期支付额参数。

是否期初支付（可选）：数字 0 或 1，用于指定各期的付款时间是在期初还是期末。如果省略是否期初支付，则假设其值为 0。

例如，在银行办理零存整取的业务，每月存款 5000 元，年利率为 4.5%，存款期限为 3 年（36 个月），计算 3 年后的总存款数，具体操作方法如下。

打开“素材文件 \ 第 5 章 \ 终值 .xlsx”工作簿，选择要存放结果的 B5 单元格，输入函数“=FV(B4/12,B3,B2,1)”，按【Enter】键即可得出计算结果，如下图所示。

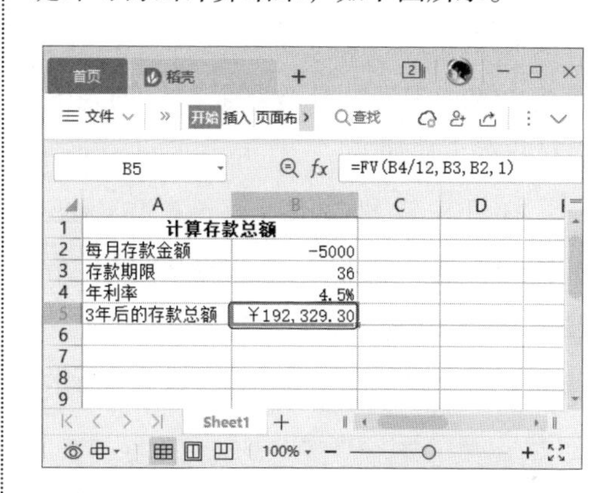

5.4.2 使用 PV 函数计算投资的现值

使用 PV 函数可以返回某项投资的现值，现值为一系列未来付款的当前值的累积和。

语法：=PV(利率 , 支付总期数 , 定期支付额 ,[终值],[是否期初支付])。

参数说明如下。

- 利率（必选）：各期利率。例如，当利率为 6% 时，使用 6%/4 计算一个季度的还款额。
- 支付总期数（必选）：总投资期，即该项投资的偿款期总数。
- 定期支付额（必选）：各期所应支付的金额，其数值在整个年金期间保持不变。
- 终值（可选）：未来值，或在最后一次支付后希望得到的现金余额。如果省略终值，则假设其值为 0。
- 是否期初支付（可选）：数值为 0 或 1，用于指定各期的付款时间是在期初还是期末。

例如，某位员工购买了一份保险，每月支付520元，支付期限为18年，收益率为15%，现计算其购买保险金的现值，具体操作方法如下。

打开“素材文件\第5章\PV.xlsx”工作簿，选择要存放结果的B4单元格，输入函数“=PV(B3/12,B2*12,B1,,0)”，按【Enter】键，即可得出计算结果，如下图所示。

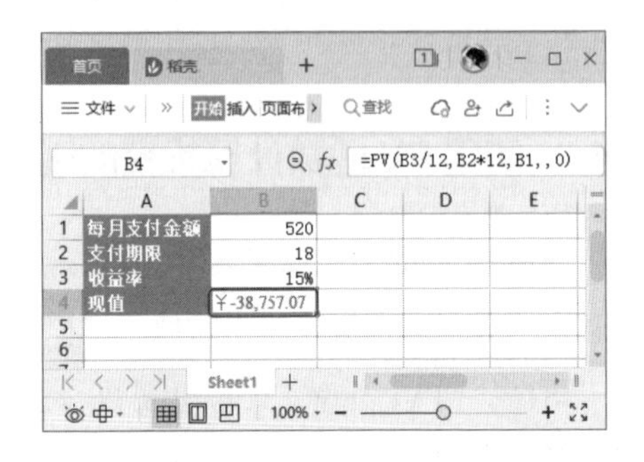

5.4.3 使用XNPV函数计算现金流的净现值

XNPV函数用于计算一组定期现金流的净现值，返回一组现金流的净现值，这些现金流不一定定期发生。

语法：=XNPV(贴现率,现金流,日期流)。

参数说明如下。

- 贴现率（必选）：应用于现金流的贴现率。
- 现金流（必选）：与现金流中的支付时间相对应的一系列现金流。首期支付是可选的，并与投资开始时的成本或支付有关。如果第一个值是成本或支付，则它必须是负值。所有后续支付都基于365天/1年贴现。数值系列至少包含一个正数和一个负数。
- 日期流（必选）：与现金流支付相对应的支付日期表。第一个支付日期代表支付表的开始日期，其他所有日期应迟于该日期，但可按任何顺序排列。

例如，要根据某项投资的年贴现率、投资额及不同日期中预计的投资回报金额，计算出该投资项目的净现值，具体操作方法如下。

打开“素材文件\第5章\XNPV.xlsx”工作簿，选择要存放结果的C8单元格，输入函数“=XNPV(C1,C3:C7,B3:B7)”，按【Enter】键，即可得出计算结果，如下图所示。

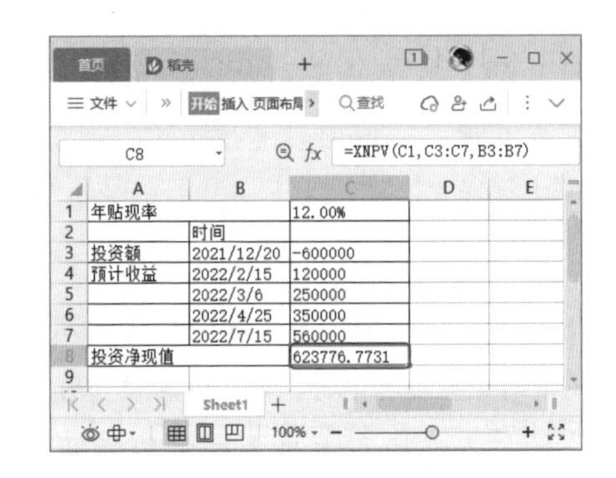

5.4.4 使用MIRR函数计算正负现金流在不同利率下支付的内部收益率

MIRR函数可以返回某一连续期间内现金流的修正内部收益率。

语法：=MIRR(现金流 , 支付利率 , 再投资的收益率)。

参数说明如下。

- 现金流（必选）：一个数组或对包含数字的单元格的引用。这些数值代表各期的一系列支出（负值）及收入（正值）。
- 支付利率（必选）：现金流中使用的资金支付的利率。
- 再投资的收益率（必选）：将现金流再投资的收益率。

例如，根据某公司一段时间内现金的流动情况、现金的投资利率、现金的再投资利率，计算内部收益率，具体操作方法如下。

打开“素材文件 \ 第 5 章 \MIRR.xlsx”工作簿，选择要存放结果的 B9 单元格，输入函数“=MIRR(B1:B6,B7,B8)”，按【Enter】键，即可得出计算结果，如下图所示。

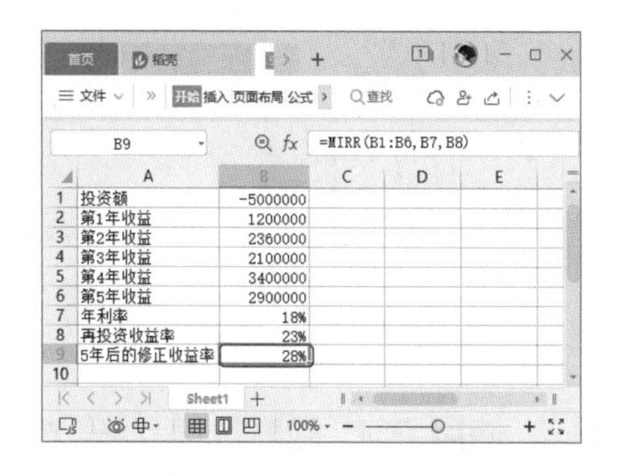

5.4.5 使用 CUMIPMT 函数计算两个付款期之间累计支付的利息

CUMIPMT 函数用于计算一笔贷款在指定期间累计需要偿还的利息数额。

语法：=CUMIPMT(利率,支付总期数,现值,首期,末期,是否期初支付)。

参数说明如下。

- 利率（必选）：利率。
- 支付总期数（必选）：总付款期数。
- 现值（必选）：现值。
- 首期（必选）：计算中的首期，付款期数从 1 开始计数。
- 末期（必选）：计算中的末期。
- 是否期初支付（必选）：付款时间类型。

例如，某人向银行贷款 50 万元，贷款期限为 12 年，年利率为 9%，现计算此项贷款第一个月支付的利息，以及第二年支付的总利息，具体操作方法如下。

第1步 打开“素材文件 \ 第 5 章 \CUMIPMT.xlsx”工作簿，选择要存放第一个月支付利息的 B5 单元格，输入函数“=CUMIPMT(B4/12,B3*12,B2,1,1,0)”，按【Enter】键，即可得出计算结果，如下图所示。

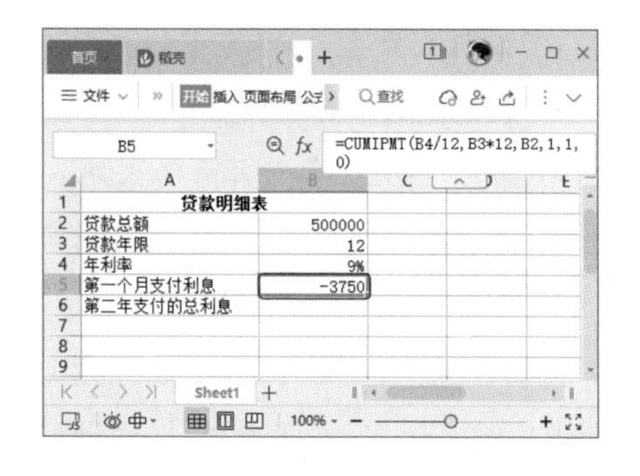

第2步 选择要存放第二年支付的总利息的 B6 单元格，输入函数“=CUMIPMT

(B4/12,B3*12,B2,13,24,0)”，按【Enter】键，即可得出计算结果，如下图所示。

5.4.6 使用 CUMPRINC 函数计算两个付款期之间累计支付的本金

CUMPRINC 函数用于计算一笔贷款在给定期间需要累计偿还的本金数额。

语法：=CUMPRINC(利率 , 支付总期数 , 现值 , 首期 , 末期 , 是否期初支付)。

参数说明如下。

➢ 利率（必选）：利率。

➢ 支付总期数（必选）：总付款期数。

➢ 现值（必选）：现值。

➢ 首期（必选）：计算中的首期，付款期数从 1 开始计数。

➢ 末期（必选）：计算中的末期。

➢ 是否期初支付（必选）：付款时间类型。

例如，某人向银行贷款 50 万元，贷款期限为 12 年，年利率为 9%，现计算此项贷款第一个月偿还的本金，以及第二年偿还的总本金，具体操作方法如下。

第1步 打开“素材文件\第 5 章\CUMPRINC.xlsx”工作簿，选择要存放第一个月偿还本金的 B5 单元格，输入函数“=CUMPRINC(B4/12,B3*12,B2,1,1,0)，按【Enter】键，即可得出计算结果，如下图所示。

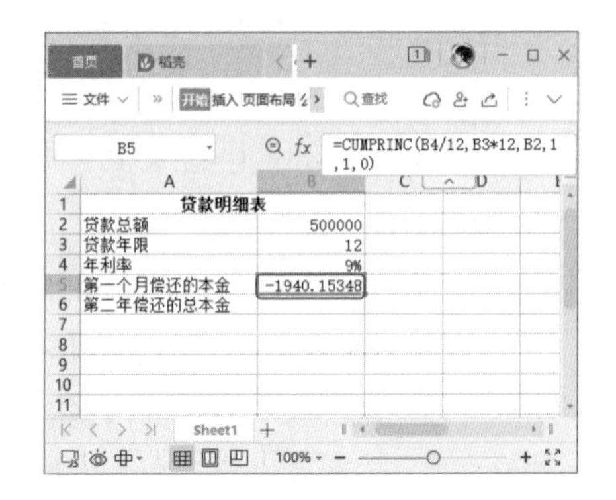

第2步 选择要存放第二年偿还总本金的 B6 单元格，输入函数“=CUMPRINC(B4/12,B3*12,B2,13,24,0)”，按【Enter】键，即可得出计算结果，如下图所示。

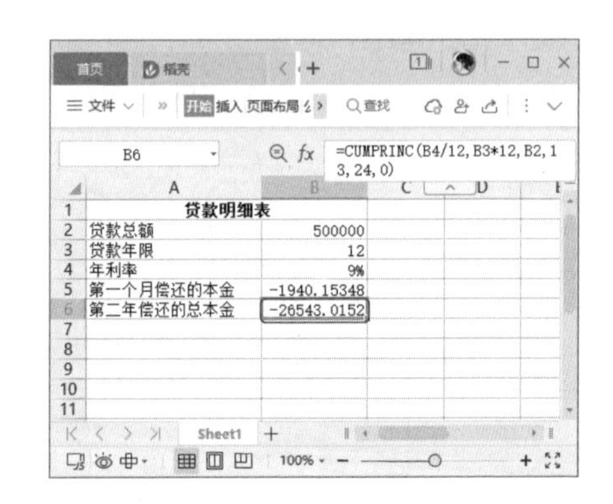

5.4.7 使用 PMT 函数计算月还款额

PMT 函数可以基于固定利率及等额分期付款方式，计算贷款的每期付款额。

语法：=PMT(利率 , 支付总期数 , 现

值 ,[终值],[是否期初支付])。

参数说明如下。

- 利率（必选）：贷款利率。
- 支付总期数（必选）：该项贷款的付款总数。
- 现值（必选）：现值，或一系列未来付款的当前值的累积和，也称为本金。
- 终值（可选）：未来值，或在最后一次付款后希望得到的现金余额，如果省略终值，则假设其值为 0，也就是一笔贷款的未来值为 0。
- 是否期初支付（可选）：数字 0 或 1，用于指示各期的付款时间是在期初还是期末。

例如，某公司因购买写字楼向银行贷款 50 万元，贷款年利率为 8%，贷款期限为 10 年（即 120 个月），现计算每月应偿还的金额，具体操作方法如下。

打开“素材文件 \ 第 5 章 \PMT.xlsx”工作簿，选择要存放结果的 B5 单元格，输入函数“=PMT(B4/12,B3,B2)”，按【Enter】键，即可得出计算结果，如下图所示。

5.4.8 使用 RATE 函数计算年金的各期利率

RATE 函数用于计算年金的各期利率。

语法：=RATE(支付总期数 , 定期支付额 , 现值 ,[终值],[是否期初支付],[预估值])。

参数说明如下。

- 支付总期数（必选）：年金的付款总期数。
- 定期支付额（必选）：各期所应支付的金额，其数值在整个年金期间保持不变。通常，定期支付额包括本金和利息，但不包括其他费用或税款。如果省略定期支付额(可选)，则必须包含终值参数。
- 现值（必选）：现值，即一系列未来付款现在所值的总金额。
- 终值（可选）：未来值，或在最后一次付款后希望得到的现金余额。如果省略终值，则假设其值为 0（如一笔贷款的未来值为 0）。
- 是否期初支付（可选）：数字 0 或 1，用于指定各期的付款时间是在期初还是期末。
- 预估值（可选）：预期利率，它是一个百分比值，如果省略该参数，则假设该值为 10%。

例如，投资总额为 500 万元，每月支付 12 万元，付款期限为 5 年，要分别计算每月投资利率和年投资利率，具体操作方法如下。

第1步 打开“素材文件\第5章\RATE.xlsx”工作簿，选择要存放结果的B5单元格，输入函数“=RATE(B4*12,B3,B2)”，按【Enter】键即可得出计算结果，如下图所示。

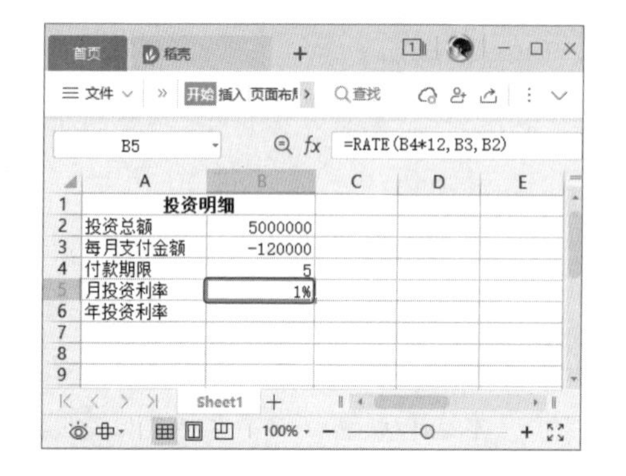

第2步 选择要存放结果的B6单元格，输入函数“=RATE(B4*12,B3,B2)*12”，按【Enter】键，即可得出计算结果。根据需要，将数字格式设置为百分比，如下图所示。

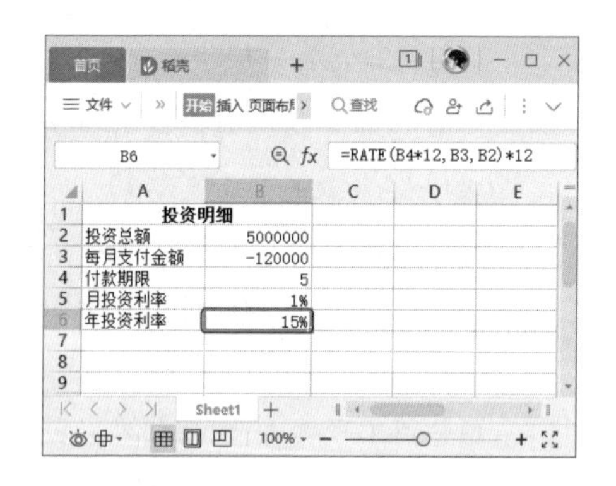

5.4.9 使用COUPDAYS函数计算成交日所在的付息期的天数

如果需要计算包含成交日在内的债券付息期的天数，可通过COUPDAYS函数实现。

语法：=COUPDAYS(成交日,到期日,年付息次数,[基准选项])。

=COUPDAYS()

COUPDAYS（成交日，到期日，年付息次数，[基准选项]）

参数说明如下。

- 成交日（必选）：证券的成交日，以一串日期表示。证券成交日是在发行日期之后，证券卖给购买者的日期。
- 到期日（必选）：证券的到期日，以一串日期表示。到期日是证券有效期的截止日期。
- 年付息次数（必选）：每年付息次数。如果按年支付，则年付息次数=1；如果按半年期支付，则年付息次数=2；如果按季度支付，则年付息次数=4。
- 基准选项（可选）：要使用的日计数基准类型。若按照美国(NASD)30/360为日计数基准，则基准选项=0；若按照实际天数/实际天数为日计数基准，则基准选项=1；若按照实际天数/360为日计数基准，则基准选项=2；若按照实际天数/365为日计数基准，则基准选项=3；若按照欧洲30/360为日计数基准，则基准选项=4。

例如，某债券的成交日为2021年6月30日，到期日为2021年12月31日，按照季度付息，以实际天数/360为日计数基准，现在需要计算出该债券成交日所在的付息天数，具体操作方法如下。

打开"素材文件\第5章\COUPDAYS.xlsx"工作簿，选择要存放结果的B5单元格，输入函数"=COUPDAYS(B1,B2,B3,B4)"，按【Enter】键，即可得出计算结果，如下图所示。

5.4.10 使用COUPDAYSNC函数计算从成交日到下一个付息日之间的天数

使用COUPDAYSNC函数可以计算从成交日到下一个付息日之间的天数。

语法：=COUPDAYSNC(成交日,到期日,年付息次数,[基准选项])。

参数说明如下。

- 成交日（必选）：证券的成交日，以一串日期表示。证券成交日是在发行日期之后，证券卖给购买者的日期。
- 到期日（必选）：证券的到期日，以一串日期表示。到期日是证券有效期的截止日期。
- 年付息次数（必选）：每年付息次数。如果按年支付，则年付息次数=1；如果按半年期支付，则年付息次数=2；如果按季度支付，则年付息次数=4。
- 基准选项（可选）：要使用的日计数基准类型。若按照美国(NASD) 30/360为日计数基准，则基准选项=0；若按照实际天数/实际天数为日计数基准，则基准选项=1；若按照实际天数/360为日计数基准，则基准选项=2；若按照实际天数/365为日计数基准，则基准选项=3；若按照欧洲30/360为日计数基准，则基准选项=4。

例如，某债券的成交日为2018年6月30日，到期日为2021年12月30日，按照季度付息，以实际天数/360为日计数基准，现在需要计算出该债券从成交日到下一个付息日之间的天数，具体操作方法如下。

打开"素材文件\第5章\COUPDAYSNC.xlsx"工作簿，选择要存放结果的B5单元格，输入函数"=COUPDAYSNC(B1,B2,B3,B4)"，按【Enter】键，即可得出计算结果，如下图所示。

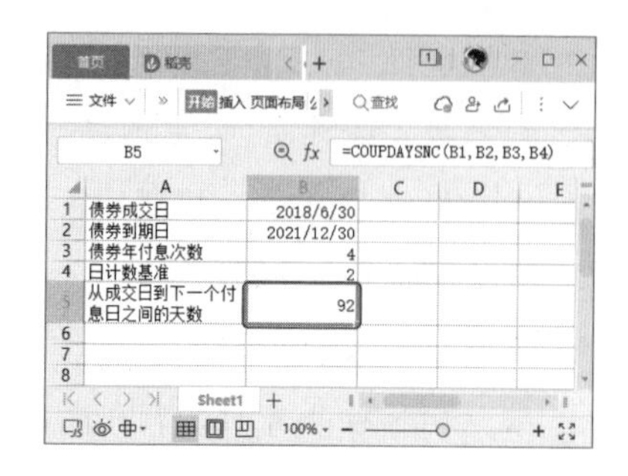

5.4.11 使用 COUPNUM 函数计算成交日和到期日之间的应付利息次数

使用 COUPNUM 函数可以计算成交日和到期日之间的应付利息次数。

语法：=COUPNUM(成交日 , 到期日 , 年付息次数 ,[基准选项])。

参数说明如下。

- 成交日（必选）：证券的成交日，以一串日期表示。证券成交日是在发行日期之后，证券卖给购买者的日期。
- 到期日（必选）：证券的到期日，以一串日期表示。到期日是证券有效期的截止日期。
- 年付息次数（必选）：每年付息次数。如果按年支付，则年付息次数 =1；如果按半年期支付，则年付息次数 =2；如果按季度支付，则年付息次数 =4。
- 基准选项（可选）：要使用的日计数基准类型。若按照美国（NASD）30/360 为日计数基准，则基准选项 =0；若按照实际天数 / 实际天数为日计数基准，则基准选项 =1；若按照实际天数 /360 为日计数基准，则基准选项 =2；若按照实际天数 /365 为日计数基准，则基准选项 =3；若按照欧洲 30/360 为日计数基准，则基准选项 =4。

例如，某债券的成交日为 2018 年 6 月 30 日，到期日为 2021 年 12 月 30 日，按照季度付息，以实际天数 /360 为日计数基准，现在需要计算出该债券成交日与到期日之间应付利息的次数，具体操作方法如下。

打开“素材文件 \ 第 5 章 \COUPNUM.xlsx”工作簿，选择要存放结果的 B5 单元格，输入函数“=COUPNUM(B1,B2,B3,B4)”，按【Enter】键，即可得出计算结果，如下图所示。

5.4.12 使用 DB 函数计算给定时间内的折旧值

DB 函数使用固定余额递减法，计算指定期间内某项固定资产的折旧值。

语法：=DB(原值 , 残值 , 折扣期限 , 期间 ,[月份数])。

参数说明如下。

➢ 原值（必选）：资产原值。

➢ 残值（必选）：资产在折旧期末的价值（有时也称为资产残值）。

➢ 折扣期限（必选）：资产的折旧期数（有时也称为资产的使用寿命）。

➢ 期间（必选）：需要计算折旧值的期间。期间必须使用与折扣期限相同的单位。

➢ 月份数（可选）：第一年的月份数，若省略，则假设为 12。

例如，某打印机设备购买时价格为 250000 元，使用了 10 年，最后处理价为 15000 元，现要分别计算该设备第一年 5 个月内的折旧值、第六年 7 个月内的折旧值及第九年 3 个月内的折旧值，具体操作方法如下。

第1步 打开“素材文件\第 5 章\DB.xlsx”工作簿，选择要存放结果的 B5 单元格，输入函数“=DB(B2,B3,B4,1,5)”，按【Enter】键，即可得出计算结果，如下图所示。

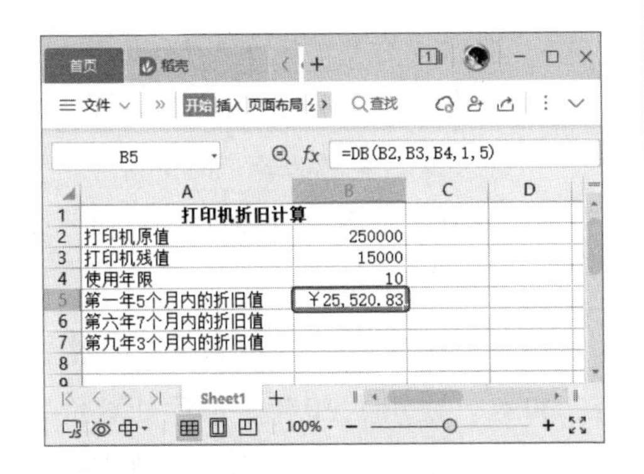

第2步 选择要存放结果的 B6 单元格，输入函数“=DB(B2,B3,B4,6,7)”，按【Enter】键，即可得出计算结果，如下图所示。

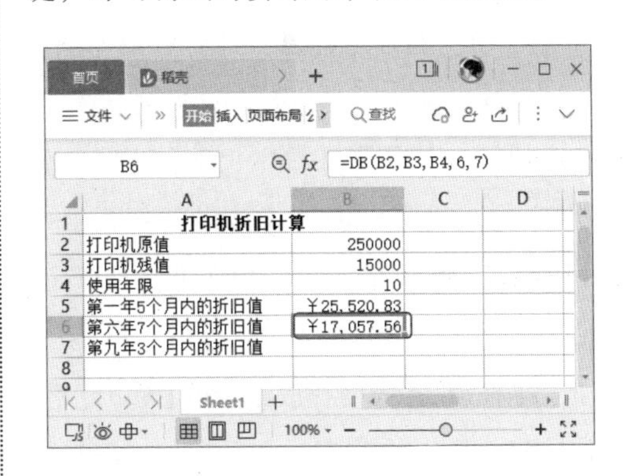

第3步 选择要存放结果的 B7 单元格，输入函数“=DB(B2,B3,B4,9,3)”，按【Enter】键，即可得出计算结果，如下图所示。

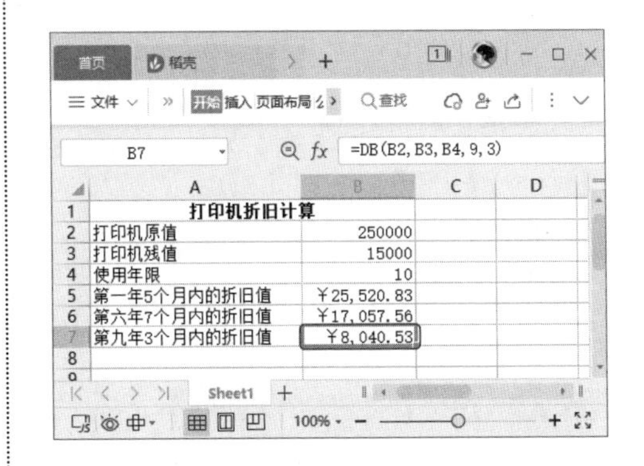

5.4.13 使用 SLN 函数计算线性折旧值

SLN 函数用于计算某固定资产的每期线性折旧值。

语法：=SLN(原值 , 残值 , 折扣期限)。

参数说明如下。

➢ 原值（必选）：资产原值。

➢ 残值（必选）：资产在折旧期末的

价值（有时也称为资产残值）。

➢ 折扣期限（必选）：资产的折旧期数（有时也称为资产的使用寿命）。

例如，某打印机设备购买时价格为250000元，使用了10年，最后处理价为15000元，现要分别计算该设备每天、每月和每年的折旧值，具体操作方法如下。

第1步 打开“素材文件\第5章\SLN.xlsx”工作簿，选择要存放结果的B5单元格，输入函数“=SLN(B2,B3,B4)”，按【Enter】键，即可得出计算结果，如下图所示。

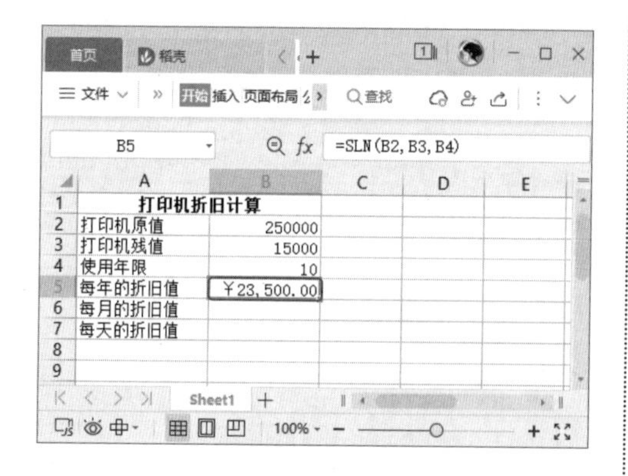

第2步 选择要存放结果的B6单元格，输入函数“=SLN(B2,B3,B4*12)”，按【Enter】键，即可得出计算结果，如下图所示。

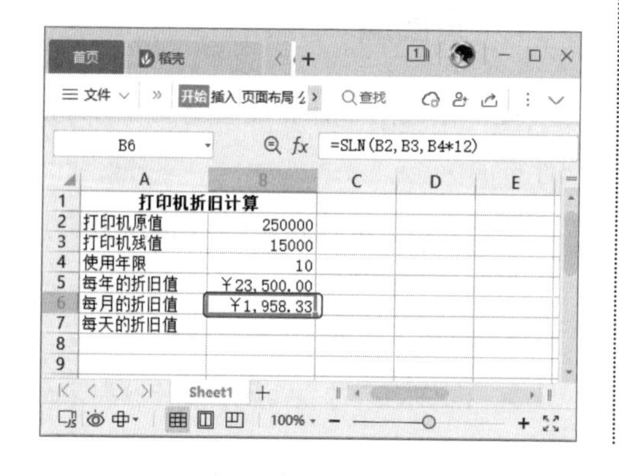

第3步 选择要存放结果的B7单元格，输入函数“=SLN(B2,B3,B4*365)”，按【Enter】键，即可得出计算结果，如下图所示。

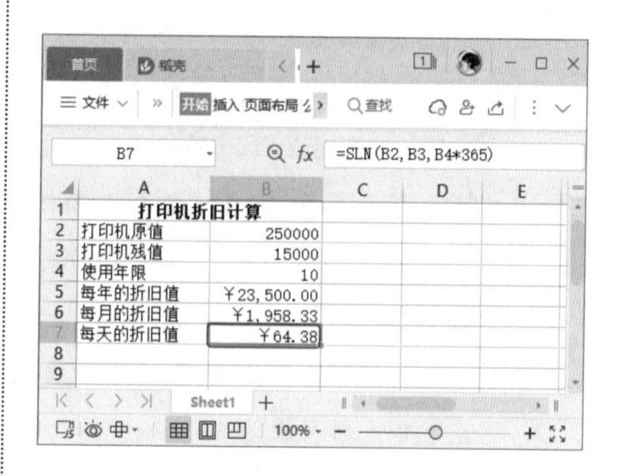

5.4.14 使用SYD函数按年限计算资产折旧值

SYD函数用于计算某项固定资产按年限总和折旧法计算的指定期间的折旧值。

语法：=SYD(原值,残值,折扣期限,期间)。

参数说明如下。

➢ 原值（必选）：资产原值。

➢ 残值（必选）：资产在折旧期末的价值（有时也称为资产残值）。

➢ 折扣期限（必选）：资产的折旧期数（有时也称为资产的使用寿命）。

➢ 期间（必选）：表示折旧期间，其单位与折扣期限相同。

例如，某打印机设备购买时价格为250000元，使用了10年，最后处理价为15000元，现要分别计算该设备第一年、第五年和第九年的折旧值，具体操作方法如下。

第1步 打开“素材文件\第 5 章\SYD.xlsx”工作簿，选择要存放结果的 B5 单元格，输入函数“=SYD(B2,B3,B4,1)，按【Enter】键，即可得出计算结果，如下图所示。

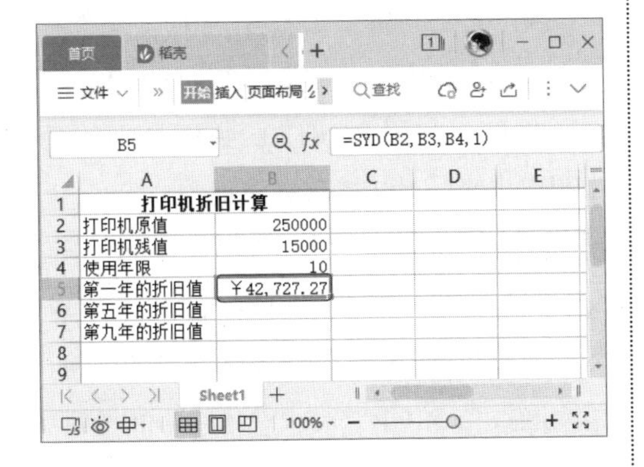

第2步 选择要存放结果的 B6 单元格，输入函数“=SYD(B2,B3,B4,5)”，按【Enter】键，即可得出计算结果，如下图所示。

第3步 选择要存放结果的 B7 单元格，输入函数“=SYD(B2,B3,B4,9)”，按【Enter】键，即可得出计算结果，如下图所示。

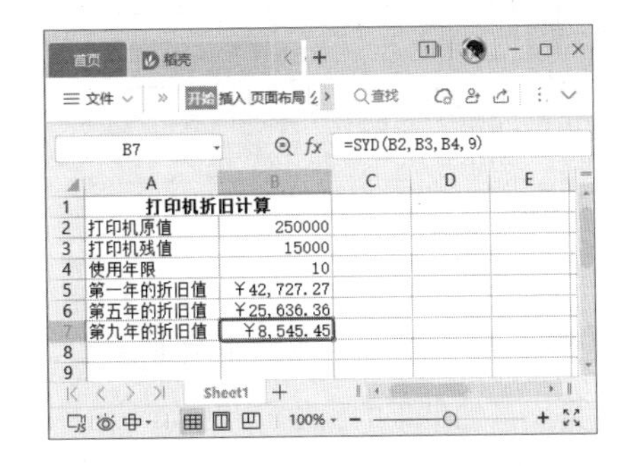

5.5 常用文本、逻辑和时间函数

在 WPS 表格的函数中，有一些专门用于处理文本、逻辑和时间的函数，使用这些函数，可以方便地查找数据中的相关信息。本节将介绍文本、逻辑和时间函数的应用技巧。

5.5.1 使用 MID 函数从文本指定位置起提取指定个数的字符

如果需要从字符串指定的起始位置开始返回指定长度的字符，可通过 MID 函数实现。

语法：=MID（字符串，起始位置，字符个数）。

参数说明如下。

- 字符串（必选）：包含需要提取字符串的文本、字符串，或是对含有提取字符串单元格的引用。
- 起始位置（必选）：需要提取的第一个字符的位置。
- 字符个数（必选）：需要从第一个字符位置开始提取字符的个数。

例如，要从身份证号码中提取出生年份，具体操作方法如下。

第1步 打开“素材文件\第5章\MID.xlsx”工作簿，选中要存放结果的F2单元格，输入函数“=MID(E2,7,4)”，按【Enter】键，即可得出计算结果，如下图所示。

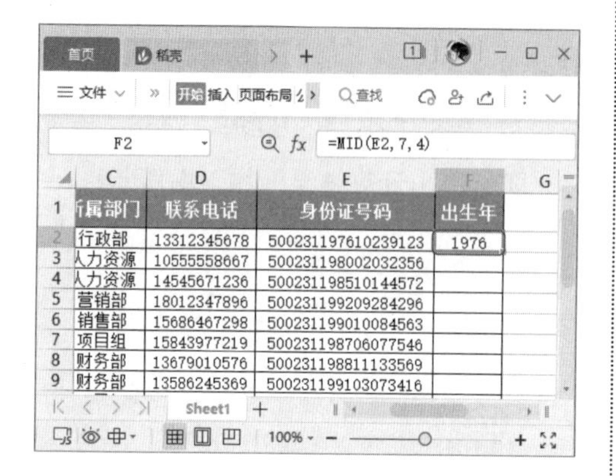

第2步 利用填充功能向下复制函数，即可计算出其他员工的出生年份，如下图所示。

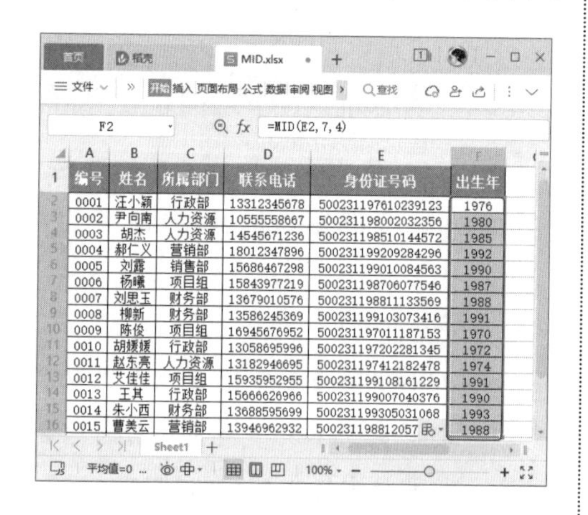

5.5.2 使用 RIGHT 函数从文本右侧起提取指定个数的字符

RIGHT 函数从一个文本字符串的最后一个字符开始，返回指定个数的字符。

语法：=RIGHT(字符串,[字符个数])。

参数说明如下。

- 字符串（必选）：需要提取字符的文本字符串。
- 字符个数（可选）：指定需要提取的字符数，如果省略，则为1。

例如，利用 RIGHT 函数将员工的名字提取出来，具体操作方法如下。

第1步 打开“素材文件\第5章\RIGHT.xlsx”工作簿，首先进行姓名为3个字符的提取操作。选中要存放结果的F2单元格，输入函数“=RIGHT(A2,2)”，按【Enter】键，即可得出计算结果，将该函数复制到其他需要计算的单元格，如下图所示。

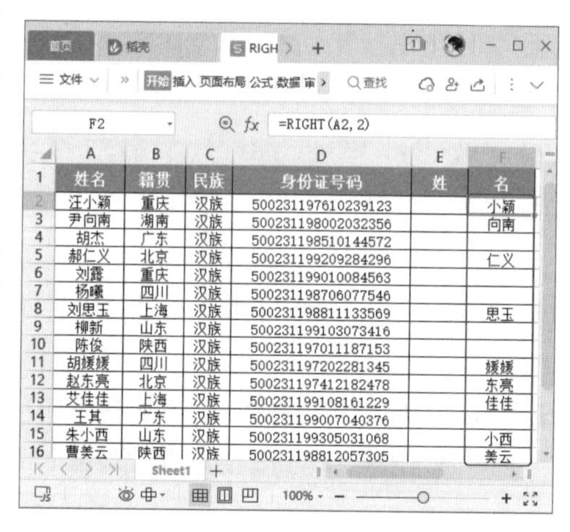

第2步 然后进行姓名为2个字符的提取操作。选中要存放结果的F4单元格，输入函数“=RIGHT(A4,1)”，按【Enter】键，即可得出计算结果，将该函数复制到其他需要计算的单元格，如下图所示。

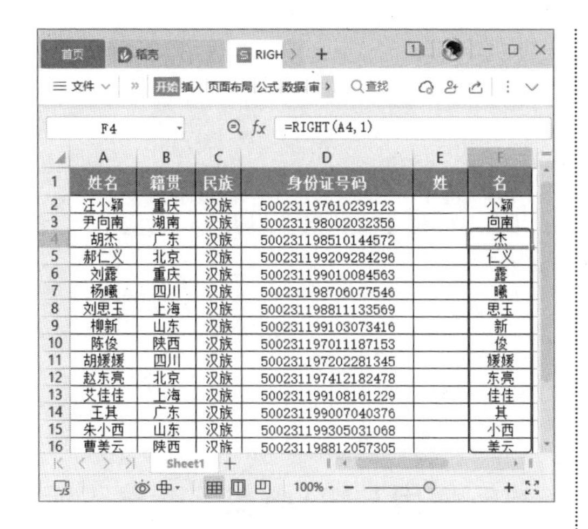

	姓名	籍贯	民族	身份证号码	姓	名
2	汪小颖	重庆	汉族	500231197610239123		小颖
3	尹向南	湖南	汉族	500231198002032356		向南
4	胡杰	广东	汉族	500231198510144572		杰
5	郝仁义	北京	汉族	500231199209284296		仁义
6	刘露	重庆	汉族	500231199010084563		露
7	杨曦	四川	汉族	500231198706077546		曦
8	刘思玉	上海	汉族	500231198811133569		思玉
9	柳新	山东	汉族	500231199103073416		新
10	陈俊	陕西	汉族	500231197011187153		俊
11	胡媛媛	四川	汉族	500231197202281345		媛媛
12	赵东亮	北京	汉族	500231197412182478		东亮
13	艾佳佳	上海	汉族	500231199108161229		佳佳
14	王其	广东	汉族	500231199007040376		其
15	朱小西	山东	汉族	500231199305031068		小西
16	曹美云	陕西	汉族	500231198812057305		美云

温馨提示

使用 RIGHT 函数时，如果参数字符个数为 0，RIGHT 函数将返回空文本；如果参数字符个数是负数，RIGHT 函数将返回错误值“#VALUE!”；如果参数字符个数大于文本总长度，RIGHT 函数将返回所有文本。

5.5.3 使用 LEFT 函数从文本左侧起提取指定个数的字符

LEFT 函数从一个文本字符串的第一个字符开始，返回指定个数的字符。

语法：=LEFT（字符串,[字符个数]）。

参数说明如下。

- 字符串（必选）：需要提取字符的文本字符串。
- 字符个数（可选）：指定需要提取的字符数，如果省略，则为 1。

例如，利用 LEFT 函数将员工的姓氏提取出来，具体操作方法如下。

第1步 打开“素材文件\第 5 章\LEFT.xlsx”工作簿，选中要存放结果的 E2 单元格，输入函数“=LEFT(A2,1)”，按【Enter】键，即可得出计算结果，如下图所示。

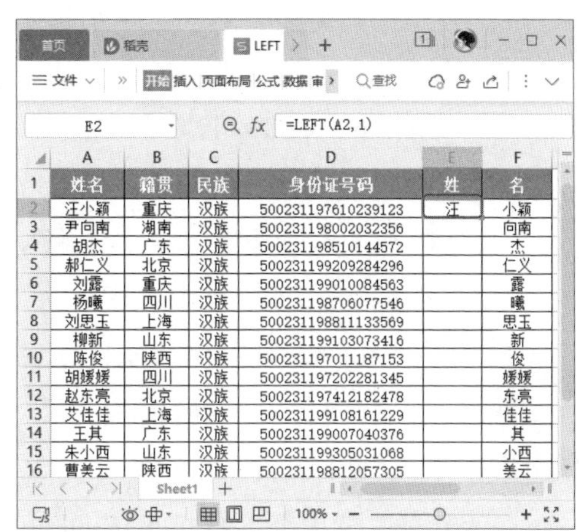

	姓名	籍贯	民族	身份证号码	姓	名
2	汪小颖	重庆	汉族	500231197610239123	汪	小颖
3	尹向南	湖南	汉族	500231198002032356		向南
4	胡杰	广东	汉族	500231198510144572		杰
5	郝仁义	北京	汉族	500231199209284296		仁义
6	刘露	重庆	汉族	500231199010084563		露
7	杨曦	四川	汉族	500231198706077546		曦
8	刘思玉	上海	汉族	500231198811133569		思玉
9	柳新	山东	汉族	500231199103073416		新
10	陈俊	陕西	汉族	500231197011187153		俊
11	胡媛媛	四川	汉族	500231197202281345		媛媛
12	赵东亮	北京	汉族	500231197412182478		东亮
13	艾佳佳	上海	汉族	500231199108161229		佳佳
14	王其	广东	汉族	500231199007040376		其
15	朱小西	山东	汉族	500231199305031068		小西
16	曹美云	陕西	汉族	500231198812057305		美云

第2步 利用填充功能向下复制函数，即可将所有员工的姓氏提取出来，如下图所示。

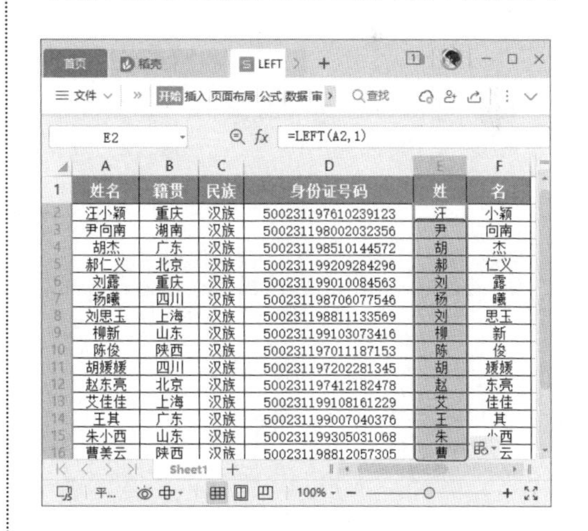

	姓名	籍贯	民族	身份证号码	姓	名
2	汪小颖	重庆	汉族	500231197610239123	汪	小颖
3	尹向南	湖南	汉族	500231198002032356	尹	向南
4	胡杰	广东	汉族	500231198510144572	胡	杰
5	郝仁义	北京	汉族	500231199209284296	郝	仁义
6	刘露	重庆	汉族	500231199010084563	刘	露
7	杨曦	四川	汉族	500231198706077546	杨	曦
8	刘思玉	上海	汉族	500231198811133569	刘	思玉
9	柳新	山东	汉族	500231199103073416	柳	新
10	陈俊	陕西	汉族	500231197011187153	陈	俊
11	胡媛媛	四川	汉族	500231197202281345	胡	媛媛
12	赵东亮	北京	汉族	500231197412182478	赵	东亮
13	艾佳佳	上海	汉族	500231199108161229	艾	佳佳
14	王其	广东	汉族	500231199007040376	王	其
15	朱小西	山东	汉族	500231199305031068	朱	小西
16	曹美云	陕西	汉族	500231198812057305	曹	美云

5.5.4 使用 EXACT 函数比较两个字符串是否相同

EXACT 函数用于比较两个字符串是否相同，如果相同则返回 TRUE，如果不同则返回 FALSE。

语法：=EXACT（字符串，字符串）。

参数说明如下。

➢ 字符串（必选）：表示需要比较的第一个文本字符串。可以直接输入字符串，也可以指定单元格。

➢ 字符串（必选）：表示需要比较的第二个文本字符串可以直接输入字符串，也可以指定单元格。

例如，使用 EXACT 函数比较两个经销商的报价是否一致，具体操作方法如下。

第1步 打开“素材文件\第 5 章\EXACT.xlsx”工作簿，选中要存放结果的 D2 单元格，输入函数“=EXACT（B2,C2）”，按【Enter】键，即可得出计算结果，如下图所示。

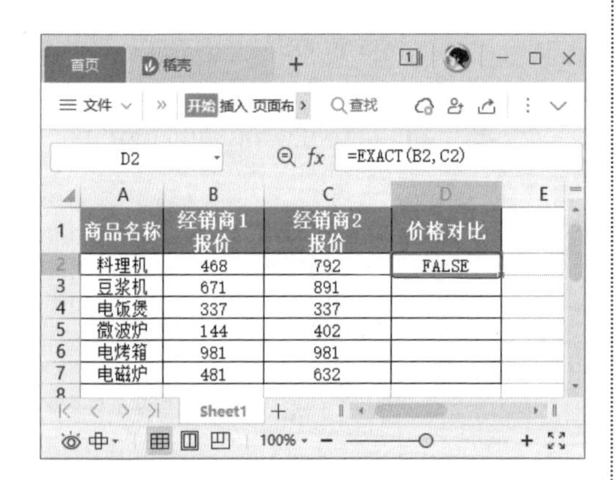

D2　=EXACT(B2, C2)

	A	B	C	D
1	商品名称	经销商1报价	经销商2报价	价格对比
2	料理机	468	792	FALSE
3	豆浆机	671	891	
4	电饭煲	337	337	
5	微波炉	144	402	
6	电烤箱	981	981	
7	电磁炉	481	632	

第2步 利用填充功能向下复制函数，即可得出两个经销商报价的对比，TRUE 表示相同，FALSE 表示不同，如下图所示。

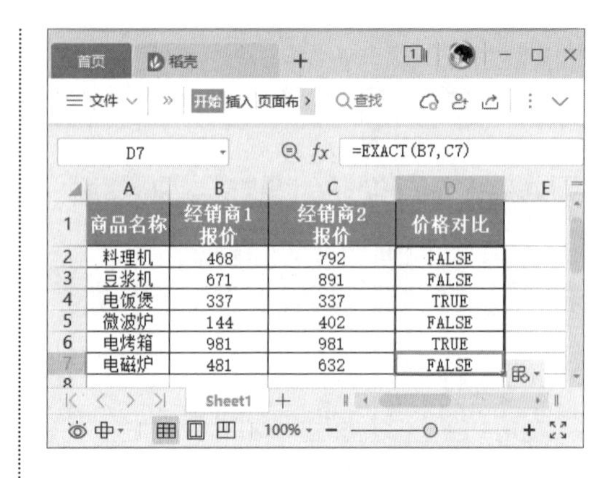

D7　=EXACT(B7, C7)

	A	B	C	D
1	商品名称	经销商1报价	经销商2报价	价格对比
2	料理机	468	792	FALSE
3	豆浆机	671	891	FALSE
4	电饭煲	337	337	TRUE
5	微波炉	144	402	FALSE
6	电烤箱	981	981	TRUE
7	电磁炉	481	632	FALSE

5.5.5 使用 FIND 函数判断员工所属部门

FIND 函数用于查找一个文本字符串在其他文本字符串中第一次出现的位置。根据查找出的位置符号，可以对该字符串进行修改、删除等。

语法：=FIND(要查找的字符串，被查找的字符串，[开始位置])。

参数说明如下。

➢ 要查找的字符串（必选）：表示要查找的文本。

➢ 被查找的字符串（必选）：表示需要在其中查找文本的文本字符串。

➢ 开始位置（可选）：文本第一次出现的起始位置。

例如，某公司统计出员工的部门编号信息和销量信息，需要根据部门编号判断员工所属部门，编号的第一个字母为 A，则为 A 部门，编号的第一个字母为 B，则为 B 部门。此时可以把 IF 函数、FIND 函数和 ISNUMBER 函数配合使用，具体操作方法如下。

打开“素材文件 \ 第 5 章 \FIND.xlsx”工作簿，选中要存放结果的 C2 单元格，输入函数“=IF(ISNUMBER(FIND("A",A2)),"A 部门 ","B 部门 ")”，按【Enter】键，将函数向下填充即可，如下图所示。

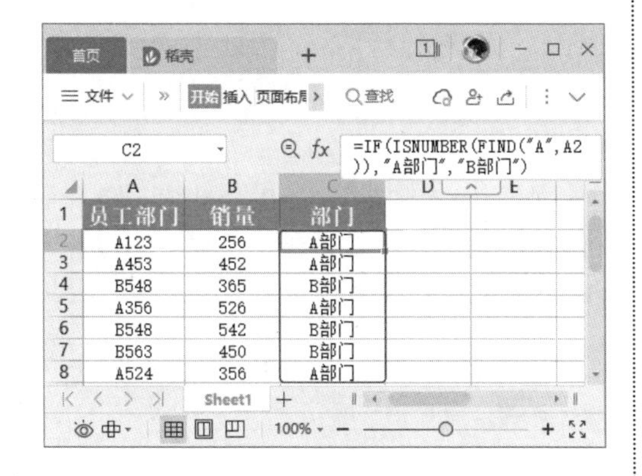

5.5.6 使用 AND 函数判断指定的多个条件是否同时成立

AND 函数用于判断多个条件是否同时成立，如果所有条件成立，则返回 TRUE，如果其中任意一个条件不成立，则返回 FALSE。

语法：=AND(logical1,logical2,...)。

参数说明如下。

➢ logical1（必选）：表示待检测的第 1 个条件。

➢ logical2（可选）：表示待检测的第 2~255 个条件。

例如，某地申请公租房的条件是：劳动合同签订 1 年以上，社保缴纳月数大于 6，家庭月收入小于 3000 元，人均住房面积小于 $13m^2$，可以使用 AND 函数判断用户是否能申请公租房，具体操作方法如下。

打开“素材文件 \ 第 5 章 \AND.xlsx”工作簿，选中要存放结果的 F3 单元格，输入函数“=AND(B3>1,C3>6,D3<3000,E3<13)”，按【Enter】键，然后将函数向下填充即可，如下图所示。

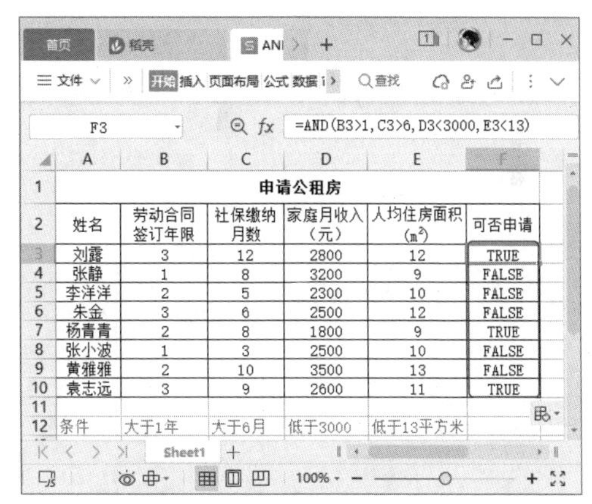

5.5.7 使用 OR 函数判断多个条件中是否至少有一个条件成立

OR 函数用于判断多个条件中是否至少有一个条件成立。在其参数组中，若任何一个参数逻辑值为 TRUE，则返回 TRUE；若所有参数逻辑值为 FALSE，则返回 FALSE。

语法：=OR(logical1,logical2,...)。

参数说明如下。

➢ logical1（必选）：表示待检测的第 1 个条件。

➢ logical2（可选）：表示待检测的第 2~255 个条件。

例如，在进行员工考核时，各项考

核成绩大于 17 分才能达标，现在使用 OR 函数检查哪些员工的考核成绩都未达标，具体操作方法如下。

打开“素材文件 \ 第 5 章 \OR.xlsx”工作簿，选中要存放结果的 F4 单元格，输入函数“=OR(B4>17,C4>17,D4>17,E4>17)”，按【Enter】键，然后将函数向下填充即可，如下图所示。

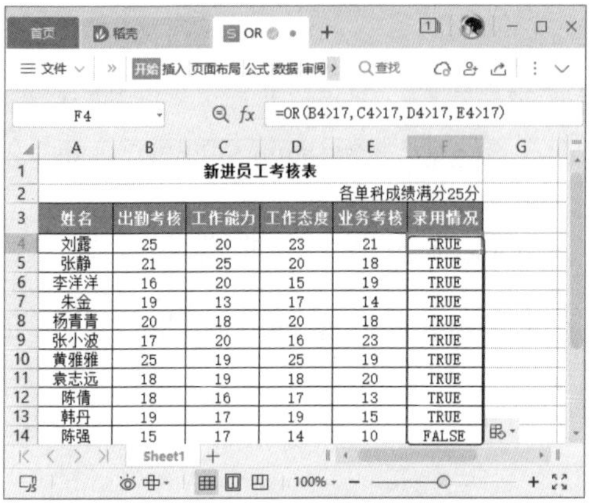
F4 =OR(B4>17,C4>17,D4>17,E4>17)

	A	B	C	D	E	F
1	新进员工考核表					
2					各单科成绩满分25分	
3	姓名	出勤考核	工作能力	工作态度	业务考核	录用情况
4	刘露	25	20	23	21	TRUE
5	张静	21	25	20	18	TRUE
6	李洋洋	16	20	15	19	TRUE
7	朱金	19	13	17	14	TRUE
8	杨青青	20	18	20	18	TRUE
9	张小波	17	20	16	23	TRUE
10	黄雅雅	25	19	25	19	TRUE
11	袁志远	18	19	18	20	TRUE
12	陈倩	18	16	17	13	TRUE
13	韩丹	19	17	19	15	TRUE
14	陈强	15	17	14	10	FALSE

5.5.8 使用 NOT 函数对逻辑值求反

NOT 函数用于对参数的逻辑值求反，如果逻辑值为 FALSE，NOT 函数返回 TRUE；如果逻辑值为 TRUE，NOT 函数返回 FALSE。

语法：=NOT(逻辑值)。

参数说明如下。

逻辑值（必选）：一个计算结果可以为 TRUE 或 FALSE 的值或表达式。

例如，在招聘员工时，可以先使用 NOT 函数将学历为“大专”的人员淘汰（即返回 FALSE），具体操作方法如下。

打开“素材文件 \ 第 5 章 \NOT.xlsx”工作簿，选中要存放结果的 F3 单元格，输入函数“=NOT(D3=" 大专 ")”，按【Enter】键，即可得出计算结果，将函数向下填充即可，如下图所示。

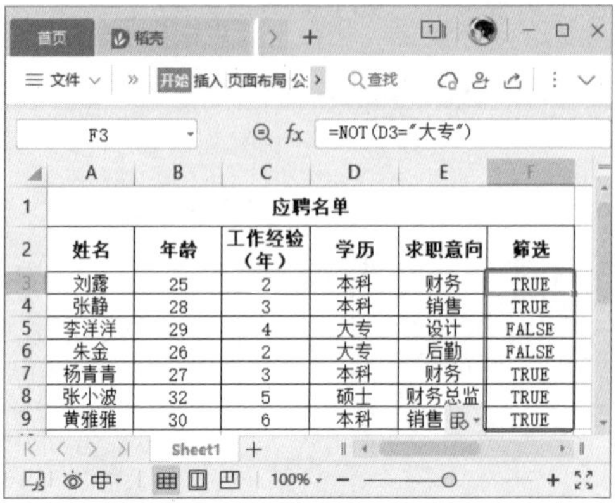
F3 =NOT(D3="大专")

	A	B	C	D	E	F
1	应聘名单					
2	姓名	年龄	工作经验（年）	学历	求职意向	筛选
3	刘露	25	2	本科	财务	TRUE
4	张静	28	3	本科	销售	TRUE
5	李洋洋	29	4	大专	设计	FALSE
6	朱金	26	2	大专	后勤	FALSE
7	杨青青	27	3	本科	财务	TRUE
8	张小波	32	5	硕士	财务总监	TRUE
9	黄雅雅	30	6	本科	销售	TRUE

5.5.9 使用 YEAR 函数计算员工年龄

YEAR 函数用于返回日期中的年份，返回介于 1900~9999 的数字。

语法：=YEAR(日期序号)。

参数说明如下。

日期序号（必选）：为一个日期值，其中包含要查找年份的日期。

例如，某公司为了统计公司人员的年龄层，需要计算员工年龄，可以通过出生日期计算。

打开“素材文件 \ 第 5 章 \YEAR.xlsx”工作簿，选中要存放结果的 E2 单元格，输入函数“=YEAR(TODAY())-YEAR(C2)”，按【Enter】键，然后将函数向下填充即可，如下图所示。

5.5.10 使用 MONTH 函数返回月份

MONTH 函数用于返回以序号表示的日期中的月份。月份是介于 1（一月）到 12（十二月）之间的整数。

语法：=MONTH(日期序号)。

参数说明如下。

日期序号（必选）：表示需要提取月份的日期，该参数可为日期序号、文本或单元格引用。

例如，要统计员工进入公司的月份，具体操作方法如下。

打开“素材文件 \ 第 5 章 \MONTH.xlsx”工作簿，选中要存放结果的 E2 单元格，输入函数“=MONTH(D2)”，按【Enter】键，然后将函数向下填充即可，如下图所示。

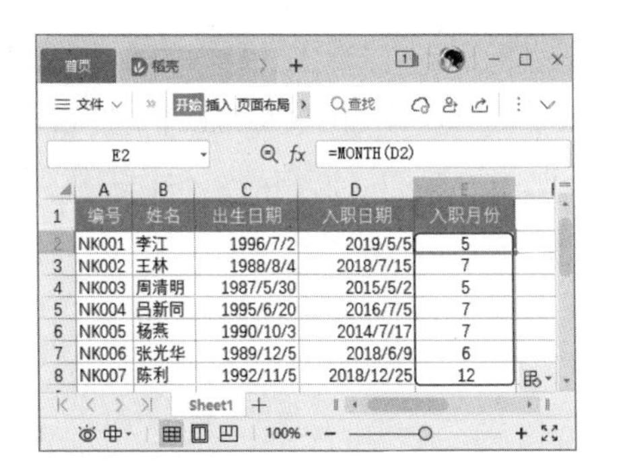

5.5.11 使用 DAY 函数返回第几天

DAY 函数用于返回某日期是一个月中的第几天，是介于 1~31 的数字。

语法：=DAY(日期序号)。

参数说明如下。

日期序号（必选）：要查找的日期。

例如，要统计员工进入公司的具体日期，具体操作方法如下。

打开“素材文件 \ 第 5 章 \DAY.xlsx”，选中要存放结果的 E2 单元格，输入函数“=DAY(D2)”，按【Enter】键，然后将函数向下填充即可，如下图所示。

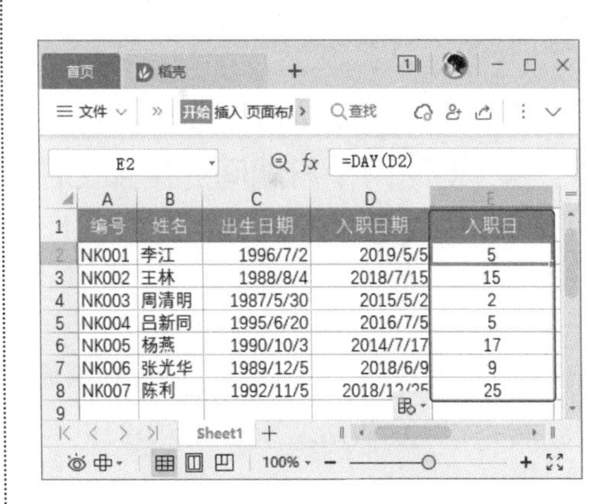

5.5.12 使用 HOUR 函数返回小时

HOUR 函数用于返回时间中的小时。

语法：=HOUR(日期序号)。

参数说明如下。

日期序号（必选）：一个时间值，其中包含要查找的小时。

例如，实验记录中包含每个实验阶段的起止时间，现在需要计算各实验阶段所用的小时数，具体操作方法如下。

打开“素材文件 \ 第 5 章 \HOUR.xlsx”工作簿，选中要存放结果的 D4 单元格，输入函数“=HOUR(C4-B4)”，按【Enter】键，然后将函数向下填充即可，如下图所示。

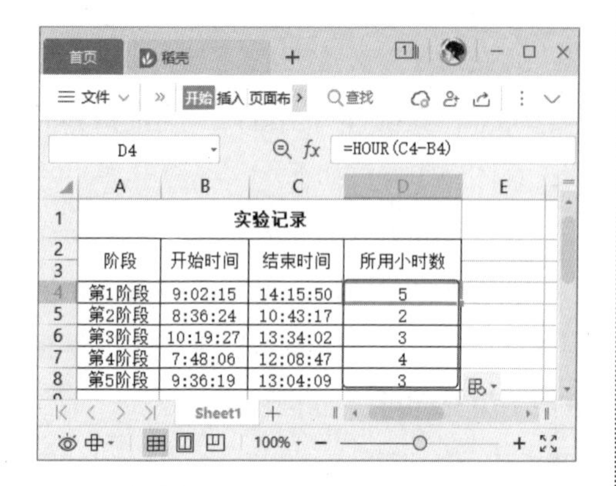

实验记录			
阶段	开始时间	结束时间	所用小时数
第1阶段	9:02:15	14:15:50	5
第2阶段	8:36:24	10:43:17	2
第3阶段	10:19:27	13:34:02	3
第4阶段	7:48:06	12:08:47	4
第5阶段	9:36:19	13:04:09	3

5.5.13 使用 NETWORKDAYS 函数返回两个日期间的全部工作日天数

NETWORKDAYS 函数用于计算两个日期之间的工作日天数，工作日不包括周末和专门指定的假期。

语法：=NETWORKDAYS(开始日期 , 终止日期 ,[假值])。

参数说明如下。

- 开始日期（必选）：一个代表开始日期的日期。
- 终止日期（必选）：一个代表终止日期的日期。
- 假值（可选）：不在工作日历中的一个或多个日期所构成的可选区域。

例如，在一个工程项目中，记录了开始时间、结束时间和休假日，现在要计算各个项目所用的工作日天数，具体操作方法如下。

第1步 打开“素材文件 \ 第 5 章 \NETWORKDAYS.xlsx”工作簿，选中要存放结果的 E3 单元格，输入函数“=NETWORKDAYS(B3,C3,D3)”，按【Enter】键，即可计算出项目 1 所用的工作日天数，然后利用填充功能向下复制函数，计算出项目 2 和项目 3 所用的工作日天数，如下图所示。

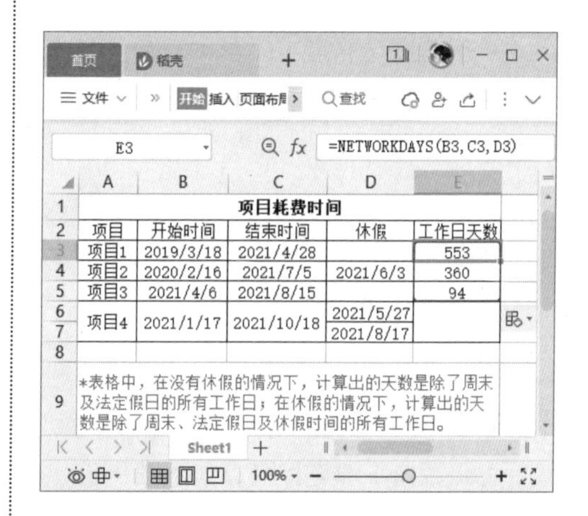

项目耗费时间				
项目	开始时间	结束时间	休假	工作日天数
项目1	2019/3/18	2021/4/28		553
项目2	2020/2/16	2021/7/5	2021/6/3	360
项目3	2021/4/6	2021/8/15		94
项目4	2021/1/17	2021/10/18	2021/5/27 2021/8/17	

*表格中，在没有休假的情况下，计算出的天数是除了周末及法定假日的所有工作日；在休假的情况下，计算出的天数是除了周末、法定假日及休假时间的所有工作日。

第2步 选中 E6 单元格，输入函数“=NETWORKDAYS(B6,C6,D6:D7)”，按【Enter】键，计算出项目 4 所用的工作日天数，如下图所示。

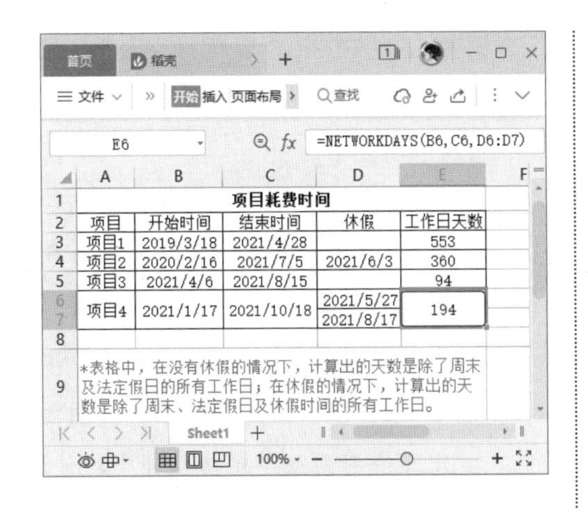

	A	B	C	D	E
1	项目耗费时间				
2	项目	开始时间	结束时间	休假	工作日天数
3	项目1	2019/3/18	2021/4/28		553
4	项目2	2020/2/16	2021/7/5	2021/6/3	360
5	项目3	2021/4/6	2021/8/15		94
6-7	项目4	2021/1/17	2021/10/18	2021/5/27 2021/8/17	194

*表格中，在没有休假的情况下，计算出的天数是除了周末及法定假日的所有工作日；在休假的情况下，计算出的天数是除了周末、法定假日及休假时间的所有工作日。

5.5.14 使用 TODAY 函数显示当前日期

TODAY 函数用于返回当前日期，该函数不需要参数。

例如，如果要在工作表中显示当前日期，具体操作方法如下。

打开“素材文件 \ 第 5 章 \TODAY.xlsx”工作簿，选择要存放结果的 B19 单元格，输入函数“=TODAY()”，按【Enter】键，即可显示当前日期，如下图所示。

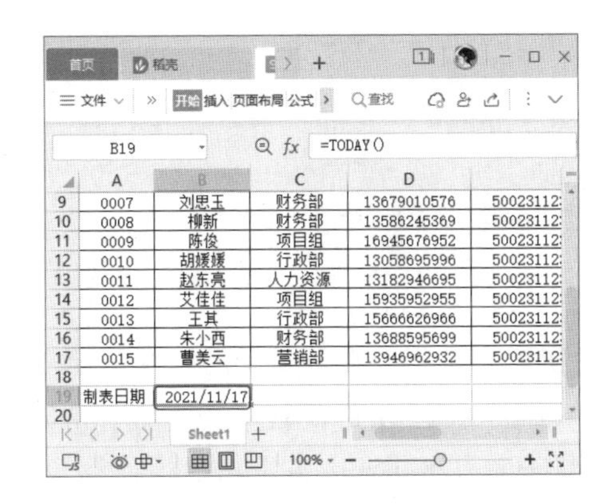

	A	B	C	D
9	0007	刘思玉	财务部	13679010576
10	0008	柳新	财务部	13586245369
11	0009	陈俊	项目组	16945676952
12	0010	胡媛媛	行政部	13058695996
13	0011	赵东亮	人力资源	13182946695
14	0012	艾佳佳	项目组	15935952955
15	0013	王其	行政部	15666626966
16	0014	朱小西	财务部	13688595699
17	0015	曹美云	营销部	13946962932
18				
19	制表日期	2021/11/17		

5.6 常用统计函数

在信息时代，人们习惯将数据信息存放于数据库中，若能灵活运用 WPS 表格中的统计函数，可以非常方便地对存储在数据库中的数据进行分类统计和查找。

5.6.1 使用 AVERAGEA 函数计算参数中非空值的平均值

AVERAGEA 函数用于计算参数列表中数值的平均值（算术平均值）。

语法：=AVERAGEA(数值 1,[数值 2],...)。

参数说明如下。

- 数值 1（必选）：要计算平均值的第 1 个单元格、单元格区域或值。
- 数值 2（可选）：要计算平均值的其他数字、单元格引用或单元格区域，最多可包含 255 个。

例如，某公司对部分员工的获奖情况进行了记录，但是有些员工并没有获取奖金。现在需要统计该公司员工获取奖金的平均值，可以使用 AVERAGE 和 AVERAGEA 函数进行计算，具体操作方法如下。

第1步 打开“素材文件 \ 第 5 章 \AVERAGEA.xlsx”工作簿，选择要存放结果的 C18 单元格，输入函数“=AVERAGEA(D2:D16)”，按【Enter】键，即可计算出平均奖金，如下图所示。

C18 =AVERAGEA(D2:D16)

	A	B	C	D
9	1014	李晟	人事部	450
10	1005	萧丝丝	业务部	340
11	1006	陈婷	人事部	300
12	1011	杨露露	财务部	360
13	1010	郭海	业务部	450
14	1013	杜媛媛	业务部	没有奖金
15	1008	陈晨溪	财务部	340
16	1004	丁欣	销售部	360
17				
18	所有员工的平均奖金:		284	
19	所有获奖员工的平均奖金:			

第2步 选择要存放结果的 C19 单元格，输入函数“=AVERAGE(D2:D16)”，按【Enter】键，即可计算出所有员工的平均奖金，如下图所示。

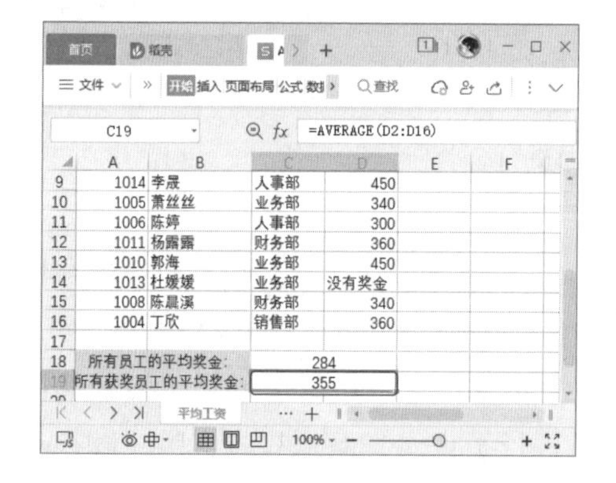

C19 =AVERAGE(D2:D16)

	A	B	C	D
9	1014	李晟	人事部	450
10	1005	萧丝丝	业务部	340
11	1006	陈婷	人事部	300
12	1011	杨露露	财务部	360
13	1010	郭海	业务部	450
14	1013	杜媛媛	业务部	没有奖金
15	1008	陈晨溪	财务部	340
16	1004	丁欣	销售部	360
17				
18	所有员工的平均奖金:		284	
19	所有获奖员工的平均奖金:		355	

5.6.2 使用 AVERAGEIF 函数计算指定条件的平均值

AVERAGEIF 函数用于返回某个区域内满足给定条件的所有单元格的平均值（算术平均值）。

语法：=AVERAGEIF(区域 , 条件 ,[求平均值区域])。

参数说明如下。

- 区域（必选）：要计算平均值的一个或多个单元格，其中包括数字或包含数字的名称、数组或引用。
- 条件（必选）：数字、表达式、单元格引用或文本形式的条件，用于定义要对哪些单元格计算平均值。例如，条件可以表示为 32、"32"、">32"、" 苹果 " 或 B4。
- 求平均值区域（可选）：要计算平均值的实际单元格集。如果省略，则使用 range。

例如，要计算公司中性别为“男”的员工的平均奖金，可以使用 AVERAGEIF 函数，具体操作方法如下。

打开“素材文件 \ 第 5 章 \AVERAGEIF .xlsx”工作簿，选择要存放结果的 B19 单元格，输入函数“=AVERAGEIF(C2:C16,A19, E2:E16)”，按【Enter】键，即可计算出所有性别为“男”的员工的平均奖金，如下图所示。

B19 =AVERAGEIF(C2:C16,A19,E2:E16)

	A	B	C	D	E
9	1014	李晟	男	人事部	450
10	1005	萧丝丝	女	业务部	340
11	1006	陈婷	女	人事部	300
12	1011	杨露露	女	财务部	360
13	1010	郭海	男	业务部	450
14	1013	杜媛媛	女	业务部	没有奖金
15	1008	陈晨溪	男	财务部	340
16	1004	丁欣	女	销售部	360
17					
18	性别	平均奖金			
19	男	376			

5.6.3 使用 AVERAGEIFS 函数计算多条件平均值

AVERAGEIFS 函数用于返回满足多重条件的所有单元格的平均值（算术平均值）。

语法：=AVERAGEIFS(求平均值区域，区域 1, 条件 1,...)。

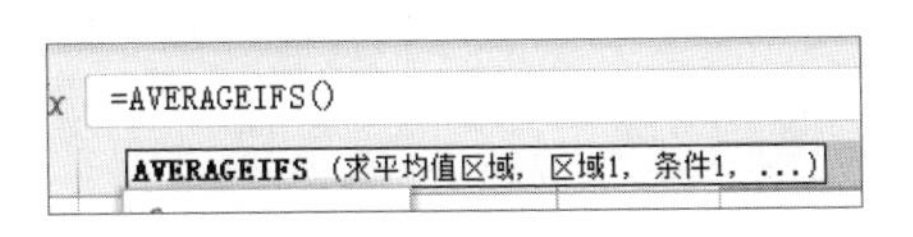

参数说明如下。

- 求平均值区域（必选）：要计算平均值的一个或多个单元格，其中包括数字或包含数字的名称、数组或引用。
- 区域 1（必选）：在其中计算关联条件的 1 个区域。
- 条件 1（必选）：数字、表达式、单元格引用或文本形式的 1~127 个条件，用于定义对哪些单元格求平均值。条件可以表示为 32、"32"、">32"、" 苹果 " 或 B4。

在计算员工奖金时，需要按条件计算出符合条件的员工的平均奖金，如条件是性别为“男”，所在部门为“业务部”，具体操作方法如下。

打开“素材文件 \ 第 5 章 \AVERAGEIFS .xlsx”工作簿，选择要存放结果的 C19 单元格，输入函数“=AVERAGEIFS(E2:E16, C2:C16,A19,D2:D16,B19)”，按【Enter】键，即可计算出符合条件的员工的平均奖金，如下图所示。

	A	B	C	D	E
7	1001	孔雪	女	人事部	300
8	1003	唐思思	女	财务部	360
9	1014	李晟	男	人事部	450
10	1005	萧丝丝	女	业务部	340
11	1006	陈婷	女	人事部	300
12	1011	杨露露	女	财务部	360
13	1010	郭海	男	业务部	450
14	1013	杜媛媛	女	业务部	没有奖金
15	1008	陈晨溪	男	业务部	340
16	1004	丁欣	女	销售部	360
17					
18	性别	所在部门	平均奖金		
19	男	业务部	395		

5.6.4 使用 COUNTIF 函数计算参数列表中值的个数

COUNTIF 函数用于对区域中满足单个指定条件的单元格进行计数。

语法：=COUNTIF(区域 , 条件)。

参数说明如下。

- 区域（必选）：要对其进行计数的一个或多个单元格，其中包括数字或名称、数组或包含数字的引用。空值和文本值将被忽略。
- 条件（必选）：用于定义对哪些单元格进行计数的数字、表达式、单元格引用或文本字符串。条件可以表示为 32、"32"、">32"、" 苹果 " 或 B4。

例如，某公司计划开发新产品，需要提前做一份市场调查，以便对顾客需求进行深入了解。为了统计受访者人数，现在需要对编号进行整理，并检查编号是否有重复，以提高调查结果的准确性，具体操作方法如下。

打开“素材文件 \ 第 5 章 \COUNTIF .xlsx”工作簿，选择要存放结果的 B2 单元格，在编辑栏中输入函数“=IF((COUNTIF($A$3:$A$9,A2))>1," 已重复 ","")”，按【Enter】键，然后向下填充函数，即可查看数据的重复情况，如下图所示。

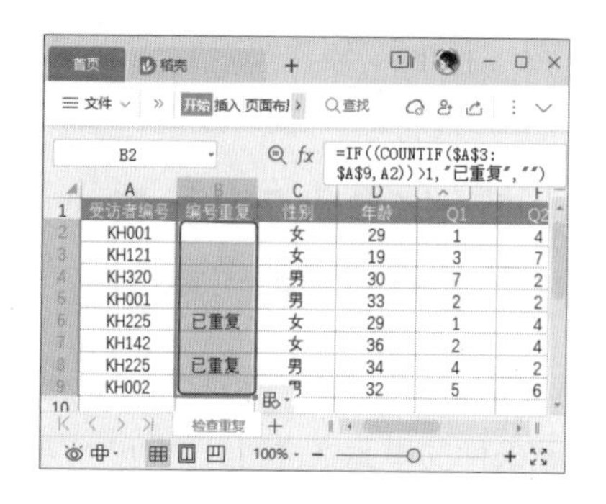

	A	B	C	D	E	F
1	受访者编号	编号重复	性别	年龄	Q1	Q2
2	KH001		女	29	1	4
3	KH121		女	19	3	7
4	KH320		男	30	7	2
5	KH001		男	33	2	2
6	KH225	已重复	女	29	1	4
7	KH142		女	36	2	4
8	KH225	已重复	男	34	4	2
9	KH002		男	32	5	6

5.6.5 使用 SMALL 函数在销售表中按条件返回第 k 小的值

SMALL 函数用于返回数据集中第 *k* 个最小值。使用此函数可以返回数据集中特定位置上的数值。

语法：=SMALL(数组 ,*k*)。

参数说明如下。

- 数组（必选）：需要找到第 *k* 个最小值的数组或数字型数据区域。
- *k*（必选）：要返回的数据在数组或数据区域里的位置（从小到大）。

例如，在销售表中，如果需要返回销售额最小的第 5 名，可以使用 SMALL 函数，操作方法如下。

打开“素材文件 \ 第 5 章 \SMALL.xlsx”工作簿，选择要存放结果的 C13 单元格，输入函数“=SMALL(D2:D11,5)”，按【Enter】键，即可计算出销售额最小的第 5 名数据，即倒数第 5 名的数据，如下图所示。

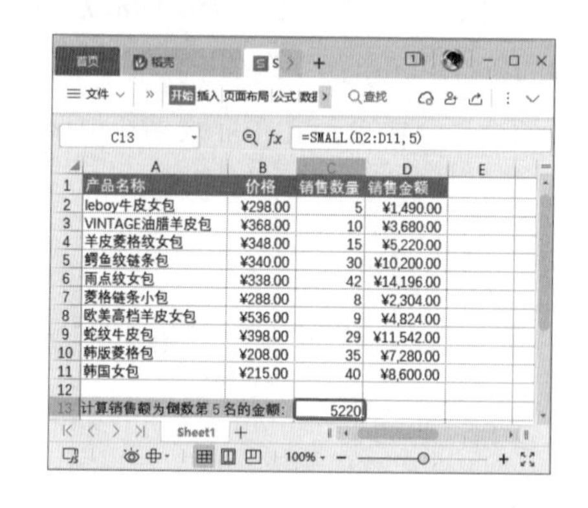

	A	B	C	D
1	产品名称	价格	销售数量	销售金额
2	leboy牛皮女包	¥298.00	5	¥1,490.00
3	VINTAGE油腊羊皮包	¥368.00	10	¥3,680.00
4	羊皮菱格纹女包	¥348.00	15	¥5,220.00
5	鳄鱼纹链条包	¥340.00	30	¥10,200.00
6	雨点纹女包	¥338.00	42	¥14,196.00
7	菱格链条小包	¥288.00	8	¥2,304.00
8	欧美高档羊皮女包	¥536.00	9	¥4,824.00
9	蛇纹牛皮包	¥398.00	29	¥11,542.00
10	韩版菱格包	¥208.00	35	¥7,280.00
11	韩国女包	¥215.00	40	¥8,600.00
12				
13	计算销售额为倒数第 5 名的金额:		5220	

5.6.6 使用 RANK.EQ 函数对经营收入进行排序

RANK.EQ 函数用于返回一个数字在数字列表中的排位，数字的排位是其大小与列表中其他值的比值（如果列表已排过序，则数字的排位就是它当前的位置）。如果多个值具有相同的排位，则返回该组数值的最高排位。如果要对列表进行排序，则数字排位可作为其位置。

语法：=RANK.EQ(数值 , 引用 ,[排位方式])。

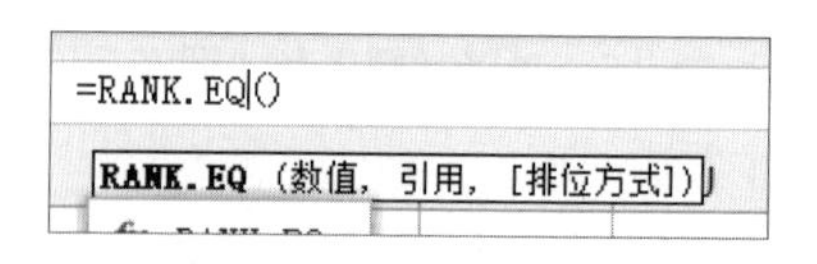

参数说明如下。

- 数值（必选）：需要找到排位的数字。
- 引用（必选）：数字列表数组或对

数字列表的引用。引用中的非数值型值将被忽略。

➢ 排位方式（可选）：表示数字排位的方式。如果排位方式为 0 或省略，对数字的排位是基于参数引用按照降序排列的列表；如果排位方式不为 0，对数字的排位是基于参数引用按照升序排列的列表。

例如，年底时，某大型娱乐场所统计了去年的经营数据，为了预测明年的经营情况，需要对去年的经营数据进行排位。此时就可以使用 RANK.EQ 函数，操作方法如下。

打开“素材文件 \ 第 5 章 \RANK.EQ.xlsx”工作簿，选择要存放结果的 C2 单元格，输入函数“=RANK.EQ(B2,$B$2:$B$13,)”，按【Enter】键，然后向下填充函数，即可得出计算结果，如下图所示。

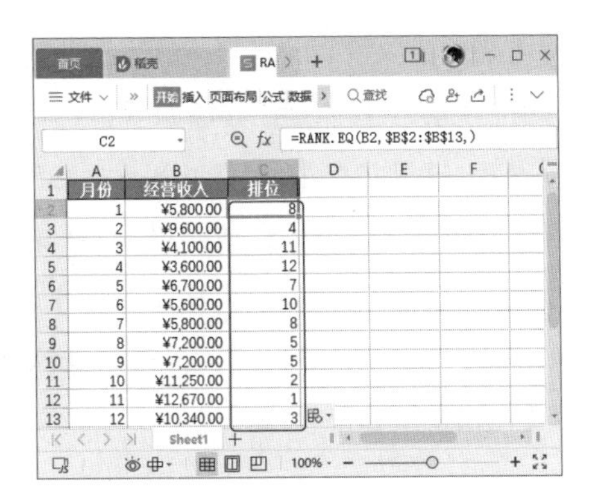

月份	经营收入	排位
1	¥5,800.00	8
2	¥9,600.00	4
3	¥4,100.00	11
4	¥3,600.00	12
5	¥6,700.00	7
6	¥5,600.00	10
7	¥5,800.00	8
8	¥7,200.00	5
9	¥7,200.00	5
10	¥11,250.00	2
11	¥12,670.00	1
12	¥10,340.00	3

5.6.7 使用 PROB 函数统计两数之间的概率值

PROB 函数用于返回区域中的数值落在指定区间内的概率。

语法：=PROB(*X* 数值的区域，概率值的区域，*X* 所属区间的下界，[*X* 所属区间的上界])。

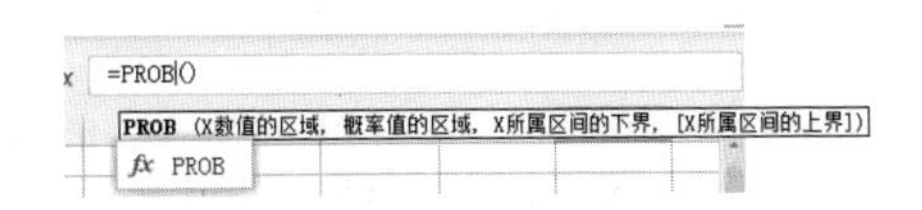

参数说明如下。

➢ *X* 数值的区域（必选）：具有各自相关概率值的 *X* 数值区域。

➢ 概率值的区域（必选）：与 *X* 数值的区域中的值相关的一组概率值。

➢ *X* 所属区间的下界（必选）：用于计算概率的数值下限。

➢ *X* 所属区间的上界（可选）：用于计算概率的可选数值上限。

例如，根据指定数值和概率值，统计数值落在指定区间内的概率，具体操作方法如下。

打开“素材文件 \ 第 5 章 \PROB.xlsx”工作簿，选择要存放结果的 B7 单元格，输入函数“=PROB(A2:A5,B2:B5,3,11)”，按【Enter】键，即可显示概率值，如下图所示。

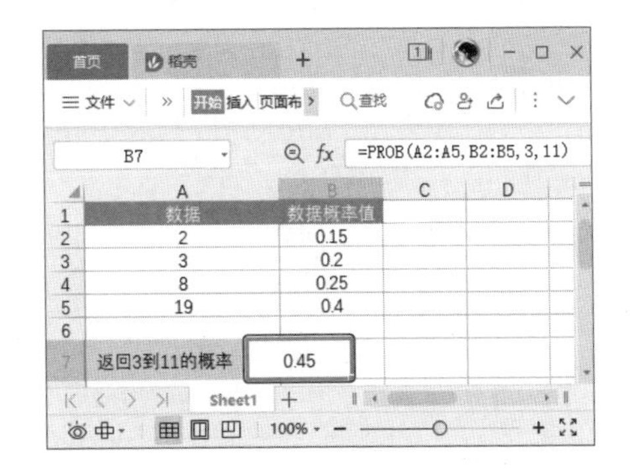

数据	数据概率值
2	0.15
3	0.2
8	0.25
19	0.4
返回3到11的概率	0.45

5.7 其他常用函数

除了前面介绍的函数，WPS 表格中还有其他常用于数据分析的函数，如计算数据的绝对值、余数、随机数、舍入整数等的函数。本节将介绍这些函数的使用方法，帮助用户在数据分析过程中，更快地找出隐藏的有效数据。

5.7.1 使用 ABS 函数返回数值的绝对值

ABS 函数用于返回数值的绝对值，绝对值没有符号。

语法：=ABS(数值)。

参数说明如下。

数值(必选)：需要计算绝对值的实数。

例如，为了及时掌握学生的学习情况，班主任会定期对学生多次的考试成绩进行分析，现在需要统计学生在最近两次考试中的成绩波动情况，具体操作方法如下。

打开“素材文件 \ 第 5 章 \ABS.xlsx”工作簿，选择要存放结果的 D2 单元格，输入函数“=IF(C2>B2," 进步 "," 退步 ")&ABS(C2-B2)&" 分 "”，按【Enter】键，利用填充功能向下复制函数，即可查看所有学生的成绩波动情况，如下图所示。

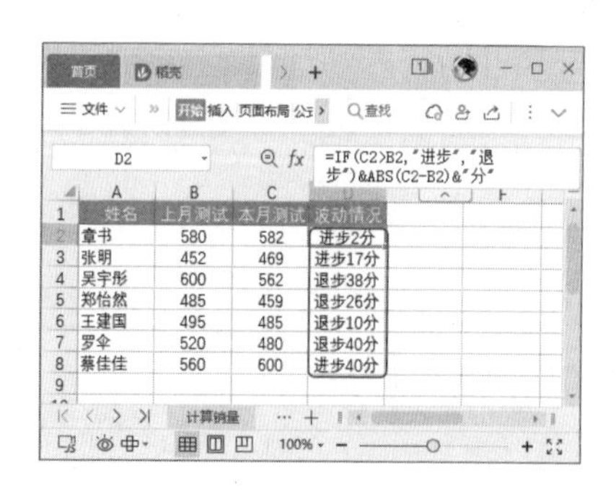

D2 =IF(C2>B2,"进步","退步")&ABS(C2-B2)&"分"

	A	B	C	D
1	姓名	上月测试	本月测试	波动情况
2	章书	580	582	进步2分
3	张明	452	469	进步17分
4	吴宇彤	600	562	退步38分
5	郑怡然	485	459	退步26分
6	王建国	495	485	退步10分
7	罗伞	520	480	退步40分
8	蔡佳佳	560	600	进步40分

5.7.2 使用 SIGN 函数获取数值的符号

SIGN 函数用于返回数值的符号，数值为正数时返回 1，为零时返回 0，为负数时返回 -1。

语法：=SIGN(数值)。

参数说明如下。

数值（必选）：任意实数。

例如，根据员工在月初时定的销售任务量，在月底统计时进行对比，刚好完成和超出任务量为完成目标任务，否则为未完成目标任务。在判断员工是否完成目标任务时，需要先获取数值的符号，然后根据数值符号进行判断，具体操作方法如下。

第1步 打开“素材文件 \ 第 5 章 \SIGN.xlsx”工作簿，选择要存放结果的 D3 单元格，输入函数“=B3-C3”，按【Enter】键，利用填充功能向下复制函数，得出计算结果，如下图所示。

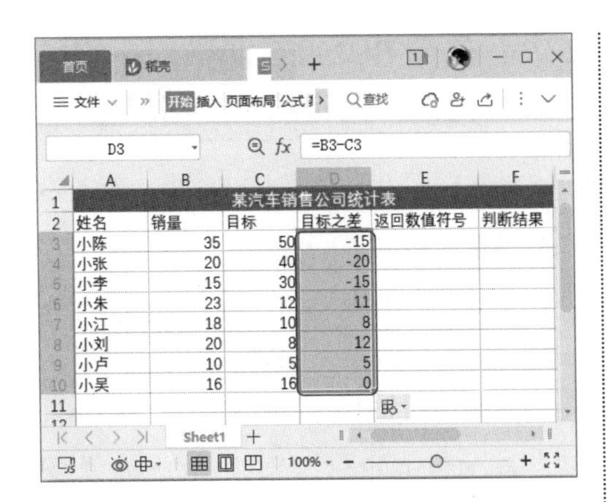
D3 =B3-C3

	A	B	C	D	E	F
1	某汽车销售公司统计表					
2	姓名	销量	目标	目标之差	返回数值符号	判断结果
3	小陈	35	50	-15		
4	小张	20	40	-20		
5	小李	15	30	-15		
6	小朱	23	12	11		
7	小江	18	10	8		
8	小刘	20	8	12		
9	小卢	10	5	5		
10	小吴	16	16	0		

第2步 选择要存放结果的 E3 单元格，输入函数 “=SIGN(D3)”，按【Enter】键，利用填充功能向下复制函数，即可得出计算结果，如下图所示。

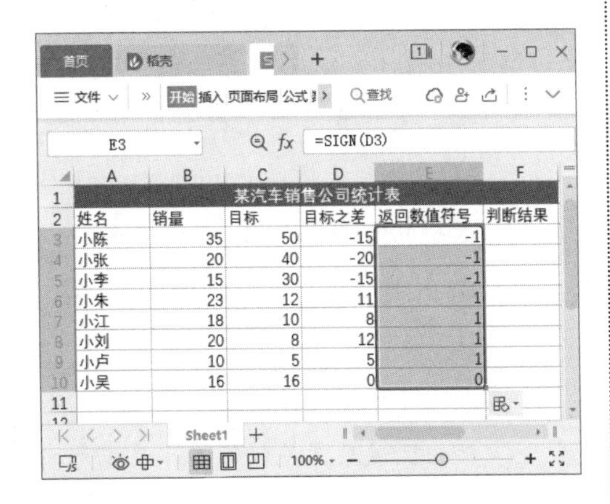
E3 =SIGN(D3)

	A	B	C	D	E	F
1	某汽车销售公司统计表					
2	姓名	销量	目标	目标之差	返回数值符号	判断结果
3	小陈	35	50	-15	-1	
4	小张	20	40	-20	-1	
5	小李	15	30	-15	-1	
6	小朱	23	12	11	1	
7	小江	18	10	8	1	
8	小刘	20	8	12	1	
9	小卢	10	5	5	1	
10	小吴	16	16	0	0	

第3步 选择要存放结果的 F3 单元格，输入函数 “=IF(E3>=0," 完成目标任务 "," 未完成任务 ")”，按【Enter】键，利用填充功能向下复制函数即可，如下图所示。

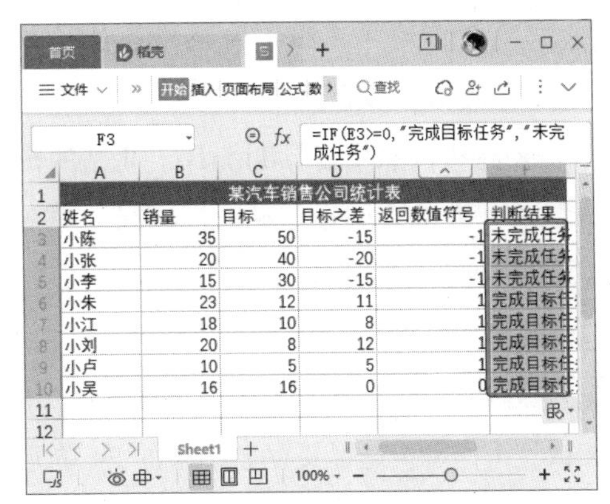
F3 =IF(E3>=0,"完成目标任务","未完成任务")

	A	B	C	D	E	F
1	某汽车销售公司统计表					
2	姓名	销量	目标	目标之差	返回数值符号	判断结果
3	小陈	35	50	-15	-1	未完成任务
4	小张	20	40	-20	-1	未完成任务
5	小李	15	30	-15	-1	未完成任务
6	小朱	23	12	11	1	完成目标任
7	小江	18	10	8	1	完成目标任
8	小刘	20	8	12	1	完成目标任
9	小卢	10	5	5	1	完成目标任
10	小吴	16	16	0	0	完成目标任

5.7.3 使用 SUMIF 函数按给定条件对指定单元格求和

SUMIF 函数用于对区域中符合指定条件的值求和。

语法：=SUMIF(区域 , 条件 ,[求和区域])。

参数说明如下。

- 区域（必选）：用于条件计算的单元格区域。每个区域中的单元格都必须是数字或名称、数组或包含数字的引用。空值和文本值将被忽略。
- 条件（必选）：用于确定对哪些单元格求和的条件，其形式可以为数字、表达式、单元格引用、文本或函数。条件可以表示为 32、">32"、B5、"32"、" 苹果 " 或 TODAY()。
- 求和区域（可选）：要求和的实际单元格。如果求和区域参数被省略，WPS 表格会对在区域参数中指定的单元格（即应用条件的单元格）求和。

某商店按照销售日期统计了商品的销售记录，为了更地好查看销售情况，现在需要统计出前半月和后半月的销售金额，具体操作方法如下。

第1步 打开“素材文件\第5章\SUMIF.xlsx”工作簿，选择要存放结果的F4单元格，输入函数“=SUMIF(A2:A11,"<=2022-5-15",C2:C11)”，按【Enter】键，即可计算出该商品前半月的销售金额，如下图所示。

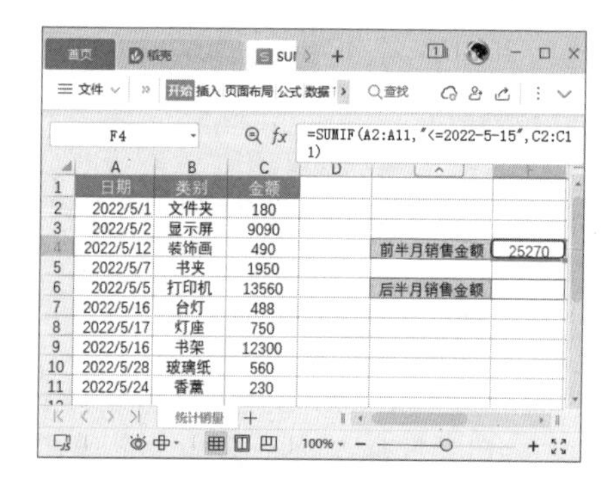

第2步 选择要存放结果的F6单元格，输入函数“=SUMIF(A2:A11,">2022-5-15",C2:C11)”，按【Enter】键，即可计算出该商品后半月的销售金额，如下图所示。

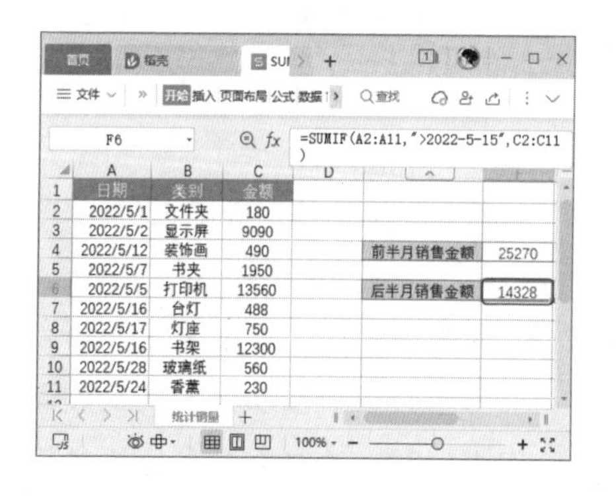

5.7.4 使用SUMIFS函数对一组给定条件指定的单元格求和

SUMIFS函数用于对区域中满足多个条件的单元格求和。

语法：=SUMIFS(sum_range,criteria_range1,criteria1,[criteria_range2,criteria2],...)。

参数说明如下。

- sum_range（必选）：对一个或多个单元格求和，包括数字或包含数字的名称、区域或单元格引用，忽略空值和文本值。
- criteria_range1（必选）：在其中计算关联条件的第一个区域。
- criteria1（必选）：条件的形式为数字、表达式、单元格引用或文本，可用于定义将对criteria_range1参数中的哪些单元格求和。条件可以表示为32、">32"、B4、"苹果"或"32"。
- criteria_range2,criteria2（可选）：附加的区域及其关联条件，最多允许有127个区域/条件对。

例如，某商店按照销售日期统计了商品的销售记录，为了更好地查看销售情况，现在需要统计出商品在该月中旬的销售金额，具体操作方法如下。

打开“素材文件\第5章\SUMIFS.xlsx”工作簿，选择要存放结果的F4单元格，输入函数“=SUMIFS(C2:C9,A2:A9,">2022-5-10",

A2:A9,"<2022-5-21")"，按【Enter】键，即可计算出该商品在该月中旬的销售金额，如下图所示。

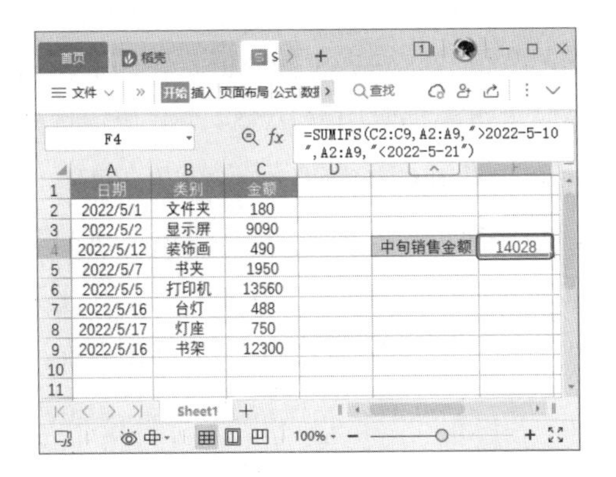

> **温馨提示●**
>
> 与 SUMIF 函数中的区域和条件参数不同，SUMIFS 函数中每个 criteria_range 参数包含的行数和列数必须与 sum_range 参数相同。

5.7.5 使用 SUMSQ 函数求参数的平方和

SUMSQ 函数用于返回参数的平方和。

语法：=SUMSQ(number1,[number2],...)。

参数说明如下。

➢ number1（必选）：表示要求平方和的第 1 个数值。

➢ number2（可选）：表示要求平方和的第 2~255 个数值。也可以用单一数组或对某个数组的引用来代替用逗号分隔的参数。

例如，在编辑数据表时，需要计算参数的平方和，具体操作方法如下。

打开"素材文件\第 5 章\SUMSQ.xlsx"工作簿，选择要存放结果的 D2 单元格，输入函数"=SUMSQ(A2,B2)"，按【Enter】键，利用填充功能向下复制函数，即可得出计算结果，如下图所示。

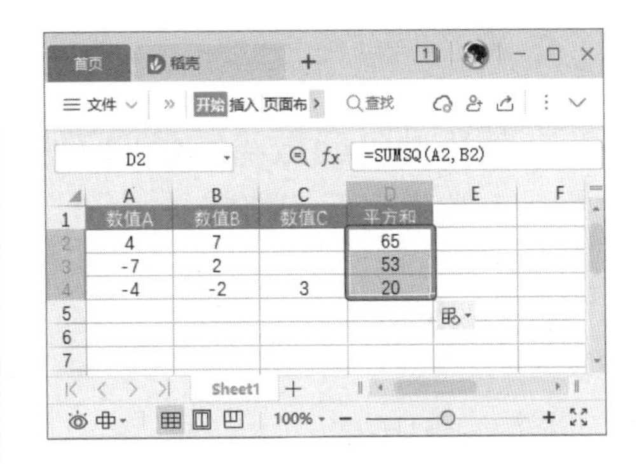

5.7.6 使用 ROUND 函数对数据进行四舍五入

ROUND 函数可以按指定的位数对数值进行四舍五入。

语法：=ROUND(数值 , 小数位数)。

参数说明如下。

➢ 数值（必选）：要四舍五入的数值。

➢ 小数位数（必选）：位数，按此位数对数值进行四舍五入。

例如，要对数据进行四舍五入，并只保留两位数，具体操作方法如下。

打开"素材文件\第 5 章\ROUND.xlsx"工作簿，选中要存放结果的 B2 单元格，输入函数"=ROUND(A2,2)"，按【Enter】键，利用填充功能向下复制函数，即可得出计算结果，如下图所示。

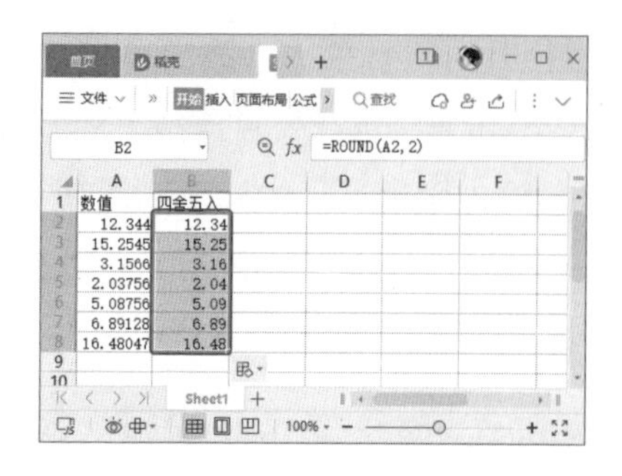

5.7.7 使用 INT 函数将数值向下舍入为最接近的整数

使用 INT 函数可以将数值向下舍入为最接近的整数。

语法：=INT(数值)。

参数说明如下。

数值（必选）：需要向下舍入取整的实数。

例如，使用 INT 函数对产品的销售额进行取整，具体操作方法如下。

打开“素材文件 \ 第 5 章 \INT.xlsx”工作簿，选中要存放结果的 D3 单元格，输入函数“=INT(C3)”，按【Enter】键，即可得到计算结果，利用填充功能向下复制函数，即可对其他数据进行计算，如下图所示。

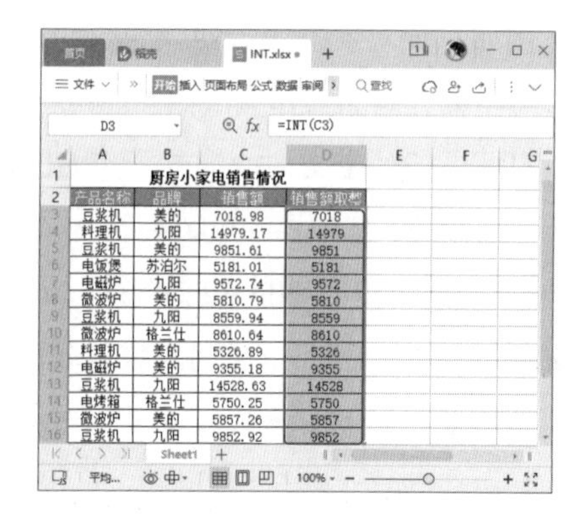

5.7.8 使用 CHOOSE 函数根据序号从列表中选择对应的内容

CHOOSE 函数可以使用 index_num 返回数值参数列表中的数值，使用该函数最多可以根据索引号从 254 个数值中选择一个。使用 CHOOSE 函数可以直接返回 value 给定的单元格。如果需要在单元格区域中对返回的单元格数据进行求和，则需要同时使用 SUM 函数和 CHOOSE 函数。

语法：=CHOOSE(index_num,value1,value2,...)。

参数说明如下。

➢ index_num（必选）：指定所选定的值参数。必须为 1~254 的数值，或者为公式或对包含 1~254 的某个数值的单元格的引用。如果 index_num 为 1，CHOOSE 函数返回 value1；如果为 2，CHOOSE 函数返回 value2，以此类推。

➢ value1（必选）：表示第一个数值参数。

➢ value2,...（可选）：这些值参数的个数为 2~254，CHOOSE 函数基于 index_num 从这些值参数中选择一个数值或一项要执行的操作。参数可以为数字、单元格引用、已定义名称、公式、函数或文本。

例如，某公司在年底根据员工全年的销售额考评销售员的等级，当销售额大于 200000 元时，销售等级为 A 级别，当销售额在 130000 元到 150000 元时为 B 级别，当销售额在 100000 元到 130000 元时为 C 级别，当销售额小于 130000 元时为 D 级别，具体操作方法如下。

打开“素材文件\第 5 章\CHOOSE.xlsx”工作簿，选择要存放结果的 E2 单元格，输入函数“=CHOOSE(IF(D2>200000,1,IF(D2>=130000,2,IF(D2>=100000,3,4))),"A 级别","B 级别","C 级别","D 级别")”，按【Enter】键，即可判定员工的销售等级。利用填充功能向下复制函数，计算出其他员工的销售等级，如下图所示。

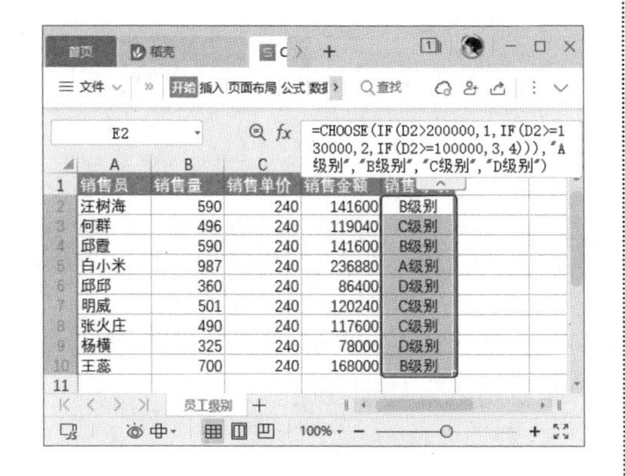

销售员	销售量	销售单价	销售金额	销售
汪树海	590	240	141600	B级别
何群	496	240	119040	C级别
邱霞	590	240	141600	B级别
白小米	987	240	236880	A级别
邱邱	360	240	86400	D级别
明威	501	240	120240	C级别
张火庄	490	240	117600	C级别
杨横	325	240	78000	D级别
王蕊	700	240	168000	B级别

5.7.9 使用 LOOKUP 函数在向量中查找值

使用 LOOKUP 函数可以在单行区域或单列区域（称为“向量”）中查找值，然后返回第二个单行区域或单列区域中相同位置的值。

语法：=LOOKUP(查找值 , 查找向量 ,[返回向量])。

参数说明如下。

➢ 查找值（必选）：LOOKUP 函数在第一个向量中搜索的值，可以是数字、文本、逻辑值、名称或对值的引用。

➢ 查找向量（必选）：只包含一行或一列的区域查找向量中的值可以是文本、数字或逻辑值。

➢ 返回向量（可选）：只包含一行或一列的区域。返回向量参数必须与查找向量大小相同。

例如，某公司记录了员工年底销售情况，有员工编号、姓名、查找向量销售额及名次等信息，若一个个查找相关信息需要耗费大量时间，为了方便查找各类数据，可使用 LOOKUP 函数来查找，具体操作方法如下。

第1步 打开“素材文件\第 5 章\LOOKUP.xlsx”工作簿，G3 单元格中已经输入了员工编号 AP103，选择要存放结果的 G4 单元格，输入函数“=LOOKUP($G$3,$A$2:$A$10,B$2:B$10)”，按【Enter】键，即可得到编号为 AP103 的员工姓名，如下图所示。

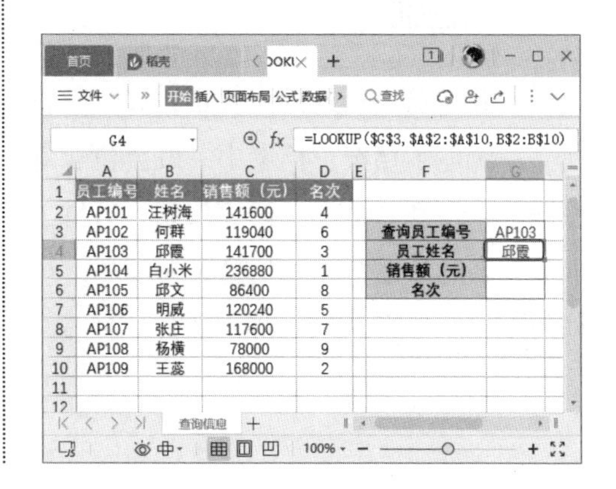

员工编号	姓名	销售额（元）	名次
AP101	汪树海	141600	4
AP102	何群	119040	6
AP103	邱霞	141700	3
AP104	白小米	236880	1
AP105	邱文	86400	8
AP106	明威	120240	5
AP107	张庄	117600	7
AP108	杨横	78000	9
AP109	王蕊	168000	2

第2步 选择G5单元格，输入函数“=LOOKUP($G$3,$A$2:$A$10,C$2:C$10)”，按【Enter】键，即可得到编号为AP103的员工的销售额，如下图所示。

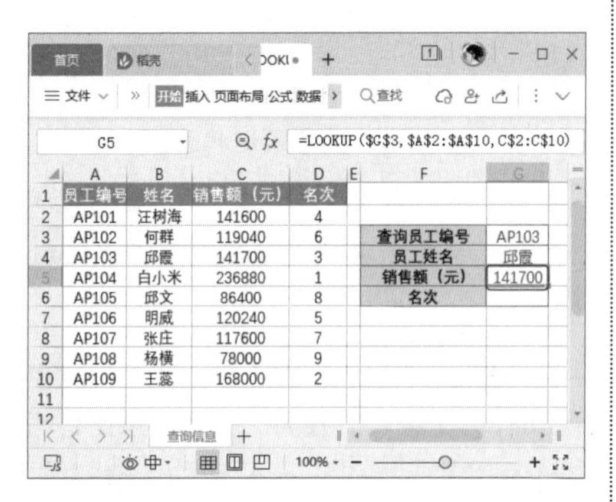

G5 =LOOKUP($G$3, $A$2:$A$10, C$2:C$10)

	A	B	C	D	E	F	G
1	员工编号	姓名	销售额（元）	名次			
2	AP101	汪树海	141600	4			
3	AP102	何群	119040	6		查询员工编号	AP103
4	AP103	邱霞	141700	3		员工姓名	邱霞
5	AP104	白小米	236880	1		销售额（元）	141700
6	AP105	邱文	86400	8		名次	
7	AP106	明威	120240	5			
8	AP107	张庄	117600	7			
9	AP108	杨横	78000	9			
10	AP109	王蕊	168000	2			

第3步 选择G6单元格，输入函数“=LOOKUP($G$3,$A$2:$A$10,D$2:D$10)”，按【Enter】键，即可得到编号为AP103的员工的名次，如下图所示。

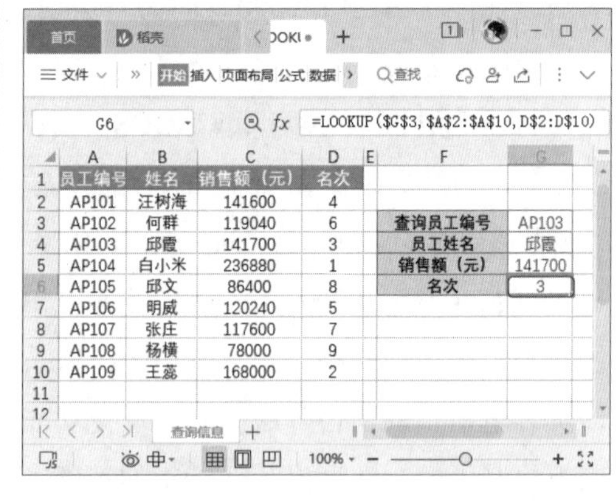

G6 =LOOKUP($G$3, $A$2:$A$10, D$2:D$10)

	A	B	C	D	E	F	G
1	员工编号	姓名	销售额（元）	名次			
2	AP101	汪树海	141600	4			
3	AP102	何群	119040	6		查询员工编号	AP103
4	AP103	邱霞	141700	3		员工姓名	邱霞
5	AP104	白小米	236880	1		销售额（元）	141700
6	AP105	邱文	86400	8		名次	3
7	AP106	明威	120240	5			
8	AP107	张庄	117600	7			
9	AP108	杨横	78000	9			
10	AP109	王蕊	168000	2			

温馨提示

设置了函数之后，如果要查询其他员工的信息，直接在G3单元格中更改员工编号即可。

高手支招

通过对前面知识的学习，相信读者朋友已经掌握了WPS表格中函数的使用方法，下面介绍一些函数的使用技巧，帮助读者更灵活地使用函数处理数据。

01 从身份证号中提取出生日期和性别

在管理员工信息的过程中，有时需要建立一份电子档案，档案中一般会包含身份证号、性别、出生日期等信息。当员工人数太多时，逐个输入信息是一项非常烦琐的工作。使用WPS表格中的常用公式，可以简单地从身份证号中快速提取出生日期和性别，操作方法如下。

第1步 打开“素材文件\第5章\员工档案表1.xlsx”工作簿，❶选择要存放结果的E2单元格；❷单击【插入函数】按钮fx，如下图所示。

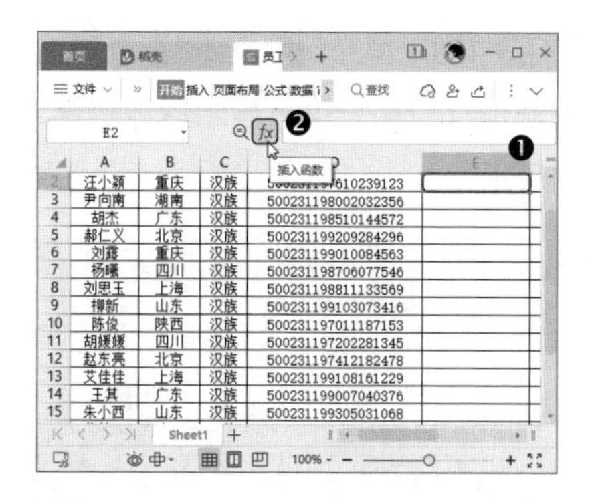

第2步 打开【插入函数】对话框，❶ 切换到【常用公式】选项卡；❷ 在【公式列表】中选择【提取身份证生日】选项；❸ 在【参数输入】栏中单击按钮，如下图所示。

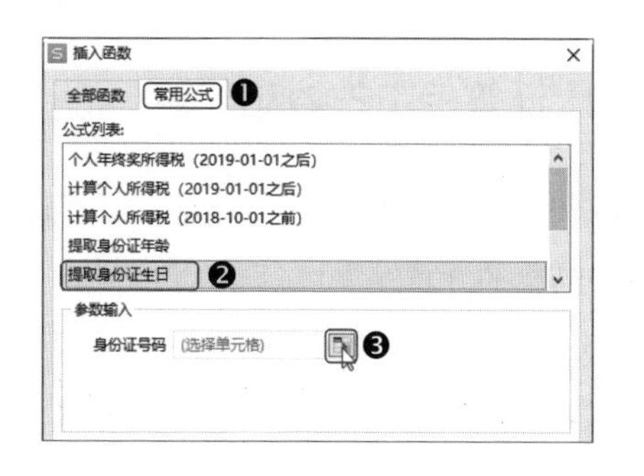

第3步 ❶ 在工作表中选择身份证号所在的单元格；❷ 单击【插入函数】对话框中的按钮，如下图所示。

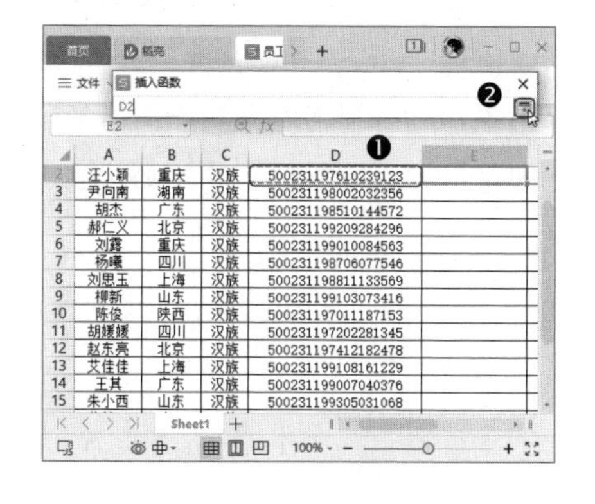

第4步 返回【插入函数】对话框，单击【确定】按钮，如下图所示。

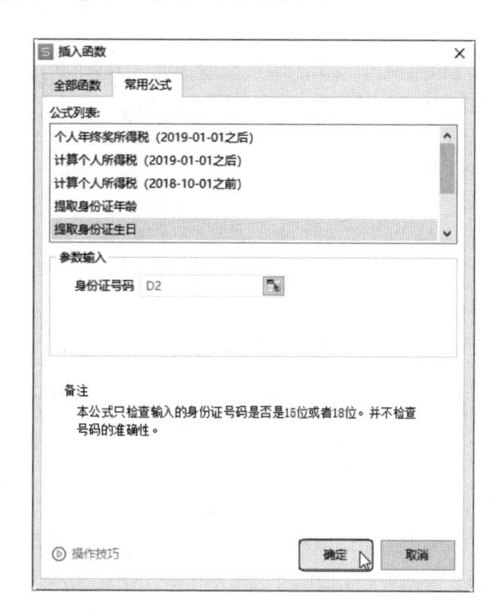

第5步 返回工作表中，即可看到已经成功提取出生日期，向下填充函数即可提取所有员工的出生日期，如下图所示。

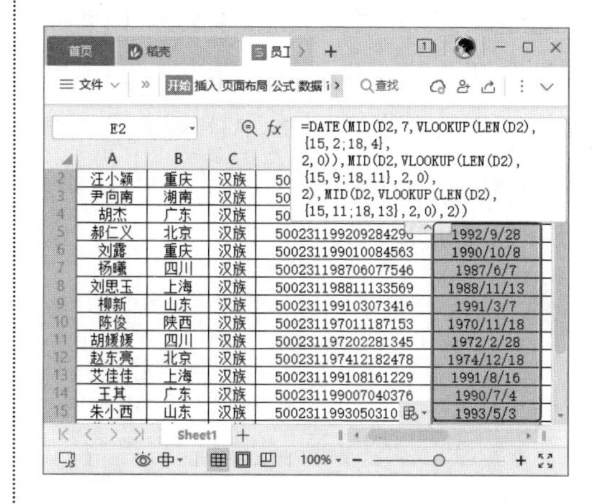

第6步 使用相同的方法提取性别即可，如下图所示。

F2 =IF(OR(LEN(D2)=15,LEN(D2)=18),IF(MOD(MID(D2,15,3)*1,2),"男","女"),#N/A)

民族	身份证号	出生日期	性别	联系电
汉族	500231197610239123	1976/10/23	女	133123456
汉族	500231198002032356	1980/2/3	男	105555586
汉族	500231198510144572	1985/10/14	男	145456712
汉族	500231199209284296	1992/9/28	男	180123478
汉族	500231199010084563	1990/10/8	女	156864672
汉族	500231198706077546	1987/6/7	女	158439772
汉族	500231198811133569	1988/11/13	女	136790105
汉族	500231199103073416	1991/3/7	男	135862453
汉族	500231197011187153	1970/11/18	男	169456769
汉族	500231197202281345	1972/2/28	女	130586959
汉族	500231197412182478	1974/12/18	男	131829466
汉族	500231199108161229	1991/8/16	女	359529

02 使身份证号只显示后四位数

为了保障用户的个人信息安全，一些常用的证件号码，如身份证号、银行卡号等，可以只显示后四位数，其他数字则用星号代替。针对这类情况，可以通过 CONCATENATE、RIGHT 和 REPT 函数实现，操作方法如下。

第1步 打开“素材文件 \ 第 5 章 \ 订单 02 .xlsx”工作簿，选中要存放结果的 E3 单元格，输入函数“=CONCATENATE(REPT("*",14),RIGHT(D3,4))”，按【Enter】键，即可得到计算结果，如下图所示。

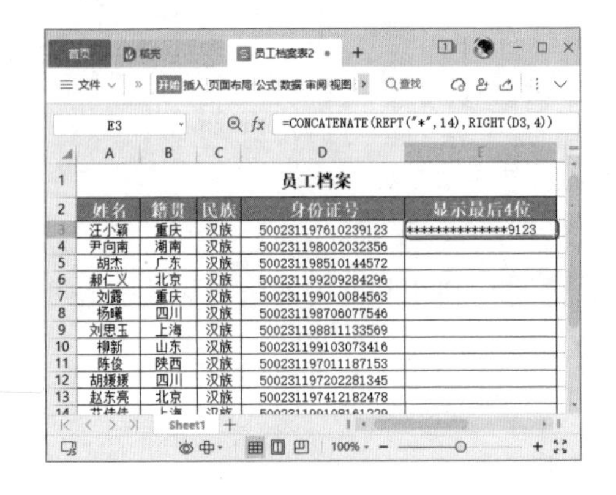

E3 =CONCATENATE(REPT("*",14),RIGHT(D3,4))

员工档案				
姓名	籍贯	民族	身份证号	显示最后4位
汪小颖	重庆	汉族	500231197610239123	**************9123
尹向南	湖南	汉族	500231198002032356	
胡杰	广东	汉族	500231198510144572	
郝仁义	北京	汉族	500231199209284296	
刘露	重庆	汉族	500231199010084563	
杨曦	四川	汉族	500231198706077546	
刘思玉	上海	汉族	500231198811133569	
柳新	山东	汉族	500231199103073416	
陈俊	陕西	汉族	500231197011187153	
胡媛媛	四川	汉族	500231197202281345	
赵东亮	北京	汉族	500231197412182478	

第2步 利用填充功能向下复制函数，即可让其他身份证号也只显示后四位数，如下图所示。

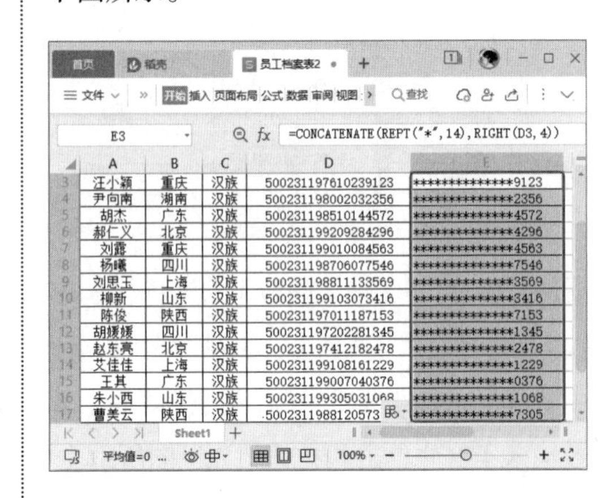

E3 =CONCATENATE(REPT("*",14),RIGHT(D3,4))

A	B	C	D	E
汪小颖	重庆	汉族	500231197610239123	**************9123
尹向南	湖南	汉族	500231198002032356	**************2356
胡杰	广东	汉族	500231198510144572	**************4572
郝仁义	北京	汉族	500231199209284296	**************4296
刘露	重庆	汉族	500231199010084563	**************4563
杨曦	四川	汉族	500231198706077546	**************7546
刘思玉	上海	汉族	500231198811133569	**************3569
柳新	山东	汉族	500231199103073416	**************3416
陈俊	陕西	汉族	500231197011187153	**************7153
胡媛媛	四川	汉族	500231197202281345	**************1345
赵东亮	北京	汉族	500231197412182478	**************2478
艾佳佳	上海	汉族	500231199108161229	**************1229
王其	广东	汉族	500231199007040376	**************0376
朱小西	山东	汉族	500231199305031068	**************1068
曹美云	陕西	汉族	500231198812057[illegible]	**************7305

03 计算员工年龄和工龄

将逻辑函数相互配合使用，可以得到各种需要的计算结果。

例如，要计算出员工的年龄和工龄，可以使用 YEAR 函数和 TODAY 函数，操作方法如下。

第1步 打开“素材文件 \ 第 5 章 \ 年度表 .xlsx”工作簿，选中要存放结果的 G3 单元格，输入函数“=YEAR(TODAY())-YEAR(E3)”，按【Enter】键，即可得到计算结果，然后利用填充功能向下复制函数，即可计算出所有员工的年龄，如下图所示。

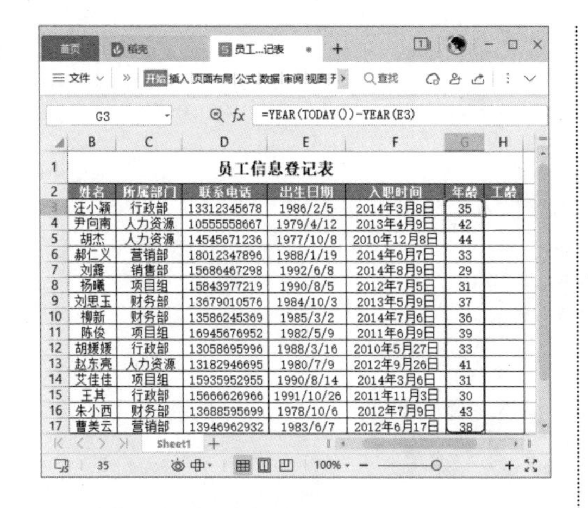
G3 =YEAR(TODAY())-YEAR(E3)

员工信息登记表						
姓名	所属部门	联系电话	出生日期	入职时间	年龄	工龄
汪小颖	行政部	13312345678	1986/2/5	2014年3月8日	35	
尹向南	人力资源	10555558667	1979/4/12	2013年4月9日	42	
胡杰	人力资源	14545671236	1977/10/8	2010年12月8日	44	
郝仁义	营销部	18012347896	1988/1/19	2014年6月7日	33	
刘露	销售部	15686467298	1992/6/8	2014年8月9日	29	
杨曦	项目组	15843977219	1990/8/5	2012年7月5日	31	
刘思玉	财务部	13679010576	1984/10/3	2013年5月9日	37	
柳新	财务部	13586245369	1985/3/2	2014年7月6日	36	
陈俊	项目组	16945676952	1982/5/9	2011年6月9日	39	
胡媛媛	行政部	13058695996	1988/3/16	2010年5月27日	33	
赵东亮	人力资源	13182946695	1980/7/9	2012年9月26日	41	
艾佳佳	项目组	15935952955	1990/8/14	2014年3月6日	31	
王其	行政部	15666626966	1991/10/26	2011年11月3日	30	
朱小西	财务部	13688595699	1978/10/6	2012年7月9日	43	
曹美云	营销部	13946962932	1983/6/7	2012年6月17日	38	

温馨提示

如果该计算结果显示的是日期格式，需要将数字格式设置为【常规】。

第2步 选中要存放结果的 H3 单元格，输入函数“=YEAR(TODAY())-YEAR(F3)”，按【Enter】键，即可得到计算结果，将数字格式设置为“常规”，然后利用填充功能向下复制函数，即可计算出所有员工的工龄，如下图所示。

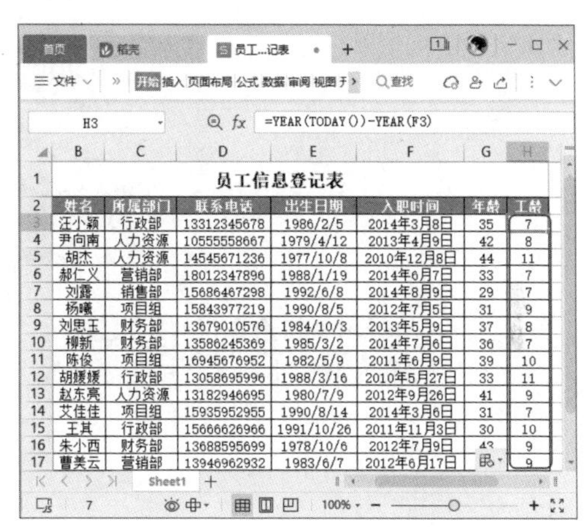
H3 =YEAR(TODAY())-YEAR(F3)

员工信息登记表						
姓名	所属部门	联系电话	出生日期	入职时间	年龄	工龄
汪小颖	行政部	13312345678	1986/2/5	2014年3月8日	35	7
尹向南	人力资源	10555558667	1979/4/12	2013年4月9日	42	8
胡杰	人力资源	14545671236	1977/10/8	2010年12月8日	44	11
郝仁义	营销部	18012347896	1988/1/19	2014年6月7日	33	7
刘露	销售部	15686467298	1992/6/8	2014年8月9日	29	7
杨曦	项目组	15843977219	1990/8/5	2012年7月5日	31	9
刘思玉	财务部	13679010576	1984/10/3	2013年5月9日	37	8
柳新	财务部	13586245369	1985/3/2	2014年7月6日	36	7
陈俊	项目组	16945676952	1982/5/9	2011年6月9日	39	10
胡媛媛	行政部	13058695996	1988/3/16	2010年5月27日	33	11
赵东亮	人力资源	13182946695	1980/7/9	2012年9月26日	41	9
艾佳佳	项目组	15935952955	1990/8/14	2014年3月6日	31	7
王其	行政部	15666626966	1991/10/26	2011年11月3日	30	10
朱小西	财务部	13688595699	1978/10/6	2012年7月9日	43	9
曹美云	营销部	13946962932	1983/6/7	2012年6月17日	[illegible]	9

WPS

第6章

简单分析

数据的排序、筛选和分类汇总

本章导读

在进行数据分析时，排序、筛选和分类汇总是最常用的分析手段。通过对数据进行排序，可以让凌乱的数据升序或降序排列；通过筛选，可以挑选出需要的数据；通过分类汇总，可以将少量数据按要求进行汇总。在查看重点数据时，还可以设置条件格式，让关键数据一目了然。本章将详细介绍在WPS表格中进行数据排序、数据筛选、数据分类汇总及设置条件格式的相关知识。

知识要点

- 排序单元格数据
- 筛选指定数据
- 筛选符合条件的数据
- 对数据分类汇总
- 设置条件格式显示重点数据

6.1 让数据按规律排序

在 WPS 表格中对数据进行排序是指按照一定的规则对工作表中的数据进行排列，以进一步处理和分析这些数据。WPS 表格中提供了多种方法对数据列表进行排序，用户可以根据需要按行或列、按升序或降序进行排序，也可以使用自定义排序命令。

6.1.1 数据排序的规则

在 WPS 表格中，要让数据展现得更加直观，就必须使其有一个合理的排序。排序的规则包含以下几种。

1. 按列排序

在 WPS 表格中，默认的排序方向是按列排序，用户可以根据输入的列字段对数据进行排序，如下图所示。

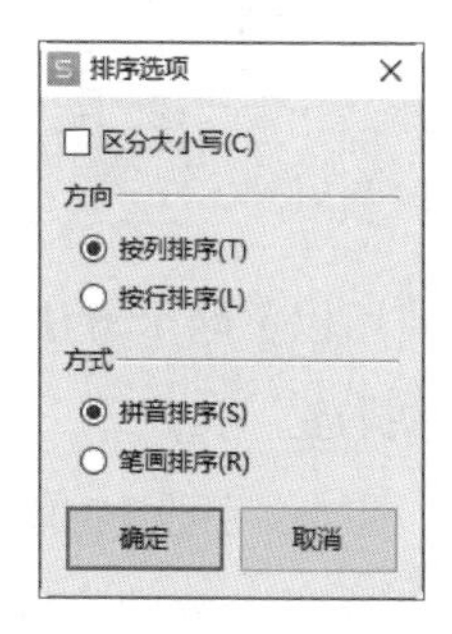

2. 按行排序

除了默认的按列排序，还可以将数据按行排序。有时为了让表格更美观或出于工作的需要，表格中的数据需要横向排列。

按行排序的操作方法与按列排序相似。在【排序选项】对话框中的【方向】区域中选择【按行排序】，再单击【确定】按钮，就可以改变排序的方向。

3. 按字母排序

在 WPS 表格中，默认的排序方法是按字母排序，可以按照从 A 至 Z 的顺序对数据进行排序。

4. 按笔画排序

中国人通常习惯按照汉字的笔画排序。

在【排序选项】对话框的【方式】区域中选择【笔画排序】，就可以按汉字的笔画来排序。

按笔画排序包括以下几种情况。

（1）按姓氏笔画的多少排序，同笔画数的姓氏按起笔顺序排序（横、竖、撇、捺、折）。

（2）笔画数和起笔顺序都相同的汉字，按字形结构排序，先左右，再上下，最后是整体字形。

（3）如果姓氏相同，则依次以第二、第三字排序，规则同姓氏的排序。

5. 按数字排序

WPS 表格中经常包含大量的数字，如数量、金额等。按数字排序，就是按数值的大小进行升序或降序排序。

6. 自定义排序

在某些情况下，WPS 表格中的一些数

据并没有明显的顺序特征，如产品名称、销售区域、部门等信息。如果要对这些数据进行排序，已有的排序规则并不能满足用户的要求，此时可以使用自定义排序。在【排序】对话框中，单击【次序】下拉列表中的【自定义序列】选项，打开【自定义序列】对话框。在其中可以输入新的序列，并添加到【自定义序列】列表框中，如下图所示。

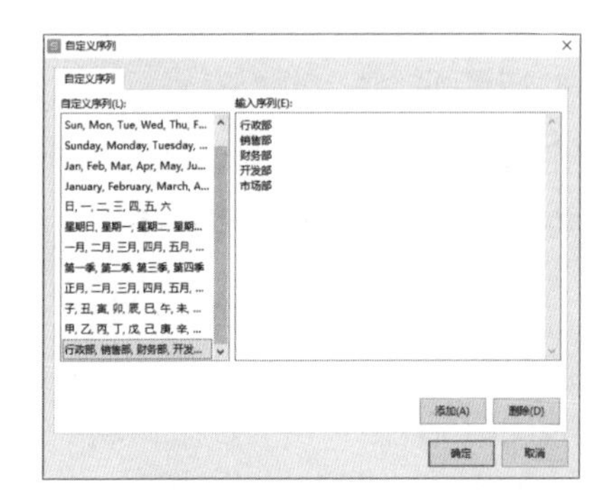

6.1.2 简单排序

在 WPS 表格中，有时需要对数据进行升序或降序排序。【升序】是指将选择的数据按从小到大的顺序排序，【降序】是指将选择的数据按从大到小的顺序排序。

例如，在“全国销量汇总表”中，如果要按“销售总量”升序排序，操作方法如下。

第1步 打开“素材文件\第 6 章\全国销量汇总表.xlsx”工作簿，❶ 选中“销售总量”字段中的任意单元格；❷ 单击【开始】选项卡中的【排序】下拉按钮；❸ 在弹出的下拉菜单中选择【升序】命令，如下图所示。

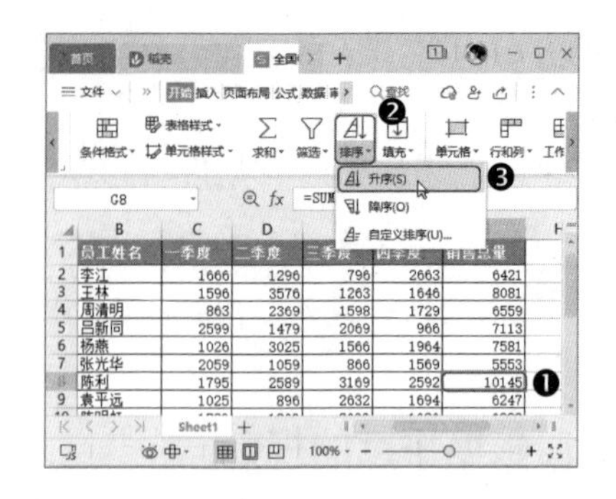

第2步 操作完成后，即可看到“销售总量”字段中的数据已经按照升序排序，如下图所示。

此外，使用以下两个方法，也可以对数据进行简单排序。

（1）选中要排序字段中的任意单元格，单击【数据】选项卡中的【排序】按钮，在弹出的下拉菜单中选择【升序】或【降序】命令即可，如下图所示。

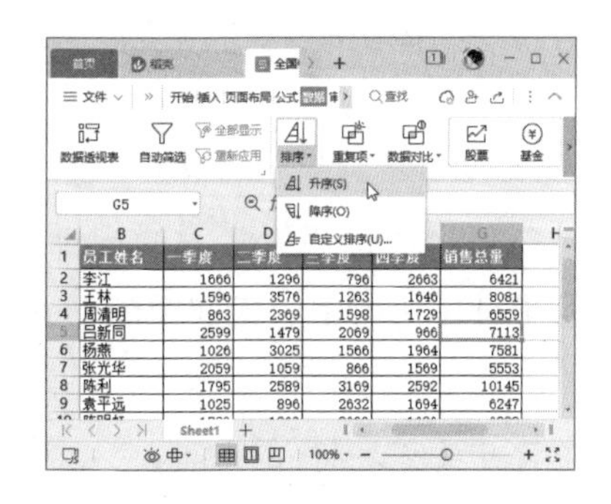

（2）在要排序的字段上单击鼠标右键，在弹出的快捷菜单中选择【排序】命令，在弹出的子菜单中单击【升序】或【降序】命令即可，如下图所示。

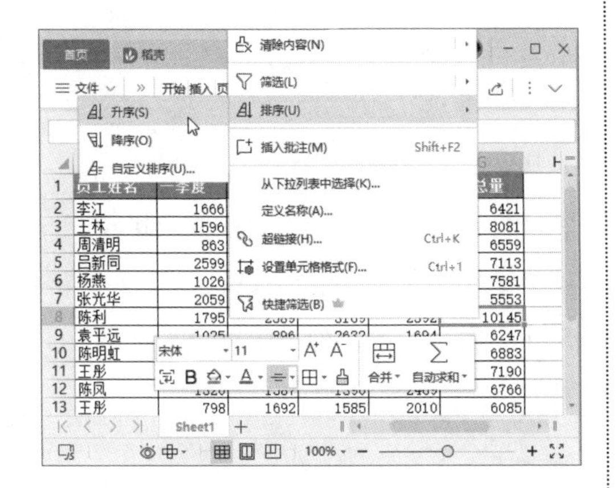

6.1.3 多条件排序

多条件排序是指依据多列的数据规则对数据表进行排序操作，需要打开【排序】对话框，然后添加条件才能完成排序。

例如，在“全国销量汇总表”中，如果要按“销售总量”和“四季度”的销售情况来排序，操作方法如下。

第1步 打开“素材文件\第 6 章\全国销量汇总表.xlsx”工作簿，❶ 选中数据区域中的任意单元格；❷ 单击【数据】选项卡中的【排序】下拉按钮；❸ 在弹出的下拉菜单中选择【自定义排序】命令，如下图所示。

第2步 打开【排序】对话框，❶ 在【主要关键字】下拉列表中选择排序关键字，在【排序依据】下拉列表中选择排序依据，在【次序】下拉列表中选择排序方式；❷ 单击【添加条件】按钮，如下图所示。

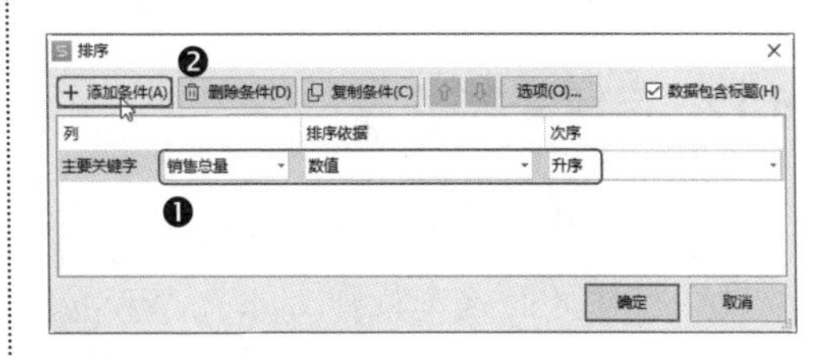

第3步 ❶ 使用相同的方法设置次要关键字；❷ 完成后单击【确定】按钮，如下图所示。

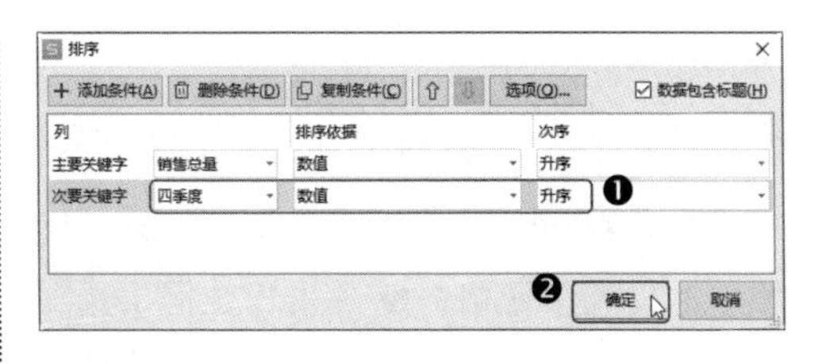

第4步 返回工作表，即可看到工作表中的数据已按照关键字【销售总量】和【四

季度】进行升序排序，如下图所示。

温馨提示●

执行多条件排序后，如果“销售总量”数据列的数据相同，则按照“四季度”的数据大小排序。

	A	B	C	D	E	F	G
1	销售地区	员工姓名	一季度	二季度	三季度	四季度	销售总量
2	东北	张光华	2059	1059	866	1569	5553
3	东北	王彤	798	1692	1585	2010	6085
4	西南	袁平远	1025	896	2632	1694	6247
5	西北	李江	1666	1296	796	2663	6421
6	西北	周清明	863	2369	1598	1729	6559
7	西北	薛小鱼	1696	1267	1940	1695	6598
8	总部	陈凤	1320	1587	1390	2469	6766
9	西北	陈明虹	1729	1369	2699	1086	6883
10	西南	吕新同	2599	1479	2069	966	7113
11	西南	王彤	2369	1899	1556	1366	7190
12	总部	杨燕	1026	3025	1566	1964	7581
13	西南	李明燕	2692	860	1999	2046	7597
14	东北	王林	1596	3576	1263	1646	8081
15	总部	杨龙	1899	2695	1066	2756	8416
16	总部	陈利	1795	2589	3169	2592	10145

6.1.4 自定义排序

在工作中，有时需要将数据按一定的规律排序，而这个规律却不在 WPS 表格默认的规律之中，此时可以使用自定义排序。

例如，在“全国销量汇总表”中，如果要对“销售地区”列自定义排序，操作方法如下。

第1步● 打开“素材文件\第 6 章\全国销量汇总表 .xlsx”工作簿，❶ 选中数据区域中的任意单元格；❷ 单击【数据】选项卡中的【排序】下拉按钮；❸ 在弹出的下拉菜单中选择【自定义排序】命令，如下图所示。

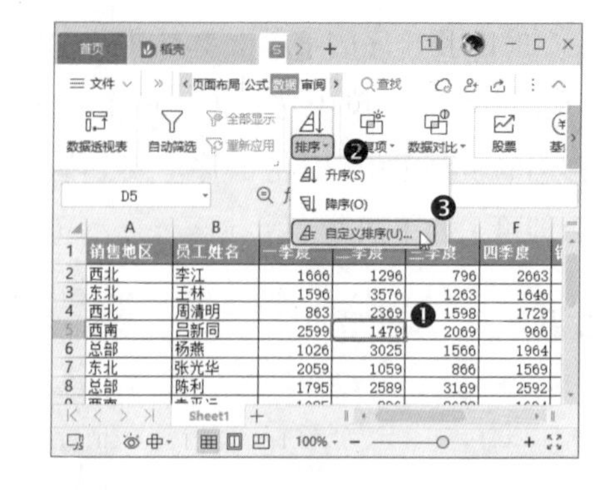

	A	B	C	D	E	F
1	销售地区	员工姓名	一季度	二季度	三季度	四季度
2	西北	李江	1666	1296	796	2663
3	东北	王林	1596	3576	1263	1646
4	西北	周清明	863	2369	1598	1729
5	西南	吕新同	2599	1479	2069	966
6	总部	杨燕	1026	3025	1566	1964
7	东北	张光华	2059	1059	866	1569
8	总部	陈利	1795	2589	3169	2592

第2步● 打开【排序】对话框，❶ 在【主要关键字】下拉列表中选择排序关键字；❷ 在【次序】下拉列表中单击【自定义序列】选项，如下图所示。

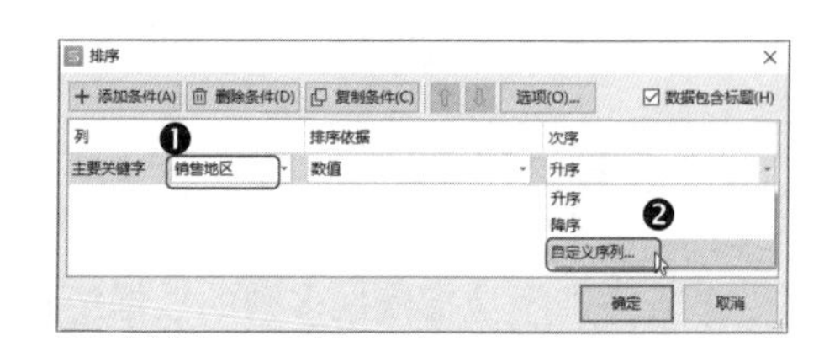

第3步● 打开【自定义序列】对话框，❶ 在【输入序列】栏中输入需要的序列；❷ 单击【添加】按钮；❸ 单击【确定】按钮保存自定义序列的设置，如下图所示。

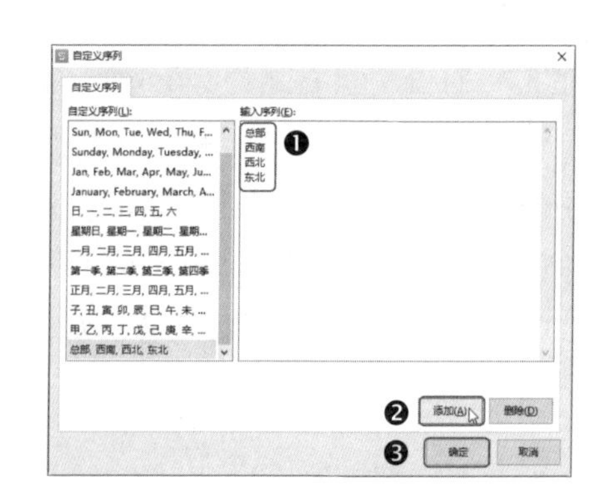

第4步● 返回【排序】对话框，即可看到【次序】已经设置为自定义序列，单击【确

定】按钮，如下图所示。

第5步 在返回的工作表中即可看到排序后的效果，如下图所示。

	A	B	C	D	E	F	G
1	销售地区	员工姓名	一季度	二季度	三季度	四季度	销售总量
2	总部	杨燕	1026	3025	1566	1964	7581
3	总部	陈利	1795	2589	3169	2592	10145
4	总部	陈凤	1320	1587	1390	2469	6766
5	总部	杨龙	1899	2695	1066	2756	8416
6	西南	吕新同	2599	1479	2069	966	7113
7	西南	袁平远	1025	896	2632	1694	6247
8	西南	王彤	2369	1899	1556	1366	7190
9	西南	李明燕	2692	860	1999	2046	7597
10	西北	李江	1666	1296	796	2663	6421
11	西北	周清明	863	2369	1598	1729	6559
12	西北	陈明虹	1729	1369	2699	1086	6883
13	西北	薛小鱼	1696	1267	1940	1695	6598
14	东北	王林	1596	3576	1263	1646	8081
15	东北	张光华	2059	1059	866	1569	5553
16	东北	王彤	798	1692	1585	2010	6085

6.2 筛选出需要的数据

在 WPS 表格中，数据筛选是指只显示符合条件的数据信息，隐藏不符合条件的数据信息。用户可以根据实际需要进行自动筛选、高级筛选或自定义筛选。

6.2.1 数据筛选的几种方法

WPS 表格提供了筛选功能，通过这个功能，我们可以从成千上万条数据中筛选出需要的数据。

在 WPS 表格中筛选数据的方法主要有以下几种。

1. 自动筛选

自动筛选是 WPS 表格中最简单，也是最常用的一种筛选方法。自动筛选通常是按简单的条件进行筛选，将不满足条件的数据暂时隐藏起来，只显示符合条件的数据。

在进行筛选之前，首先要执行【筛选】命令，进入筛选状态。此时，每个字段右侧会出现一个下拉按钮▾，单击此按钮可以进行自动筛选，如下图所示。

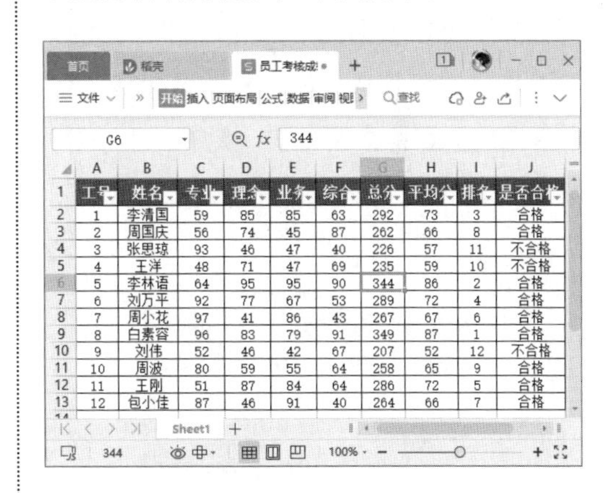

	A	B	C	D	E	F	G	H	I	J
1	工号	姓名	专业	理念	业务	综合	总分	平均分	排名	是否合格
2	1	李清国	59	85	85	63	292	73	3	合格
3	2	周国庆	56	74	45	87	262	66	8	合格
4	3	张思琼	93	46	47	40	226	57	11	不合格
5	4	王洋	48	71	47	69	235	59	10	不合格
6	5	李林语	64	95	95	90	344	86	2	合格
7	6	刘万平	92	77	67	53	289	72	4	合格
8	7	周小花	97	41	86	43	267	67	6	合格
9	8	白素容	96	83	79	91	349	87	1	合格
10	9	刘伟	52	46	42	67	207	52	12	不合格
11	10	周波	80	59	55	64	258	65	9	合格
12	11	王刚	51	87	84	64	286	72	5	合格
13	12	包小佳	87	46	91	40	264	66	7	合格

2. 单条件筛选

进入筛选状态后，单击某个字段右侧的下拉按钮，在弹出的筛选列表中取消选中【全选】复选框，然后再选中符合条件的复选框，单击【确定】按钮，就可以执行单条件筛选，如下图所示。

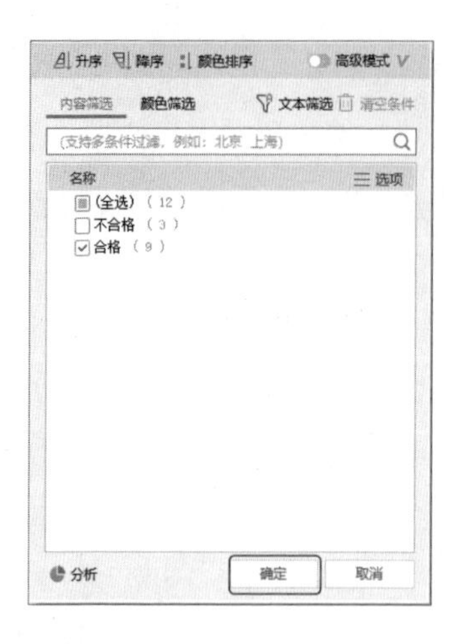

3. 多条件筛选

在按照第一个字段进行数据筛选之后，还可以使用其他的筛选字段继续进行数据筛选。

4. 数字筛选

除了可以根据文本筛选数据，还可以根据数字进行筛选，如金额、数量等。配合常用的运算符，如等于、大于、小于等，可以对数据进行各种筛选操作，如下图所示。

6.2.2 自动筛选

在 WPS 表格中，自动筛选是指按照指定的条件进行筛选，主要用于简单的条件筛选和对指定数据的筛选。下面介绍两种筛选的操作方法。

1. 简单的条件筛选

下面以在“一二月销售情况”工作簿中筛选“1 月”的销售情况为例，介绍进行简单的条件筛选的方法。

第1步 打开“素材文件\第 6 章\一二月销售情况.xlsx”工作簿，❶ 选择数据区域中的单元格；❷ 单击【数据】选项卡中的【自动筛选】按钮，如下图所示。

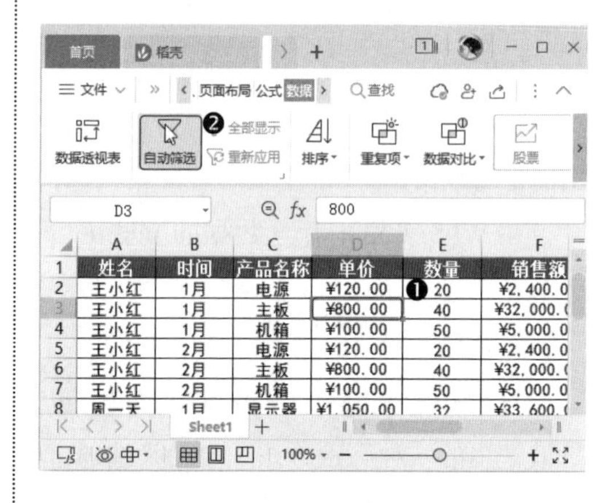

第2步 此时工作表数据区域中字段名右侧出现下拉按钮，❶ 单击【时间】字段右侧的下拉按钮▼；❷ 在弹出的下拉列表中的【名称】列表框中只勾选【1 月】复选框；❸ 单击【确定】按钮，如下图所示。

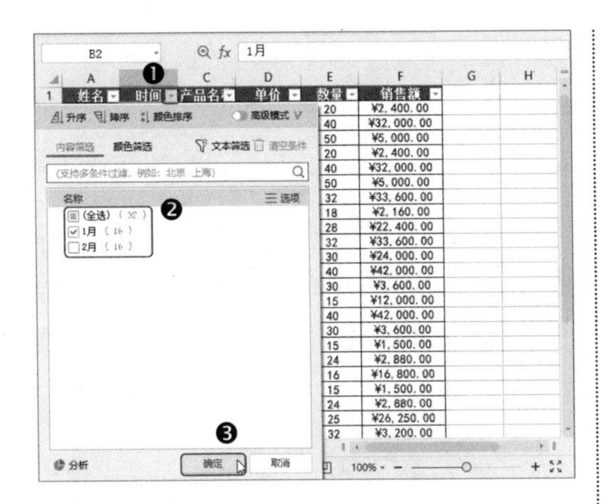

第3步 返回工作表中，即可看到只显示符合筛选条件的数据信息，同时【时间】右侧的下拉按钮变为▼形状，如下图所示。

	姓名	时间	产品名	单价	数量	销售额
2	王小红	1月	电源	¥120.00	20	¥2,400.00
3	王小红	1月	主板	¥800.00	40	¥32,000.00
4	王小红	1月	机箱	¥100.00	50	¥5,000.00
8	周一天	1月	显示器	¥1,050.00	32	¥33,600.00
12	罗小中	1月	主板	¥800.00	30	¥24,000.00
13	罗小中	1月	显示器	¥1,050.00	40	¥42,000.00
14	罗小中	1月	电源	¥120.00	30	¥3,600.00
18	刘洋	1月	机箱	¥100.00	15	¥1,500.00
19	刘洋	1月	电源	¥120.00	24	¥2,880.00
23	周小刚	1月	显示器	¥1,050.00	25	¥26,250.00
24	周小刚	1月	机箱	¥100.00	32	¥3,200.00
25	周小刚	1月	机箱	¥100.00	34	¥3,400.00
27	朱玲	1月	显示器	¥1,050.00	50	¥52,500.00
28	朱玲	1月	主板	¥800.00	12	¥9,600.00
29	朱玲	1月	显示器	¥1,050.00	42	¥44,100.00

2. 对指定数据的筛选

例如，要在“一二月销售情况”工作簿中筛选出员工【销售额】的 5 个最大值，操作方法如下。

第1步 打开“素材文件\第 6 章\一二月销售情况 .xlsx”工作簿，❶ 选择数据区域中的单元格；❷ 单击【开始】选项卡中的【筛选】按钮，如下图所示。

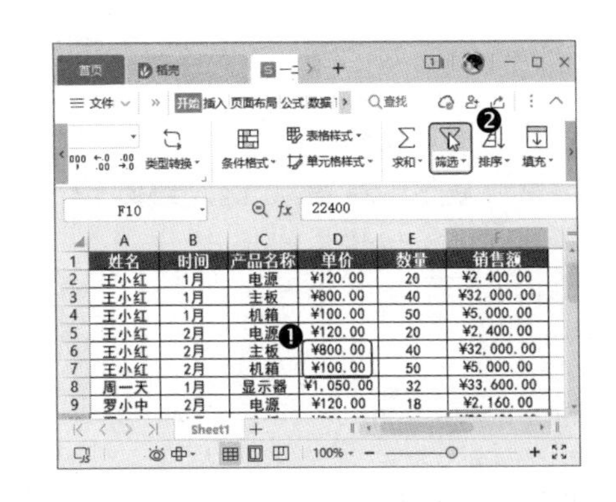

第2步 ❶ 进入筛选状态，单击【销售额】字段名右侧的下拉按钮；❷ 在打开的下拉列表中单击【数字筛选】选项；❸ 在打开的下拉菜单中选择【前十项】命令，如下图所示。

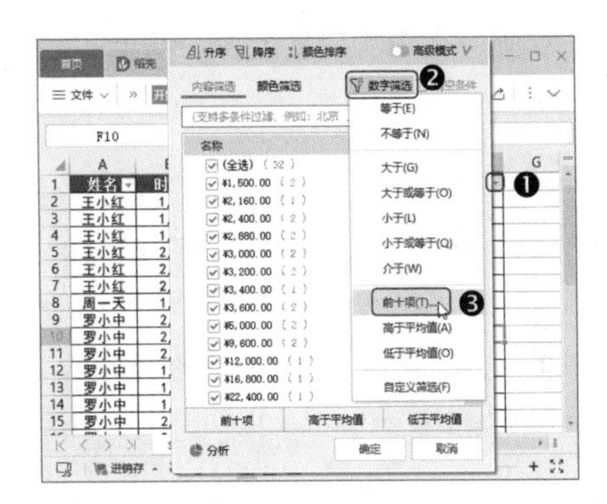

第3步 打开【自动筛选前 10 个】对话框，❶ 在【显示】组合框中根据需要进行选择，如选择显示【最大】的【5】项数据；❷ 单击【确定】按钮，如下图所示。

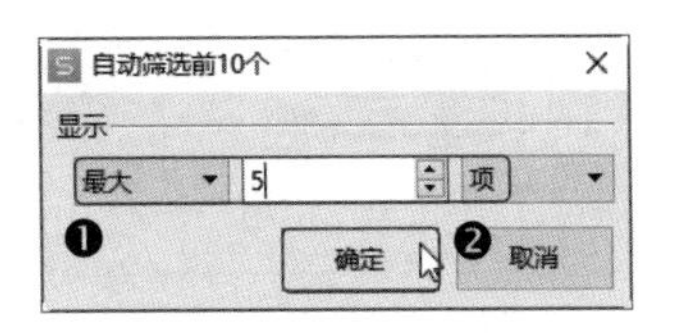

第4步 返回工作表，即可看到工作表中的数据已经按照【销售额】字段的最大 5 项进行筛选，如下图所示。

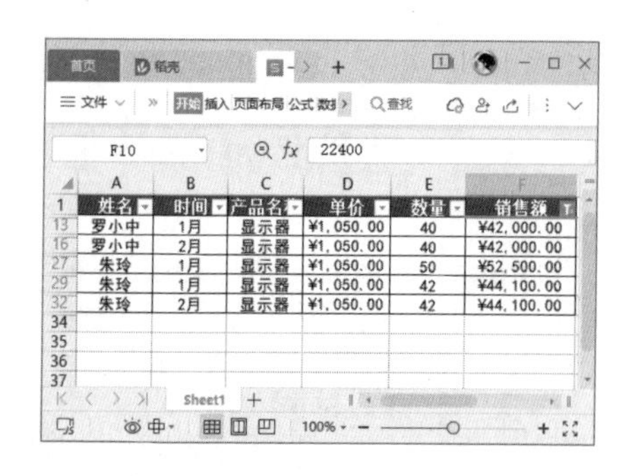

行	姓名	时间	产品名称	单价	数量	销售额
13	罗小中	1月	显示器	¥1,050.00	40	¥42,000.00
16	罗小中	2月	显示器	¥1,050.00	40	¥42,000.00
27	朱玲	1月	显示器	¥1,050.00	50	¥52,500.00
29	朱玲	1月	显示器	¥1,050.00	42	¥44,100.00
32	朱玲	2月	显示器	¥1,050.00	42	¥44,100.00

6.2.3 自定义筛选

在筛选数据时，可以通过 WPS 表格提供的自定义筛选功能来进行更复杂、更具体的筛选，使数据筛选更具灵活性。例如，要筛选出销售数量为 30~50 台的数据，操作方法如下。

第1步 打开“素材文件\第 6 章\一二月销售情况 .xlsx”工作簿，❶ 单击【数量】字段名右侧的下拉按钮；❷ 在打开的下拉列表中单击【数字筛选】选项；❸ 在打开的下拉菜单中选择【自定义筛选】命令，如下图所示。

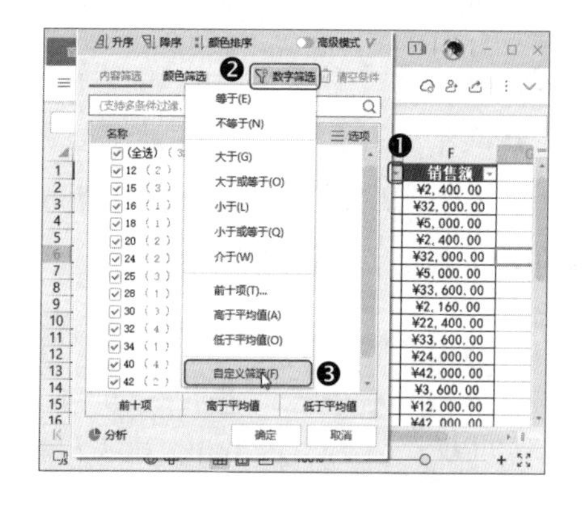

第2步 打开【自定义自动筛选方式】对话框，❶ 在【数量】组合框中设置筛选条件；❷ 单击【确定】按钮，如下图所示。

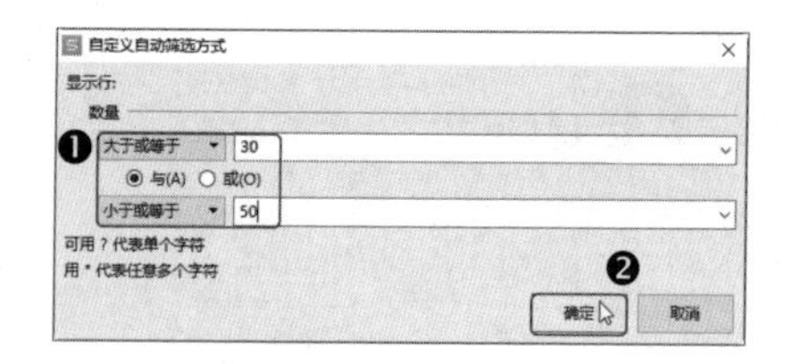

第3步 返回工作表中，即可看到符合条件的数据已经被筛选出来，如下图所示。

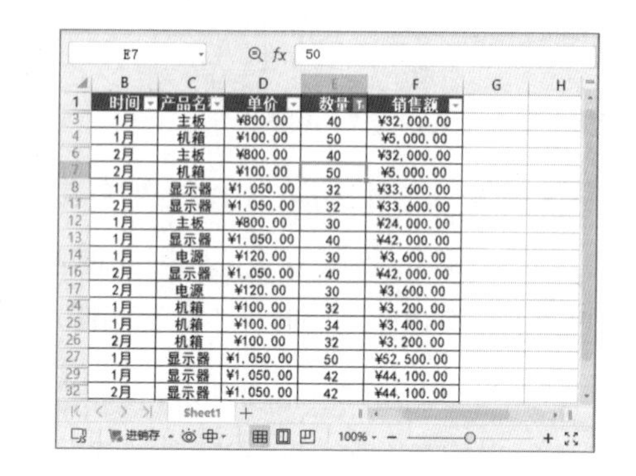

行	时间	产品名称	单价	数量	销售额
3	1月	主板	¥800.00	40	¥32,000.00
4	1月	机箱	¥100.00	50	¥5,000.00
6	2月	主板	¥800.00	40	¥32,000.00
7	2月	机箱	¥100.00	50	¥5,000.00
8	1月	显示器	¥1,050.00	32	¥33,600.00
11	2月	显示器	¥1,050.00	32	¥33,600.00
12	1月	主板	¥800.00	30	¥24,000.00
13	1月	显示器	¥1,050.00	40	¥42,000.00
14	1月	电源	¥120.00	30	¥3,600.00
16	2月	显示器	¥1,050.00	40	¥42,000.00
17	2月	电源	¥120.00	30	¥3,600.00
24	1月	机箱	¥100.00	32	¥3,200.00
25	1月	机箱	¥100.00	34	¥3,400.00
26	2月	机箱	¥100.00	32	¥3,200.00
27	1月	显示器	¥1,050.00	50	¥52,500.00
29	1月	显示器	¥1,050.00	42	¥44,100.00
32	2月	显示器	¥1,050.00	42	¥44,100.00

6.2.4 高级筛选

在实际工作中，有时需要筛选的数据区域中数据信息很多，同时筛选条件又比较复杂，此时使用高级筛选能够极大地提高工作效率。

例如，要在“一二月销售情况”工作簿中筛选出“主板”数量“>20”，“机箱”数量“>30”和“显示器”数量“>40”的数据，操作方法如下。

第1步 打开“素材文件\第 6 章\一二月销售情况 .xlsx”工作簿，❶ 在数据区域下方创建筛选条件区域；❷ 选择数据区域内的任意单元格；❸ 单击【开始】选项卡中的【筛选】下拉按钮；❹ 在弹出的下拉菜单中选择【高级筛选】命令，如下图所示。

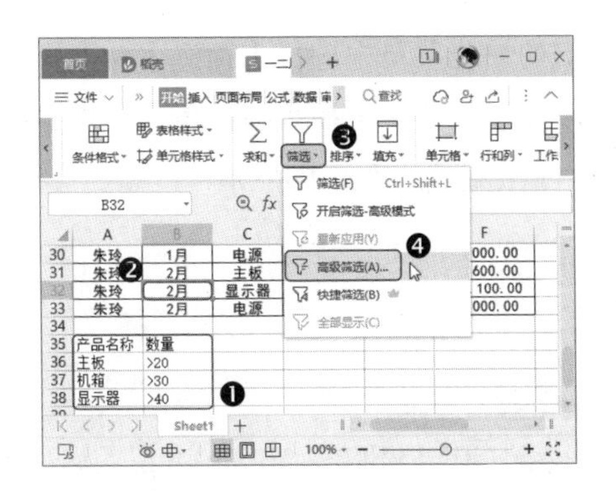

第2步 打开【高级筛选】对话框，❶ 在【方式】区域中选择【在原有区域显示筛选结果】单选按钮；❷【列表区域】中自动设置了参数区域（若有误，需手动修改），将光标定位在【条件区域】参数框中，单击【折叠】按钮，如下图所示。

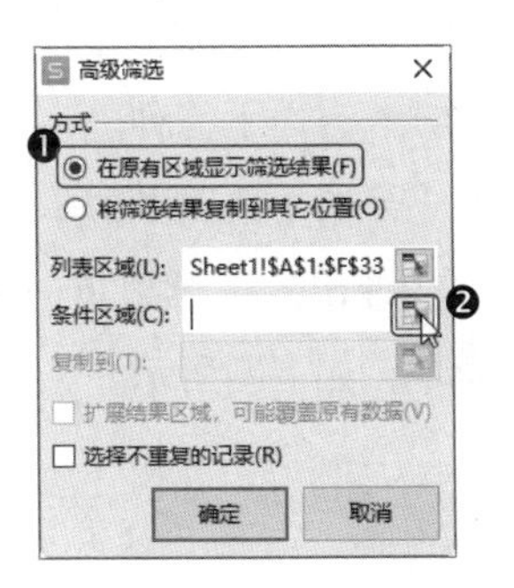

第3步 ❶ 在工作表中拖曳鼠标选择参数区域；❷ 单击【展开】按钮，如下图所示。

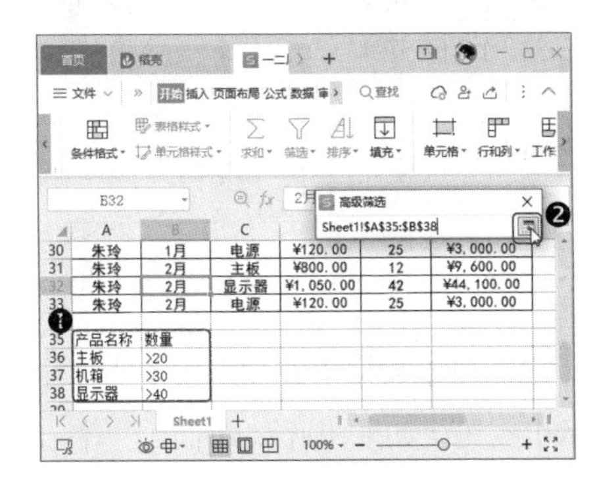

第4步 返回【高级筛选】对话框，直接单击【确定】按钮，如下图所示。

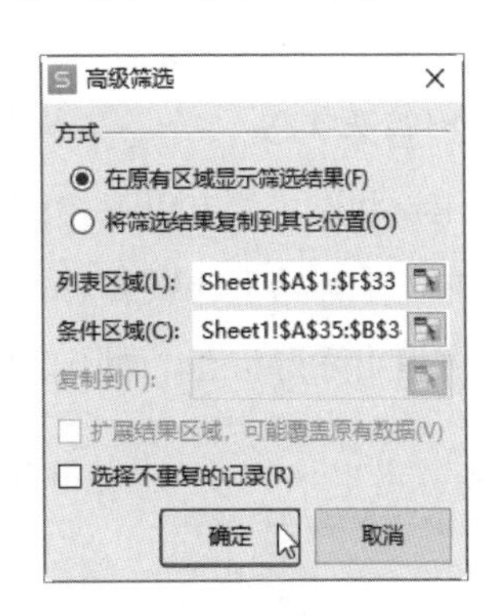

教您一招

将筛选结果复制到其他位置

如果要将筛选结果显示到其他位置，可以在【高级筛选】对话框的【方式】区域中选中【将筛选结果复制到其他位置】单选按钮，然后在【复制到】文本框中输入要保存筛选结果的单元格区域的第一个单元格地址。

第5步 返回工作表，即可看到表格中显示所有符合条件的筛选结果，如下图所示。

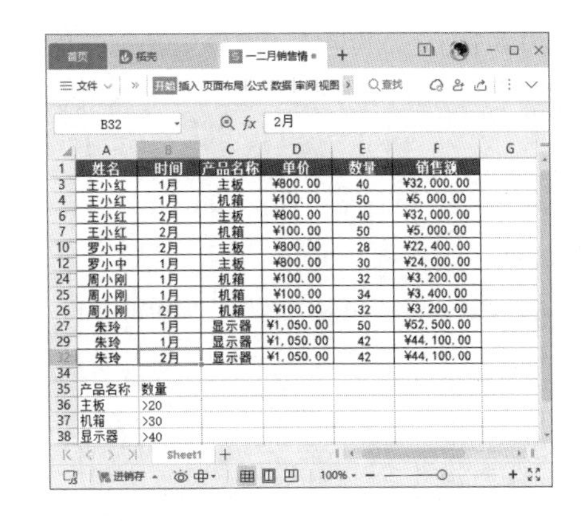

6.2.5 取消筛选

筛选完成之后需要继续编辑工作表

时，可以取消筛选。取消筛选分为两种情况，一种是退出筛选状态；另一种是保留筛选状态，只清除筛选结果。

1. 退出筛选状态

退出筛选状态主要有以下三种方法。

（1）单击【开始】选项卡中的【筛选】按钮，即可退出筛选状态，如下图所示。

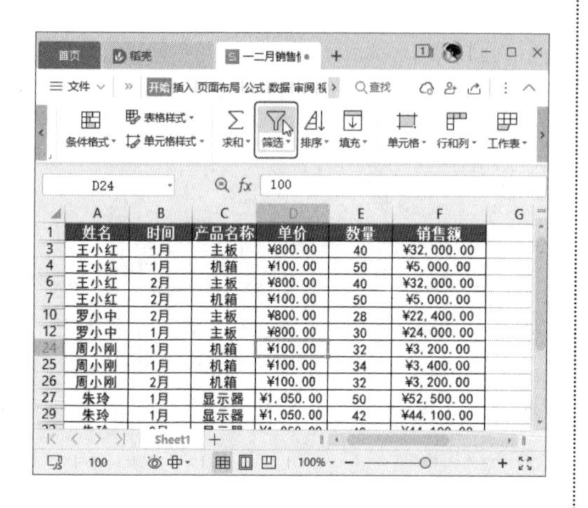

（2）单击【数据】选项卡中的【自动筛选】按钮，即可退出筛选状态，如下图所示。

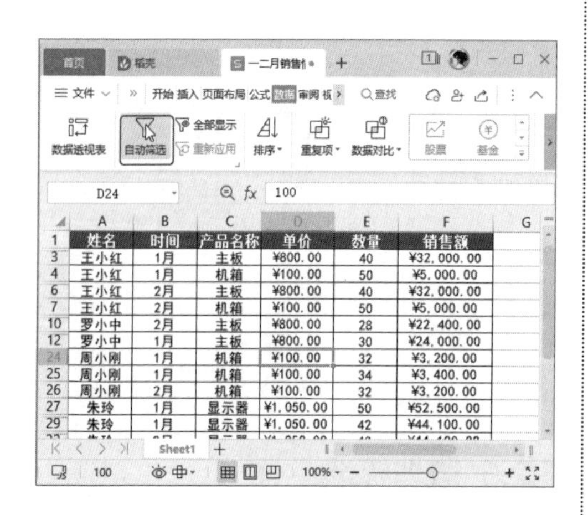

（3）在数据区域中单击鼠标右键，在弹出的快捷菜单中选择【筛选】命令，在弹出的子菜单中选择【筛选】命令，即可退出筛选状态，如下图所示。

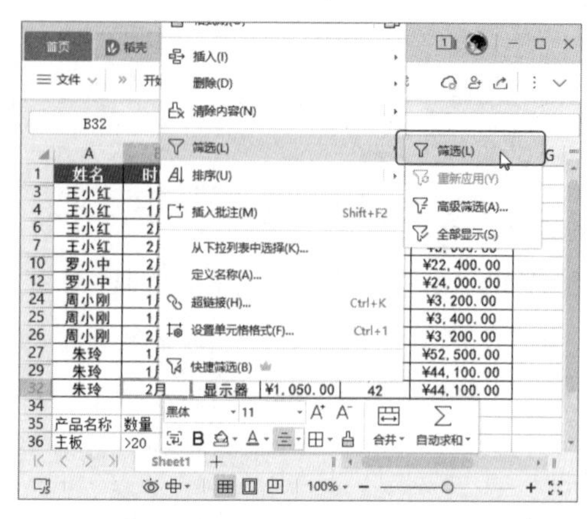

2. 保留筛选状态

如果需要保留筛选状态，只清除筛选结果，操作方法有以下三种。

（1）在【开始】选项卡中单击【筛选】下拉按钮，在弹出的下拉菜单中选择【全部显示】命令，如下图所示。

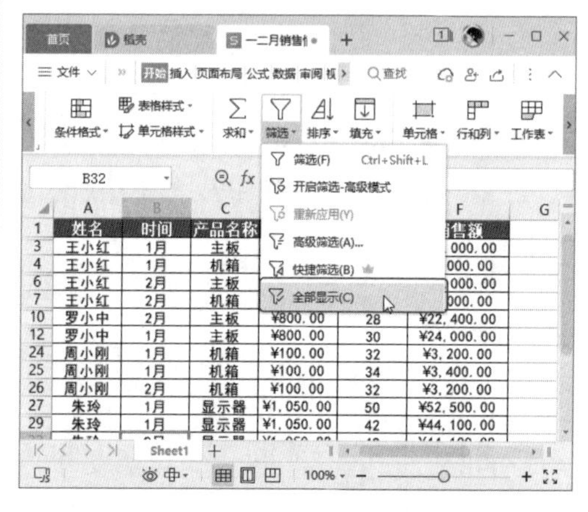

（2）在【数据】选项卡中单击【全部显示】按钮，如下图所示。

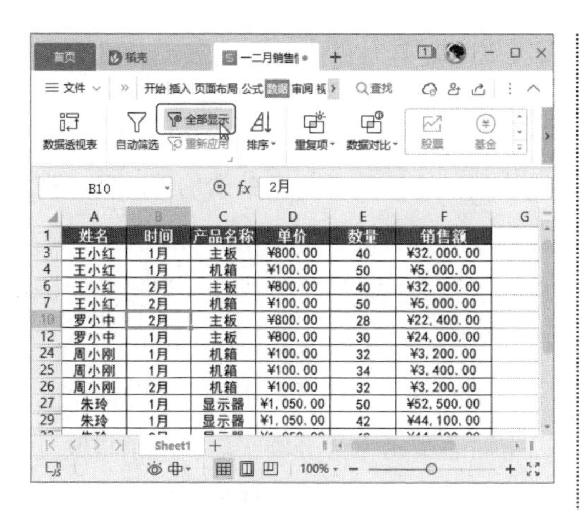

（3）在数据区域中单击鼠标右键，在弹出的快捷菜单中选择【筛选】命令，在弹出的子菜单中选择【全部显示】命令，如下图所示。

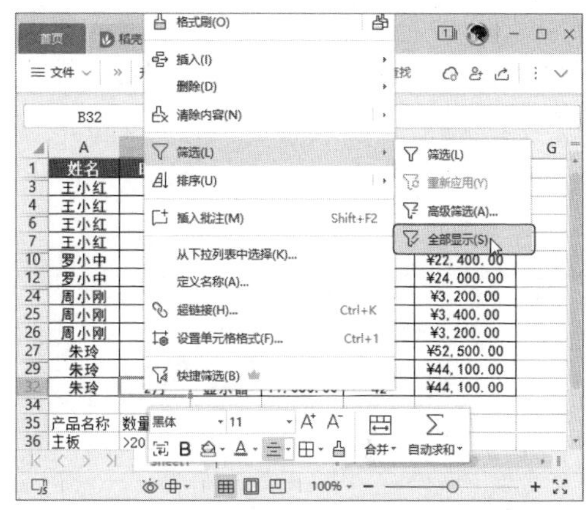

6.3 分类汇总统计数据

用户可以通过 WPS 表格提供的分类汇总功能对表格中的数据进行分类，把性质相同的数据汇总到一起，使表格的结构更清晰，更便于查找数据。下面将介绍创建简单分类汇总、高级分类汇总和嵌套分类汇总的方法。

6.3.1 分类汇总的要点

在工作中，我们经常会接触到二维数据表格，需要根据表中的某列数据字段对数据进行分类汇总，得出汇总结果。此时，就需要使用分类汇总功能。

在进行分类汇总时，需要注意以下要点。

1. 汇总前排序

在创建分类汇总之前，首先要按照汇总的字段对工作表中的数据进行排序。如果没有对汇总字段进行排序，数据汇总时就无法得出正确的结果。

2. 生成汇总表

对需要汇总的字段排序后，执行分类汇总命令，然后设置分类汇总选项，就可以生成汇总表，如下图所示。

3. 分级查看汇总数据

默认情况下，WPS 表格中的分类汇总表显示全部的 3 级汇总结果。如果汇总结果较多，查看不方便，也可以通过【汇总级别】，使汇总表只显示 1 级或 2 级汇总结果，如下图所示。

4. 取消分类汇总

根据某个字段进行分类汇总之后，还可以取消分类汇总结果，还原到汇总前的状态。

在【分类汇总】对话框中，单击【全部删除】按钮，就可以删除所有的分类汇总，还原到汇总前的状态，如下图所示。

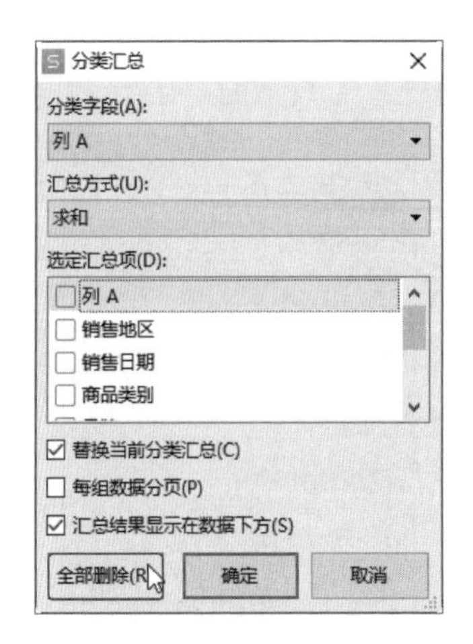

6.3.2 简单分类汇总

分类汇总是根据指定的条件对数据进行分类，并计算各分类数据的汇总值。在进行分类汇总前，应先以需要进行分类汇总的字段为关键字进行排序，以避免无法达到预期的汇总效果。

例如，在“促销活动销量表”工作簿中，以【商品类别】为分类字段，对销售额进行求和汇总，操作方法如下。

第1步 打开“素材文件\第 6 章\促销活动销量表.xlsx”工作簿，❶将光标定位到【商品类别】列的任意数据单元格中；❷单击【开始】选项卡中的【排序】按钮，该列将按升序排序，如下图所示。

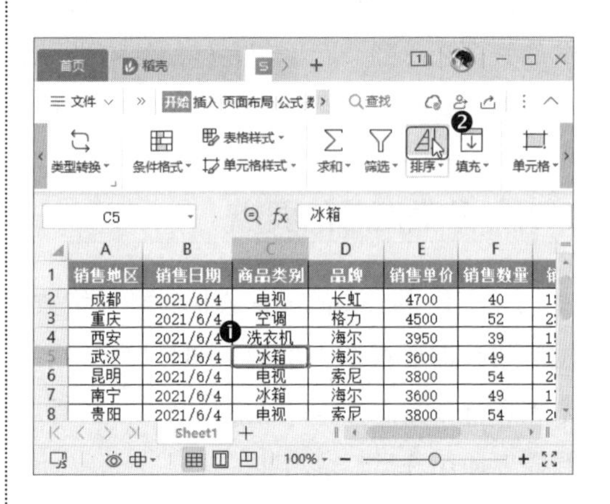

第2步 在【数据】选项卡中单击【分类汇总】按钮，如下图所示。

> **教您一招**
>
> **分页存放汇总结果**
>
> 如果希望将分类汇总后的各组数据分页存放，可以在【分类汇总】对话框中勾选【每组数据分页】复选框。

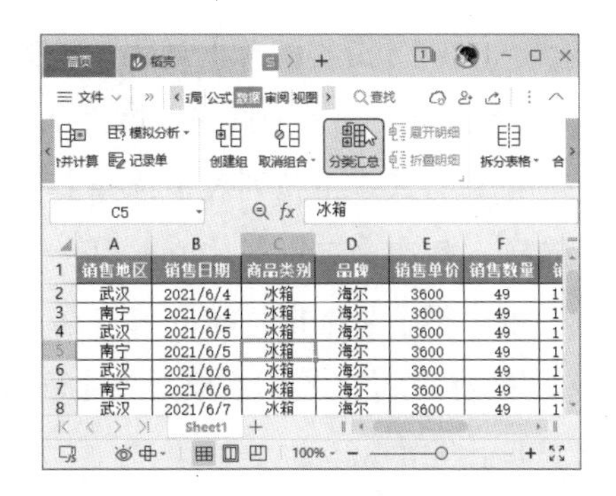

第3步 打开【分类汇总】对话框，❶ 在【分类字段】下拉列表中选择【商品类别】；❷ 在【汇总方式】下拉列表中选择【求和】选项；❸ 在【选定汇总项】列表框中勾选【销售额】复选框；❹ 单击【确定】按钮，如下图所示。

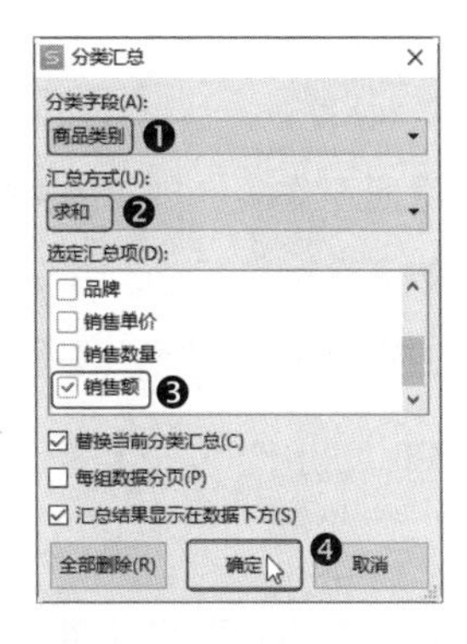

第4步 返回工作表，即可看到表中数据已经按照设置进行了分类汇总，并分组显示分类汇总的数据信息，如下图所示。

教您一招

将汇总项显示在数据上方

在默认情况下，对表格数据进行分类汇总后，汇总项会显示在数据的下方，如果需要将汇总项显示在数据的上方，可以取消勾选【汇总结果显示在数据下方】复选框（默认为勾选状态）。

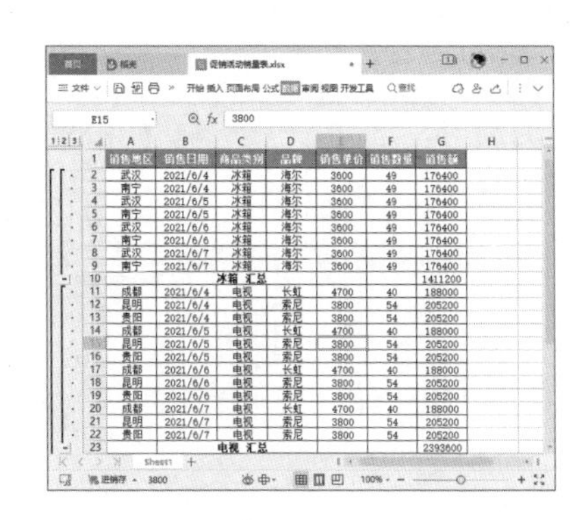

6.3.3 高级分类汇总

高级分类汇总主要用于对数据清单中的某一列进行两种方式的汇总。相对于简单分类汇总而言，高级分类汇总的结果更加清晰，更便于用户分析数据信息。

例如，在“促销活动销量表”工作簿中，先按日期汇总销售额，再按日期汇总销售额的平均值，操作方法如下。

第1步 打开“素材文件\第 6 章\促销活动销量表.xlsx”工作簿，❶ 将光标定位到【销售日期】列的任意数据单元格中；❷ 单击【数据】选项卡中的【排序】按钮，该列将按升序排序，如下图所示。

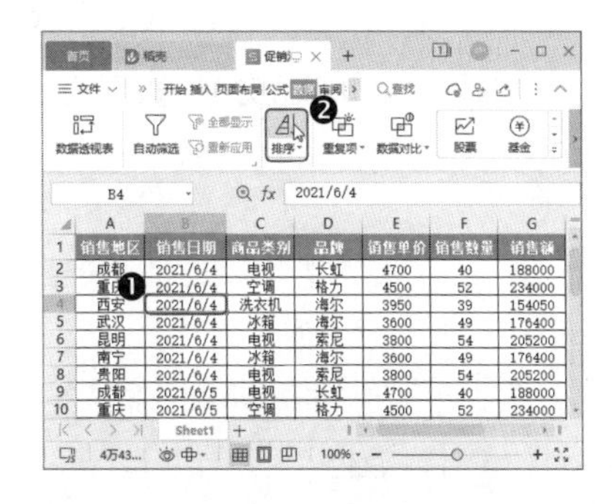

第2步 在【数据】选项卡中单击【分类汇总】按钮，如下图所示。

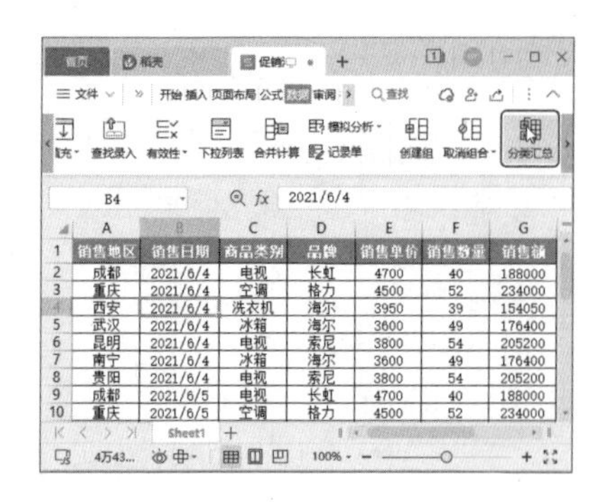

	A	B	C	D	E	F	G
1	销售地区	销售日期	商品类别	品牌	销售单价	销售数量	销售额
2	成都	2021/6/4	电视	长虹	4700	40	188000
3	重庆	2021/6/4	空调	格力	4500	52	234000
4	西安	2021/6/4	洗衣机	海尔	3950	39	154050
5	武汉	2021/6/4	冰箱	海尔	3600	49	176400
6	昆明	2021/6/4	电视	索尼	3800	54	205200
7	南宁	2021/6/4	冰箱	海尔	3600	49	176400
8	贵阳	2021/6/4	电视	索尼	3800	54	205200
9	成都	2021/6/5	电视	长虹	4700	40	188000
10	重庆	2021/6/5	空调	格力	4500	52	234000

第3步 打开【分类汇总】对话框，❶ 在【分类字段】下拉列表中选择【销售日期】；❷ 在【汇总方式】下拉列表中选择【求和】选项；❸ 在【选定汇总项】列表框中勾选【销售额】复选框；❹ 单击【确定】按钮，如下图所示。

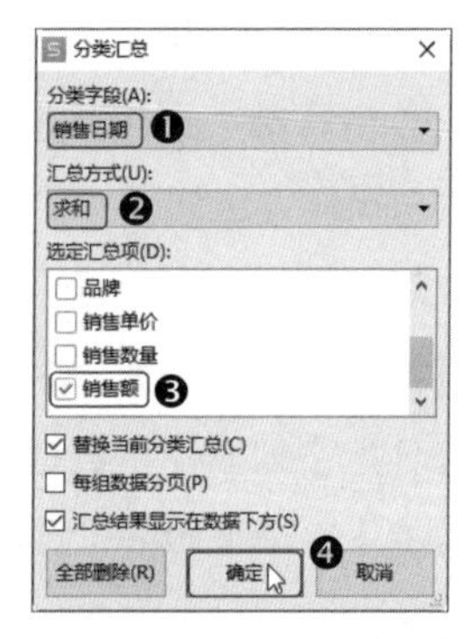

第4步 返回工作表，再次单击【数据】选项卡中的【分类汇总】命令，如下图所示。

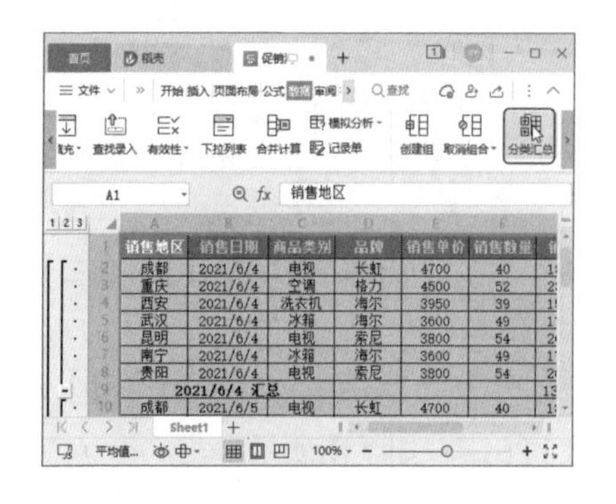

第5步 打开【分类汇总】对话框，❶ 在【分类字段】下拉列表中选择【销售日期】；❷ 在【汇总方式】下拉列表中选择【平均值】选项；❸ 在【选定汇总项】列表框中勾选【销售额】复选框；❹ 取消勾选【替换当前分类汇总】复选框；❺ 单击【确定】按钮，如下图所示。

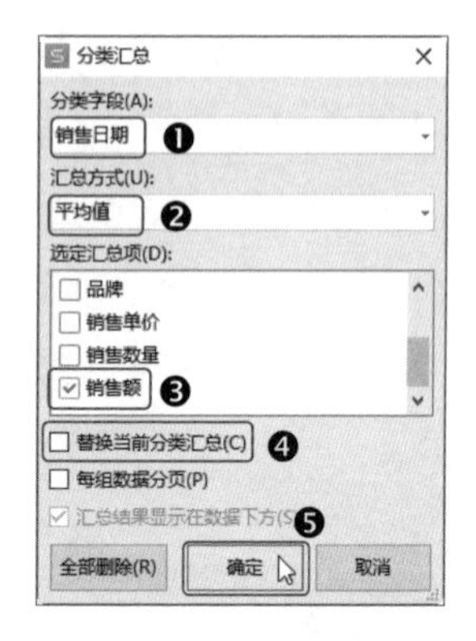

第6步 返回工作表，即可看到表中数据按照设置进行了分类汇总，并分组显示出分类汇总的数据信息，如下图所示。

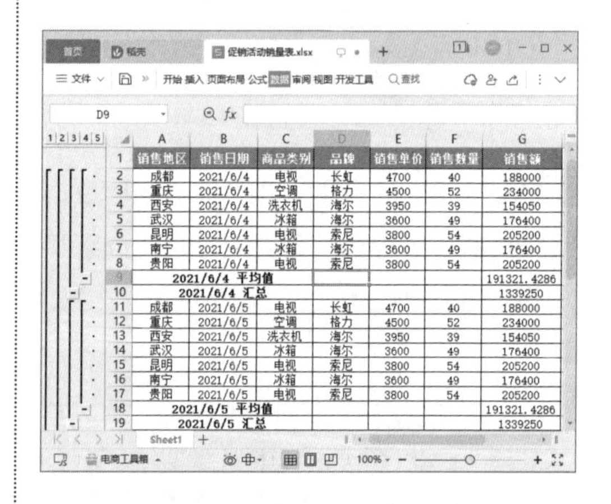

	A	B	C	D	E	F	G
1	销售地区	销售日期	商品类别	品牌	销售单价	销售数量	销售额
2	成都	2021/6/4	电视	长虹	4700	40	188000
3	重庆	2021/6/4	空调	格力	4500	52	234000
4	西安	2021/6/4	洗衣机	海尔	3950	39	154050
5	武汉	2021/6/4	冰箱	海尔	3600	49	176400
6	昆明	2021/6/4	电视	索尼	3800	54	205200
7	南宁	2021/6/4	冰箱	海尔	3600	49	176400
8	贵阳	2021/6/4	电视	索尼	3800	54	205200
9		2021/6/4 平均值					191321.4286
10		2021/6/4 汇总					1339250
11	成都	2021/6/5	电视	长虹	4700	40	188000
12	重庆	2021/6/5	空调	格力	4500	52	234000
13	西安	2021/6/5	洗衣机	海尔	3950	39	154050
14	武汉	2021/6/5	冰箱	海尔	3600	49	176400
15	昆明	2021/6/5	电视	索尼	3800	54	205200
16	南宁	2021/6/5	冰箱	海尔	3600	49	176400
17	贵阳	2021/6/5	电视	索尼	3800	54	205200
18		2021/6/5 平均值					191321.4286
19		2021/6/5 汇总					1339250

6.3.4 嵌套分类汇总

高级分类汇总虽然汇总了两次，但两

次汇总时关键字都是相同的。而嵌套分类汇总是对数据清单中两列或两列以上的数据信息同时进行汇总。

例如，在“促销活动销量表”工作簿中，先按商品类别汇总销售额，再汇总品牌的平均值，操作方法如下。

第1步 打开“素材文件\第 6 章\促销活动销量表.xlsx”工作簿，❶ 将光标定位到任意数据单元格中；❷ 单击【数据】选项卡中的【排序】下拉按钮；❸ 在弹出的下拉菜单中选择【自定义排序】命令，如下图所示。

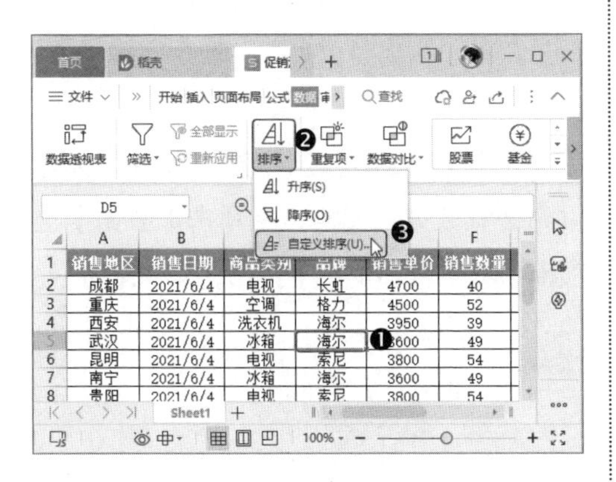

第2步 打开【排序】对话框，❶ 设置【主要关键字】为【商品类别】，【次序】为【升序】；❷ 单击【添加条件】按钮；❸ 设置【次要关键字】为【品牌】，【次序】为【升序】；❹ 单击【确定】按钮，如下图所示。

第3步 在【数据】选项卡中单击【分类汇总】按钮，如下图所示。

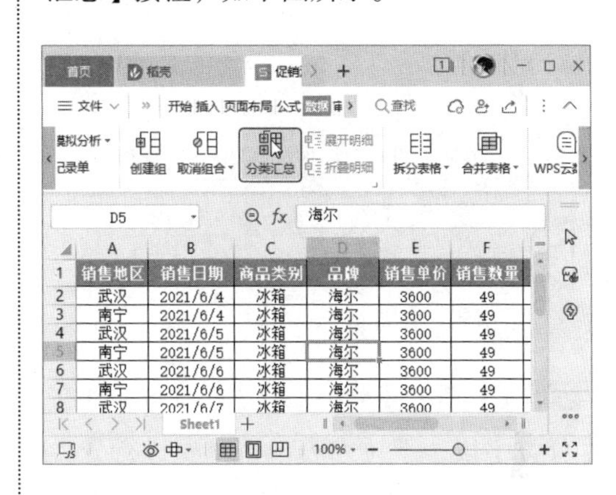

第4步 打开【分类汇总】对话框，❶ 在【分类字段】下拉列表中选择要进行分类汇总的字段，本例选择【商品类别】，在【汇总方式】下拉列表中选择需要的汇总方式，本例选择【求和】；❷ 在【选定汇总项】列表框中选择要进行汇总的项目，本例选择【销售额】；❸ 单击【确定】按钮，如下图所示。

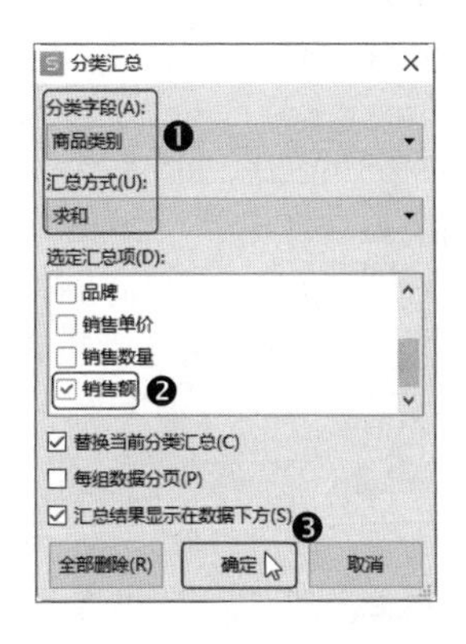

第5步 返回工作表，再次单击【数据】选项卡中的【分类汇总】按钮，如下图所示。

第6步 打开【分类汇总】对话框，❶ 在【分类字段】下拉列表中选择要进行分类汇总的字段，本例选择【品牌】，在【汇总方式】下拉列表中选择需要的汇总方式，本例选择【平均值】；❷ 在【选定汇总项】列表框中选择要进行汇总的项目，本例选择【销售额】；❸ 取消勾选【替换当前分类汇总】复选框；❹ 单击【确定】按钮，如下图所示。

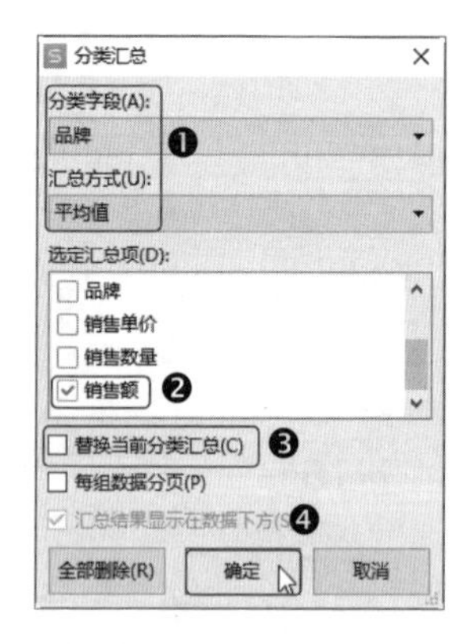

第7步 返回工作表，即可看到表中数据按照设置进行了分类汇总，并分组显示出分类汇总的数据信息，如下图所示。

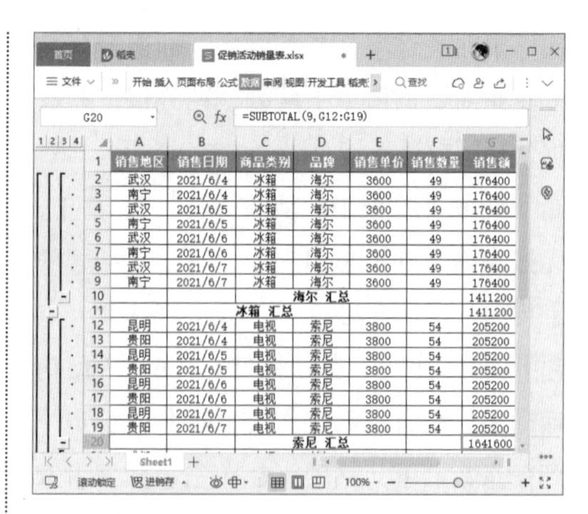

6.3.5 删除分类汇总

分类汇总后，如果不再需要查看汇总信息，可以删除分类汇总，操作方法如下。

第1步 打开“素材文件\第 6 章\促销活动销量表 1.xlsx”工作簿，❶ 将光标定位到任意数据单元格；❷ 单击【数据】选项卡中的【分类汇总】按钮，如下图所示。

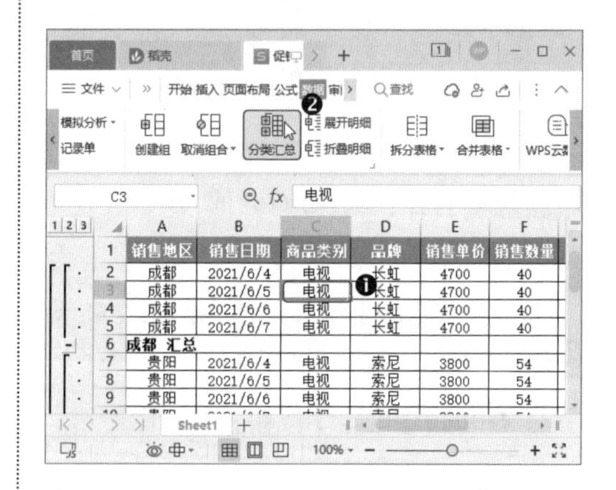

第2步 打开【分类汇总】对话框，单击【全部删除】按钮，如下图所示。

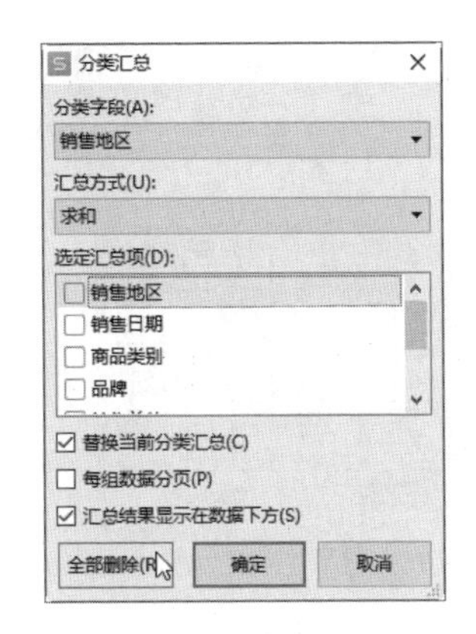

第3步 返回工作表中，即可看到工作表已经恢复为最初的数据表，分类汇总已经被删除，如下图所示。

	A	B	C	D	E	F	G
1	销售地区	销售日期	商品类别	品牌	销售单价	销售数量	销售额
2	成都	2021/6/4	电视	长虹	4700	40	188000
3	成都	2021/6/5	电视	长虹	4700	40	188000
4	成都	2021/6/6	电视	长虹	4700	40	188000
5	成都	2021/6/7	电视	长虹	4700	40	188000
6	贵阳	2021/6/4	电视	索尼	3800	54	205200
7	贵阳	2021/6/5	电视	索尼	3800	54	205200
8	贵阳	2021/6/6	电视	索尼	3800	54	205200
9	贵阳	2021/6/7	电视	索尼	3800	54	205200
10	昆明	2021/6/4	电视	索尼	3800	54	205200
11	昆明	2021/6/5	电视	索尼	3800	54	205200
12	昆明	2021/6/6	电视	索尼	3800	54	205200
13	昆明	2021/6/7	电视	索尼	3800	54	205200

6.4 设置条件格式呈现重点数据

在编辑表格时，可以为表格设置条件格式。WPS 表格提供了非常丰富的条件格式，并且当单元格中的数据发生变化时，系统会自动评估并应用指定的格式。下面将详细讲解条件格式的使用方法。

6.4.1 显示重点单元格

如果要在 WPS 表格中突出显示一些数据，如大于某个值的数据、小于某个值的数据、等于某个值的数据等，可以使用突出显示单元格规则来实现。

1. 突出显示单元格规则的含义

在使用突出显示单元格规则之前，首先需要了解其中有哪些命令，各命令的具体含义是什么，如下图所示。

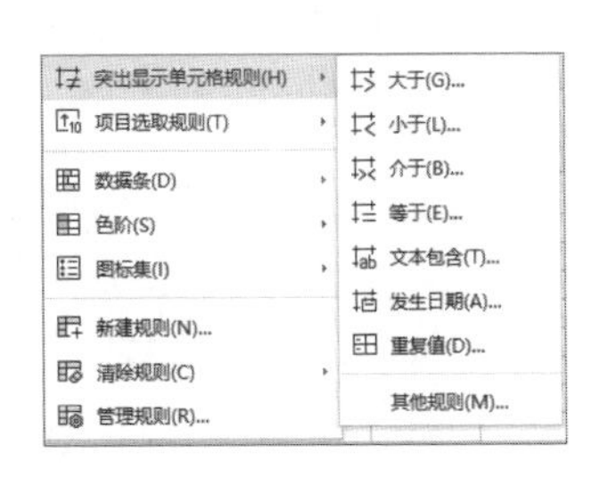

- 【大于】命令：表示将大于某个值的单元格突出显示。
- 【小于】命令：表示将小于某个值的单元格突出显示。
- 【介于】命令：表示将位于某个数值范围内的单元格突出显示。
- 【等于】命令：表示将等于某个值的单元格突出显示。
- 【文本包含】命令：表示将包含所设置的文本信息的单元格突出显示。
- 【发生日期】命令：表示将与设置的日期相符的单元格突出显示。
- 【重复值】命令：表示将重复出现的单元格突出显示。

2. 突出显示单元格规则的使用方法

下面以在“空调销售表”工作簿中突出显示销售数量小于“20”的单元格为例，介绍突出显示单元格规则的使用方法。

第1步 打开“素材文件\第 6 章\空调销售表 .xlsx”工作簿，❶ 选择 D2:D10 单元格区域；❷ 单击【开始】选项卡中的【条件格式】下拉按钮；❸ 在弹出的下拉菜单中选择【突出显示单元格规则】选项；❹ 在弹出的子菜单中选择【小于】命令，如下图所示。

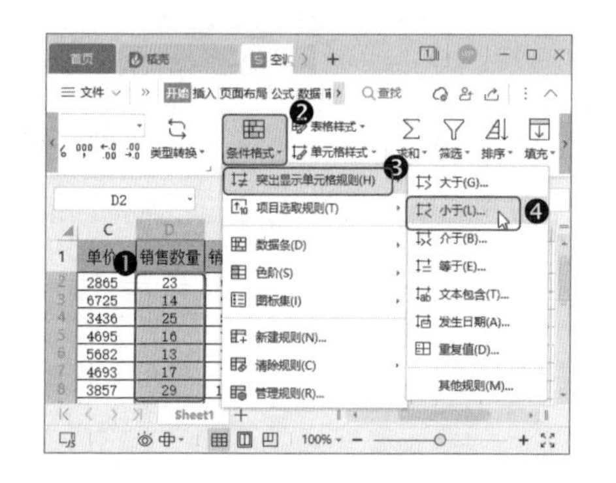

第2步 打开【小于】对话框，❶ 在数值框中输入“20”，在【设置为】下拉列表中选择【浅红填充色深红色文本】选项；❷ 单击【确定】按钮，如下图所示。

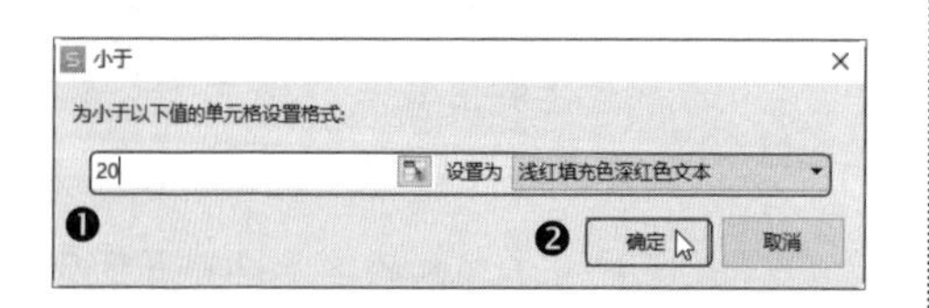

第3步 返回工作簿中，即可看到 D2:D10 单元格区域中小于 20 的数值已经以浅红填充色深红色文本的单元格格式突出显示，如下图所示。

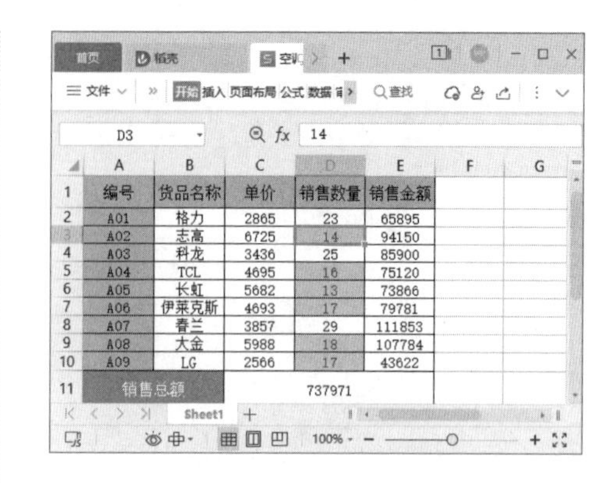

编号	货品名称	单价	销售数量	销售金额
A01	格力	2865	23	65895
A02	志高	6725	14	94150
A03	科龙	3436	25	85900
A04	TCL	4695	16	75120
A05	长虹	5682	13	73866
A06	伊莱克斯	4693	17	79781
A07	春兰	3857	29	111853
A08	大金	5988	18	107784
A09	LG	2566	17	43622
销售总额		737971		

3. 显示重复的数据

在记录数据时，有时会因为操作失误而导致数据重复录入，此时，需要找出重复数据，再根据实际情况处理重复数据。

要在“职员招聘报名表”中将重复的姓名标记出来，操作方法如下。

第1步 打开“素材文件\第 6 章\职员招聘报名表 .xlsx”工作簿，❶ 选择 A3:A15 单元格区域；❷ 单击【开始】选项卡中的【条件格式】下拉按钮；❸ 在弹出的下拉列表中选择【突出显示单元格规则】选项；❹ 在弹出的子菜单中单击【重复值】命令，如下图所示。

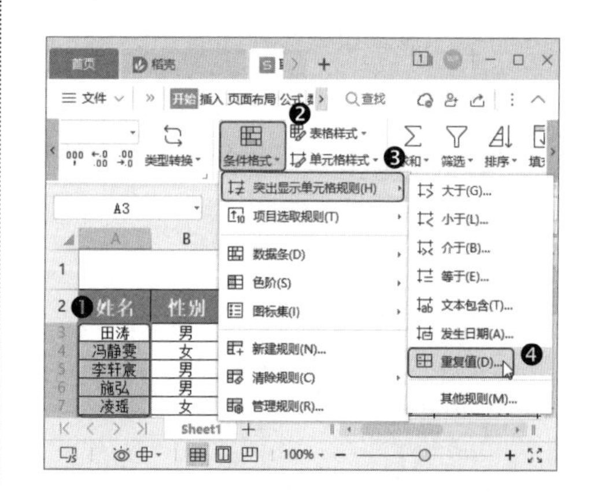

第2步 打开【重复值】对话框，❶ 单击【设置为】右侧的下拉按钮；❷ 在弹出的下拉菜单中选择【自定义格式】命令，如下图所示。

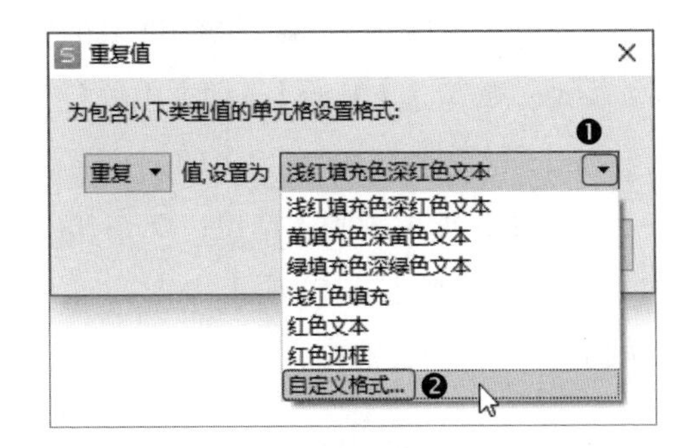

第3步 打开【单元格格式】对话框，在【字体】选项卡中设置字体颜色，如“白色”，如下图所示。

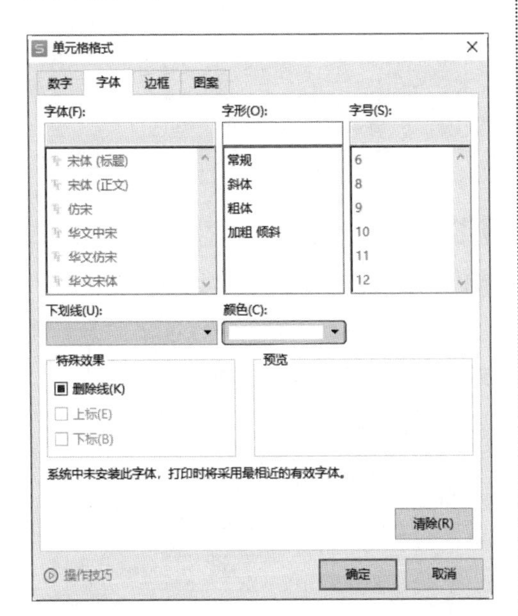

第4步 切换到【图案】选项卡，❶ 在【单元格底纹】区域中选择一种底纹颜色，如“深红”；❷ 单击【确定】按钮，如下图所示。

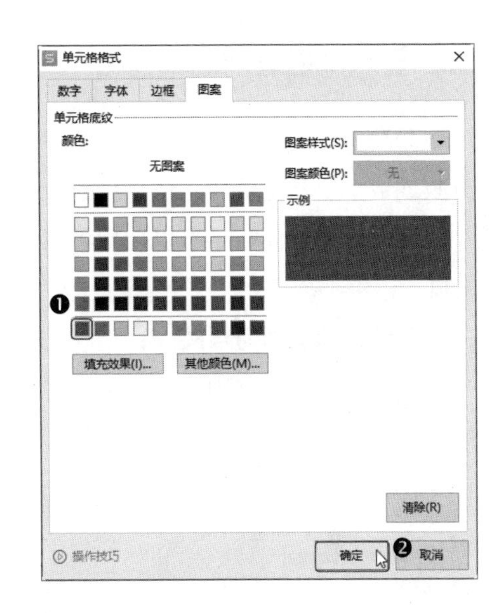

第5步 返回【重复值】对话框，直接单击【确定】按钮，如下图所示。

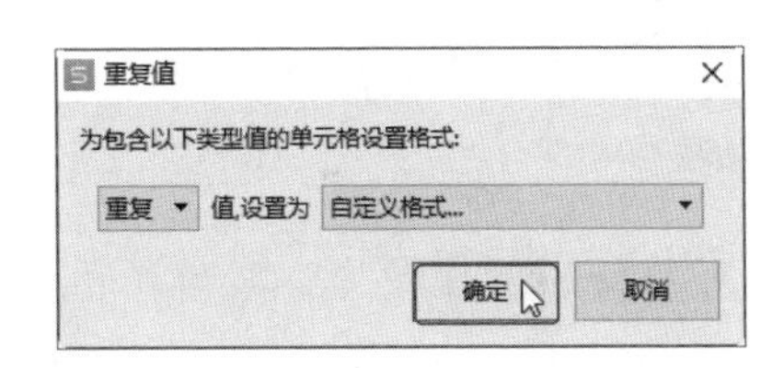

第6步 返回工作表，即可看到根据设置的单元格格式突出显示重复姓名的效果，如下图所示。

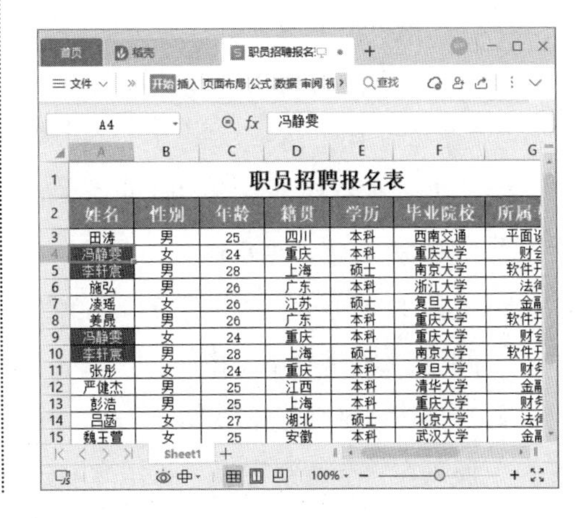

职员招聘报名表

姓名	性别	年龄	籍贯	学历	毕业院校
田涛	男	25	四川	本科	西南交通
冯静雯	女	24	重庆	本科	重庆大学
李轩豪	男	28	上海	硕士	南京大学
施弘	男	26	广东	本科	浙江大学
凌瑶	女	26	江苏	硕士	复旦大学
姜晟	男	26	广东	本科	重庆大学
冯静雯	女	24	重庆	本科	重庆大学
李轩豪	男	28	上海	硕士	南京大学
张彤	女	24	重庆	本科	复旦大学
严健杰	男	25	江西	本科	清华大学
彭浩	男	25	上海	本科	重庆大学
吕涵	女	27	湖北	硕士	北京大学
魏玉萱	女	25	安徽	本科	武汉大学

6.4.2 显示排名靠前的单元格

如果要识别项目中排名靠前或靠后的百分数或数字所指定的项，或者指定大于或小于平均值的单元格，可以使用项目选取规则。

1. 项目选取规则的含义

在使用项目选取规则之前，首先需要了解其中有哪些命令，各命令的具体含义是什么，如下图所示。

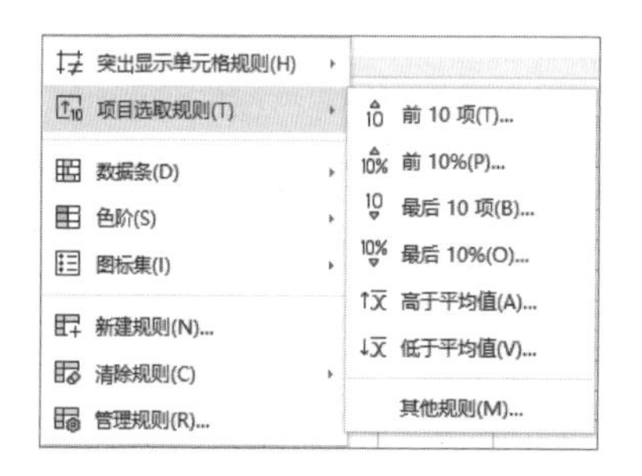

- 【前 10 项】命令：突出显示值最大的 10 个单元格。
- 【前 10%】命令：突出显示值最大的 10% 的单元格。
- 【最后 10 项】命令：突出显示值最小的 10 个单元格。
- 【最后 10%】命令：突出显示值最小的后 10% 的单元格。
- 【高于平均值】命令：突出显示值高于平均值的单元格。
- 【低于平均值】命令：突出显示值低于平均值的单元格。

2. 项目选取规则的使用方法

下面以在“空调销售表”工作簿中分别设置销售金额前 3 位的单元格和低于平均销售额的单元格为例，介绍使用项目选取规则的方法。

第1步 打开“素材文件\第 6 章\空调销售表 .xlsx”工作簿，❶ 选择 E2:E10 单元格区域；❷ 单击【开始】选项卡中的【条件格式】下拉按钮；❸ 在弹出的下拉菜单中选择【项目选取规则】选项；❹ 在弹出的子菜单中选择【前 10 项】命令，如下图所示。

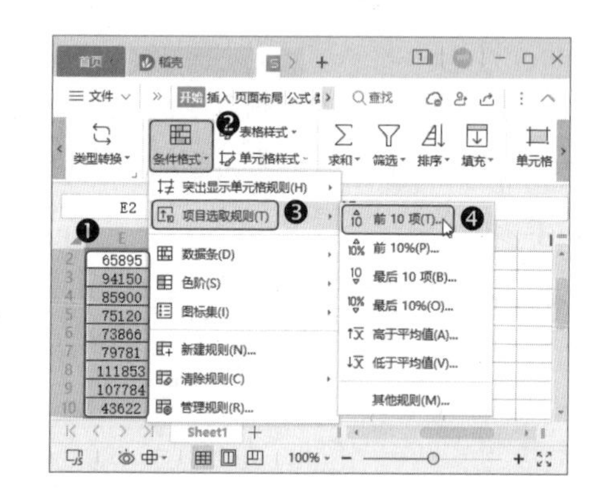

第2步 打开【前 10 项】对话框，❶ 在数值框中输入“3”，在【设置为】下拉列表中选择【浅红填充色深红色文本】选项；❷ 单击【确定】按钮，如下图所示。

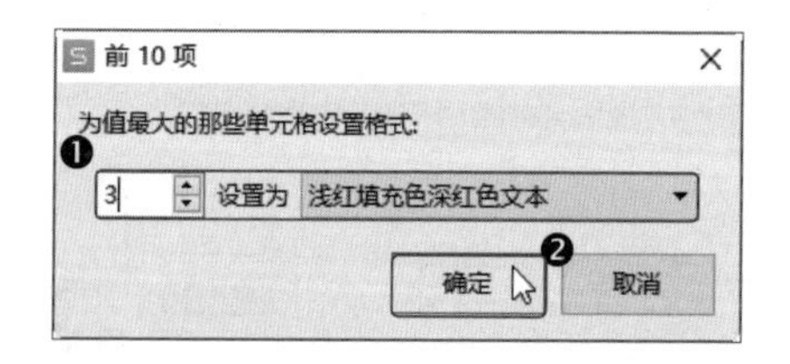

第3步 保持单元格区域的选定，❶ 再次单击【开始】选项卡中的【条件格式】下拉按钮；❷ 在弹出的下拉菜单中选择

【项目选取规则】选项；❸ 在弹出的子菜单中选择【低于平均值】命令，如下图所示。

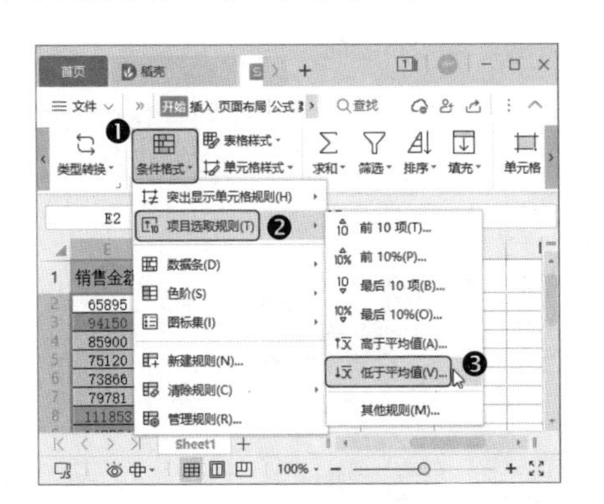

第4步 打开【低于平均值】对话框，❶ 在【针对选定区域，设置为】下拉列表中选择【绿填充色深绿色文本】选项；❷ 单击【确定】按钮，如下图所示。

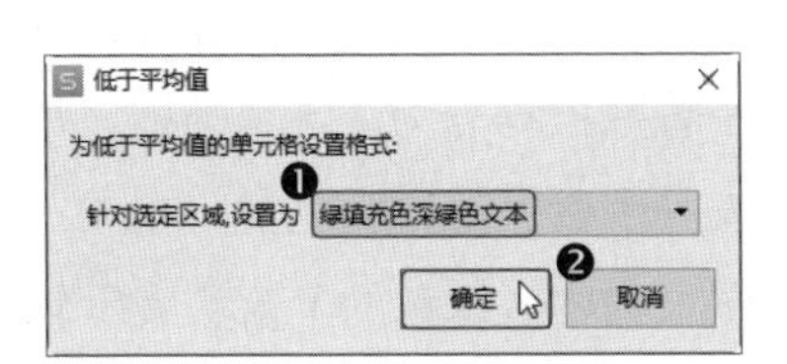

第5步 返回工作簿中，即可看到已经对 E2:E10 单元格区域中销售金额前 3 名的单元格和低于平均值的单元格进行了设置，如下图所示。

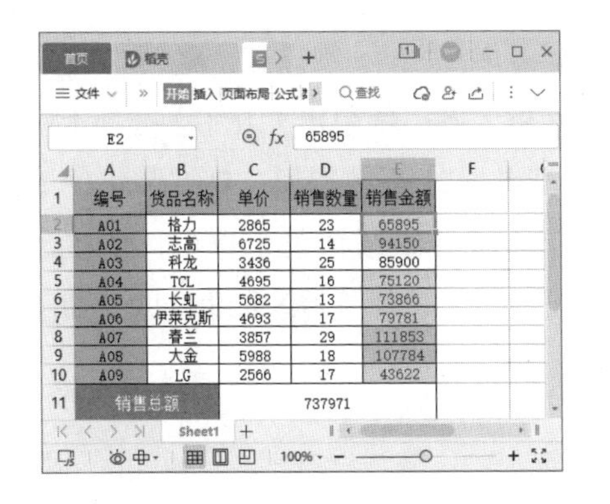

编号	货品名称	单价	销售数量	销售金额
A01	格力	2865	23	65895
A02	志高	6725	14	94150
A03	科龙	3436	25	85900
A04	TCL	4695	16	75120
A05	长虹	5682	13	73866
A06	伊莱克斯	4693	17	79781
A07	春兰	3857	29	111853
A08	大金	5988	18	107784
A09	LG	2566	17	43622
销售总额		737971		

6.4.3 使用数据条分析数据

数据条可用于查看某个单元格相对于其他单元格的值。数据条的长度代表单元格中的值的大小，数据条越长，表示值越大；数据条越短，表示值越小。使用数据条分析大量数据中的较大值和较小值非常方便。

下面以在“空调销售表”工作簿中使用数据条显示销售数量的数值为例，介绍使用数据条设置条件格式的方法。

第1步 打开“素材文件\第 6 章\空调销售表.xlsx”工作簿，❶ 选择 D2:D10 单元格区域；❷ 单击【开始】选项卡中的【条件格式】下拉按钮；❸ 在弹出的下拉菜单中选择【数据条】选项；❹ 在弹出的子菜单中选择数据条样式，如下图所示。

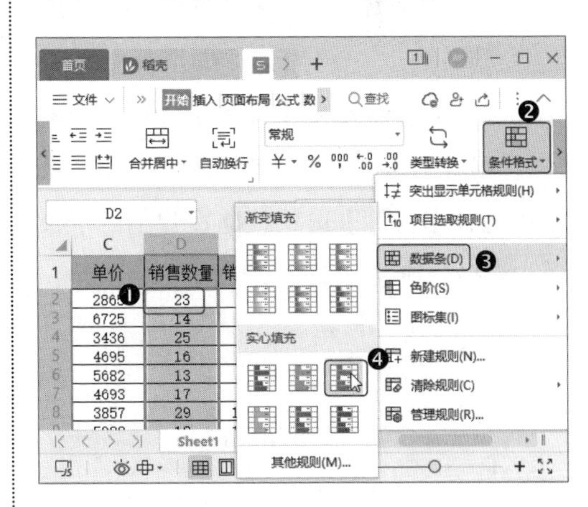

第2步 返回工作簿中，即可看到 D2:D10 单元格区域已经根据数值大小填充了数据条，如下图所示。

	A	B	C	D	E
1	编号	货品名称	单价	销售数量	销售金额
2	A01	格力	2865	23	65895
3	A02	志高	6725	14	94150
4	A03	科龙	3436	25	85900
5	A04	TCL	4695	16	75120
6	A05	长虹	5682	13	73866
7	A06	伊莱克斯	4693	17	79781
8	A07	春兰	3857	29	111853
9	A08	大金	5988	18	107784
10	A09	LG	2566	17	43622
11	销售总额		737971		

6.4.4 使用色阶分析数据

色阶可以帮助用户直观地了解数据的分布和变化情况。WPS 表格默认使用双色刻度和三色刻度来设置条件格式，通过颜色的深浅程度来反映某个区域的单元格数据，颜色的深浅体现值的大小。

下面以在 C2:C10 单元格区域中使用色阶为例，介绍使用色阶设置条件格式的方法。

第1步 接上一例操作，❶ 选择 C2:C10 单元格区域；❷ 单击【开始】选项卡中的【条件格式】下拉按钮；❸ 在弹出的下拉菜单中选择【色阶】选项；❹ 在弹出的子菜单中选择一种色阶样式，如下图所示。

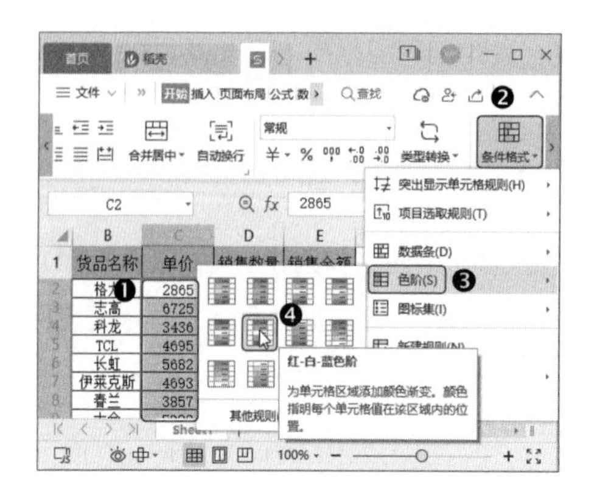

第2步 返回工作簿中，即可看到 C2:C10 单元格区域已经根据数值大小填充了选定的颜色，如下图所示。

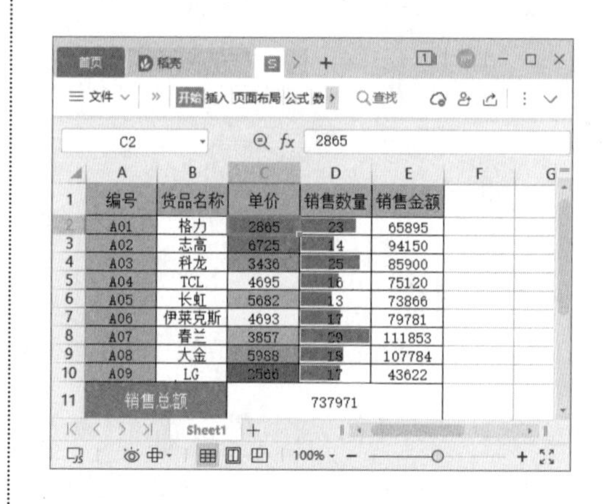

	A	B	C	D	E
1	编号	货品名称	单价	销售数量	销售金额
2	A01	格力	2865	23	65895
3	A02	志高	6725	14	94150
4	A03	科龙	3436	25	85900
5	A04	TCL	4695	16	75120
6	A05	长虹	5682	13	73866
7	A06	伊莱克斯	4693	17	79781
8	A07	春兰	3857	29	111853
9	A08	大金	5988	18	107784
10	A09	LG	2566	17	43622
11	销售总额		737971		

6.4.5 使用图标集分析数据

图标集用于对数据进行注释，并按值的大小将数据划分为 3~5 个类别，每个图标代表一个数据范围。例如，在“三向箭头”图标集中，绿色的上箭头表示较高的值，黄色的右箭头表示中间值，红色的下箭头表示较低的值。

下面以为“空调销售表”工作簿中的销售金额设置图标集为例，介绍使用图标集的方法。

第1步 接上一例操作，❶ 选择 E2:E10 单元格区域；❷ 单击【开始】选项卡中的【条件格式】下拉按钮；❸ 在弹出的下拉菜单中选择【图标集】选项；❹ 在弹出的子菜单中选择一种图标集样式，如下图所示。

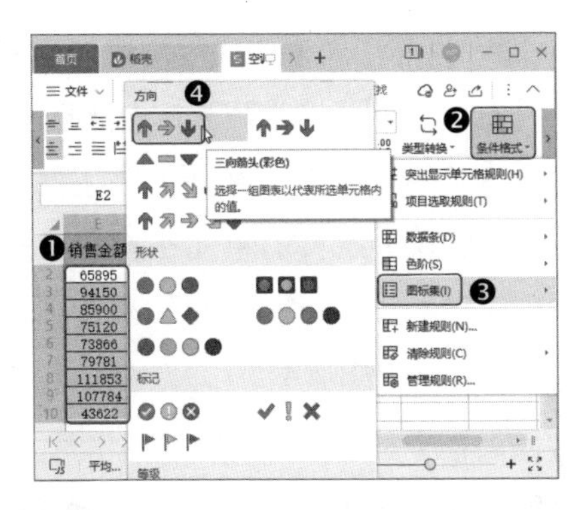

第2步 返回工作簿中，即可看到 E2:E10 单元格区域已经根据数值大小设置了图标，如下图所示。

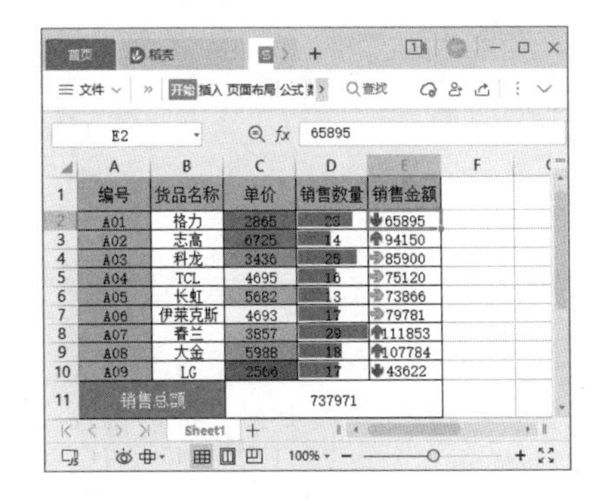

	A	B	C	D	E
1	编号	货品名称	单价	销售数量	销售金额
2	A01	格力	2865	23	65895
3	A02	志高	6725	14	94150
4	A03	科龙	3436	25	85900
5	A04	TCL	4695	16	75120
6	A05	长虹	5682	13	73866
7	A06	伊莱克斯	4693	17	79781
8	A07	春兰	3857	29	111853
9	A08	大金	5988	18	107784
10	A09	LG	2566	17	43622
11	销售总额		737971		

6.4.6 新建条件格式

如果内置的条件格式不符合使用需求，用户可以通过新建规则自定义适合自己的条件格式和规则。

1. 使用内置样式设置条件格式

下面以“空调销售表”工作簿为例，为 C2:C10 单元格区域新建条件格式，将单价列中大于等于 5000 的数据用【红旗】标记▶，操作方法如下。

第1步 打开“素材文件 \ 第 6 章 \ 空调销售表.xlsx”工作簿，❶ 选择 C2:C10 单元格区域；❷ 单击【开始】选项卡中的【条件格式】下拉按钮；❸ 在弹出的下拉菜单中选择【新建规则】选项，如下图所示。

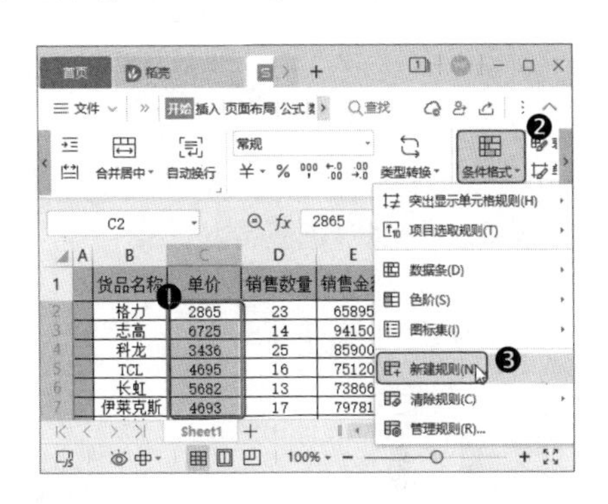

第2步 打开【新建格式规则】对话框，默认选择的规则类型为【基于各自值设置所有单元格的格式】，❶ 在【编辑规则说明】区域的【格式样式】下拉列表中选择【图标集】；❷ 在【类型】下拉列表中选择【数字】；❸ 在【值】编辑框中输入“5000”；❹ 在【图标】下拉列表中选择【红旗】▶；❺ 在【当 <5000 且】和【当 <33】两个【图标】下拉列表中选择【无单元格图标】选项；❻ 单击【确定】按钮，如下图所示。

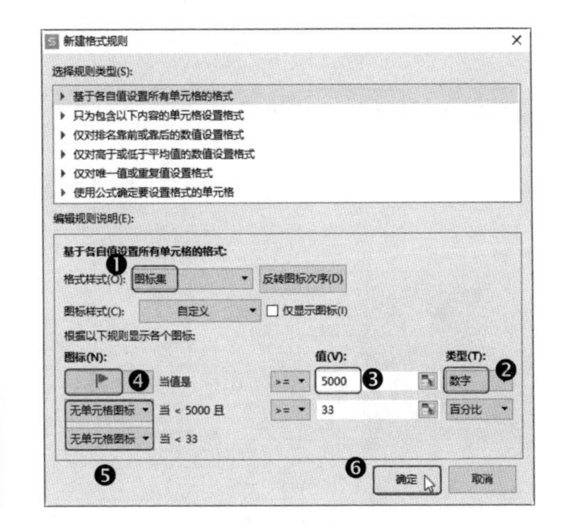

第3步 返回工作簿中，即可看到 C2:C10 单元格区域中大于等于 5000 的数据已标记【红旗】▶，如下图所示。

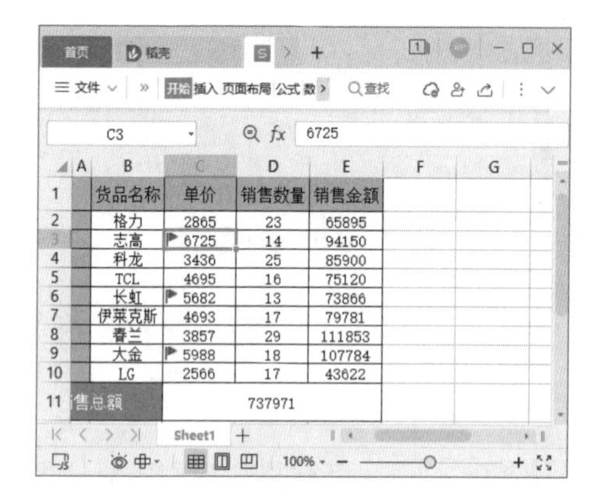

2. 使用公式新建条件格式

除了使用内置的自定义格式，我们还可以使用公式来新建条件格式。例如，在“空调销售表”工作簿中，设置当销售数量低于 20 时，突出显示货品名称，操作方法如下。

第1步 接上一例操作，❶ 选择 B2:B10 单元格区域；❷ 单击【开始】选项卡中的【条件格式】下拉按钮；❸ 在弹出的下拉菜单中选择【新建规则】选项，如下图所示。

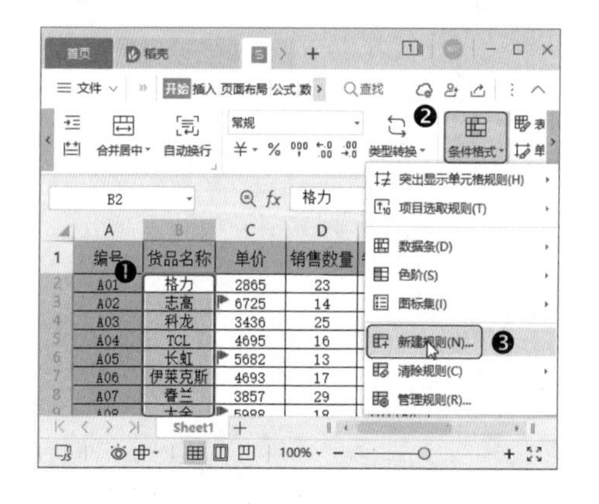

第2步 打开【新建格式规则】对话框，❶ 在【选择规则类型】列表框中选择【使用公式确定要设置格式的单元格】；❷ 在【只为满足以下条件的单元格设置格式】编辑框中输入公式“=$D2<20”；❸ 单击【格式】按钮，如下图所示。

第3步 打开【单元格格式】对话框，在【字体】选项卡的【颜色】下拉列表中选择【白色】，如下图所示。

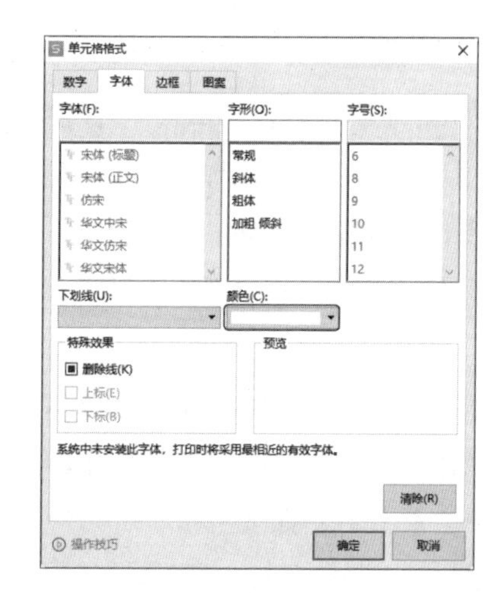

第4步 ❶ 在【图案】选项卡的【颜色】

区域中选择一种背景色；❷ 单击【确定】按钮，如下图所示。

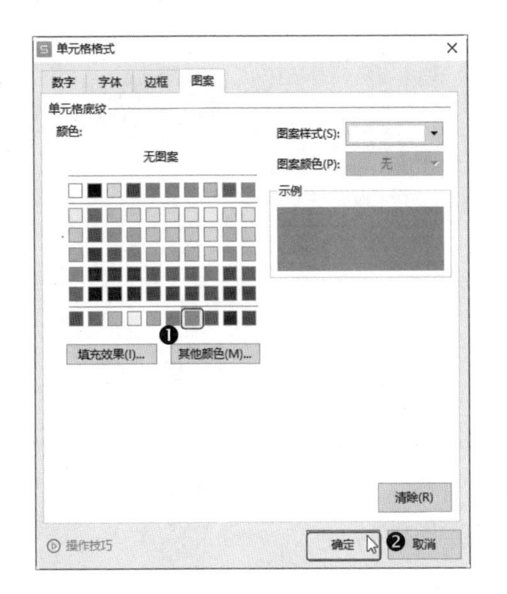

第5步 返回【新建格式规则】对话框，在【预览】栏中可以看到设置的单元格格式，单击【确定】按钮，如下图所示。

第6步 返回工作表中，即可看到货品名称已经按要求填充了颜色，如下图所示。

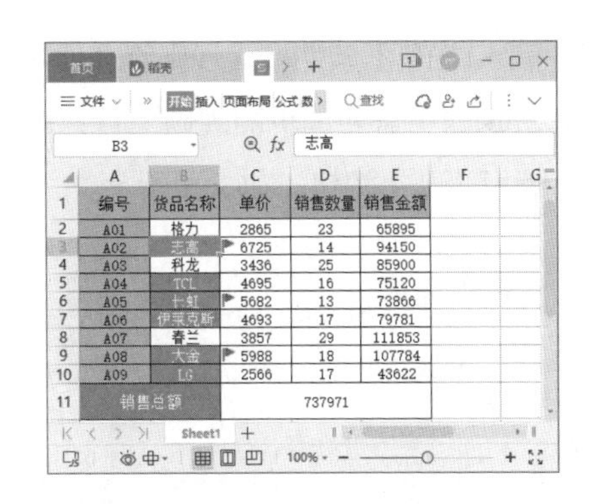

6.4.7 编辑和删除条件格式

为表格设置条件格式之后，如果对设置的条件格式不满意，可以对条件格式进行编辑修改。如果不再使用条件格式，也可以将其删除。

1. 修改条件格式

下面以“空调销售表”工作簿为例，为 B2:B10 单元格区域修改条件格式，操作方法如下。

第1步 打开“素材文件 \ 第 6 章 \ 空调销售表 1.xlsx”工作簿，❶ 选择 B2:B10 单元格区域；❷ 单击【开始】选项卡中的【条件格式】下拉按钮；❸ 在弹出的下拉菜单中选择【管理规则】选项，如下图所示。

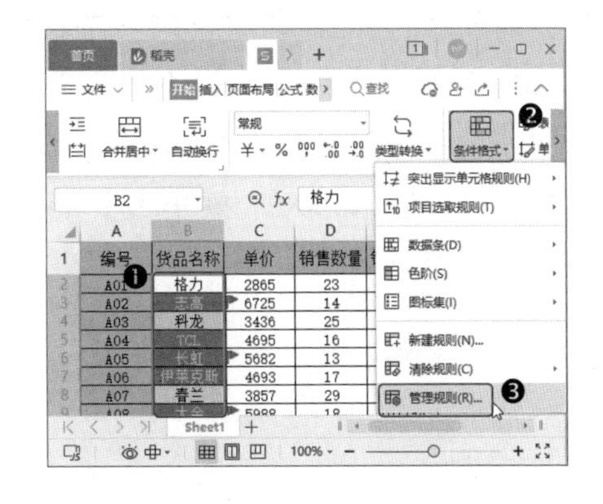

第2步 打开【条件格式规则管理器】对话框，❶ 选中需要编辑的规则项目；❷ 单击【编辑规则】按钮，如下图所示。

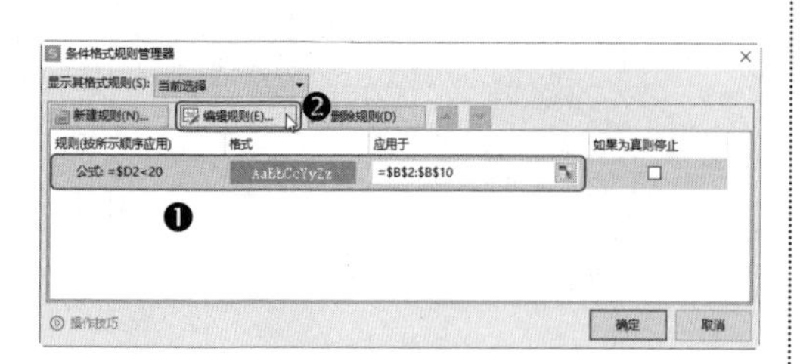

第3步 打开【编辑规则】对话框，❶ 在【只为满足以下条件的单元格设置格式】编辑框中将公式修改为“=$D2>25”；❷ 单击【格式】按钮，如下图所示。

第4步 打开【单元格格式】对话框，❶ 在【图案】选项卡的【单元格底纹】区域中重新选择一种底纹颜色；❷ 单击【确定】按钮，如下图所示。

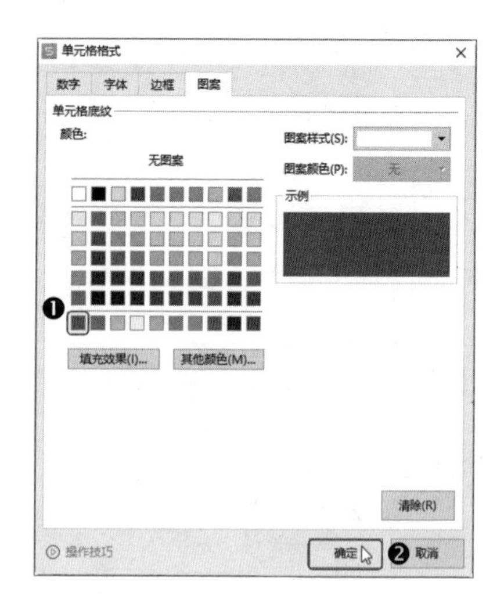

第5步 返回【编辑规则】对话框，可以看到修改后的格式效果，单击【确定】按钮，如下图所示。

第6步 返回【条件格式规则管理器】对话框，单击【确定】按钮，如下图所示。

第7步 返回工作簿中，即可看到条件格式修改后的效果，如下图所示。

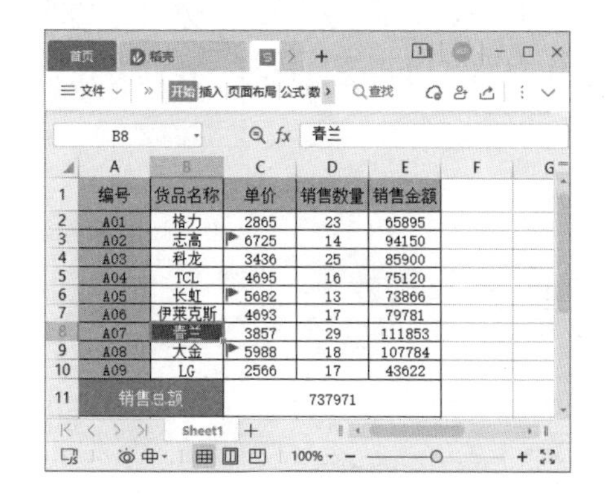

2. 删除条件格式

如果不再需要条件格式，也可以将其删除，删除条件格式的方法主要有以下几种。

（1）将光标定位到要删除条件格式的单元格区域的任意单元格中，单击【条件格式】下拉按钮，在弹出的下拉菜单中选择【清除规则】选项，在弹出的子菜单中单击【清除所选单元格的规则】选项，即可删除该区域的条件格式，如下图所示。

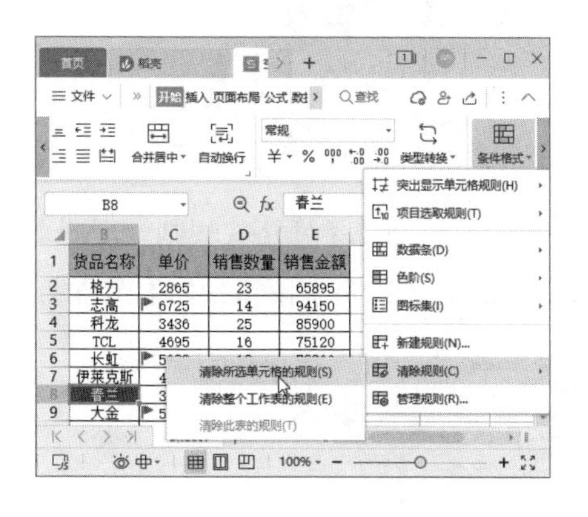

（2）将光标定位到数据区域的任意单元格中，单击【条件格式】下拉按钮，在弹出的下拉菜单中选择【清除规则】选项，在弹出的子菜单中单击【清除整个工作表的规则】选项，即可删除工作表中的全部条件格式，如下图所示。

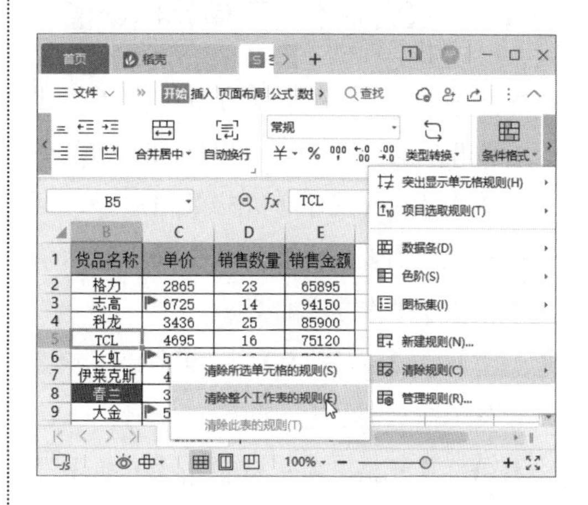

（3）选中设置了条件格式的单元格区域或选中整个表格，打开【条件格式规则管理器】对话框，选中要删除的条件格式，单击【删除规则】按钮，然后单击【确定】按钮，即可删除该条件格式，如下图所示。

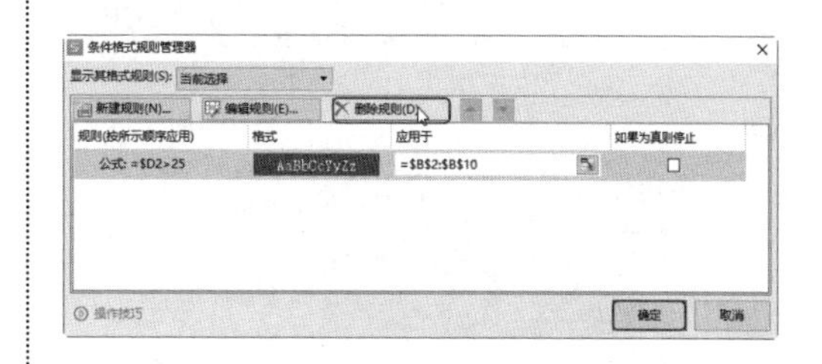

高手支招

通过对前面知识的学习，相信读者朋友已经掌握了数据排序、筛选和分类汇总的使用方法。下面结合本章内容，给读者介绍一些工作中的实用经验与技巧，让读者在分析数据时可以更快地找到关键数据。

01 让数据条不显示单元格数值

在编辑工作表时，为了能一目了然地查看数据的大小情况，可以使用数据条功能。使用数据条显示单元格数值后，还可以根据操作需要，设置让数据条不显示单元格数值，操作方法如下。

第1步 打开“素材文件\第 6 章\各级别职员工资总额对比 .xlsx”工作簿，❶ 选中 B3:B9 单元格区域；❷ 单击【开始】选项卡中的【条件格式】下拉按钮；❸ 在弹出的下拉菜单中单击【管理规则】选项，如下图所示。

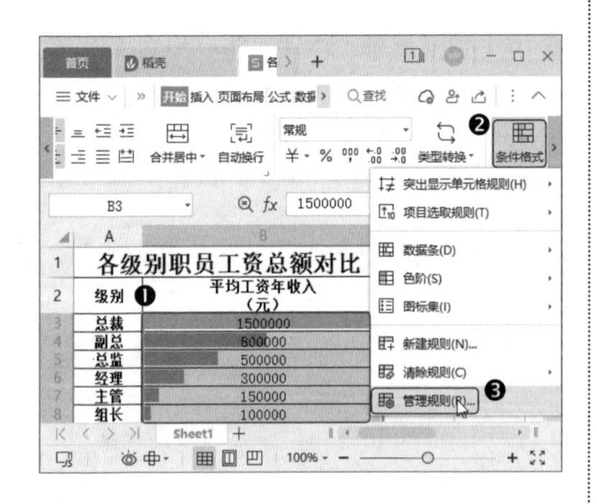

第2步 打开【条件格式规则管理器】对话框，❶ 在列表框中选中【数据条】选项；❷ 单击【编辑规则】按钮，如下图所示。

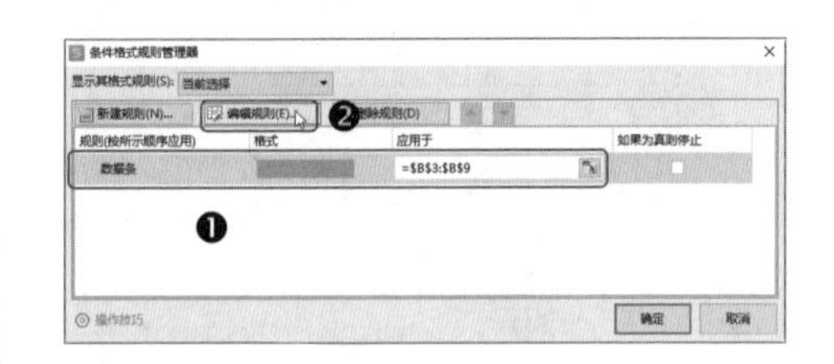

第3步 打开【编辑规则】对话框，❶ 在【编辑规则说明】区域中勾选【仅显示数据条】复选框；❷ 单击【确定】按钮，如下图所示。

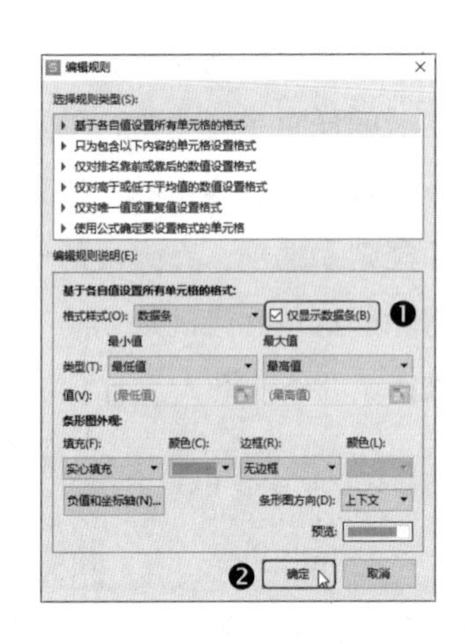

第4步 返回【条件格式规则管理器】对话框，单击【确定】按钮，如下图所示。

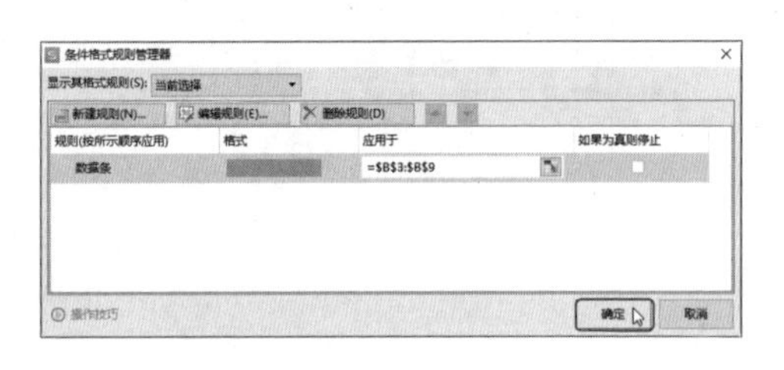

第5步 操作完成后，即可看到工资条的最终效果，如下图所示。

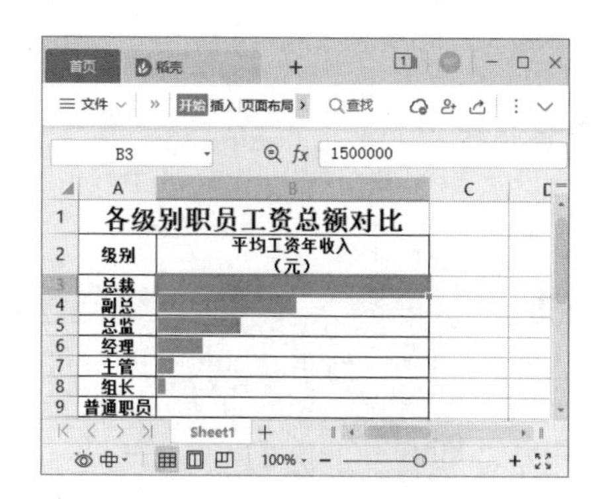

各级别职员工资总额对比	
级别	平均工资年收入（元）
总裁	
副总	
总监	
经理	
主管	
组长	
普通职员	

02 对双行标题的工作表进行筛选

当工作表中的标题由两行组成，且有的单元格进行了合并处理时，若选中数据区域中的任意单元格，再进入筛选状态，会发现无法正常筛选数据，此时就需要参考下面的操作方法。

第1步 打开“素材文件\第 6 章\双行工资表.xlsx”文件，❶ 单击第 2 行的行号，选中第 2 行标题；❷ 单击【数据】选项卡中的【自动筛选】按钮，如下图所示。

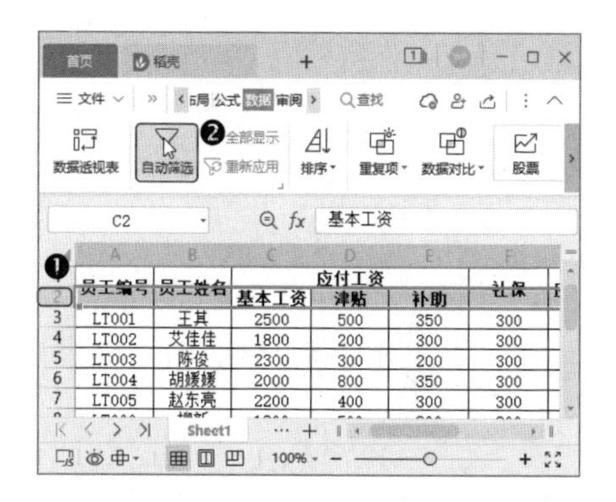

员工编号	员工姓名	应付工资			社保
		基本工资	津贴	补助	
LT001	王其	2500	500	350	300
LT002	艾佳佳	1800	200	300	300
LT003	陈俊	2300	300	200	300
LT004	胡媛媛	2000	800	350	300
LT005	赵东亮	2200	400	300	300

第2步 操作完成后即可进入筛选状态，此时用户便可根据需要设置筛选条件，如下图所示。

员工编号	员工姓名	应付工资			社保
		基本工资	津贴	补助	
LT001	王其	2500	500	350	300
LT002	艾佳佳	1800	200	300	300
LT003	陈俊	2300	300	200	300
LT004	胡媛媛	2000	800	350	300
LT005	赵东亮	2200	400	300	300
LT006	柳新	1800	500	200	300
LT007	杨曦	2300	280	280	300
LT008	刘思玉	2200	800	350	300
LT009	刘露	2000	200	200	300

03 按单元格颜色进行筛选

编辑表格时，若设置了单元格背景颜色、字体颜色或条件格式等，还可以按照颜色对数据进行筛选，操作方法如下。

第1步 打开“素材文件\第 6 章\销售清单.xlsx”文件，❶ 将光标定位到任意数据单元格；❷ 单击【数据】选项卡中的【自动筛选】按钮，如下图所示。

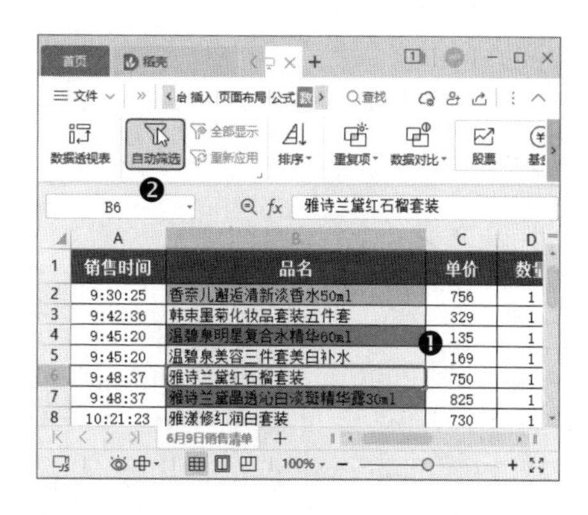

销售时间	品名	单价	数量
9:30:25	香奈儿邂逅清新淡香水50ml	756	1
9:42:36	韩束墨菊化妆品套装五件套	329	1
9:45:20	温碧泉明星复合水精华60ml	135	1
9:45:20	温碧泉美容三件套美白补水	169	1
9:48:37	雅诗兰黛红石榴套装	750	1
9:48:37	雅诗兰黛晶透沁白淡斑精华露30ml	825	1
10:21:23	雅漾修红润白套装	730	1

第2步 ❶ 单击【品名】右侧的下拉按

钮▾；❷ 在弹出的下拉菜单中选择【颜色筛选】选项卡；❸ 在【按单元格背景颜色筛选】列表中选择需要筛选的颜色，如下图所示。

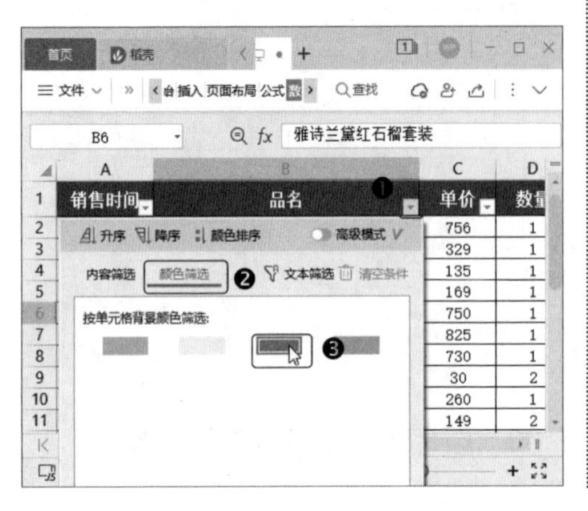

第3步 返回工作表中，即可看到所选单元格背景颜色的数据已经被筛选出来，如下图所示。

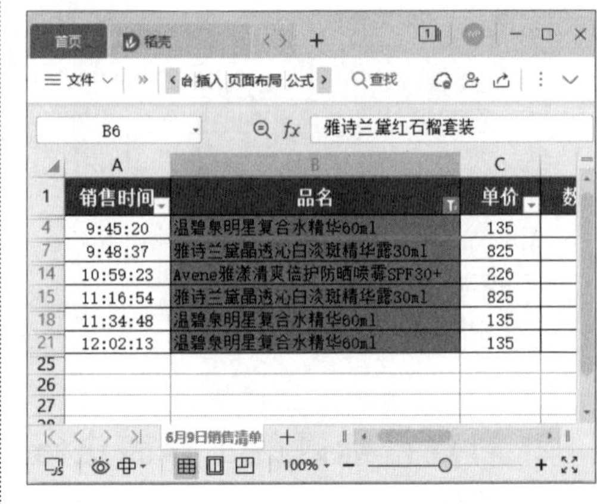

WPS

第7章

直观分析

使用统计图表展现数据

本章导读

制作表格是为了将数据直观地展现出来，以便分析和查看数据，而图表则是直观展现数据的一大“利器”。本章内容可以帮助读者掌握图表制作与应用的技巧。

知识要点

- 图表的选择
- 图表的配色
- 认识图表
- 创建和编辑图表
- 图表元素的使用
- 制作高级图表
- 使用迷你图

7.1 让图表说话

在信息时代，图表作为数据分析工作中的重要工具之一，受到了很多人的关注。图表直观、形象，可以放大数据特征，但是在制作图表的过程中，却有各种困难。如何才能让图表准确地展现出数据的规律，将数据转换为一目了然的图表，是首要任务。

7.1.1 如何让图表为数据说话

在分析数据时，很多人都会陷入一个误区，认为图表一目了然，更能突出数据的重点，所以无论在分析哪种数据时，都会辅以图表。

其实，并不是所有数据都适合用图表来表达。如果任何数据都使用图表，会使图表显得多余。

下图所示是一组各年龄段的男孩和女孩的平均体重参照表，从图中可以清晰地看到精确的体重数据。

	A	B	C
1	年龄(岁)	男孩平均体重(kg)	女孩平均体重(kg)
2	1	10.5	9.4
3	2	12.54	11.92
4	3	14.65	14.13
5	4	16.64	16.17
6	5	18.98	18.26
7	6	21.26	20.37
8	7	24.06	22.64
9	8	27.33	25.25
10	9	30.46	28.19
11	10	33.74	31.76
12	11	37.69	36.1
13	12	42.49	40.77

可是，当把上面的数据转换为图表之后，反倒不容易查看具体的数值，如下图所示。

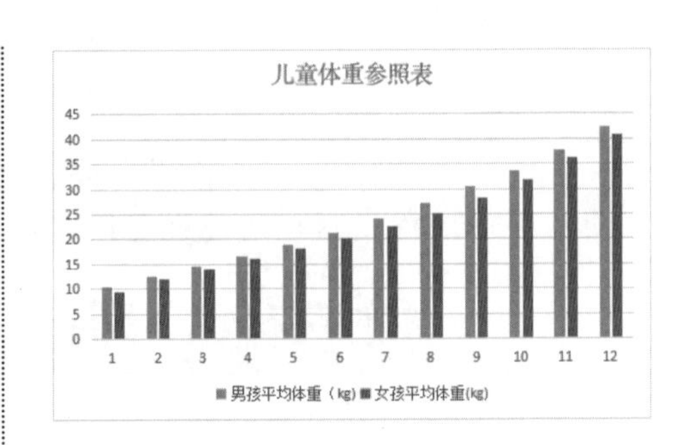

所以，在制作图表时，一定要先分析数据类型，确定是否适合使用图表。

哪些数据才是图表的最佳搭档呢？其实一切都是有迹可循的。分析众多成功的图表案例后，我们不难发现，图表往往会应用于以下几种情况。

1. 追寻数据的规律

在分析数据时，我们对于图形的接受能力远远高于文字和数字。所以，当数据量较大时，如果逐一查看，很难从中得到有效的数据信息。

如果将数字转换为图表，会更加直观和形象。在前面的体重参照表中，数据呈逐年增长的趋势，其规律已经很明显，转换为图表之后，反而弱化了具体数值的参考性。

而有效的图表，可以从杂乱的数据中提取出数据规律。

例如，某商品 2018 年至 2021 年的销售数据如下图所示。

销售时间	商品销量
2018年1月	5600
2018年2月	6500
2018年3月	4890
2018年4月	5203
2018年5月	4236
2018年6月	3654
2018年7月	4250
2018年8月	3900
2018年9月	4900
2018年10月	5000
2018年11月	4900
2018年12月	9300
2019年1月	6500
2019年2月	6100
2019年3月	5900
2019年4月	5423
2019年5月	4950
2019年6月	5103
2019年7月	4200
2019年8月	4980
2019年9月	4850
2019年10月	5800
2019年11月	6121
2019年12月	9200

销售时间	商品销量
2020年1月	8500
2020年2月	6852
2020年3月	4902
2020年4月	4863
2020年5月	4755
2020年6月	3954
2020年7月	4003
2020年8月	4120
2020年9月	4500
2020年10月	4832
2020年11月	6100
2020年12月	9056
2021年1月	6850
2021年2月	5610
2021年3月	4890
2021年4月	4950
2021年5月	4800
2021年6月	4800
2021年7月	3987
2021年8月	4230
2021年9月	4530
2021年10月	5400
2021年11月	6244
2021年12月	9320

如果要从这几年的数据表中找到规律，直接查看数据会比较困难。

而此时如果将数据转换为图表，其中的规律就会自然显现出来。

如下图所示，将数据转换为折线图之后，不难看出，每年的销量在 12 月都为峰值，这就预示着销售旺季的到来。掌握了这一规律之后，在每年的旺季到来之前，就可以做好准备，精确地制订商品的销售方案。

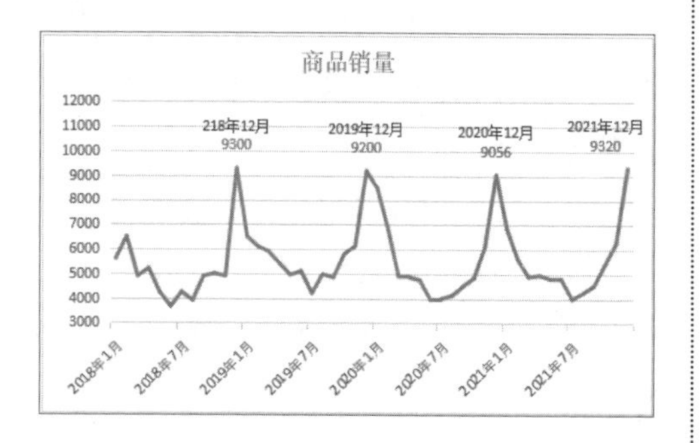

2. 增强数据的说服力

数据分析师在进行数据分析时，往往需要从大量数据中提取出关键信息，然后加以利用，制作成数据报告。数据报告最终要向他人展示，要让他人在短时间内熟悉报告中的数据，只使用表格中的枯燥数据肯定不行。

如果要将自己的思路和分析成果传达给他人，说服他人接受自己的观点，图表是最佳的选择。

例如，某公司销售 A 产品和 B 产品，在经过数据分析之后，发现 A 产品的全国总销量高于 B 产品，如下图所示。那么，如何让他人清晰地看到这个结果呢？

日期	A产品（万件）	B产品（万件）
1月	98	79
2月	105	69
3月	99	87
4月	85	80
5月	75	50
6月	84	44
7月	96	68
8月	120	79
9月	110	68
10月	96	42
11月	94	73
12月	86	59

此时就可以使用图表将数据表达出来，如下图所示。从图表中我们可以一目了然地看出，A 产品各月的销量均高于 B 产品。

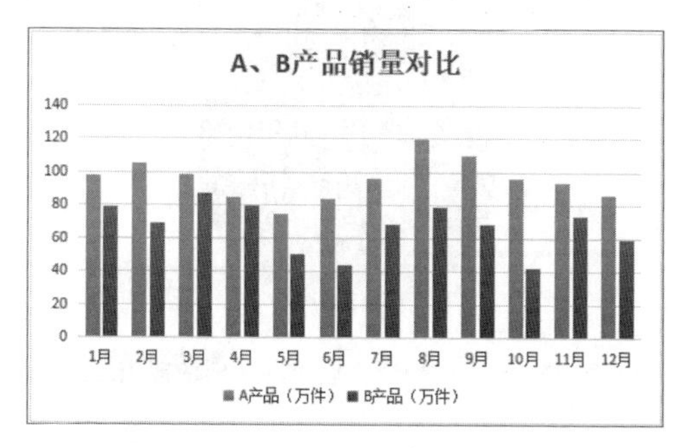

3. 展示专业素养

为了体现自己的水平和专业度，数据分析师需要在完成数据分析后，为数据搭配架构合理、配色美观的图表。

世界顶级咨询公司或商业杂志都有专业的图表设计团队，这些公司出品的图表一直处于行业的领先地位，如麦肯锡咨询公司、《华尔街日报》和《纽约时报》等。

下面的三张图中，无论是图表类型、配色，还是图表元素的应用，都恰到好处。一张图表传递一个观点，重心明确，重点突出，是值得大家学习的典范。

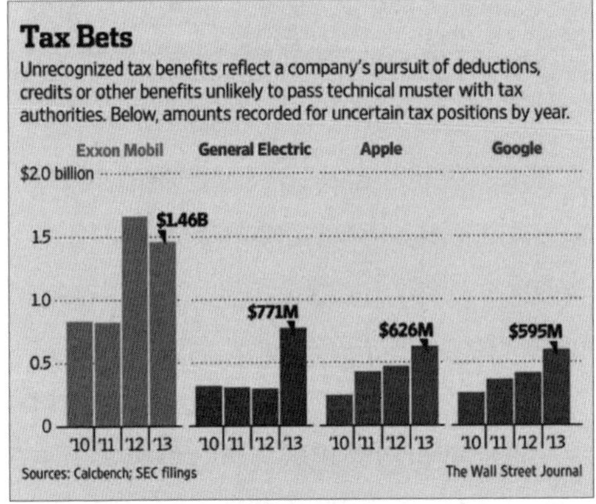

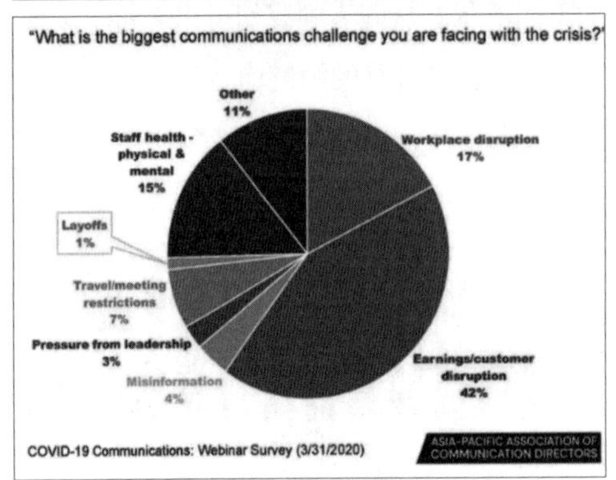

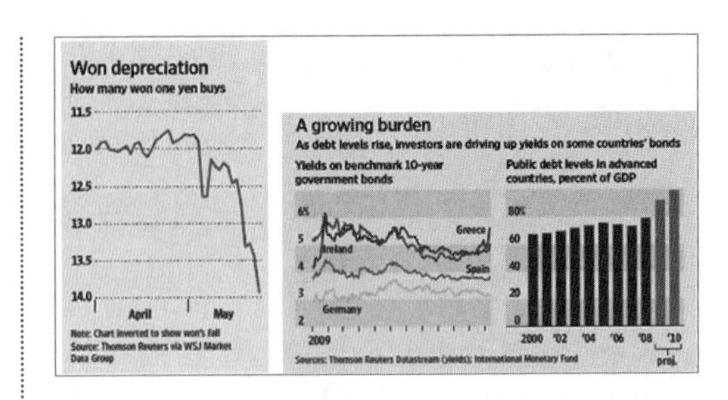

并不是把所有数据一股脑儿全用图表表现出来，就是合格的图表。只有在合适的情况下，选择合适的图表类型，并应用诸多图表元素，用心打造的图表，才是专业的图表，才能达到让图表为数据“说话”的目的。

7.1.2 怎样做出专业图表

在欣赏了财经杂志的专业图表之后，我们不妨思考一下如何才能做出专业的图表。

WPS 表格中的图表功能日趋完善，在制作图表时，只要多注意细节的处理，就可以做出与专业图表相媲美的图表。

1. 标注数据来源和时间

用于数据分析的图表，除了要求数据严谨、有效，数据的来源也是增加数据可信度的有力证据。

在一些数据分析报告中，读者并不知道分析者的分析过程，但如果在图表中标注了来源，无疑会增加读者对图表数据的信任感。

而数据的时效性也一直是数据分析的一大重要因素。只有数据分析在特定的时间内，数据分析的结果才会有意义。

例如，在下图中，首先使用标题对数据的时间进行说明，然后在标题的下方标注了数据的来源，增加了数据分析的真实性和有效性。

2. 表意明确

随着信息可视化的发展，越来越多的人在制作图表时喜欢刻意追求制作出外观绚丽的可视化效果。

可是图表的本质是传递数据信息，如果图表本身让人看不懂，再美观也是不合格的图表。

如下图所示，该图表虽然看起来有艺术效果，但是数据在图表中并不能被很好地表达，是一个不合格的图表。

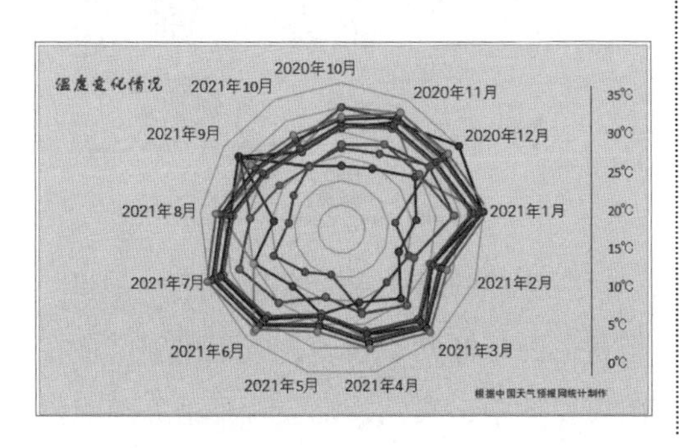

3. 纵坐标从 0 开始

一般情况下，纵坐标都是从 0 开始，如下图所示。

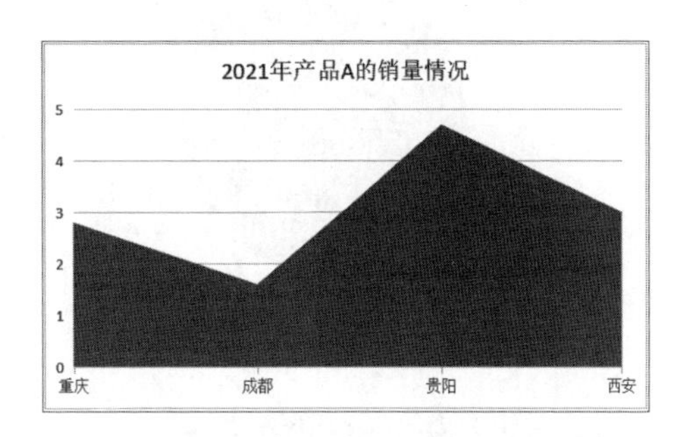

如果更改了纵坐标的起点，虽然可以增强数据值的显示效果，但会使低值的数据显得单薄。如下图所示，“成都”地区的销量看上去几乎没有，影响数据的显示效果。

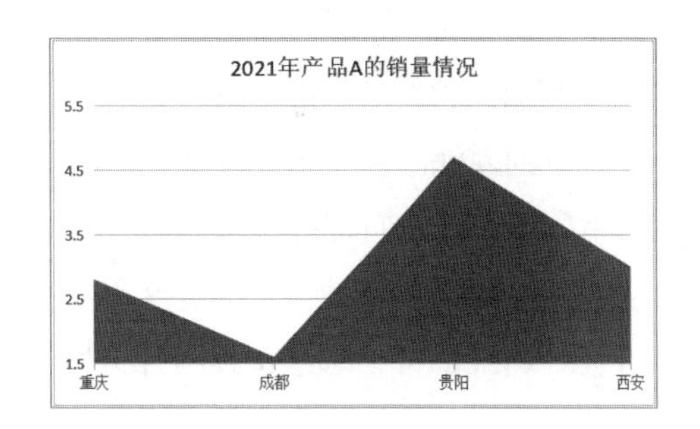

4. 添加说明

图表制作完成后，有时需要对数据添加注释说明，如指标指示、异常数据、预测数据、四舍五入等特殊情况。

例如，在饼图中数据标签是一位小数的百分数，系统自动进行了四舍五入，为了避免不必要的误会，可以在图表下方提示所有数据相加可能不等于 100%，如下图所示。

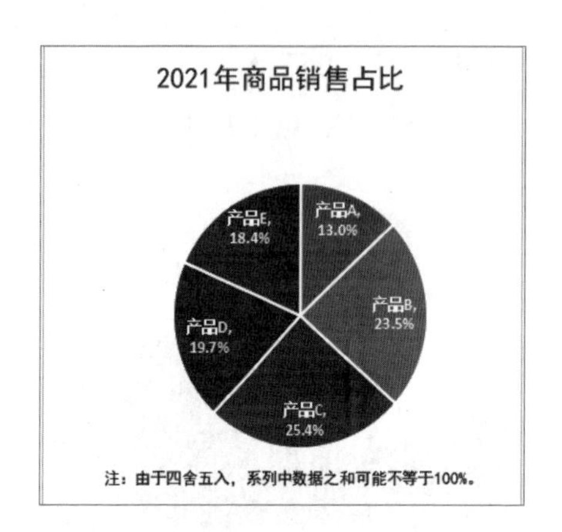

7.1.3 出彩的图表配色方案

在制作图表时，合理的配色可以让显示效果更好。WPS默认的配色方案趋于大众，制作效果比较普通。如果掌握了配色理论，可以使图表更加美观。

1. 了解有特殊含义的颜色

不同的颜色有不同的含义，在制作图表时，首先需要了解有特殊含义的颜色。

一般来说，有3种颜色的含义需要我们注意，即红、黄、绿，其具体含义如下图所示。

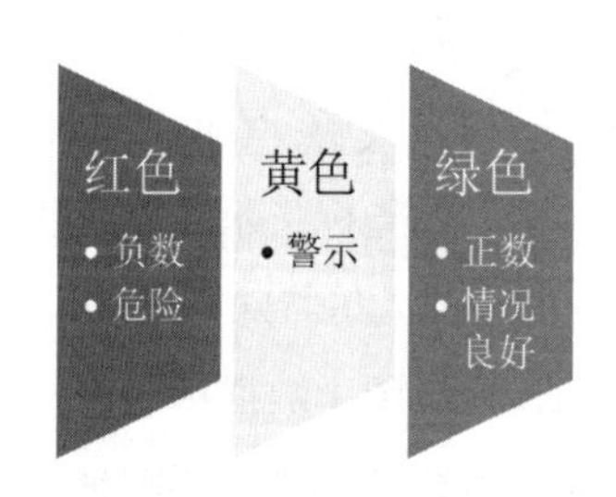

在分析数据时，图表中表示利润的系列多用绿色表示，而表示负债的系列多用红色表示，需要特别注意的数据则用黄色表示。

2. 合理应用配色

关于配色的理论知识很多，作为非专业人士并不需要完全掌握。但掌握一定的配色知识，在设计图表时加以运用，可以使图表更加出色。

在 WPS 表格中，颜色通常采用 RGB 模式或 HSL 模式。RGB 模式使用红（R）、绿（G）、蓝（B）三种颜色，每种颜色根据饱和度和亮度的不同，分为 256 种颜色，并且可以调整颜色的透明度。

HSL 模式是工业中的一种颜色标准，它通过色调（H）、饱和度（S）、亮度（L）三个颜色通道，以及它们相互之间的叠加来得到各式各样的颜色，是目前运用广泛的颜色模式之一。

（1）三原色。三原色是指红、黄、蓝三种颜色，是所有颜色的起源，其中，只有红、黄、蓝不是由其他颜色调和而成的，如下图所示。

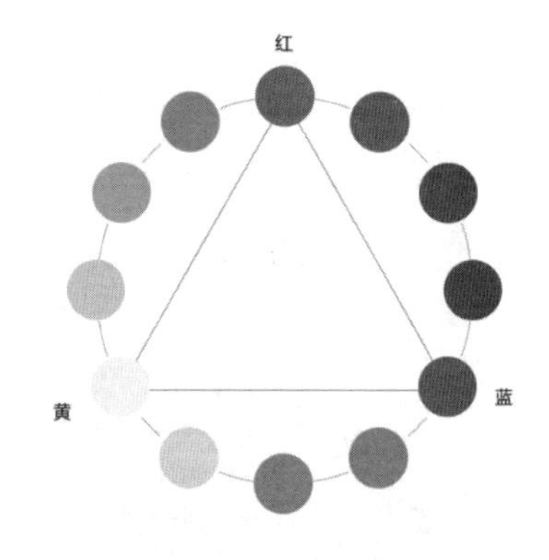

三原色同时使用的情况比较少，但是，红黄搭配却非常受欢迎，应用也很广。在图表设计中，我们经常会看到这两种颜色

同时使用。

红蓝搭配也很常见，但只有当两者的区域分离时，才会有吸引人的效果。

（2）二次色。每一种二次色都是由离它最近的两种原色等量调和而成的，二次色处于两种三原色中间的位置，如下图所示。

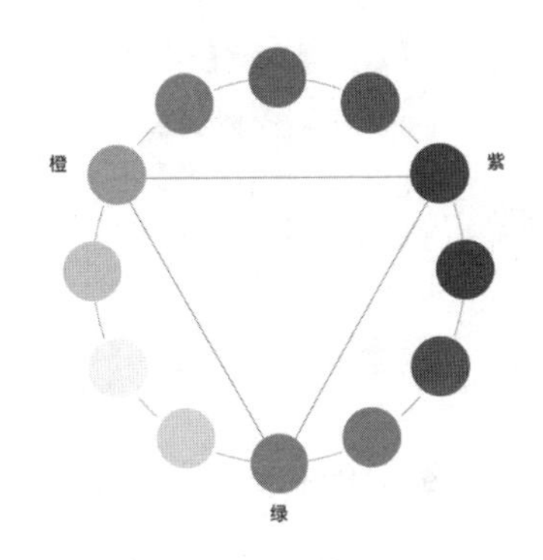

二次色是由两种原色调和成的颜色，如红和黄调和成的橙色，黄和蓝调和成的绿色，所以它们搭配起来很协调。如果三种二次色同时使用，画面会具有丰富的色彩，显得很舒适，二次色同时具有的颜色深度及广度，在其他颜色关系中很难找到。

（3）三次色。三次色由相邻的两种二次色调和而成，如下图所示。

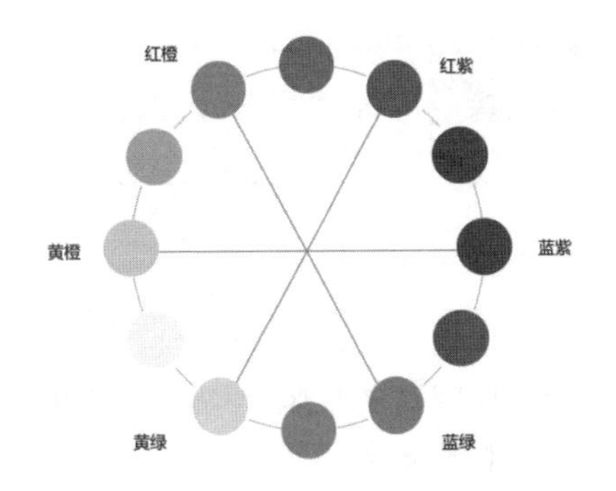

（4）色环。每种颜色都拥有部分相邻的颜色，如此循环组成一个色环。共同的颜色是颜色关系的基本要点，如下图所示。

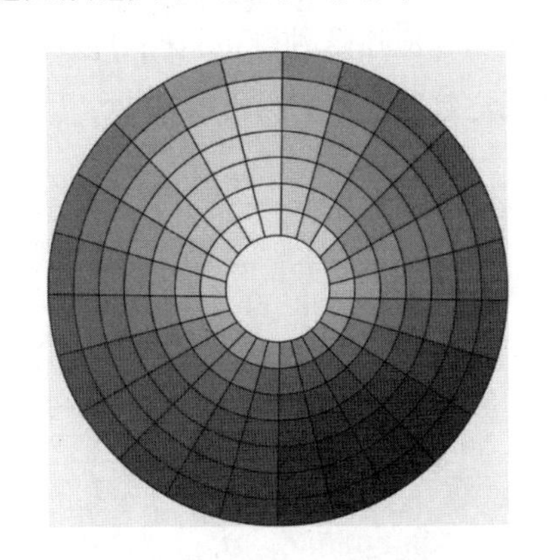

色环通常包括 12 种不同的颜色，这 12 种常用颜色组成的色环称为 12 色环。

（5）互补色。在色环上相对的两种颜色称为互补色。如下图所示，红色和绿色为互补色，具有强烈的对比效果，代表着活力、能量、兴奋。

要使互补色达到最佳的效果，最好使其中一种颜色面积比较小，另一种颜色面积比较大。例如，在一个蓝色的区域里搭配橙色的小圆点。

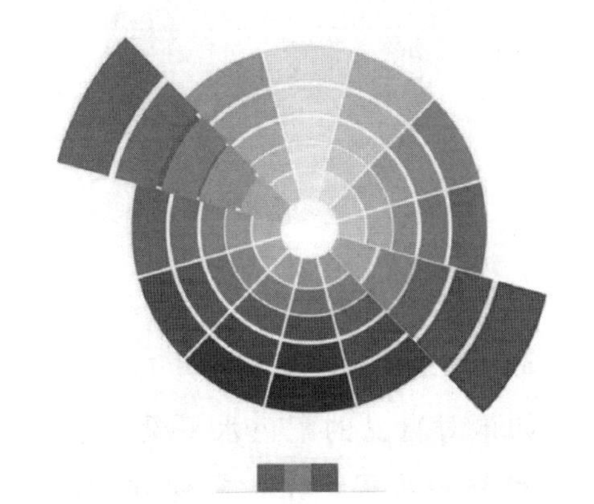

（6）类比色。相邻的颜色称为类比色。类比色都拥有共同的颜色，这种颜色搭配具有悦目、低对比度的和谐美感。类比色非常丰富，应用这种颜色搭配可以产生不错的视觉效果，如下图所示。

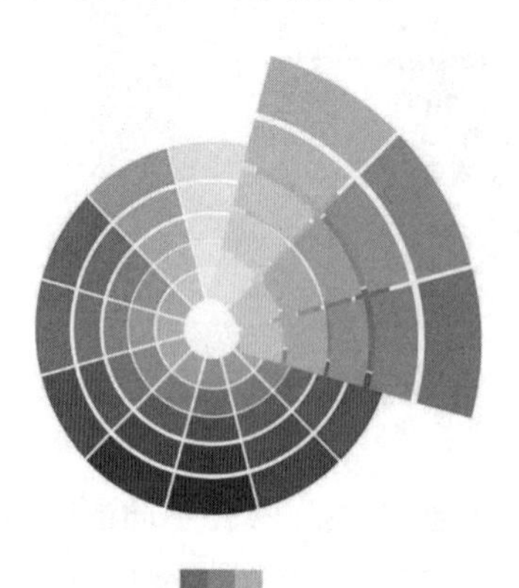

（7）单色。由暗、中、明 3 种色调组成的颜色是单色。单色在搭配上并没有形成颜色的层次，但形成了明暗的层次，这种搭配在设计应用时效果比较好，如下图所示。

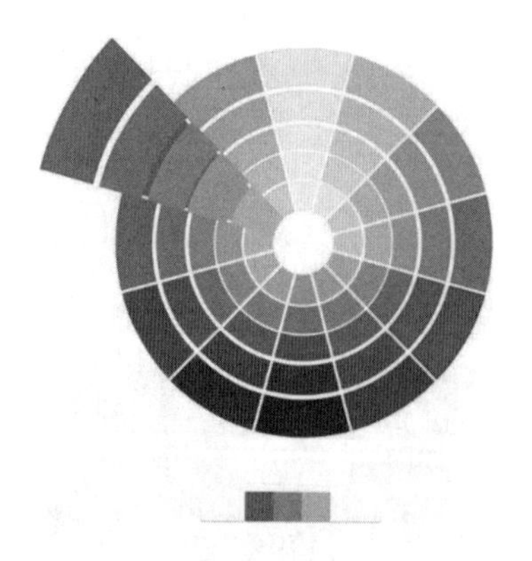

3. 使用系统配色

如果对自己的配色水平没有信心，WPS 表格中也提供了比较保守的配色方案。系统配色虽然较少，但也可以满足大部分用户的基本使用需求，如下图所示。

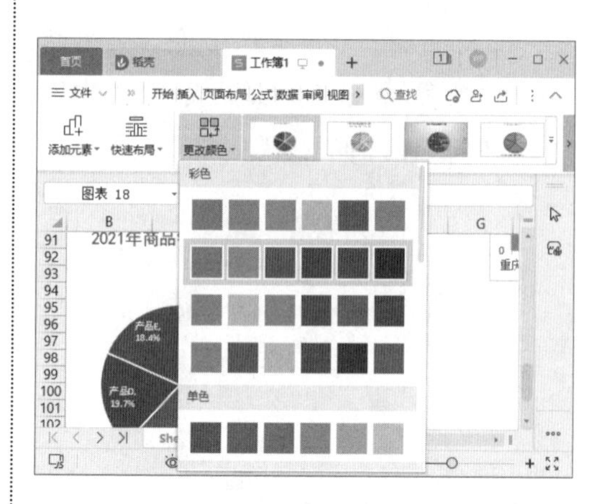

如果系统配色不能满足需求，在【页面布局】选项卡的【主题】下拉列表中，可以选择其他主题，改变工作表的整体配色，如下图所示。

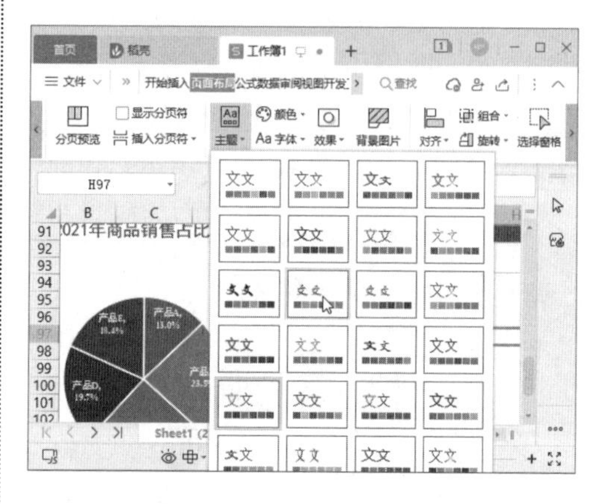

4. 模仿专业图表

除了使用以上的配色方法，我们还可以借鉴专业的商务图表，提取其中的颜色搭配，如下图所示。

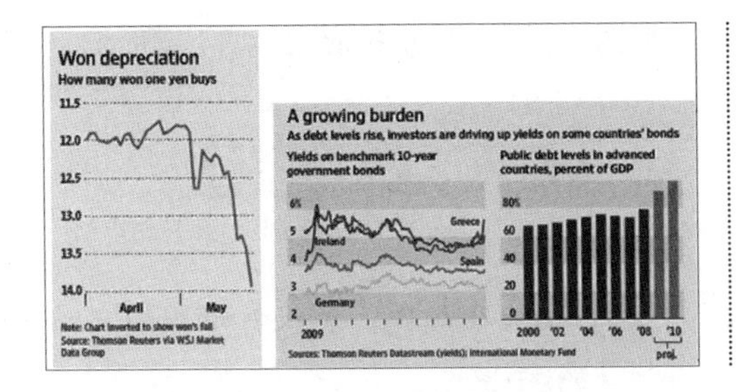

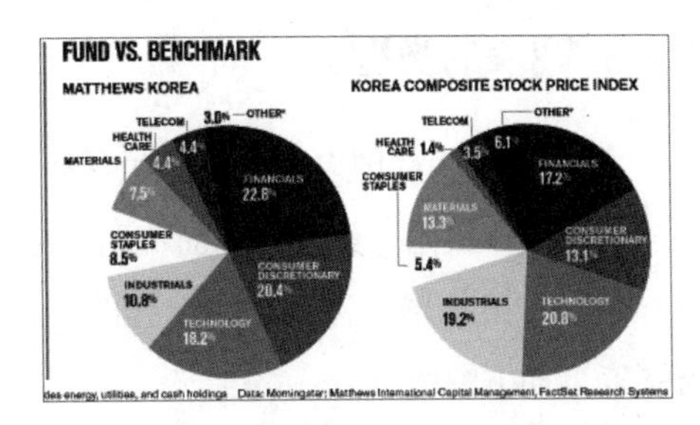

7.2 认识图表

WPS 表格提供了多种类型的图表用于展示数据。初次接触图表时，难免会疑惑：什么是图表，图表可以做什么，怎样根据实际情况选择合适的图表？带着这些疑问，我们一起来认识图表。

7.2.1 图表的组成

WPS 表格提供了 8 种标准的图表类型，每一种图表类型又分出几种子类型。虽然图表的类型不同，但每种图表的绝大部分元素是相同的，默认创建的图表元素包括图表区、绘图区、图表标题、数据系列、坐标轴和坐标轴标题、图例、网格线等。

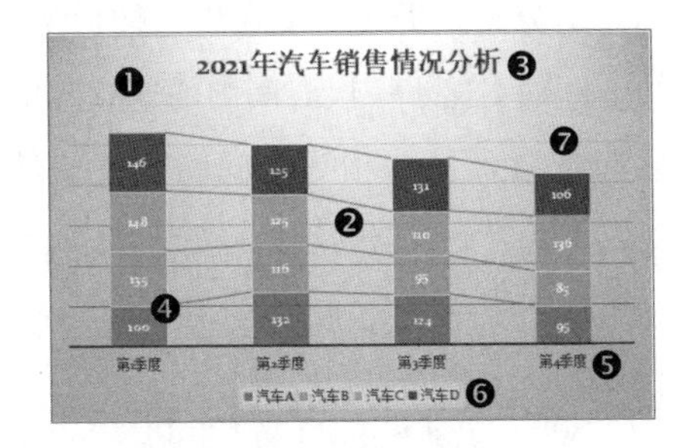

各元素名称及作用如表 7-1 所示。

表 7-1 图表组成元素作用

名称	作用
❶ 图表区	图表中最大的白色区域，作为其他图表元素的容器
❷ 绘图区	是图表区中的一部分，即显示图形的矩形区域
❸ 图表标题	用来说明图表内容的文字，可以在图表中任意移动及修饰（如设置字体、字形及字号等）
❹ 数据系列	在数据区域中，同一列（或同一行）数据的集合构成一组数据系列，也就是图表中相关数据点的集合。图表中可以有一组或多组数据系列，多组数据系列之间通常采用不同的图案、颜色或符号来区分。在上图中，第 1 季度到第 4 季度的运营额统计就是数据系列，它们分别以不同的颜色来加以区分
❺ 坐标轴和坐标轴标题	坐标轴是标识数值大小及分类的水平线和竖直线，上面有标定数据值的标志（刻度）。一般情况下，水平轴（*X* 轴）表示数据的分类
❻ 图例	图例指出图表中的符号、颜色或形状定义数据系列所代表的内容。图例由两部分构成，图例标示代表数据系列的图案，即不同颜色的小方块；图例项是与图例标示对应的数据系列名称，一种图例标示只能对应一种图例项
❼ 网格线	贯穿绘图区的线条，用于作为估算数据系列所示值的标准

7.2.2 图表的类型

WPS 表格中的图表类型主要包括柱形图、折线图、饼图、条形图、面积图、XY（散点图）、股价图、雷达图、组合图和动态图表，如下图所示。

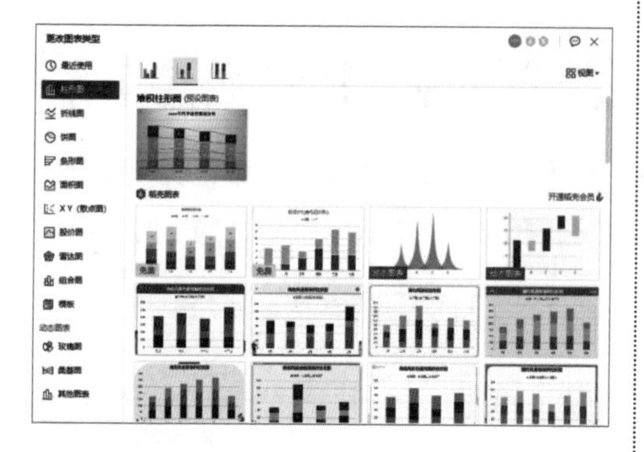

> **温馨提示●**
>
> 动态图表需要开通稻壳会员才能使用，可以使图表呈现动态效果，内容更加丰富。

1. 柱形图

柱形图是常用的图表之一，也是 WPS 表格中的默认图表，主要用于反映一段时间内的数据变化或显示不同项目间的对比，如下图所示。

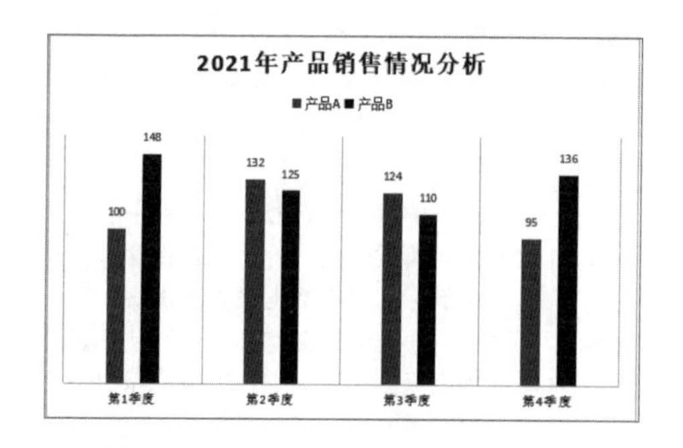

柱形图的子类型包括簇状柱形图、堆积柱形图和百分比堆积柱形图，如下图所示。

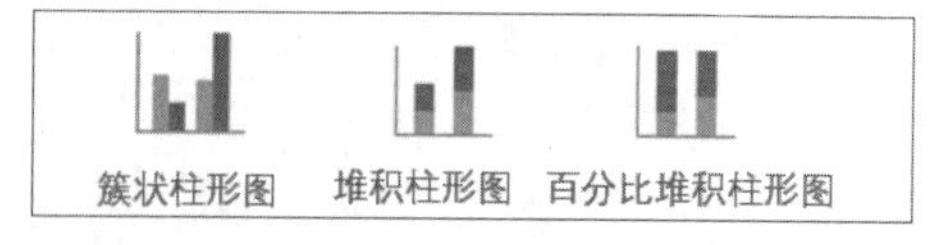

- 簇状柱形图：簇状柱形图以二维柱形显示值。
- 堆积柱形图：堆积柱形图使用二维堆积柱形显示值，在有多个数据系列并希望强调总计值时使用此图表。
- 百分比堆积柱形图：百分比堆积柱形图使用堆积表示百分比的二维柱形显示值。如果图表具有两个或两个以上数据系列，并且要强调每个值占整体的百分比，尤其是当各类别的总数相同时，可使用此图表。

2. 折线图

在工作表中以列或行的形式排列的数据可以绘制为折线图。在折线图中，类别数据沿水平轴均匀分布，所有值数据沿垂直轴均匀分布。折线图可在均匀按比例缩放的坐标轴上显示一段时间内的连续数据，因此非常适合显示相等时间间隔（如月、季度或年度）下数据的趋势，如下图所示。

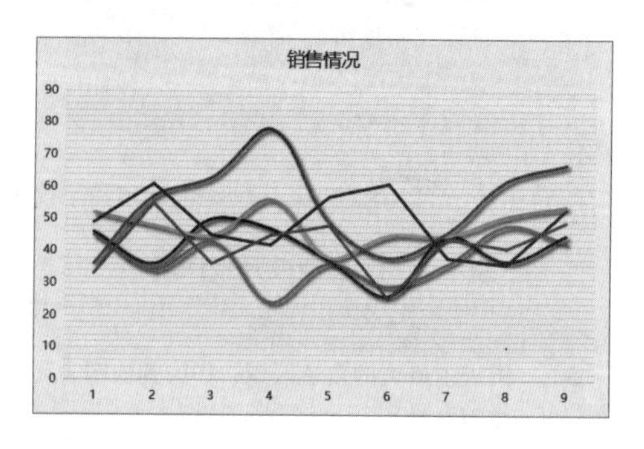

为了让读者更好地了解折线图，下面对各折线图进行详细介绍。

➢ 折线图和带数据标记的折线图：如下图所示，折线图用于显示一段时间或均匀分布的类别的趋势，特别是有多个数据点且这些数据点的出现顺序非常重要时，在显示时可以带有指示单个数据值的标记，也可以不带标记。注意，如果工作表中有许多类别或数据值大小接近，请使用无数据标记折线图。

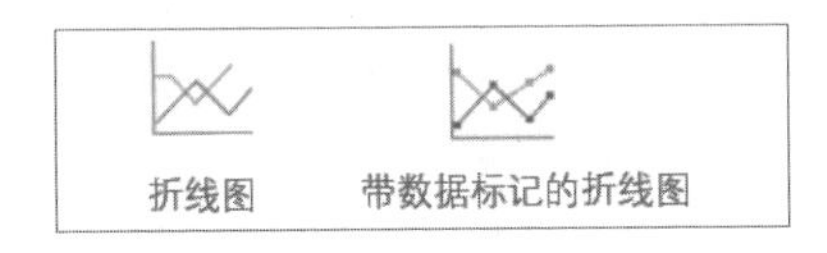

➢ 堆积折线图和带数据标记的堆积折线图：如下图所示，堆积折线图显示时可带有标记以指示各个数据值，也可以不带标记，用于显示每个值所占大小随时间或均匀分布的类别而变化的趋势。

➢ 百分比堆积折线图和带数据标记的百分比堆积折线图：如下图所示，百分比堆积折线图显示时可带有标记以指示各个数据值，也可以不带标记。百分比堆积折线图用于显示每个值所占的百分比随时间或均匀分布的类别而变化的趋势。注意，如果工作表中有许多类别或数据值大小接近，请使用无数据标记百分比堆积折线图。

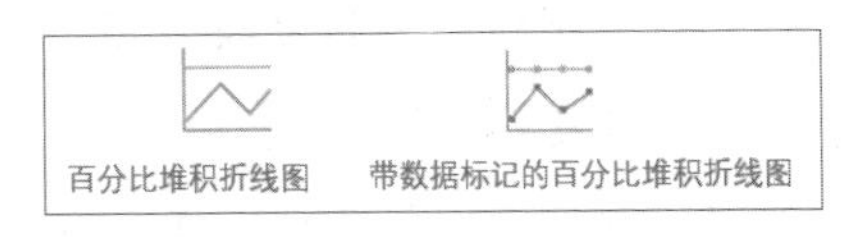

3. 饼图

在工作表中以列或行的形式排列的数据可以绘制为饼图。饼图显示一个数据系列中各项的大小与各项总和的比例。饼图中的数据点显示为整个饼图的百分比，如下图所示。

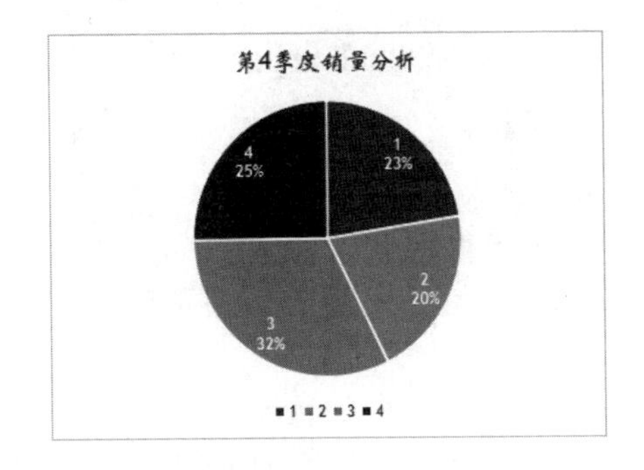

如果要创建的图表只有一个数据系列，数据中的值没有负值，数据中的值几乎没有零值或零值的类别不超过7个，就可以使用饼图来查看数据。

饼图的子类型包括饼图、复合饼图、复合条饼图和圆环图，如下图所示。

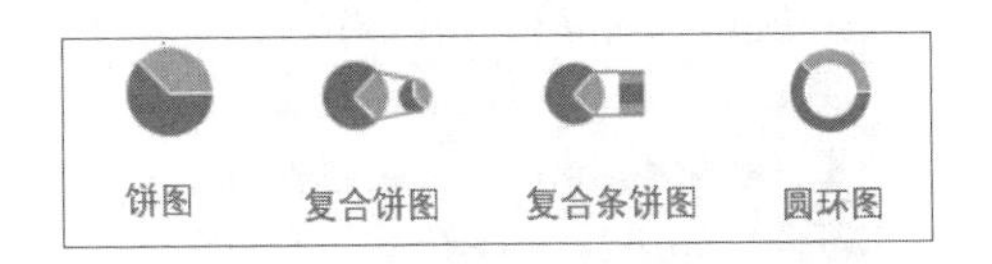

➢ 饼图：以二维或三维形式显示每个值占总值的比例。可以手动拉

出饼图的扇区加以强调。

- 复合饼图和复合条饼图：特殊的饼图，其中一些较小的值被拉出为次饼图或堆积条形图，从而使其更易于区分。
- 圆环图：仅排列在工作表的列或行中的数据可以绘制为圆环图。和饼图一样，圆环图也显示了部分与整体的关系，但圆环图可以包含多个数据系列，如下图所示。

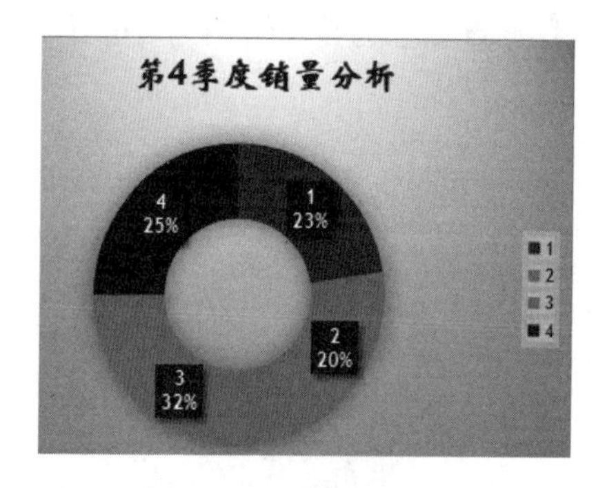

4. 条形图

在工作表中以列或行的形式排列的数据可以绘制为条形图。条形图用于对各个项目的数据进行比较。在条形图中，通常垂直坐标轴为类别，水平坐标轴为值，如下图所示。

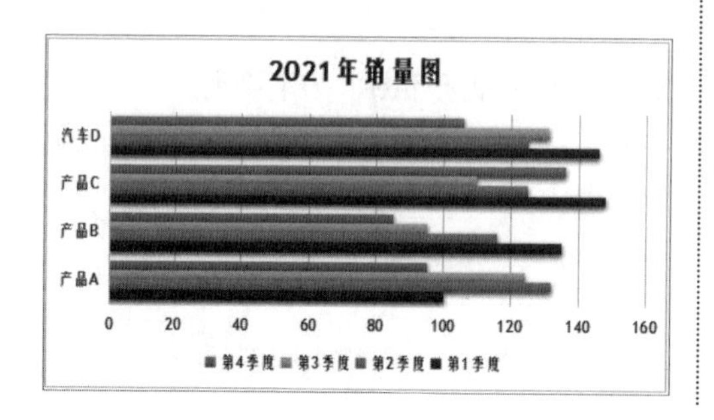

条形图的子类型包括簇状条形图、堆积条形图和百分比堆积条形图，如下图所示。

- 簇状条形图：以二维形式显示条形。
- 堆积条形图：以二维条形形式显示单个项目与整体的关系。
- 百分比堆积条形图：显示二维条形，这些条形跨类别比较每个值占总值的百分比。

5. 面积图

在工作表中以列或行的形式排列的数据可以绘制为面积图。面积图可用于绘制随时间变化的量，用于引起人们对总值趋势的关注。面积图还可以显示部分与整体的关系，如下图所示。

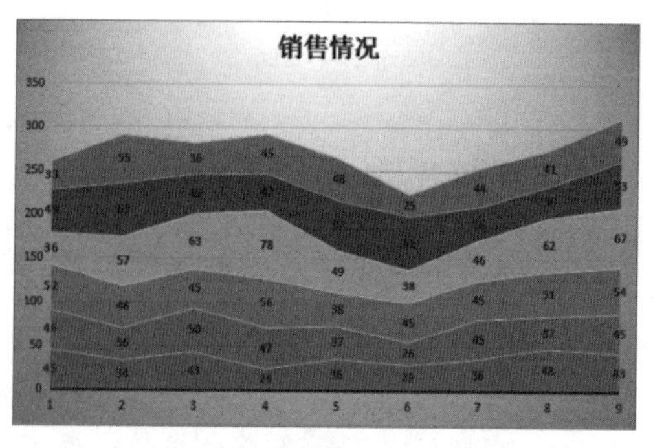

面积图的子类型包括面积图、堆积面积图和百分比堆积面积图，如下图所示。

- 面积图：面积图用于显示值随时间或其他类别数据变化的趋势。
- 堆积面积图：堆积面积图以二维形式显示每个值所占大小随时间或其他类别数据变化的趋势。
- 百分比堆积面积图：百分比堆积面积图显示每个值所占百分比随时间或其他类别数据变化的趋势。

温馨提示

在工作中，通常应首先考虑使用折线图，而不是非堆积面积图，因为如果使用后者，一个系列中的数据可能会被另一个系列中的数据遮住。

6. XY（散点图）

在工作表中以列或行的形式排列的数据可以绘制为 XY（散点图）。在一行或一列中输入 X 值，然后在相邻的行或列中输入对应的 Y 值。

散点图有两个数值轴：水平（X）数值轴和垂直（Y）数值轴，如下图所示。散点图将 X 值和 Y 值合并到单一数据点并按不均匀的间隔或簇来显示它们。散点图通常用于显示和比较数值，如科学数据、统计数据和工程数据等。

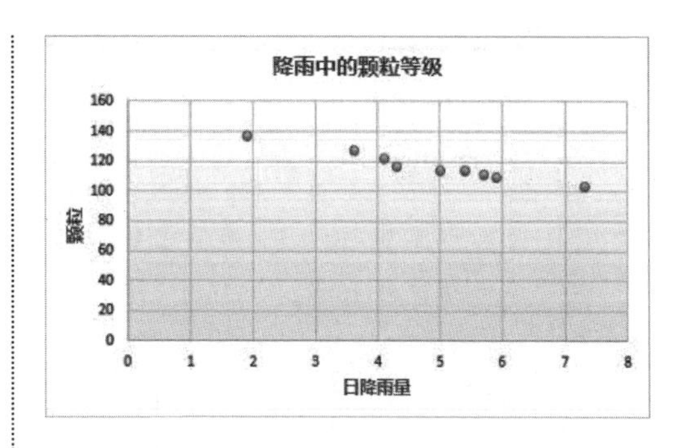

散点图的子类型包括散点图、带平滑线和标记的散点图、带平滑线的散点图、带直线和标记的散点图、带直线的散点图、气泡图和三维气泡图。

- 散点图：散点图显示数据点以比较数值，但是不连接线。
- 带平滑线和标记的散点图、带平滑线的散点图：这两种图表中有用于连接数据点的平滑线，平滑线可以带标记，也可以不带标记。如果有多个数据点，则使用不带标记的平滑线。

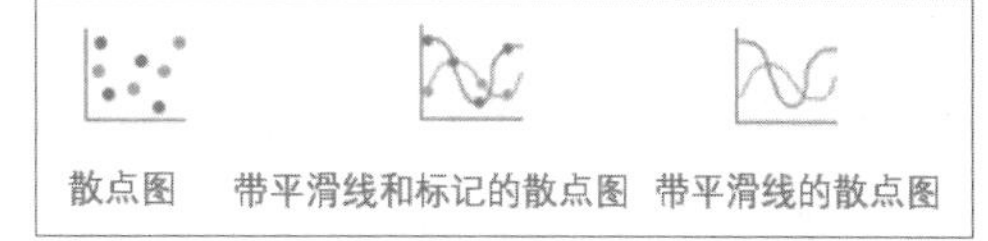

- 带直线和标记的散点图、带直线的散点图：这两种图表中的数据点之间有直接相连的直线，直线可以带标记，也可以不带标记。

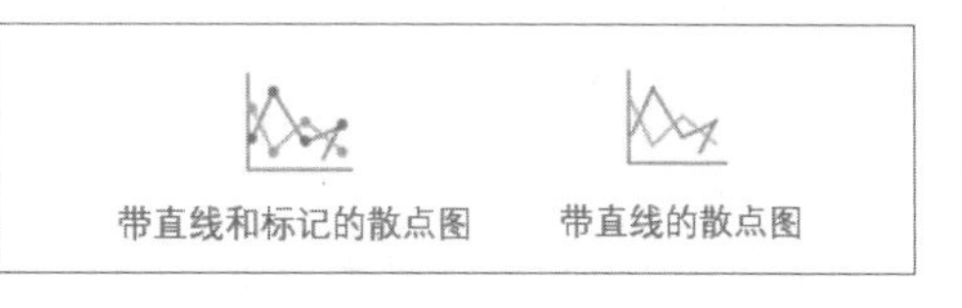

➢ 气泡图和三维气泡图：这两种气泡图都包含三个值而非两个值，并以二维或三维形式显示气泡（不使用垂直坐标轴）。第三个值指定气泡标记的大小。

7. 股价图

以特定顺序排列在工作表的列或行中的数据可以绘制为股价图。

顾名思义，股价图可以显示股价的波动，这种图表也可以显示其他数据（如日降雨量和每年温度）的波动。必须按正确的顺序组织数据才能创建股价图。

例如，若要创建一个简单的盘高—盘低—收盘股价图，则需要根据按盘高、盘低和收盘顺序输入的列标题来排列数据，如下图所示。

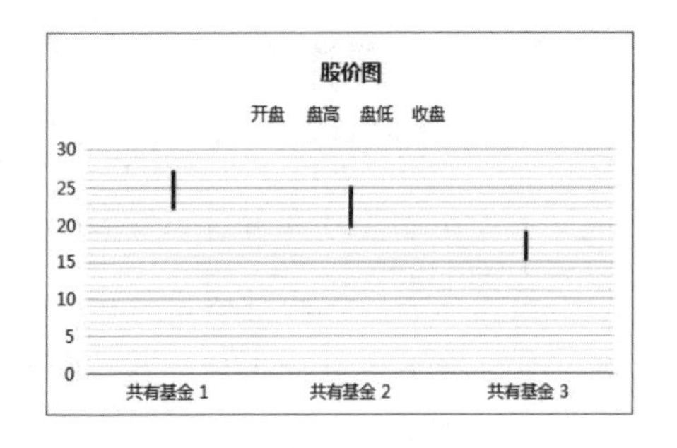

➢ 盘高—盘低—收盘股价图按照以下顺序使用三个值系列：盘高、盘底和收盘股价。

➢ 开盘—盘高—盘低—收盘股价图按照以下顺序使用四个值系列：开盘、盘高、盘低和收盘股价，如下图所示。

盘高–盘低–收盘股价图　开盘–盘高–盘低–收盘股价图

➢ 成交量—盘高—盘低—收盘股价图按照以下顺序使用四个值系列：成交量、盘高、盘底和收盘股价。它在计算成交量时使用了两个数值轴，一个是用于计算成交量的列，另一个是用于显示股票价格的列。

➢ 成交量—开盘—盘高—盘低—收盘股价图按照以下顺序使用五个值系列：成交量、开盘、盘高、盘底和收盘股价，如下图所示。

成交量–盘高–盘低–收盘股价图　成交量–开盘–盘高–盘低–收盘股价图

8. 雷达图

在工作表中以列或行的形式排列的数据可以绘制为雷达图，用于比较若干数据系列的聚合值，如下图所示。

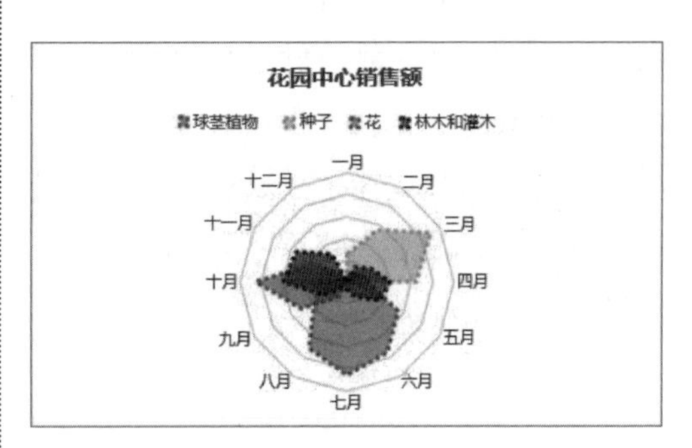

雷达图的子类型包括雷达图、带数据标记的雷达图和填充雷达图。

- 雷达图和带数据标记的雷达图：无论单独的数据点有无标记，雷达图都显示值相对于中心点的变化。
- 填充雷达图：在填充雷达图中，数据系列覆盖的区域有填充颜色。

9. 组合图

以列和行的形式排列的数据可以绘制为组合图。组合图将两种或更多类型的图表组合在一起，让数据更容易理解，特别是数据变化范围较大时，由于采用了次坐标轴，这种图表更容易看懂。

本示例使用柱形图来显示一月到六月的住宅销售量数据，然后使用折线图来使读者更容易快速确定每月的平均销售价格，如下图所示。

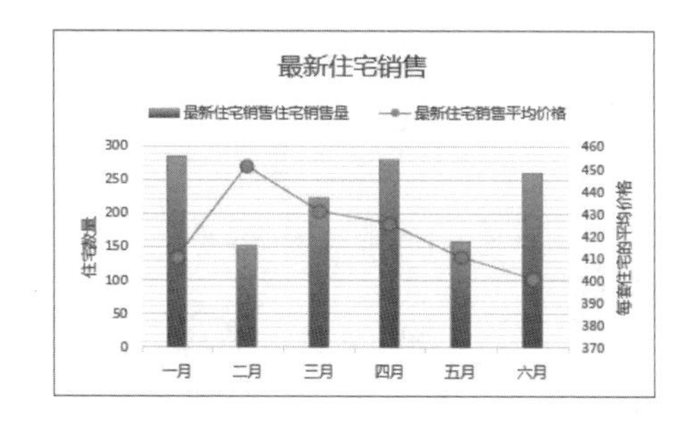

组合图的子类型包括簇状柱形图－折线图、簇状柱形图－次坐标轴上的折线图、堆积面积图－簇状柱形图和自定义组合。

- 簇状柱形图－折线图和簇状柱形图－次坐标轴上的折线图：这两种图表综合了簇状柱形图和折线图，在同一个图表中将部分数据系列显示为柱形，将其他数据系列显示为线。这两种图表不一定带有次坐标轴，如下图所示。

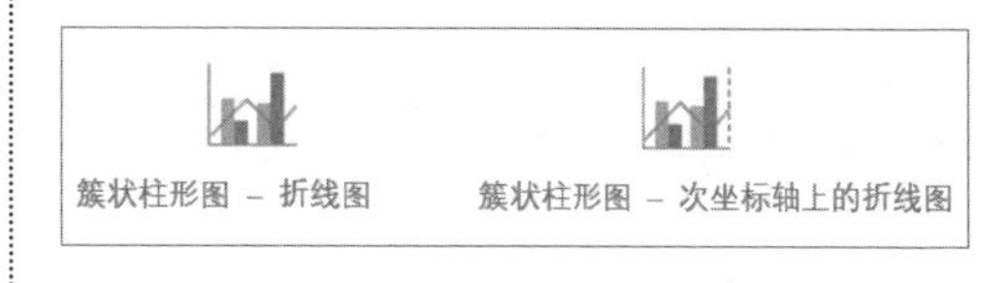

- 堆积面积图－簇状柱形图：这种图表综合了堆积面积图和簇状柱形图，在同一个图表中将部分数据系列显示为堆积面积，将其他数据系列显示为柱形。
- 自定义组合：这种图表用于组合需要在同一个图表中显示的多种图表，如下图所示。

7.3 使用图表的必备技能

使用图表功能可以快速创建各种各样的商业图表。图表不仅能增强视觉效果，还能更直观、形象地显示出表格中各个数据之间的复杂关系，更易于理解和交流，也起到了美化表格的作用。

7.3.1 选择图表类型

我们可以选择的常规图表类型有 9 种，每种类型下又细分了 3~7 种，那么应该如何选择图表呢？

其实不需要把图表的类型看得那么复杂，在这些图表中，最基本的图表只有 6 种：柱形图、折线图、饼图、条形图、面积图、散点图，而其他类型的图表，要么是基本类型的图表，要么是在基本类型的图表的基础上组合或变化而来的。

我们选择图表时，可以使用一个很实用的方法——数据关系选择法。

我们可以把数据关系分为以下几种，对应不同的图表类型，如表 7-2 所示。

表 7-2 数据关系与对应图表

关系	说明	应用范例	建议图表类型
构成	总体的部分（成分）	分析市场占有率、分析进店后的购买率	堆积柱形图、饼图、堆积条形图等
比较	分类比较数据	分析新上市产品同比涨幅、与其他产品的销量差距等	柱形图、条形图、雷达图等
分布	数据频率分布（频次）	分析不同消费层次客户数量的分布	柱形图、折线图、条形图、散点图等
关联	数据之间的相关性	分析产品价格与销售量之间的关系	柱形图、条形图等
时间序列	数据的走势、趋势	分析 1 个月的营业额变化、1 年 12 个月的销售量变化情况等	柱形图、折线图、堆积面积图等
综合	同时存在以上数据关系中的两种或两种以上的关系	分析 1 年 12 个月的销量变化情况，用最近 3 年的数据做比较	组合使用基础图表、各种高级图表等

7.3.2 选择创建图表的方法

创建图表的方法非常简单，只需选择要创建为图表的数据区域，然后选择需要的图表样式即可。在选择数据区域时，用户可以根据需要选择整个数据区域，也可以选择部分数据区域。

1. 使用连续区域的所有数据创建图表

如果要创建图表的数据源是工作表中的连续区域，只需要选中任意数据单元格，再执行创建图表的操作即可。

例如，要在“上半年销售业绩”工作簿中使用所有数据创建柱形图，操作方法如下。

第1步 打开“素材文件 \ 第 7 章 \ 上半年销售业绩 .xlsx”工作簿，❶ 选中任意数据单元格；❷ 单击【插入】选项卡中的【插入柱形图】下拉按钮 ；❸ 在弹出的下拉菜单中选择【簇状柱形图】选项，如下图所示。

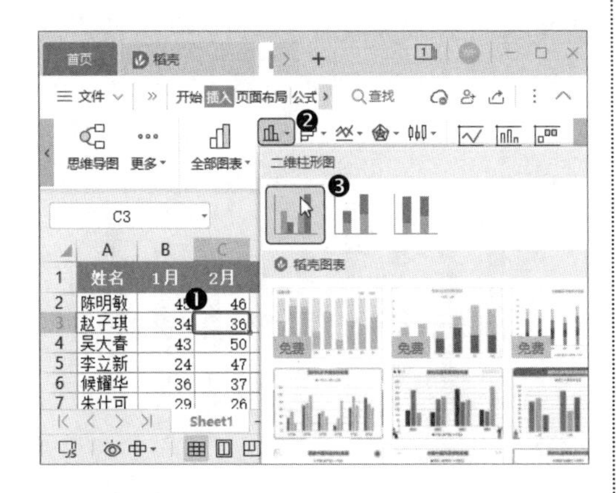

第2步 操作完成后，即可看到已经成功创建了柱形图，如下图所示。

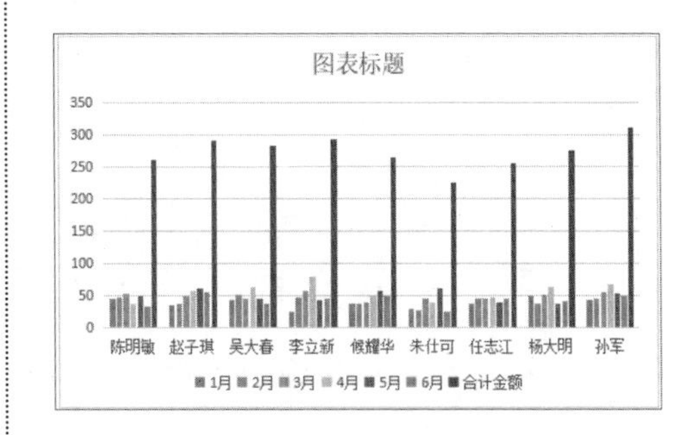

2. 使用部分数据区域创建图表

如果需要创建图表的数据是数据源中的部分单元格区域，可以先选中数据区域，再进行图表创建，操作方法如下。

第1步 打开“素材文件 \ 第 7 章 \ 上半年销售业绩 .xlsx”工作簿，❶ 选择 A1:A10 和 H1:H10 单元格区域；❷ 单击【插入】选项卡中的【全部图表】按钮，如下图所示。

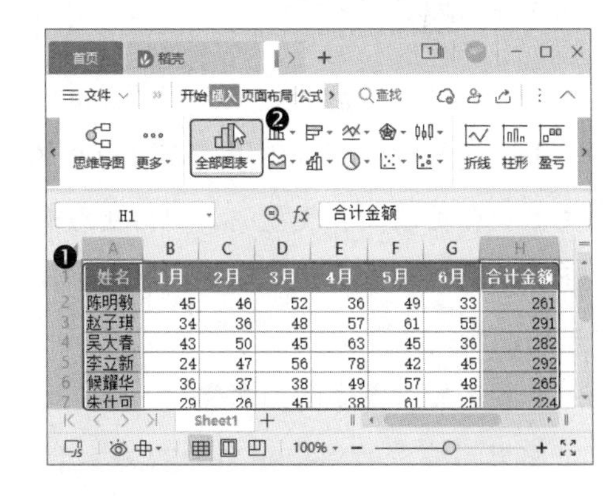

第2步 打开【图表】对话框，❶ 在左侧窗格中选择【条形图】选项；❷ 在右侧窗格中选择【簇状条形图】；❸ 在下方可以预览图表的效果，单击图表缩略图，如下图所示。

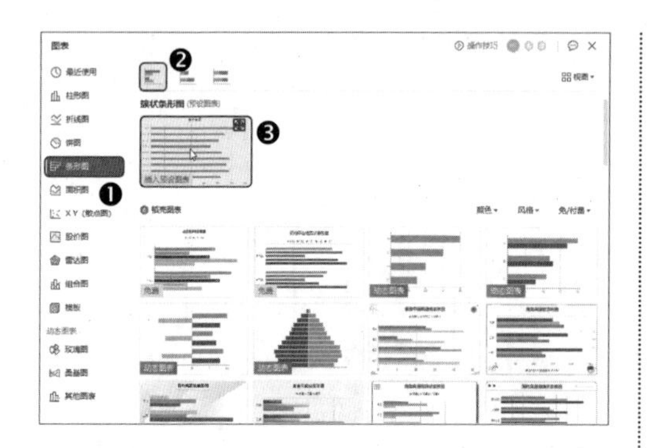

第3步 操作完成后返回工作表，即可看到已经成功创建了条形图，如下图所示。

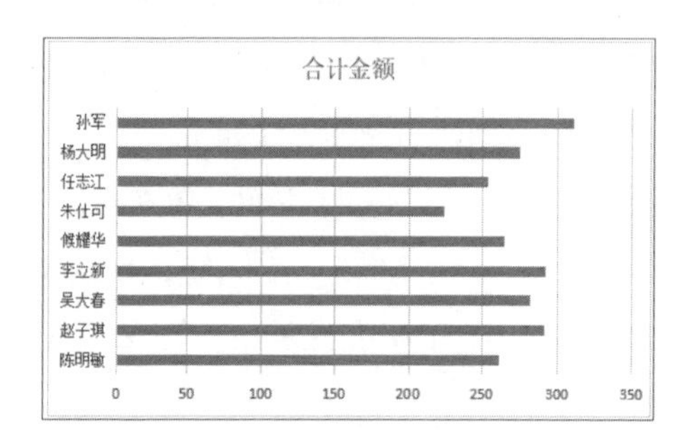

7.3.3 更改图表类型

图表创建完成后，如果发现图表的类型不能满足数据分析的需求，可以更改图表类型。在更改图表类型时，可以更改整个图表的图表类型，也可以更改部分数据系列的图表类型。

1. 更改整个图表的图表类型

如果需要更改整个图表的图表类型，操作方法如下。

第1步 打开“素材文件\第 7 章\上半年销售业绩 1.xlsx”工作簿，❶ 选中图表；❷ 单击【图表工具】选项卡中的【更改类型】按钮，如下图所示。

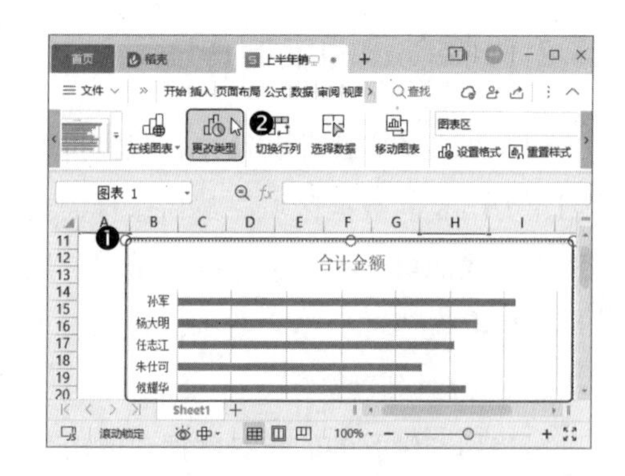

第2步 打开【更改图表类型】对话框，❶ 在左侧窗格中选择需要更改的图表类型，如【柱形图】；❷ 在右侧窗格中选择【簇状柱形图】选项；❸ 单击簇状柱形图的缩略图，如下图所示。

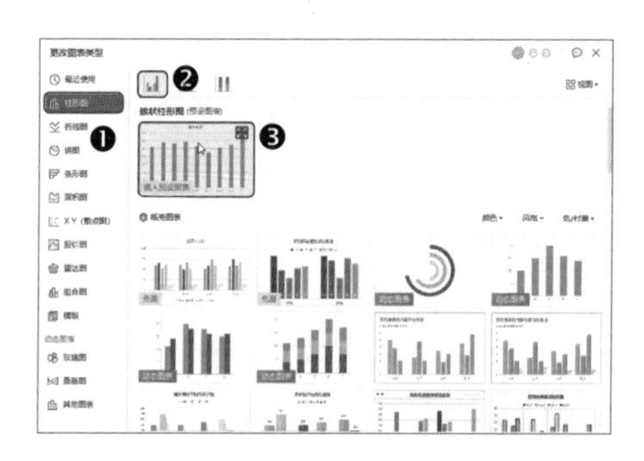

第3步 操作完成后，即可看到图表类型已经更改，如下图所示。

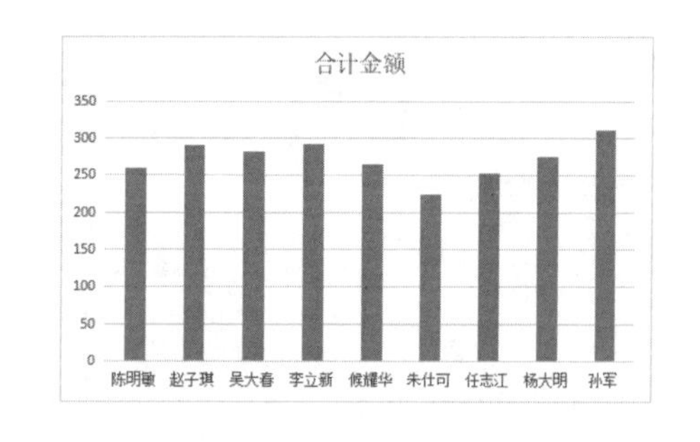

2. 更改部分数据系列的图表类型

如果只需要更改图表中的部分数据系

列的图表类型，操作方法如下。

第1步 打开“素材文件\第 7 章\上半年销售业绩 2.xlsx”工作簿，在要更改图表类型的数据系列上右击，如右击【合计金额】数据系列，在弹出的快捷菜单中选择【更改系列图表类型】选项，如下图所示。

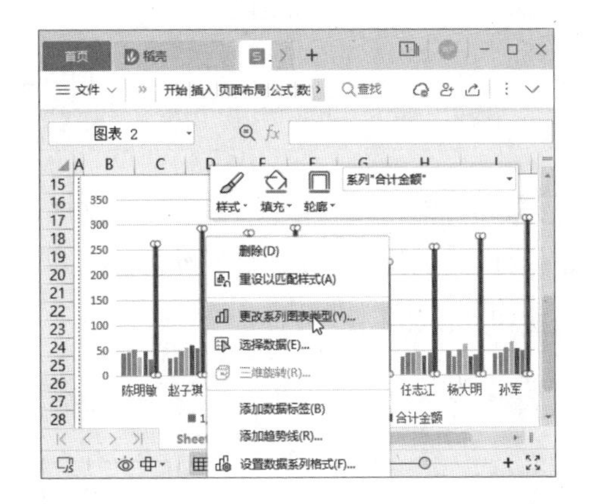

第2步 打开【更改图表类型】对话框，并自动定位到【组合图】选项卡的【自定义组合】栏，❶ 在【合计金额】下拉列表中选择一种图表类型，如【折线图】；❷ 单击【插入预设图表】按钮，如下图所示。

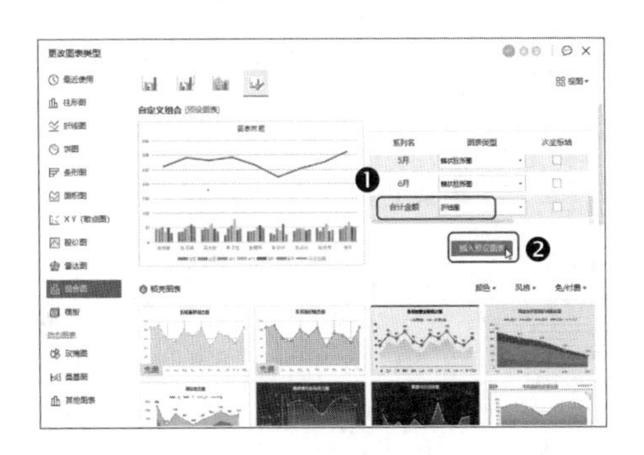

第3步 操作完成后返回工作表，即可看到所选数据系列的图表类型已经更改，如下图所示。

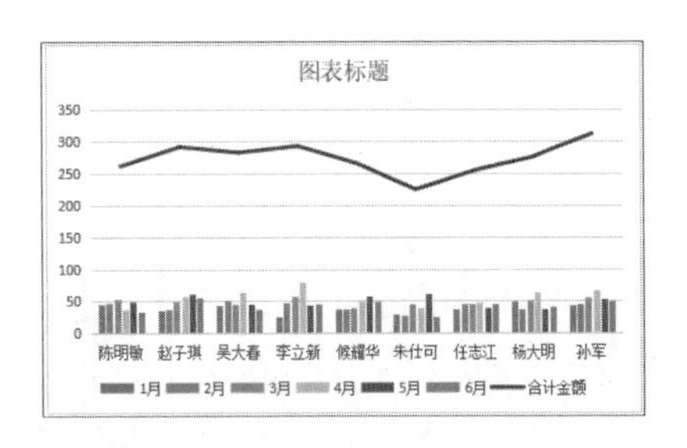

> **温馨提示**
> 如果数据系列中的数值相差太大，不易查看，可以为其设置次坐标轴。

7.3.4 编辑数据系列

图表制作完成后，有时需要增加或减少数据系列。

1. 减少数据系列

减少数据系列的方法非常简单，选中需要删除的数据系列，然后按下【Delete】键即可删除，操作方法如下。

第1步 打开“素材文件\第 7 章\上半年销售业绩 2.xlsx”工作簿，单击需要删除的数据系列，选中该系列，如下图所示。

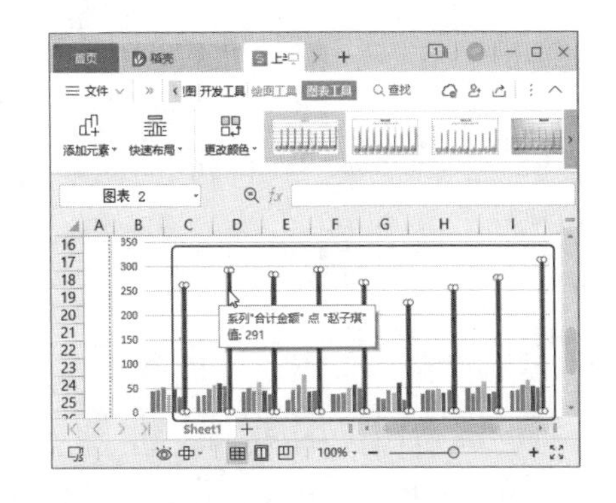

第2步 按【Delete】键即可将该数据系列删除，如下图所示。

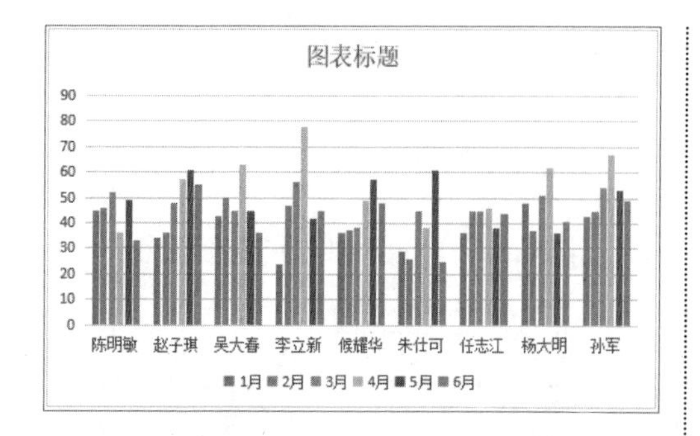

教您一招

使用鼠标右键删除数据系列

在需要删除的数据系列上右击，在弹出的快捷菜单中选择【删除】命令，即可删除该数据系列。

2. 增加数据系列

如果要增加数据系列，可以在【编辑数据源】对话框中重新选择数据区域，操作方法如下。

第1步 打开“素材文件\第 7 章\上半年销售业绩 3.xlsx”工作簿，❶ 选中图表；❷ 单击【图表工具】选项卡中的【选择数据】按钮，如下图所示。

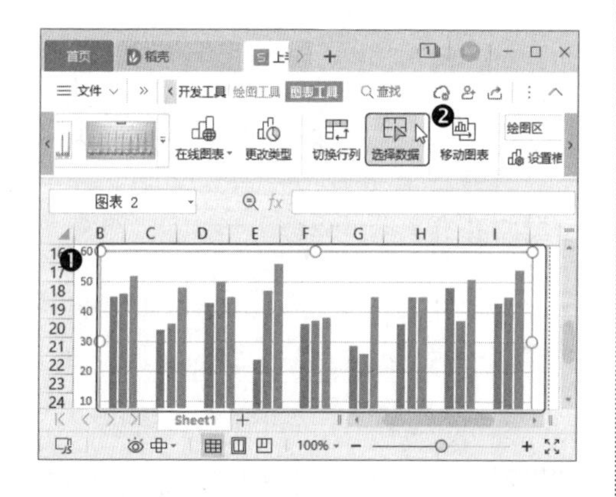

第2步 打开【编辑数据源】对话框，单击【图表数据区域】文本框右侧的折叠按钮，如下图所示。

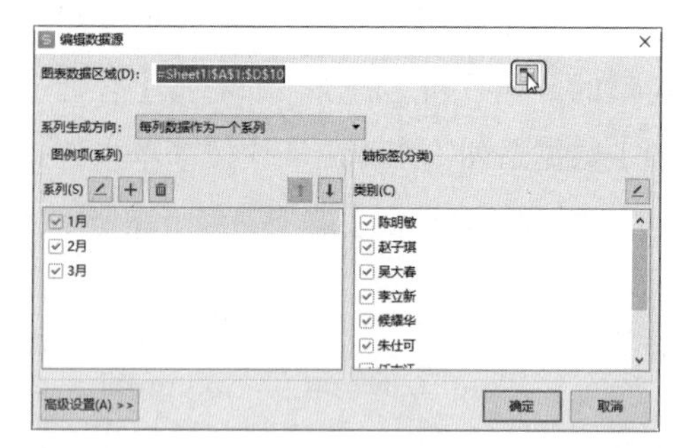

第3步 ❶ 在工作表中重新选择数据区域；❷ 单击【编辑数据源】对话框中的展开按钮，如下图所示。

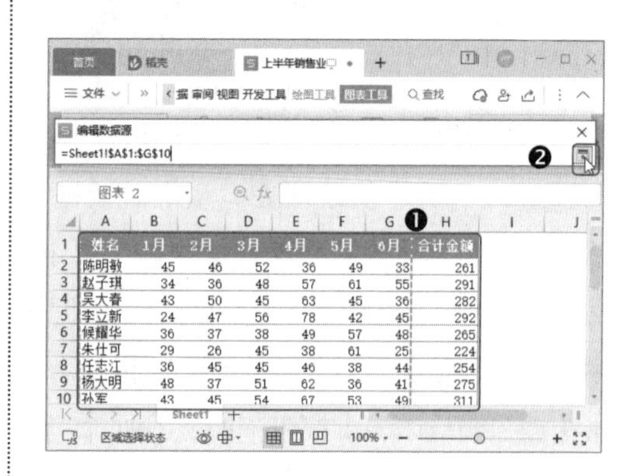

姓名	1月	2月	3月	4月	5月	6月	合计金额
陈明敏	45	46	52	36	49	33	261
赵子琪	34	36	48	57	61	55	291
吴大春	43	50	45	63	45	36	282
李立新	24	47	56	78	42	45	292
候耀华	36	37	38	49	57	48	265
朱仕可	29	26	45	38	61	25	224
任志江	36	45	45	46	38	44	254
杨大明	48	37	51	62	36	41	275
孙军	43	45	54	67	53	49	311

第4步 返回【编辑数据源】对话框，可以看到【图表数据区域】文本框中的范围已经改变，单击【确定】按钮，如下图所示。

第5步 返回工作表，即可看到已经成功增加数据系列，如下图所示。

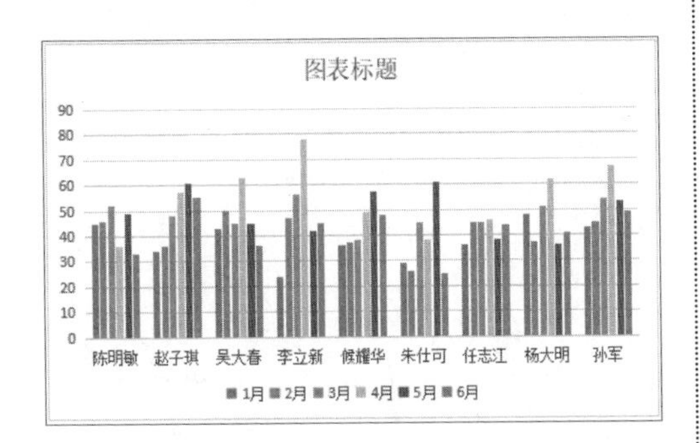

> **教您一招**
>
> **拖曳数据区域增减系列**
>
> 选中图表后，在数据源区域中可以看到图表当前的引用区域。将鼠标指针移动到引用区域右下角的填充柄上，当鼠标指针变为双向斜箭头形状↘时，拖曳鼠标增加或减少数据源的数据区域，即可增减数据系列。

7.3.5 使用图表元素完善图表

创建图表后，为了让图表的表达更加清晰，可以添加图表元素。

1. 编辑图表标题

创建图表时会自动添加一个图表标题文本框，占位符默认为“图表标题”。为了更清晰地表达图表的含义，可以编辑图表标题，操作方法如下。

第1步 打开“素材文件 \ 第 7 章 \ 上半年销售业绩 3.xlsx”工作簿，选中图表标题文本框中的标题文本，如下图所示。

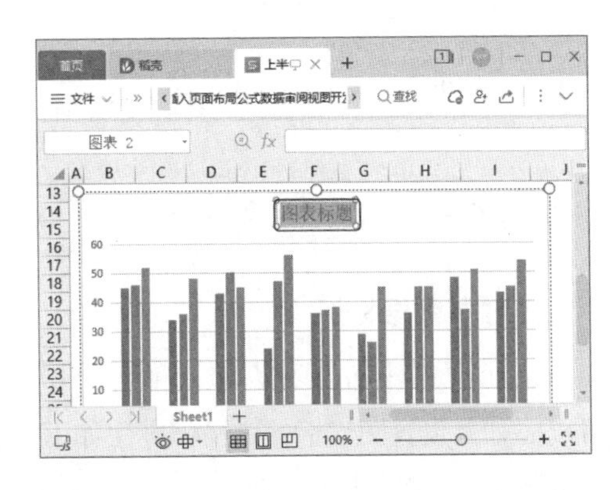

第2步 直接输入需要的标题，如下图所示。

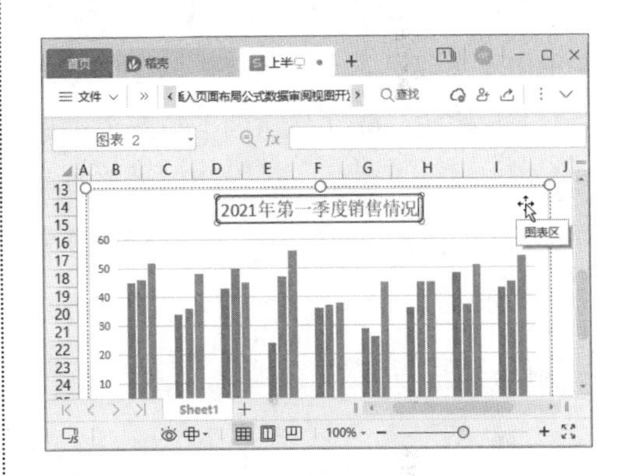

第3步 ❶ 选中标题文本；❷ 在【文本工具】选项卡中设置标题的文本样式；❸ 标题编辑完成后，单击其他任意位置即可，如下图所示。

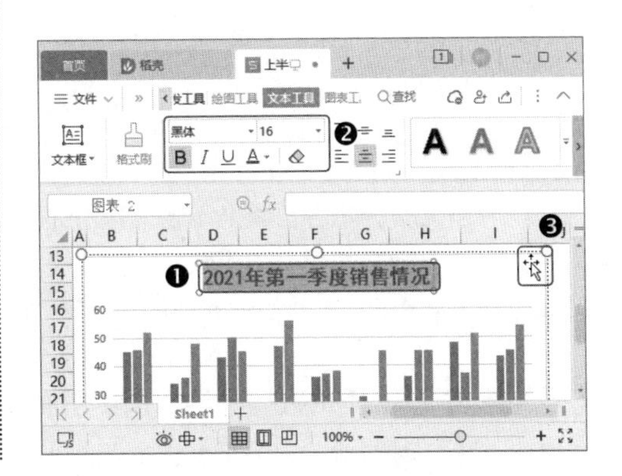

教您一招

删除标题

如果图表不需要标题，可以选中标题文本框后按【Delete】键将其删除。

2. 添加数据标签

为了使创建的图表更加清晰、明了，可以添加并设置图表标签，操作方法如下。

第1步 打开“素材文件\第7章\上半年销售业绩4.xlsx”工作簿，❶ 选择图表；❷ 单击【图表工具】选项卡中的【添加元素】下拉按钮；❸ 在弹出的下拉菜单中选择【数据标签】选项；❹ 在弹出的子菜单中选择数据标签的位置，如【数据标签外】，如下图所示。

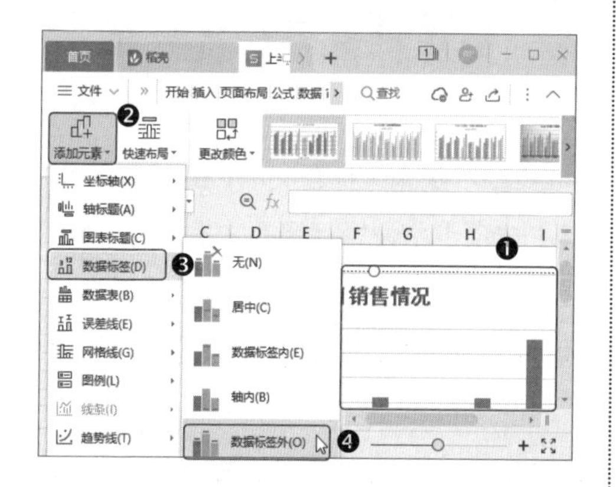

温馨提示

选中图表后，单击出现的【图表元素】按钮，在弹出的菜单中勾选【数据标签】复选框，也可以为数据系列添加数据标签。

第2步 ❶ 单击任意数据标签，选中所有标签，右击；❷ 在弹出的快捷菜单中选择【设置数据标签格式】选项，如下图所示。

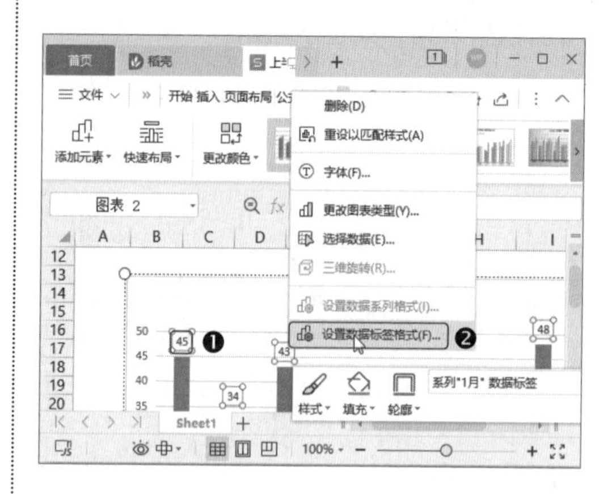

温馨提示

单击任意数据标签后可以选中所有数据标签，再次单击某一系列的数据标签，可以单独选中该标签。

第3步 打开【属性】窗格，❶ 在【标签】选项卡中勾选【标签选项】组中的【系列名称】复选框；❷ 单击【关闭】按钮✕关闭【属性】窗格，如下图所示。

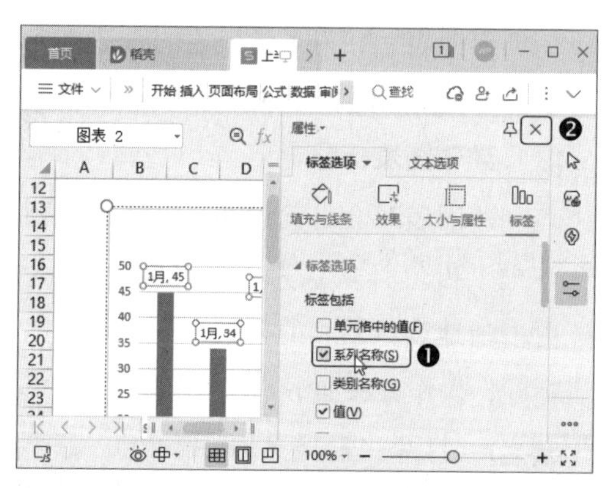

第4步 ❶ 单击选中数据标签；❷ 在【文本工具】选项卡中选择一种艺术字样式，如下图所示。

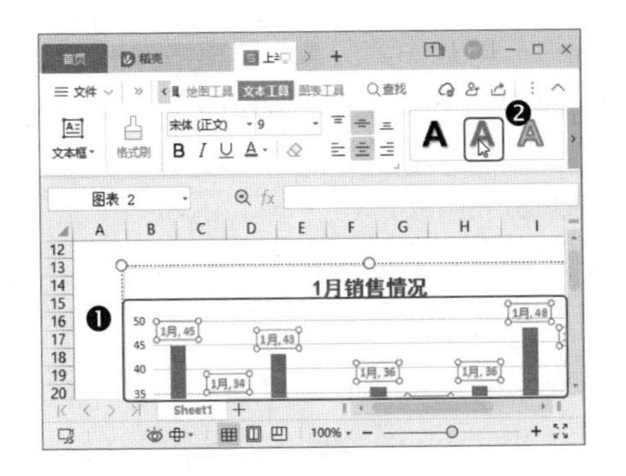

第5步 保持数据标签的选中状态，❶ 单击【文本工具】选项卡中的【形状轮廓】下拉按钮；❷ 在弹出的下拉菜单中选择一种轮廓颜色，如下图所示。

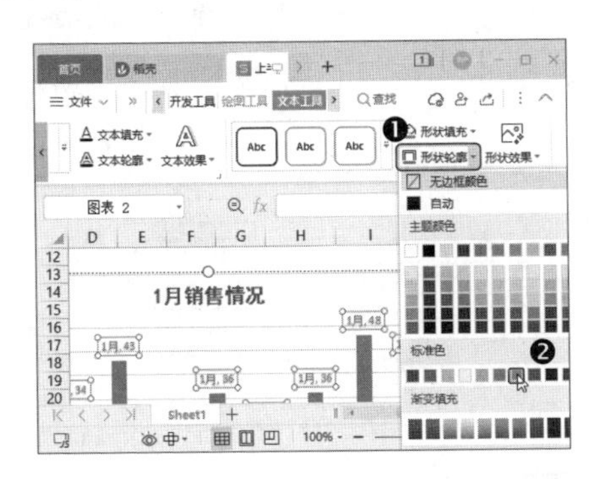

第6步 操作完成后，即可看到为图表添加了数据标签后的效果，如下图所示。

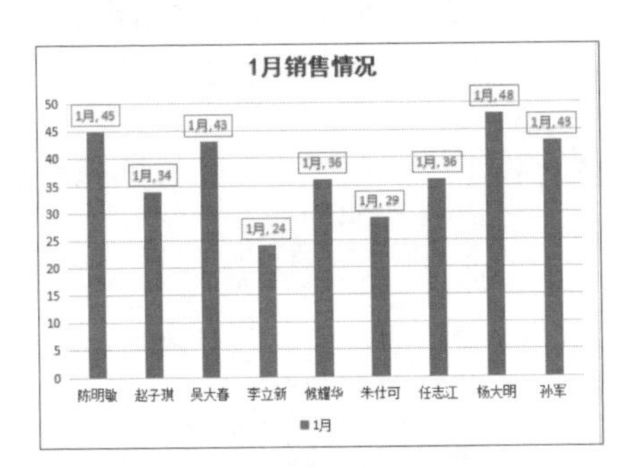

3. 添加数据表

数据表可以在图表中以表格的形式展现数据信息，使数据更加直观，操作方法如下。

第1步 接上一例操作，❶ 选择图表；❷ 单击图表右侧的【图表元素】浮动工具按钮；❸ 在弹出的快捷菜单中选中【数据表】选项，单击右侧出现的▸按钮；❹ 在弹出的子菜单中单击【显示图例项标示】命令，如下图所示。

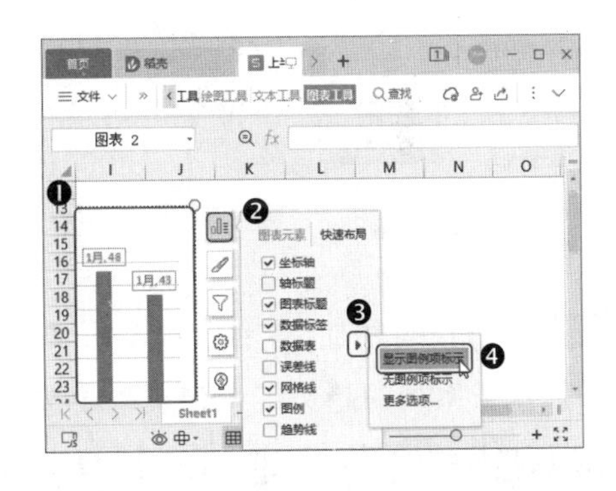

第2步 操作完成后，即可看到为图表添加了数据表后的效果，如下图所示。

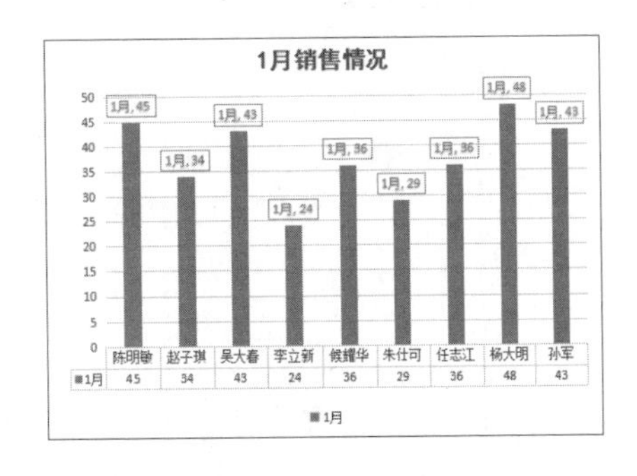

4. 添加趋势线

趋势线是用线条将低点与高点相连，利用已经发生的数据，推测之后数据大致走向的一种图形分析工具，操作方法如下。

第1步 打开“素材文件\第 7 章\上半年

销售业绩 5.xlsx”工作簿，❶ 选择图表；❷ 单击【图表工具】选项卡中的【添加元素】下拉按钮；❸ 在弹出的下拉菜单中选择【趋势线】选项；❹ 在弹出的子菜单中选择要添加的趋势线类型，如【线性】，如下图所示。

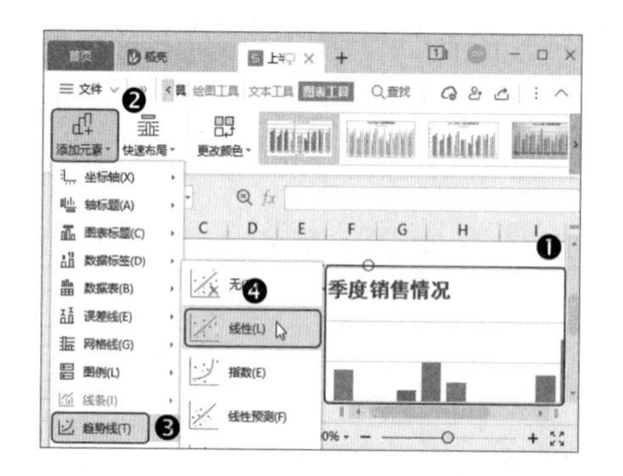

第2步 打开【添加趋势线】对话框，❶ 在【添加基于系列的趋势线】列表框中选择要添加趋势线的系列，如【3 月】；❷ 单击【确定】按钮，如下图所示。

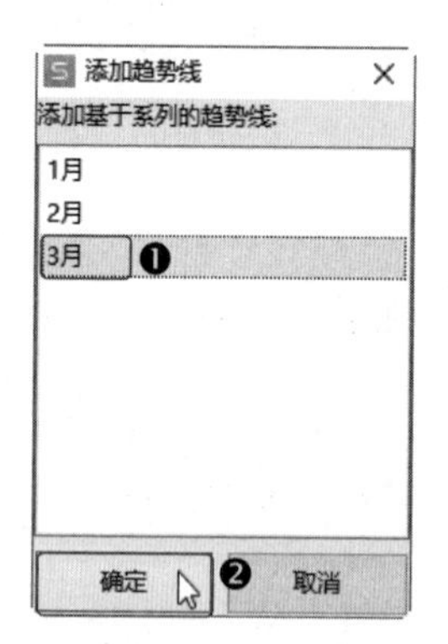

温馨提示

如果图表中只有一个数据系列，则不会打开【添加趋势线】对话框，而是直接添加趋势线。

第3步 返回工作表，即可看到趋势线已经添加，❶ 选中趋势线；❷ 单击【绘图工具】选项卡中的【轮廓】下拉按钮，如下图所示。

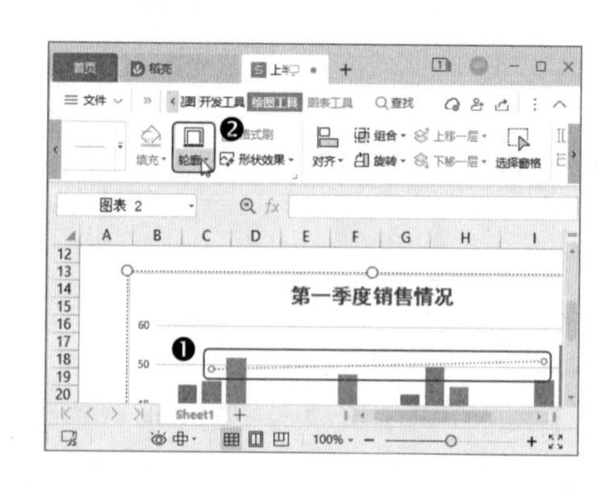

第4步 ❶ 在弹出的下拉菜单中选择【虚线线型】选项；❷ 在弹出的子菜单中选择一种线条样式，如【实线】，如下图所示。

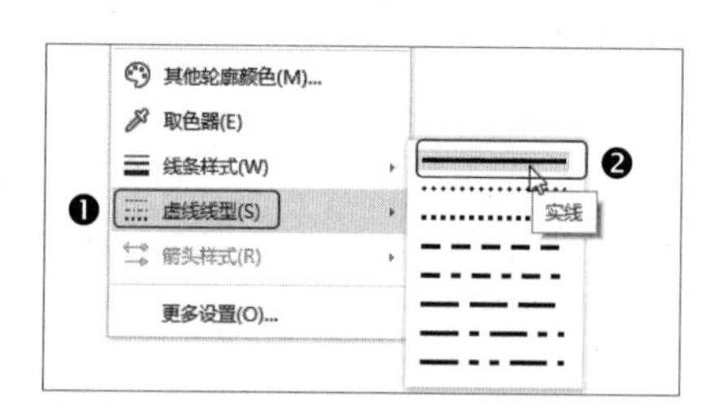

第5步 保持趋势线的选中状态，❶ 再次单击【绘图工具】选项卡中的【轮廓】下拉按钮；❷ 在弹出的下拉菜单中选择一种颜色，如【深红】，如下图所示。

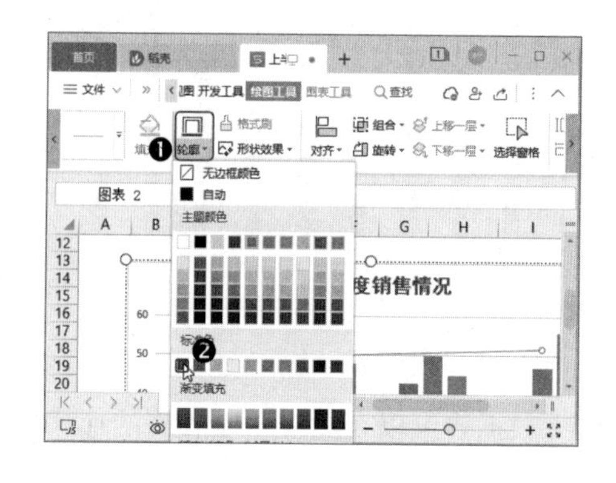

第6步 操作完成后即可看到为图表添加趋势线后的效果，如下图所示。

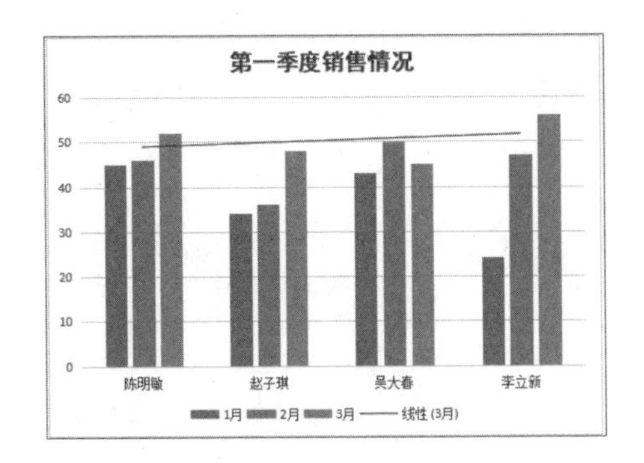

5. 快速布局图表元素

图表的元素很多，但并不需要将所有元素应用到图表中。当不知道如何布局图表元素时，可以使用内置的布局样式，快速布局图表，操作方法如下。

第1步 接上一例操作，❶ 选择图表；❷ 单击【图表工具】选项卡中的【快速布局】下拉按钮；❸ 在弹出的下拉菜单中选择一种布局样式，如【布局 7】，如下图所示。

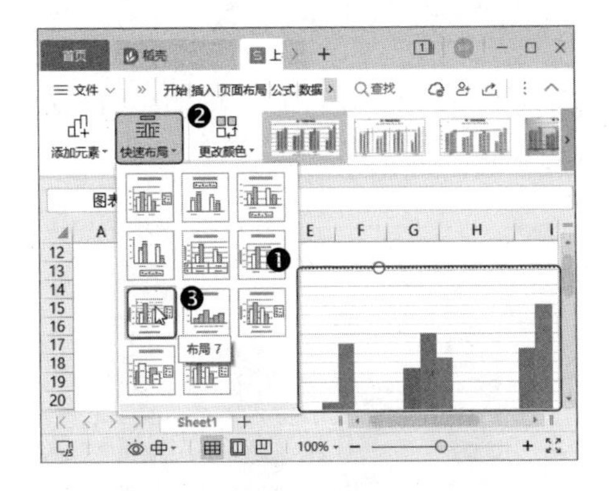

第2步 此布局添加了坐标轴标题，所以需要更改占位符文本。选中占位符文本，如下图所示。

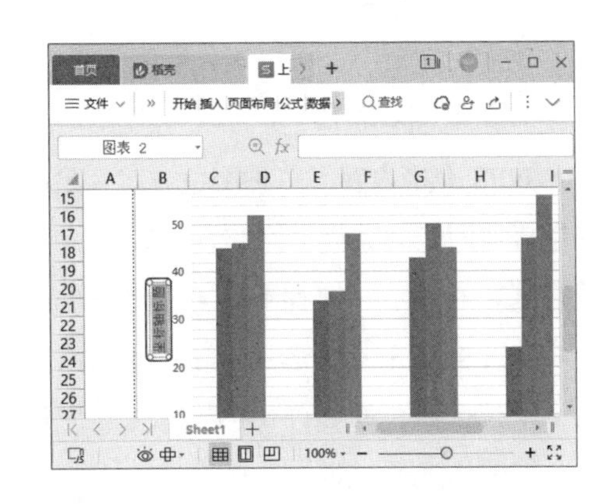

第3步 输入需要的轴标题，如下图所示。

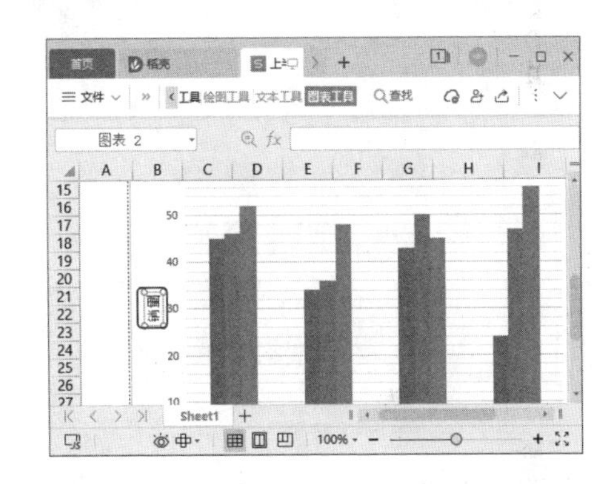

第4步 使用相同的方法更改横坐标轴的标题即可，如下图所示。

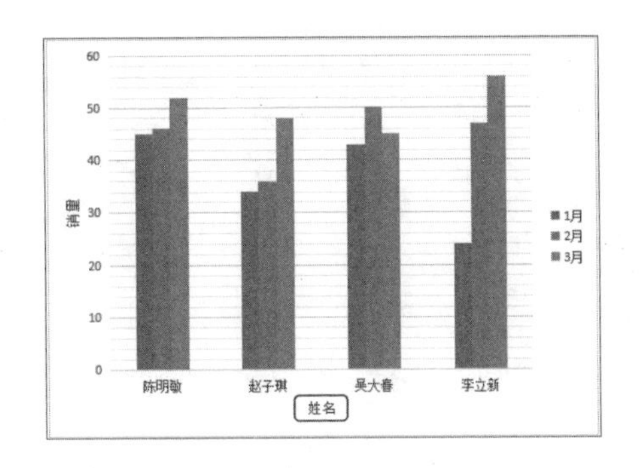

7.3.6 美化图表效果

默认的图表样式比较普通，为了让图

表的效果更加突出，可以美化图表效果。

1. 更改图表颜色

WPS 表格内置了多种配色方案，足以支撑普通图表的美化，操作方法如下。

第1步 接上一例操作，❶ 选中图表；❷ 单击【图表工具】选项卡中的【更改颜色】下拉按钮；❸ 在弹出的下拉菜单中选择一种配色方案，如下图所示。

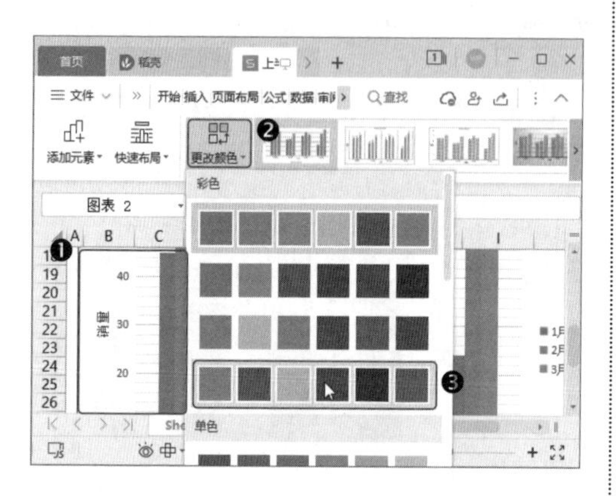

第2步 操作完成后，即可看到图表的颜色已经更改，如下图所示。

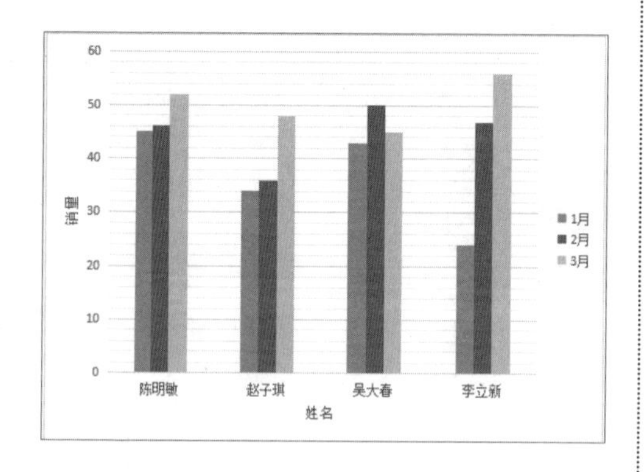

2. 更改主题美化图表

WPS 表格提供了多种主题方案，包括颜色、字体、效果等，通过更改主题也可以达到美化图表的目的，操作方法如下。

第1步 接上一例操作，❶ 单击【页面布局】选项卡中的【主题】下拉按钮；❷ 在弹出的下拉菜单中选择一种主题方案，如下图所示。

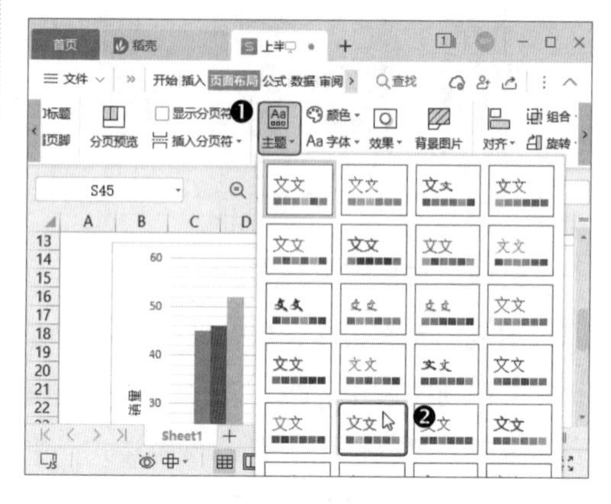

> **温馨提示**
>
> 更改主题后，工作表中的所有元素都会应用相应的主题效果，包括字体、颜色等，如果只需要更改颜色，可以单击【页面布局】选项卡中的【颜色】下拉按钮，在弹出的下拉列表中选择相应的颜色方案。

第2步 操作完成后即可看到图表的样式已经更改，如下图所示。

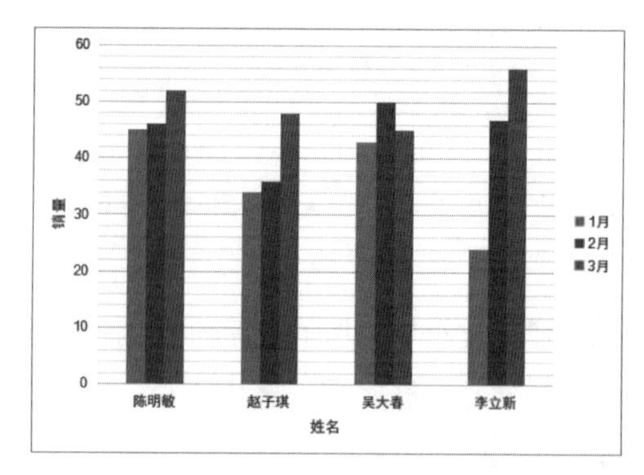

3. 使用内置图表样式

WPS 表格内置的图表样式包括图表的颜色、字体、图表元素等设计，是快速美化图表的最佳选择，操作方法如下。

第1步 接上一例操作，❶ 选择图表；❷ 单击【图表工具】选项卡中的【其他】下拉按钮 ，如下图所示。

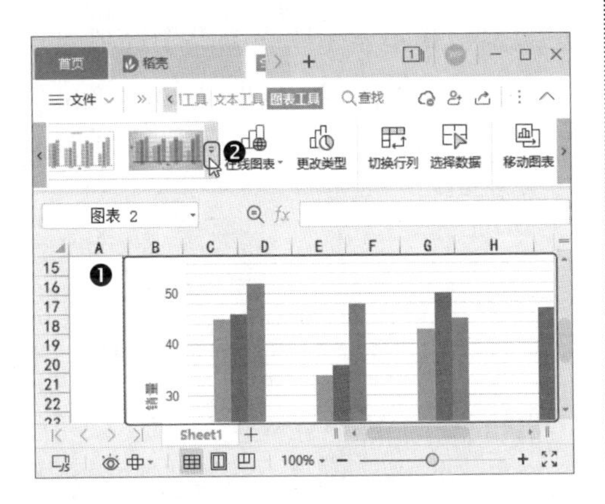

第2步 在打开的下拉列表中选择一种图表样式，如【样式 10】，如下图所示。

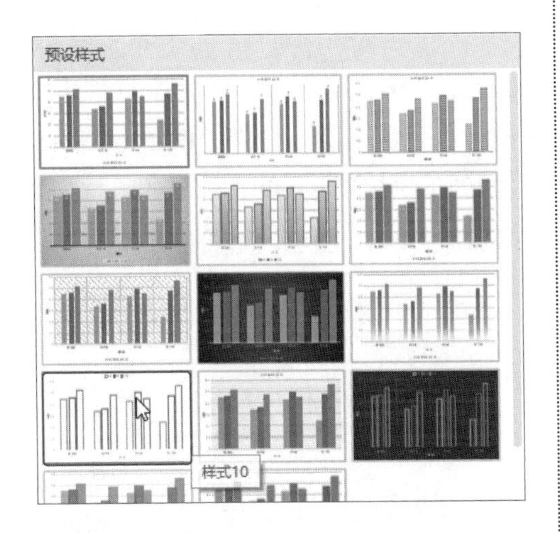

第3步 操作完成后，即可为图表应用内置样式，如下图所示。

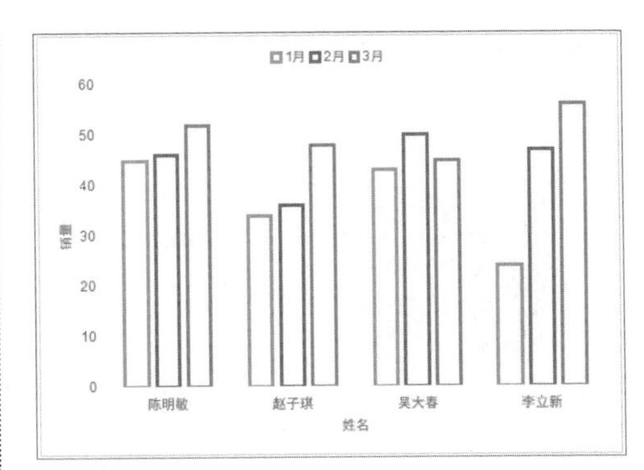

温馨提示

稻壳会员可以选择更多精美的专属样式。

4. 设计自定义图表样式

使用内置的图表样式虽然省事，但样式固定，不能满足所有人的需求。如果对图表的样式有要求，可以自定义图表样式，操作方法如下。

第1步 接上一例操作，❶ 选择图表；❷ 单击图表右侧出现的【设置图表区域格式】浮动工具按钮 ，如下图所示。

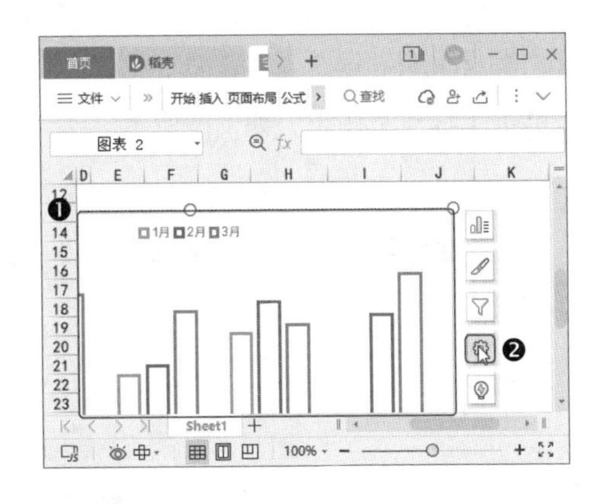

第2步 打开【属性】窗格，在【填充与线条】选项卡中选择【图片或纹理填充】单选按钮，如下图所示。

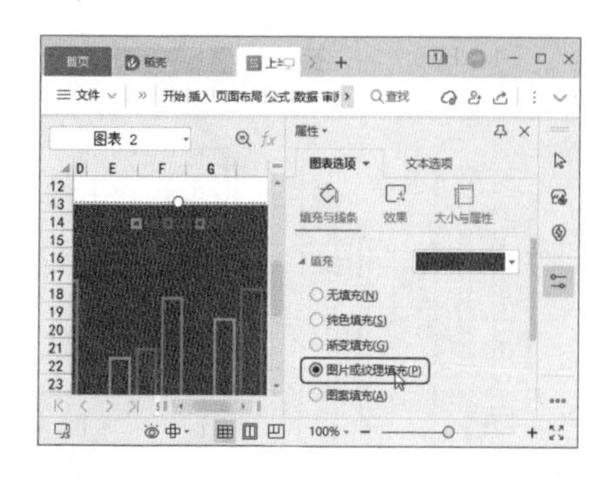

第3步 ❶单击【图片填充】右侧的下拉按钮；❷在弹出的下拉菜单中选择【本地文件】选项，如下图所示。

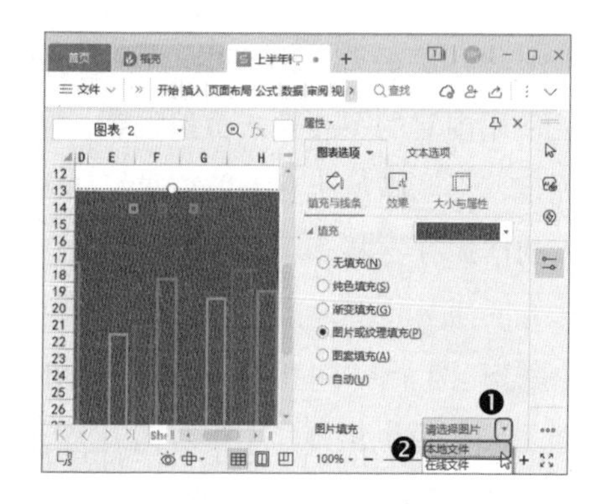

第4步 打开【选择纹理】对话框，❶选择“素材文件\第7章\背景.jpg”文件；❷单击【打开】按钮，如下图所示。

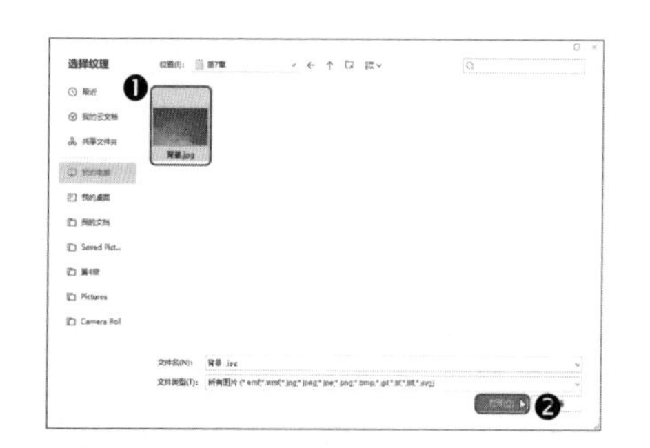

第5步 拖曳【透明度】滑块到【75%】的位置，如下图所示。

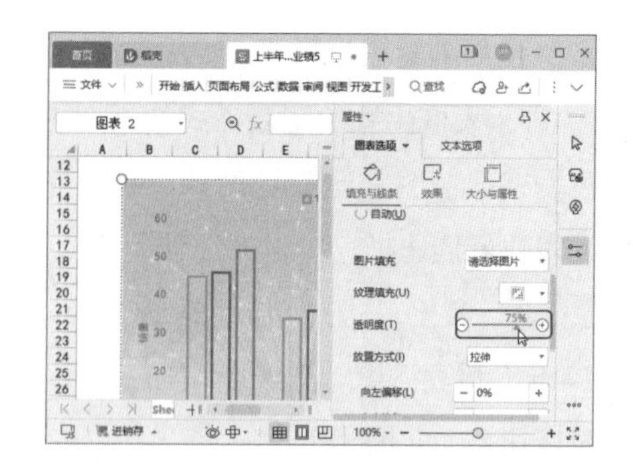

第6步 ❶单击【图表工具】选项卡中的【图表元素】下拉按钮；❷在弹出的下拉菜单中选择【系列“1月”】选项，如下图所示。

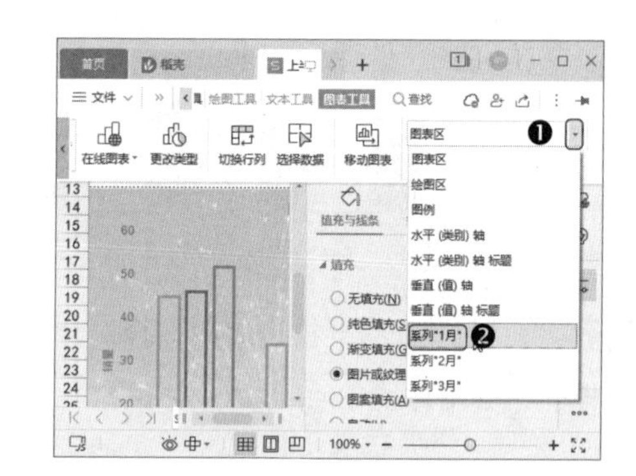

第7步 ❶在【填充与线条】选项卡中选择【纯色填充】单选按钮；❷单击【填充】右侧的下拉按钮；❸在弹出的下拉列表中选择一种填充颜色，如下图所示。

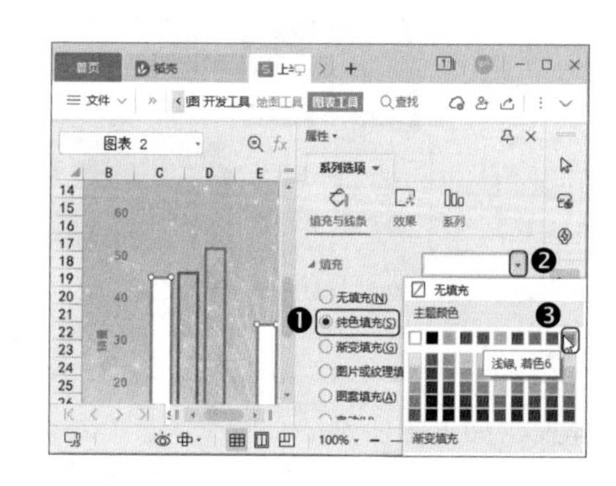

第8步 ❶ 选择【系列“2 月”】；❷ 在【属性】窗格的【填充与线条】选项卡中选择【渐变填充】单选按钮，如下图所示。

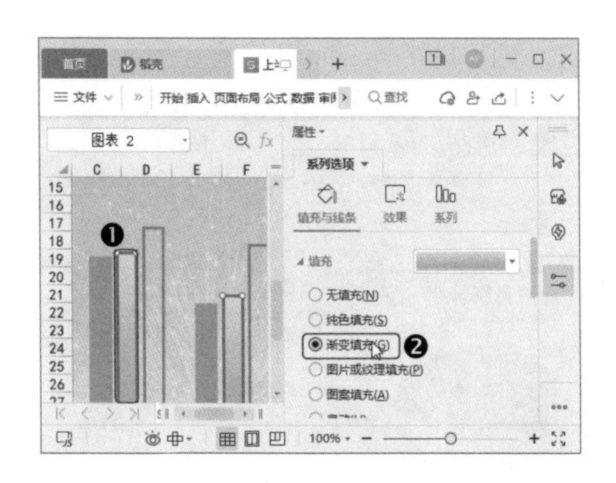

第9步 ❶ 调整色标的位置，然后分别选中色标；❷ 在【色标颜色】下拉列表中分别设置色标的颜色，如下图所示。

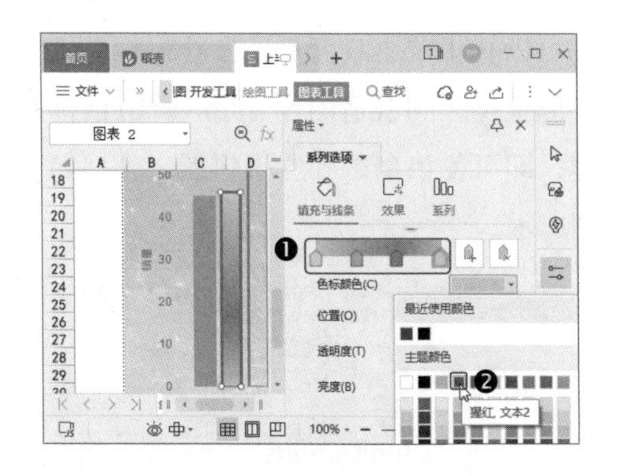

温馨提示

设置渐变效果时，不宜选择过多的颜色，可以选择临近色。

第10步 ❶ 选择【系列“3 月”】；❷ 在【填充与线条】选项卡中选择【图案填充】单选按钮；❸ 在下方选择图案样式，并分别设置【前景】和【背景】颜色，如下图所示。

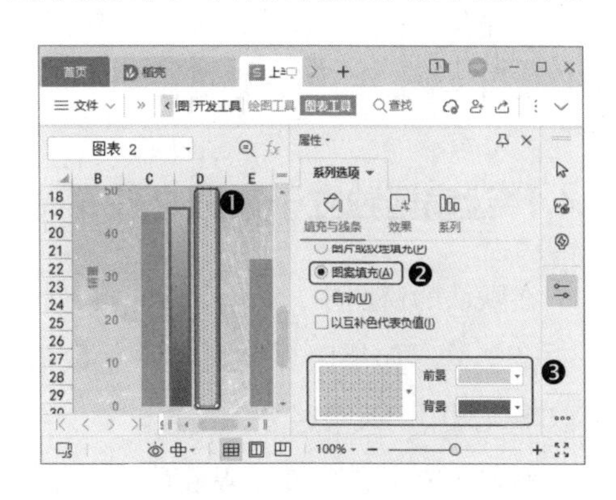

温馨提示

本例由于展示需要，设计了较为复杂的图表样式，而在实际工作中，过于复杂的图表样式反而会影响数据的分析效果。

第11步 操作完成后，即可看到自定义图表样式的效果，如下图所示。

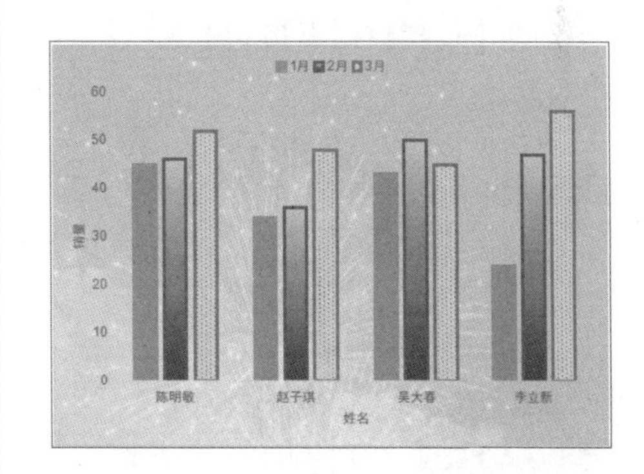

温馨提示

如果想将设置的自定义图表样式应用于其他图表，可以将其保存为图表模板，方法见“高手支招 03”。

7.4 高级图表的应用

在制作图表时，如果遇到一些特殊的数据，在图表中不易表现，如负值、超大数据等，可以使用一些方法，让图表更合理。

7.4.1 让扇区独立于饼图之外

在默认的饼图中，所有的数据系列都是一个整体。如果想要突显某一项数据，可以将饼图中的某扇区分离出来。

例如，要将“文具销售统计”工作簿中饼图的扇区分离，操作方法如下。

第1步 打开“素材文件\第7章\文具销售统计.xlsx”工作簿，❶ 在数据系列上单击鼠标左键，选中所有数据系列，然后单击要分离的饼图数据点，选中单个数据点，在数据点上右击；❷ 在弹出的快捷菜单中选择【设置数据点格式】选项，如下图所示。

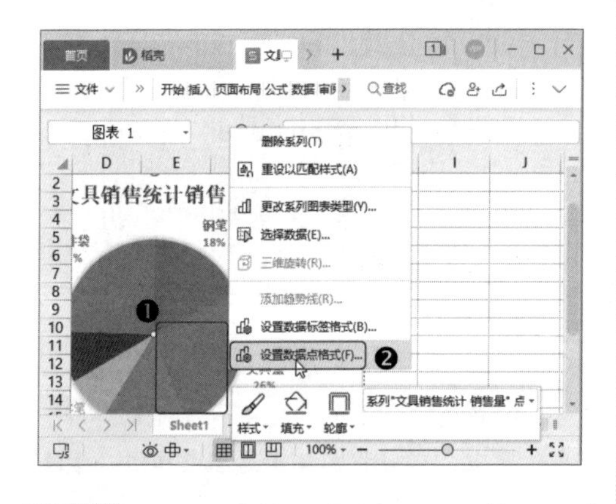

第2步 打开【属性】窗格，在【系列】选项卡的【点爆炸型】微调框中设置分离的百分比，如下图所示。

第3步 如果对分离的百分比没有要求，也可以选择单个扇区后，按住鼠标左键向外侧拖曳，到合适的位置后，释放鼠标左键，即可使该扇区独立于饼图之外，如下图所示。

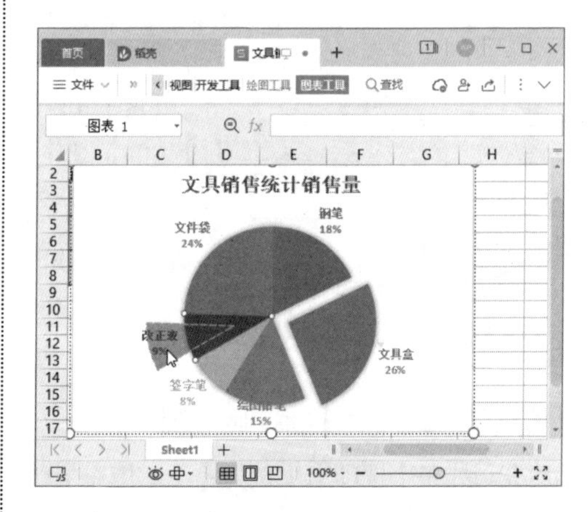

第4步 图表中的扇区分离后，效果如下图所示。

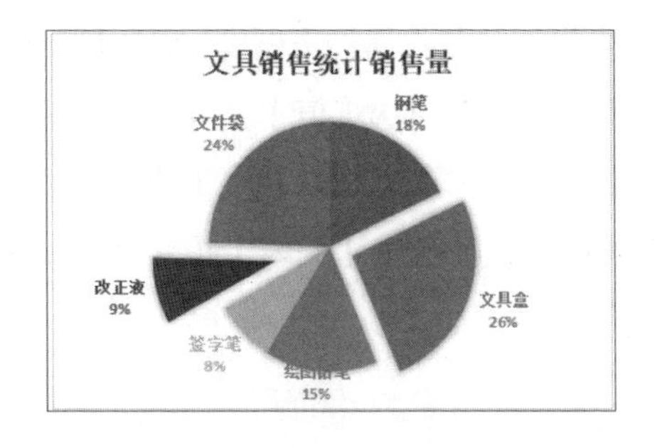

7.4.2 特殊处理图表中的负值

在制作含有负值的图表时，负值图形与坐标轴标签会重叠在一起，不易阅读。而且由于正负数据都属于同一数据系列，如果将正负数据的系列设置为不同的颜色，也不容易做到。这个时候，我们可以创建辅助列来制作图表，完美解决图表中负值的问题。

例如，在“分店盈亏分析”工作簿中要对图表中的负值进行特殊处理，操作方法如下。

第1步 打开“素材文件 \ 第 7 章 \ 分店盈亏分析 .xlsx”工作簿，根据数据创建辅助数据，输入的数值正负与原始数据正好相反，如下图所示。

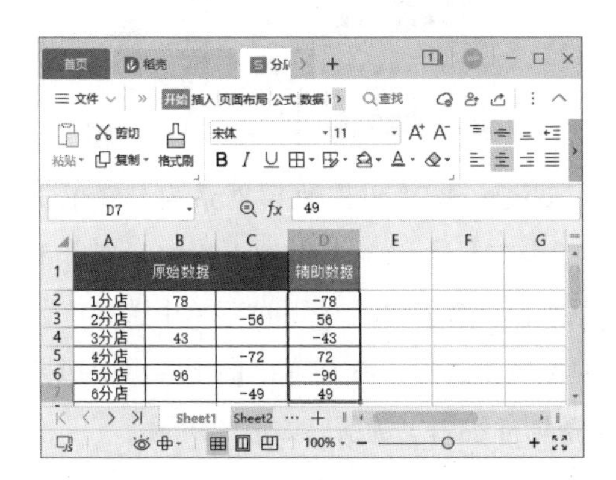

	原始数据		辅助数据
1分店	78		-78
2分店		-56	56
3分店	43		-43
4分店		-72	72
5分店	96		-96
6分店		-49	49

第2步 ❶ 选中 A2:D7 单元格区域；❷ 单击【插入】选项卡中的【插入柱形图】下拉按钮 ；❸ 在弹出的下拉菜单中选择【堆积柱形图】选项，如下图所示。

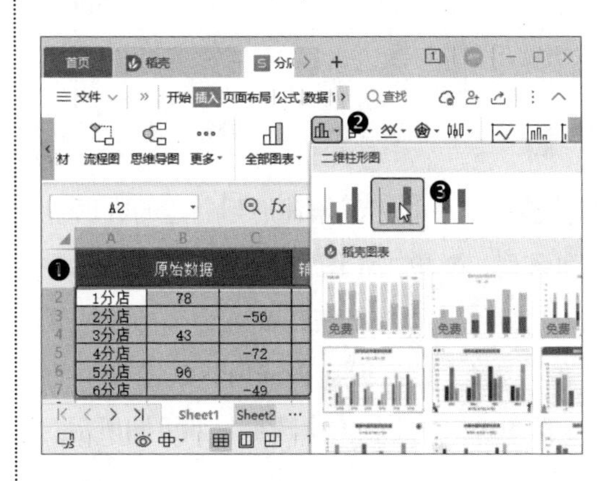

第3步 ❶ 右击横坐标轴；❷ 在弹出的快捷菜单中选择【设置坐标轴格式】选项，如下图所示。

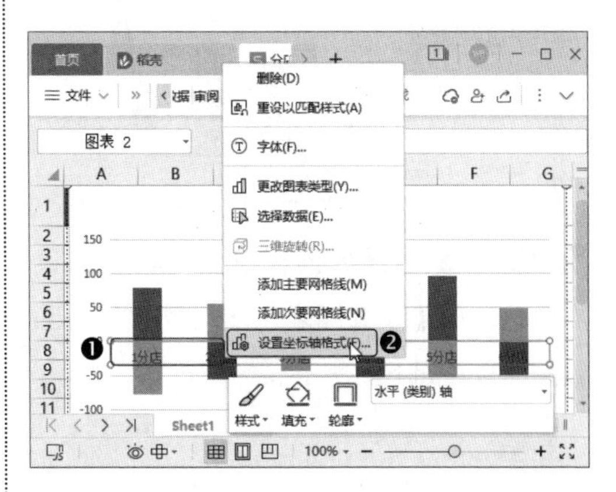

第4步 打开【属性】窗格，❶ 在【坐标轴】选项卡的【标签位置】下拉列表中选择【无】；❷ 单击【关闭】按钮 ×，如下图所示。

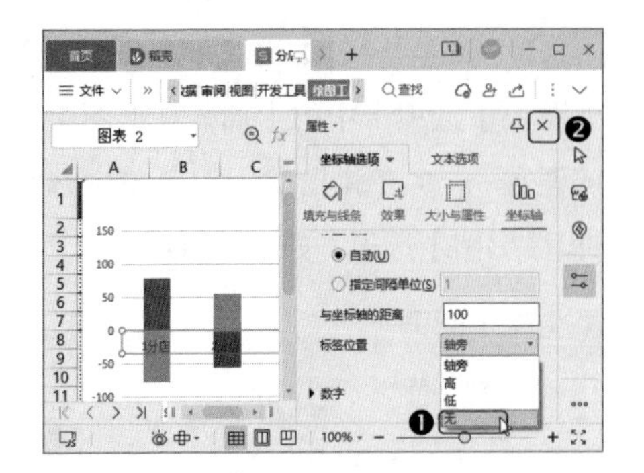

第5步 ❶ 选中根据辅助列创建的数据系列系列；❷ 单击【图表工具】选项卡中的【添加元素】下拉按钮；❸ 在弹出的下拉菜单中选择【数据标签】选项；❹ 在弹出的子菜单中选择【轴内】选项，如下图所示。

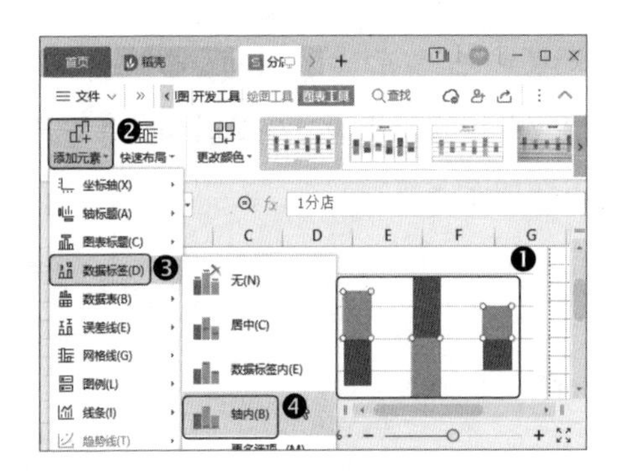

第6步 ❶ 选择数据标签；❷ 单击图表右侧出现的【设置图表区域格式】浮动工具按钮，如下图所示。

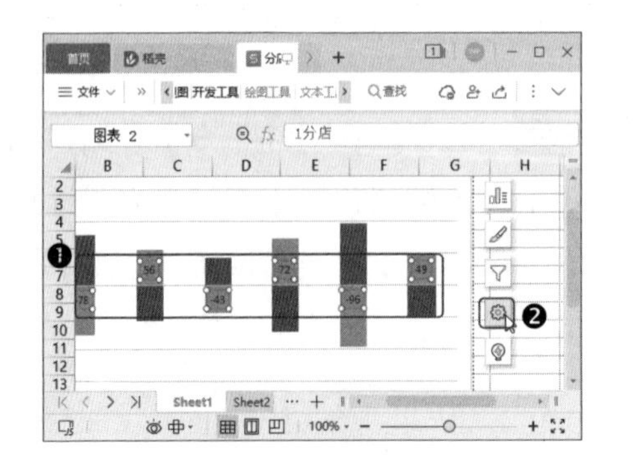

第7步 打开【属性】窗格，❶ 在【标签】选项卡中取消勾选【值】复选框，然后勾选【类别名称】复选框，用于模拟分类坐标轴标签；❷ 单击【关闭】按钮×，如下图所示。

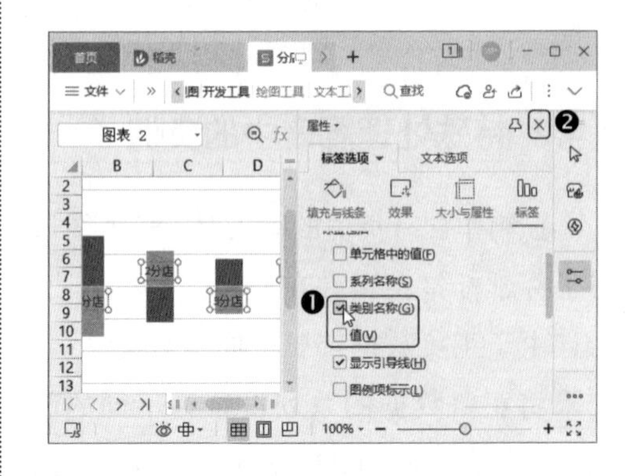

第8步 ❶ 选中辅助数据系列；❷ 单击【绘图工具】选项卡中的【填充】下拉按钮；❸ 在弹出的下拉菜单中选择【无填充颜色】选项，如下图所示。

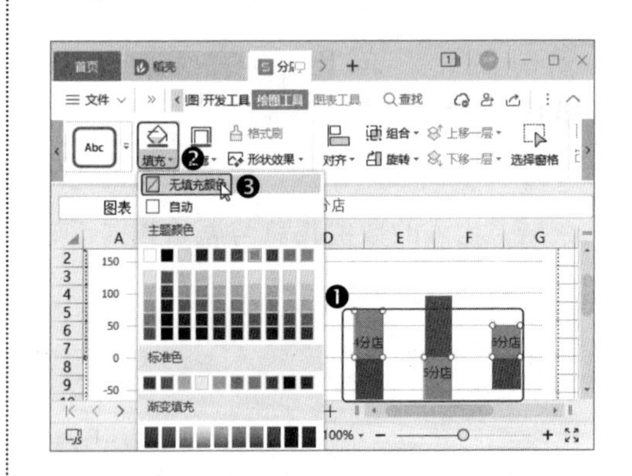

第9步 ❶ 选中正数数据系列；❷ 单击【图表工具】选项卡中的【添加元素】下拉按钮；❸ 在弹出的下拉菜单中选择【数据标签】选项；❹ 在弹出的子菜单中选择【数据标签内】选项，如下图所示。

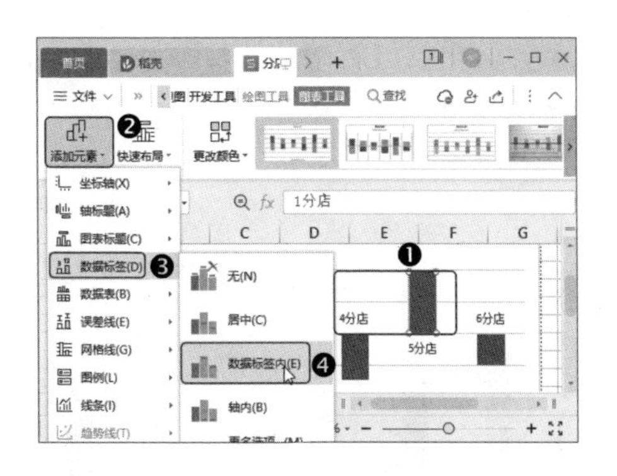

第10步 ❶ 选中负数数据系列；❷ 单击【图表工具】选项卡中的【添加元素】下拉按钮；❸ 在弹出的下拉菜单中选择【数据标签】选项；❹ 在弹出的子菜单中选择【数据标签内】选项，如下图所示。

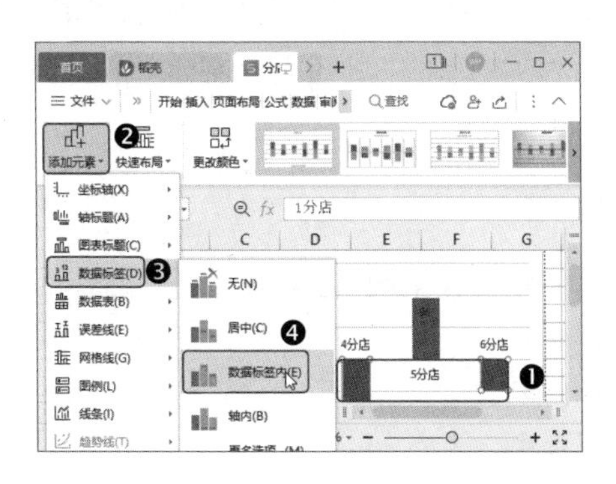

第11步 ❶ 分别选中正数和负数的数据标签；❷ 在【文本工具】选项卡中设置字体样式，如下图所示。

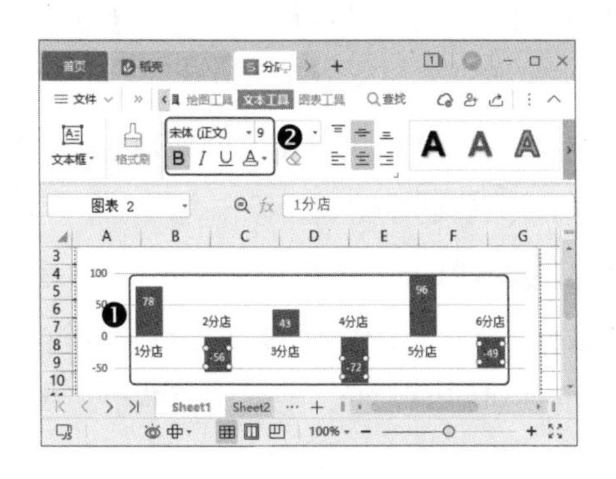

第12步 ❶ 选中图表；❷ 单击图表右侧出现的【图表元素】浮动工具按钮；❸ 在弹出的子菜单中取消勾选【图表标题】和【图例】复选框，如下图所示。

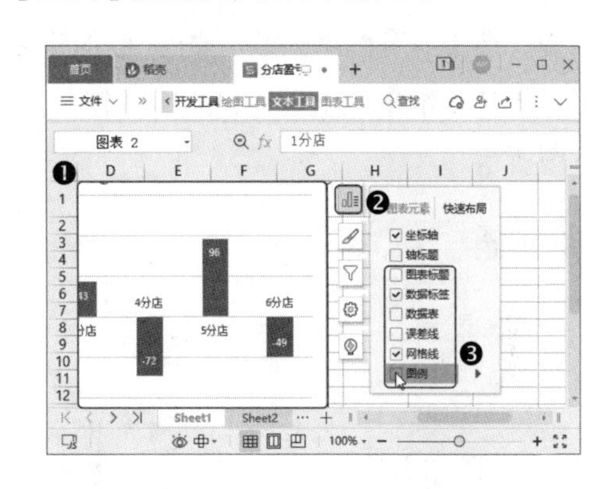

第13步 操作完成后，最终效果如下图所示。

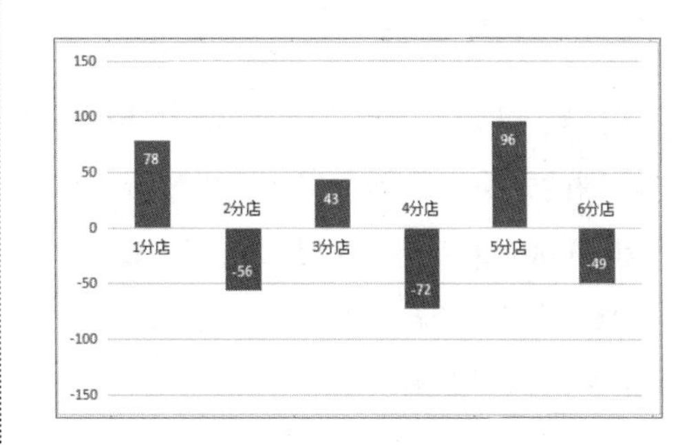

7.4.3 让数据标签随条件变色

在分析数据时，高点与低点往往是备受关注的重点数据，在制作图表时，为了让重点数据更加突出，可以为其设置不同的数据标签颜色。

例如，要将“半年销量统计”工作簿中的数据标签设置为：小于 1000 的数字显示为蓝色，大于 1500 的数字显示为红色，1000~1500 的数字则显示为默认的黑色，操作方法如下。

第1步 打开“素材文件 \ 第 7 章 \ 半年销量统计 .xlsx”工作簿，❶ 单击任意数据标签，选中所有数据标签；❷ 单击【图表工具】选项卡中的【设置格式】按钮，如下图所示。

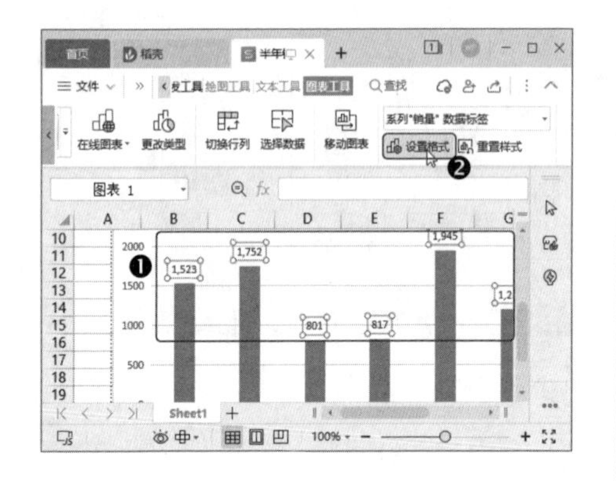

第2步 打开【属性】窗格，❶ 在【标签】选项卡的【格式代码】文本框中输入“[蓝色][<1000]0;[红色][>1500]0;0”；❷ 单击【添加】按钮；❸ 单击【关闭】按钮 × 关闭该窗格，如下图所示。

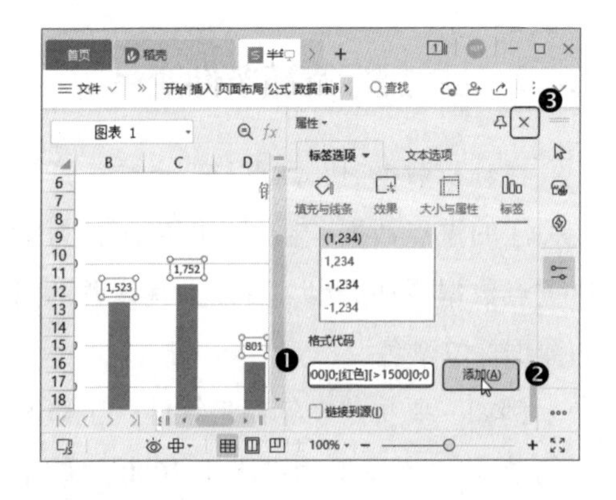

第3步 返回工作表，即可看到图表中的数据标签根据设定的条件自动显示为不同的颜色，如下图所示。

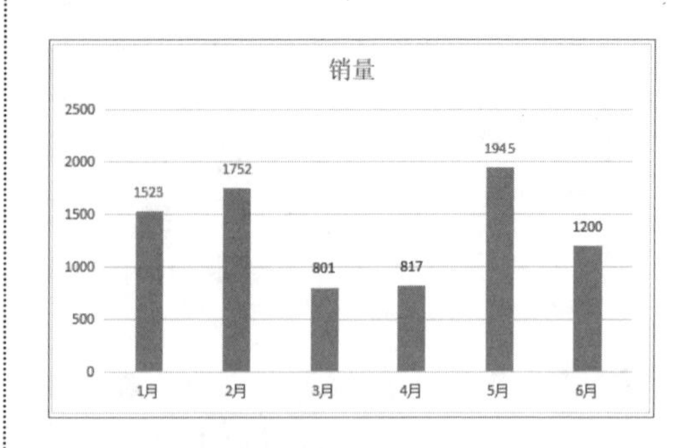

7.4.4 超大值特殊处理

如果遇到超大值，按常规的方法制作图表，分类数据之间的差异难以判断，而且“鹤立鸡群”的超大值还会影响图表的美观，如下图所示。

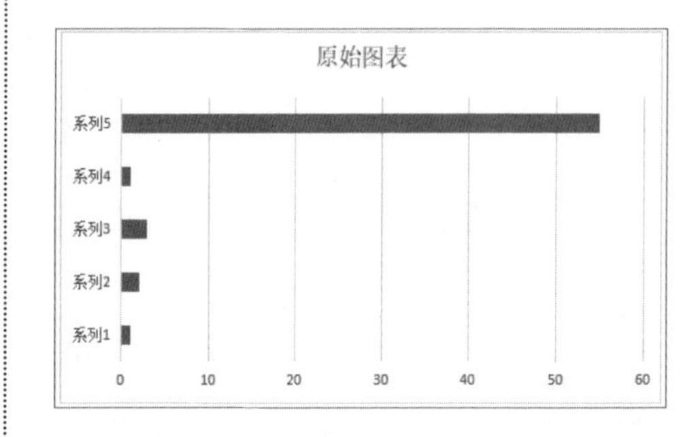

如果要解决这个问题，可以用辅助数据来创建图表，然后使用自选图形截断标记，更改数据标签值。

例如，要使用“超大值处理”工作簿中的超大值创建图表，操作方法如下。

第1步 打开“素材文件 \ 第 7 章 \ 超大值处理 .xlsx”工作簿，由于原始数据较大，需要创建辅助数据，把超大值缩小。❶ 选中辅助数据区域 A6:F7；❷ 单击【插入】选项卡中的【插入条形图】下拉按钮；❸ 在弹出的下拉菜单中选择【簇状条形图】选项，如下图所示。

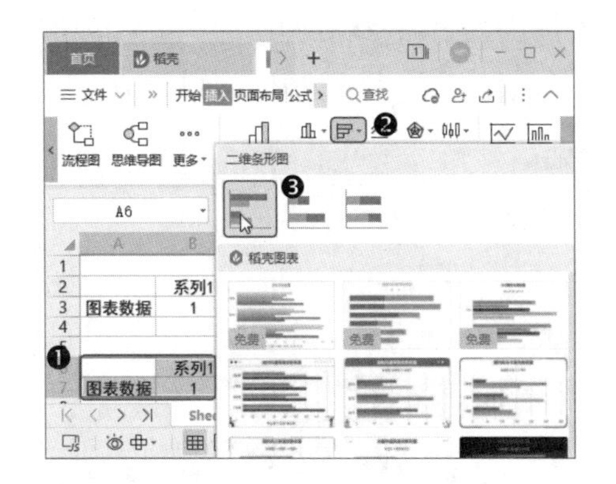

第2步 ❶ 选中图表；❷ 单击【图表工具】选项卡中的【更改颜色】下拉按钮；❸ 在弹出的下拉菜单中选择一种配色方案，如下图所示。

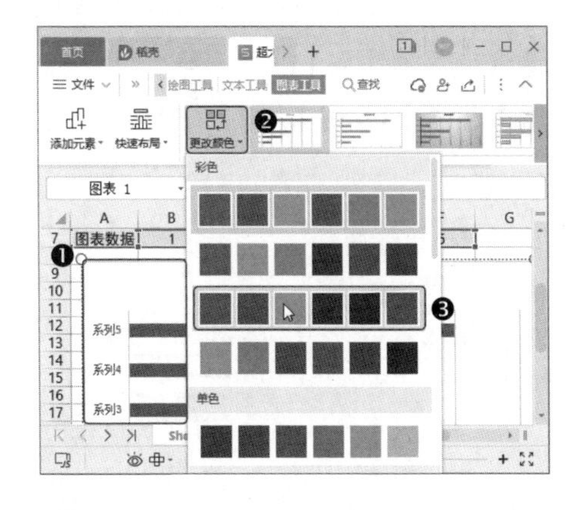

第3步 保持图表的选中状态；❶ 单击【图表工具】选项卡中的【添加元素】下拉按钮；❷ 在弹出的下拉菜单中选择【图表标题】选项；❸ 在弹出的子菜单中选择【无】选项，如下图所示。

第4步 ❶ 单击【插入】选项卡中的【形状】下拉按钮；❷ 在弹出的下拉菜单中选择【平行四边形】形状，如下图所示。

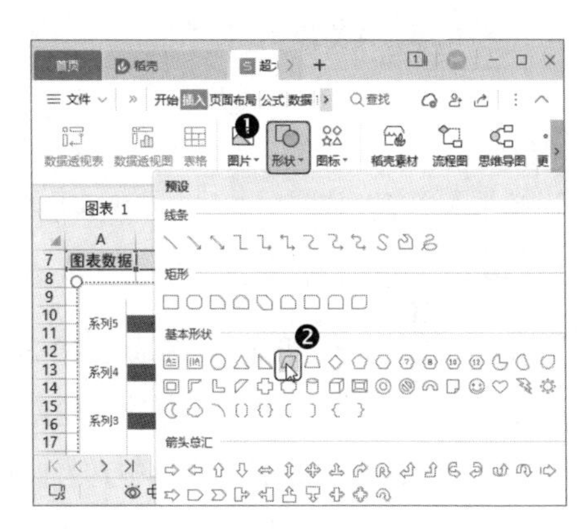

第5步 在超大值系列的右侧绘制一个平行四边形，如下图所示。

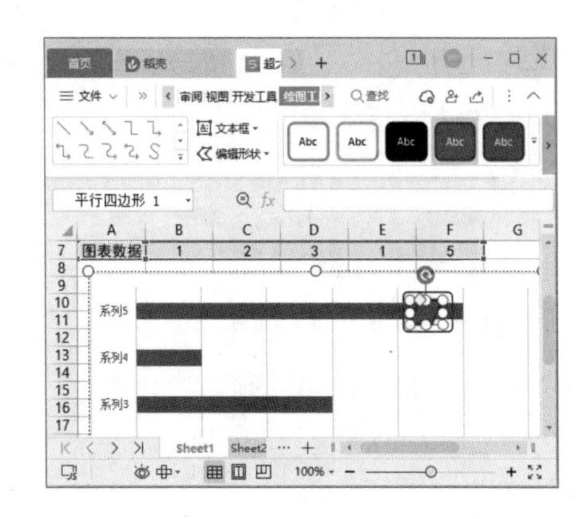

第6步 ❶ 选中平行四边形；❷ 单击【绘图工具】选项卡中的【填充】下拉按钮；❸ 在弹出的下拉菜单中选择【白色，背景1】，如下图所示。

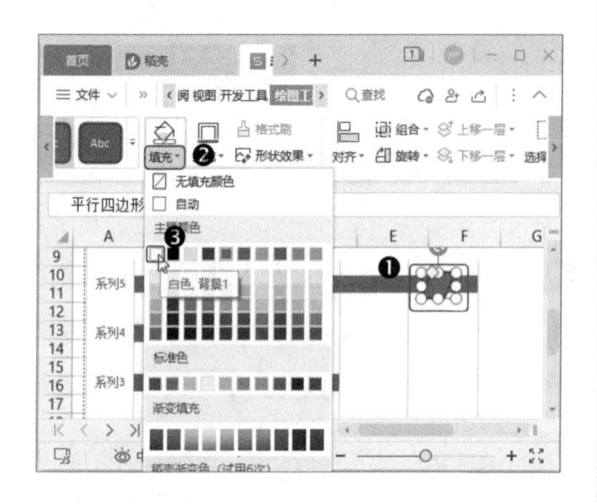

温馨提示

在设置平行四边形颜色时，需要选择与图表背景色相同的颜色。

第7步 保持平行四边形的选中状态，❶ 单击【绘图工具】选项卡中的【轮廓】下拉按钮；❷ 在弹出的下拉菜单中选择【无边框颜色】选项，如下图所示。

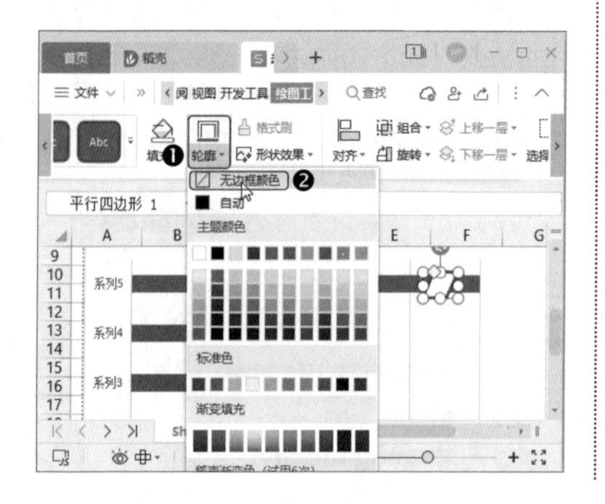

第8步 ❶ 使用直线工具，在平行四边形的一侧绘制一条直线，并调整倾斜的角度，使其与平行四边形相契合，然后选中直线；❷ 单击【绘图工具】选项卡中的【轮廓】下拉按钮；❸ 在弹出的下拉菜单中选择【黑色，文本 1】选项，如下图所示。

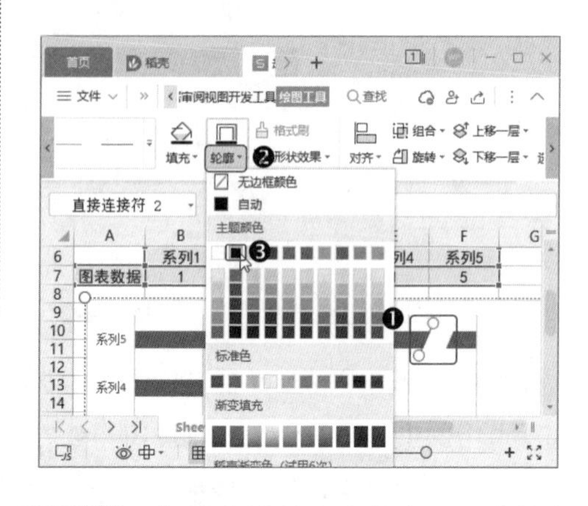

第9步 保持直线的选中状态，再次单击【轮廓】下拉按钮，❶ 在弹出的下拉菜单中选择【线条样式】选项；❷ 在弹出的子菜单中选择【1.5 磅】，如下图所示。

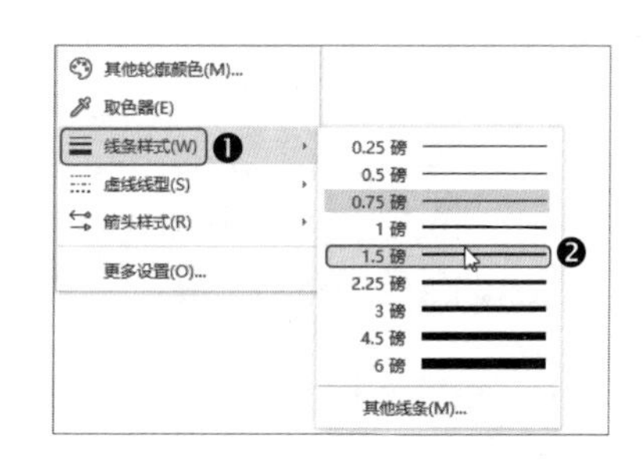

第10步 ❶ 复制一条直线到平行四边形的另一侧，然后按住【Ctrl】键选择两条直线；❷ 单击【绘图工具】选项卡中的【对齐】下拉按钮；❸ 在弹出的下拉菜单中选

择【顶端对齐】选项，如下图所示。

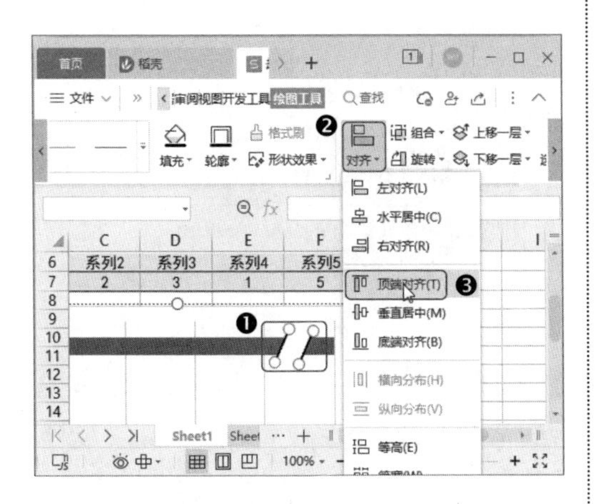

第11步 ❶选中图表；❷单击【图表工具】选项卡中的【添加元素】下拉按钮；❸在弹出的下拉菜单中选择【数据标签】选项；❹在弹出的子菜单中选择【数据标签外】选项，如下图所示。

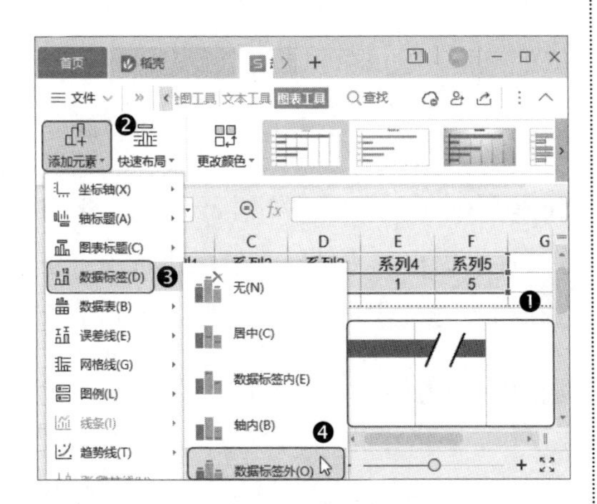

第12步 ❶单击任意数据标签，选中所有数据标签；❷在【文本工具】选项卡中设置数据标签的文本样式，如下图所示。

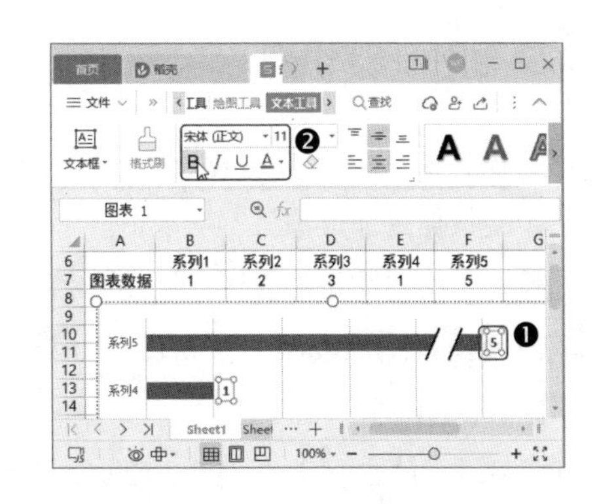

第13步 单独选择超大值的数据标签，将光标定位到数据标签内，将数字更改为需要的数据，如下图所示。

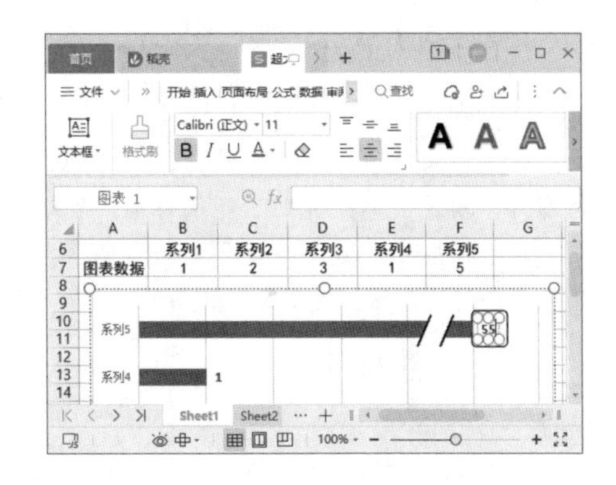

第14步 操作完成后，即可看到图表的最终效果，如下图所示。

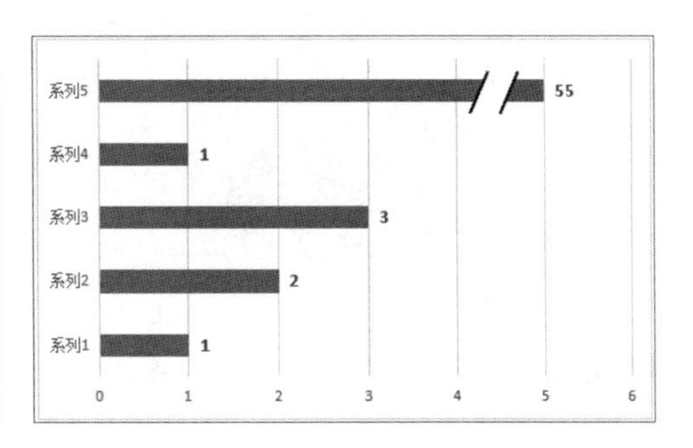

7.4.5 制作比萨饼图

在制作图表时，可以将图形应用于图表中，使数据更加形象。

例如，在“文具销售统计”工作簿中，已经使用销量统计表制作了饼图，如果要制作比萨饼图，操作方法如下。

第1步 打开“素材文件\第7章\文具销售统计.xlsx”工作簿，❶选中图表；❷在【图表工具】选项卡的【图表元素】下拉列表中选择【绘图区】选项；❸单击下方的【设置格式】按钮，如下图所示。

温馨提示

在制作比萨饼图时需要注意，选择的素材图片必须是圆形，否则不能很好地匹配饼图。在选择填充区域时，需要选择绘图区，而不是饼图的扇形区域。

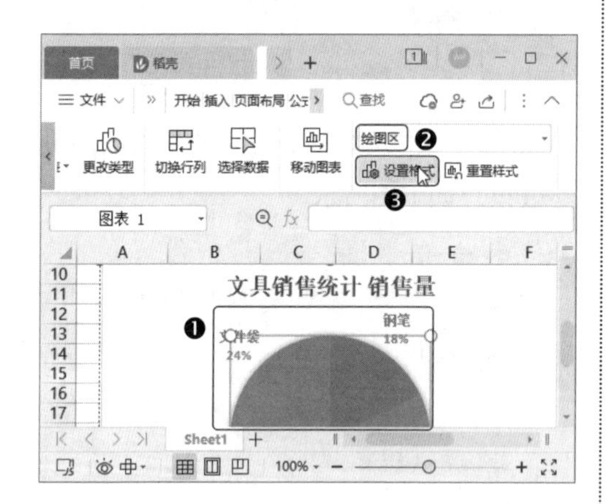

第2步 打开【属性】窗格，❶在【填充与线条】选项卡中选择【图片或纹理填充】单选按钮；❷在【图片填充】下拉列表中选择本地文件，如下图所示。

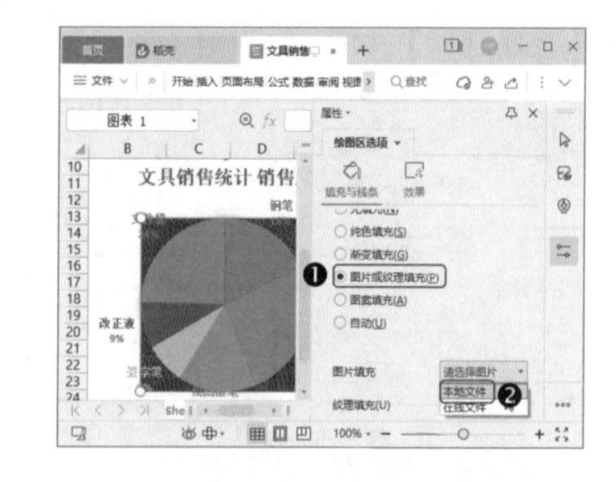

第3步 打开【选择纹理】对话框，❶选择“素材文件\第7章\比萨饼.png”文件；❷单击【打开】按钮，如下图所示。

第4步 ❶选择饼图的扇形区域；❷在【属性】窗格的【填充与线条】选项卡中选择【无填充】单选按钮，如下图所示。

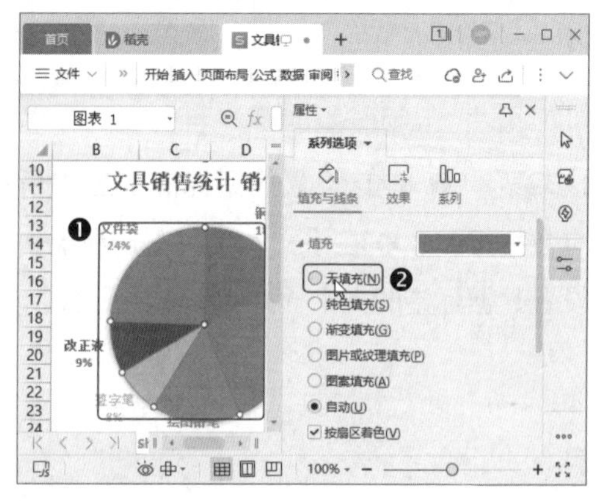

第5步 此时可以看到，原本的饼图已经被隐藏，但是比萨饼的图形跟扇形并没有很好的契合，需要进行调整，如下图所示。

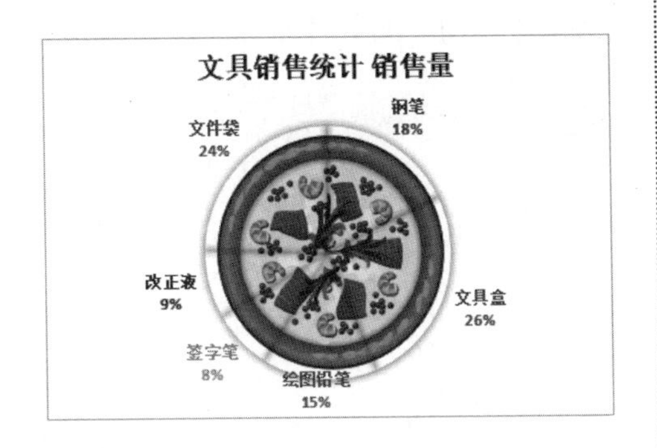

第6步 ❶ 选中绘图区；❷ 在【属性】窗格的【填充与线条】选项卡中调整【向左偏移】的百分比，直到图形和扇形边缘的线条重合，如下图所示。

第7步 ❶ 使用相同的方法，对图形进行微调，以覆盖原本的扇形线条；❷ 调整完成后单击【关闭】按钮×，关闭【属性】窗格，如下图所示。

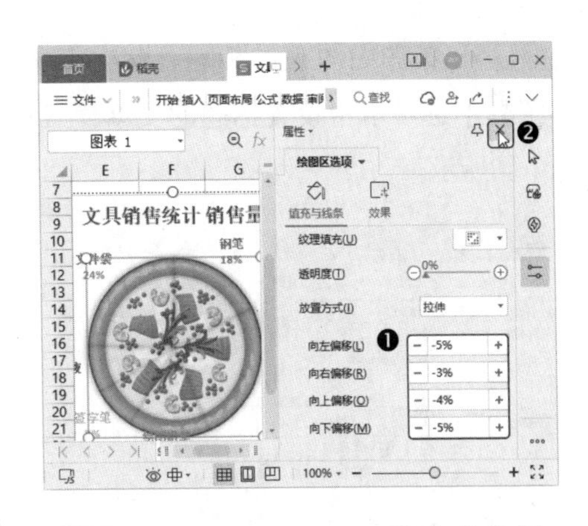

第8步 ❶ 选中扇形；❷ 单击【绘图工具】选项卡中的【轮廓】下拉按钮；❸ 在弹出的下拉菜单中选择【白色，背景 1】选项，如下图所示。

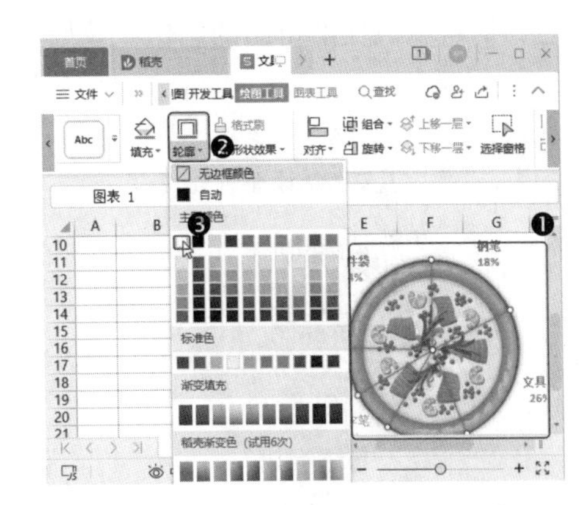

第9步 保持扇形的选中状态，再次单击【轮廓】下拉按钮，❶ 在弹出的下拉菜单中选择【线条样式】选项；❷ 在弹出的子菜单中选择【1 磅】，如下图所示。

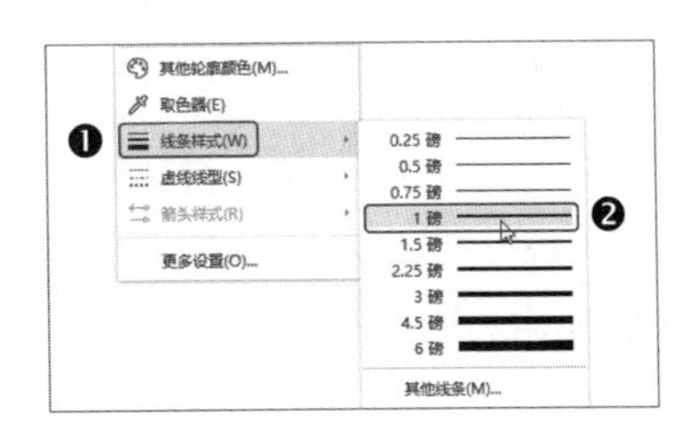

第10步 ❶选中图表的标题；❷在【文本工具】选项卡中设置标题的文本样式，如下图所示。

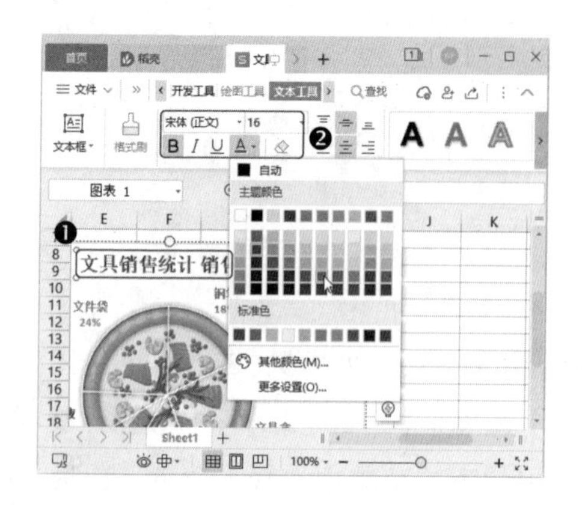

第11步 使用相同的方法为数据标签设置颜色，即可完成比萨饼图的制作，效果如下图所示。

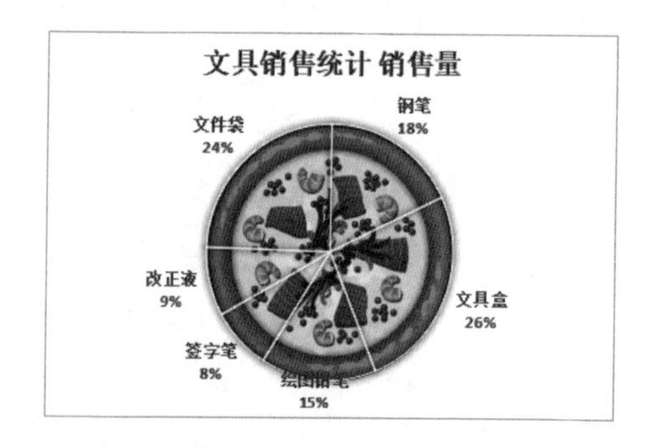

7.4.6 创建可以自动更新的动态图表

在编辑工作表时，先为单元格定义名称，再通过名称为图表设置数据源，可以制作出动态的数据图表。

例如，需要在“销售一部销量表”工作簿中创建图表，并在创建之后，将新添加的数据更新到图表中，操作方法如下。

第1步 打开“素材文件\第7章\销售一部销量表.xlsx”工作簿，❶选中A1单元格；❷单击【公式】选项卡中的【名称管理器】按钮，如下图所示。

第2步 打开【名称管理器】对话框，单击【新建】按钮，如下图所示。

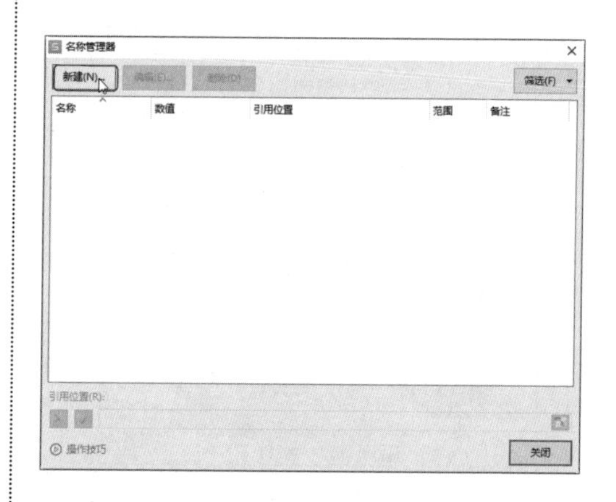

第3步 打开【新建名称】对话框，❶在【名称】文本框中输入“月份”；❷在【范围】下拉列表中选择【工作簿】选项；❸在【引用位置】参数框中将参数设置为【=Sheet1!$A$2:$A$13】；❹单击【确定】按钮，如下图所示。

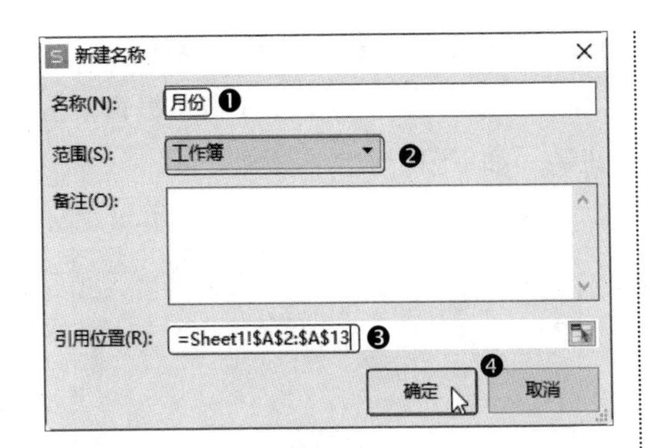

温馨提示

【引用位置】参数框中的参数可以根据需要设置相应的单元格区域。

第4步 返回【名称管理器】对话框，单击【新建】按钮，如下图所示。

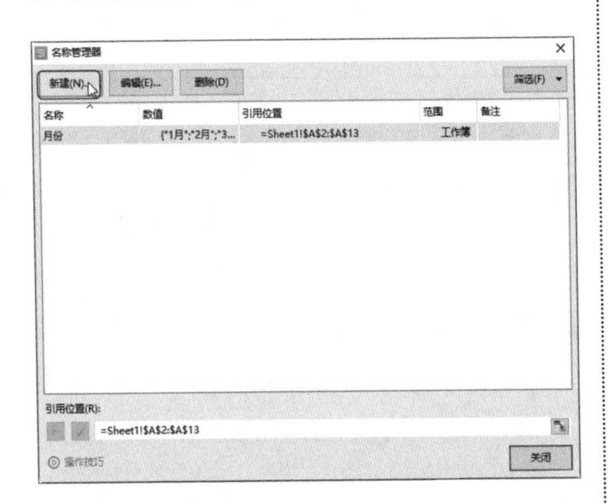

第5步 打开【新建名称】对话框，❶ 在【名称】文本框中输入“销量”；❷ 在【范围】下拉列表中选择【Sheet1】选项；❸ 在【引用位置】参数框中设置参数为【=OFFSET(Sheet1!$B$1,1,0,COUNT(Sheet1!$B:$B))】；❹ 单击【确定】按钮，如下图所示。

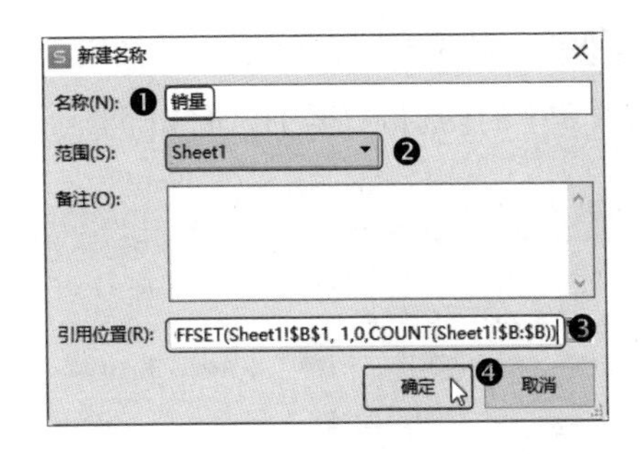

第6步 返回【名称管理器】对话框，在列表框中可以看到新建的所有名称，单击【关闭】按钮，如下图所示。

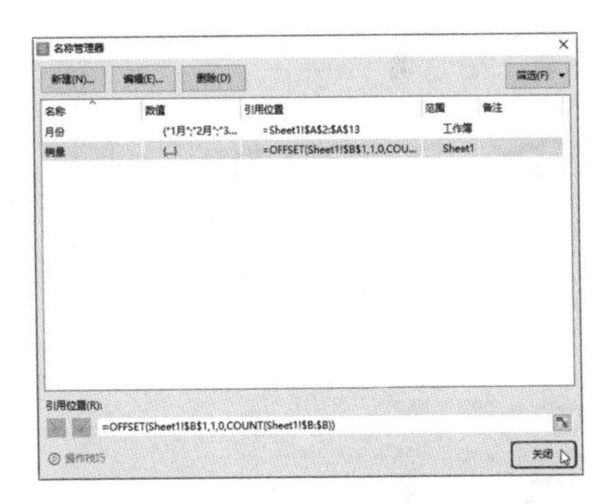

第7步 返回工作表，❶ 选中数据区域中的任意单元格，单击【插入】选项卡中的【插入柱形图】下拉按钮；❷ 在弹出的下拉列表中选择需要的柱形图样式，如下图所示。

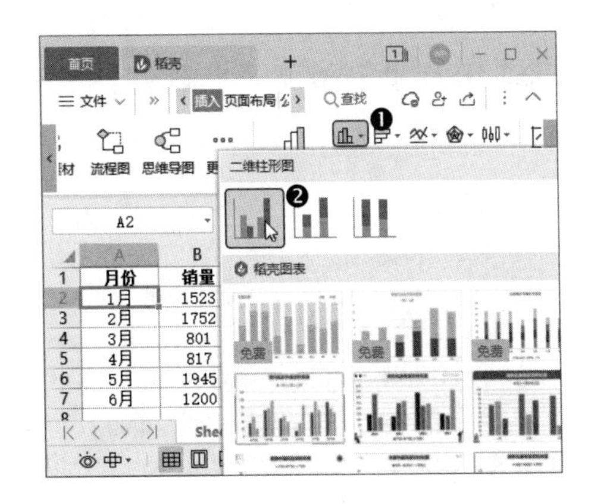

第8步 ❶选择图表；❷单击【图表工具】选项卡中的【选择数据】按钮，如下图所示。

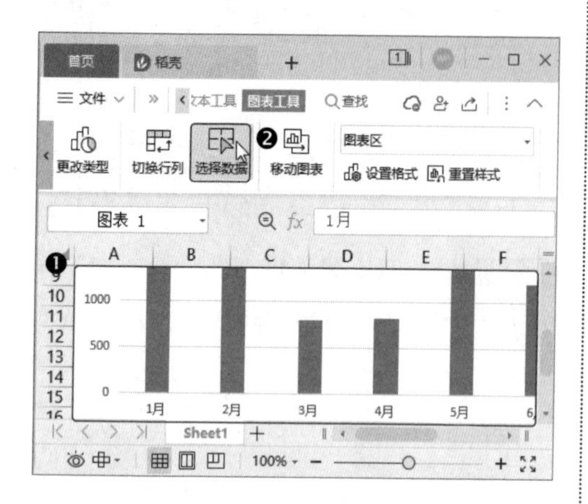

第9步 打开【编辑数据源】对话框，在【图例项（系列）】区域中单击【编辑】按钮，如下图所示。

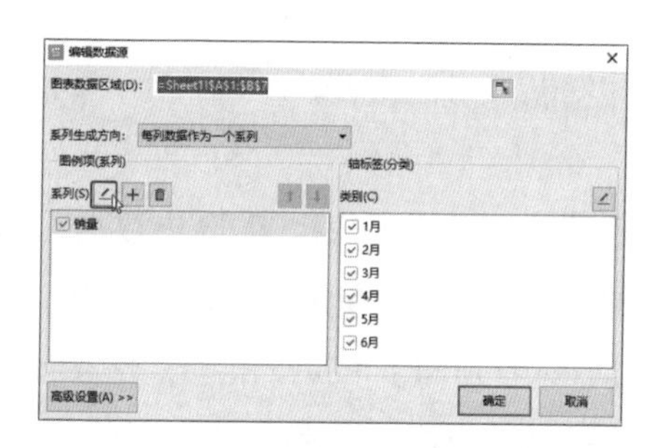

第10步 打开【编辑数据系列】对话框，❶在【系列值】参数框中将参数设置为【=Sheet1!销量】；❷单击【确定】按钮，如下图所示。

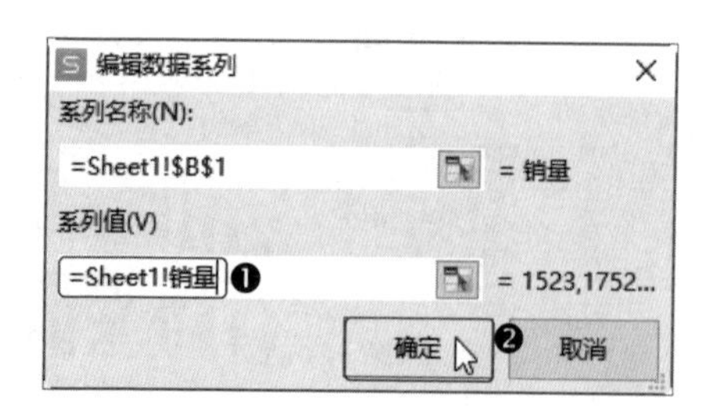

第11步 返回【编辑数据源】对话框，在【轴标签（分类）】区域中单击【编辑】按钮，如下图所示。

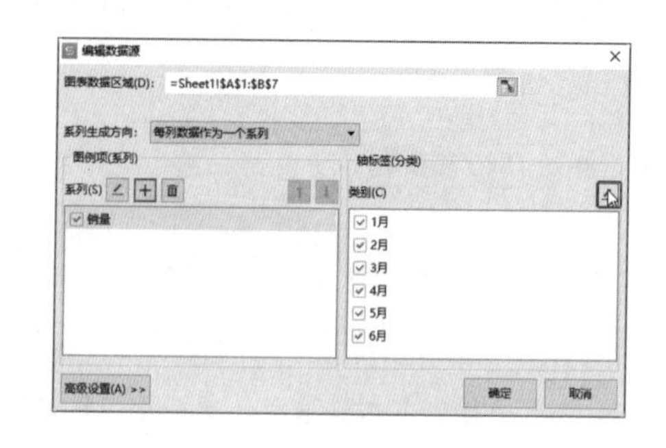

第12步 弹出【轴标签】对话框，❶在【轴标签区域】参数框中将参数设置为【=Sheet1!月份】；❷单击【确定】按钮，如下图所示。

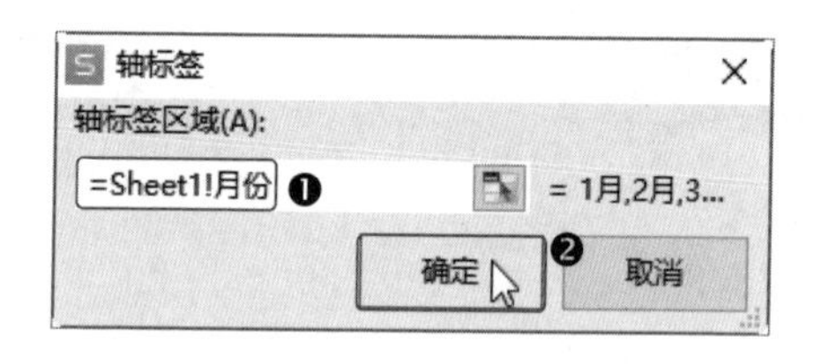

第13步 返回【编辑数据源】对话框，单击【确定】按钮，如下图所示。

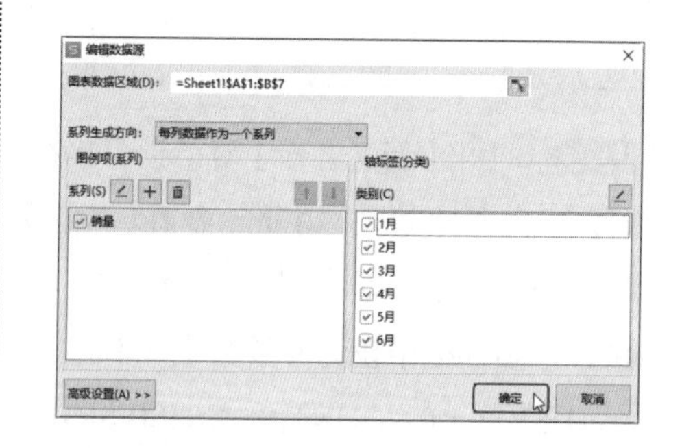

第14步 返回工作表中，在A列和B列的单元格中输入内容时，图表将自动添加相应的内容，如下图所示。

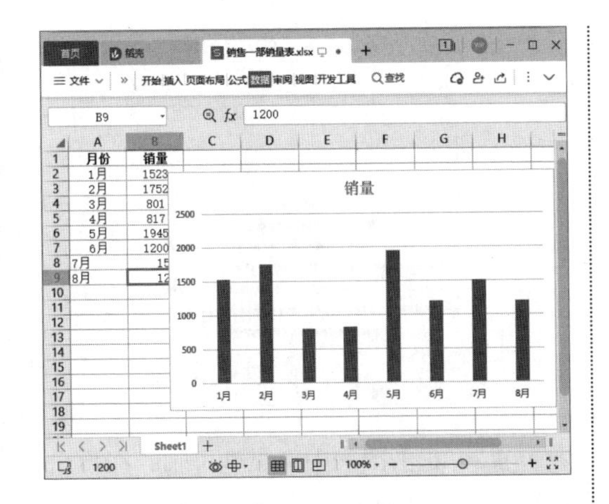

7.4.7 制作金字塔分布图

金字塔分布图是条形图的变形，该图表将纵坐标轴放置于图表的中间位置，两个系列分别位于坐标轴的两侧，使图形更具感染力。

例如，在“男女购物方式调查”工作簿中，要用金字塔分布图来展现数据，操作方法如下。

第1步 打开“素材文件\第 7 章\男女购物方式调查.xlsx”工作簿，❶ 在工作表的空白单元格中输入“-1”，然后按【Ctrl+C】组合键复制该单元格；❷ 选择 C2:C8 单元格区域；❸ 单击【开始】选项卡中的【粘贴】下拉按钮；❹ 在弹出的下拉菜单中选择【选择性粘贴】命令，如下图所示。

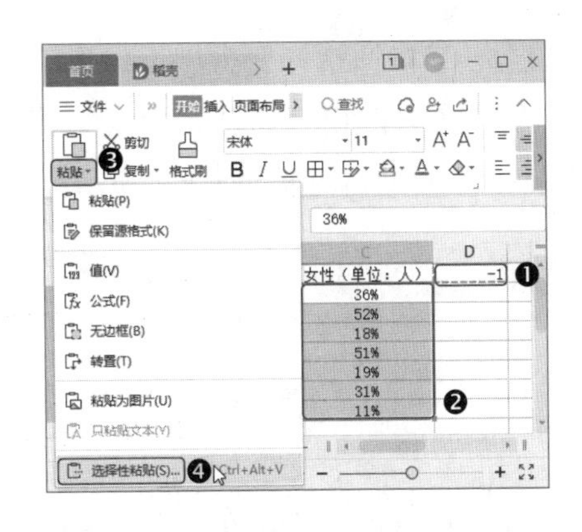

第2步 打开【选择性粘贴】对话框，❶ 选择【运算】组中的【乘】单选按钮；❷ 单击【确定】按钮，如下图所示。

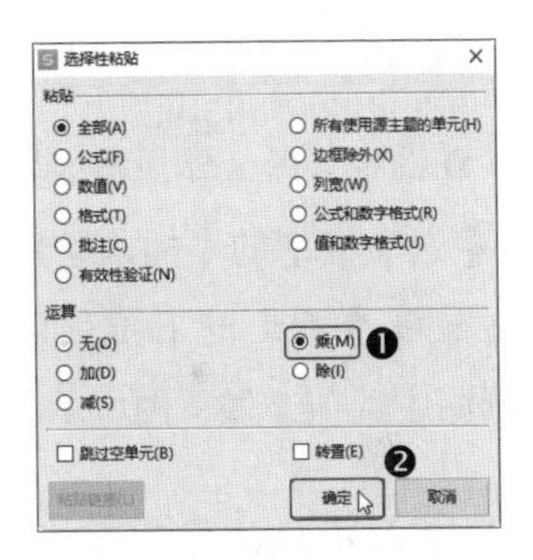

第3步 由于进行了运算，C2:C8 单元格区域中的格式发生了变化，需要重新设置格式。❶ 选择 B2 单元格；❷ 单击【开始】选项卡中的【格式刷】按钮，如下图所示。

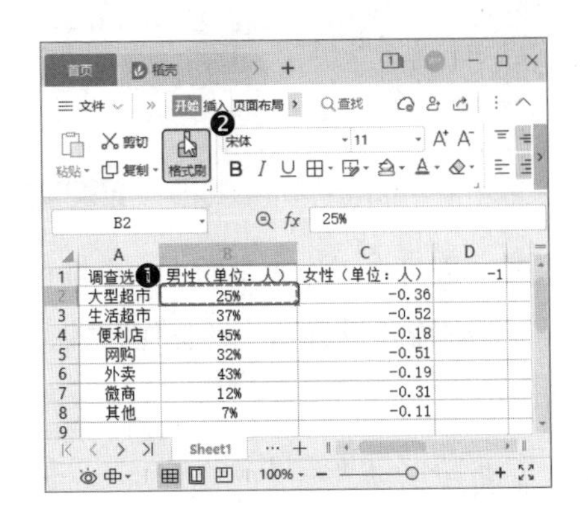

第4步 当鼠标指针变为刷子的形状时，在C2:C8单元格区域拖曳鼠标，将格式复制到该单元格区域，如下图所示。

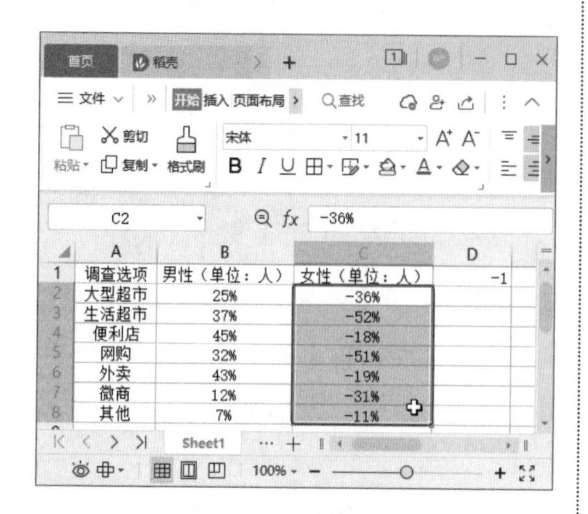

第5步 ❶ 选中A1:C8单元格区域；❷ 单击【插入】选项卡中的【插入条形图】下拉按钮；❸ 在弹出的下拉菜单中选择【堆积条形图】选项，如下图所示。

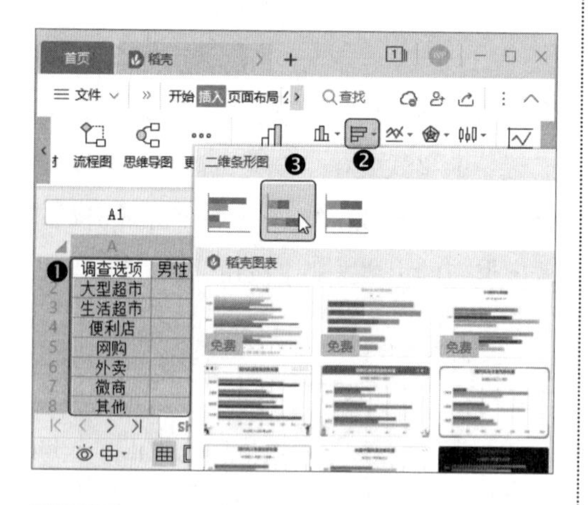

第6步 即可在工作表中插入一个堆积条形图，根据需要设置图表的标题样式，如下图所示。

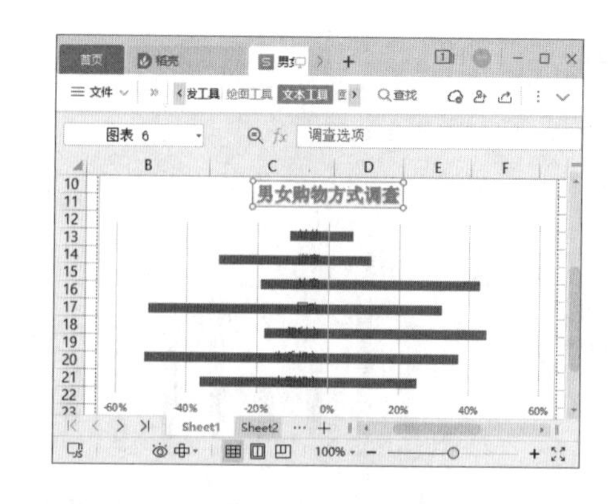

第7步 右击图表中的纵坐标轴，在弹出的快捷菜单中选择【设置坐标轴格式】选项，如下图所示。

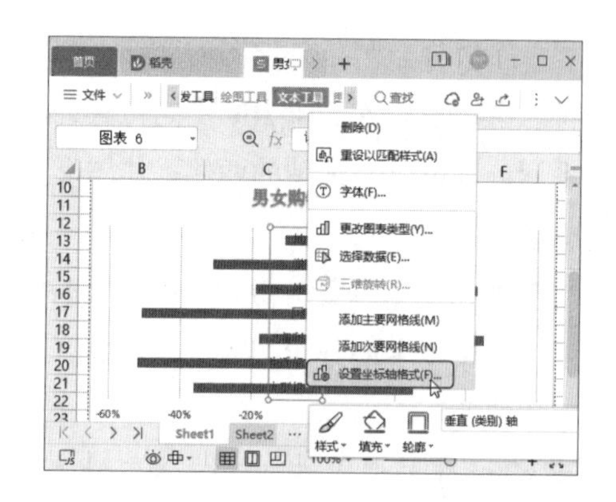

第8步 打开【属性】窗格，在【坐标轴】选项卡的【标签】栏中设置【标签位置】为【高】，如下图所示。

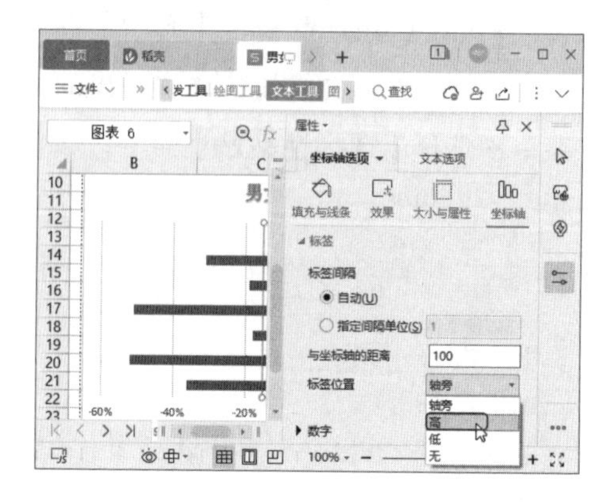

第9步 ❶ 选中任意数据系列；❷ 切换到设置系列格式【属性】窗格，在【系列】选项卡中设置【分类间距】为【80%】，如下图所示。

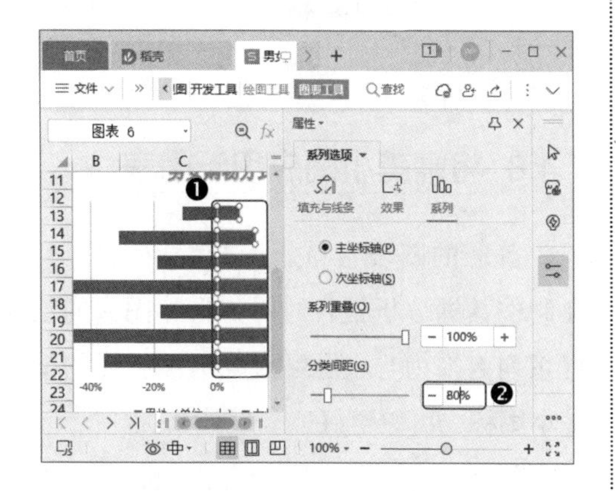

第10步 由于制作表格时，将其中的一个数据系列设置成了负数，此时需要调整坐标轴的数字格式，去掉负号。❶ 选择横坐标轴；❷ 切换到设置坐标轴格式【属性】窗格，在【坐标轴】选项卡的【格式代码】文本框中输入代码“#0.##0%;#0.##0%”；❸ 单击【添加】按钮；❹ 单击【关闭】按钮 × 关闭【属性】窗格，如下图所示。

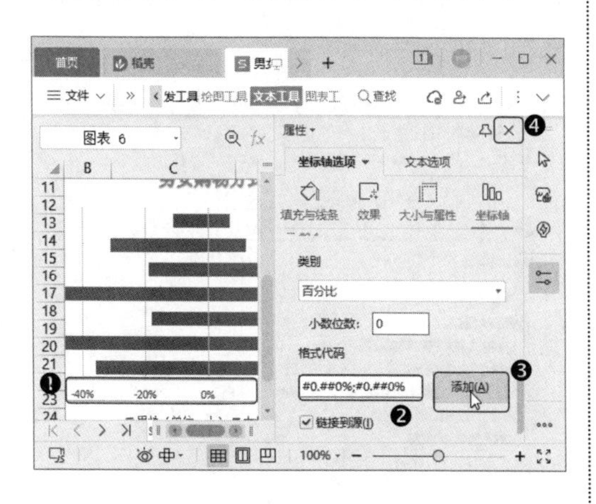

第11步 ❶ 选中图表；❷ 单击【图表工具】选项卡中的【添加元素】下拉按钮；❸ 在弹出的下拉菜单中选择【数据标签】选项；❹ 在弹出的子菜单中选择【数据标签内】选项，如下图所示。

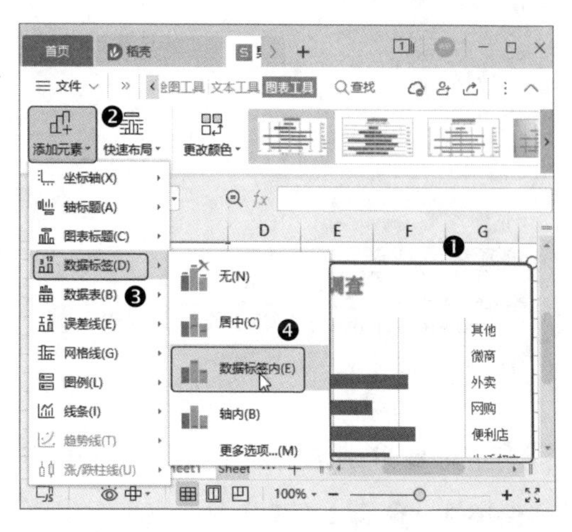

第12步 此时，左侧的数据标签也呈负数，需要重新设置。❶ 选中左侧的数据标签，右击；❷ 在弹出的快捷菜单中选择【设置数据标签格式】选项，如下图所示。

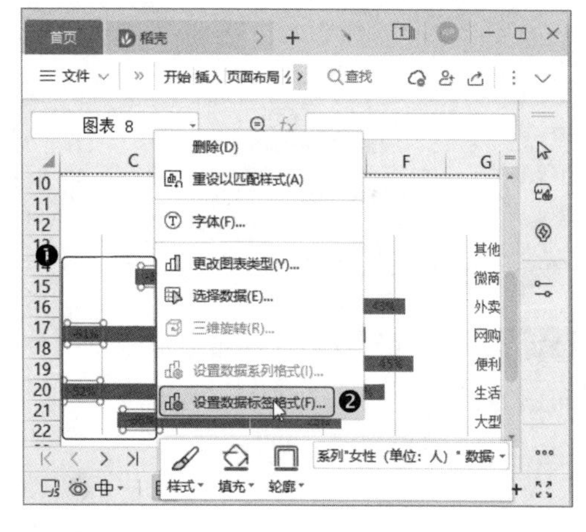

第13步 打开【属性】窗格，❶ 在【标签】

选项卡的【格式代码】文本框中输入代码“#0.##%;#0.##%”；❷ 单击【添加】按钮；❸ 单击【关闭】按钮 × 关闭【属性】窗格，如下图所示。

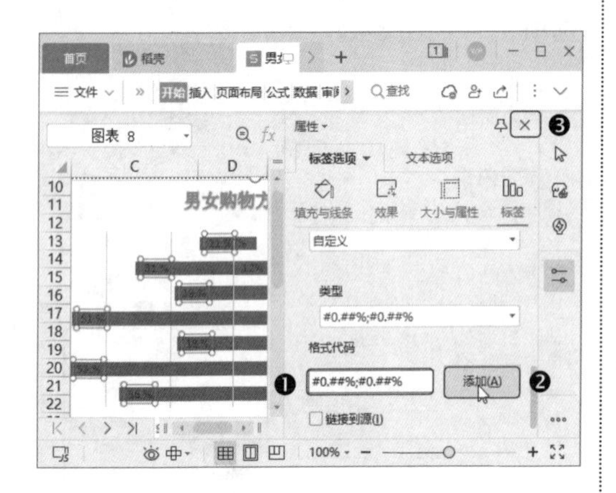

第14步 ❶ 分别选中两个数据系列中的数据标签；❷ 在【文本工具】选项卡中设置标签的文本格式，如下图所示。

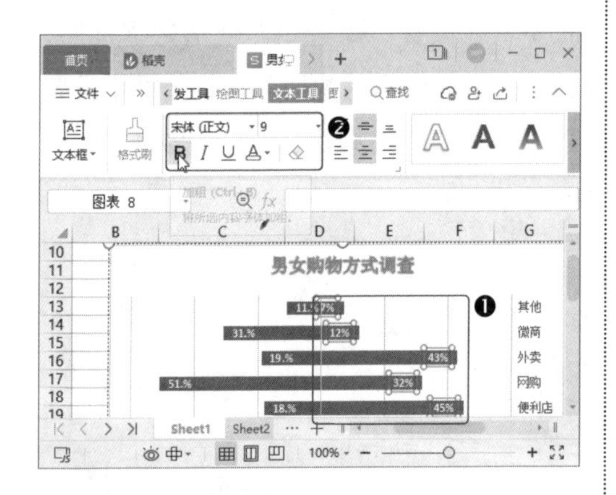

第15步 操作完成后，即可完成金字塔分布图的制作，如下图所示。

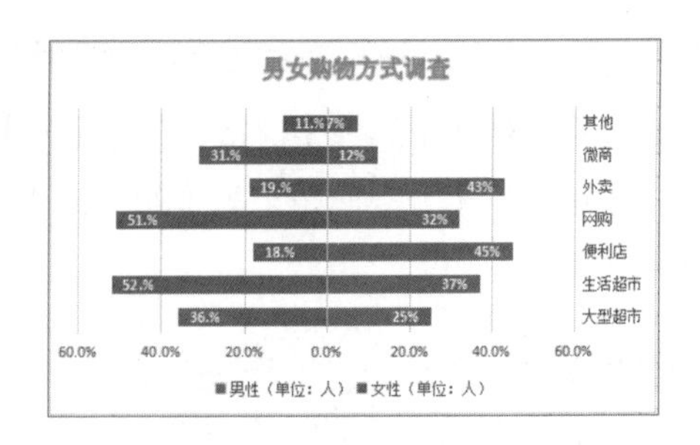

7.4.8 将精美小图应用于图表

普通的图表容易让人产生审美疲劳，在制作数据分析报告时，如果将图表的数据系列更换为与主题贴近、活泼有趣的精美小图标，可以更好地表现数据。

例如，在“男女购物方式调查”工作簿中，我们可以分别使用男、女的小图标来代替数据条，操作方法如下。

第1步 打开“素材文件\第 7 章\男女购物方式调查 1.xlsx”工作簿，因为数据标签不利于小图标的展示，所以首先取消数据标签。❶ 选中图表；❷ 单击图表右侧出现的【图表元素】浮动工具按钮；❸ 在弹出的子菜单中取消勾选【数据标签】选项，如下图所示。

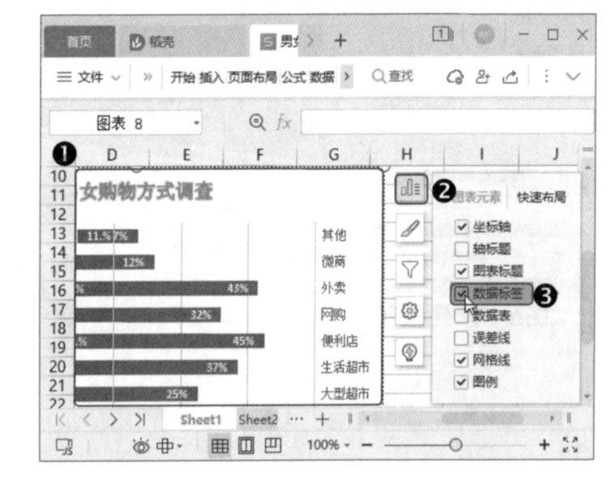

第2步 ❶ 单击【插入】选项卡中的【图标】下拉按钮；❷ 在弹出的下拉菜单中选择【免费】选项；❸ 在搜索结果中选择一种男性图标，如下图所示。

第3步 操作完成后，图标即可插入工作表中。❶ 选中图标；❷ 单击【图形工具】选项卡中的【图形填充】下拉按钮；❸ 在弹出的下拉菜单中选择【蓝色】，如下图所示。

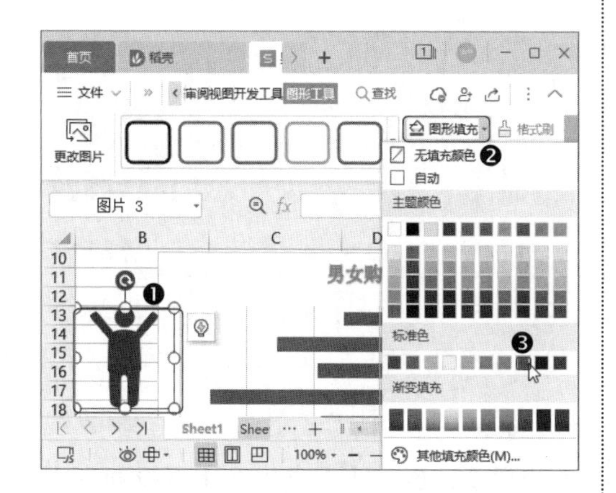

第4步 保持图标的选中状态，单击【开始】选项卡中的【复制】按钮，如下图所示。

第5步 ❶ 选中右侧的数据系列；❷ 单击图表右侧出现的【设置图表区域格式】浮动工具按钮⚙，如下图所示。

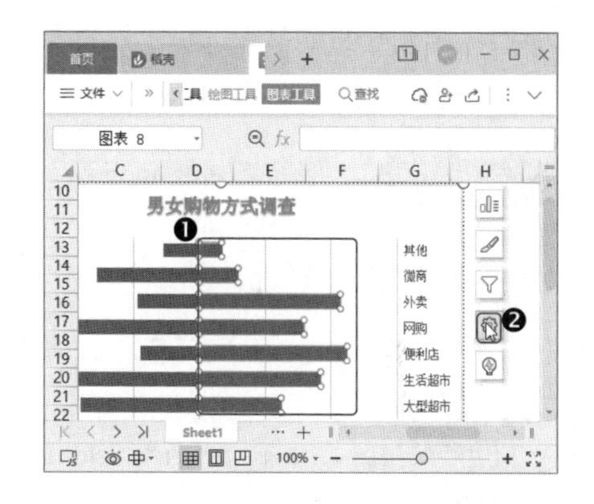

第6步 打开【属性】窗格，在【填充与线条】选项卡中选择【填充】组中的【图片或纹理填充】单选按钮，如下图所示。

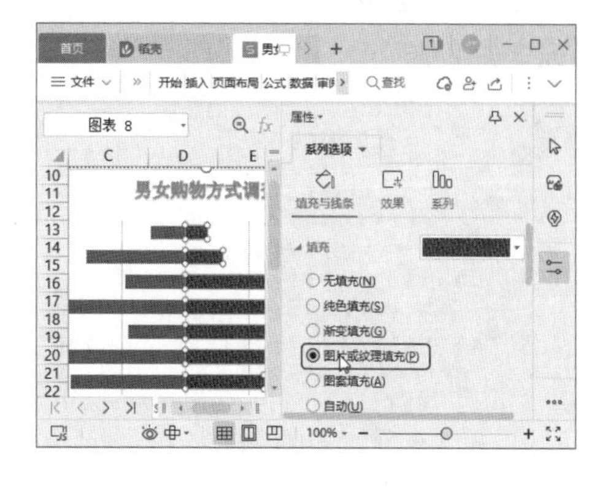

第7步 在【图片填充】下拉菜单中选择【剪贴板】选项，如下图所示。

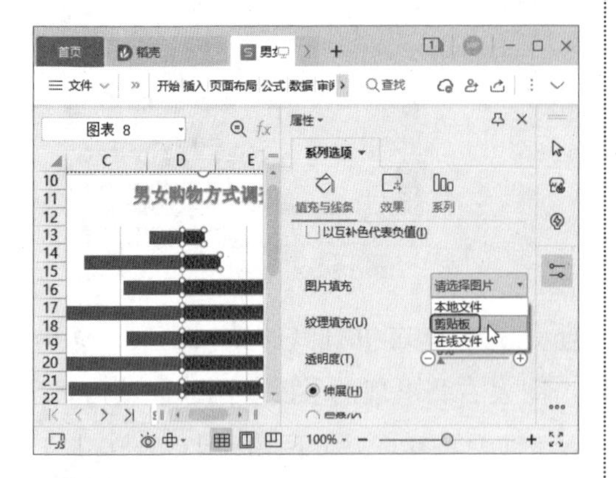

第8步 在下方的菜单中选择【层叠】单选按钮，如下图所示。

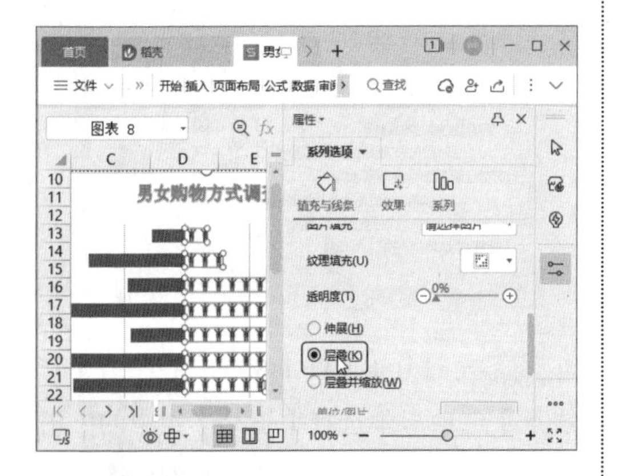

第9步 使用相同的方法设置女性的数据系列，如下图所示。

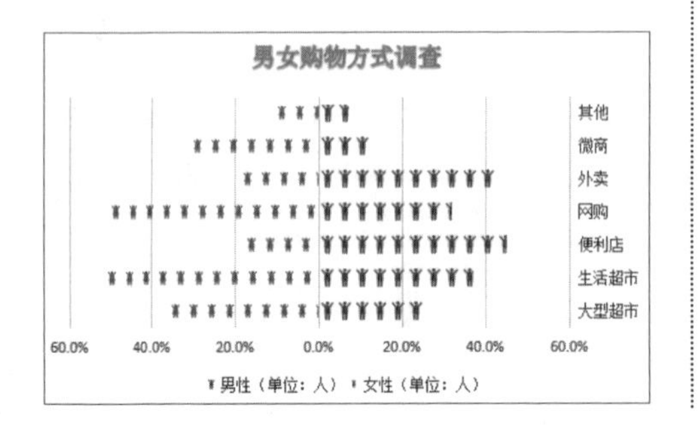

第10步 ❶ 选中纵坐标轴；❷ 单击图表右侧出现的【设置图表区域格式】浮动工具按钮⚙，如下图所示。

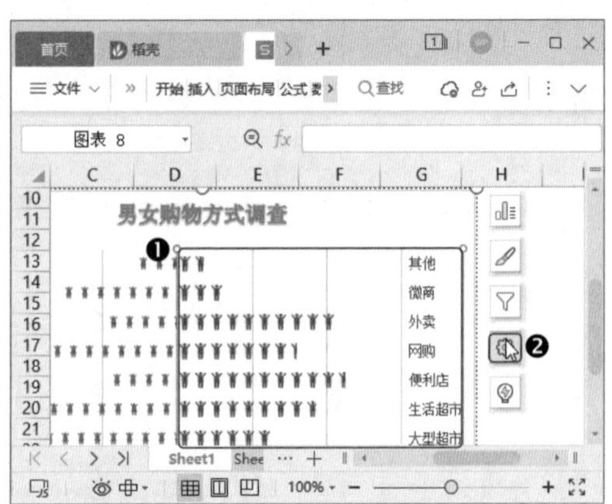

第11步 打开【属性】窗格，❶ 在【填充与线条】选项卡的【线条】组中单击【颜色】下拉按钮；❷ 在弹出的下拉列表中选择一种合适的颜色，如下图所示。

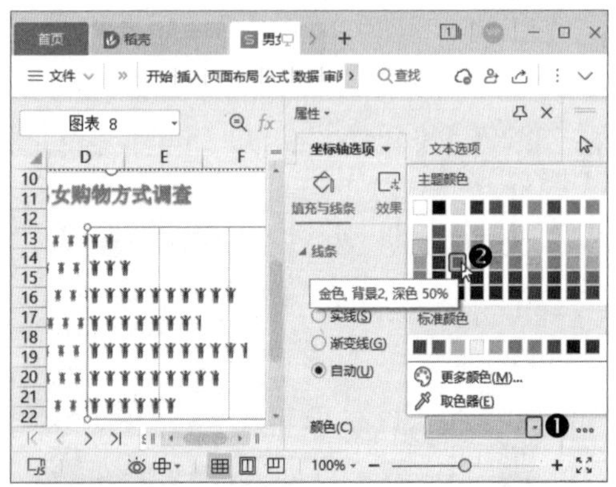

第12步 ❶ 在【宽度】微调框中设置线条的宽度；❷ 在【端点类型】下拉列表中选择【圆形】，如下图所示。

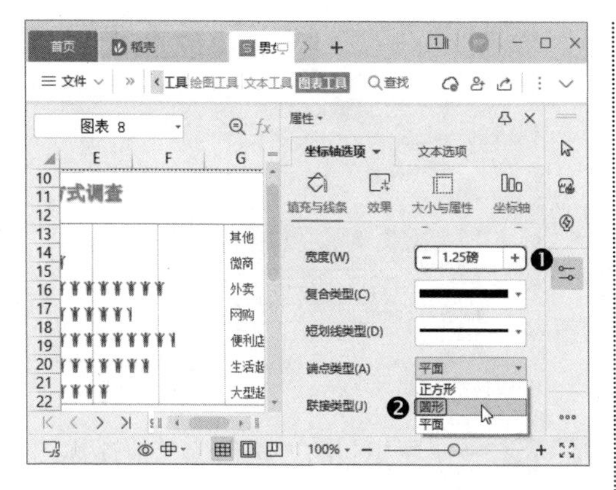

第13步 使用相同的方法为横坐标轴设置线条样式，完成后效果如下图所示。

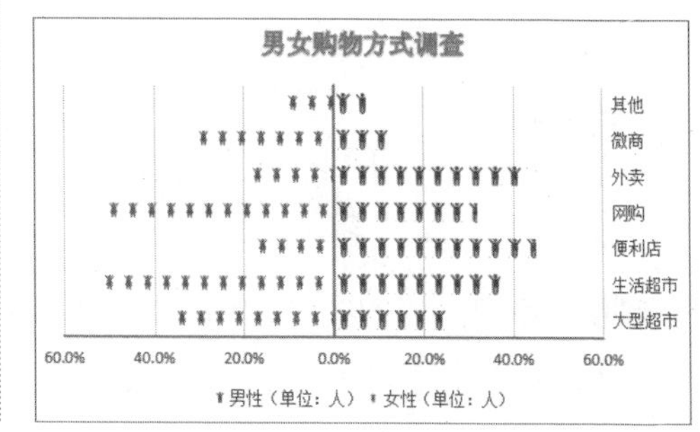

7.5 巧用迷你图分析数据趋势

数据表中的数据众多，很难一眼看出数据的分布形态，此时，可以使用迷你图将这些数据直观展示出来。迷你图分为折线迷你图、柱形迷你图和盈亏迷你图三种类型。

7.5.1 创建迷你图

1. 创建单个迷你图

WPS 表格提供了折线图、柱形图和盈亏图 3 种类型的迷你图，用户可以根据需要进行选择。

例如，要在“一季度销量分析”工作簿中创建折线迷你图，操作方法如下。

第1步 打开“素材文件\第 7 章\一季度销量分析 .xlsx”工作簿，❶ 选中 E2 单元格；❷ 单击【插入】选项卡中的【折线】按钮，如下图所示。

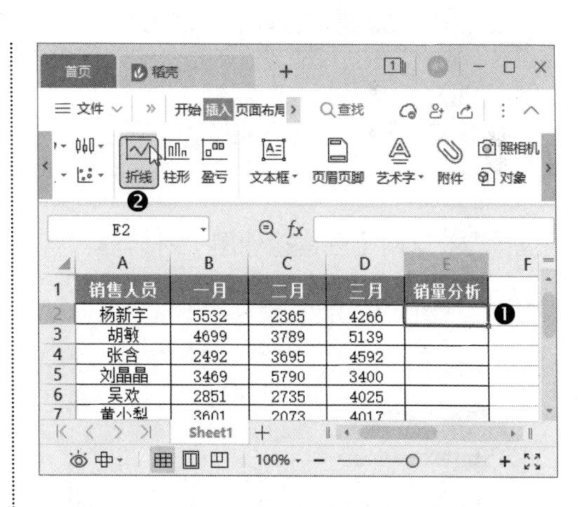

第2步 打开【创建迷你图】对话框，【位置范围】已经选择了 E2 单元格，单击【数据范围】右侧的按钮，如下图所示。

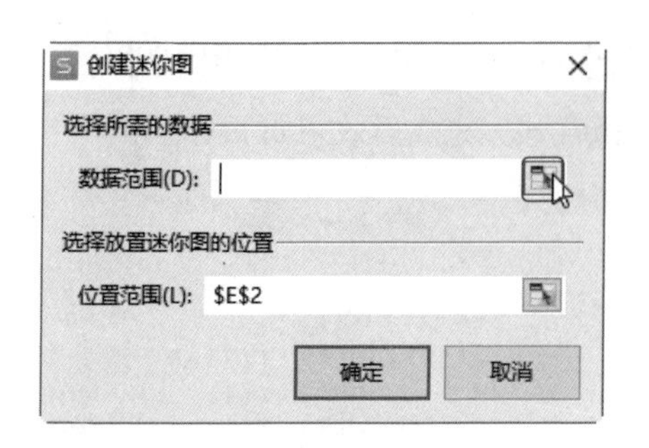

第3步 ❶ 在工作表中选择 B2:D2 单元格区域；❷ 单击【创建迷你图】对话框中的按钮，如下图所示。

	A	B	C	D	E
1	销售人员	一月	二月	三月	销量分析
2	杨新宇	5532	2365	4266	
3	胡敏	4699	3789	5139	
4	张含	2492	3695	4592	
5	刘晶晶	3469	5790	3400	
6	吴欢	2851	2735	4025	
7	黄小梨	3601	2073	4017	

第4步 返回【创建迷你图】对话框，直接单击【确定】按钮，如下图所示。

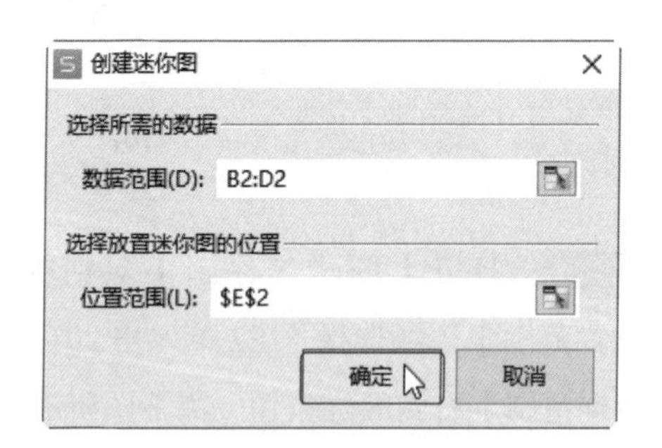

第5步 返回工作表即可看到，E2 单元格中已经成功创建了迷你图，如下图所示。

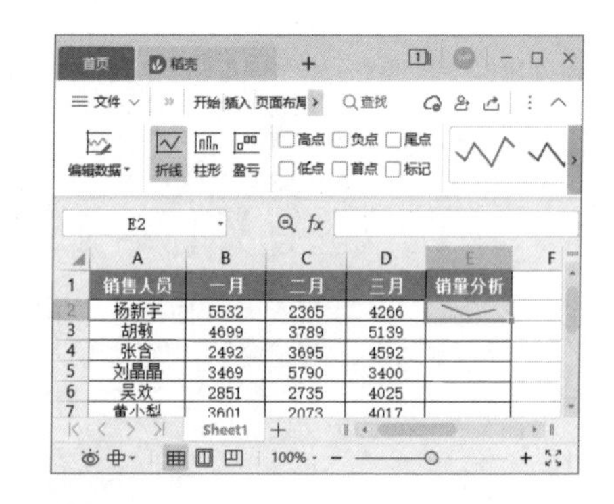

	A	B	C	D	E
1	销售人员	一月	二月	三月	销量分析
2	杨新宇	5532	2365	4266	
3	胡敏	4699	3789	5139	
4	张含	2492	3695	4592	
5	刘晶晶	3469	5790	3400	
6	吴欢	2851	2735	4025	
7	黄小梨	3601	2073	4017	

第6步 使用相同的方法创建其他迷你图即可，如下图所示。

	A	B	C	D	E
1	销售人员	一月	二月	三月	销量分析
2	杨新宇	5532	2365	4266	
3	胡敏	4699	3789	5139	
4	张含	2492	3695	4592	
5	刘晶晶	3469	5790	3400	
6	吴欢	2851	2735	4025	
7	黄小梨	3601	2073	4017	
8	严紫	3482	5017	3420	
9	徐刚	2698	3462	4088	

温馨提示

如果使用填充功能向下填充迷你图，会自动创建一个迷你图组。一次创建的多个迷你图，即为一个迷你图组。

2. 一次创建多个迷你图

在创建迷你图时，若逐个创建，操作会非常烦琐，为了提高工作效率，我们可以一次性创建多个迷你图。

例如，要在“一季度销量分析”工作簿中创建多个柱形迷你图，操作方法如下。

第1步 打开“素材文件\第 7 章\一季度销量分析.xlsx”工作簿，❶ 选择 E2:E9 单元格区域；❷ 单击【插入】选项卡中的

【柱形】按钮，如下图所示。

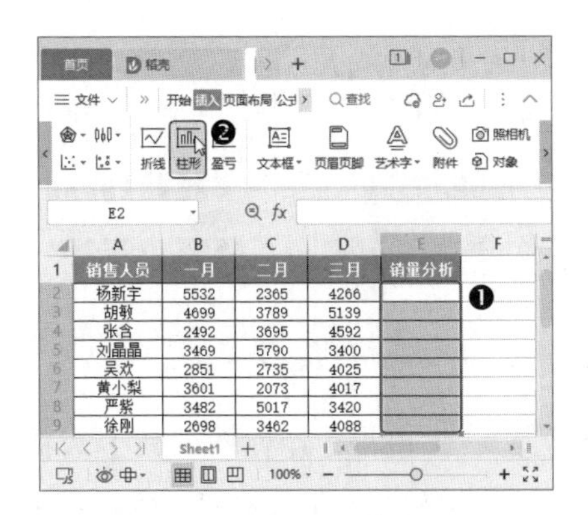

销售人员	一月	二月	三月	销量分析
杨新宇	5532	2365	4266	
胡敏	4699	3789	5139	
张含	2492	3695	4592	
刘晶晶	3469	5790	3400	
吴欢	2851	2735	4025	
黄小梨	3601	2073	4017	
严紫	3482	5017	3420	
徐刚	2698	3462	4088	

第2步 打开【创建迷你图】对话框，❶ 在【数据范围】文本框中选择 B2:D9 单元格区域；❷ 单击【确定】按钮，如下图所示。

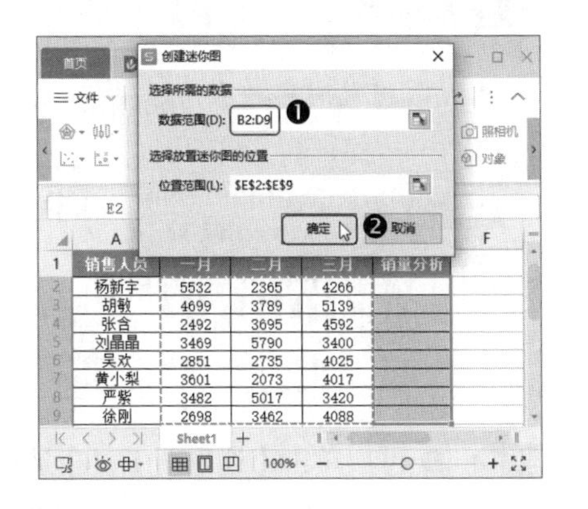

第3步 返回工作表中，即可看到已经成功创建了多个迷你图，如下图所示。

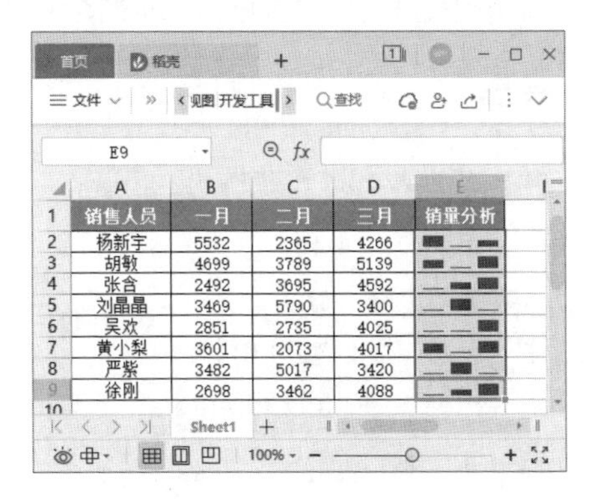

销售人员	一月	二月	三月	销量分析
杨新宇	5532	2365	4266	
胡敏	4699	3789	5139	
张含	2492	3695	4592	
刘晶晶	3469	5790	3400	
吴欢	2851	2735	4025	
黄小梨	3601	2073	4017	
严紫	3482	5017	3420	
徐刚	2698	3462	4088	

教您一招

组合与取消组合迷你图

如果要将单个迷你图组合为迷你图组，可以选中要组合的迷你图，然后单击【迷你图工具】选项卡中的【组合】按钮。如果要取消组合，可以选中迷你图组中的任意迷你图所在单元格，然后单击【迷你图工具】选项卡中的【取消组合】按钮。

7.5.2 编辑与美化迷你图

迷你图创建完成后，还可以对其进行更改图表类型、设置高低点，以及使用内置样式美化迷你图的操作。

1. 更改迷你图类型

迷你图提供了 3 种类型，如果创建的迷你图类型不是自己需要的，可以更改迷你图类型，操作方法如下。

第1步 打开“素材文件\第 7 章\一季度销量分析 1.xlsx”工作簿，❶ 选择任意迷你图；❷ 单击【迷你图工具】选项卡中的【柱形】按钮，如下图所示。

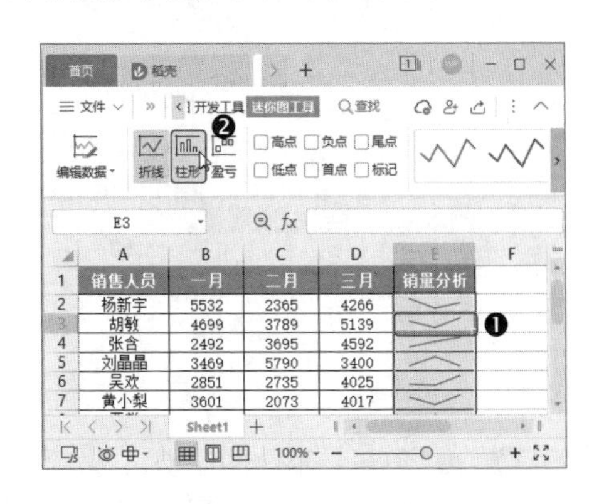

销售人员	一月	二月	三月	销量分析
杨新宇	5532	2365	4266	
胡敏	4699	3789	5139	
张含	2492	3695	4592	
刘晶晶	3469	5790	3400	
吴欢	2851	2735	4025	
黄小梨	3601	2073	4017	

第2步 操作完成后即可更改迷你图的类型，如下图所示。

	A	B	C	D	E
1	销售人员	一月	二月	三月	销量分析
2	杨新宇	5532	2365	4266	
3	胡敏	4699	3789	5139	
4	张含	2492	3695	4592	
5	刘晶晶	3469	5790	3400	
6	吴欢	2851	2735	4025	
7	黄小梨	3601	2073	4017	
8	严紫	3482	5017	3420	
9	徐刚	2698	3462	4088	

2. 设置迷你图中不同的点

在单元格中插入迷你图后，可以根据不同数据设置突出点，如高点、低点、首点、尾点等。

例如，要在“一季度销量分析 1”工作簿中设置高点和低点，然后设置图表的颜色，最后分别设置高点和低点的颜色，操作方法如下。

第1步 ❶ 接上一例操作，❶ 选择任意迷你图；❷ 勾选【迷你图工具】选项卡中的【高点】和【低点】复选框，即可在迷你图中显示高点和低点，如下图所示。

	A	B	C	D	E
1	销售人员	一月	二月	三月	销量分析
2	杨新宇	5532	2365	4266	
3	胡敏	4699	3789	5139	
4	张含	2492	3695	4592	
5	刘晶晶	3469	5790	3400	
6	吴欢	2851	2735	4025	
7	黄小梨	3601	2073	4017	

第2步 ❶ 单击【迷你图工具】选项卡中的【迷你图颜色】下拉按钮；❷ 在弹出的下拉菜单中选择一种颜色，如下图所示。

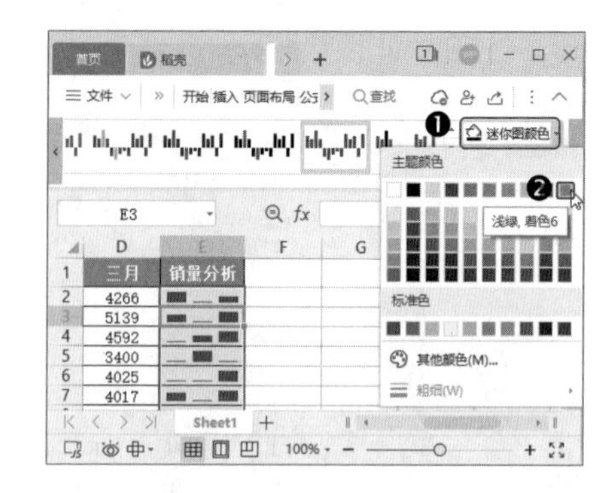

第3步 ❶ 单击【迷你图工具】选项卡中的【标记颜色】下拉按钮；❷ 在弹出的下拉菜单中选择【高点】选项；❸ 在弹出的子菜单中选择高点的颜色，如下图所示。

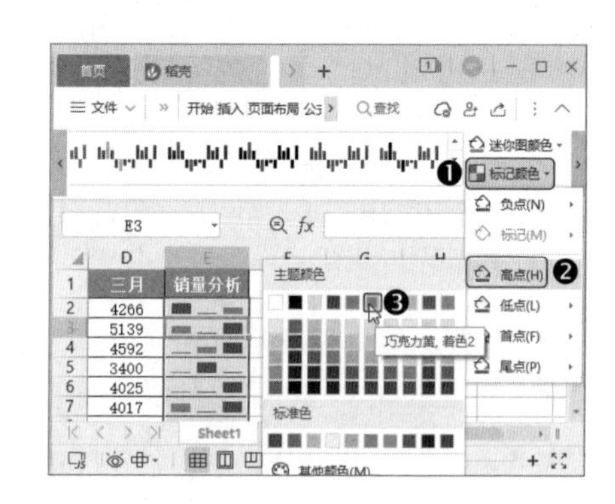

第4步 ❶ 再次单击【迷你图工具】选项卡中的【标记颜色】下拉按钮；❷ 在弹出的下拉菜单中选择【低点】选项；❸ 在弹出的子菜单中选择低点的颜色，如下图所示。

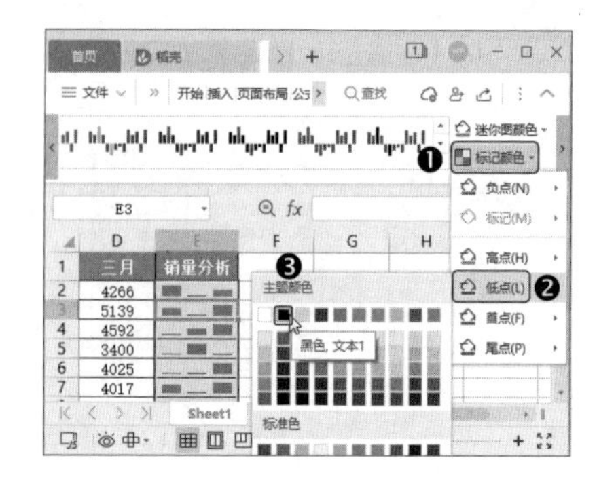

第5步 操作完成后即可看到最终效果，如下图所示。

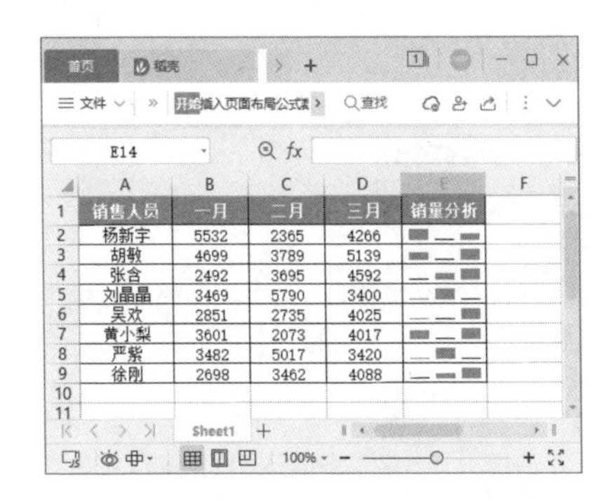

	A	B	C	D	E
1	销售人员	一月	二月	三月	销量分析
2	杨新宇	5532	2365	4266	
3	胡敏	4699	3789	5139	
4	张含	2492	3695	4592	
5	刘晶晶	3469	5790	3400	
6	吴欢	2851	2735	4025	
7	黄小梨	3601	2073	4017	
8	严紫	3482	5017	3420	
9	徐刚	2698	3462	4088	

3. 使用内置样式美化迷你图

如果对自己的颜色搭配能力没有信心，也可以使用内置样式快速美化迷你图，操作方法如下。

第1步 接上一例操作，❶ 选中任意迷你图；❷ 单击【迷你图工具】选项卡中的【其他】下拉按钮 ，如下图所示。

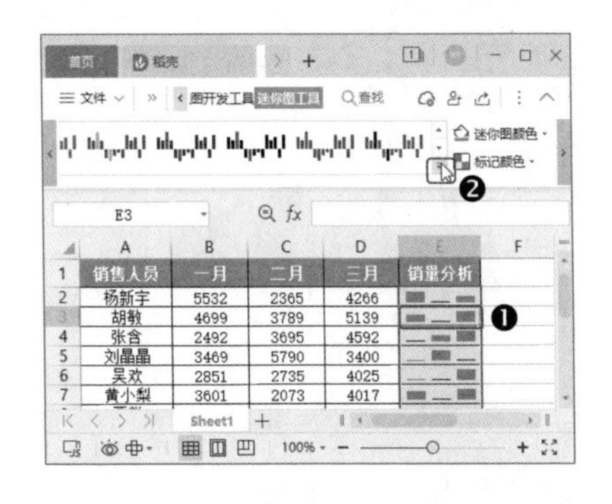

	A	B	C	D	E
1	销售人员	一月	二月	三月	销量分析
2	杨新宇	5532	2365	4266	
3	胡敏	4699	3789	5139	
4	张含	2492	3695	4592	
5	刘晶晶	3469	5790	3400	
6	吴欢	2851	2735	4025	
7	黄小梨	3601	2073	4017	

第2步 在弹出的下拉列表中选择一种迷你图的内置样式，如下图所示。

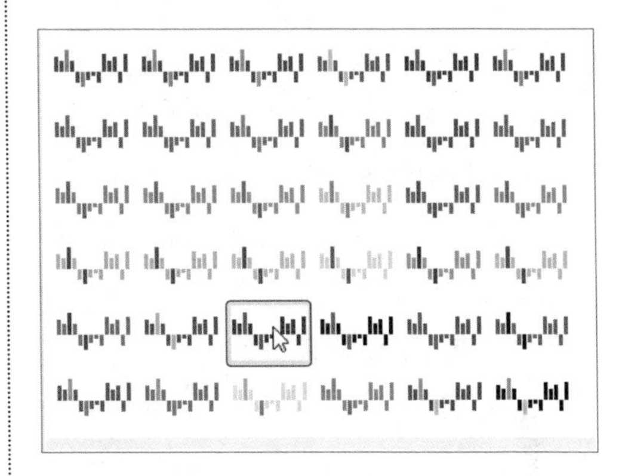

第3步 操作完成后，即可看到迷你图应用了内置样式后的效果，如下图所示。

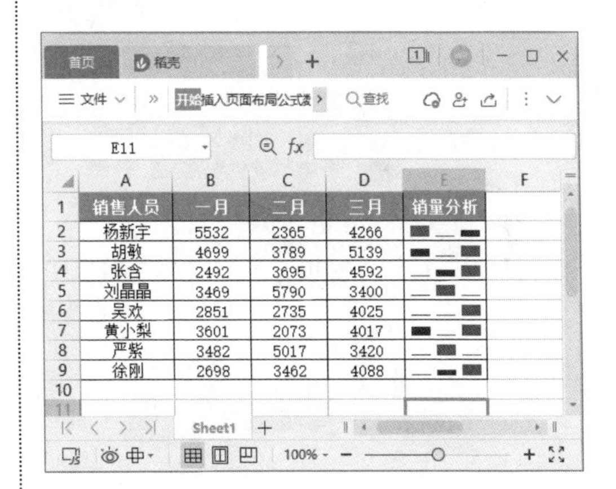

	A	B	C	D	E
1	销售人员	一月	二月	三月	销量分析
2	杨新宇	5532	2365	4266	
3	胡敏	4699	3789	5139	
4	张含	2492	3695	4592	
5	刘晶晶	3469	5790	3400	
6	吴欢	2851	2735	4025	
7	黄小梨	3601	2073	4017	
8	严紫	3482	5017	3420	
9	徐刚	2698	3462	4088	

高手支招

通过对前面知识的学习，相信读者朋友已经掌握了图表的创建与编辑的相关操作。下面结合本章内容，给读者介绍一些工作中使用图表展现和分析数据的技巧。

01 将隐藏的数据显示到图表中

在编辑工作表时，如果将某部分数据隐藏了，则创建的图表中也不会显示该部分数据。此时，可以更改设置让隐藏的工作表数据显示到图表中。

例如，在“美妆专柜销售统计表”中有隐藏的数据，现在需要将隐藏的数据显示到图表中，操作方法如下。

第1步 打开“素材文件 \ 第 7 章 \ 美妆专柜销售统计表 .xlsx”文件，❶ 选中图表；❷ 单击【图表工具】选项卡中的【选择数据】按钮，如下图所示。

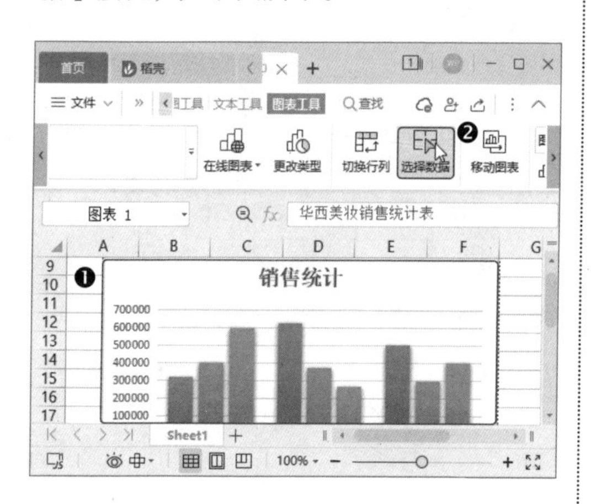

第2步 打开【编辑数据源】对话框，单击【高级设置】按钮，如下图所示。

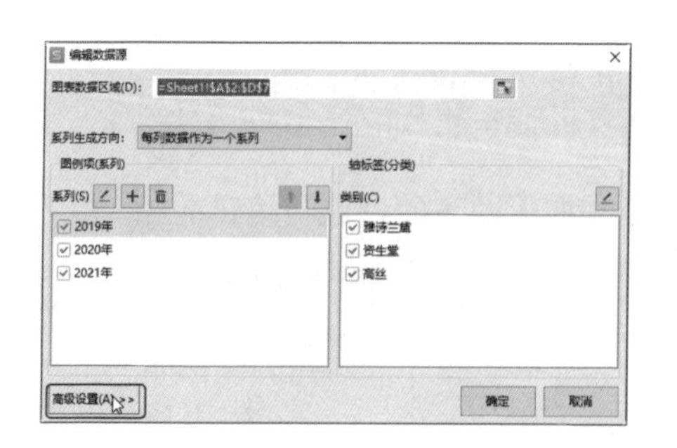

第3步 ❶ 在下方勾选【显示隐藏行列中的数据】复选框；❷ 单击【确定】按钮，如下图所示。

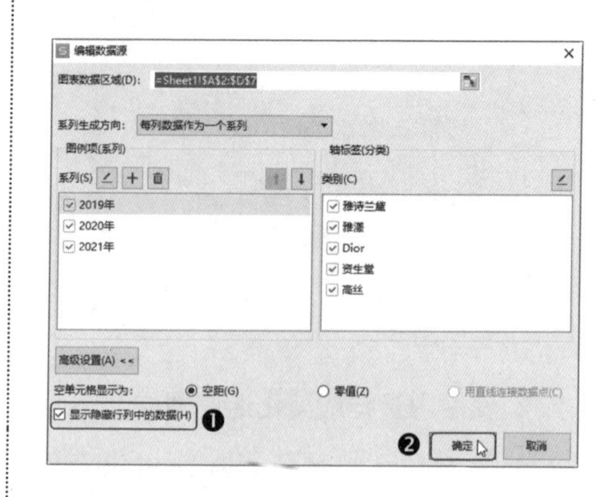

第4步 操作完成后，即可在图表中显示数据表中的隐藏数据，如下图所示。

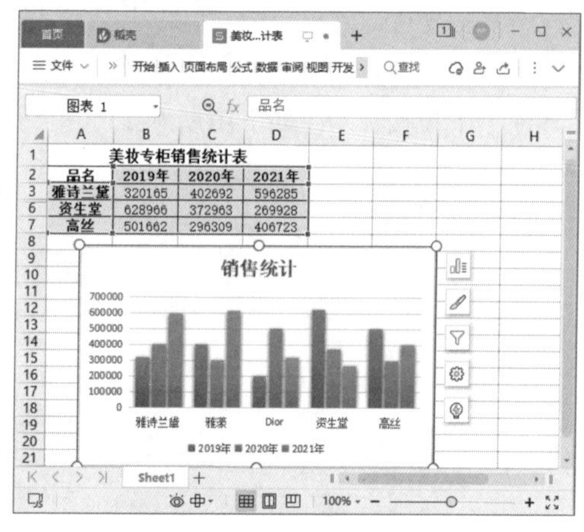

02 在图表中筛选数据

创建图表之后，可以在图表中筛选数据，筛选的结果会同时反馈到图表中，操作方法如下。

第1步 打开“素材文件 \ 第 7 章 \ 上半

年销售业绩 6.xlsx”文件，❶ 选中图表；❷ 单击右侧出现的【图表筛选器】浮动工具按钮▽，如下图所示。

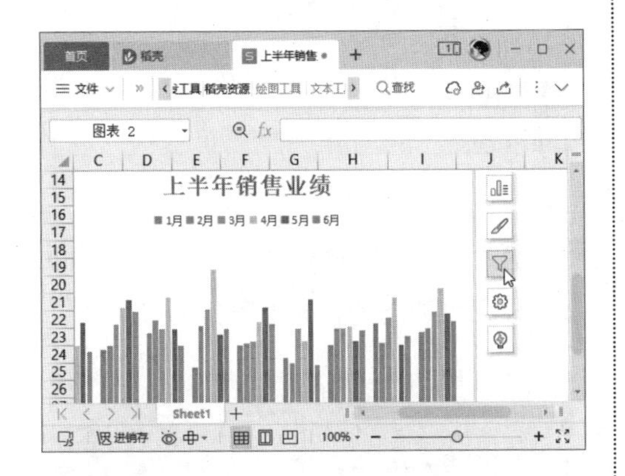

第2步 ❶ 在打开的列表的【系列】组中只勾选【1 月】复选框(默认为全部勾选)；❷ 单击【应用】按钮，如下图所示。

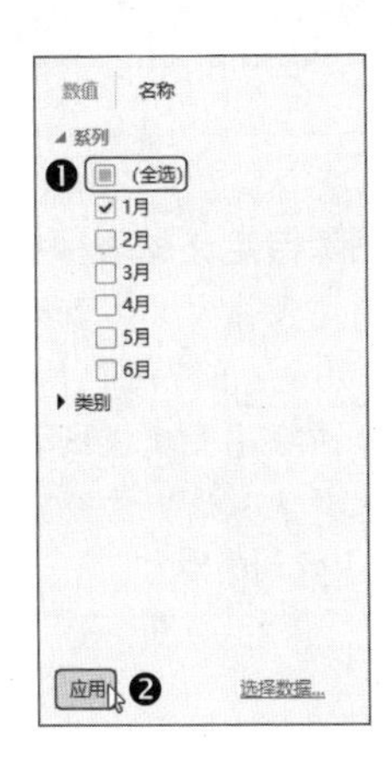

第3步 操作完成后，即可看到图表已经按照设置筛选数据，如下图所示。

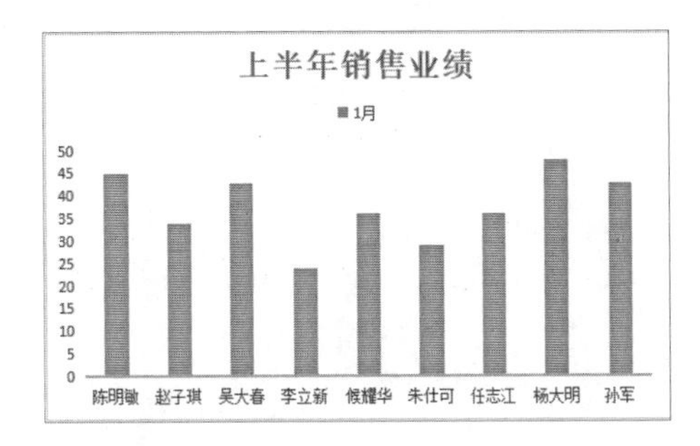

03 将自定义模板保存到图表模板库

为图表自定义样式之后，如果想要将样式应用到其他工作簿中，可以将其保存到模板库中，方便随时调用，操作方法如下。

第1步 打开“素材文件\第 7 章\上半年销售业绩 7.xlsx”文件，❶ 在图表上右击；❷ 在弹出的快捷菜单中选择【另存为模板】命令，如下图所示。

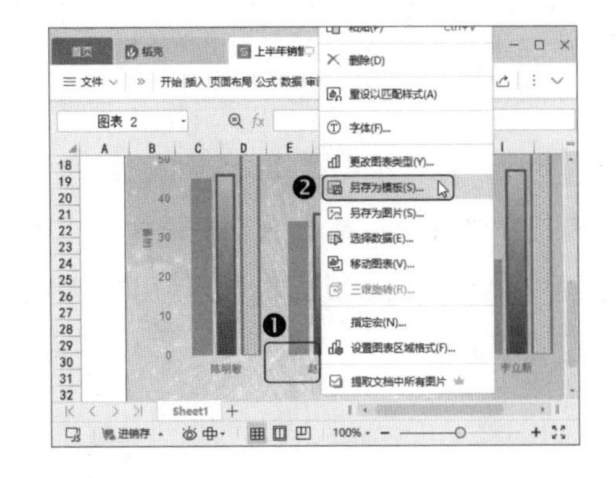

第2步 打开【另存文件】对话框，并自动定位到图表保存路径，❶ 在【文件名】文本框中输入自定义模板的名称；❷ 单击【保存】按钮，如下图所示。

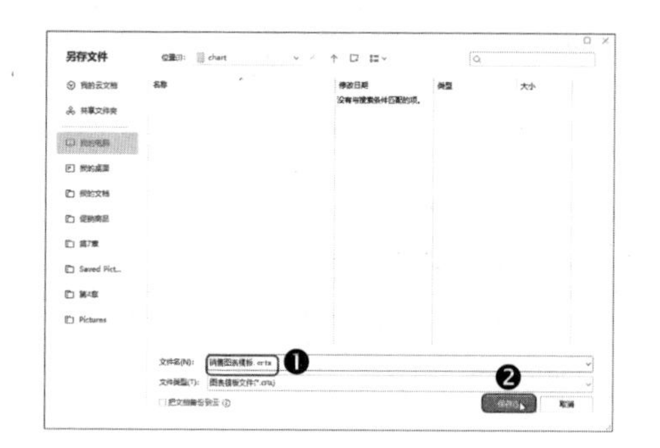

第3步 打开“素材文件\第7章\前三月销量数据分析.xlsx”文件，❶ 选中任意数据区域；❷ 单击【插入】选项卡中的【全部图表】按钮，如下图所示。

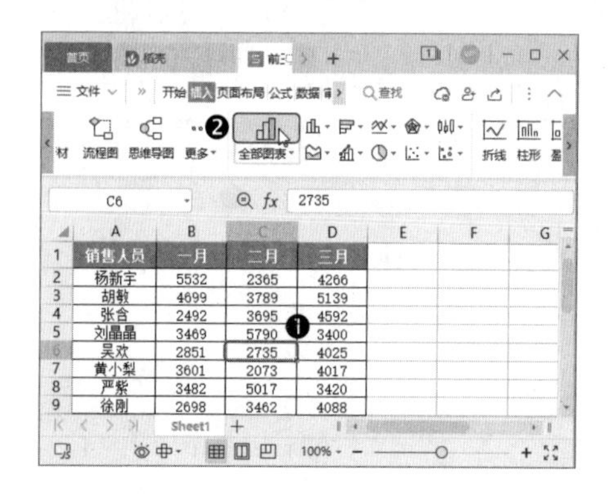

第4步 打开【图表】对话框，❶ 选择【模板】选项卡；❷ 在右侧窗格中可以看到所有本地图表模板，单击要使用的模板，如下图所示。

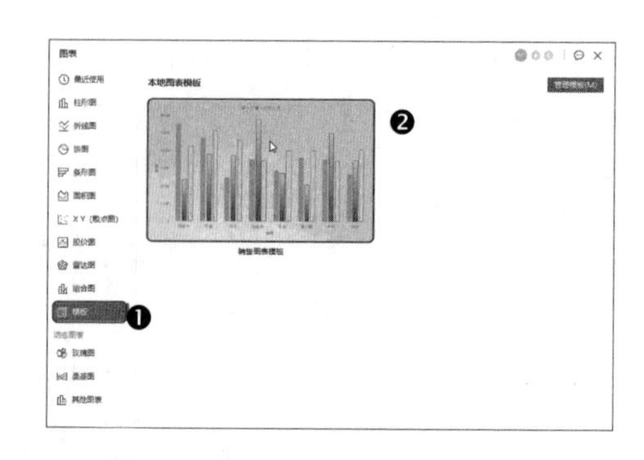

第5步 操作完成后，即可看到根据自定义模板创建的图表，如下图所示。

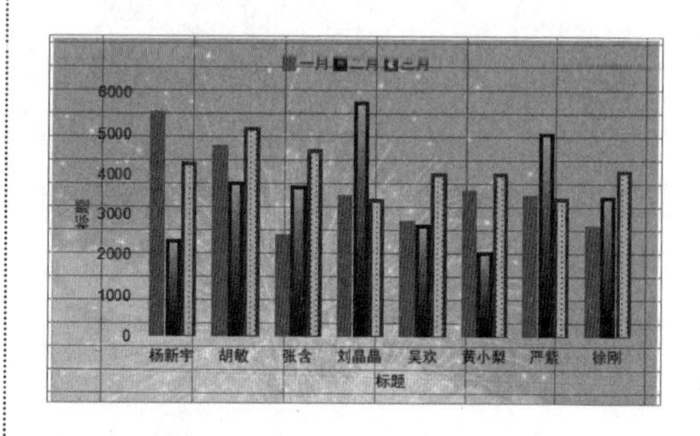

教您一招

删除自定义图表模板

如果不再需要自定义图表模板，也可以将其删除，方法是：在【图表】对话框的【模板】界面中，单击【管理模板】按钮，打开保存模板的文件夹，选中要删除的模板，然后按【Delete】键删除即可。

WPS

第8章

灵活分析
使用透视表/透视图分析数据

本章导读

数据透视表和数据透视图是 WPS 表格中具有强大分析功能的工具。面对含有大量数据的表格，利用透视表/透视图可以更直观地查看数据，并对数据进行对比和分析。本章将详细介绍如何创建、编辑与美化数据透视表，以及如何使用数据透视图。

知识要点

- 认识数据透视表
- 创建与编辑数据透视表
- 分析数据透视表中的数据
- 使用数据透视图分析数据
- 使用切片器和日程表分析数据
- 数据透视表的计算

8.1 认识数据透视表

在使用数据透视表之前，需要先透彻地了解它。本节将对数据透视表的基础知识进行讲解。

8.1.1 数据透视表

数据透视表是 WPS 表格中强大的数据处理分析工具，通过数据透视表，用户可以快速分类汇总、筛选、比较海量数据。

如果把 WPS 表格中的海量数据看作一个数据库，那么数据透视表就是根据数据库生成的动态汇总报表，这个报表可以存放在当前工作表中，也可以存放在外部的数据文件中。

在工作中，如果遇到含有大量数据、结构复杂的工作表，可以使用数据透视表快速整理出需要的报表。

在为工作表创建数据透视表之后，用户就可以插入专门的公式执行新的计算，从而快速制作出一份需要的数据报告。

虽然我们也可以通过其他方法制作出相同的数据报告，但使用数据透视表，只需要拖曳字段，就可以轻松改变报表的布局结构，从而创建出多份具有不同意义的报表。如果有需要，还可以为数据透视表快速应用一些样式，使报表更加赏心悦目。数据透视表最大的优点在于，只需要通过鼠标操作就可以统计、计算数据，避开公式和函数的使用，从而避免了不必要的错误。

下面通过一个小例子，展示数据透视表的神奇之处。例如，要在“公司销售业绩”工作表中计算出每一个城市的总销售额。

首先使用公式和函数来计算。选中 J2 单元格，在编辑栏中输入数组公式 "{=LOOKUP(2,1/((B$2:B$61<>"")*NOT(COUNTIF(J$1:J1,B$2:B$61))),B$2:B$61)}"，提取不重复的城市名称。使用填充柄向下复制公式，直到出现单元格错误提示，如下图所示。

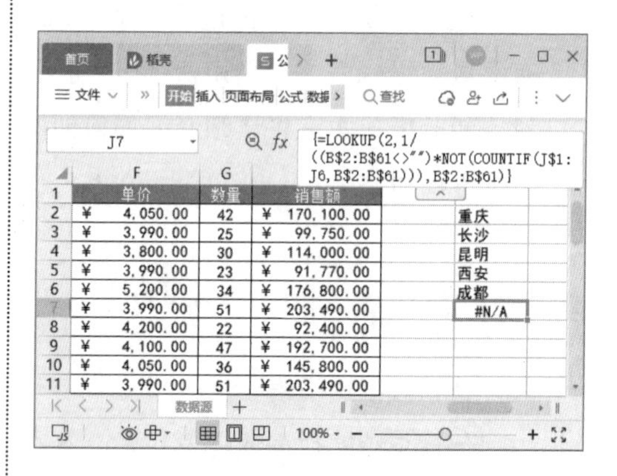

选中 K2 单元格，在编辑栏中输入数组公式“{=SUM(IF($B:$B=J2,$H:$H))}”，使用填充柄向下复制公式，即可计算出公司在各城市的总销售额，如下图所示。

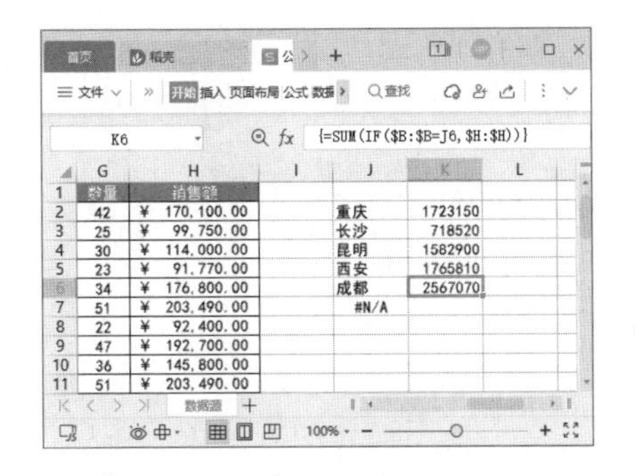

而如果使用数据透视表计算，只需要先创建数据透视表，然后根据需要勾选字段。本例勾选【所在城市】和【销售额】字段，即可快速统计出公司在各城市的总销售额，如下图所示。

8.1.2 图表与数据透视图的区别

数据透视图是基于数据透视表生成的数据图表，它随着数据透视表数据的变化而变化，如下图所示。

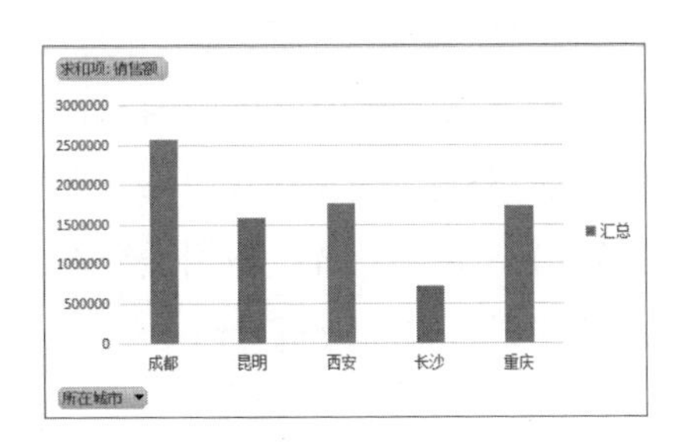

而普通图表的基本格式与数据透视图有所不同，如下图所示。

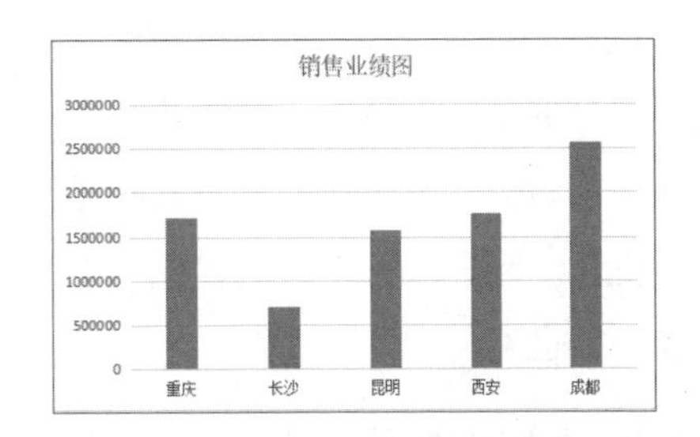

图表中的数据以图形的方式呈现，数据看起来更加直观。数据透视图更像是分类汇总，可以按分类字段把数据汇总出来。数据透视图和普通图表的区别主要有以下几点。

1. 交互性不同

数据透视图可以通过更改报表布局或显示的明细数据，以不同的方式交互查看数据。普通图表中的每组数据只能对应生成一个图表，这些图表之间不存在交互性。

2. 数据源不同

数据透视图可以基于相关联的数据透视表中的几组不同的数据类型，而普通图表则可以直接连接到工作表单元格中。

3. 图表元素不同

数据透视图除包含与标准图表相同的元素外，还包含字段和项，可以通过添加、旋转或删除字段和项来显示数据的不同视图。普通图表中的分类、系列和数据分别对应数据透视图中的分类字段、系列字段和值字段，包含报表筛选，而这些字段中都包含项，这些项在普通图表中显示为图例中的分类标签或系列名称。

4. 格式不同

刷新数据透视图时，会保留大多数格式，包括元素、布局和样式，但是不保留趋势线、数据标签、误差线及数据系列等其他更改。普通图表只要应用了这些格式，即使刷新也不会丢失。

8.1.3 透视表数据源设计四大准则

数据透视表是在数据源的基础上创建的，如果数据源设计不规范，那么创建的数据透视表就会漏洞百出。所以，在制作数据透视表之前，首先要了解数据源的规范。

创建数据透视表对数据源有一些要求，并非任何数据源都可以创建出有效的数据透视表。

1. 数据源第一行必须包含各列的标题

如果数据源的第一行没有包含各列的标题，如下图所示。

	A	B	C	D	E	F	G
1	杨曦	2022/2/4	电视	长虹	4500	20	90000
2	刘思玉	2022/2/4	空调	格力	4300	32	137600
3	汪小颖	2022/2/4	洗衣机	海尔	3750	19	71250
4	赵东亮	2022/2/4	洗衣机	海尔	3400	29	98600
5	杨曦	2022/2/4	电视	索尼	3600	34	122400
6	郝仁义	2022/2/5	空调	美的	3200	18	57600
7	汪小颖	2022/2/5	洗衣机	美的	3120	16	49920
8	胡杰	2022/2/5	空调	格力	4300	27	116100
9	胡媛媛	2022/2/5	电视	康佳	2960	20	59200
10	柳新	2022/2/5	冰箱	美的	3780	19	71820
11	艾佳佳	2022/2/5	洗衣机	海尔	3750	27	101250
12	刘思玉	2022/2/6	空调	美的	3200	14	44800
13	柳新	2022/2/6	冰箱	西门	4250	24	102000
14	杨曦	2022/2/6	电视	长虹	4500	28	126000
15	赵东亮	2022/2/6	冰箱	海尔	3400	13	44200
16	刘露	2022/2/6	洗衣机	美的	3120	30	93600
17	胡媛媛	2022/2/7	电视	索尼	3600	19	68400

那么创建数据透视表之后，在字段列表中每个分类字段使用的是数据源中各列的第一行数据，无法显示每一列数据的分类含义，如下图所示，这样的数据难以进行下一步的操作。

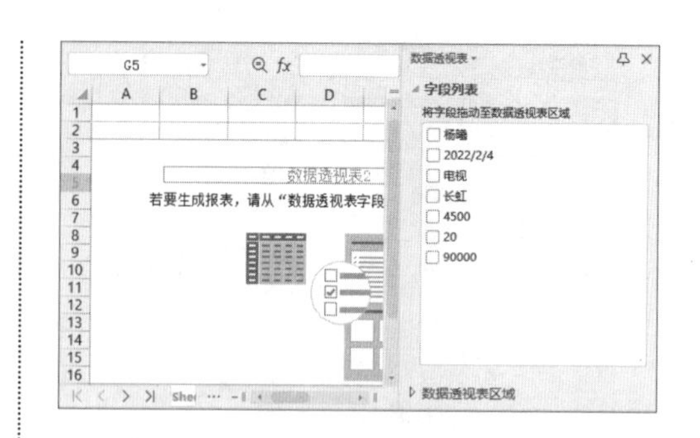

所以，如果要创建用于制作数据透视表的数据源，数据源的第一行必须包含各列的标题。只有这样，才能在创建数据透视表后正确显示出分类明确的标题，以进行后续的排序和筛选等操作。

2. 数据源不同列中不能包含同类字段

用于创建数据透视表的数据源的不同列中不能包含同类字段。同类字段即类型相同的数据，如下图所示。

	A	B	C	D	E	F
1	地区	产品A	产品B	产品C	产品D	产品E
2	重庆	1500	2100	2500	1700	2200
3	成都	1800	1800	3200	1500	1900
4	贵阳	1200	1250	1900	1300	2700
5	西安	1400	1600	2300	2000	2600

在该数据源中，B1:F1 单元格代表五个产品的名称，这样的数据表又称为二维表，是数据源中包含多个同类字段的典型。

如果使用上图中的数据源创建数据透视表，由于每个分类字段使用的都是数据源中各列的第一行数据，在下图所示的【数据透视表】窗格中可以看到，数据透视表生成的分类字段无法代表每一列数据的分类含义。面对这样的数据透视表，我们难以进行进一步的分析工作。

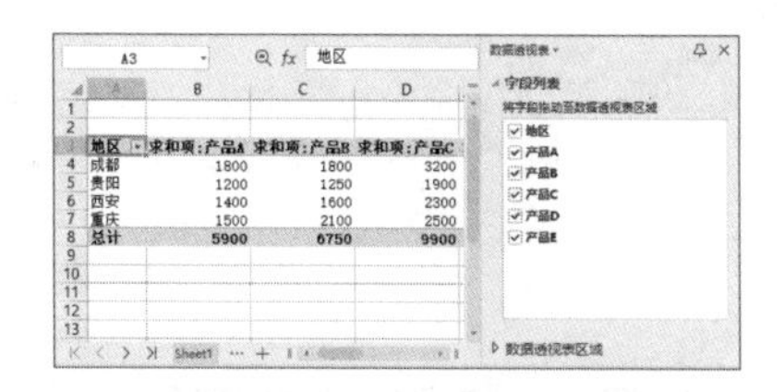

地区	求和项:产品A	求和项:产品B	求和项:产品C
成都	1800	1800	3200
贵阳	1200	1250	1900
西安	1400	1600	2300
重庆	1500	2100	2500
总计	5900	6750	9900

教您一招

什么是维

一维表和二维表中的“维”是指分析数据的角度。简单来说，一维表中的每个指标对应一个取值。而在二维表中，以本小节中的数据源为例，列标签中填充的是产品 A、产品 B、产品 C、产品 D 等产品名称数据，它们本身就同属一类，是父类别【产品名称】对应的数据。

3. 数据源中不能包含空行和空列

用于创建数据透视表的数据源中不能包含空行和空列。

当数据源中存在空行或空列时，默认情况下，我们将无法使用完整的数据区域来创建数据透视表。

如果数据源中存在空行，那么在创建数据透视表时，系统将默认以空行为分隔线，忽略空行下方的数据区域。这样创建出的数据透视表无法包含完整的数据区域，如下图所示。

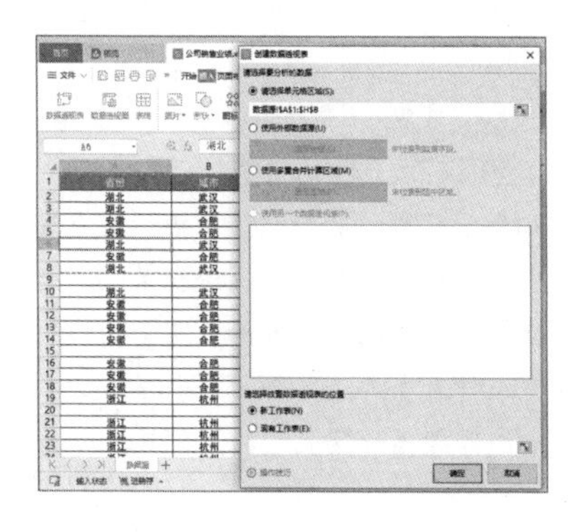

当数据源中存在空列时，同样无法使用完整的数据区域来创建数据透视表。

如果数据源中存在空列，那么在创建数据透视表时，系统将默认以空列为分隔线，忽略空列右侧的数据区域，如下图所示。

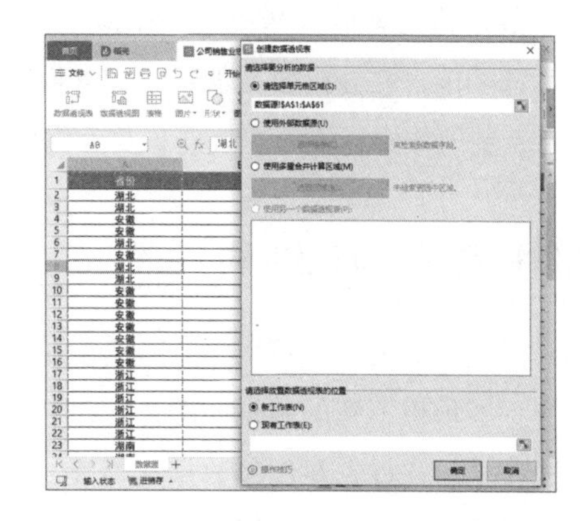

所以，如果数据源中包含空行或空列，需要在创建数据透视表前将其删除。

温馨提示

删除空行或空列可以参照 3.1.2 节中的方法来操作。

4. 数据源中不能包含空单元格

用于创建数据透视表的数据源中不能包含空单元格。

与空行和空列导致的问题不同，即使数据源中包含空单元格，也可以创建出包含完整数据区域的数据透视表。但是，如果数据源中包含空单元格，创建数据透视表之后进行进一步处理时，很容易出现问题，导致无法获得有效的数据分析结果。

如果数据源中不可避免地出现了空单

元格，可以使用同类型的默认值来填充，如在数值类型的空单元格中填充 0。

> **温馨提示**
> 填充空单元格可以参照 2.2.2 节中的方法来操作。

8.2 数据透视表的创建

数据透视表是从 WPS 表格的数据库中产生的一个动态汇总表格，具有强大的透视和筛选功能，在分析数据信息时经常使用。下面介绍创建数据透视表、更改布局、调整字段、更改数据透视表的数据源及美化数据透视表的操作。

8.2.1 创建数据透视表

通过数据透视表可以深入分析数据并了解一些预想不到的数据问题，使用数据透视表之前，首先要创建数据透视表，并对其进行设置。创建数据透视表需要连接一个数据源，并输入报表位置。

例如，要在“公司销售业绩”工作簿中创建数据透视表，操作方法如下。

第1步 打开“素材文件\第 8 章\公司销售业绩.xlsx”工作簿，❶ 将光标定位到数据区域的任意单元格；❷ 单击【插入】选项卡中的【数据透视表】按钮，如下图所示。

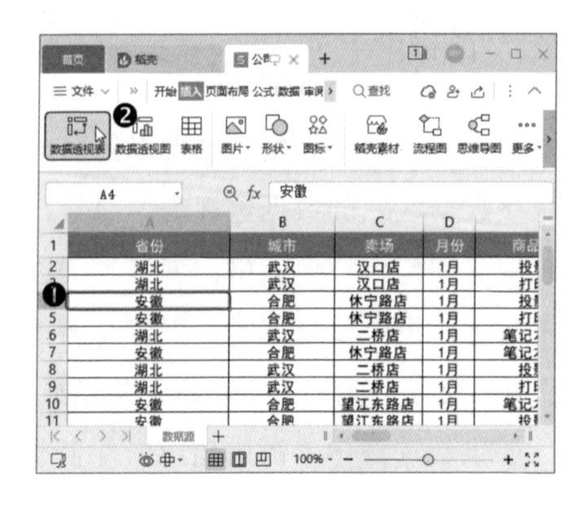

第2步 打开【创建数据透视表】对话框，在【请选择单元格区域】中已经自动选择了所有数据区域，直接单击【确定】按钮，如下图所示。

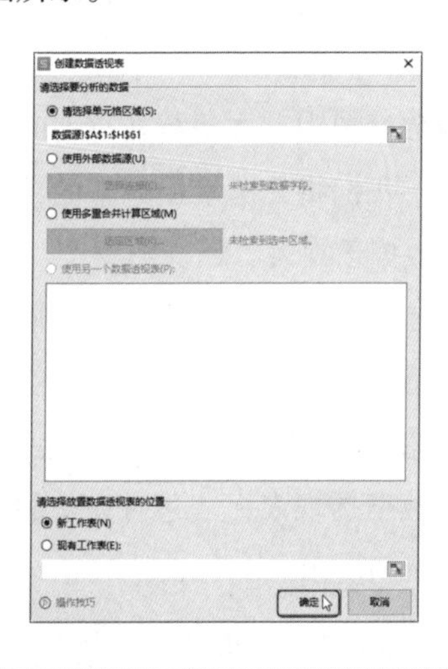

> **教您一招**
> **在现有工作表中创建透视表**
> 如果要将创建的数据透视表放置在现有工作表中，可以在【创建数据透视表】对话框的【请选择放置数据透视表的位置】区域中选择【现有工作表】单选按钮，并在下方的引用文本框中选择数据透视表的放置位置。

第3步 系统自动新建了一个工作表，在新工作表中创建了一个空白数据透视表，并打开【数据透视表】窗格，如下图所示。

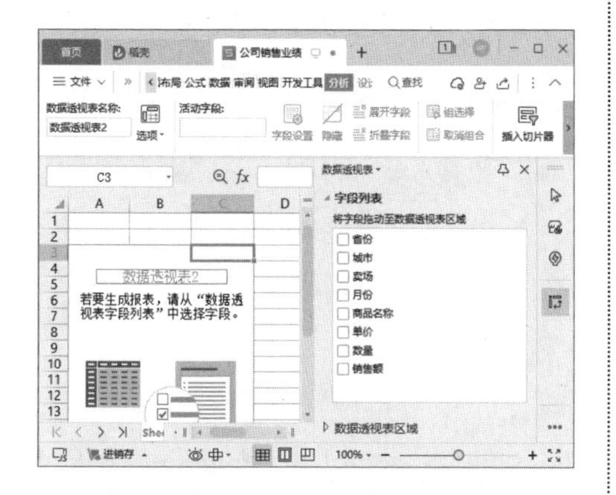

教您一招

打开【数据透视表】窗格

如果【数据透视表】窗格没有自动打开，可以在选中数据透视表中的任意数据单元格之后，单击【分析】选项卡中的【字段列表】按钮，打开【数据透视表】窗格。

第4步 在【数据透视表】窗格的【将字段拖动至数据透视表区域】列表框中勾选相应字段对应的复选框，即可添加数据，如下图所示。

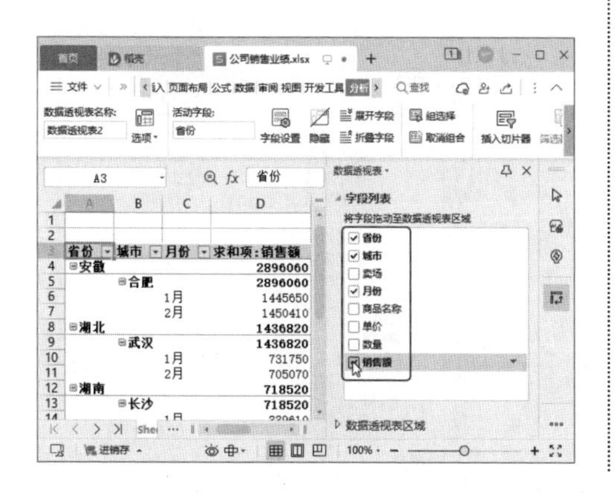

8.2.2 调整数据透视表字段

调整数据透视表字段，就是在【数据透视表】窗格中的【字段列表】列表框中添加数据透视表中的数据字段，将其添加到数据透视表相应的区域中。

调整数据透视表字段的方法很简单，只需要在【数据透视表】窗格的【字段列表】列表框中选中需要的字段名称对应的复选框，然后将这些字段放置在数据透视表的默认区域中。如果要调整数据透视表的区域，可以通过以下方法来执行。

➢ 通过拖曳鼠标调整：在【数据透视表】窗格中，直接通过鼠标将需要调整的字段名称拖曳到相应的列表框中，如下图所示。

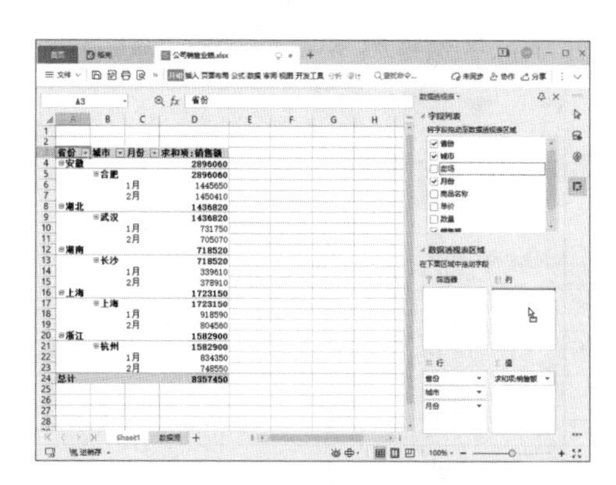

➢ 通过菜单调整：在【数据透视表】窗格【数据透视表区域】栏下方的四个列表框中，选择需要调整的字段名称按钮，在弹出的下拉菜单中选择移动到其他区域的命令，如【添加到行标签】【添加到

列标签】等命令，即可在不同的区域之间移动字段，如下图所示。

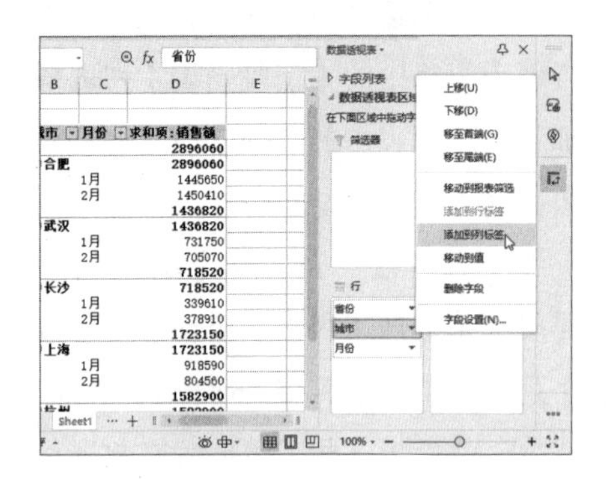

➢ 通过快捷菜单调整：在【数据透视表】窗格的【字段列表】列表框中，右击需要调整的字段名称，在弹出的快捷菜单中选择【添加到行标签】【添加到列标签】等命令，即可将该字段的数据放置在数据透视表的某个特定区域中，如下图所示。

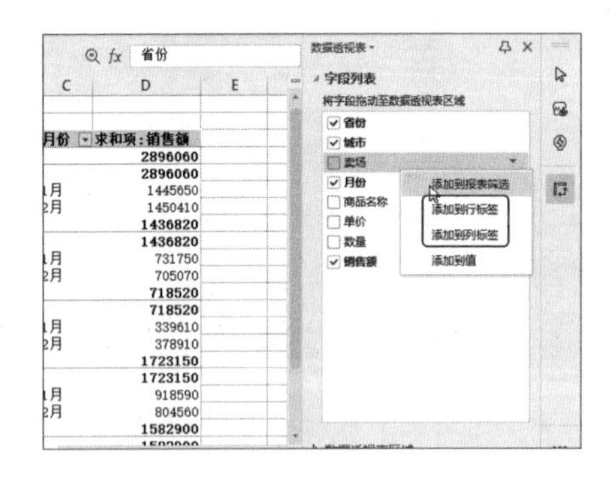

8.2.3 调整报表布局

数据透视表默认的布局方式是压缩形式，会将所有行字段都堆积到一列中。

如果要更改布局，可以选中数据透视表中的任意单元格，在【设计】选项卡中单击【报表布局】下拉按钮，在弹出的下拉菜单中，根据需要选择报表布局及其显示方式。

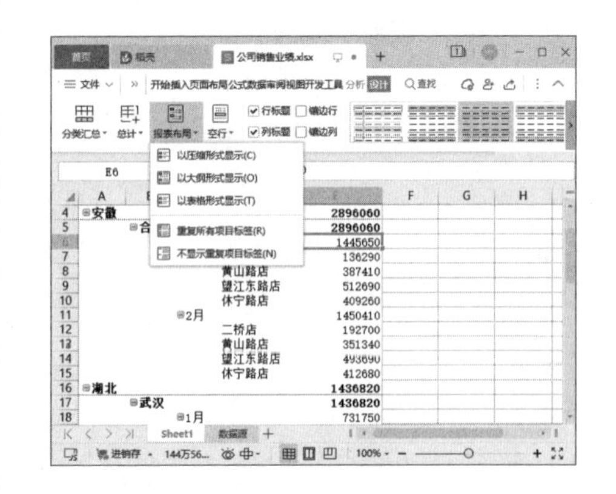

在选择时，要清楚每一种布局的特点和优缺点，然后根据实际情况选择。

➢ 以压缩形式显示：数据透视表的所有行字段都将堆积到一列中，可以节省横向空间，如下图所示。其缺点是，一旦将该数据透视表数值化，转化为普通的表格，行字段标题都堆积在一列中会难以进行数据分析。

	A	B
2		
3	行标签	求和项：销售额
4	⊟安徽	2567070
5	⊟合肥	2567070
6	⊟1月	1309360
7	黄山路店	387410
8	望江东路店	512690
9	休宁路店	409260
10	⊟2月	1257710
11	黄山路店	351340
12	望江东路店	493690
13	休宁路店	412680
14	⊟湖北	1765810
15	⊟武汉	1765810
16	⊟1月	868040
17	二桥店	461900
18	汉口店	406140
19	⊟2月	897770
20	二桥店	520500
21	汉口店	377270
22	⊟湖南	718520

➢ 以大纲形式显示：数据透视表的所有行字段都将按顺序从左往右依次排列，该顺序以【数据透视表】窗格行标签区域中的字段顺序为依据。如果需要将数据透视表中的数据复制到新的位置或进行其他处理，如将数据透视表数值化，转化为普通表格，使用该形式较合适。其缺点是占用了更多的横向空间，如下图所示。

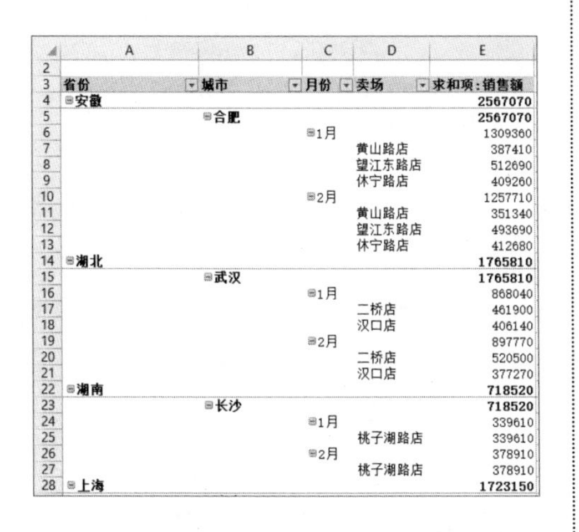

	A	B	C	D	E
2					
3	省份	城市	月份	卖场	求和项:销售额
4	安徽				2567070
5		合肥			2567070
6			1月		1309360
7				黄山路店	387410
8				望江东路店	512690
9				休宁路店	409260
10			2月		1257710
11				黄山路店	351340
12				望江东路店	493690
13				休宁路店	412680
14	湖北				1765810
15		武汉			1765810
16			1月		868040
17				二桥店	461900
18				汉口店	406140
19			2月		897770
20				二桥店	520500
21				汉口店	377270
22	湖南				718520
23		长沙			718520
24			1月		339610
25				桃子湖路店	339610
26			2月		378910
27				桃子湖路店	378910
28	上海				1723150

➢ 以表格形式显示：与大纲布局类似，数据透视表的所有行字段都将按顺序从左往右依次排列，该顺序以【数据透视表】窗格行标签区域中的字段顺序为依据，但是每个父字段的汇总值都会显示在每组的底部，如下图所示。多数情况下，使用表格布局能够使数据看上去更直观、清晰。其缺点是占用了更多的横向空间。

	A	B	C	D	E
2					
3	省份	城市	月份	卖场	求和项:销售额
4	安徽	合肥	1月	黄山路店	387410
5				望江东路店	512690
6				休宁路店	409260
7			1月 汇总		1309360
8			2月	黄山路店	351340
9				望江东路店	493690
10				休宁路店	412680
11			2月 汇总		1257710
12		合肥 汇总			2567070
13	安徽 汇总				2567070
14	湖北	武汉	1月	二桥店	461900
15				汉口店	406140
16			1月 汇总		868040
17			2月	二桥店	520500
18				汉口店	377270
19			2月 汇总		897770
20		武汉 汇总			1765810
21	湖北 汇总				1765810
22	湖南	长沙	1月	桃子湖路店	339610
23			1月 汇总		339610
24			2月	桃子湖路店	378910
25			2月 汇总		378910
26		长沙 汇总			718520

➢ 重复所有项目标签：在使用大纲布局和表格布局时，选择该显示方式，可以看到数据透视表中自动填充了所有的项目标签，如下图所示。使用重复所有项目标签便于对数据透视表进行其他处理，如将数据透视表数值化、转化为普通表格等，如下图所示。

温馨提示

如果在【数据透视表选项】对话框的【布局和格式】选项卡中勾选了【合并且居中排列带标签的单元格】复选框，将无法使用【重复所有项目标签】。

	A	B	C	D	E
2					
3	省份	城市	月份	卖场	求和项:销售额
4	安徽	合肥	1月	黄山路店	387410
5	安徽	合肥	1月	望江东路店	512690
6	安徽	合肥	1月	休宁路店	409260
7	安徽	合肥	1月 汇总		1309360
8	安徽	合肥	2月	黄山路店	351340
9	安徽	合肥	2月	望江东路店	493690
10	安徽	合肥	2月	休宁路店	412680
11	安徽	合肥	2月 汇总		1257710
12	安徽	合肥 汇总			2567070
13	安徽 汇总				2567070
14	湖北	武汉	1月	二桥店	461900
15	湖北	武汉	1月	汉口店	406140
16	湖北	武汉	1月 汇总		868040
17	湖北	武汉	2月	二桥店	520500
18	湖北	武汉	2月	汉口店	377270
19	湖北	武汉	2月 汇总		897770
20	湖北	武汉 汇总			1765810
21	湖北 汇总				1765810
22	湖南	长沙	1月	桃子湖路店	339610
23	湖南	长沙	1月 汇总		339610
24	湖南	长沙	2月	桃子湖路店	378910
25	湖南	长沙	2月 汇总		378910
26	湖南	长沙 汇总			718520
27	湖南 汇总				718520

➢ 不显示重复项目标签：默认情况下，

数据透视表报表布局的显示方式是【不显示重复项目标签】，便于在进行数据分析相关操作时能够更直观、清晰地查看数据。如果设置了【重复所有项目标签】，选择该命令即可撤销所有重复项目的标签。

8.2.4 选择分类汇总的显示方式

WPS 表格提供了 3 种分类汇总的显示方式，方便用户根据需要设置，方法是：单击数据透视表中的任意单元格，在【设计】选项卡中单击【分类汇总】下拉按钮，在弹出的下拉菜单中根据需要选择分类汇总的显示方式即可。

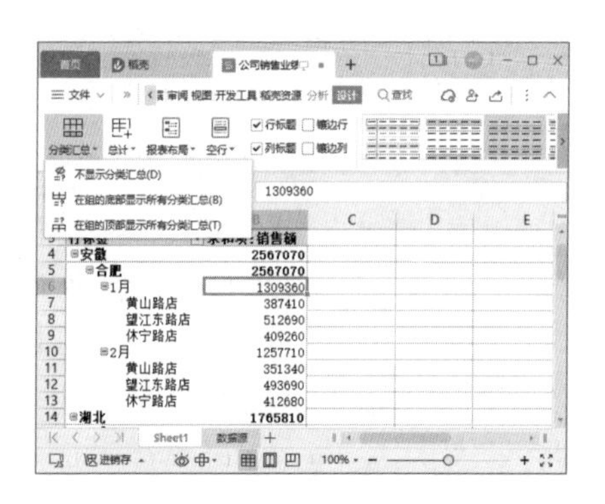

➢ 不显示分类汇总：选择该命令，数据透视表中的分类汇总将被删除，如下图所示。

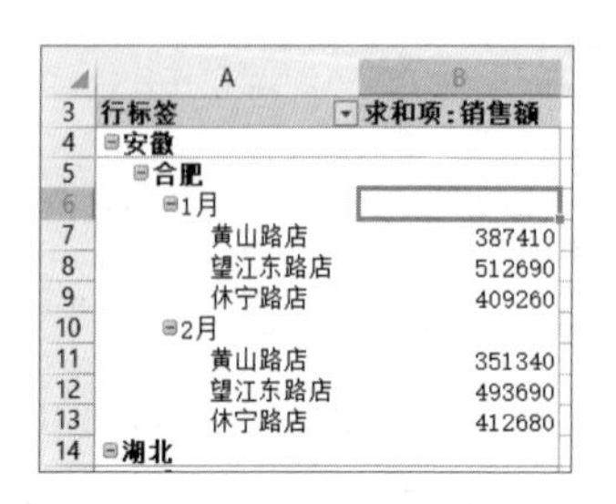

	A	B
3	行标签	求和项:销售额
4	⊟安徽	
5	⊟合肥	
6	⊟1月	
7	黄山路店	387410
8	望江东路店	512690
9	休宁路店	409260
10	⊟2月	
11	黄山路店	351340
12	望江东路店	493690
13	休宁路店	412680
14	⊟湖北	

➢ 在组的底部显示所有分类汇总：选择该命令，数据透视表中的分类汇总将显示在每组的底部，即默认情况下数据透视表的分类汇总显示方式，如下图所示。

	A	B	C
3	行标签	求和项:销售额	
4	⊟安徽		
5	⊟合肥		
6	⊟1月		
7	黄山路店	387410	
8	望江东路店	512690	
9	休宁路店	409260	
10	1月 汇总	1309360	
11	⊟2月		
12	黄山路店	351340	
13	望江东路店	493690	
14	休宁路店	412680	
15	2月 汇总	1257710	
16	合肥 汇总	2567070	
17	安徽 汇总	2567070	
18	⊟湖北		

➢ 在组的顶部显示所有分类汇总：在压缩布局和大纲布局的数据透视表中，选择该命令，可以使数据透视表中的分类汇总显示在每组的顶部，如下图所示。

	A	B	C
3	行标签	求和项:销售额	
4	⊟安徽	2567070	
5	⊟合肥	2567070	
6	⊟1月	1309360	
7	黄山路店	387410	
8	望江东路店	512690	
9	休宁路店	409260	
10	⊟2月	1257710	
11	黄山路店	351340	
12	望江东路店	493690	
13	休宁路店	412680	
14	⊟湖北	1765810	
15	⊟武汉	1765810	

8.2.5 整理数据透视表字段

调整数据透视表布局，可以从一定角度筛选数据的内容，而整理数据透视表的其他字段，则可以满足用户对数据透视表格式的要求。

1. 重命名字段

当用户向数据区域添加字段后，系统会将其重命名，如“数量”会被重命名为“求和项：数量”，这样就会加大字段所在列的列宽，影响表格的整洁和美观，此时可以重命名字段，操作方法如下。

第1步 打开“素材文件 \ 第 8 章 \ 公司销售业绩 1.xlsx”工作簿，单击数据透视表的列标题单元格，如“求和项：数量”，在编辑栏中输入“销售数量”，如下图所示。

第2步 按【Enter】键即可更改列标题，然后使用相同的方法更改其他列标题即可，如下图所示。

温馨提示

数据透视表中每个字段的名称必须是唯一的，WPS 表格不接受两个字段具有相同的名称，即创建的数据透视表各个字段的名称不能相同。创建的数据透视表的字段名称与数据源表头的名称也不能相同，否则会出现错误提示。

2. 删除字段

用户在分析数据时，可以删除数据透视表中不再需要分析的字段。删除字段主要有以下两种方法。

- 在窗格中删除：在【数据透视表】窗格中单击【行】标签区域中需要删除的字段，在弹出的快捷菜单中选择【删除字段】命令，如下图所示。

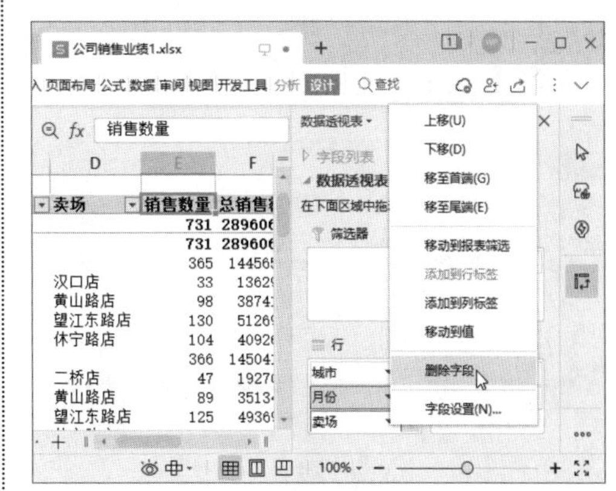

- 通过字段删除：在数据透视表中需要删除的字段上单击鼠标右键，在弹出的快捷菜单中选择【删除“字段名”】命令，如要删除“月份”字段，则选择【删除“月份”】命

令，如下图所示。

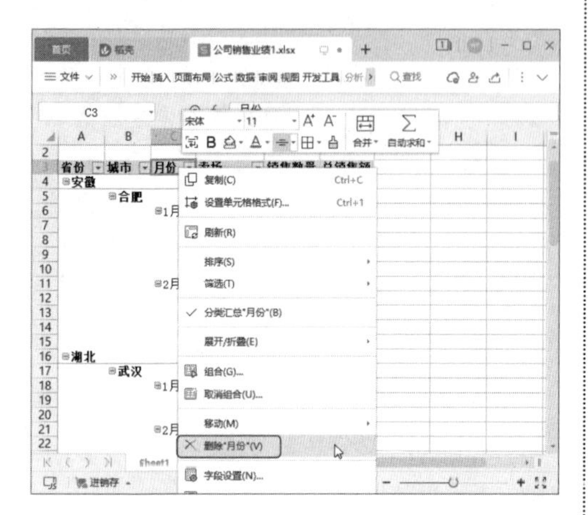

3. 隐藏字段标题

如果用户不需要在数据透视表中显示行或列的字段标题，可以将其隐藏，操作方法如下。

第1步 接上一例操作，❶ 单击数据透视表的任意单元格；❷ 在【分析】选项卡中单击【字段标题】按钮，如下图所示。

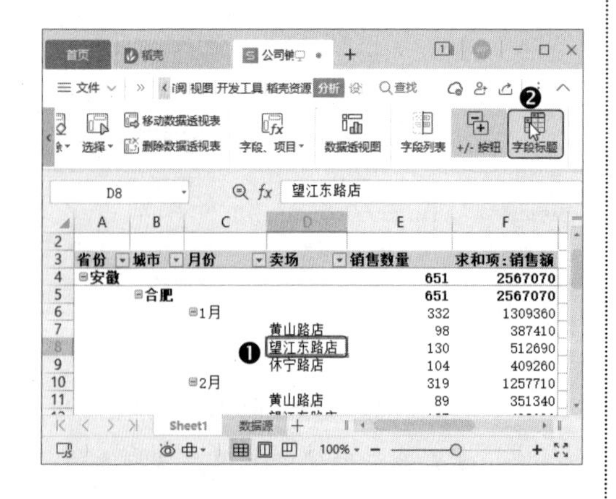

第2步 操作完成后，即可看到字段标题已经被隐藏，如下图所示。

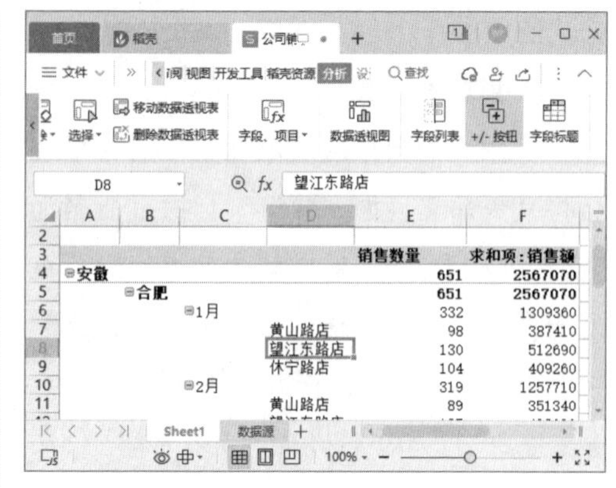

4. 折叠与展开活动字段

通过折叠与展开活动字段，可以在不同的场合显示和隐藏明细数据。

例如，要在“公司销售业绩”工作簿中隐藏“月份”字段，操作方法如下。

第1步 接上一例操作，❶ 选择任意月份字段，如“1 月”字段；❷ 单击【分析】选项卡中的【折叠字段】按钮，如下图所示。

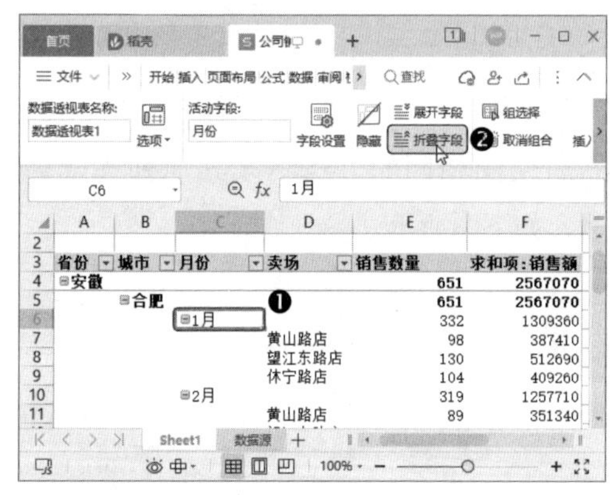

第2步 所有月份字段将全部被折叠，如下图所示。

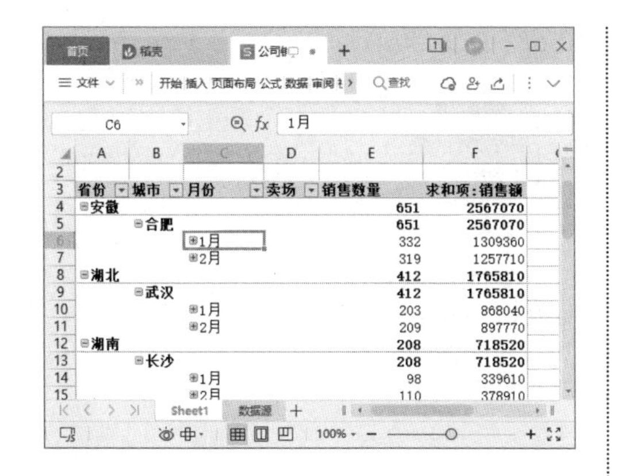

第3步 如果要显示某个隐藏字段相关详细信息，单击字段前的⊞按钮，即可显示指定项的明细数据，如下图所示。

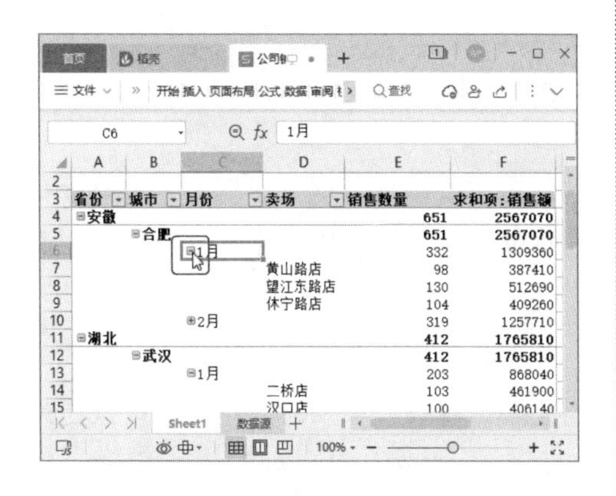

温馨提示

选中数据透视表中被折叠的字段，然后单击【分析】选项卡中的【展开字段】命令，可以展开所有字段。

8.2.6 更新来自数据源的更改

如果数据透视表的数据源内容发生了改变，用户需要刷新数据透视表才能更新数据透视表中的数据。刷新数据透视表的方法有以下几种。

1. 手动刷新数据透视表

当用户需要手动刷新数据透视表时，可以通过以下方法来操作。

➢ 在数据透视表的任意一个单元格上单击鼠标右键，在弹出的快捷菜单中单击【刷新】命令，如下图所示。

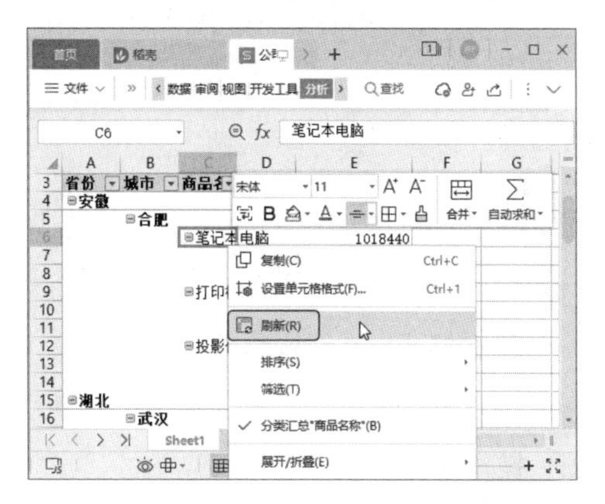

➢ 选中数据透视表中的任意一个单元格，单击【分析】选项卡中的【刷新】按钮，如下图所示。

➢ 单击数据透视表中的任意一个单元格，在【分析】选项卡中单击【刷新】下拉按钮，在弹出的下拉菜

单中选择【全部刷新】命令，可以刷新工作簿中的所有数据透视表，如下图所示。

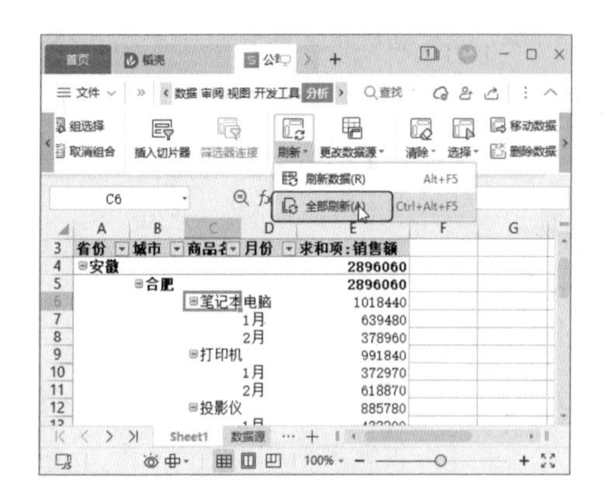

2. 在打开文件时刷新数据透视表

用户可以设置在打开数据表时自动刷新，操作方法如下。

第1步 接上一例操作，❶ 在数据透视表中任意区域单击鼠标右键；❷ 在弹出的快捷菜单中选择【数据透视表选项】命令，如下图所示。

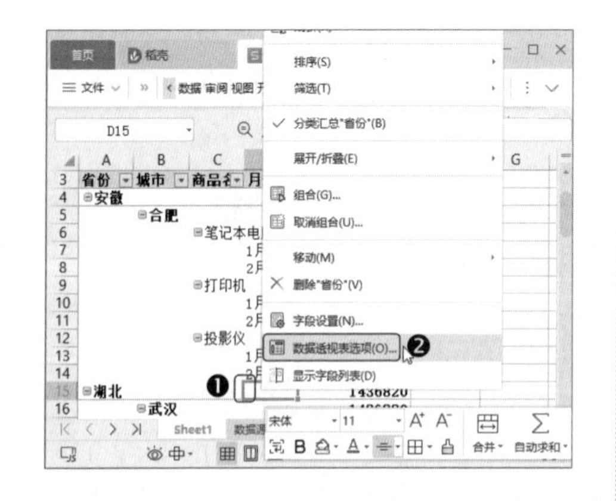

第2步 打开【数据透视表选项】对话框，❶ 切换到【数据】选项卡；❷ 勾选【打开文件时刷新数据】复选框；❸ 单击【确定】按钮，如下图所示。

8.2.7 美化数据透视表

美观的数据透视表可以给人耳目一新的感觉，也能让人更愿意仔细查看数据透视表中的数据。

如果时间紧急，可以使用内置样式美化数据透视表；如果时间充足，可以使用自定义样式慢慢描绘出自己想要的效果。

1. 使用内置的数据透视表样式

WPS 表格内置了多种数据透视表样式，使用内置的样式可以轻松地美化数据透视表。

例如，要在“公司销售业绩”工作簿中使用内置数据透视表样式，操作方法如下。

第1步 打开“素材文件\第 8 章\公司销售业绩 1.xlsx”工作簿，❶ 选中数据透视表中的任意单元格；❷ 单击【设计】选项卡中的 按钮，如下图所示。

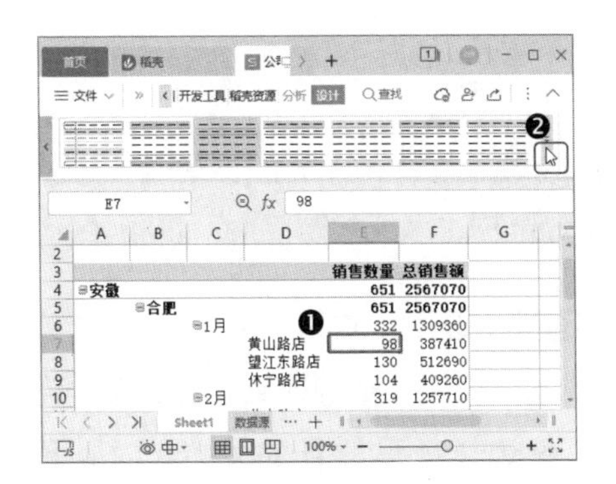

第2步 ❶ 在打开的数据透视表样式下拉列表中，切换到【中色系】选项卡；❷ 在下方选择一种需要应用的样式，如下图所示。

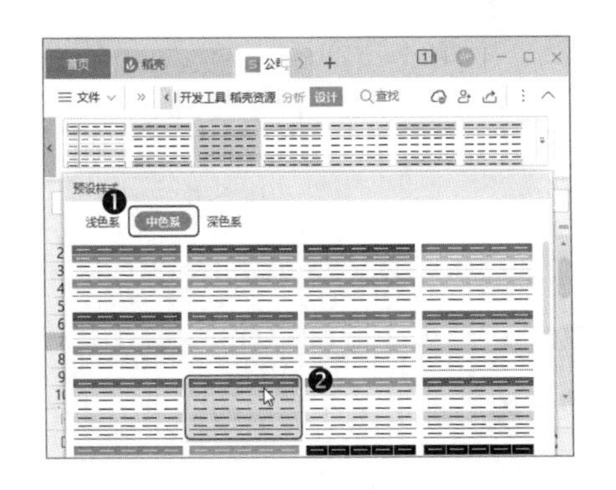

第3步 勾选【设计】选项卡中的【镶边行】复选框，如下图所示。

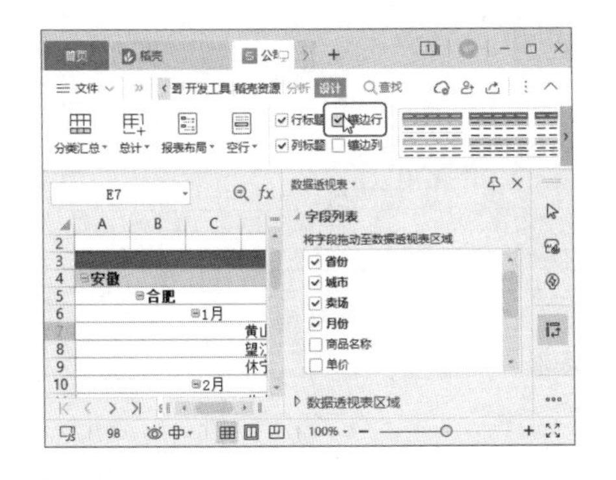

第4步 操作完成后，即可看到应用了内置数据透视表样式的效果，如下图所示。

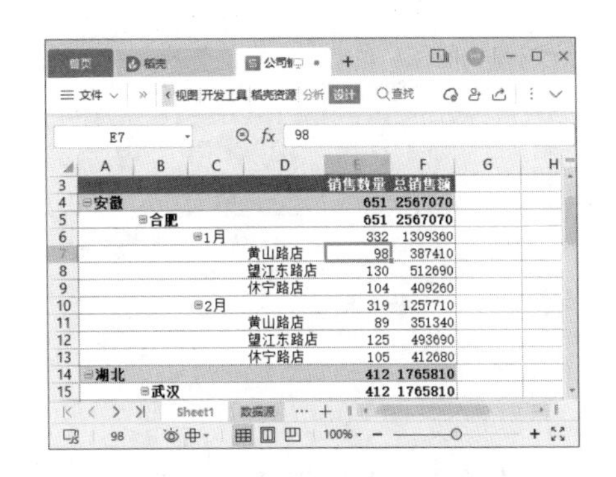

> **温馨提示**
>
> WPS 表格提供的内置样式分为【浅色系】【中色系】和【深色系】3 组，同时列表中越下面的样式越复杂。而且，选择不同的内置样式，勾选【镶边行】和【镶边列】复选框后，显示效果也不一样，读者可以一一尝试。

2. 为数据透视表自定义样式

如果内置的数据透视表样式不能满足使用需求，也可以自定义样式。

在自定义样式时，配色是关键。在配色之前，需要了解几个配色的原则。

- 同一色原则：使用一个相同的颜色，如红色、橙色。
- 同族原则：使用同一色族的颜色，如红、淡红、粉红、淡粉红。
- 对比原则：以反差较大的色彩为主，如底色是黑色，文字是白色。

例如，在“公司销售业绩”工作簿中为数据透视表自定义样式，操作方法如下。

第1步 打开“素材文件\第 8 章\公司销售业绩 1.xlsx”工作簿，❶ 选中数据透视表中的任意单元格；❷ 单击【设计】选项卡中的 按钮，如下图所示。

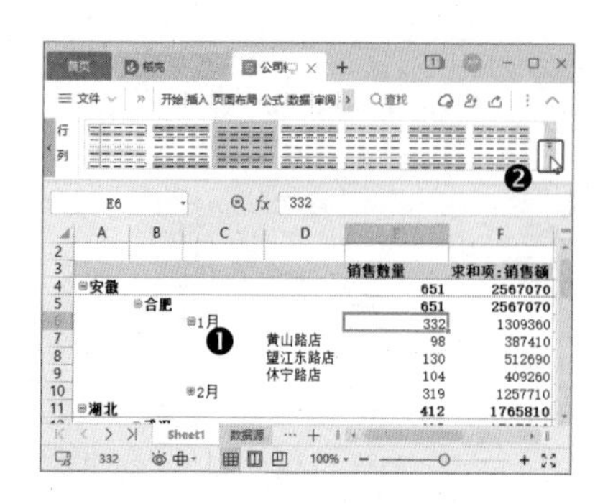

第2步 在打开的数据透视表样式下拉列表中，单击【新建数据透视表样式】命令，如下图所示。

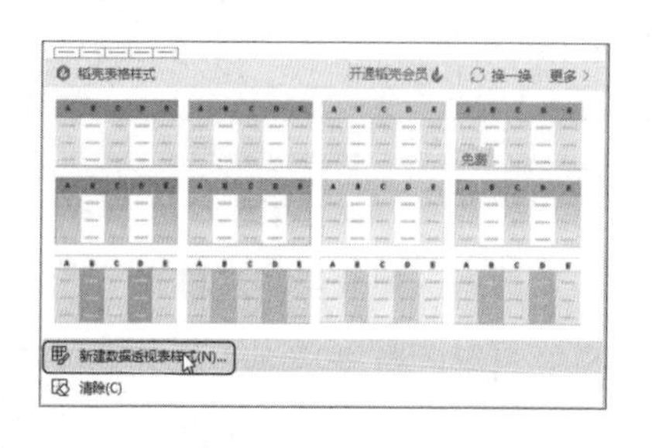

第3步 打开【新建数据透视表样式】对话框，❶ 在【名称】文本框中输入自定义样式的名称；❷ 在【表元素】列表框中选中要设置格式的元素；❸ 单击【格式】按钮，打开【单元格格式】对话框进行设置；❹ 设置完成后单击【确定】按钮，如下图所示。

> **温馨提示**
>
> 设置数据透视表自定义样式的方法与设置表格自定义样式的方法基本相同，此处仅简单介绍，读者可参考 3.3.1 节进行设置。

第4步 返回工作表，打开数据透视表样式下拉列表，❶ 切换到【自定义】选项卡；❷ 选择新建的自定义样式，如下图所示。

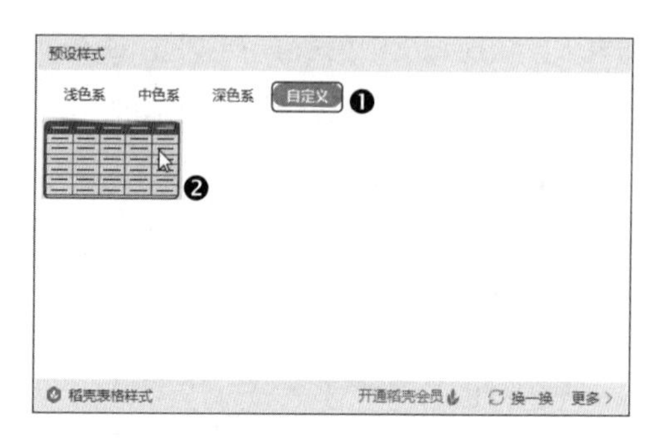

第5步 操作完成后，即可看到为数据透视表应用了自定义样式后的效果，如下图所示。

	A	B	C	D	E	F
2						
3					销售数量	求和项：销售额
4	⊟安徽				651	2567070
5		⊟合肥			651	2567070
6			⊟1月		332	1309360
7				黄山路店	98	387410
8				望江东路店	130	512690
9				休宁路店	104	409260
10			⊞2月		319	1257710
11	⊟湖北				412	1765810
12		⊟武汉			412	1765810
13			⊟1月		203	868040
14				二桥店	103	461900
15				汉口店	100	406140
16			⊞2月		209	897770
17	⊟湖南				208	718520
18		⊟长沙			208	718520
19			⊟1月		98	339610
20				桃子湖路店	98	339610
21			⊞2月		110	378910
22	⊟上海				422	1723150

8.3 在数据透视表中分析数据

在 WPS 表格中，数据透视表和普通数据表的分析方法十分相似，排序和筛选的规则完全相同。在数据透视表中，除了排序和筛选，切片器也是分析数据的有力工具。

8.3.1 让数据自动排序

要进行自动排序，主要方法有通过字段下拉列表自动排序。通过功能区按钮自动排序和通过快捷菜单自动排序。

1. 通过字段下拉列表自动排序

在 WPS 表格中，我们可以利用数据透视表行标签标题下拉菜单中的相应命令进行自动排序。

例如，要在“公司销售业绩”工作簿中，为“月份”字段排序，操作方法如下。

第1步 打开“素材文件 \ 第 8 章 \ 公司销售业绩 2.xlsx”工作簿，❶ 单击“月份”字段右侧的下拉按钮；❷ 在打开的下拉菜单中，根据需要选择【升序】或【降序】命令，本例选择【降序】，如下图所示。

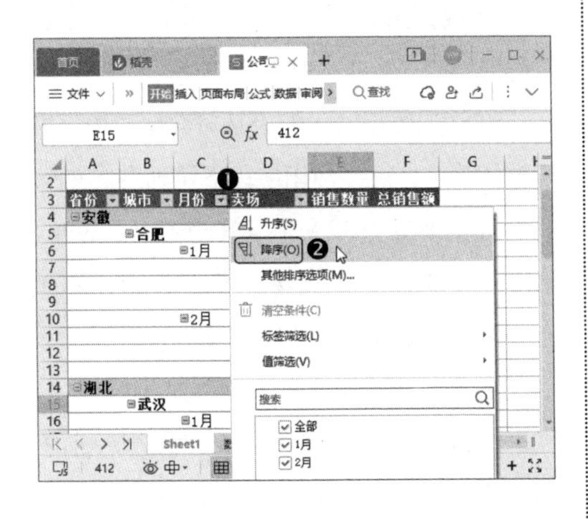

第2步 操作完成后，即可看到“月份”字段已经按所选的顺序排序，如下图所示。

> **温馨提示**
> 排序后，如果选择的是升序排序，行标签字段右侧的下拉按钮将变为；如果选择的是降序排序，下拉按钮将变为。

	A	B	C	D	E	F
2						
3	省份	城市	月份	卖场	销售数量	总销售额
4	安徽				651	2567070
5		合肥			651	2567070
6			2月		319	1257710
7				黄山路店	89	351340
8				望江东路店	125	493690
9				休宁路店	105	412680
10			1月		332	1309360
11				黄山路店	98	387410
12				望江东路店	130	512690
13				休宁路店	104	409260
14	湖北				412	1765810
15		武汉			412	1765810
16			2月		209	897770
17				二桥店	116	520500

2. 通过功能区按钮自动排序

在 WPS 表格中，可以通过功能区中的“升序”和“降序”功能快速进行自动排序。

例如，要在“公司销售业绩”工作簿中，将“总销售额”字段升序排序，操作方法如下。

第1步 打开“素材文件 \ 第 8 章 \ 公司销售业绩 2.xlsx”工作簿，❶ 选中“总销售额”字段中的任意数据单元格；❷ 单击【数据】选项卡中的【排序】下拉按钮；❸ 在弹出的下拉菜单中选择【升序】命令，如下图所示。

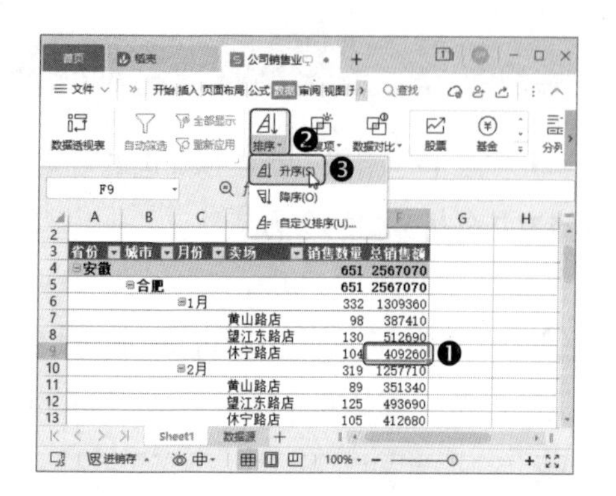

第2步 操作完成后，即可看到“总销售额”字段已经升序排序，如下图所示。

	省份	城市	月份	卖场	销售数量	总销售额
4	安徽				651	2567070
5		合肥			651	2567070
6			1月		332	1309360
7				黄山路店	98	387410
8				休宁路店	104	409260
9				望江东路店	130	512690
10			2月		319	1257710
11				黄山路店	89	351340
12				休宁路店	105	412680
13				望江东路店	125	493690
14	湖北				412	1765810
15		武汉			412	1765810
16			1月		203	868040
17				汉口店	100	406140
18				二桥店	103	461900
19			2月		209	897770
20				汉口店	93	377270
21				二桥店	116	520500
22	湖南				208	718520

3. 通过快捷菜单自动排序

在 WPS 表格中，可以通过快捷菜单中的【排序】功能快速进行自动排序。

例如，要在“公司销售业绩”工作簿中，将“销售数量”字段升序排序，操作方法如下。

第1步 打开“素材文件\第 8 章\公司销售业绩 2.xlsx”工作簿，❶ 右击“销售数量”字段中的任意数据单元格；❷ 在弹出的快捷菜单中选择【排序】命令；❸ 在弹出的子菜单中单击【升序】命令，如下图所示。

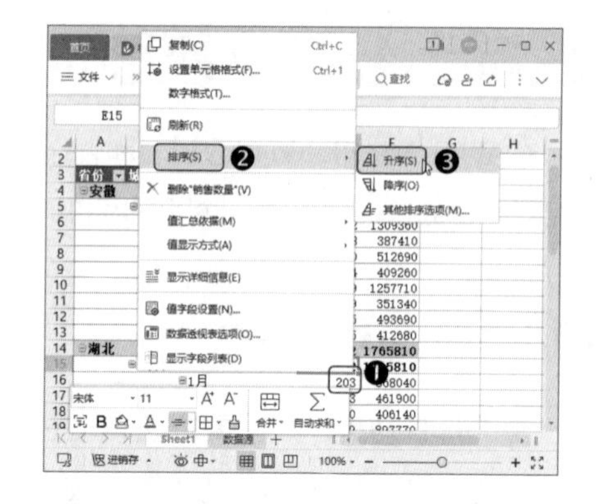

第2步 操作完成后，即可看到“销售数量”字段已经按所选的顺序排序，如下图所示。

	省份	城市	月份	卖场	销售数量	总销售额
4	安徽				651	2567070
5		合肥			651	2567070
6			1月		332	1309360
7				黄山路店	98	387410
8				望江东路店	130	512690
9				休宁路店	104	409260
10			2月		319	1257710
11				黄山路店	89	351340
12				望江东路店	125	493690
13				休宁路店	105	412680
14	湖北				412	1765810
15		武汉			412	1765810
16			1月		203	868040
17				二桥店	103	461900
18				汉口店	100	406140
19			2月		209	897770
20				二桥店	116	520500
21				汉口店	93	377270
22	湖南				208	718520

8.3.2 筛选需要的数据

在数据透视表中可以方便地对数据进行筛选。

在筛选数据时，如果是对数据透视表进行整体筛选，可以使用字段下拉列表。

如果要筛选开头是、开头不是、等于、不等于、结尾是、结尾不是、包含、不包含等条件的数据，可以使用标签筛选。

如果要找出最大的几项、最小的几项、等于多少、不等于多少、大于多少、小于多少等数据，可以使用值筛选来查找。

1. 使用字段下拉列表筛选数据

例如，要在“西南地区销售情况”工作簿中筛选“张光华”和“吕新同”在“三月”的销售数据，操作方法如下。

第1步 打开“素材文件 \ 第 8 章 \ 西南地区销售情况 .xlsx”工作簿，❶ 单击行标签右侧的下拉按钮▾；❷ 在打开的下拉菜单中取消勾选【全部】复选框，然后勾选“张光华”和“吕新同”复选框；❸ 单击【确定】按钮，如下图所示。

第2步 返回数据透视表，即可看到行标签右侧的下拉按钮变为形状，数据透视表中筛选出了业务员“张光华”和“吕新同”的销售数据，如下图所示。

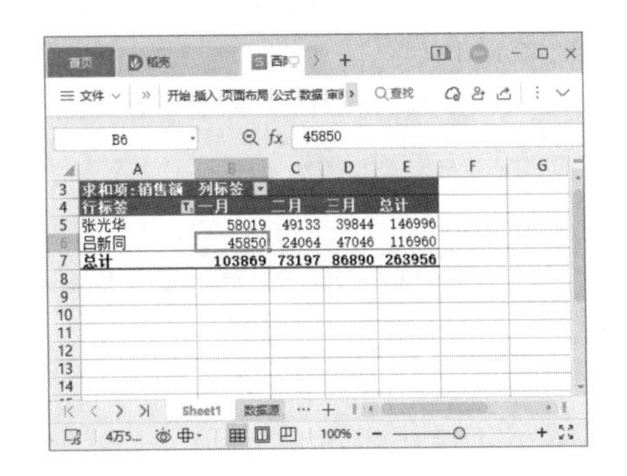

第3步 ❶ 单击列标签右侧的下拉按钮▾；❷ 在弹出的下拉列表中，选择【三月】选项，右侧将出现【仅筛选此项】命令，单击该命令，如下图所示。

第4步 返回数据透视表，即可看到列标签右侧的下拉按钮变为形状，数据透视表中筛选出了业务员“张光华”和“吕新同”在“三月”的销售数据，如下图所示。

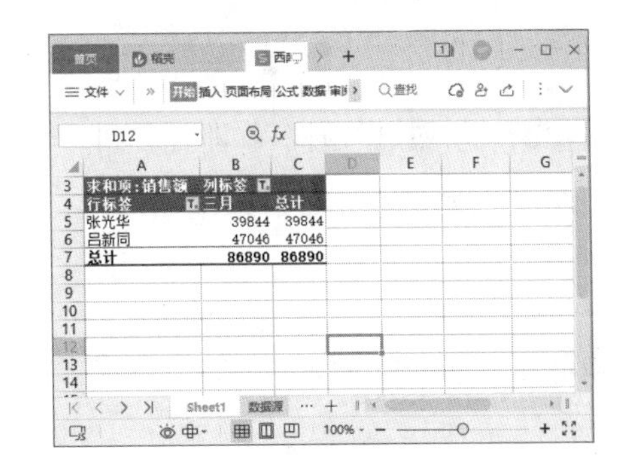

2. 使用标签筛选筛选数据

例如，要筛选出“李”姓业务员的销售数据，操作方法如下。

第1步 打开“素材文件 \ 第 8 章 \ 西南地区销售情况 .xlsx”工作簿，❶ 单击行标签右侧的下拉按钮▾；❷ 在打开的下拉菜单中选择【标签筛选】选项；❸ 在打开的子菜单中单击【开头是】命令，如下图所示。

第2步 打开【标签筛选（业务员）】对话框，❶ 设置【显示的项目的标签】【开头是】为“李”；❷ 单击【确定】按钮，如下图所示。

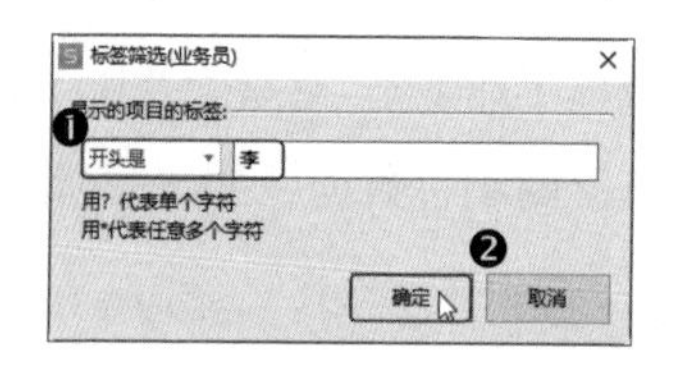

第3步 返回数据透视表，即可看到“李”姓业务员的销售数据已经被筛选出来，如下图所示。

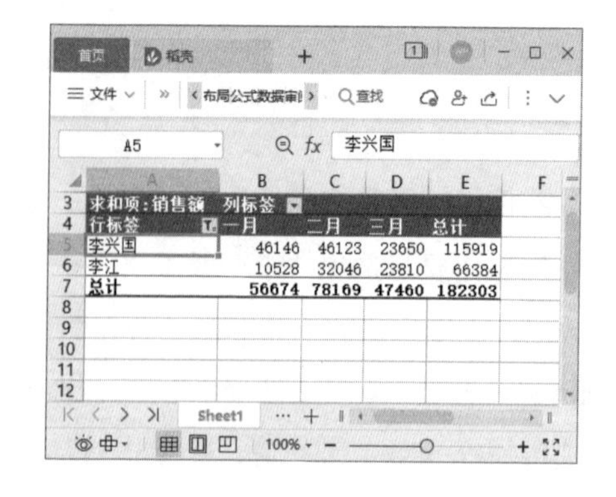

3. 使用值筛选筛选数据

例如，要筛选出总计销售额大于“100000”的业务员，操作方法如下。

第1步 打开“素材文件\第 8 章\西南地区销售情况 .xlsx”工作簿，❶ 单击行标签右侧的下拉按钮；❷ 在打开的下拉菜单中选择【值筛选】选项；❸ 在弹出的子菜单中单击【大于】命令，如下图所示。

第2步 打开【值筛选（业务员）】对话框，❶ 设置【求和项：销售额】【大于】为“100000”；❷ 单击【确定】按钮，如下图所示。

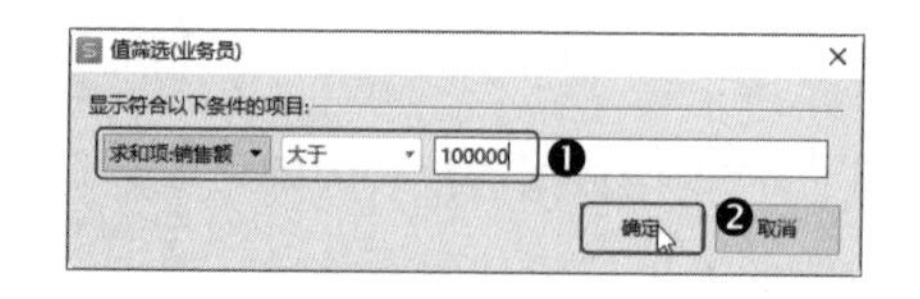

第3步 返回数据透视表，即可看到总计销售额大于 100000 的业务员已经被筛选出来，如下图所示。

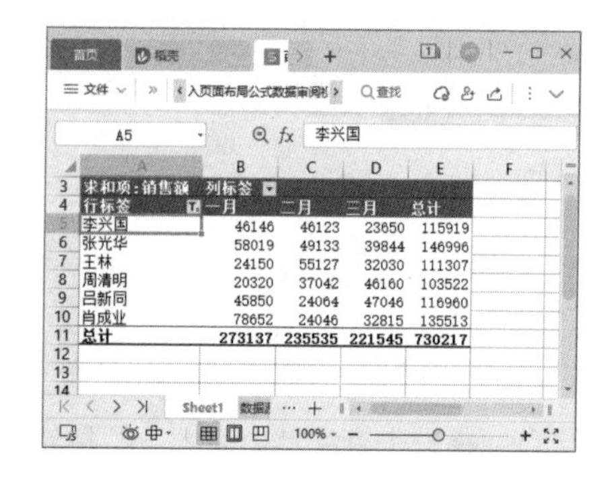

8.3.3 设置数据透视表的值汇总方式

在数据透视表中，求和是最常用的汇总方式，所以在汇总时，值显示方式默认为求和。但是，数据不同，分析的目的也不同，此时可以设定其他的汇总方式，如【平均值】【最大值】【最小值】【乘积】等。

例如，要将“公司销售业绩”工作簿中“求和项：数量”的值汇总依据设置为平均值，操作方法如下。

第1步 打开“素材文件\第 8 章\公司销售业绩 2.xlsx”工作簿，打开【数据透视表】窗格，❶ 在【数据透视表区域】中单击要设置的值字段右侧的下拉按钮▾，如【总销售额】字段；❷ 在打开的下拉菜单中选择【值字段设置】命令，如下图所示。

第2步 打开【值字段设置】对话框，❶ 在【值汇总方式】选项卡的列表框中选择一种汇总方式，如【平均值】；❷ 单击【确定】按钮，如下图所示。

第3步 返回工作表，即可看到汇总方式已经更改为平均值，如下图所示。

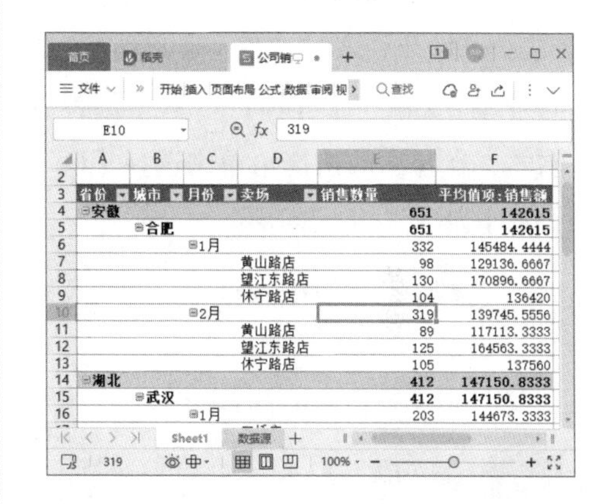

> **温馨提示**
>
> 在数据透视表的数值区域中，在要更改汇总方式的数值列中，右击任意单元格，在弹出的快捷菜单中选择【值汇总依据】命令，在弹出的子菜单中选择汇总方式，如【平均值】，操作完成后，即可看到汇总方式已经更改为平均值。

8.3.4 设置数据透视表的值显示方式

在数据透视表中，通过设置值显示方

式，可以转换数据的查看方式，找到数据规律。

使用【总计的百分比】值显示方式，可以得到数据透视表中各数据项占总计比重的情况；使用【列汇总的百分比】值显示方式，可以在列汇总数据的基础上，得到该列中各个数据项占列总计比重的情况等。

例如，要在“公司销售业绩”数据透视表中对各分店、各产品销售额占总销售额的比重进行分析，可以将【求和项：销售额】字段设置为【总计的百分比】值显示方式，操作方法如下。

第1步 打开“素材文件\第8章\公司销售业绩3.xlsx”工作簿，在数据透视表中右击，在弹出的快捷菜单中选择【值字段设置】命令，如下图所示。

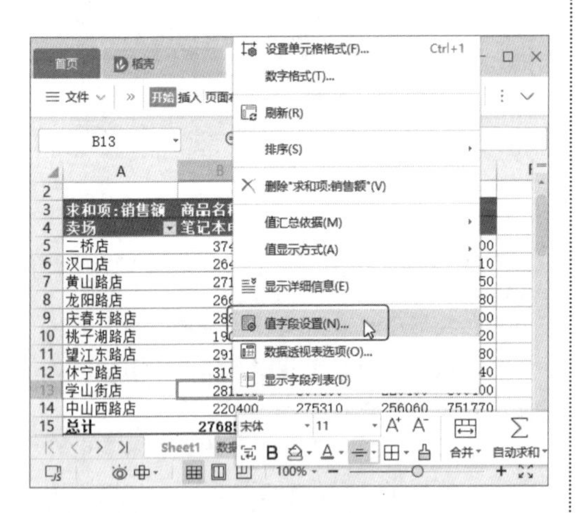

第2步 打开【值字段设置】对话框，❶ 切换到【值显示方式】选项卡；❷ 在【值显示方式】下拉列表中选择【总计的百分比】选项；❸ 单击【确定】按钮，如下图所示。

第3步 返回数据透视表中，即可看到值字段占总销售额的比重，如下图所示。

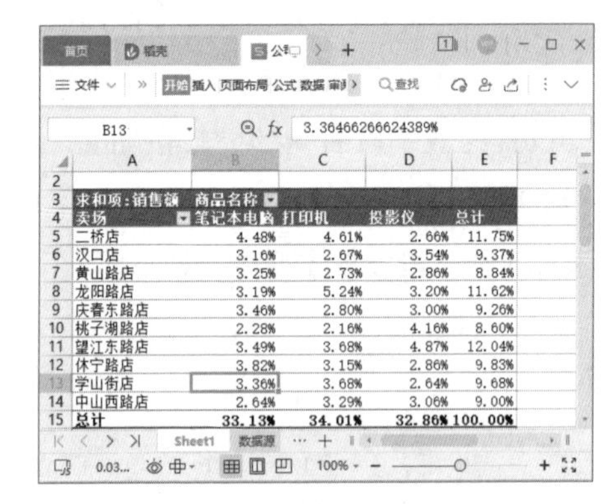

8.3.5 自定义计算字段

虽然数据透视表中不能插入单元格，也不能添加公式，但是可以用计算字段来自定义计算数据透视表中的数据。

1. 添加自定义计算字段

在 WPS 表格中，我们可以通过添加自定义计算字段，对数据透视表中现有的字段执行计算，以得到新字段。

例如，要在“公司销售出库记录”数

据透视表中添加一个“利润率”字段，并根据公式“利润率 =(合同金额 - 进货成本)/ 合同金额”,计算出产品销售的利润率，操作方法如下。

第1步 打开“素材文件 \ 第 8 章 \ 公司销售出库记录 .xlsx”工作簿，❶ 选中数据透视表中的列字段的任意单元格；❷ 单击【分析】选项卡中的【字段、项目】下拉按钮；❸ 在弹出的下拉菜单中选择【计算字段】命令，如下图所示。

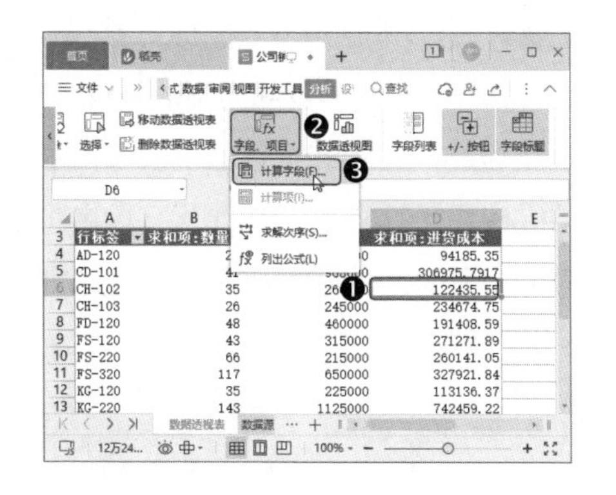

第2步 打开【插入计算字段】对话框，❶ 在【名称】文本框中输入字段名,在【公式】文本框中输入计算公式；❷ 单击【添加】按钮添加计算字段，如下图所示。

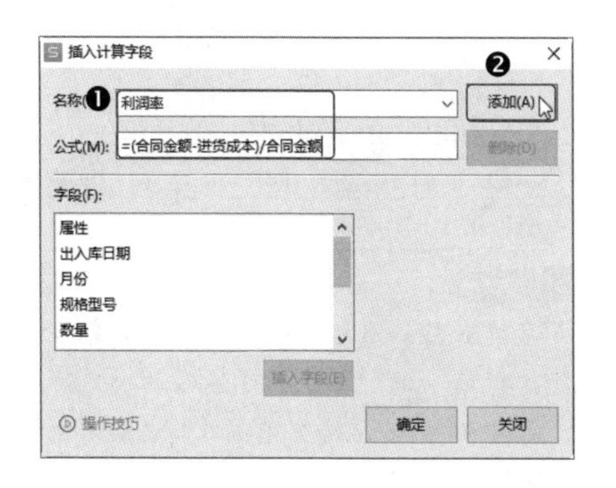

第3步 操作完成后，即可看到字段列表中已经添加了“利润率”字段,单击【确定】按钮，如下图所示。

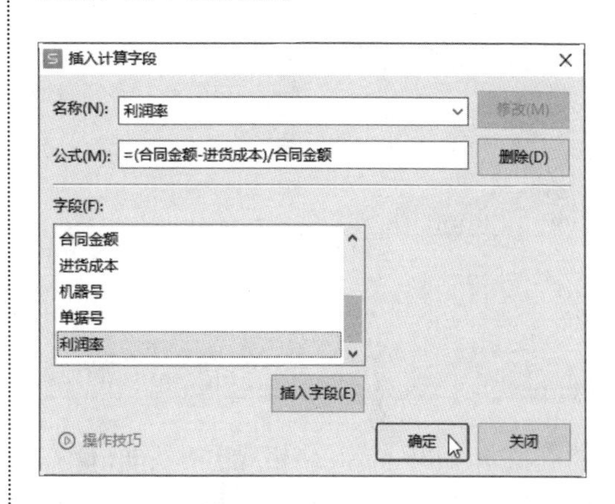

第4步 返回数据透视表，可以看到其中添加了【求和项：利润率】字段。因为要使数据以百分比格式显示，所以需进一步设置。右击【求和项：利润率】字段所在单元格，在弹出的快捷菜单中单击【值字段设置】命令，如下图所示。

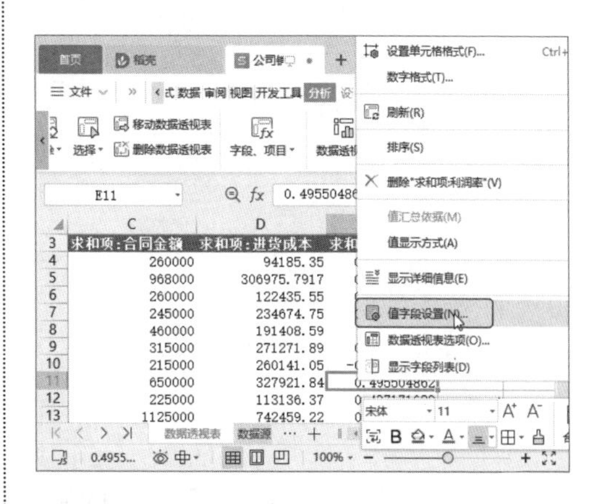

第5步 打开【值字段设置】对话框，单击【数字格式】按钮，如下图所示。

第6步 打开【单元格格式】对话框，❶ 在【数字】选项卡的【分类】列表框中选择【百分比】选项；❷ 在右侧的界面中设置保留【小数位数】为“2”；❸ 单击【确定】按钮，如下图所示。

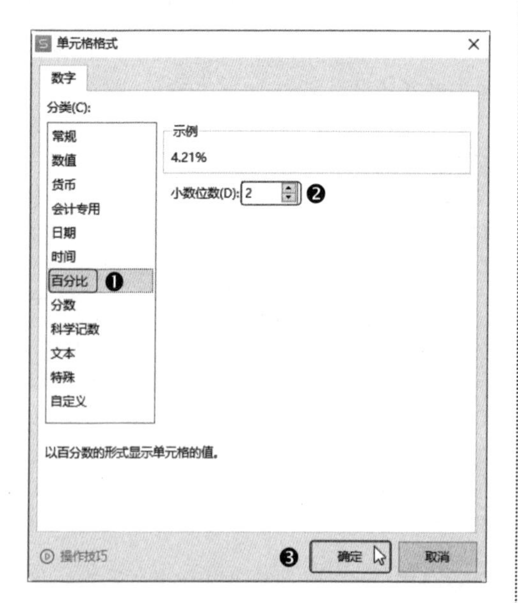

第7步 返回【值字段设置】对话框，单击【确定】按钮，如下图所示。

第8步 返回数据透视表，即可看到添加自定义计算字段，计算利润率的最终效果。由于数据透视表将各个数值字段分类求和的结果应用于计算字段，计算字段名将显示为【求和项：利润率】，被视作【求和】，如下图所示。

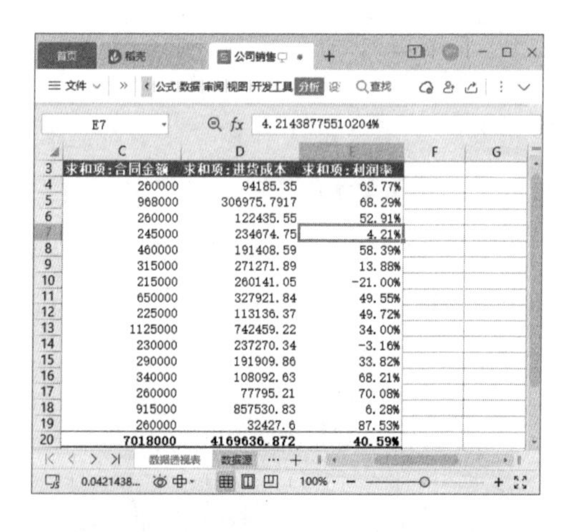

温馨提示

可以在数据透视表中使用的函数很少，只能执行简单的计算，对于复杂的公式和函数，需要在 WPS 表格中完成计算之后再制作数据透视表。

2. 修改自定义计算字段

在数据透视表中添加了自定义计算字段后，我们可以根据需要对添加的计算字段进行修改，操作方法如下。

第1步 接上一例操作，选中数据透视表中的列字段项单元格，在【分析】选项卡中单击【字段、项目】下拉按钮，在弹出的下拉菜单中单击【计算字段】命令，打开【插入计算字段】对话框，❶ 单击【名称】文本框右侧的下拉按钮 ⌄；❷ 在打开的下拉列表中选择要修改的计算字段，如下图所示。

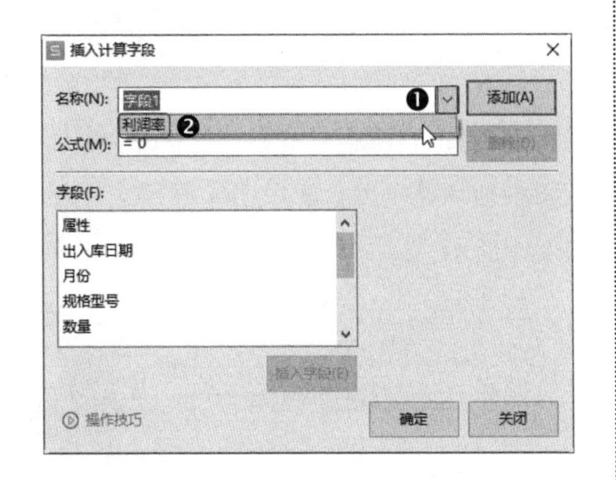

第2步 此时【添加】按钮将变为【修改】，❶ 直接修改公式内容；❷ 单击【确定】按钮保存设置即可，如下图所示。

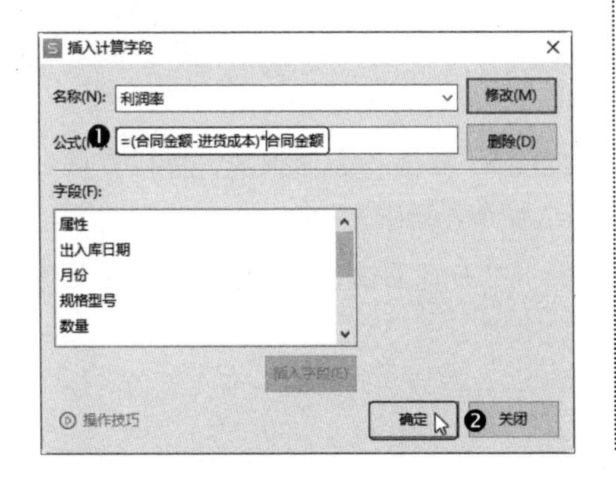

3. 删除自定义计算字段

如果不再需要计算字段，可以将其删除，操作方法如下。

接上一例操作，选中数据透视表中的列字段项单元格，在【分析】选项卡中单击【字段、项目】下拉按钮，在弹出的下拉菜单中单击【计算字段】命令，打开【插入计算字段】对话框，❶ 单击【名称】文本框右侧的下拉按钮 ⌄，在打开的下拉列表中选择要删除的计算字段；❷ 单击【删除】按钮删除该计算字段；❸ 然后单击【确定】按钮即可，如下图所示。

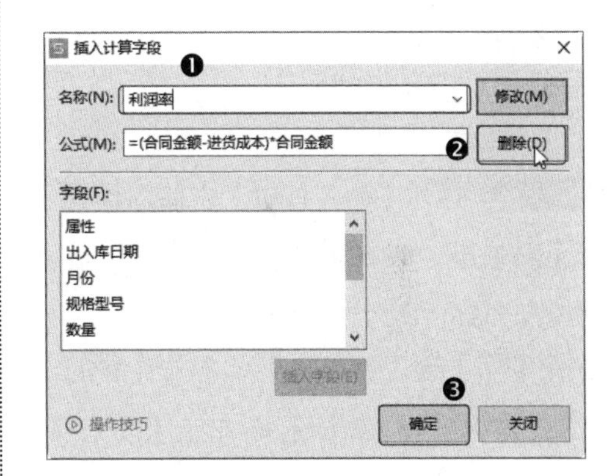

8.3.6 使用自定义计算项

在 WPS 表格中，用户可以在数据透视表的现有字段中插入自定义计算项，通过对该字段的其他项执行计算，来得到该计算项的值。

1. 添加自定义计算项

例如，要在“公司销售业绩”数据透视表中，对 1 月和 2 月的产品销量进行差异比较，操作方法如下。

第1步 打开“素材文件\第 8 章\公司销售业绩 4.xlsx”工作簿，❶ 选中要插入字段项的列字段单元格，本例选择【1 月】字段；❷ 单击【分析】选项卡中的【字段、项目】下拉按钮；❸ 在弹出的下拉菜单中选择【计算项】命令，如下图所示。

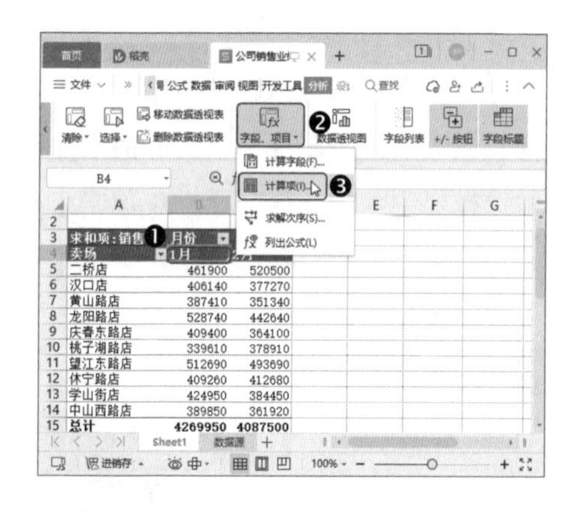

第2步 打开【在“月份”中插入计算字段】对话框，❶ 在【名称】文本框中输入字段项名称，在【公式】文本框中输入“=”；❷ 在【项】列表框中选中要参与计算的字段项，本例选择【2 月】；❸ 单击【插入项】按钮，如下图所示。

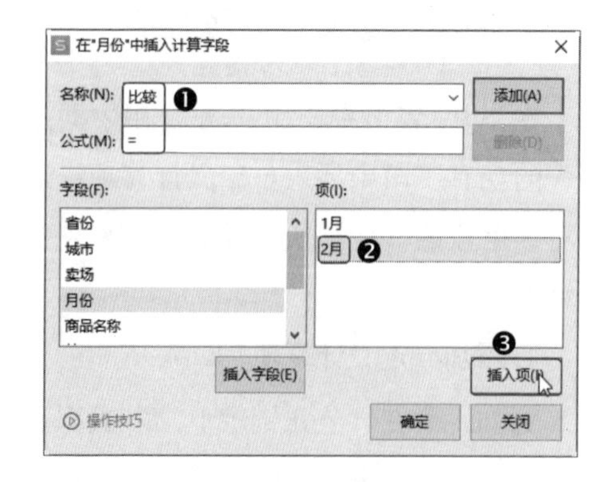

第3步 选中的项将被插入公式文本框中，❶ 在公式后方输入减号“-”；❷ 在【项】列表框中选择另一个要参与计算的字段项，本例选择【1 月】；❸ 单击【插入项】按钮，如下图所示。

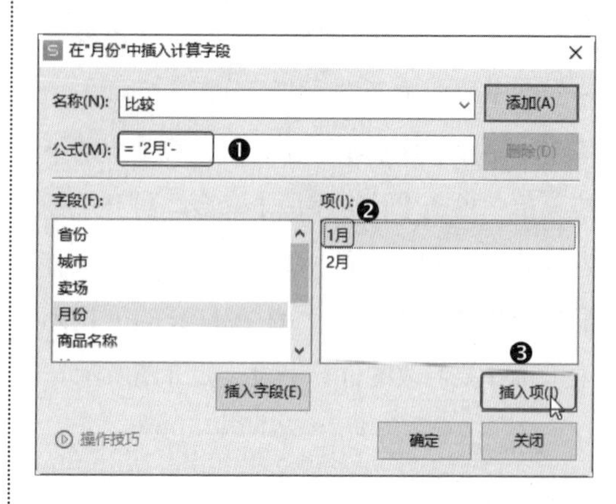

第4步 公式输入完成后，❶ 单击【添加】按钮添加计算字段；❷ 单击【确定】按钮，如下图所示。

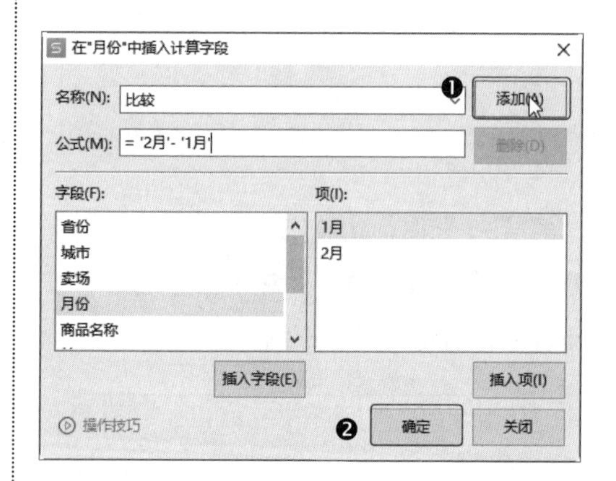

第5步 返回数据透视表，可以看到数值区域中新增了【比较】计算项，计算出 1 月和 2 月产品销量差异的最终报表效果如下图所示。

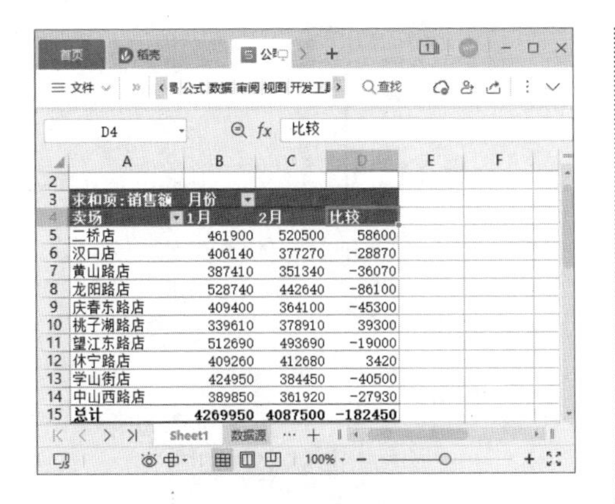

	A	B	C	D
3	求和项：销售额	月份		
4	卖场	1月	2月	比较
5	二桥店	461900	520500	58600
6	汉口店	406140	377270	-28870
7	黄山路店	387410	351340	-36070
8	龙阳路店	528740	442640	-86100
9	庆春东路店	409400	364100	-45300
10	桃子湖路店	339610	378910	39300
11	望江东路店	512690	493690	-19000
12	休宁路店	409260	412680	3420
13	学山街店	424950	384450	-40500
14	中山西路店	389850	361920	-27930
15	总计	4269950	4087500	-182450

2. 修改自定义计算项

在数据透视表中添加了自定义计算项后，用户可以根据需要对添加的计算项进行修改，操作方法如下。

第1步 接上一例操作，在数据透视表中选中插入字段项的列字段单元格，单击【分析】选项卡中的【字段、项目】下拉按钮，在弹出的下拉菜单中选择【计算项】命令，打开【在“月份”中插入计算字段】对话框，❶ 单击【名称】文本框右侧的下拉按钮 ⌄；❷ 在弹出的下拉列表中选择要修改的计算项，如下图所示。

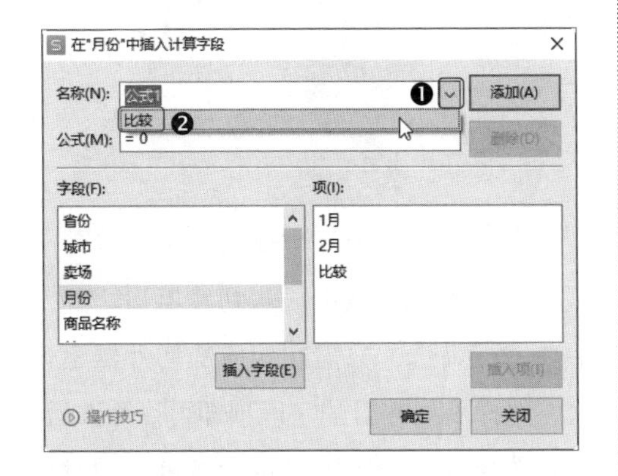

第2步 此时【添加】按钮将变为【修改】，❶ 直接修改公式内容；❷ 单击【确定】按钮保存设置即可，如下图所示。

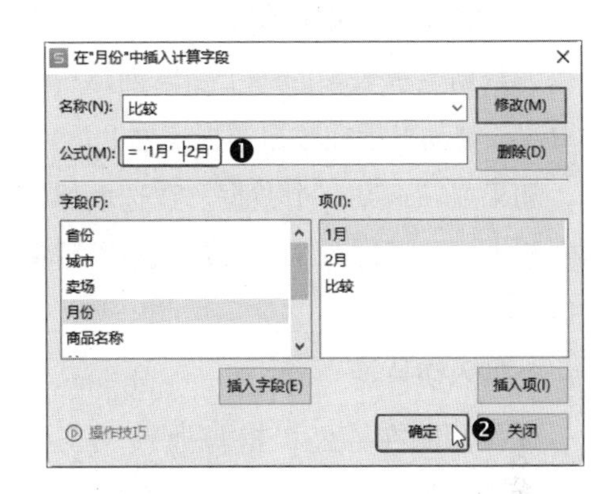

3. 删除自定义计算项

如果不再需要自定义计算项，可以将其删除，操作方法如下。

第1步 接上一例操作，在数据透视表中选中插入字段项的列字段单元格，单击【分析】选项卡中的【字段、项目】下拉按钮，在弹出的下拉菜单中选择【计算项】命令，打开【在“月份”中插入计算字段】对话框，❶ 单击【名称】文本框右侧的下拉按钮 ⌄，在弹出的下拉列表中选择要删除的计算字段；❷ 单击【删除】按钮删除该计算字段；❸ 单击【确定】按钮保存设置即可，如下图所示。

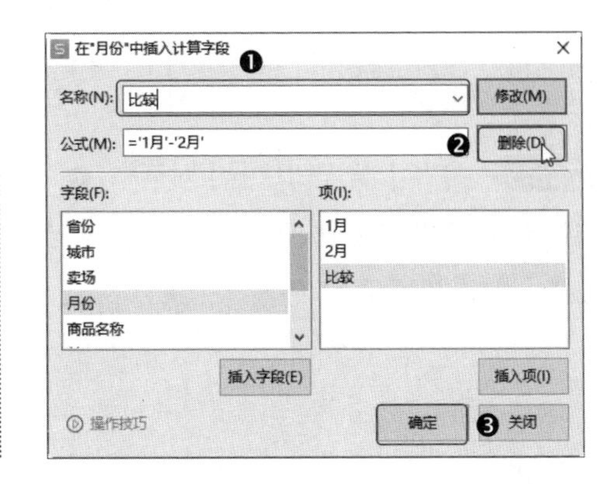

8.3.7 使用切片器分析数据

切片器是一种图形化的筛选方式，它可以为数据透视表中的每个字段创建一个选取器，浮动显示在数据透视表之上。

如果要筛选某一个数据，在选取器中单击某个字段项即可十分直观地查看数据透视表中的信息。

1. 插入切片器

例如，要在“公司销售业绩”工作簿的数据透视表中插入切片器，操作方法如下。

第1步 打开“素材文件\第8章\公司销售业绩2.xlsx”工作簿，❶ 选中数据透视表中任意单元格；❷ 在【分析】选项卡中单击【插入切片器】按钮，如下图所示。

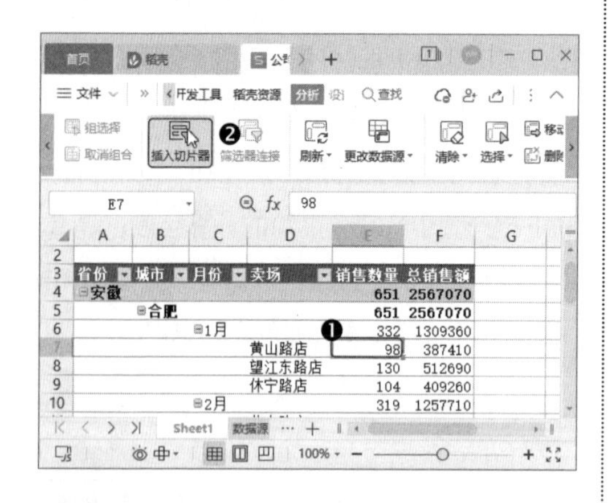

第2步 打开【插入切片器】对话框，❶ 勾选需要的字段名复选框；❷ 单击【确定】按钮，如下图所示。

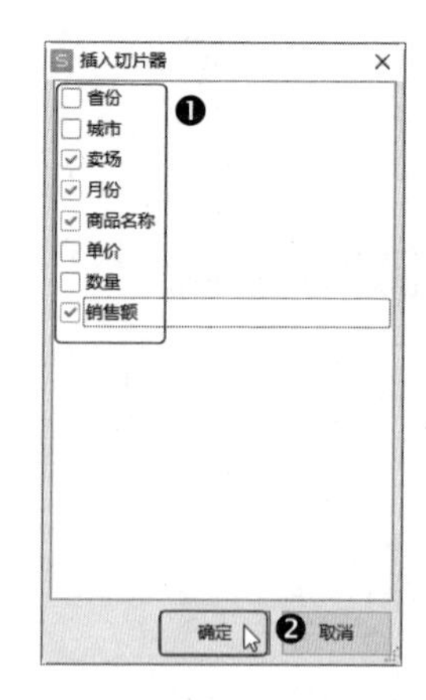

温馨提示

选中数据透视表中任意单元格，在【插入】选项卡中单击【切片器】按钮，弹出【插入切片器】对话框，勾选需要的字段名复选框，单击【确定】按钮，也可以插入切片器。

第3步 返回工作表，即可看到已经插入了切片器，如下图所示。

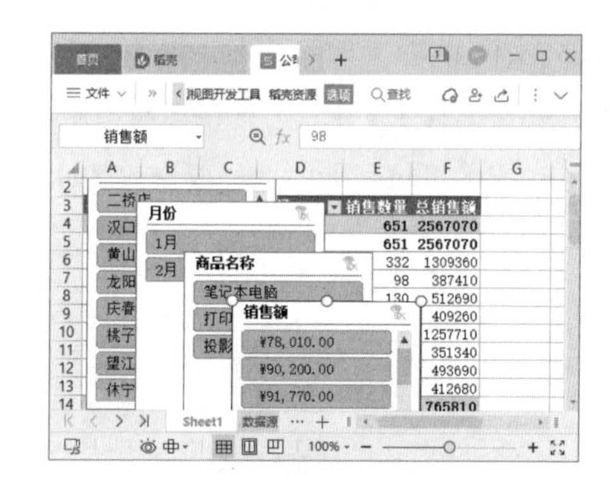

2. 使用切片器分析数据

在数据透视表中插入切片器后，要对字段进行筛选，只需在相应的切片器筛选框内选择需要查看的字段项即可。筛选后，未被选择的字段项将显示为灰色，同时该筛选框右上角的【清除筛选器】按钮呈可单击状态。

例如，要筛选“二桥店 1 月笔记本电脑”的销售情况，操作方法如下。

第1步 接上一例操作，在【卖场】切片器筛选框中单击【二桥店】，其他切片器中将筛选出二桥店的销售情况，如下图所示。

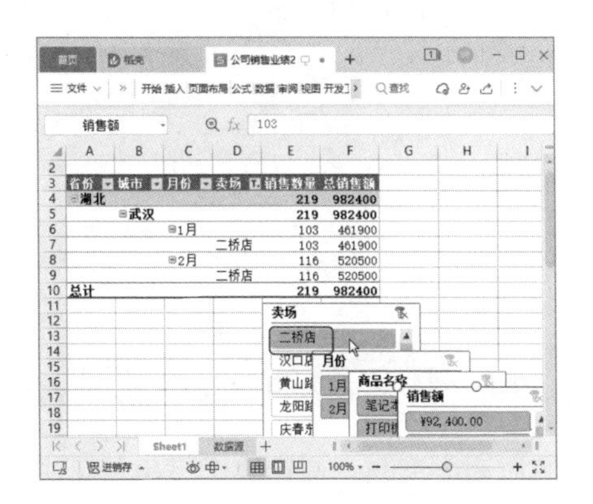

第2步 依次在【月份】切片器筛选框中单击【1 月】，在【商品名称】切片器筛选框中单击【笔记本电脑】，即可筛选出“二桥店 1 月笔记本电脑”的销售情况，如下图所示。

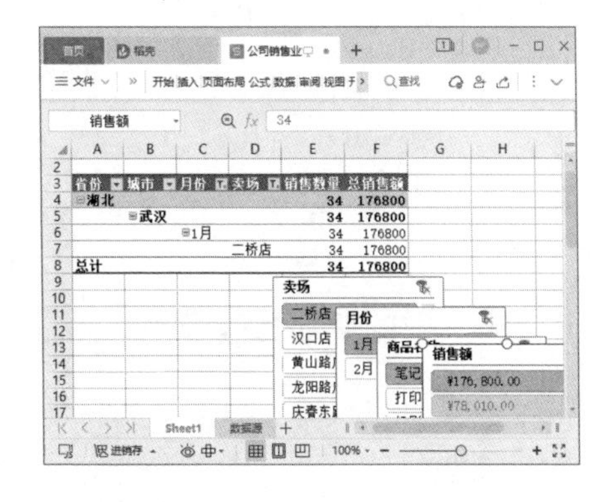

3. 清除筛选器

在切片器中筛选数据后，如果需要清除筛选结果，方法主要有以下几种。

- 选中要清除筛选器的切片器筛选框，按【Alt+C】组合键，即可清除筛选器。
- 单击相应筛选框右上角的【清除筛选器】按钮，如下图所示。

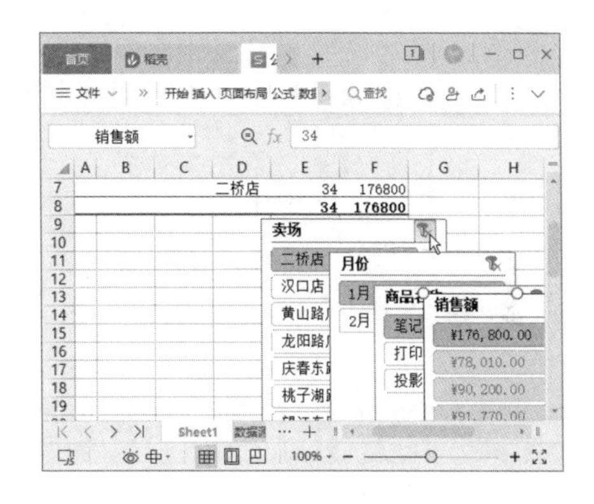

- 使用鼠标右键单击相应的切片器，在弹出的快捷菜单中单击【从“(切片器名称)”中清除筛选器】命令即可。

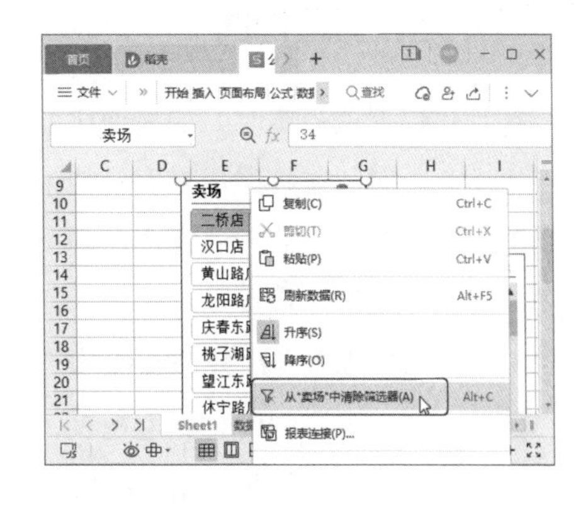

4. 美化切片器

创建切片器之后，可以对切片器进行美化，使用内置样式是最简便的美化方法，操作方法如下。

第1步 接上一例操作，❶ 按住【Ctrl】键选中所有切片器；❷ 在【选项】选项卡中选择一种切片器样式，如下图所示。

第2步 操作完成后，即可为切片器应用内置样式，如下图所示。

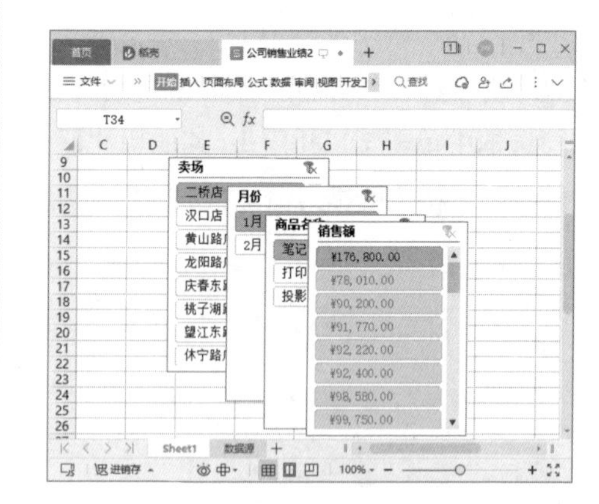

8.4 使用数据透视图

数据透视图是数据透视表的图形表达方式，其图表类型与一般图表类型类似，主要有柱形图、条形图、折线图、饼图、面积图、股价图等。下面将介绍创建数据透视图、在数据透视图中筛选数据、美化数据透视图、把数据透视图移动到图表工作表等操作。

8.4.1 创建数据透视图

在创建数据透视图时，如果使用数据源创建，会一同创建数据透视表；如果是在数据透视表中创建数据透视图，则可以直接将数据透视图显示出来。

1. 使用数据源表创建数据透视图

如果没有为表格创建数据透视表，可以使用数据源表直接创建数据透视图。在创建数据透视图时，系统还会同时创建数据透视表，一举两得，操作方法如下。

第1步 打开“素材文件\第 8 章\产品销售管理系统.xlsx”工作簿，❶ 在【产品销售统计表】工作表中选中数据源表中的任意单元格；❷ 单击【插入】选项卡中的【数据透视图】按钮，如下图所示。

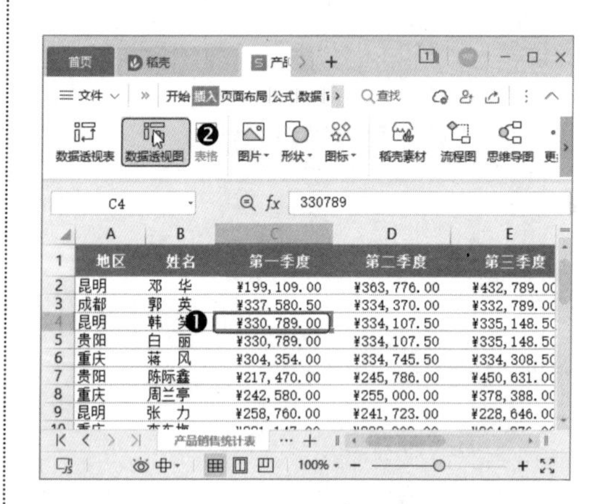

第2步 打开【创建数据透视图】对话

框，保持默认设置，单击【确定】按钮，如下图所示。

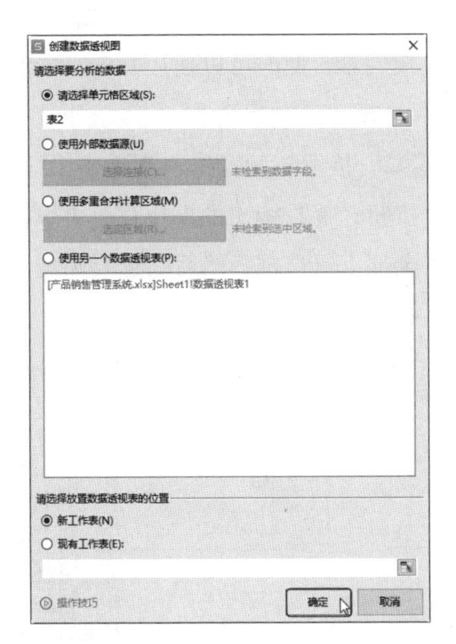

第3步 返回工作表，即可看到创建了一个空白的数据透视图及空白的数据透视表，如下图所示。

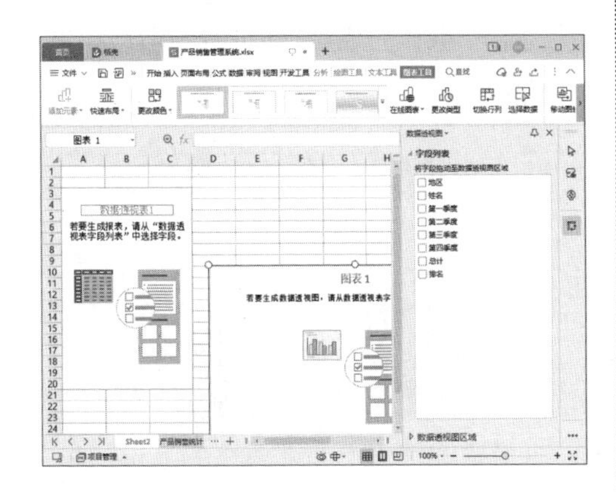

第4步 在【数据透视图】窗格中勾选相应字段，如下图所示。

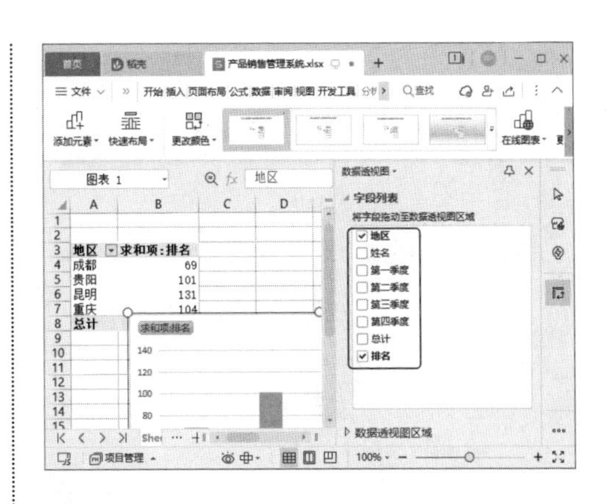

第5步 操作完成后，即可创建出相应的数据透视表和数据透视图，如下图所示。

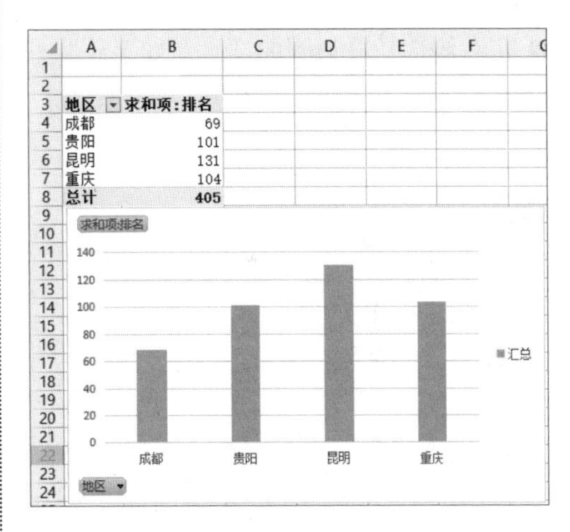

2. 使用数据透视表创建数据透视图

如果已经创建了数据透视表，可以根据数据透视表中的数据来创建数据透视图，操作方法如下。

第1步 打开“素材文件\第 8 章\产品销售管理系统.xlsx”工作簿，❶ 在【Sheet1】工作表中选中数据透视表中任意单元格；❷ 单击【分析】选项卡中的【数据透视图】按钮，如下图所示。

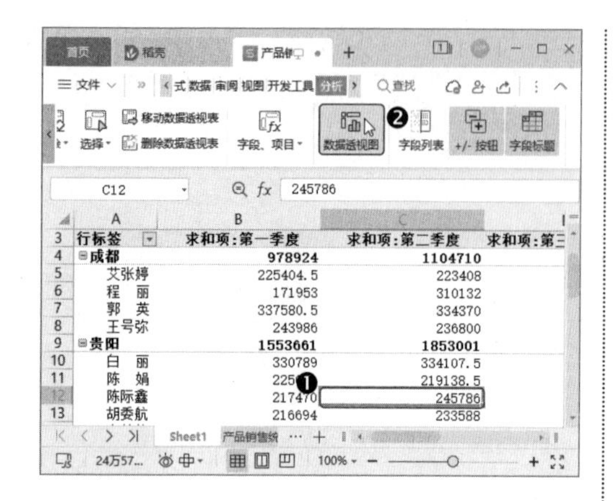

第2步 打开【图表】对话框，❶ 在左侧的列表中选择图表类型，如【柱形图】；❷ 在右侧选择柱形图的样式，如【簇状柱形图】，单击下方的预设图表，如下图所示。

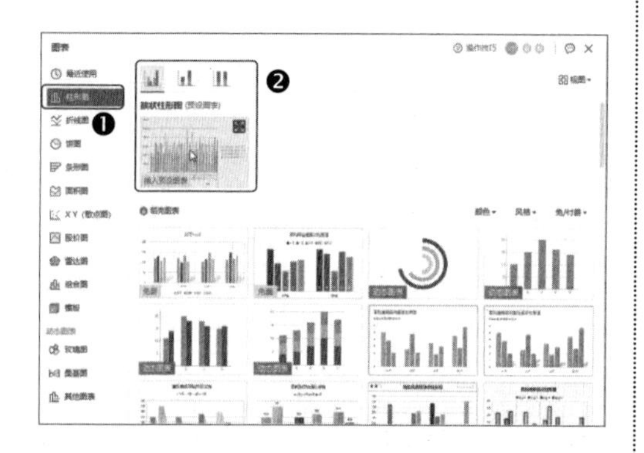

第3步 返回工作表，即可查看创建的数据透视图，如下图所示。

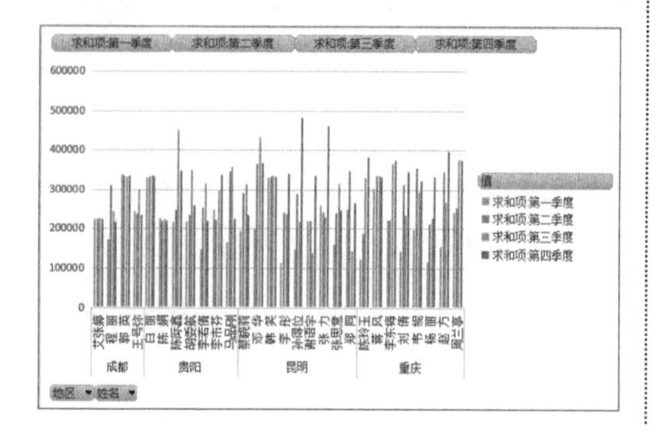

8.4.2 在数据透视图中筛选数据

当数据透视图中数据较多时，查看数据比较困难，此时可以使用筛选功能筛选数据，操作方法如下。

第1步 接上一例操作，❶ 单击【地区】下拉按钮；❷ 在弹出的下拉菜单中取消勾选【全部】复选框，然后勾选要筛选的字段；❸ 单击【确定】按钮，如下图所示。

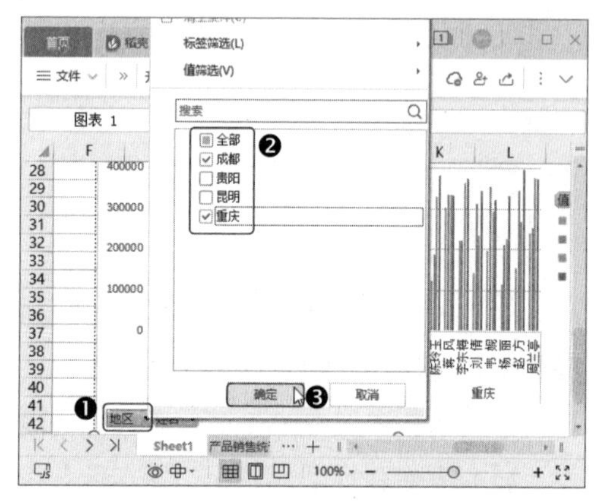

第2步 操作完成后，即可看到筛选结果，如下图所示。

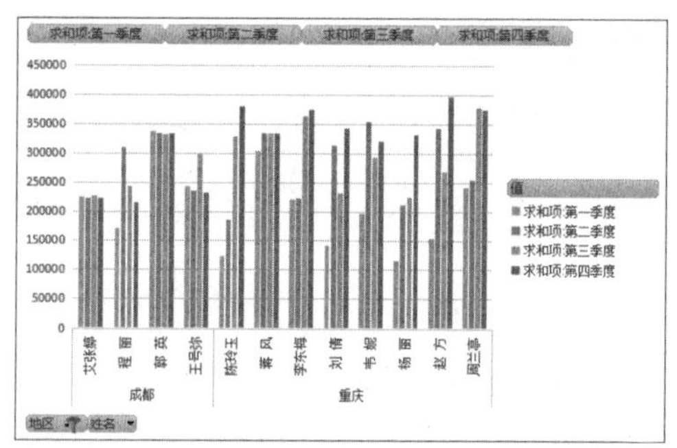

8.4.3 美化数据透视图

美化数据透视图的方法与美化图表的

方法基本相同，此处仅简单介绍使用内置样式美化数据透视图，操作方法如下。

第1步 接上一例操作，❶ 选中数据透视图；❷ 单击【图表工具】选项卡中的【快速布局】下拉按钮；❸ 在弹出的下拉菜单中选择一种布局方式，如【布局 11】，如下图所示。

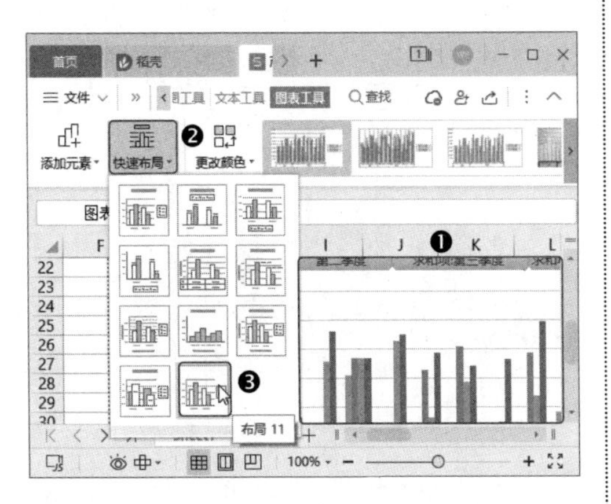

第2步 单击【图表工具】选项卡中的 下拉按钮，如下图所示。

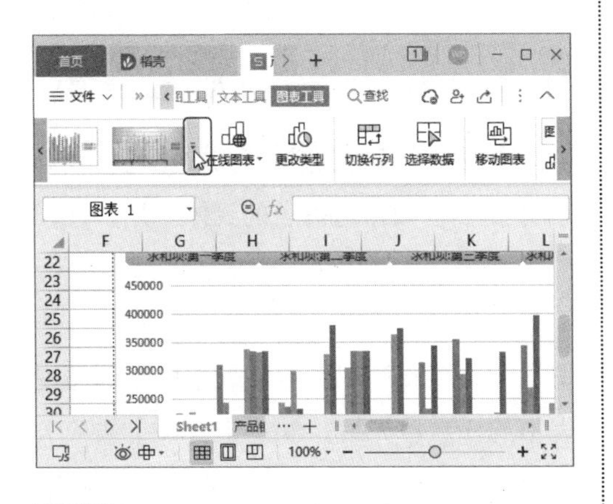

第3步 在弹出的下拉菜单中选择一种图表的内置样式，如下图所示。

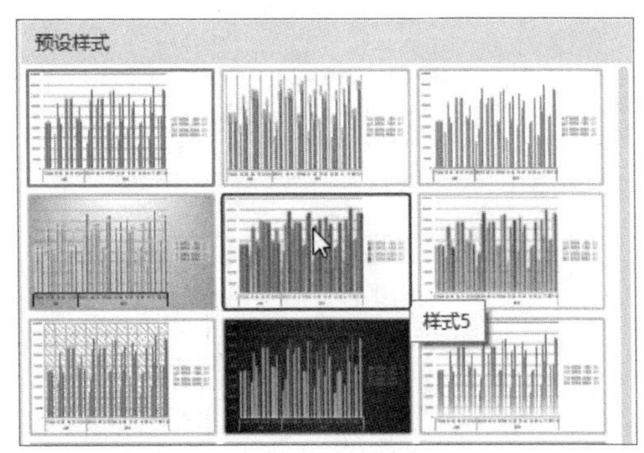

第4步 操作完成后，即可看到数据透视图美化后的效果，如下图所示。

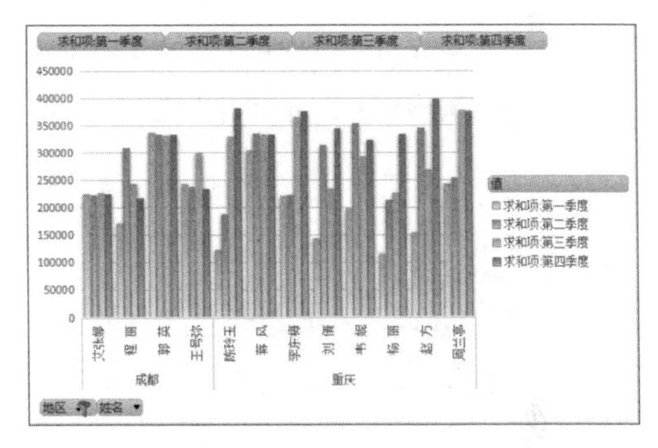

8.4.4 把数据透视图移动到图表工作表

很多场合中并不适合把数据展示出来，如果有单独的图表工作表，不仅方便查看和操作图表，还能保护数据的安全。

如果要把数据透视图移动到图表工作表中，操作方法如下。

第1步 接上一例操作，❶ 选择图表；❷ 单击【图表工具】选项卡中的【移动图表】按钮，如下图所示。

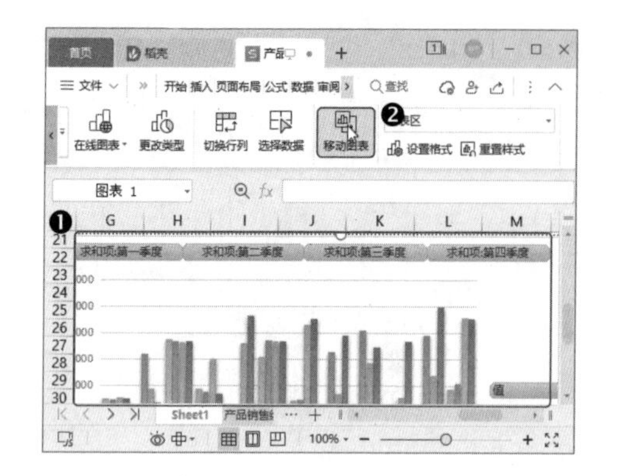

第2步 打开【移动图表】对话框，❶ 选择【新工作表】单选按钮，并在右侧的文本框中输入新工作表的名称（也可以不输入，默认为 Chart1）；❷ 单击【确定】按钮，如下图所示。

第3步 操作完成后，返回工作簿中，即可看到已经新建了一个工作表，数据透视图移动到了新的工作表中，如下图所示。

温馨提示

如果将图表工作表中的数据透视图再次移动到普通工作表中，移动后的图表工作表将会被自动删除。

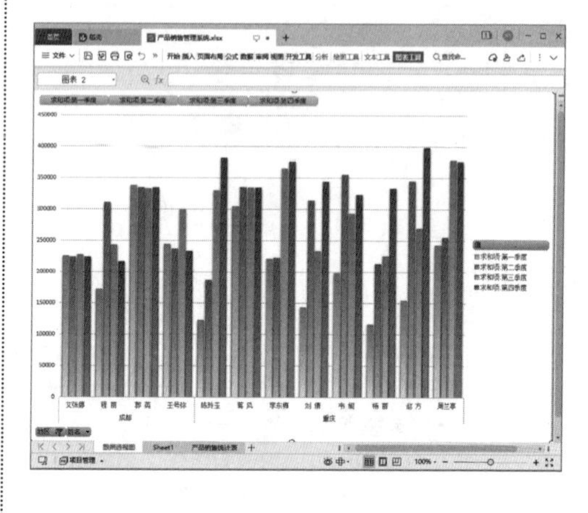

高手支招

通过对前面知识的学习，相信读者朋友已经掌握了使用数据透视图和数据透视表分析数据的相关操作。下面结合本章内容，给读者介绍一些数据透视表的具体应用，让读者在分析数据时更加轻松。

01 在各个项目之间添加空行

创建数据透视表之后，有时为了让层次更加清晰明了，会在各个项目之间添加空行进行分隔，操作方法如下。

第1步 打开“素材文件\第 8 章\年度销量汇总 .xlsx”工作簿，❶ 选中数据透视表中的任意单元格；❷ 在【设计】选项卡中单击【空行】下拉按钮；❸ 在弹出的下拉列表中选择【在每个项目后插入空行】选项，如下图所示。

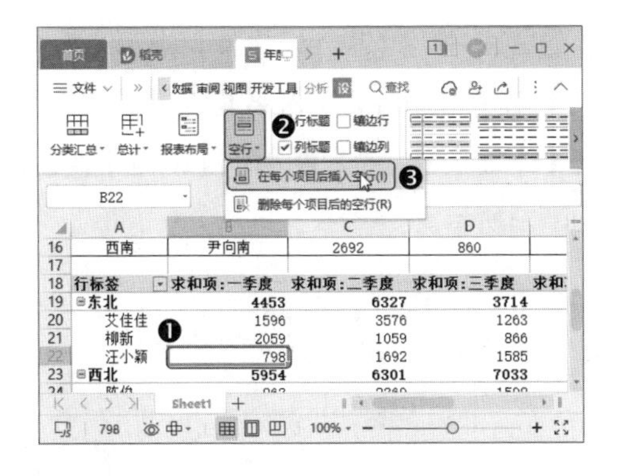

第2步 操作完成后，即可看到每个项目后都插入了一行空行，如下图所示。

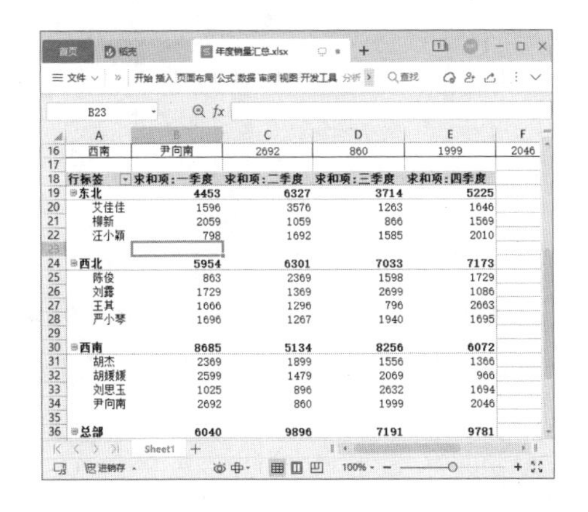

02 让数据透视表中的空白单元格显示为 0

默认情况下，当数据透视表单元格中没有值时会显示为空白，如果希望空白单元格中显示 0，则需要进行设置，操作方法如下。

第1步 打开"素材文件 \ 第 8 章 \ 家电销售情况 .xlsx"工作簿，❶ 在任意数据透视表单元格中右击；❷ 在弹出的快捷菜单中单击【数据透视表选项】命令，如下图所示。

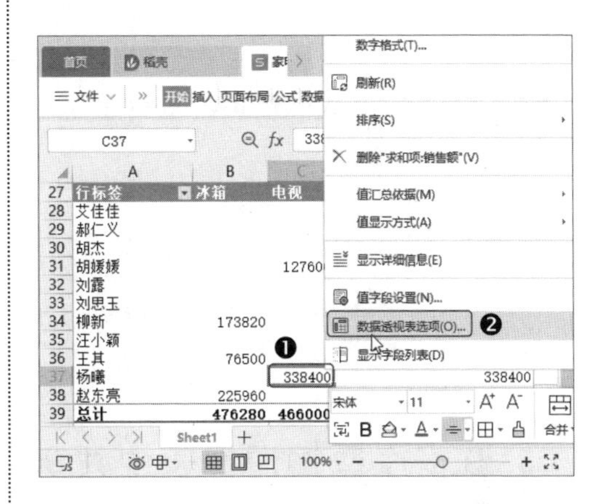

第2步 打开【数据透视表选项】对话框，在【布局和格式】选项卡的【格式】区域中，❶ 勾选【对于空单元格，显示】复选框，在文本框中输入"0"；❷ 单击【确定】按钮，如下图所示。

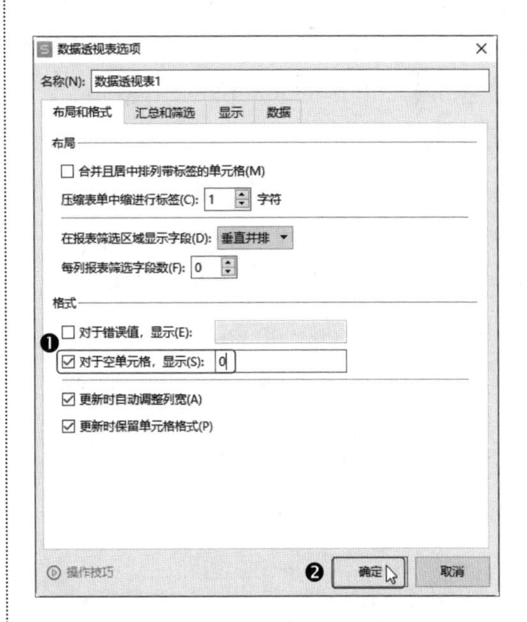

第3步 返回数据透视表，即可看到空单元格中显示 0，如下图所示。

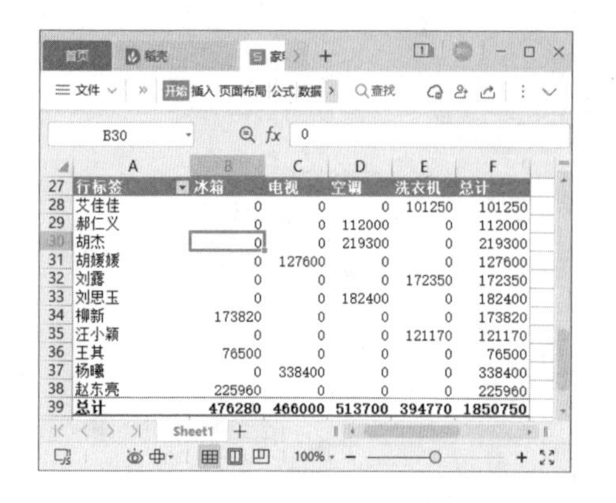

03 在多个数据透视表中共享切片器

在 WPS 表格中，如果根据同一数据源创建了多个数据透视表，可以共享切片器。共享切片器后，在切片器中进行筛选时，多个数据透视表将同时刷新数据，实现多数据透视表联动，以便进行多角度的数据分析，具体操作如下。

第1步 打开“素材文件\第 8 章\零食销售情况 .xlsx”工作簿，❶ 在任意数据透视表中选中任意数据单元格；❷ 在【分析】选项卡中单击【插入切片器】按钮，如下图所示。

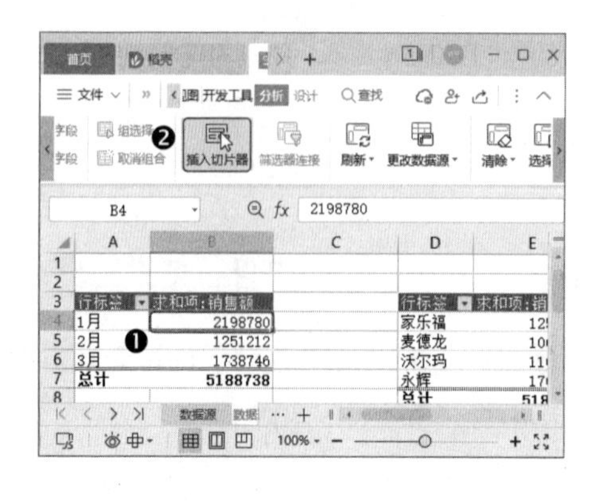

第2步 弹出【插入切片器】对话框，❶ 勾选要创建切片器的字段名复选框，本例勾选【商铺】复选框；❷ 单击【确定】按钮，如下图所示。

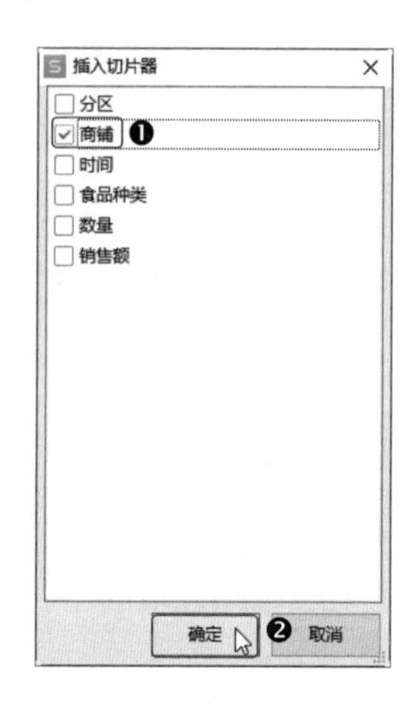

第3步 返回工作表，❶ 选中插入的切片器；❷ 单击【选项】选项卡中的【报表连接】按钮，如下图所示。

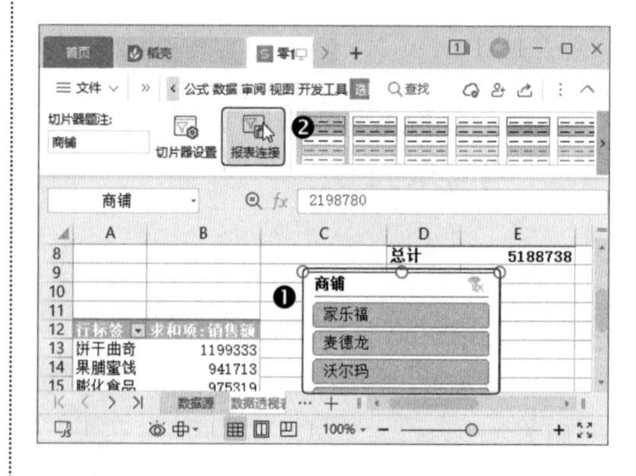

第4步 弹出【数据透视表连接（商铺）】对话框，❶ 勾选要共享切片器的多个数据透视表选项前的复选框；❷ 单击【确定】按钮，如下图所示。

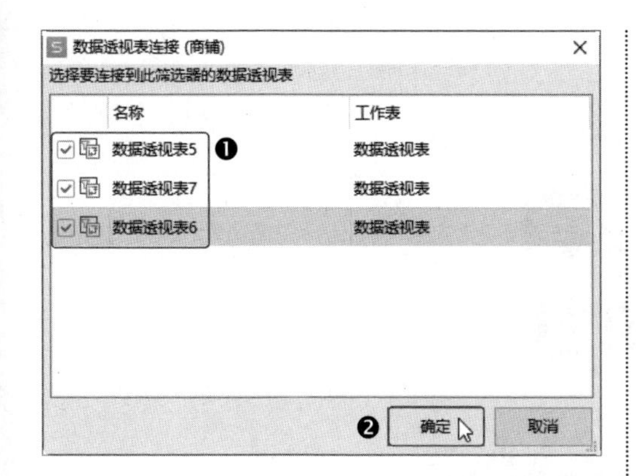

第5步 共享切片器后，在共享切片器中筛选字段时，被连接的多个数据透视表就会同时刷新。例如，在切片器中单击【麦德龙】字段，该工作表中共享切片器的 3 个数据透视表都会同步刷新，如下图所示。

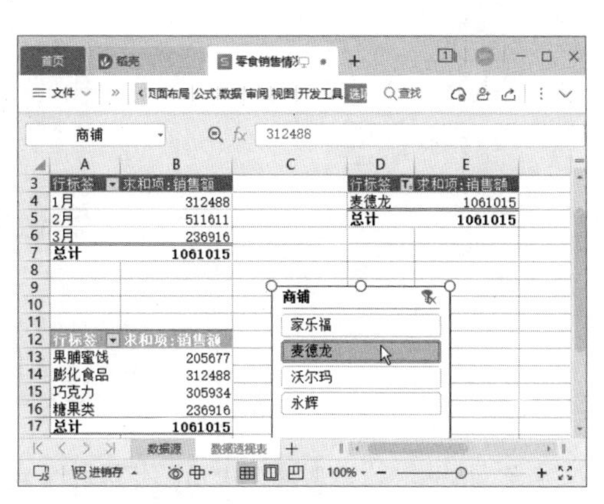

WPS

第9章

高级分析

数据的预算与决算处理

本章导读

在进行数据分析时，经常需要对数据变化情况进行模拟，此时，可以使用单变量求解和规划求解工具来完成。本章将详细介绍使用单变量求解、规划求解和合并计算数据的基本操作。

知识要点

- 使用单变量求解
- 了解规划求解
- 使用规划求解
- 合并计算一张工作表中的数据
- 合并计算多张工作表中的数据

9.1 单变量求解

在分析数据时，有时需要逆向模拟分析问题。当需要解决的问题只有一个时，可以使用单变量求解功能。

9.1.1 使用单变量求解计算加价百分比

单变量求解就是求解具有一个变量的方程，它通过调整可变单元格中的数值，使之按照给定的公式满足目标单元格中的目标值。

例如，在“货品价格分析”工作簿中，公司的新产品进价为 860 元，销售费用为 50 元，要计算销售利润在不同情况下的加价百分比，操作方法如下。

第1步 打开“素材文件 \ 第 9 章 \ 货品价格分析 .xlsx”工作簿，在工作表中选中 B4 单元格，输入公式“=B1*B2-B3”，按【Enter】键确认，如下图所示。

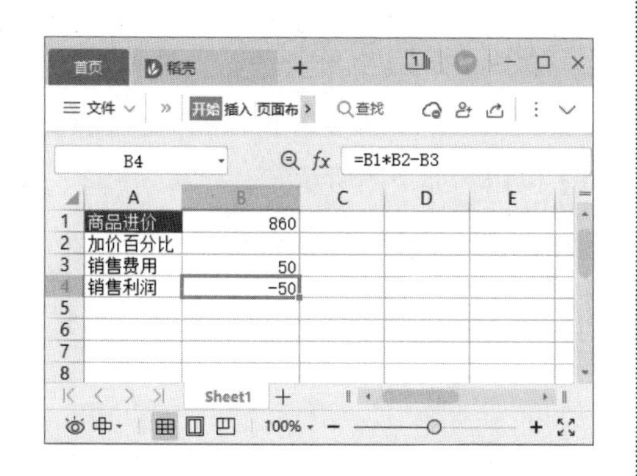

第2步 ❶ 选中 B4 单元格；❷ 单击【数据】选项卡中的【模拟分析】下拉按钮；❸ 在弹出的下拉列表中单击【单变量求解】选项，如下图所示。

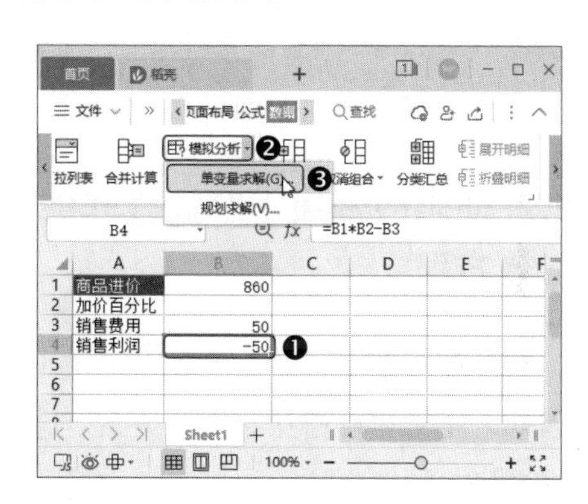

第3步 弹出【单变量求解】对话框，❶ 在【目标值】文本框中输入理想的利润值，本例输入“200”，在【可变单元格】中输入“$B$2”；❷ 单击【确定】按钮，如下图所示。

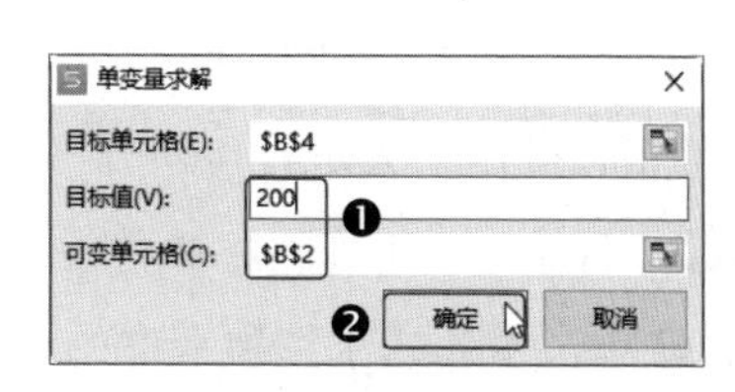

第4步 弹出【单变量求解状态】对话框，单击【确定】按钮，如下图所示。

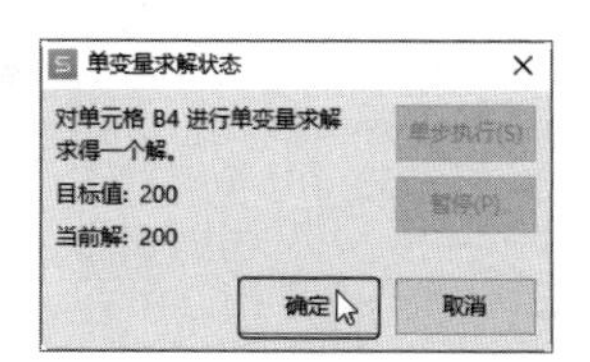

第5步 返回工作表，即可计算出销售利润为 200 元时的加价百分比，如下图所示。

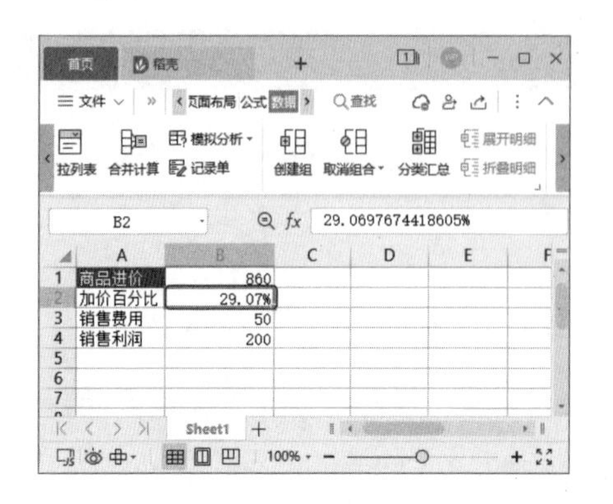

9.1.2 使用单变量求解计算非线性方程

在计算模型中，涉及诸多因素，而这些因素之间又存在相互制约的关系。这些模型类似于数学中的求解反函数问题，即对已有的函数和给定的值反过来求解。

如果在求解方程时遇到这一类问题，就可以使用单变量求解功能，直接求解各种方程。

例如，要解非线性方程“$2x^3-2x^2+5x=12$”的根，操作方法如下。

第1步 新建一个工作簿，❶ 选中 A1 单元格；❷ 单击【公式】选项卡中的【名称管理器】按钮，如下图所示。

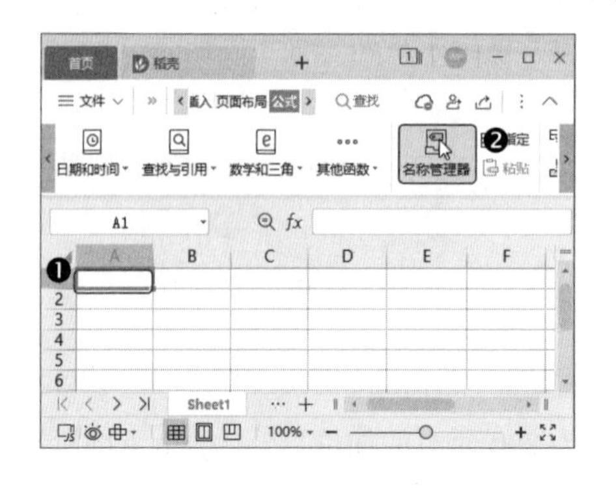

第2步 打开【名称管理器】对话框，单击【新建】按钮，如下图所示。

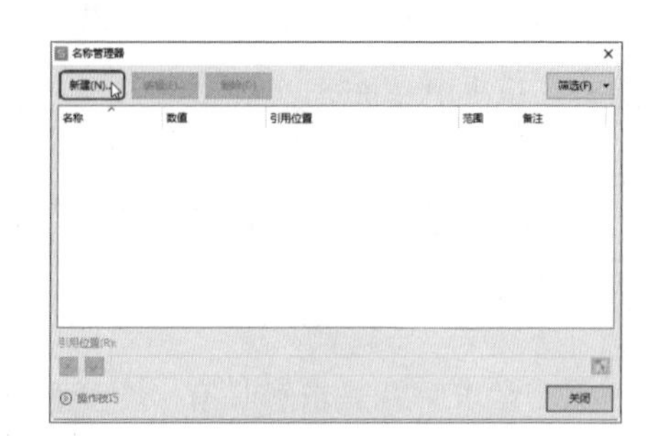

第3步 打开【新建名称】对话框，❶ 在【名称】文本框中输入“X”；❷ 在【引用位置】文本框中自动选择了 A1 单元格；❸ 单击【确定】按钮，如下图所示。

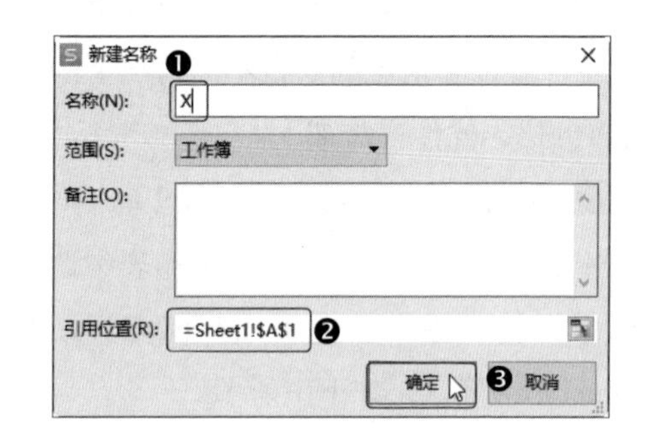

第4步 返回【名称管理器】对话框，可以看到已经成功为单元格命名，单击【关闭】按钮，如下图所示。

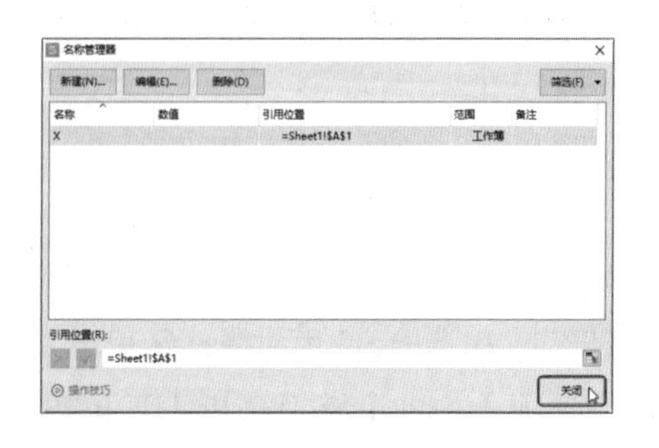

第5步 在 A2 单元格中输入公式“=2

*X^3-2*X^2+5*X-12”。此时 A1 单元格的值为空，X 值按 0 来计算，因此 A2 单元格的值为“-12”，如下图所示。

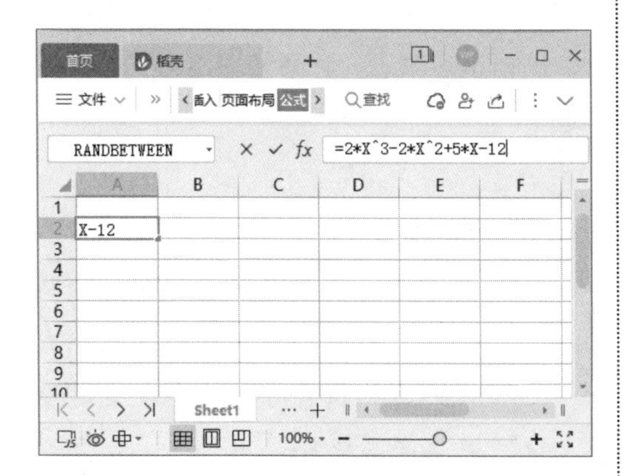

第6步 ❶ 选中 A2 单元格；❷ 单击【数据】选项卡中的【模拟分析】下拉按钮；❸ 在弹出的下拉菜单中选择【单变量求解】选项，如下图所示。

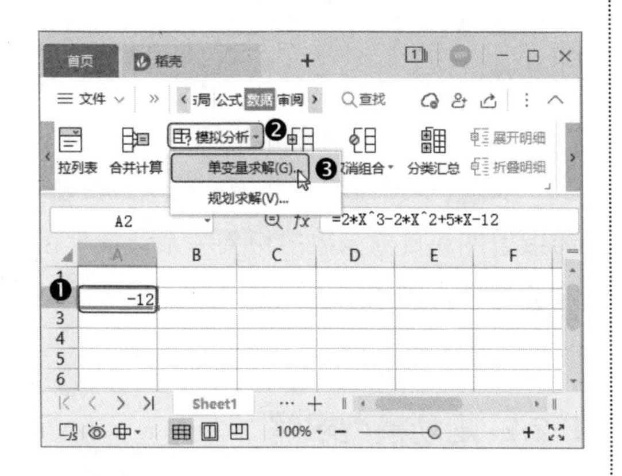

第7步 打开【单变量求解】对话框，❶ 目标单元格默认选择了 A2，设置【目标值】为“0”，【可变单元格】为“$A$1”；❷ 单击【确定】按钮，如下图所示。

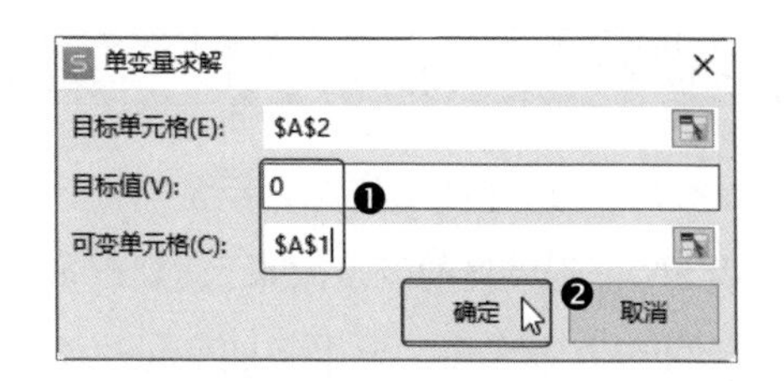

第8步 打开【单变量求解状态】对话框，显示已经求得的一个解，单击【确定】按钮，如下图所示。

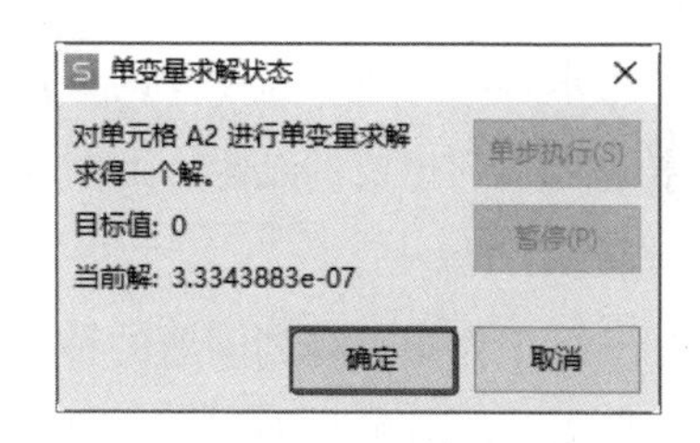

第9步 此时，A1 单元格中显示的是求得的方程的一个根，如下图所示。

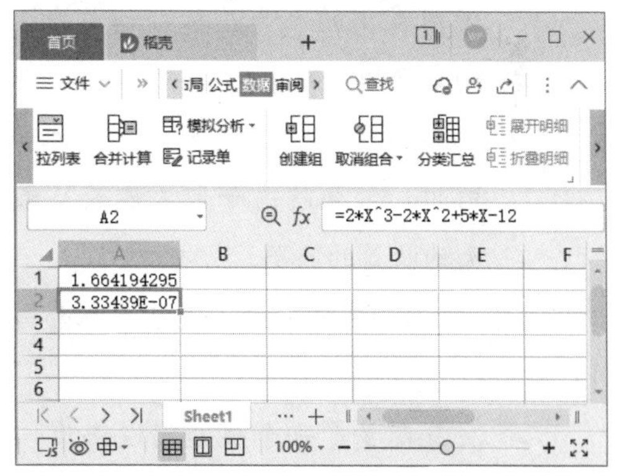

温馨提示

部分非线性方程也许并不止一个根，但在使用单变量求解时每次只能计算出其中的一个根。如果尝试修改可变单元格的初始值，将有可能计算得到其他的根。

9.2 数据的规划求解

为了合理地利用资源，经常需要计算如何调配资源，利用有限的人力、物力、财力等资源，得到最佳的经济效果，达到产量最高、利润最大、成本最小、资源消耗最少的目标。由于可选方案太多，要求解的变量也不止一个，用模拟运算表、方案管理器都没有办法得到准确的答案，此时，可以使用规划求解工具。

9.2.1 了解规划求解

当要求解的变量不止一个时，使用单变量求解得不到想要的结果，此时可以使用规划求解工具。

在实际工作中，规划问题的种类有很多，而根据其所要解决的问题，可以分为以下两种。

- 确认了某个目标，需要解决如何使用最少的人力、物力和财力达到目标的问题。
- 已经确认了一定的人力、物力和财力，需要解决如何才能获得最大的收益的问题。

而从数学的角度来讲，规划问题都有以下特点。

- 决策变量：每个规划问题都有一组需要求解的未知数，称为决策变量，这组决策变量的一组确定值就是一个具体的规划方案。
- 约束条件：对于规划问题的决策变量，都有一定的限制条件，称为约束条件，约束条件可以用与决策变量有关的不等式或等式来表示。
- 目标：每个规划问题都有一个明确的目标，如增加利润或减少成本。目标通常可以用与决策变量有关的函数表示。

解决规划问题时，首先需要将实际问题数学化、模型化，也就是将实际问题通过一组决策变量、一组用不等式或等式表示的约束条件，以及目标函数来表示。

在 WPS 表格中，这些变量、等式、函数都可以利用单元格中的数值、公式及规划求解工具中的参数来构成。

所以，只要能在工作表中将决策变量、约束条件和目标函数的相关关系清晰地用有关的公式描述清楚，就可以方便地应用规划求解工具求解了。

9.2.2 规划模型求解

规划问题的种类很多，但大致可以分为两类：第一类是确定任务，如何完成；第二类是拥有物资，如何获得最大利润，下面以解决第二类问题为例，介绍规划模型求解的方法。

例如，企业需要生产甲和乙两种产品，其中生产一件产品甲需要成本 1 为 3kg、成本 2 为 2kg、成本 3 为 4kg，生产一件产品乙需要成本 1 为 2kg、成本 2 为 5kg、成本 3 为 4kg，现在已知每天成本的使用限额是成本 1 为 157kg，成本 2 为 212kg，成本 3 为 260kg。根据预测产品甲可以获利 1.5 万元，产品乙可以获利 2.1 万元。

现在我们要做的，就是规划如何生产，才能使用有限的成本获得最大的利润。

1. 建立工作表

规划求解的第一步，是将规划模型相关的数据及用公式表示的关联关系输入工作表中。例如，要在“规划求解”工作簿中建立工作表，具体操作方法如下。

第1步 打开“素材文件 \ 第 9 章 \ 规划求解 .xlsx”工作簿，在工作表中输入相关数据，生产数量暂时设置为 60 件和 40 件，B5 单元格中为成本 1 的消耗总量，其计算公式为“=B3*$E3+B4*$E4”，如下图所示。

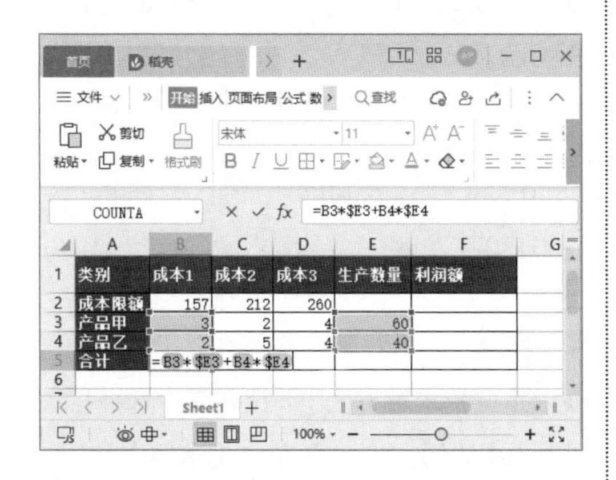

第2步 按【Enter】键得到成本 1 的消耗总量，然后将公式填充到 C5:D5 单元格区域，如下图所示。

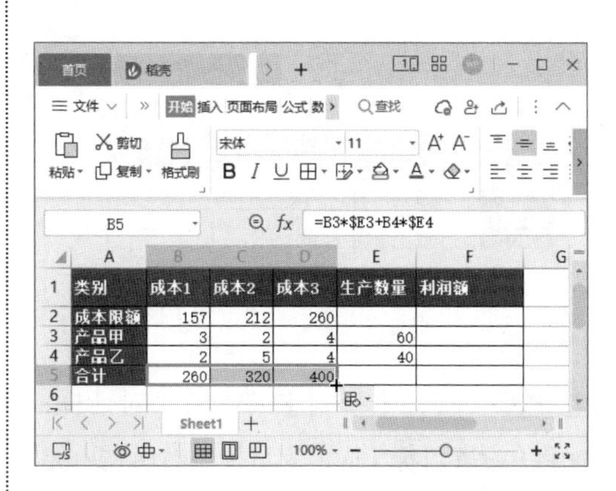

第3步 F2 单元格中为计算利润额的目标函数，其计算公式为“=E3*1.5+E4*2.1”，如下图所示。

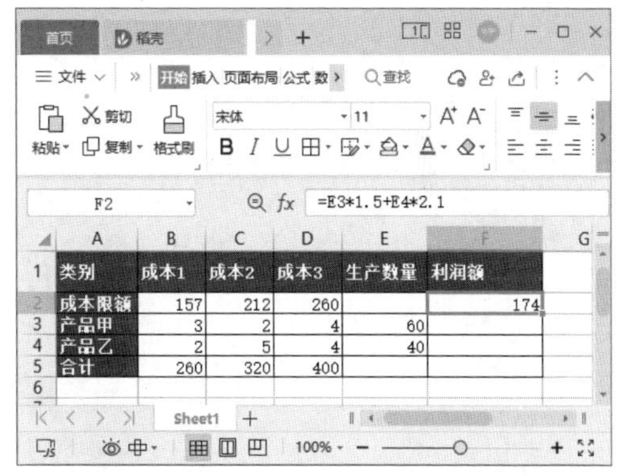

2. 规划求解

工作表制作完成后，就可以开始使用规划求解工具了，操作方法如下。

第1步 接上一例操作，❶ 单击【数据】选项卡中的【模拟分析】下拉按钮；❷ 在弹出的下拉菜单中单击【规划求解】命令，如下图所示。

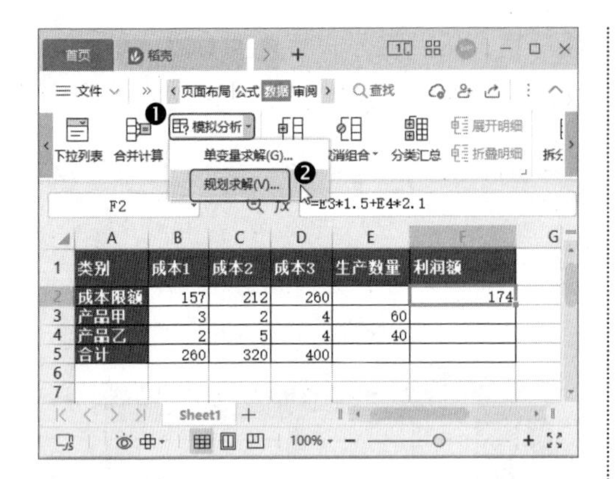

第2步 打开【规划求解参数】对话框，❶ 将【设置目标】指定为目标函数所在单元格 F2；❷ 选择【最大值】单选按钮；❸ 在【通过更改可变单元格】文本框中选择 E3:E4 单元格区域；❹ 单击【添加】按钮，如下图所示。

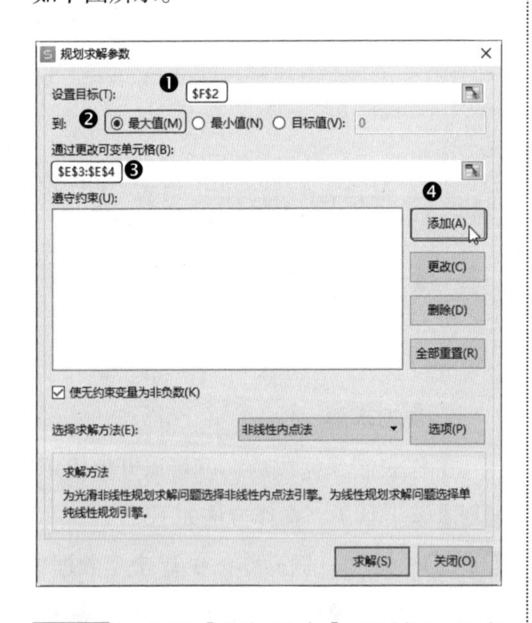

第3步 打开【添加约束】对话框，❶ 在【单元格引用】文本框中设置“成本 1”所在单元格 B5，在【约束】文本框中选择“成本 1”限额所在单元格 B2；❷ 单击【添加】按钮，如下图所示。

第4步 继续在【添加约束】对话框中引用单元格。❶ 在【单元格引用】文本框中设置“成本 2”所在单元格 C5，在【约束】文本框中选择“成本 2”限额所在单元格 C2；❷ 单击【添加】按钮，如下图所示。

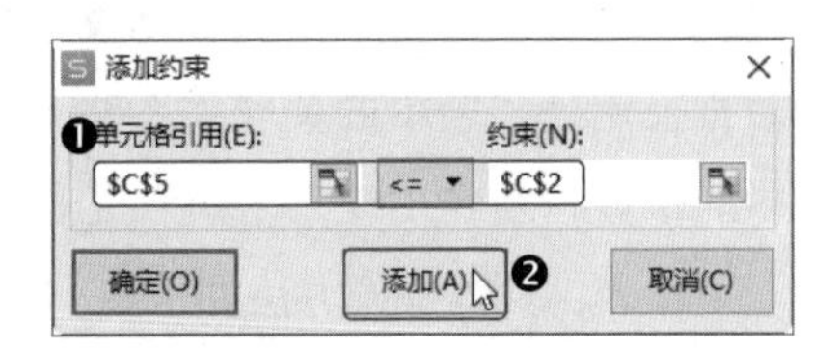

第5步 继续在【添加约束】对话框中引用单元格。❶ 在【单元格引用】文本框中设置“成本 3”所在单元格 D5，在【约束】文本框中选择“成本 3”限额所在单元格 D2；❷ 单击【确定】按钮，如下图所示。

第6步 返回【规划求解参数】对话框，❶ 在【选择求解方法】下拉列表中选择【单纯线性规划】选项；❷ 单击【求解】按钮，如下图所示。

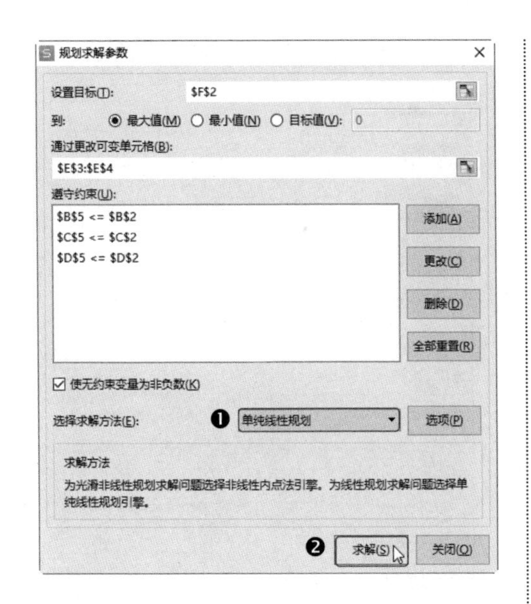

第7步 WPS 表格开始计算，求解完成后弹出【规划求解结果】对话框，可以看到规划求解工具已经找到一个可满足所有约束的最优解。❶ 选择【保留规划求解的解】单选按钮；❷ 在【报告】栏选择【运算结果报告】【敏感性报告】和【极限值报告】选项；❸ 单击【确定】按钮，如下图所示。

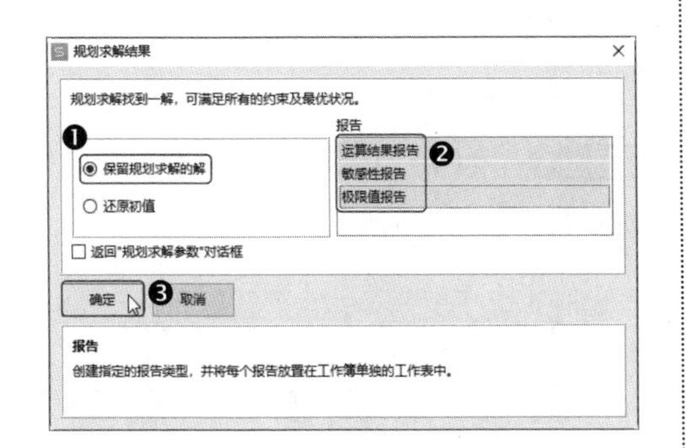

第8步 返回工作表中，即可看到最佳生产数量为每天生产 33 件产品甲，29 件产品乙，而不能达到之前随意设置的生产数量，如下图所示。

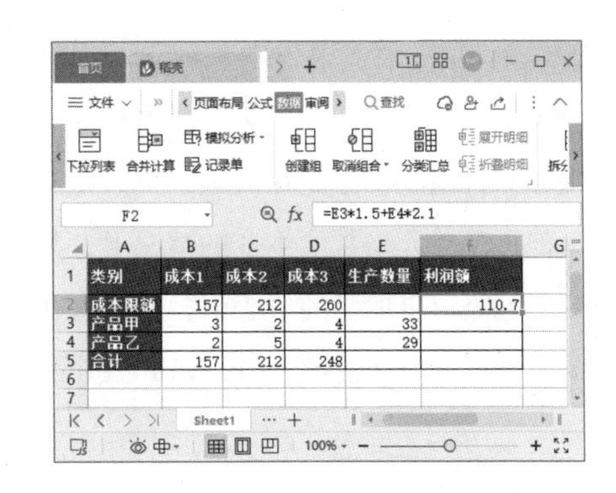

第9步 在运算结果报告中，列出了目标单元格和可变单元格，以及它们的初始值、最终结果、约束条件和有关约束条件等相关信息，如下图所示。

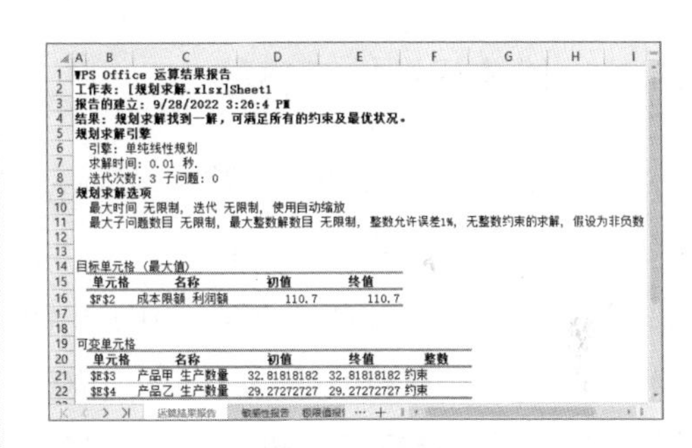

第10步 在敏感性报告中，在【规划求解参数】对话框的【目标单元格】编辑框中指定公式的微小变化，以及约束条件的微小变化，对求解结果都会有一定影响。这个报告提供关于求解对这些微小变化的敏感性信息，如下图所示。

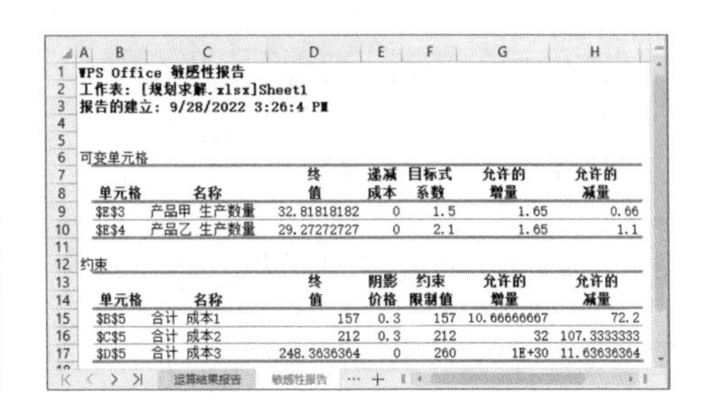

第11步 在极限值报告中，列出了目标单元格和可变单元格，以及它们的数值、上下限和目标值。下限是在满足约束条件和保持其他可变单元格数值不变的情况下，某个可变单元格可以取到的最小值；上限是在这种情况下可以取到的最大值，如下图所示。

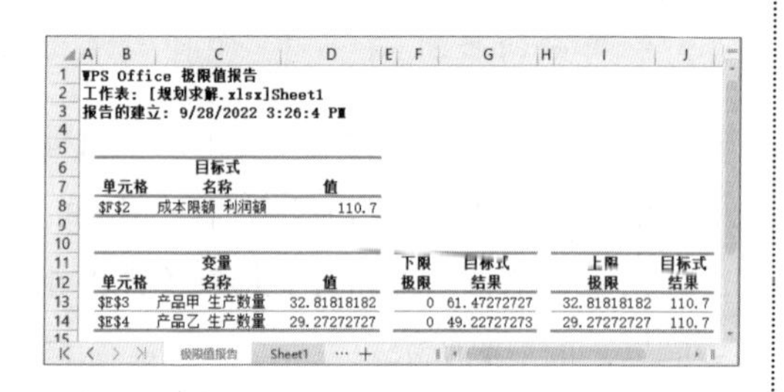

WPS Office 极限值报告
工作表：[规划求解.xlsx]Sheet1
报告的建立：9/28/2022 3:26:4 PM

单元格	目标式 名称	值
$F$2	成本限额 利润额	110.7

单元格	变量 名称	值	下限 极限	目标式 结果	上限 极限	目标式 结果
$E$3	产品甲 生产数量	32.81818182	0	61.47272727	32.81818182	110.7
$E$4	产品乙 生产数量	29.27272727	0	49.22727273	29.27272727	110.7

9.2.3 修改规划求解参数

如果要修改规划求解参数，直接修改约束条件即可，操作方法如下。

第1步 接上一例操作，修改工作表中的成本 3 的限额，❶ 将 D2 单元格中的“260”更改为“180”；❷ 单击【数据】选项卡中的【模拟分析】下拉按钮；❸ 在弹出的下拉菜单中单击【规划求解】命令，如下图所示。

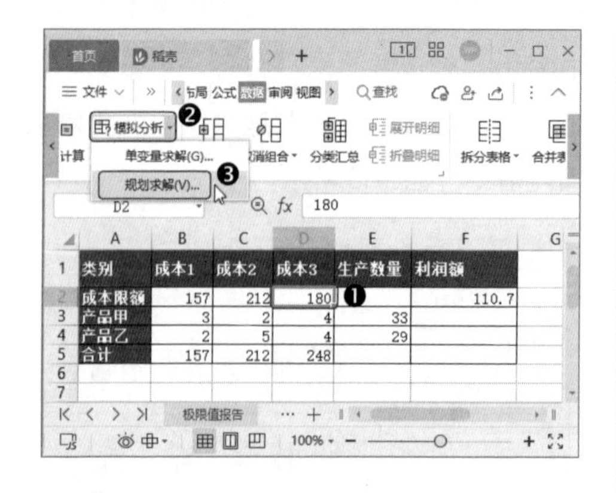

	A	B	C	D	E	F
1	类别	成本1	成本2	成本3	生产数量	利润额
2	成本限额	157	212	180		110.7
3	产品甲	3	2	4	33	
4	产品乙	2	5	4	29	
5	合计	157	212	248		

第2步 打开【规划求解参数】对话框，直接单击【求解】按钮，如下图所示。

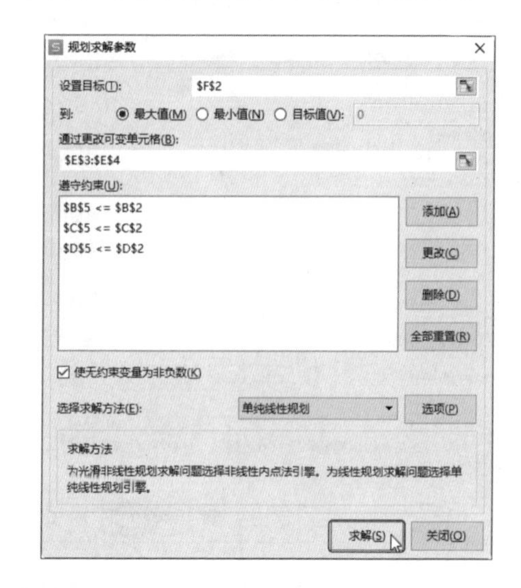

第3步 在打开的【规划求解结果】对话框中直接单击【确定】按钮，如下图所示。

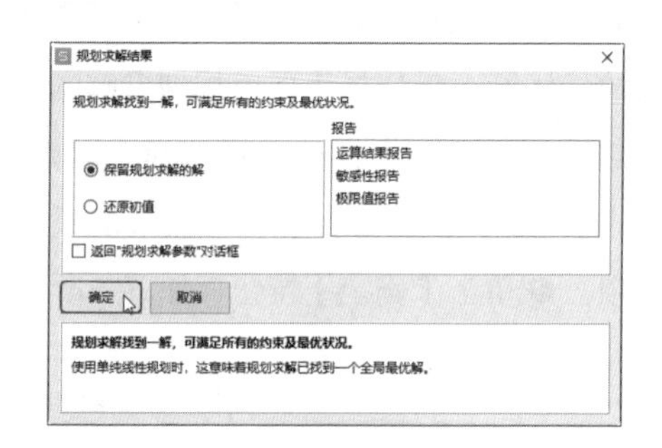

第4步 返回工作表中，即可看到新的规划方案，如下图所示。

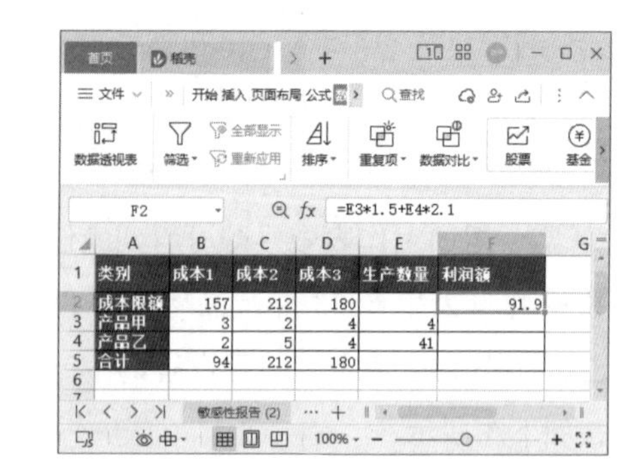

	A	B	C	D	E	F
1	类别	成本1	成本2	成本3	生产数量	利润额
2	成本限额	157	212	180		91.9
3	产品甲	3	2	4	4	
4	产品乙	2	5	4	41	
5	合计	94	212	180		

9.3 数据的合并计算

在日常工作中，经常需要将具有相似结构或内容的多个表格进行合并汇总，此时，可以使用 WPS 表格中的合并计算功能。合并计算将多个相似格式的工作表或数据区域，按指定的方式进行自动匹配计算。合并计算的数据源可以是同一工作表中的数据，也可以是同一工作簿中不同工作表中的数据。

9.3.1 对同一张工作表中的数据进行合并计算

如果所有数据在同一张工作表中，则可以在同一张工作表中进行合并计算。

例如，要对“家电销售汇总”工作表数据进行合并计算，操作方法如下。

第1步 打开“素材文件 \ 第 9 章 \ 家电销售汇总 .xlsx”工作簿，❶ 选中汇总数据要存放的起始单元格；❷ 单击【数据】选项卡中的【合并计算】按钮，如下图所示。

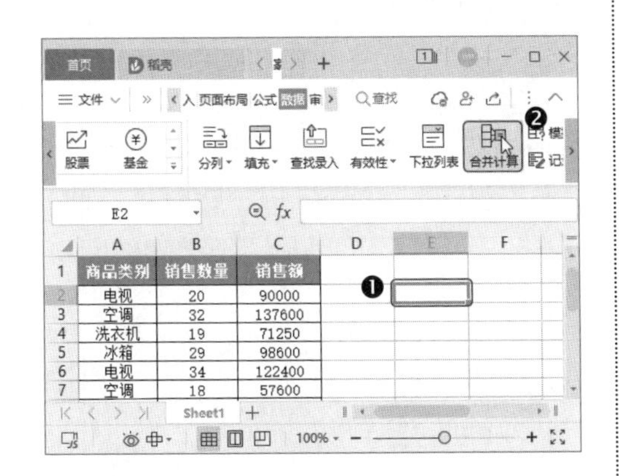

第2步 打开【合并计算】对话框，❶ 在【函数】下拉列表中选择汇总方式，如【求和】；❷ 单击【引用位置】参数框右侧的按钮，如下图所示。

第3步 ❶ 在工作表中拖曳鼠标选择参与计算的数据区域；❷ 单击【合并计算 - 引用位置】窗口中的按钮，如下图所示。

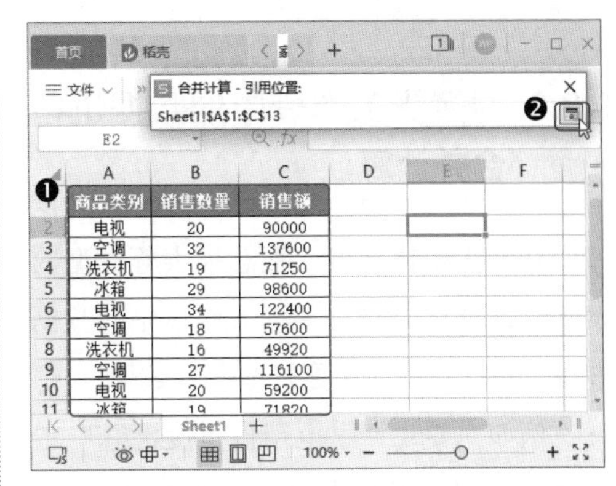

第4步 返回【合并计算】对话框，❶ 在【标签位置】栏中勾选【首行】和【最左列】复选框；❷ 单击【确定】按钮，如下图所示。

第5步 返回工作表即可查看合并计算后的数据，如下图所示。

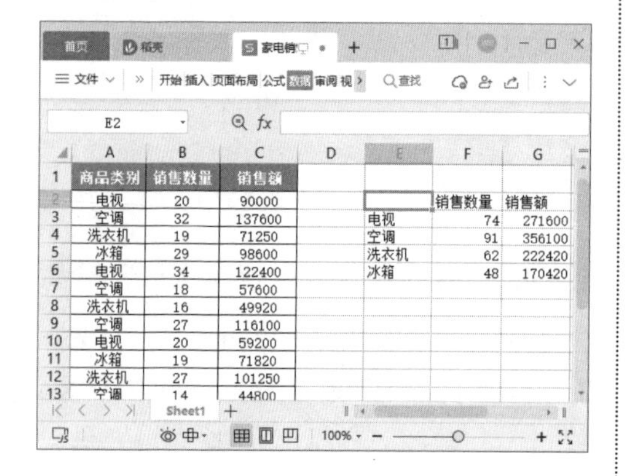

9.3.2 对多张工作表中的数据进行合并计算

在制作销售报表、汇总报表等类型的表格时，经常需要对多张工作表中的数据进行合并计算，以便更好地查看数据。

例如，要对“家电销售年度汇总”工作簿中的多张工作表数据进行合并计算，操作方法如下。

第1步 打开“素材文件\第 9 章\家电销售年度汇总 .xlsx”工作簿，❶ 选择要存放结果的工作表，选中汇总数据要存放的起始单元格，本例选择“家电年度汇总”工作表中的 A2 单元格；❷ 单击【数据】选项卡中的【合并计算】按钮，如下图所示。

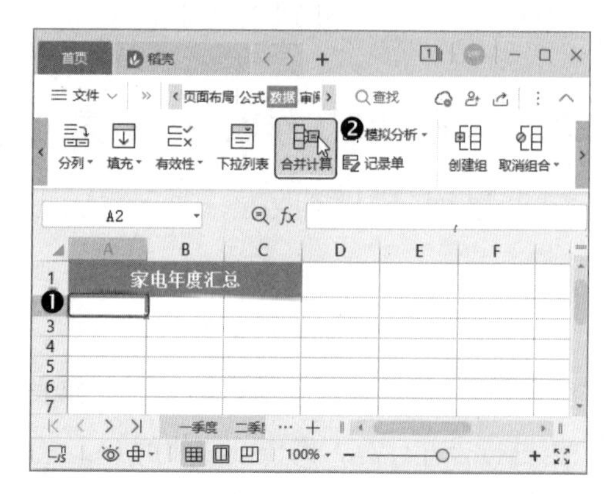

第2步 打开【合并计算】对话框，❶ 在【函数】下拉列表中选择汇总方式，如【求和】；❷ 单击【引用位置】参数框右侧的按钮，如下图所示。

第3步 ❶ 在“一季度”工作表中选择 A1:C6 单元格区域；❷ 单击【合并计算 - 引用位置】窗口中的按钮，如下图

所示。

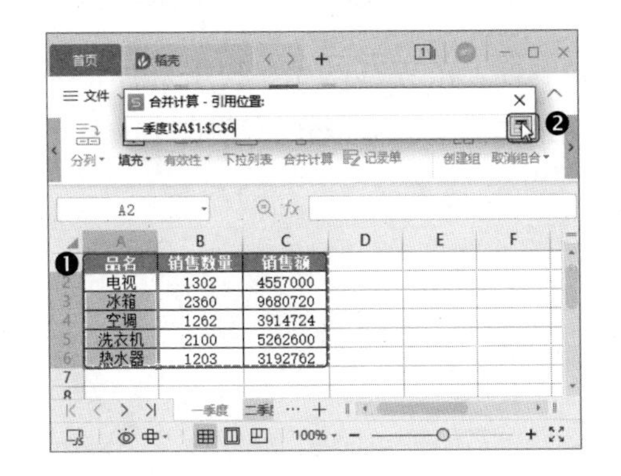

第4步 返回【合并计算】对话框，❶ 单击【添加】按钮，将选择的数据区域添加到【所有引用位置】列表框中；❷ 单击【引用位置】参数框右侧的按钮，如下图所示。

第5步 ❶ 在“二季度”工作表中选择 A1:C6 单元格区域；❷ 单击【合并计算 - 引用位置】窗口中的按钮，如下图所示。

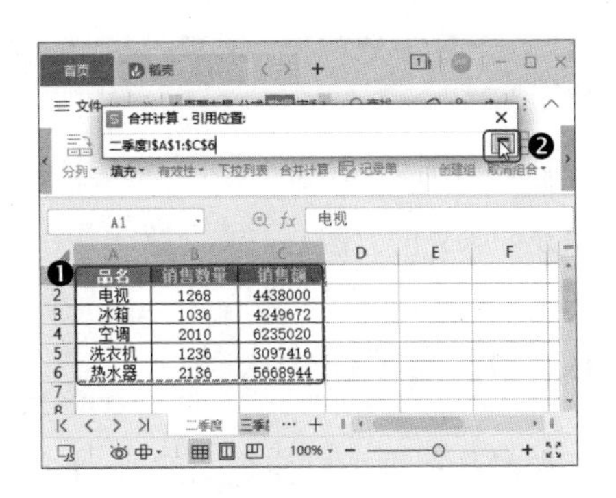

第6步 ❶ 使用相同的方法，添加其他需要参与计算的数据区域；❷ 在【标签位置】区域中勾选【首行】和【最左列】复选框；❸ 单击【确定】按钮，如下图所示。

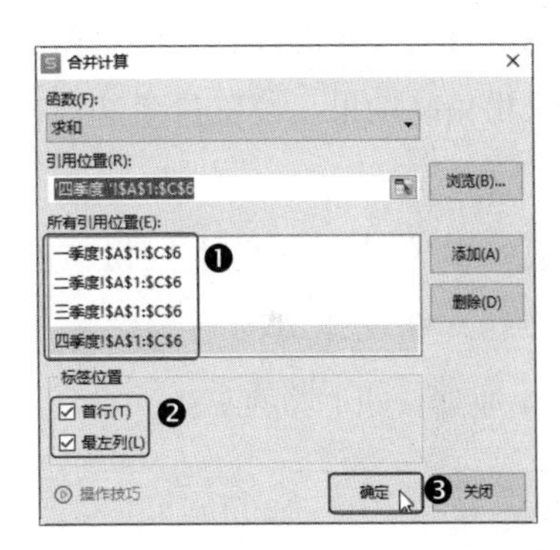

第7步 返回工作表即可查看合并计算后的数据，如下图所示。

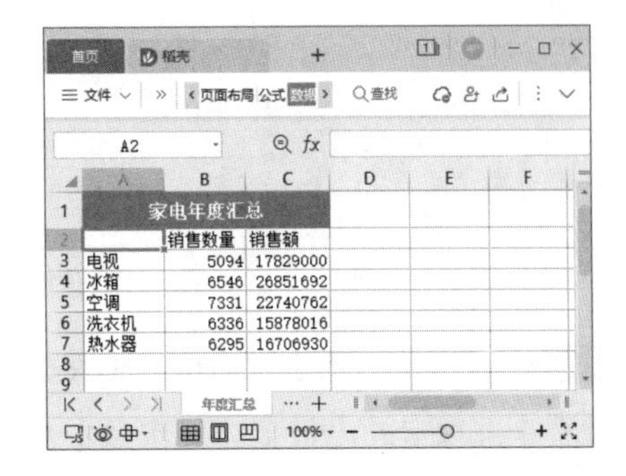

高手支招

通过对前面知识的学习，相信读者朋友已经掌握了在 WPS 表格中使用数据工具进行预算和决算的方法，下面介绍一些在工作中常用的技巧，让数据分析更加容易。

01 更改最多迭代次数

在对数据进行单变量求解时，【单变量求解】对话框中会动态显示在进行第 *N* 次迭代计算。而单变量求解也是由反复的迭代计算来得到最终的结果。通过更改 WPS 表格允许的最多迭代次数，可以使每次求解进行更多次的计算，以获得更多的机会求出精确结果。设置最多迭代次数的操作方法如下。

第1步 ❶ 单击【文件】按钮右侧的下三角按钮；❷ 在弹出的下拉菜单中选择【选项】命令，如下图所示。

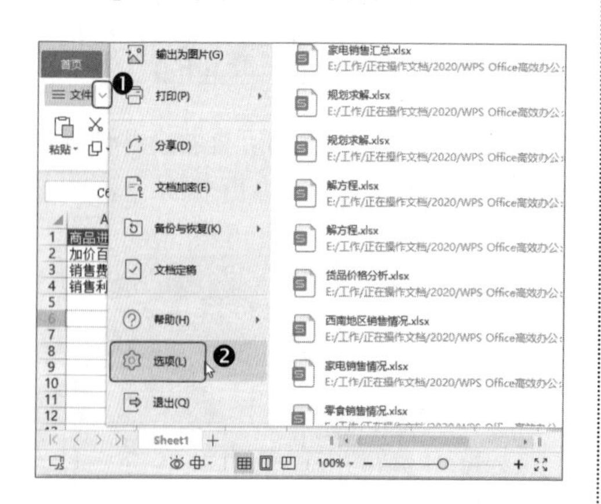

第2步 打开【选项】对话框，❶ 在【重新计算】选项卡的【最多迭代次数】文本框中输入需要的迭代次数；❷ 单击【确定】按钮即可，如下图所示。

02 在多个工作表中筛选不重复编号

在分析数据时，经常需要将多个表格中的不重复内容提取出来，如果逐一核对筛选，不仅耗时较长，还容易发生错漏。此时可以使用合并计算功能，快速完成筛选工作。

例如，在“货品编号”工作簿中，分别在几个工作表中记录了货品编号，现在要筛选出不重复的编号，操作方法如下。

第1步 打开“素材文件\第 9 章\货品编号 .xlsx”工作簿，在工作表“1”“2”“3”的 B2 单元格中输入任意数值，如“0”，如下图所示。

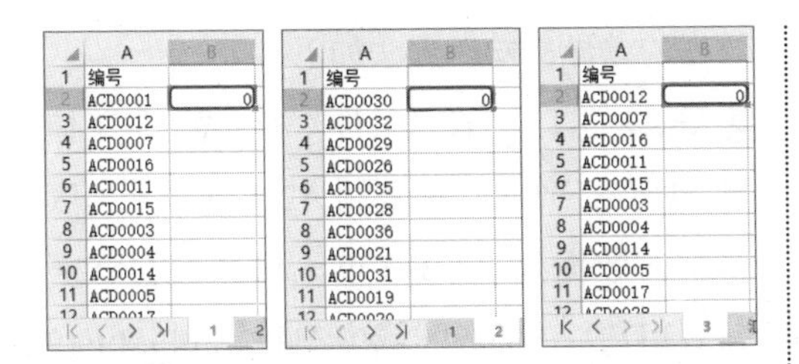

温馨提示

合并计算的求和功能不能对不包含任何数据的数据区域进行合并计算，因此需要在选择的区域中输入任意数值。

第2步 ❶ 选择汇总工作表中的A2单元格；❷ 单击【数据】选项卡中的【合并计算】按钮，如下图所示。

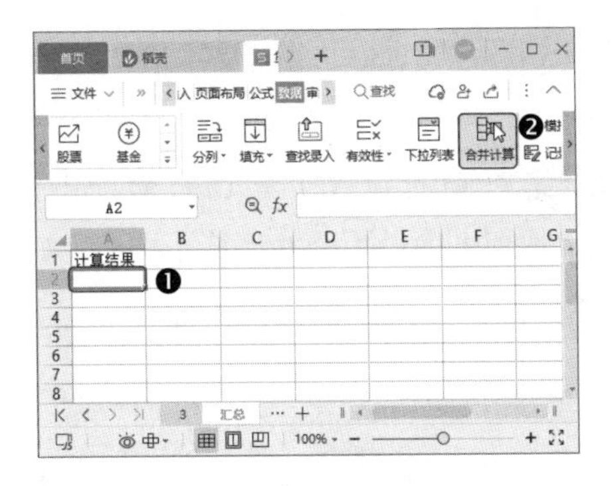

第3步 打开【合并计算】对话框，单击【引用位置】右侧的按钮，如下图所示。

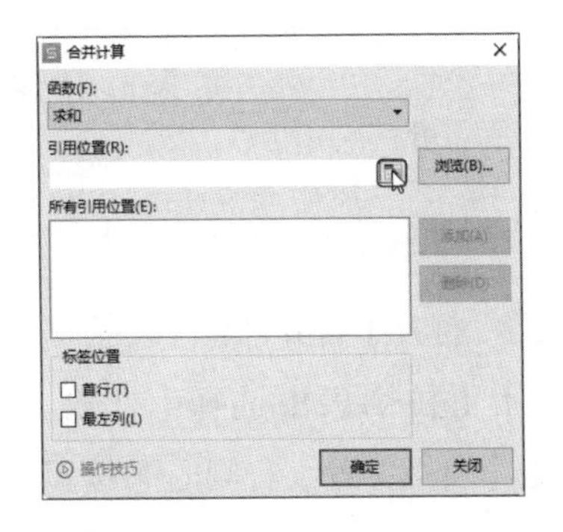

第4步 ❶ 在“1”工作表中选择A2:B19单元格区域；❷ 单击【合并计算 - 引用位置】窗口中的按钮，如下图所示。

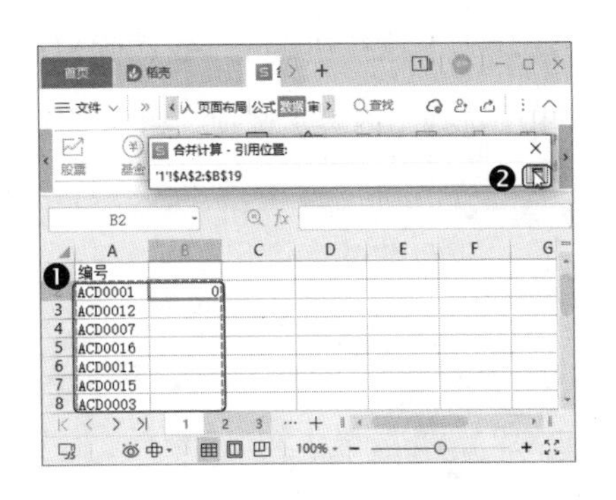

第5步 返回【合并计算】对话框，单击【添加】按钮，将选择的数据区域添加到【所有引用位置】列表框中，如下图所示。

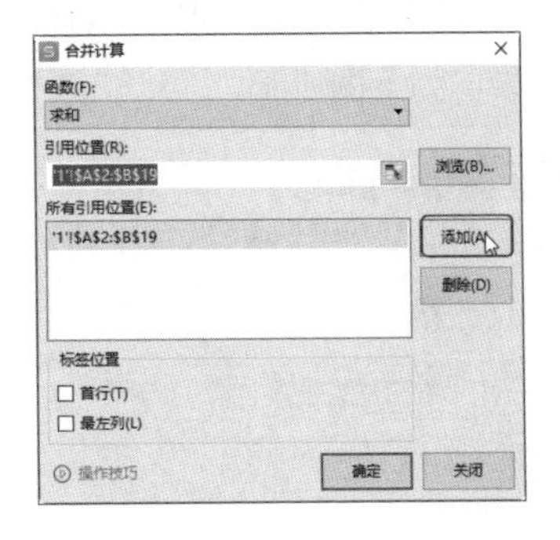

第6步 ❶ 使用相同的方法引用工作表“2”和“3”中的数据区域；❷ 在【标签位置】区域中勾选【最左列】复选框；❸ 单击【确定】按钮，如下图所示。

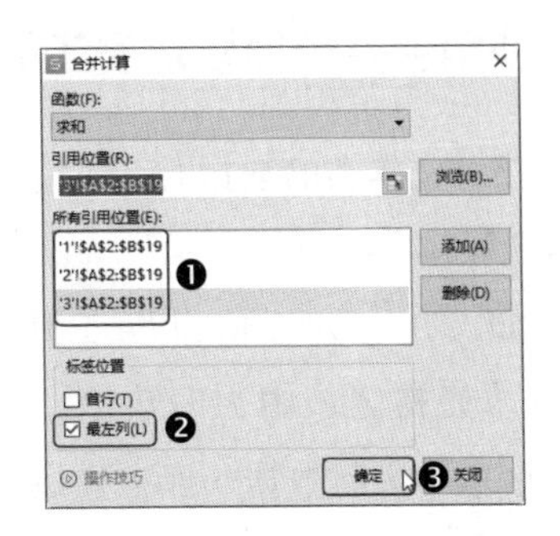

第7步 ❶ 返回工作表，选择 B 列中添加的辅助数据；❷ 单击【开始】选项卡中的【清除】下拉按钮 ；❸ 在弹出的下拉菜单中选择【内容】选项，如下图所示。

第8步 操作完成后，即可看到合并计算后的结果，如下图所示。

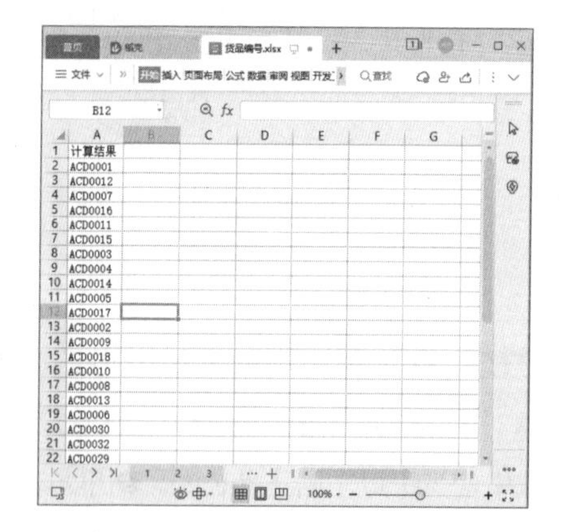

03 使用合并计算核对员工姓名

在核对文本类的数据时，不能使用上面的方法操作。

例如，在“员工信息”工作簿中，A1:A13 单元格区域中为旧数据，D1:D19 单元格区域中为新数据，现在要核对新旧数据的差异，操作方法如下。

第1步 打开“素材文件 \ 第 9 章 \ 员工信息 .xlsx”工作簿，❶ 复制 A2:A13 单元格区域中的数据到 B2:B13 单元格区域；❷ 复制 D2:D19 单元格区域中的数据到 E2:E19 单元格区域，并分别添加列标题，如下图所示。

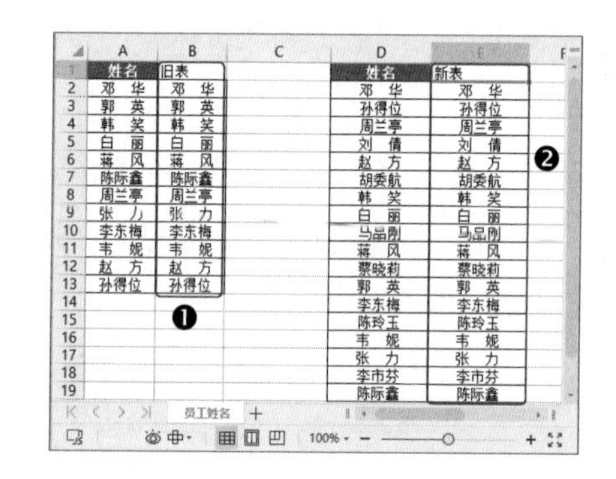

第2步 ❶ 选择 A21 单元格；❷ 单击【数据】选项卡中的【合并计算】按钮，如下图所示。

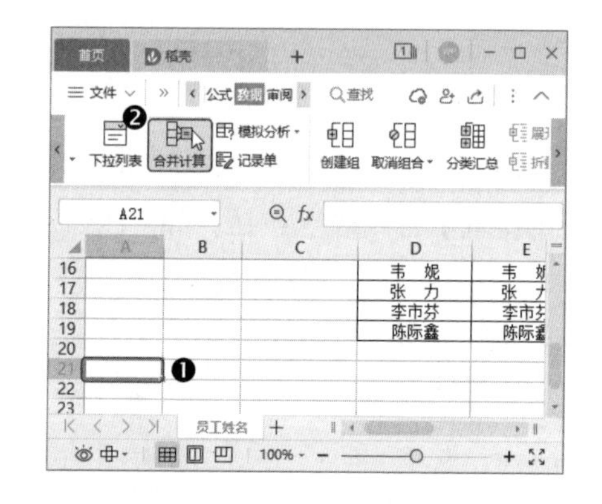

第3步 打开【合并计算】对话框，❶ 在【函数】下拉列表中选择【计数】选项；❷ 单击【引用位置】右侧的按钮，如下图所示。

第4步 ❶ 选择 A1:B13 单元格区域；❷ 单击【合并计算 - 引用位置】窗口中的按钮，如下图所示。

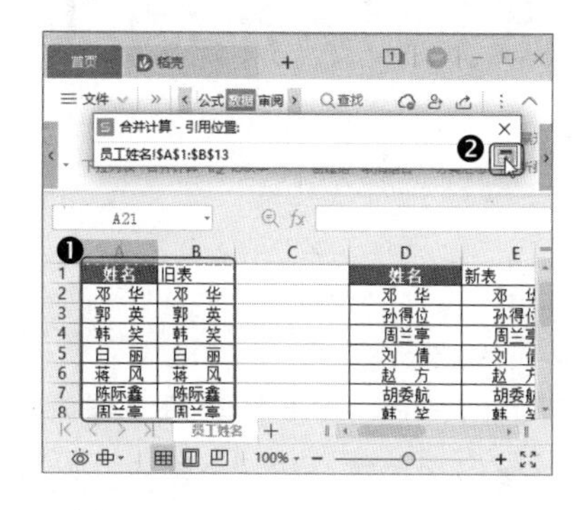

第5步 返回【合并计算】对话框，单击【添加】按钮，将选择的数据区域添加到【所有引用位置】列表框中，如下图所示。

第6步 ❶ 使用相同的方法将 D1:E19 单元格区域添加到【所有引用位置】列表框中；❷ 在【标签位置】区域中勾选【首行】和【最左列】复选框；❸ 单击【确定】按钮，如下图所示。

第7步 为了进一步显示新表和旧表的差距，选中 D22 单元格，输入公式“=N(B22<>C22)”，如下图所示。

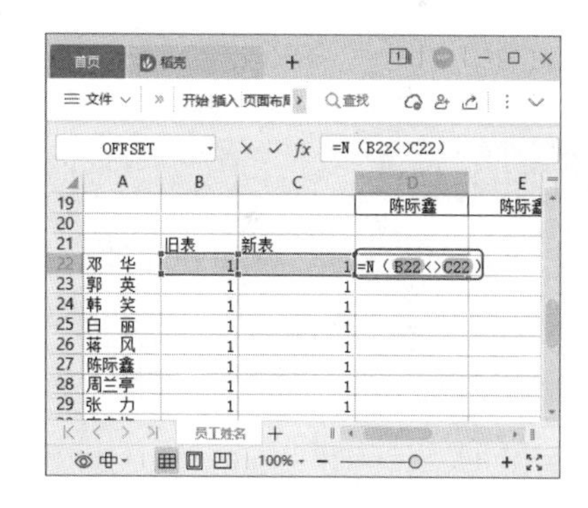

第8步 按【Enter】键得出计算结果，并向下填充公式。计算结果为 0 表示只出现了一次的数据，计算结果为 1 表示出现了两次的数据，如下图所示。

21		旧表	新表	差异
22	邓 华	1	1	0
23	郭 英	1	1	0
24	韩 笑	1	1	0
25	白 丽	1	1	0
26	蒋 风	1	1	0
27	陈际鑫	1	1	0
28	周兰亭	1	1	0
29	张 力	1	1	0
30	李东梅	1	1	0
31	韦 妮	1	1	0
32	赵 方	1	1	0
33	孙得位	1	1	0
34	刘 倩		1	1
35	胡委航		1	1
36	马品刚		1	1
37	蔡晓莉		1	1
38	陈玲玉		1	1
39	李市芬		1	1

WPS

第 10 章

从零开始

打开 WPS 表格的数据分析大门

本章导读

实践出真知，在学习了使用 WPS 表格分析数据之后，需要将学习的理论知识实用化。本章主要通过生产成本分析、公司销售增长趋势分析、公司员工结构分析和财务比率分析几个案例，将之前学习的数据分析知识应用于实际工作中。

知识要点

- 生产成本分析
- 公司销售增长趋势分析
- 公司员工结构分析
- 财务比率分析

10.1 案例 1：生产成本分析

在企业的生产管理过程中，经常需要对生产成本进行分析，确定适合产品生产的最佳方案，以控制成本，使生产效率最大化。本节将介绍成本分析的主要流程和几种方法，以计算出生产计划的最优量。

10.1.1 案例目标

在进行生产成本分析时，需要运用以下几个知识点进行数据分析，以达到成本分析的目的。

1. 公式应用

公式在数据分析中的应用较为广泛，结合收集的有效数据，使用公式可以快速、准确地计算出未知数据。

例如，我们可以根据单价、产量、成本等数据，计算出产品的利润。

2. 盈亏平衡点

盈亏平衡点一般是指全部销售收入等于全部成本时的产量，其计算公式为：盈亏平衡点 = 固定支出 ÷（产品单价 – 变动成本）。

在生产决策中，决策人可以根据盈亏平衡点判断企业的盈亏情况。如果销售收入高于盈亏平衡点，则为盈利，反之则为亏损。

3.IF 函数的使用

在生产成本分析过程中，可以使用 IF 函数，帮助决策人根据数据的大小做出最佳的选择和决策。

4. 单变量求解的应用

单变量求解可以模拟单一因素对目标的影响，是计划人员和决策人员常用的一种分析工具。

在生产分析过程中，我们可以用单变量求解计算盈亏平衡点，进行保本量本利分析。例如，计算要将成本控制为多少，才可以达到预期的利润。

10.1.2 设备生产能力优化

作为生产企业，如果想要实现利润的最大化，需要保证产销平衡。当企业有足够的设备生产能力时，可以尽可能地加大产量，以提高企业的经济利润。但是，加大产量的前提是，不能超过企业在竞争条件下有望达到的最高销量，以避免产品堆积。

如果企业的生产能力不足，产品的最大产量小于市场销量，那么就需要创建一个盈亏分析的基本模型，使用公式计算出生产的最佳计划。

例如，某公司准备扩大生产某产品，该产品的售价为 5000 元，单位变动成本为 2900 元，公司的月固定成本为 13 万元，月市场最大销售量预计为 170 件。目前，公司每月可以生产该产品 90 件，扩大生产量到 110 件，月固定成本将增加 4 万元。

现在要分析是否可以通过扩大生产来

增加公司的经济利润，其分析步骤如下。

第1步 打开“素材文件\第 10 章\生产成本分析 .xlsx”工作簿，可以看到根据已知的数据和盈亏分析理论构建的生产决策模型表，如下图所示。

	A	B	C
1	原始产品生产模型		
2	最大销量	最大产量	固定成本
3	170	90	130000
4	单价	单位变动成本	总利润
5	5000	2900	
6			
7	预计扩大生产后的生产模型		
8	增加产量	增加固定成本	盈亏平衡点
9	20	40000	
10	总产量	总固定成本	总利润
11			
12			
13	决策结果		
14			

第2步 原始生产模式下的总利润的计算公式为：总利润 =（单价 – 单位变动成本）× 最大产量 – 固定成本。在 C5 单元格中输入公式“=(A5-B5)*B3-C3”，如下图所示。

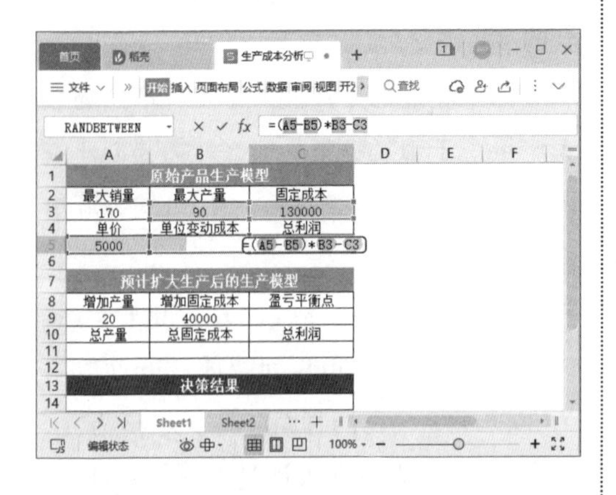

	A	B	C
1	原始产品生产模型		
2	最大销量	最大产量	固定成本
3	170	90	130000
4	单价	单位变动成本	总利润
5	5000		=(A5-B5)*B3-C3
6			
7	预计扩大生产后的生产模型		
8	增加产量	增加固定成本	盈亏平衡点
9	20	40000	
10	总产量	总固定成本	总利润
11			
12			
13	决策结果		
14			

第3步 按【Enter】键，即可得到原始生产模式下获得的总利润，如下图所示。

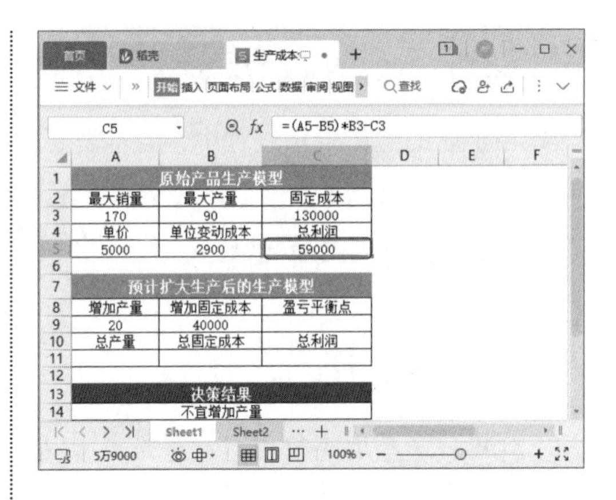

	A	B	C
1	原始产品生产模型		
2	最大销量	最大产量	固定成本
3	170	90	130000
4	单价	单位变动成本	总利润
5	5000	2900	59000
6			
7	预计扩大生产后的生产模型		
8	增加产量	增加固定成本	盈亏平衡点
9	20	40000	
10	总产量	总固定成本	总利润
11			
12			
13	决策结果		
14	不宜增加产量		

第4步 计算扩大生产后的总产量，其计算公式为：总产量 = 目前最大产量 + 增加产量。在 A11 单元格中输入公式“=B3+A9”，按【Enter】键计算出总产量，如下图所示。

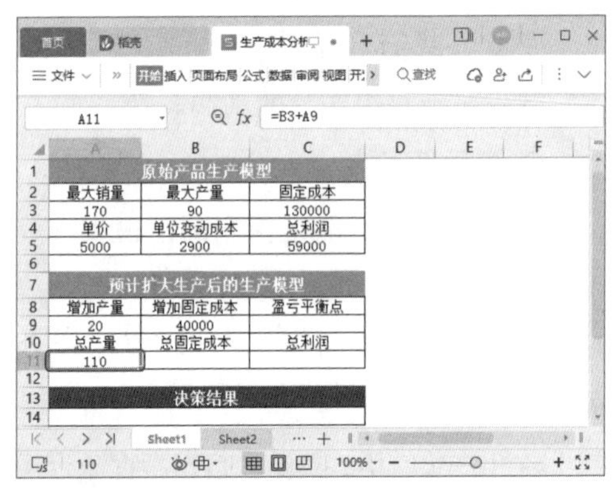

	A	B	C
1	原始产品生产模型		
2	最大销量	最大产量	固定成本
3	170	90	130000
4	单价	单位变动成本	总利润
5	5000	2900	59000
6			
7	预计扩大生产后的生产模型		
8	增加产量	增加固定成本	盈亏平衡点
9	20	40000	
10	总产量	总固定成本	总利润
11	110		
12			
13	决策结果		
14			

第5步 计算扩大生产后的总固定成本，其计算公式为：总固定成本 = 固定成本 + 增加固定成本。在 B11 单元格中输入公式“=C3+B9”，按【Enter】键，计算出总固定成本，如下图所示。

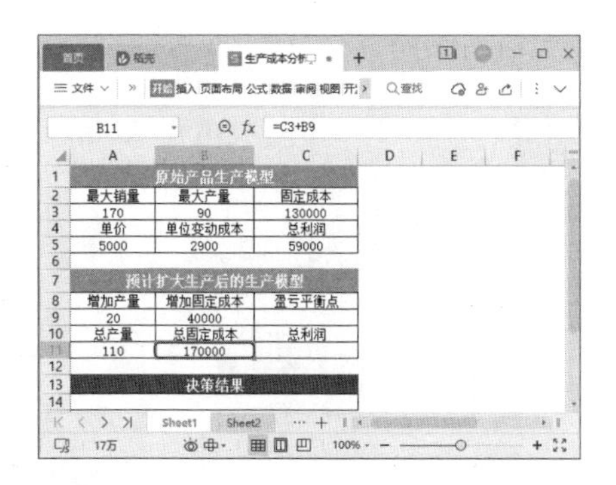

第6步 计算盈亏平衡点，其计算公式为：盈亏平衡点 = 总固定成本 ÷（单价 – 单位变动成本）。在C9单元格中输入公式“=B11/(A5-B5)”，如下图所示。

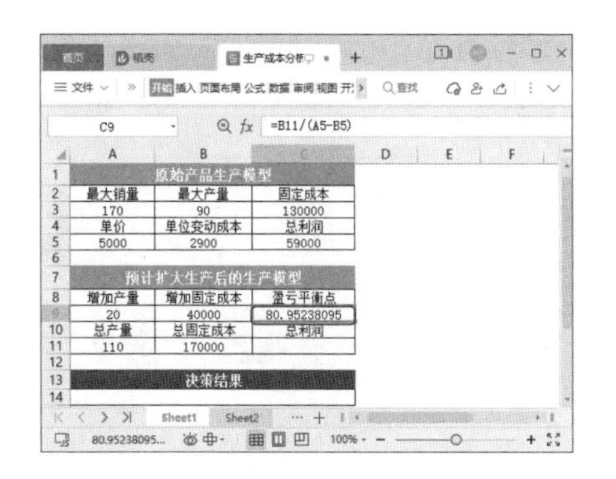

第7步 计算扩大生产后的总利润时，如果产量小于目前市场的最大销量，则计算公式为：总利润 =（单价 – 单位变动成本）× 总产量 – 总固定成本。如果总产量大于目前市场的最大销量，则计算公式为：总利润 =（单价 – 单位变动成本）× 最大产量 – 总固定成本。本例在C11单元格中输入公式“=IF(A11<A3,A11*(A5-B5)-B11,A3*(A5-B5)-B11)”，按【Enter】键，计算出扩大生产规模后可以获得的总利润，如下图所示。

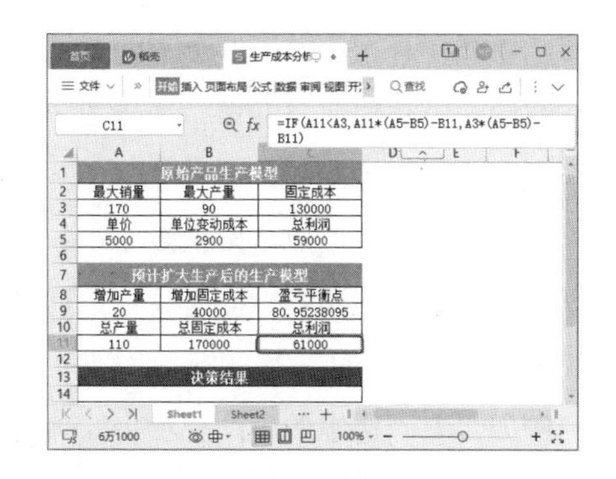

第8步 最后计算决策结果。如果扩大生产后的盈利平衡点大于总产量，或者扩大生产后的总利润小于等于扩大生产前的总利润，则不宜增加产量，反之则增加产量。在A14单元格中输入公式“=IF(OR(C9>A11,C11<=C5),"不宜增加产量","增加产量")”，按【Enter】键即可得出计算结果，如下图所示。

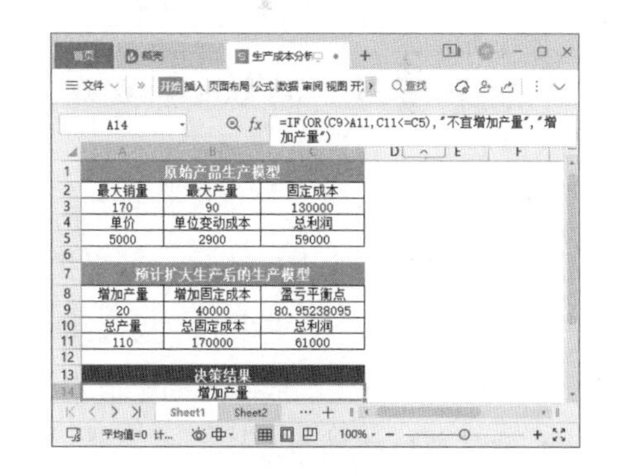

10.1.3 量本利分析

在企业的生产过程中，如果因为原材料和人工成本增加导致单位变动成本增加，将会导致企业利润降低，甚至出现亏损。如果此时再通过增加产量来扭转劣势，只会使亏损越来越多。

在遇到这种情况时，我们需要从内部分析问题，探究如何降低单位变动成本或固定成本，以提高利润。

那么，要将单位成本降低到多少，才可以保证企业的利润呢？此时就可以通过单变量求解来进行量本利分析。

例如，上一例中的生产模型中，如果将产品的单位变动成本增加至3500元，可以看到总利润仅为5000元，而扩大生产后，还出现了亏损，如下图所示。

	A	B	C
1	原始产品生产模型		
2	最大销量	最大产量	固定成本
3	170	90	130000
4	单价	单位变动成本	总利润
5	5000	3500	5000
6			
7	预计扩大生产后的生产模型		
8	增加产量	增加固定成本	盈亏平衡点
9	20	40000	113.3333333
10	总产量	总固定成本	总利润
11	110	170000	-5000
12			
13	决策结果		
14	不宜增加产量		

出现这种情况时，如果保持现状，仅有的利润难以维持企业的生存；如果扩大生产，会导致企业产生更大的亏损。此时，就要计算降低单位变动成本或固定成本。

1. 降低单位变动成本

例如，要通过降低单位变动成本来保证利润为40000元，操作方法如下。

第1步 打开"素材文件\第10章\生产成本分析.xlsx"工作簿，❶ 在"降低单位变动成本"表中选中C5单元格；❷ 单击【数据】选项卡中的【模拟分析】下拉按钮；❸ 在弹出的下拉菜单中选择【单变量求解】命令，如下图所示。

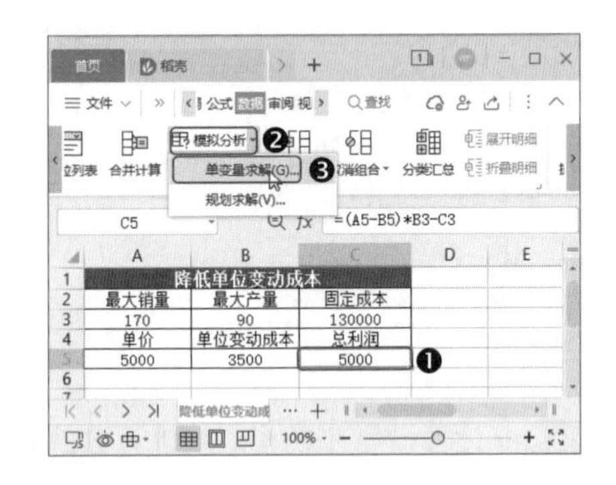

第2步 打开【单变量求解】对话框，❶【目标单元格】已经选择了C5，设置【目标值】为【40000】，设置【可变单元格】为【B5】；❷ 单击【确定】按钮，如下图所示。

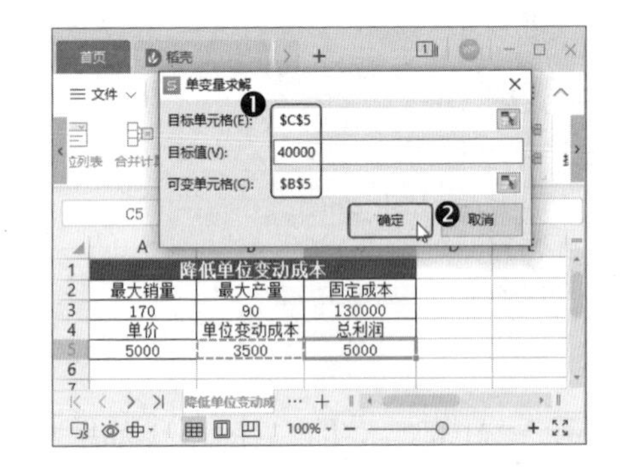

第3步 打开【单变量求解状态】对话框，显示求解结果，单击【确定】按钮，如下图所示。

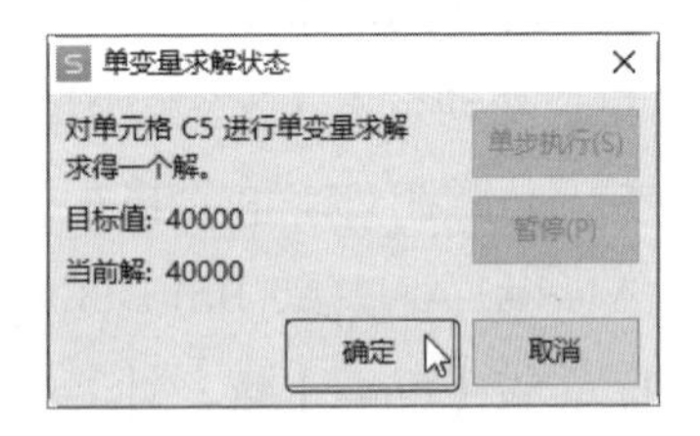

第4步 返回工作表中，即可看到总利润为40000元时的单位变动成本。通过计

算可知，如果想要让企业的利润保持在 40000 元，则需要将单位变动成本降低到 3111 元左右，如下图所示。

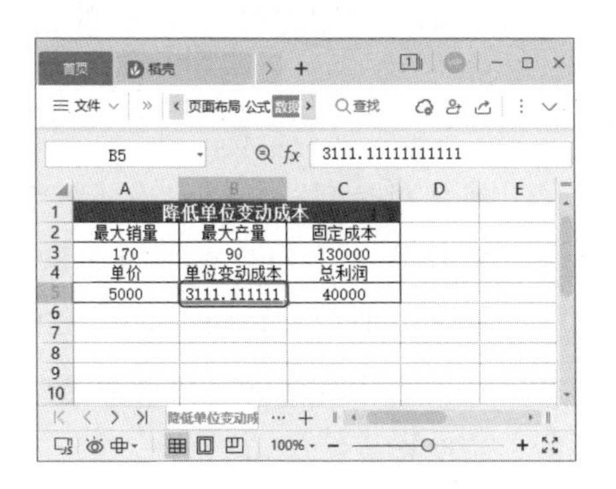

2. 降低成本

除了可以降低单位变动成本，还可以通过降低固定成本来保证利润。如果要降低成本来保持利润为 40000 元，操作方法如下。

第1步 打开“素材文件 \ 第 10 章 \ 生产成本分析 .xlsx”工作簿，❶ 在“降低成本”表中选中 C5 单元格；❷ 单击【数据】选项卡中的【模拟分析】下拉按钮；❸ 在弹出的下拉菜单中选择【单变量求解】命令，如下图所示。

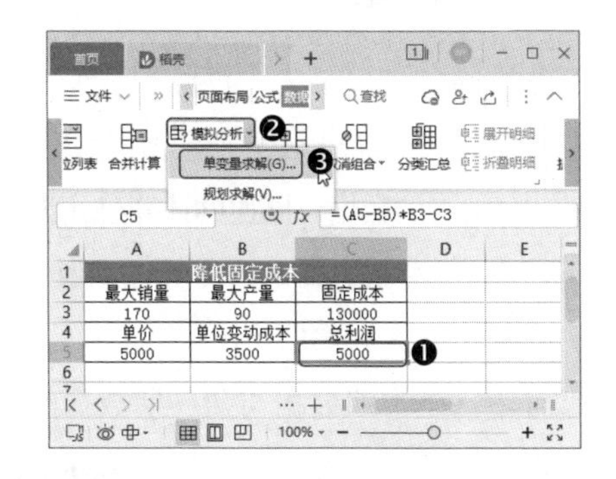

第2步 打开【单变量求解】对话框，❶【目标单元格】已经选择了 C5，设置【目标值】为【40000】，设置【可变单元格】为【C3】；❷ 单击【确定】按钮，如下图所示。

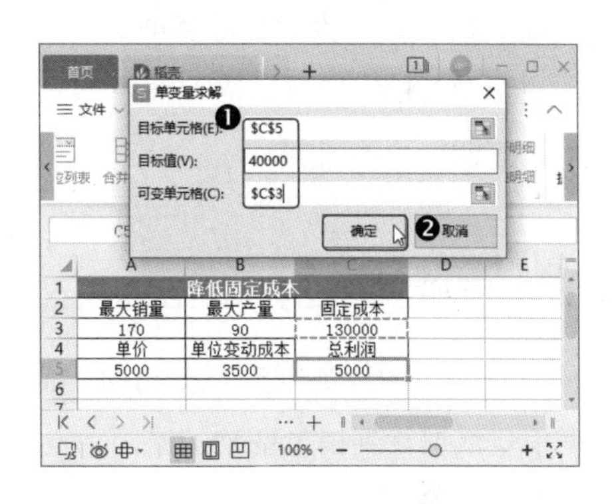

第3步 打开【单变量求解状态】对话框，显示求解结果，单击【确定】按钮，如下图所示。

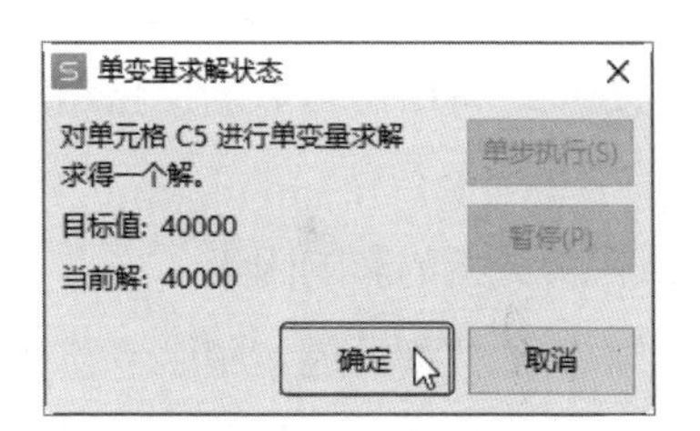

第4步 返回工作表中，即可看到总利润为 40000 元时的固定成本。通过计算可知，如果想要让企业的利润保持为 40000 元，则需要将固定成本降低到 95000 元，如下图所示。

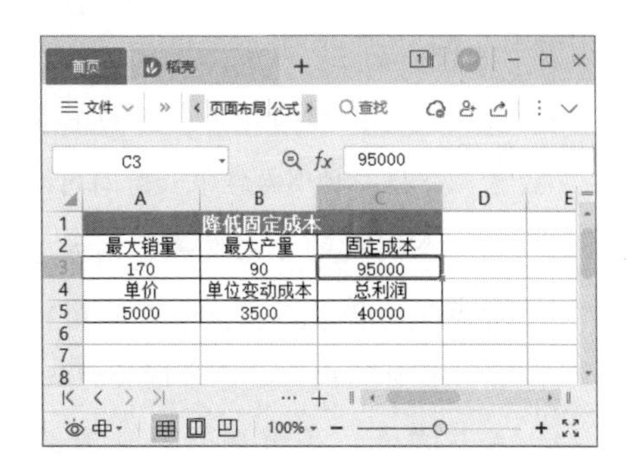

10.2 案例 2：公司销售增长趋势分析

在分析公司销售增长趋势时，需要从过去的销售表中查看销量的走势情况，从而分析预测未来的销售数据。需要注意的是，在收集数据时，需要使用前期实际发生的数据，而不是前期的预测数据。

10.2.1 案例目标

在对公司销售数据进行分析时，需要根据销量数据找到销量变动的原因。

1. 趋势分析

趋势分析是将之前发生的两期或多期连续数据，按照相同的标准进行同比或环比分析，从而分析出销售数据的增减变化、增减的幅度，得出销售数据变化趋势的一种分析方法。

2. 趋势分析的影响因素

影响销售数据的因素很多，需要数据分析师从众多看似毫无规律的数据中发现隐藏的规律。在实际的销售中，销售额会受到很多因素的影响，数据的变化看似毫无规律，经过分析才可以看出影响销售额变化的因素。这些因素有些是长期影响，有些只是短期影响，我们可以将这些因素分为以下 4 种。

- 长期趋势：影响趋势分析的主要因素，是指一种现象在很长时间内持续向一个固定的方向发展。例如，随着商品的普及应用，公司的销售额在较长时间内会呈逐步增长的状态。
- 季节因素：季节变动会使商品的销售额受到一定的影响，即所谓的销售淡季和销售旺季。例如，每年高考结束后到大学新生入学前，笔记本电脑的销量会呈明显的增长趋势。
- 循环变动：循环变动是销售额以若干年为一个周期发生的高低起伏交替的波动。在分析循环变动时，需要先从时间数列中去除长期趋势和季节变动，再消除不规则的变动，之后剩下的才是循环变动。
- 不规则变动：是一种没有规律的、随机的变动，大多是由意外的自然或社会的偶然因素引起的无周期性的销售额波动。

3. 同比和环比

分析同比主要是为了消除季节变动的影响，将本期数据与上年同期数据进行对比，得到一个相对的数据。同比的计算公式为：

同比 =（本期数据 – 上年同期数据）÷ 上年同期数据 ×100%。

而环比是本期数据与前一期数据的对比，通过分析环比可以体现出数据逐期的发展速度。环比的计算公式为：

环比 =（本期数据 – 上期数据）÷ 上

期数据 ×100%。

4. 发展速度

发展速度是在日常社会经济工作中经常用来表示某一时期内某发展变化的动态相对数。把对比的两个时期的发展水平数据化，可以表示在这段对比时期内发展变化的方向和程度，从而通过数据变化来得到事物发展变化的规律。发展速度的计算公式为：

发展速度 = 报告期水平 ÷ 基期水平 ×100%。

5. 平均发展速度

平均发展速度反映现象在一定时期内，逐期发展变化的一般程度，广泛应用于国民经济管理和统计分析，是编制和检查计划的重要依据，其计算公式为：

$$\sqrt[n]{第1期发展速度 \times 第2期发展速度 \times \cdots \times 第n期发展速度}$$

6. 增长速度

增长速度是报告期比基期的增长量与基期水平之比，是用来说明销量增长快慢程度的动态相对数，其计算公式为：

增长速度 = 增长量 ÷ 基期水平 =（报告期水平 – 基期水平）÷ 基期水平。

除此之外，还可以使用发展速度来计算增长速度，其公式为：

增长速度 = 发展速度 –100%。

增长速度可以是正数，表示增长；也可以是负数，表示减少。

10.2.2 计算销售额同比增速

公司统计了近三年的销售数据，现在需要根据销售额的变化趋势，制订下一步的销售计划。由于公司的产品受大学生开学、固定时段的活动促销影响较大，如“618”“双 11”等，可以对数据进行同比分析，操作方法如下。

第1步 打开“素材文件 \ 第 10 章 \ 电脑城销售统计表 .xlsx”工作簿，❶ 选中“2020 年同比增长”工作表中的 B2 单元格，输入“=（”；❷ 单击“2020 年销量”工作表标签，如下图所示。

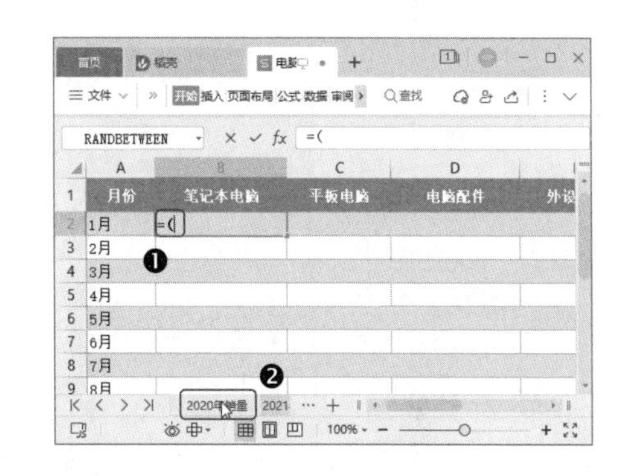

第2步 切换到“2020 年销量”工作表，单击 B2 单元格引用数据，如下图所示。

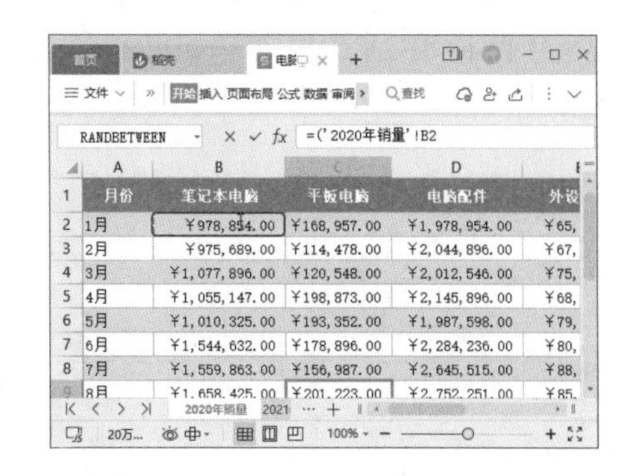

第3步 返回“2020 年同比增长”工作表，可以看到已经引用的单元格，❶ 接着输入“–”；❷ 单击“2019 年销量”工作表标签，

如下图所示。

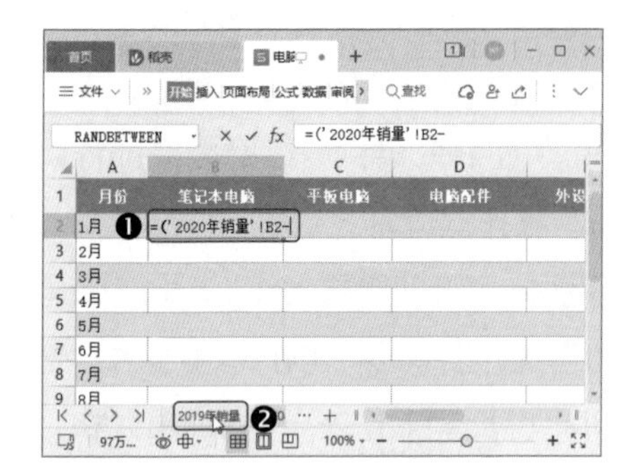

第4步 切换到“2019 年销量”工作表，单击 B2 单元格引用数据，如下图所示。

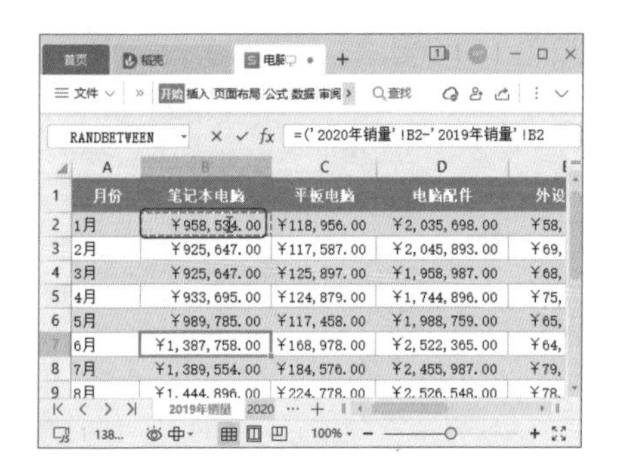

第5步 使用相同的方法输入剩余的公式，完整的公式为“=('2020 年销量 '!B2-'2019 年销量 '!B2)/'2019 年销量 '!B2”，如下图所示。

第6步 按【Enter】键得到计算结果，选中 B2 单元格并向右填充至 F2 单元格，如下图所示。

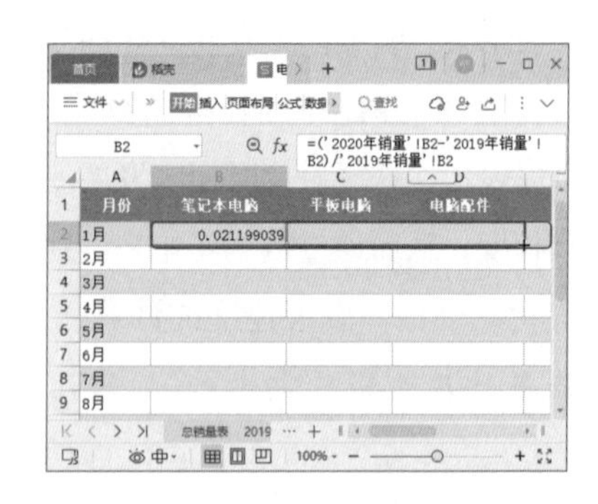

第7步 ❶ 单击【自动填充选项】浮动工具按钮 ；❷ 在弹出的下拉菜单中选择【不带格式填充】选项，如下图所示。

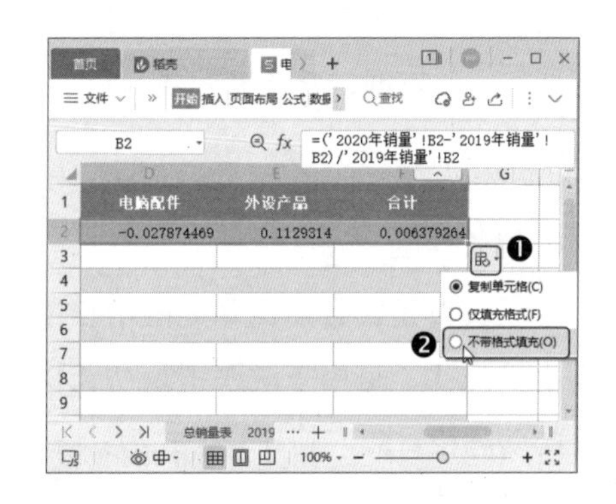

第8步 选中 B2:F2 单元格区域，将数据不带格式填充到其他数据区域，如下图所示。

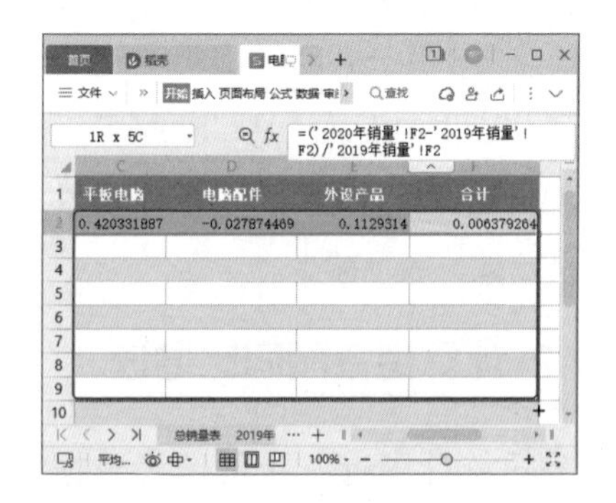

第9步 ❶ 选择 B2:F13 单元格区域；❷ 单击【开始】选项卡中的【单元格格式：数字】对话框按钮⌟，如下图所示。

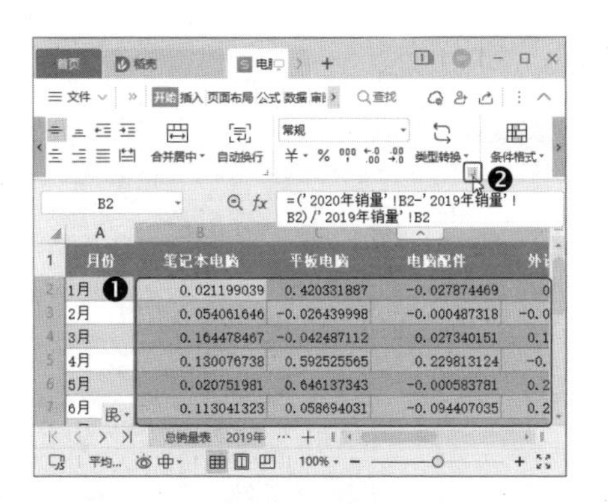

第10步 打开【单元格格式】对话框，❶ 在【分类】列表框中选择【百分比】选项；❷ 在右侧的【小数位数】微调框中设置数值为“2”；❸ 单击【确定】按钮，如下图所示。

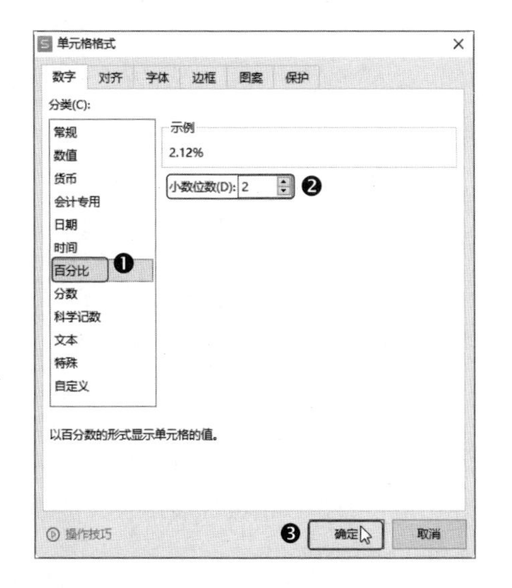

第11步 返回工作表即可看到同比增长数据，正数代表增长，负数代表下降，如下图所示。

月份	笔记本电脑	平板电脑	电脑配件	外设产品	合计
1月	2.12%	42.03%	-2.79%	11.29%	0.64%
2月	5.41%	-2.64%	-0.05%	-3.16%	1.38%
3月	16.45%	-4.25%	2.73%	10.72%	6.75%
4月	13.01%	59.25%	22.98%	-8.98%	20.48%
5月	2.08%	64.61%	-0.06%	21.45%	3.46%
6月	11.30%	5.87%	-9.44%	24.75%	-1.34%
7月	12.26%	-14.95%	7.72%	11.22%	8.30%
8月	14.78%	-10.48%	8.93%	8.80%	9.89%
9月	-16.04%	82.38%	-18.84%	21.06%	-14.04%
10月	7.23%	54.60%	-2.92%	16.30%	2.65%
11月	23.63%	32.76%	1.64%	23.94%	10.07%
12月	-7.44%	-7.07%	-1.73%	23.90%	-3.33%

第12步 使用相同的方法计算 2021 年同比增长速度即可，如下图所示。

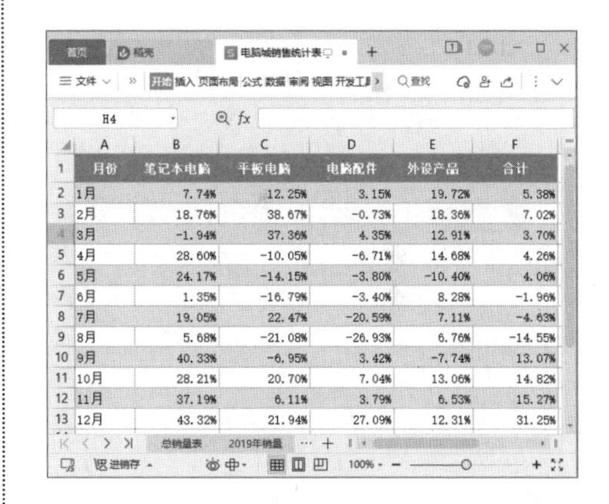

月份	笔记本电脑	平板电脑	电脑配件	外设产品	合计
1月	7.74%	12.25%	3.15%	19.72%	5.38%
2月	18.76%	38.67%	-0.73%	18.36%	7.02%
3月	-1.94%	37.36%	4.35%	12.91%	3.70%
4月	28.60%	-10.05%	-6.71%	14.68%	4.26%
5月	24.17%	-14.15%	-3.80%	-10.40%	4.06%
6月	1.35%	-16.79%	-3.40%	8.28%	-1.96%
7月	19.05%	22.47%	-20.59%	7.11%	-4.63%
8月	5.68%	-21.08%	-26.93%	6.76%	-14.55%
9月	40.33%	-6.95%	3.42%	-7.74%	13.07%
10月	28.21%	20.70%	7.04%	13.06%	14.82%
11月	37.19%	6.11%	3.79%	6.53%	15.27%
12月	43.32%	21.94%	27.09%	12.31%	31.25%

10.2.3 计算销售额的环比发展速度

计算环比发展速度的操作方法与计算同比增长速度的操作方法大致相同，操作方法如下。

第1步 接上一例操作，❶ 在“2019—2021 年环比增长”工作表的 C3 单元格中输入“=(”；❷ 单击“总销量表”工作表标签，如下图所示。

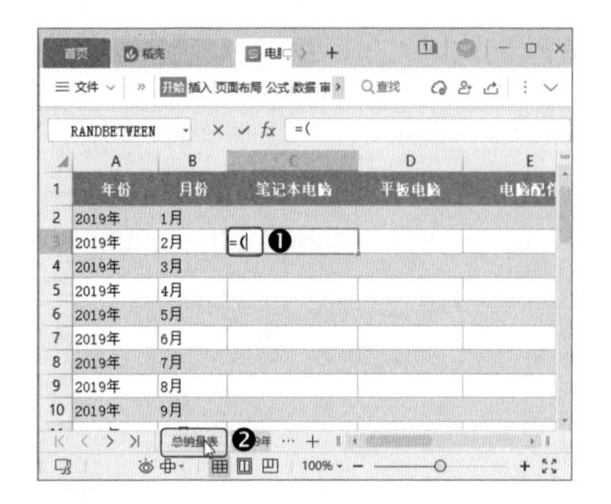

第2步 在“总销量表”工作表中引用单元格数据，输入公式，其完整公式为“=(总销量表!C3-总销量表!C2)/总销量表!C2”，如下图所示。

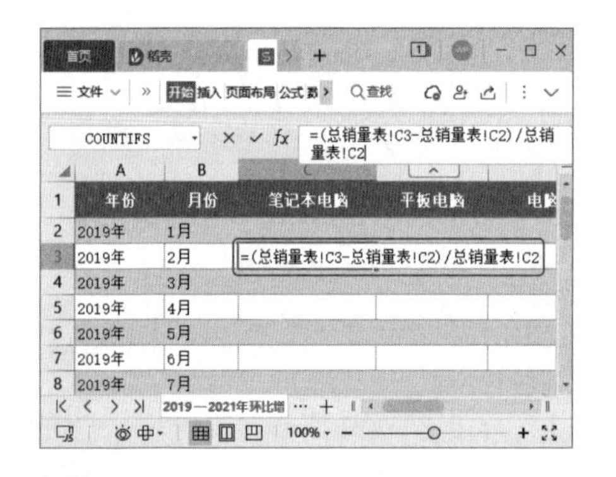

第3步 按【Enter】键得到计算结果，如下图所示。

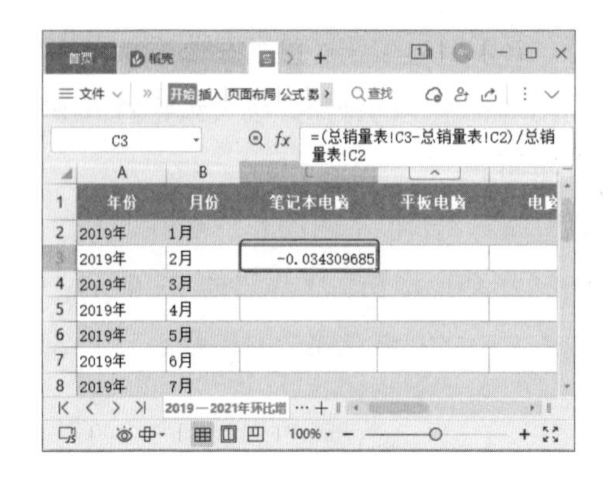

第4步 ❶不带格式填充公式到其他数据区域，然后选中所有数据区域；❷单击【开始】选项卡中的【百分比样式】按钮%，如下图所示。

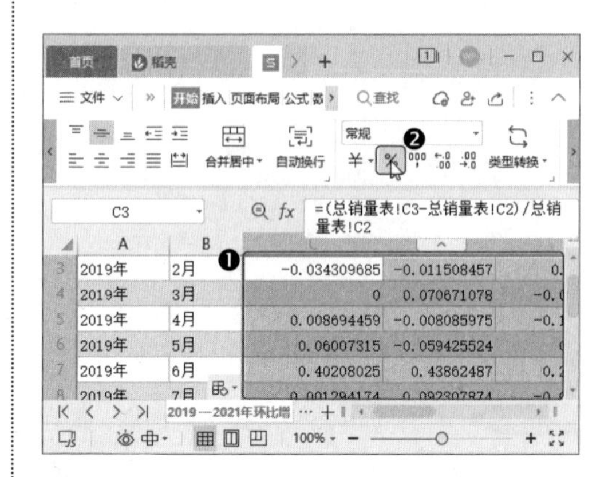

第5步 默认小数位数为0，保持数据的选中状态，单击两次【开始】选项卡中的【增加小数位数】按钮，如下图所示。

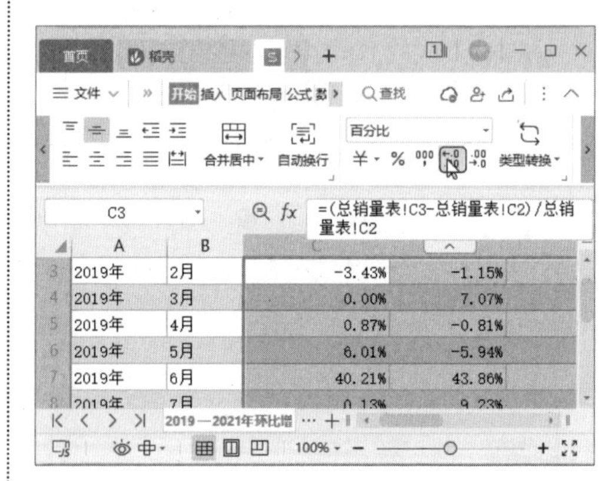

第6步 操作完成后即可看到2019—2021年环比增长数据，正数代表增长，负数代表下降，如下图所示。

10.2.4 计算销售额的发展速度

如果要计算销售额的平均发展速度，需要先将数据整理到一个工作表中。

例如，要计算 2021 年各月销售合计值的环比发展速度，需要将 2020 年 12 月和 2021 年各月的销售额整理到一个工作表中，然后再进行计算，操作方法如下。

第1步 接上一例操作，在“2021 年环比发展”工作表的 D3 单元格中输入公式“=C3/C2”，如下图所示。

第2步 按【Enter】键，计算出 2021 年 1 月销售额合计值的发展速度，如下图所示。

第3步 不带格式填充数据到 D4:D14 单元格区域，如下图所示。

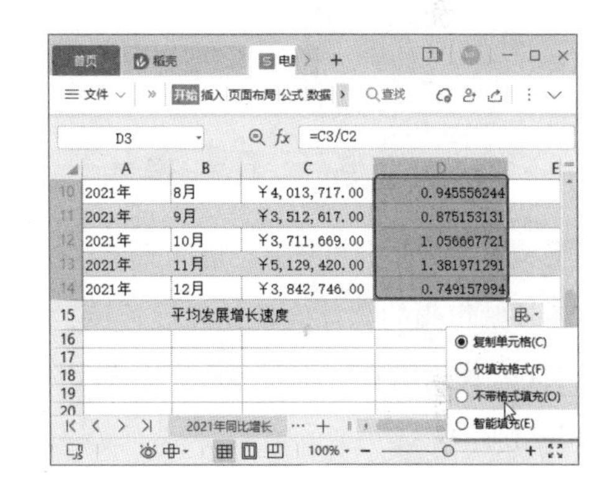

第4步 选中 D3:D14 单元格区域，右击，在弹出的快捷菜单中选择【设置单元格格式】命令，如下图所示。

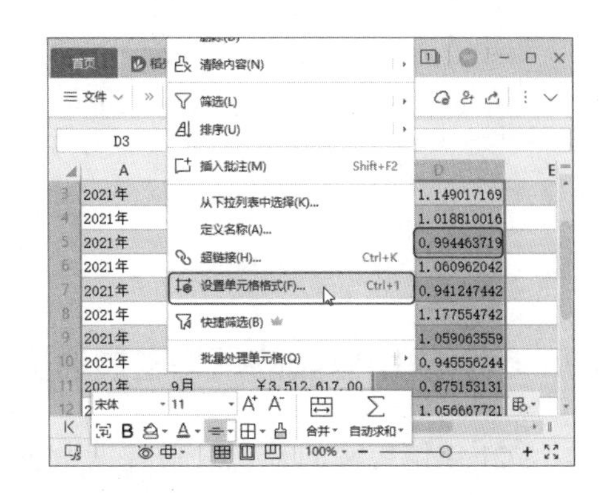

第5步 打开【单元格格式】对话框，❶ 在

【分类】列表框中选择【百分比】选项；❷ 在右侧的【小数位数】微调框中设置数值为“2”；❸ 单击【确定】按钮，如下图所示。

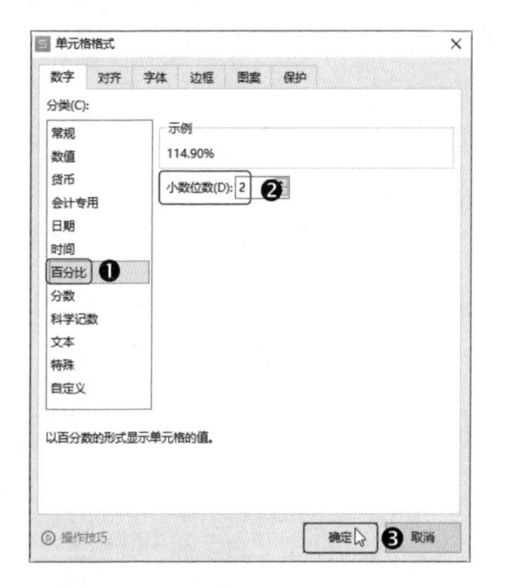

第6步 返回工作表中，即可看到2021年各月销售额的合计值环比发展速度，大于100%代表增长，小于100%代表下降，如下图所示。

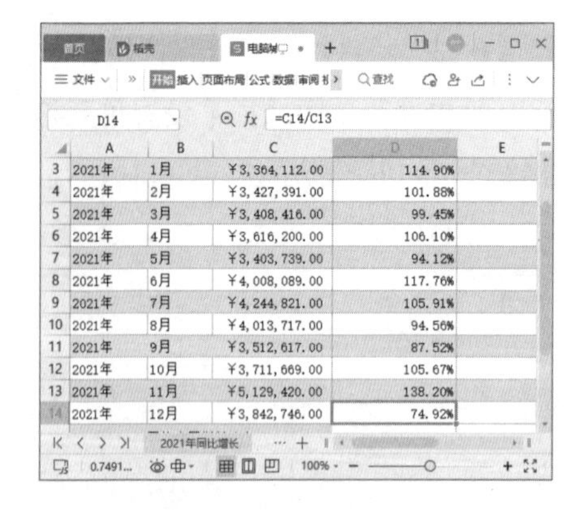

10.2.5 计算销售额的平均发展速度

2021年销售额的环比发展速度数据中，既有大于100%的数据，也有小于100%的数据，那么怎么查看2021年整体的发展速度呢？此时可以用函数来计算2021年的平均发展速度，操作方法如下。

第1步 接上一例操作，在“2021年环比发展”工作表的D15单元格中输入公式“=POWER(D3*D4*D5*D6*D7*D8*D9*D10*D11*D12*D13*D14,1/12)”，如下图所示。

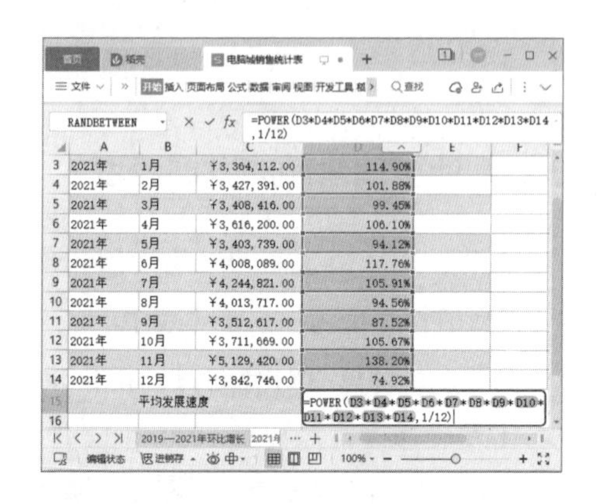

第2步 按【Enter】键得到2021年销售额的平均发展速度，如下图所示。

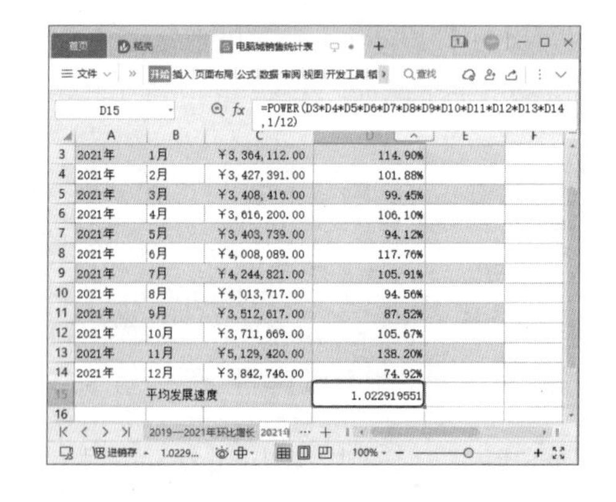

第3步 ❶ 选中D15单元格；❷ 单击【开始】选项卡中的【数字格式】下拉按钮 ▾；❸ 在弹出的下拉菜单中选择【百分比】选项，如下图所示。

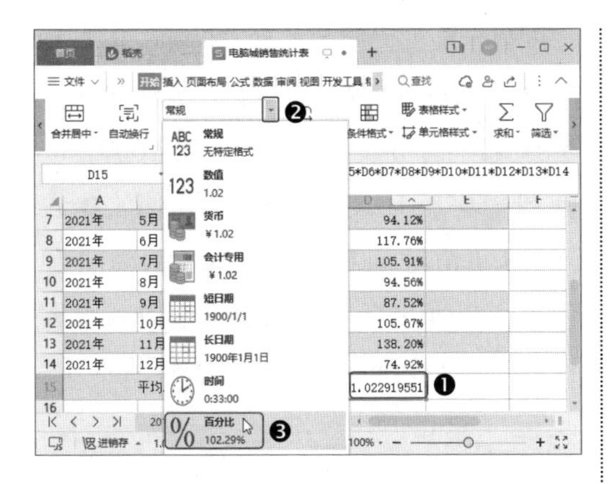

第4步 操作完成后，即可看到最终结果，大于 100% 表示增长，小于 100% 表示下降，如下图所示。

10.2.6 计算销售额的增长速度

计算销售额增长速度的方法很简单，上一例中已经计算出了环比发展速度，现在只需要用环比发展速度减去 100% 即可，操作方法如下。

第1步 接上一例操作，在“2021 年环比发展”工作表的 E3 单元格中输入公式：“=D3-100%”，如下图所示。

第2步 按【Enter】键得到 2021 年 1 月销售额的增长速度，如下图所示。

第3步 将公式不带格式填充到 E4:E14 单元格区域，并将其设置为百分比格式显示，如下图所示。

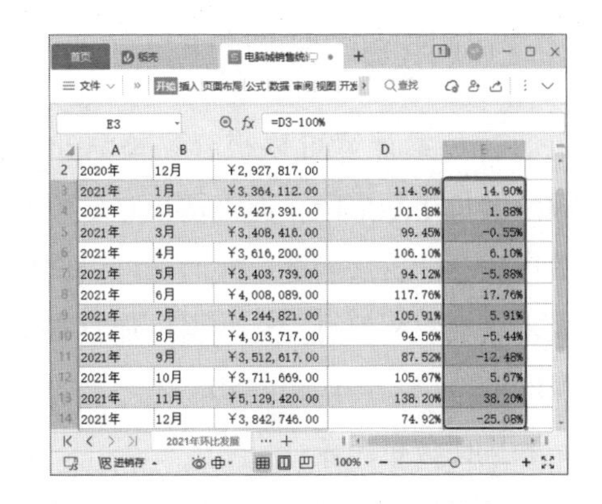

第4步 在 E15 单元格中输入公式 “=D15-100%”，如下图所示。

	A	B	C	D	E
4	2021年	2月	¥3,427,391.00	101.88%	1.88%
5	2021年	3月	¥3,408,416.00	99.45%	-0.55%
6	2021年	4月	¥3,616,200.00	106.10%	6.10%
7	2021年	5月	¥3,403,739.00	94.12%	-5.88%
8	2021年	6月	¥4,008,089.00	117.76%	17.76%
9	2021年	7月	¥4,244,821.00	105.91%	5.91%
10	2021年	8月	¥4,013,717.00	94.56%	-5.44%
11	2021年	9月	¥3,512,617.00	87.52%	-12.48%
12	2021年	10月	¥3,711,669.00	105.67%	5.67%
13	2021年	11月	¥5,129,420.00	138.20%	38.20%
14	2021年	12月	¥3,842,746.00	74.92%	-25.08%
15		平均增长速度		102.29%	=D15-100%

第5步 按【Enter】键即可计算出平均增长速度，如下图所示。

	A	B	C	D	E
3	2021年	1月	¥3,364,112.00	114.90%	14.90%
4	2021年	2月	¥3,427,391.00	101.88%	1.88%
5	2021年	3月	¥3,408,416.00	99.45%	-0.55%
6	2021年	4月	¥3,616,200.00	106.10%	6.10%
7	2021年	5月	¥3,403,739.00	94.12%	-5.88%
8	2021年	6月	¥4,008,089.00	117.76%	17.76%
9	2021年	7月	¥4,244,821.00	105.91%	5.91%
10	2021年	8月	¥4,013,717.00	94.56%	-5.44%
11	2021年	9月	¥3,512,617.00	87.52%	-12.48%
12	2021年	10月	¥3,711,669.00	105.67%	5.67%
13	2021年	11月	¥5,129,420.00	138.20%	38.20%
14	2021年	12月	¥3,842,746.00	74.92%	-25.08%
15		平均增长速度		102.29%	2.29%

10.2.7 使用图表分析数据

通过公式计算可以很容易地看出销售额是增长还是下降，但是却很难一眼看出销售数据的发展趋势。此时，可以创建图表来表现数据信息，让数据更加直观地展现出来。

1. 同比分析图表

为了更加清晰地查看各月销售额的变化情况，对于同比分析数据，可以使用柱形图展示数据之间的差异。例如，要查看2021年的销量变化情况，操作方法如下。

第1步 打开“素材文件\第10章\电脑城销售统计表1.xlsx”工作簿，❶在“2021年销量”工作表中选择A1:A13和F1:F13单元格区域；❷单击【插入】选项卡中的【全部图表】按钮，如下图所示。

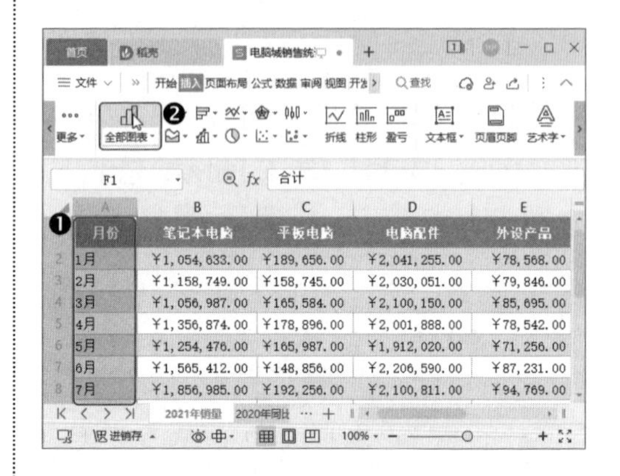

第2步 打开【图表】对话框，❶在左侧选择【柱形图】选项；❷在右侧选择【簇状柱形图】，并单击下方的预设图表，如下图所示。

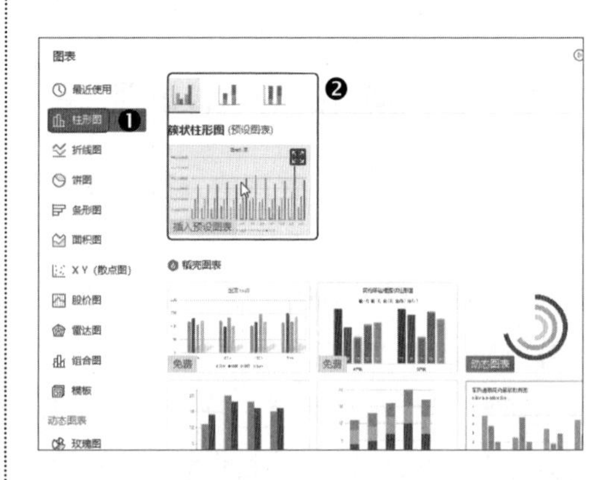

第3步 选中图表，然后拖曳图表到合适的位置，如下图所示。

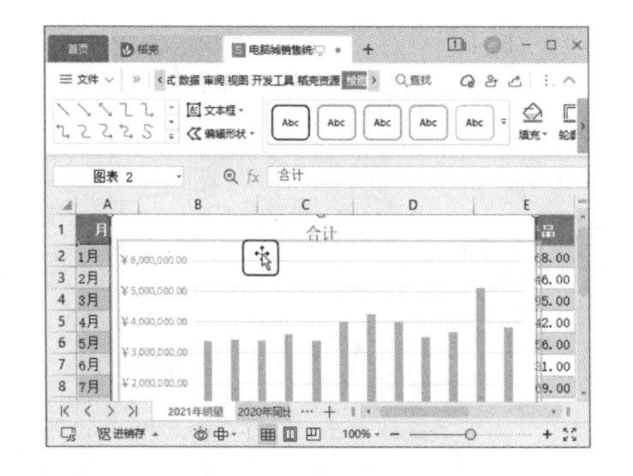

第4步 保持图表的选中状态，❶ 单击【开始】选项卡中的【字体】下拉按钮 ▾；❷ 在弹出的下拉菜单中选择一种字体样式，如下图所示。

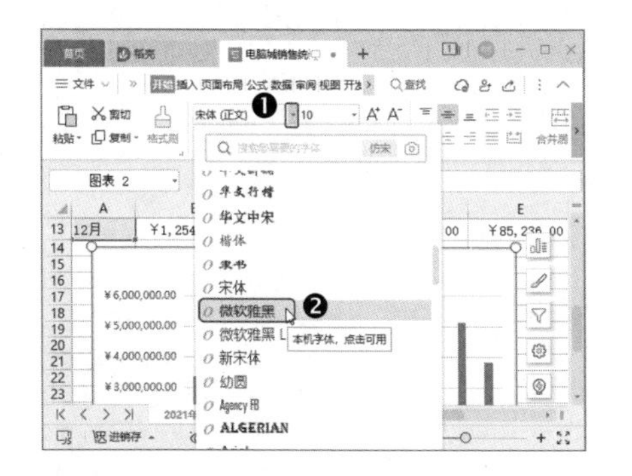

第5步 在【开始】选项卡中设置标题的字号，如下图所示。

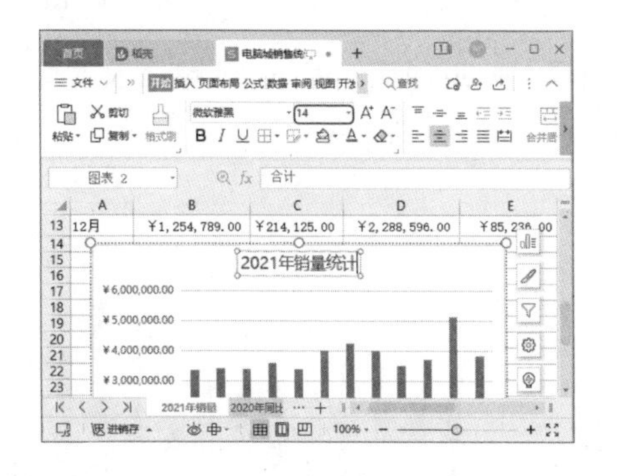

第6步 ❶ 选中标题文本框；❷ 单击【开始】选项卡中的【字体设置】对话框按钮 ⌟，如下图所示。

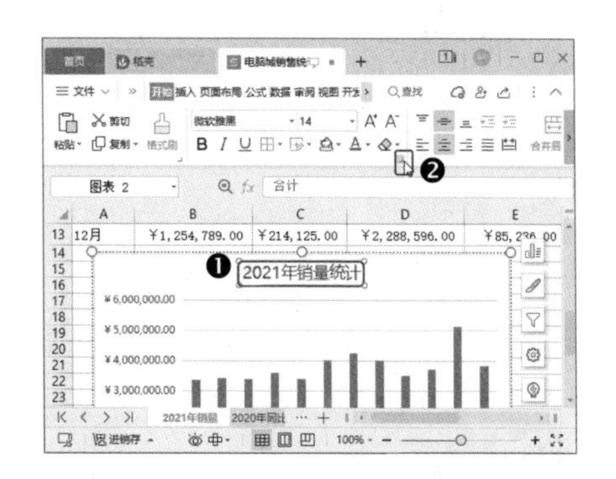

第7步 打开【字体】对话框，在【字体】选项卡的【字形】列表框中选择【加粗】选项，如下图所示。

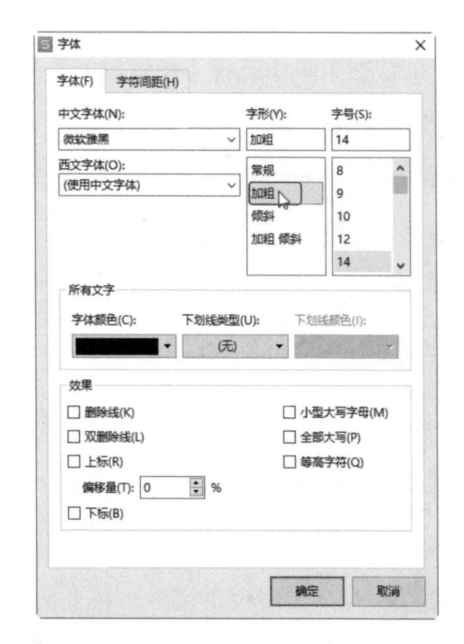

第8步 ❶ 在【字符间距】选项卡的【间距】下拉列表中选择【加宽】，在【度量值】微调框中设置数值为“5.0”；❷ 单击【确定】按钮，如下图所示。

第9步 ❶ 在任意数据系列上右击；❷ 在弹出的快捷菜单中选择【设置数据系列格式】命令，如下图所示。

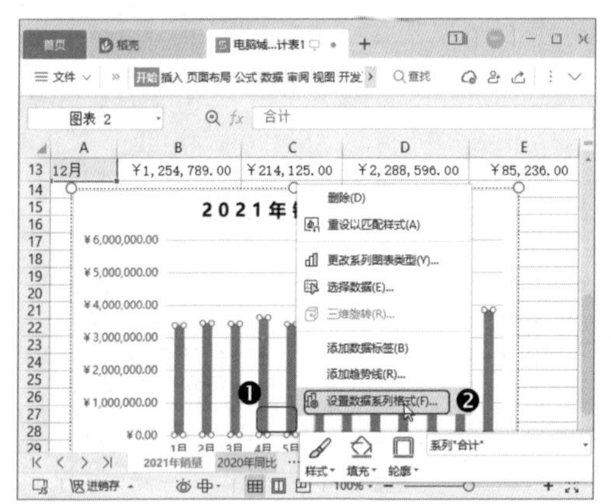

第10步 打开【属性】窗格，在【系列】选项卡的【系列选项】组中设置【分类间距】为“120%”，如下图所示。

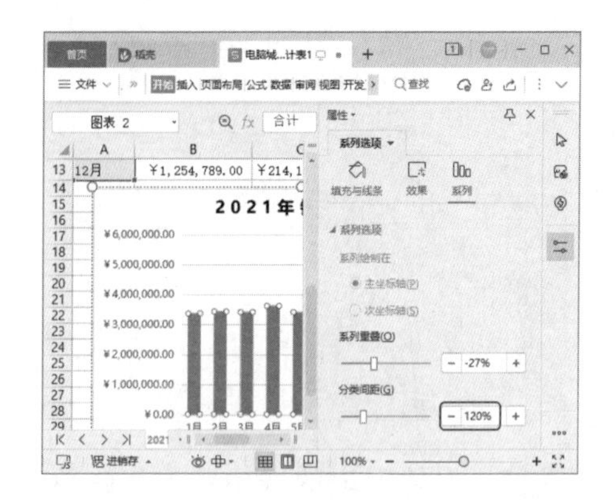

第11步 ❶ 切换到【填充与线条】选项卡；❷ 在【填充】组的【颜色】下拉列表中选择一种与表格颜色同系列的颜色；❸ 单击【关闭】按钮 ×，关闭【属性】窗格，如下图所示。

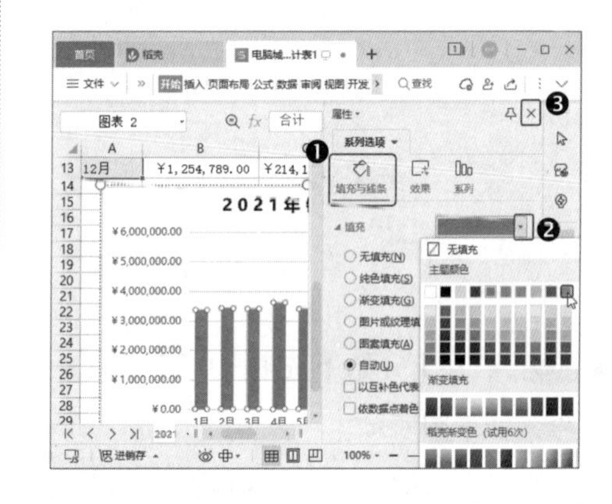

第12步 返回工作表即可看到图表的最终效果，如下图所示。

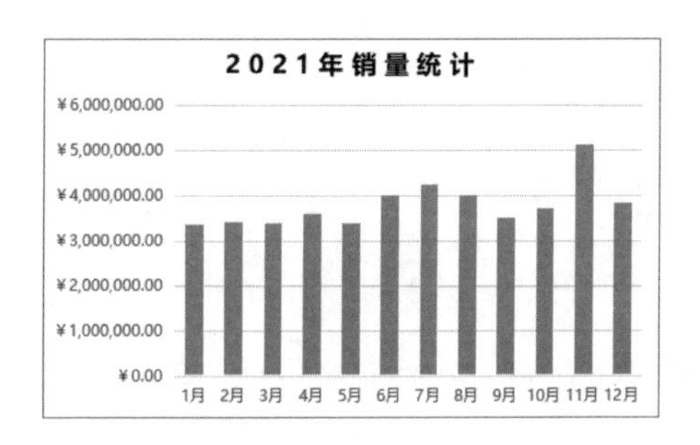

2. 环比分析图表

环比分析与同比分析类似，都需要对销售额的大小进行对比，所以可以选用簇状柱形图来展示数据，操作方法如下。

第1步 接上一例操作，❶ 在“2019—2021 年销量合计”工作表中选中任意数据单元格；❷ 单击【插入】选项卡中的【插入柱形图】下拉按钮；❸ 在弹出的下拉菜单中选择【簇状柱形图】选项，如下图所示。

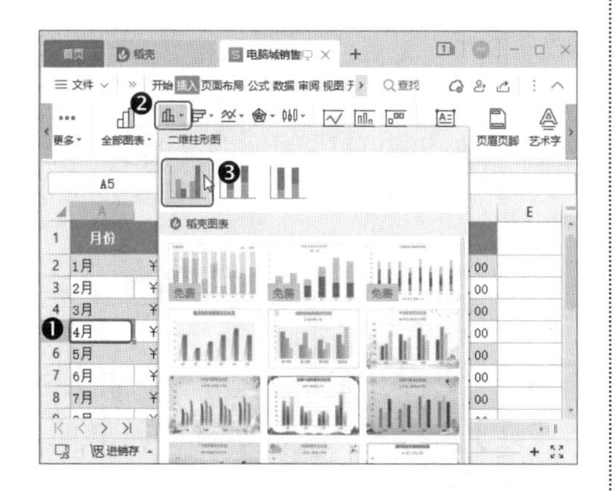

第2步 将图表移动到合适的位置，然后拖曳图表四周的控制点，调整图表的大小，如下图所示。

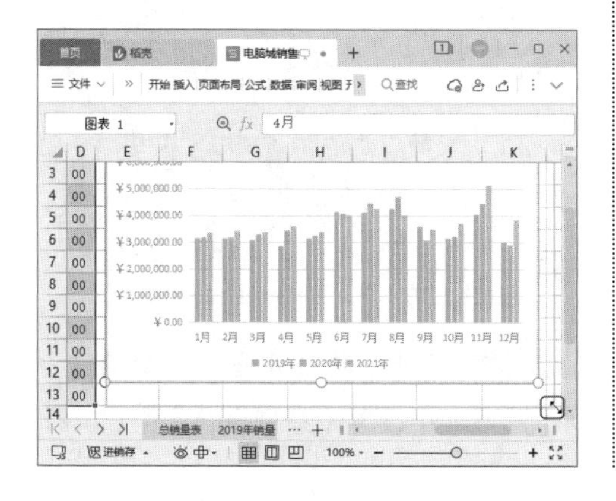

第3步 ❶ 将光标定位到原本的图表标题中，删除标题中的文本并输入需要的标题文本，然后选中标题文本框；❷ 单击【文本工具】选项卡中的艺术字样式下拉按钮，如下图所示。

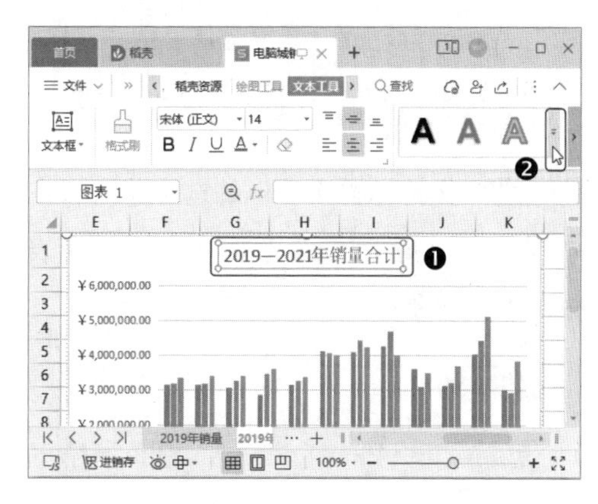

第4步 在弹出的下拉菜单中选择一种艺术字预设样式，如下图所示。

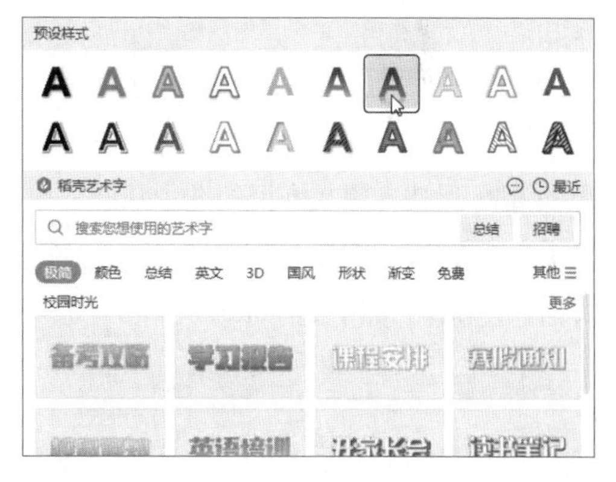

第5步 保持标题文本框的选中状态，❶ 单击【文本工具】选项卡中的【文本填充】下拉按钮；❷ 在弹出的下拉菜单中选择一种填充颜色，如下图所示。

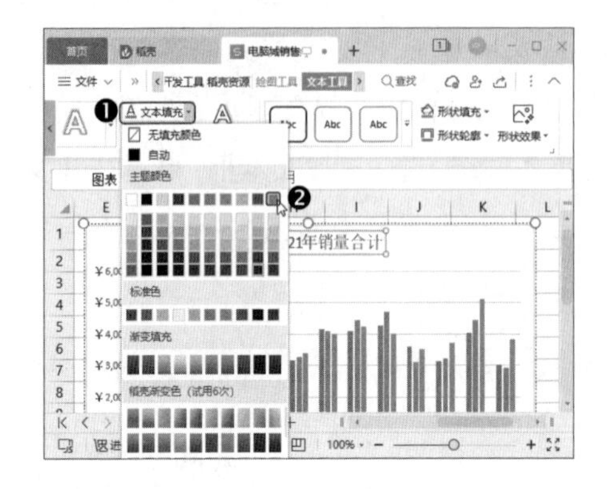

第6步 保持标题文本框的选中状态，在【文本工具】选项卡的【字体】下拉列表中选择标题的字体样式，如下图所示。

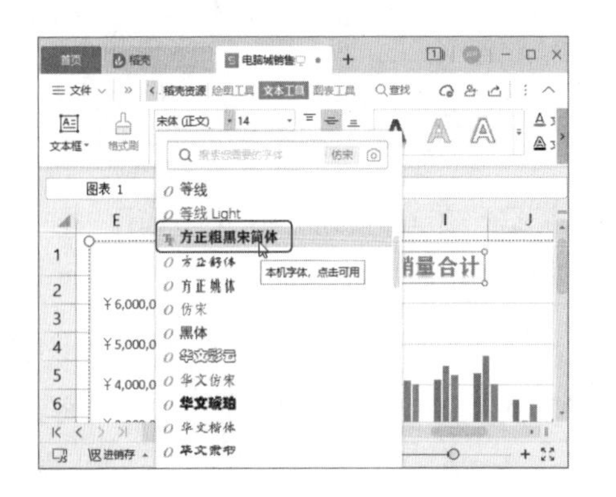

第7步 保持标题文本框的选中状态，单击【文本工具】选项卡中的【字体设置】对话框按钮⌟，如下图所示。

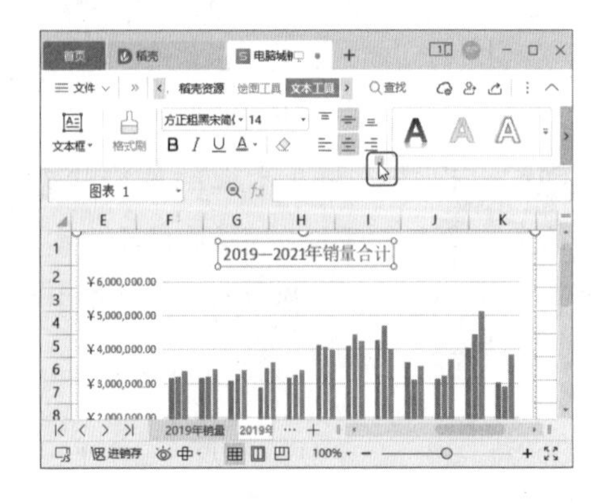

第8步 打开【字体】对话框，❶在【字符间距】选项卡的【间距】下拉列表中选择【加宽】，在【度量值】微调框中设置数值为“6”；❷单击【确定】按钮，如下图所示。

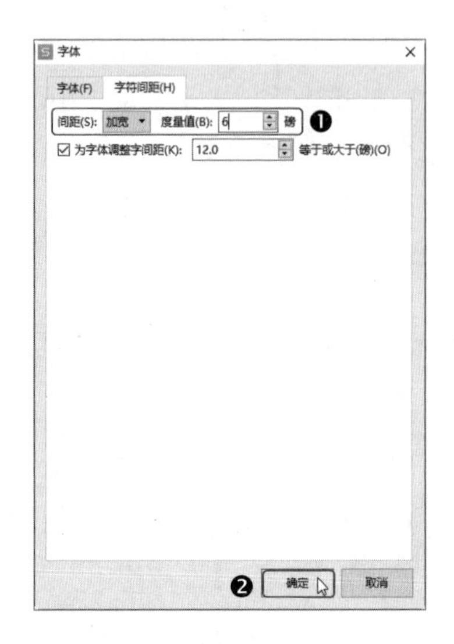

第9步 ❶选中数据系列；❷单击【图表工具】选项卡中的【设置格式】按钮，如下图所示。

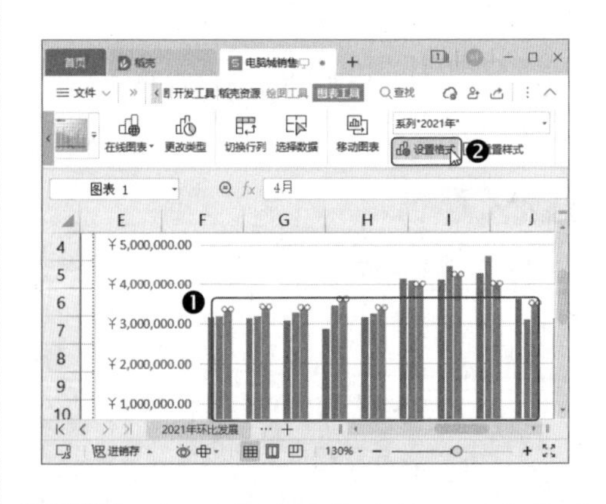

第10步 打开【属性】窗格，❶在【系列】选项卡中设置【系列重叠】为“0%”，

【分类间距】为“100%”；❷ 单击【关闭】按钮 ×，关闭【属性】窗格，如下图所示。

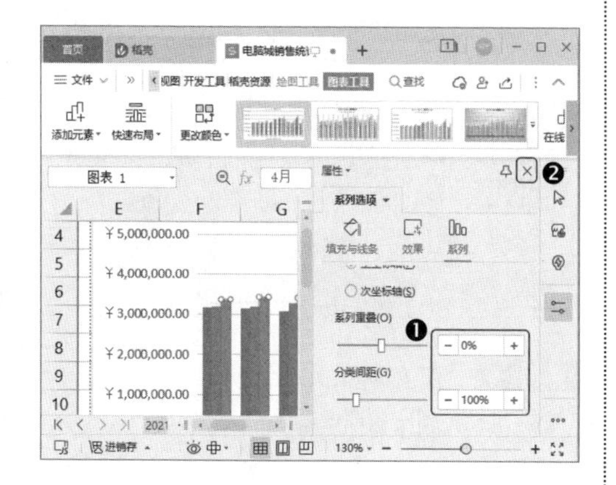

第11步 ❶ 选中“2019 年”数据系列；❷ 单击【绘图工具】选项卡中的【填充】下拉按钮；❸ 在弹出的下拉菜单中选择【渐变填充】中的【红色 - 栗色渐变】，如下图所示。

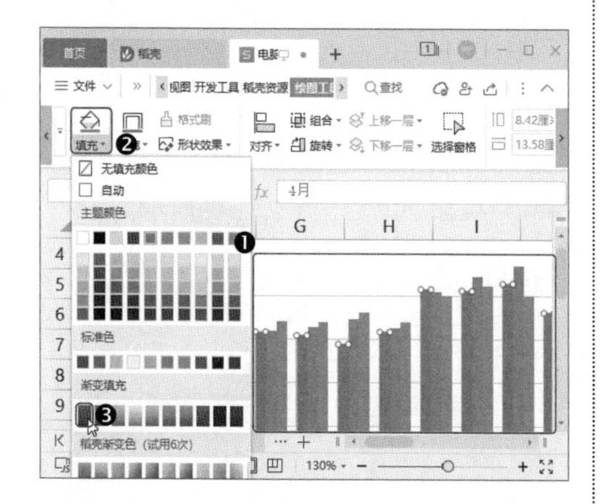

第12步 ❶ 选中“2020 年”数据系列；❷ 单击【绘图工具】选项卡中的【填充】下拉按钮；❸ 在弹出的下拉菜单中选择【渐变填充】中的【金色 - 暗橄榄绿渐变】，如下图所示。

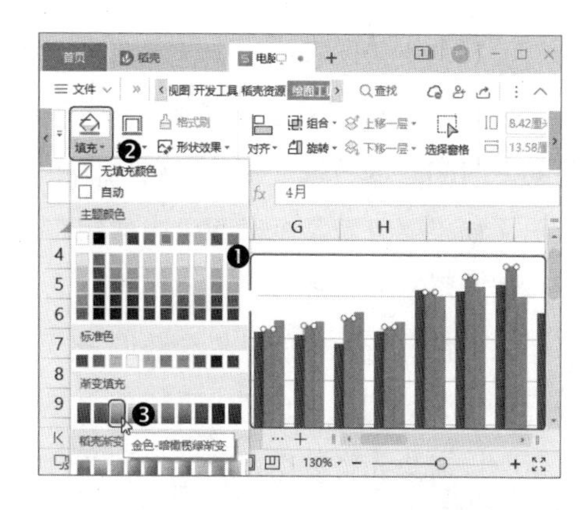

第13步 ❶ 选中“2021 年”数据系列；❷ 单击【绘图工具】选项卡中的【填充】下拉按钮；❸ 在弹出的下拉菜单中选择【渐变填充】中的【浅绿 - 暗橄榄绿渐变】，如下图所示。

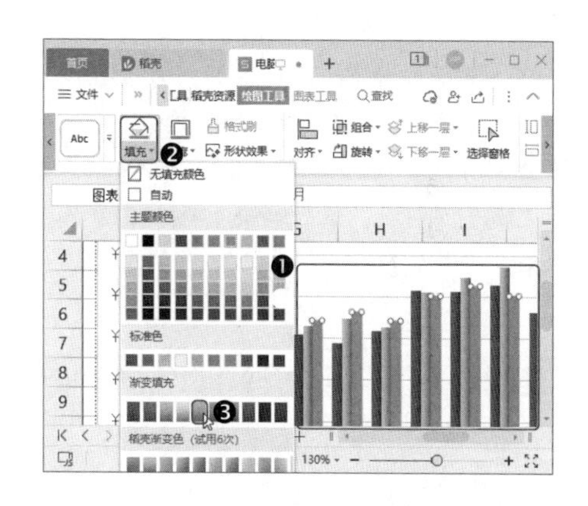

第14步 操作完成后，即可看到图表的最终效果，如下图所示。

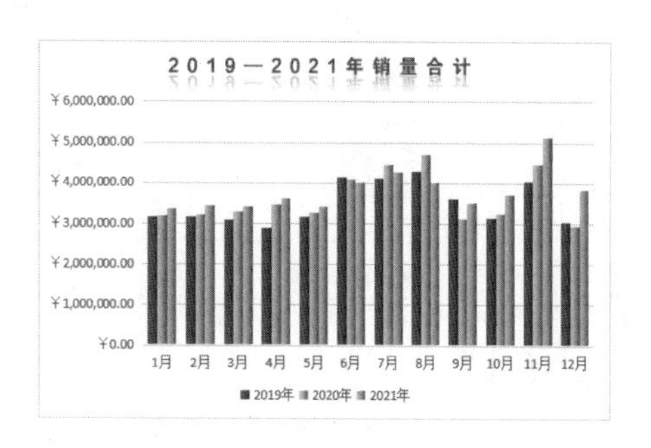

3. 销售走势图表

环比分析与同比分析的图表是为了展示某个时间点的数据变化，所以选择了柱形图。如果要查看某个时间段内的销售走势，则需要使用折线图。

下面制作近三年的销售走势图表，横坐标轴应为日期，且日期中需要包含年和月，所以需要先将数据源表的年和月合并到一列，操作方法如下。

第1步 接上一例操作，切换到“总销量表”工作表，选中C列，右击，在弹出的快捷菜单中单击【插入】命令，如下图所示。

> **教您一招**
>
> **快速插入多行/列**
>
> 如果要一次插入多行/列，可以在选中行/列后右击，在弹出的快捷菜单中的插入命令右侧有行/列数微调框，在微调框中输入要插入的行/列数，然后单击✓按钮，即可插入相应数量的行/列。

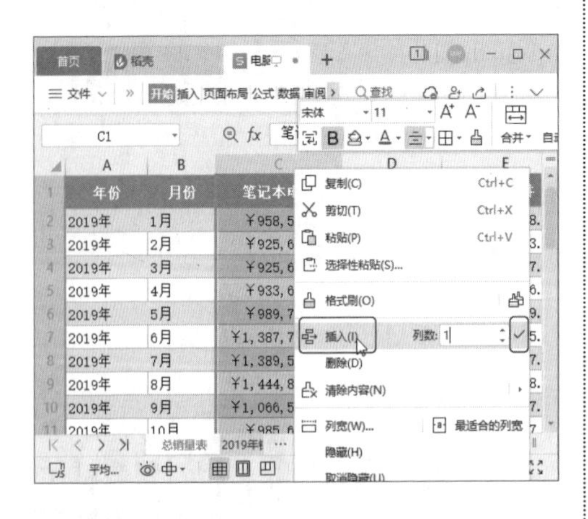

第2步 在表头中输入文本“日期”，如下图所示。

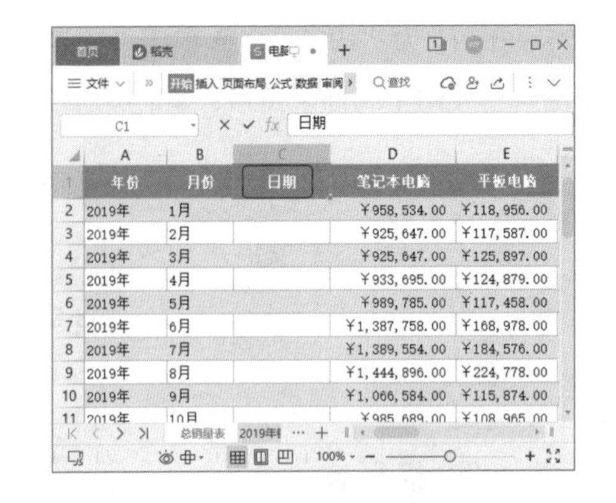

第3步 在C2单元格中输入公式“=A2&B2”，如下图所示。

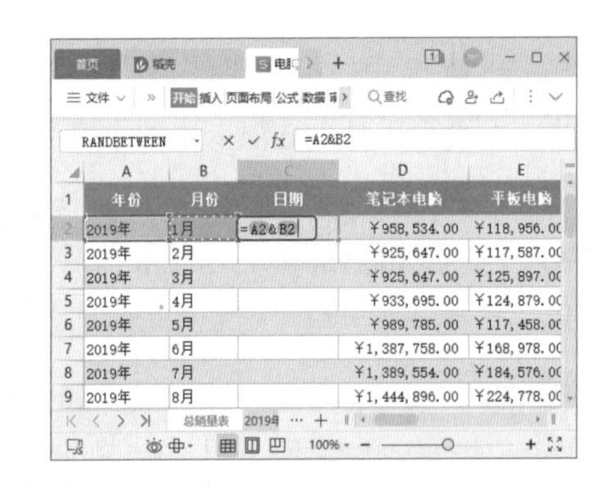

第4步 按【Enter】键即可合并A2:B2单元格区域中的数据，如下图所示。

第5步 将C2单元格中的公式不带格式填充到C3:C37单元格区域，如下图所示。

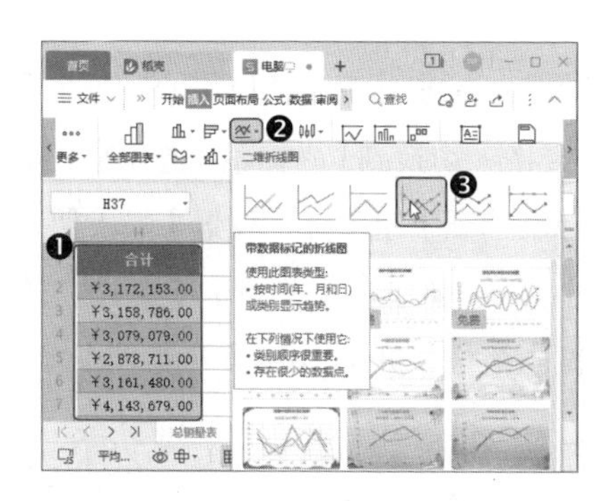

第6步 ❶ 选中 C1:C37 和 H1:H37 单元格区域；❷ 单击【插入】选项卡中的【插入折线图】下拉按钮；❸ 在弹出的下拉菜单中选择【带数据标记的折线图】选项，如下图所示。

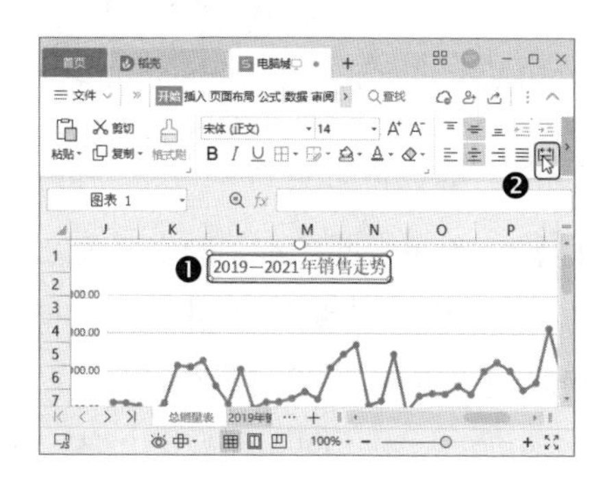

第7步 ❶ 将光标定位到原本的图表标题中，删除标题中的文本并输入需要的标题文本，然后选中标题文本框；❷ 单击【开始】选项卡中的【分散对齐】按钮，如下图所示。

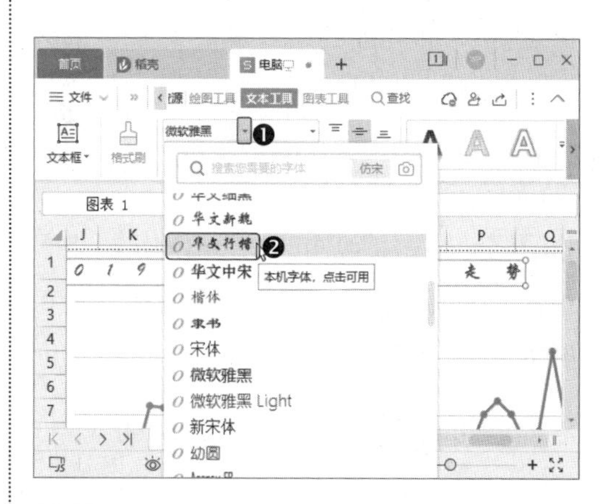

第8步 保持文本框的选中状态，❶ 单击【文本工具】选项卡中的【字体】下拉按钮；❷ 在弹出的下拉菜单中选择一种字体，如下图所示。

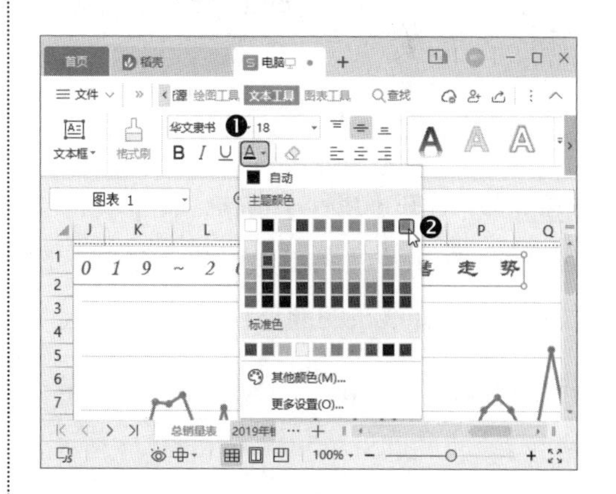

第9步 ❶ 单击【文本工具】选项卡中的【字体颜色】下拉按钮；❷ 在弹出的下拉菜单中选择一种字体颜色，如下图所示。

第10步 ❶ 单击【文本工具】选项卡中的【文本效果】下拉按钮；❷ 在弹出的下拉菜单中选择【倒影】选项；❸ 在弹出的子菜单中选择一种倒影变体，如下图所示。

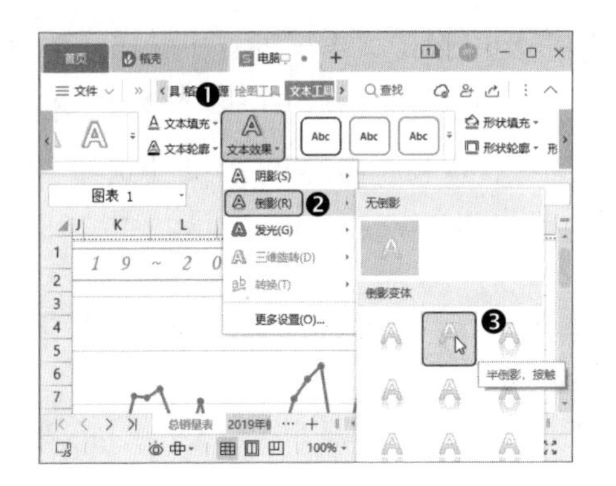

第11步 右击折线图，在弹出的快捷菜单中选择【设置数据系列格式】选项，如下图所示。

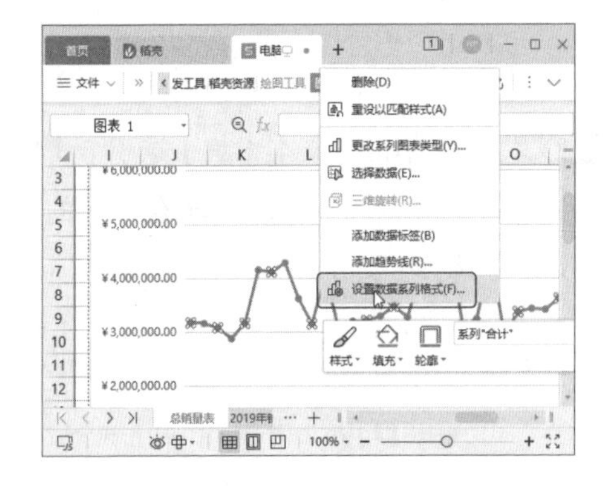

第12步 打开【属性】窗格，在【填充与线条】选项卡【线条】组中的【颜色】下拉列表中选择线条的颜色，如下图所示。

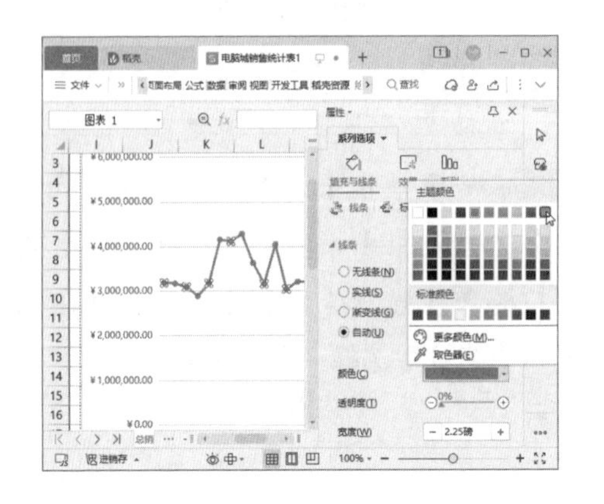

第13步 ❶ 切换到【标记】选项卡；❷ 在【填充】组的【颜色】下拉列表中选择标记的颜色，如下图所示。

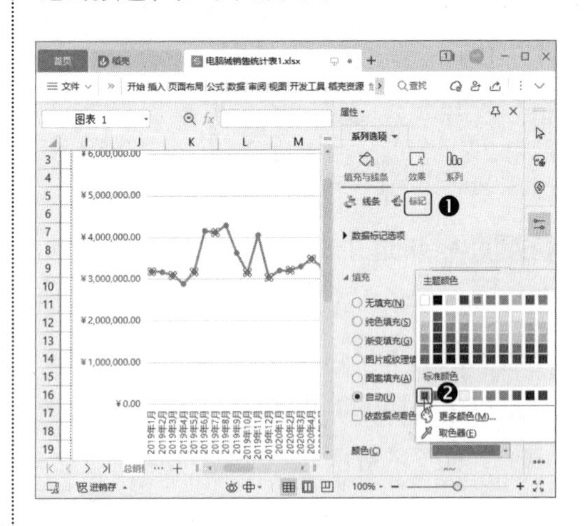

第14步 ❶ 选择垂直（值）轴；❷ 在【属性】窗格中切换到【坐标轴】选项卡；❸ 在【坐标轴选项】组中分别设置【最大值】和【最小值】；❹ 单击【关闭】按钮 ×，关闭【属性】窗格，如下图所示。

第15步 ❶ 单击图表右侧的【图表元素】浮动工具按钮；❷ 在弹出的菜单中勾选【趋势线】复选框，如下图所示。

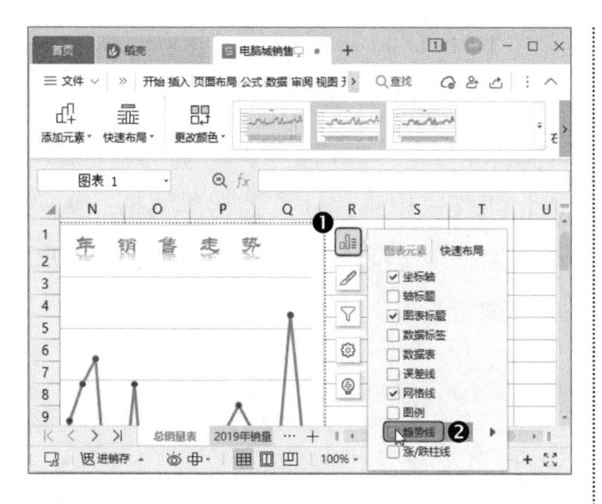

第16步 右击趋势线，在弹出的快捷菜单中选择【设置趋势线格式】选项，如下图所示。

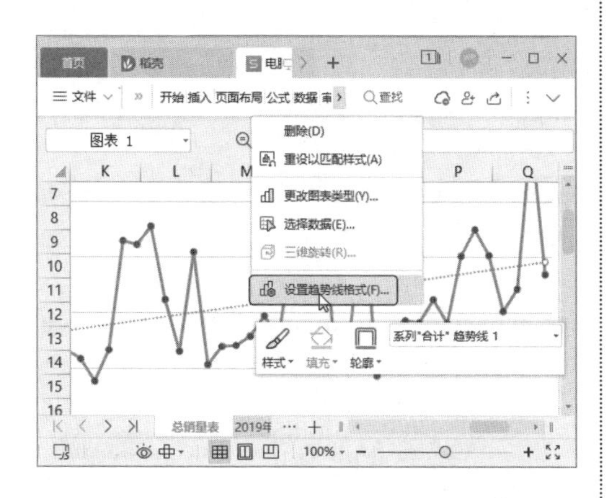

第17步 打开【属性】窗格；❶ 切换到【填充与线条】选项卡；❷ 在【线条】组的【颜色】下拉列表中选择一种趋势线的颜色；❸ 单击【关闭】按钮×，关闭【属性】窗格，如下图所示。

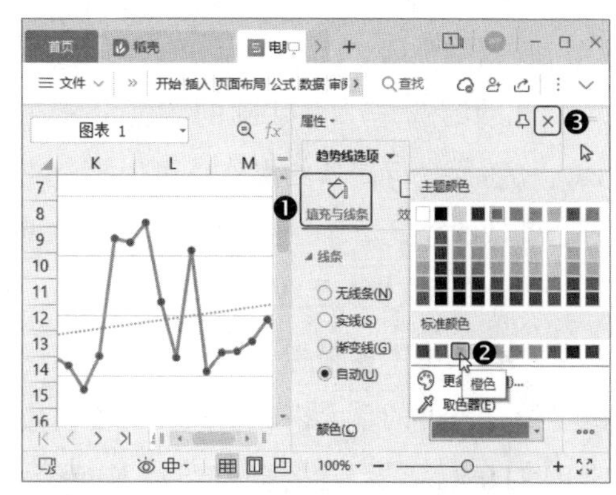

第18步 操作完成后，即可完成销售走势图表的制作。通过图表可以明显地看出趋势线呈上升状态，由此可以判断，近三年的销售情况呈上升趋势，如下图所示。

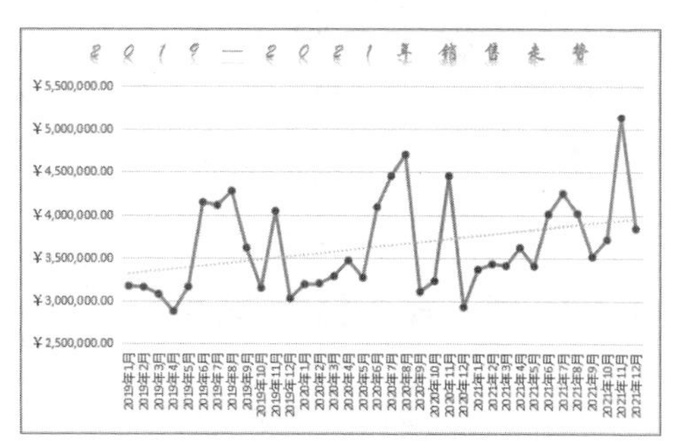

10.3 案例 3：公司员工结构分析

在企业管理中，人力资源规划是企业发展过程中重要的一环。在对企业中的人力资源进行规划时，首先需要对人力资源结构进行分析，如在职人员的性别、年龄、学历等，充分了解企业目前的人力资源状况，有助于更好地分配人力资源。

10.3.1 案例目标

在对公司员工结构进行分析时，通常可以使用以下数据处理方法。

1. 自动筛选

自动筛选是一个基础的数据分析工具，只需要进行简单的操作就可以筛选出符合条件的数据。

2. COUNTIFS 函数

在数据库中如果想要计算多个区域中满足给定条件的单元格的个数，可以使用 COUNTIFS 函数。给定条件可以是单个，也可以是多个。

3. 数据透视表

使用数据透视表可以进行某些计算，如求和、计数等。还可以根据需要调整数据字段分布，以便按照不同的方式分析数据。当版面设置发生改变时，数据透视表会按照新的设置重新计算，而原始数据发生改变时，数据透视表也可以实时更新。

10.3.2 统计员工结构信息

在分析员工结构时，主要可以从部门、性别、学历、年龄等角度进行分析。但是，员工信息表中还包含离职员工的信息，所以在对数据进行分析前，需要先统计出在职员工的信息。

在 WPS 表格中，如果要统计在职员工信息，可以使用筛选法、函数法和数据透视表法。

1. 筛选法

第1步 打开"素材文件\第 10 章\员工信息表.xlsx"工作簿，❶ 在"员工基本信息表"工作表中选择任意数据单元格；❷ 单击【数据】选项卡中的【自动筛选】按钮，如下图所示。

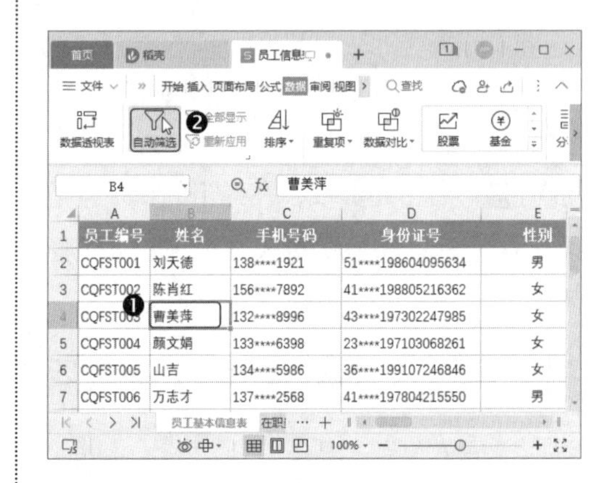

第2步 进入筛选状态，单击【是否在职】右侧的下拉按钮，如下图所示。

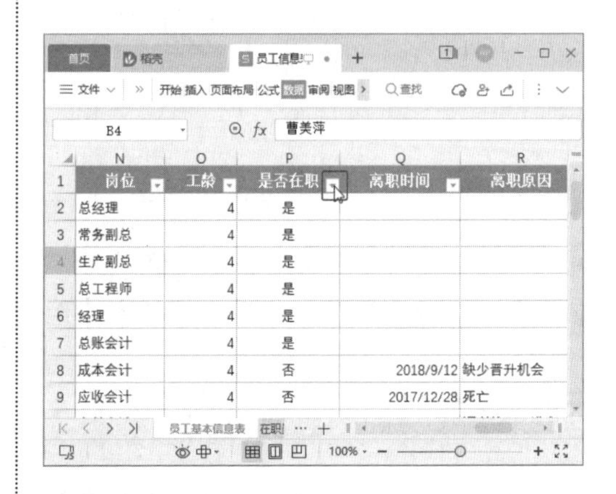

第3步 ❶ 在打开的下拉列表中只勾选【是】复选框；❷ 单击【确定】按钮，如下图所示。

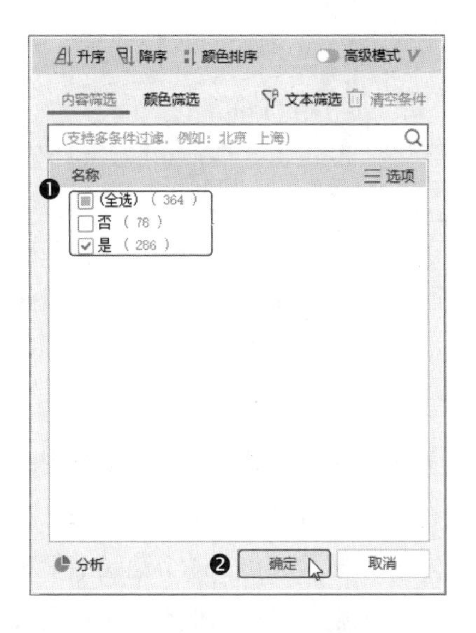

温馨提示

如果开通了 WPS 会员，可以在下拉列表中打开【高级模式】，一键导出选项的计数结果。

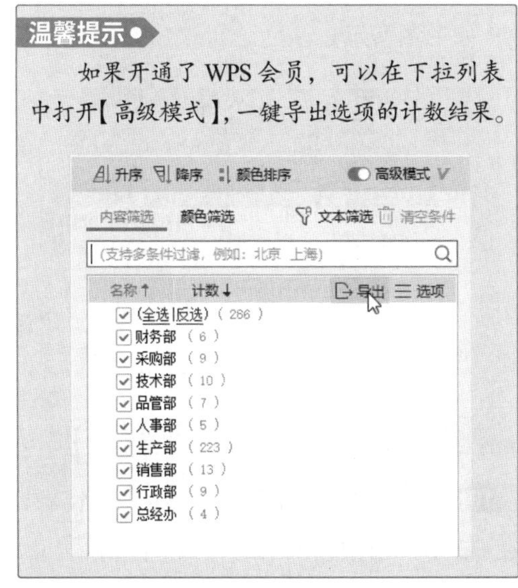

第4步 返回工作表，即可看到已经筛选出在职员工信息。单击【部门】右侧的下拉按钮▾，如下图所示。

第5步 在打开的下拉列表中选择【财务部】，单击右侧出现的【仅筛选此项】命令，如下图所示。

温馨提示

下拉列表中已经显示了数量，可以直接查看后输入。本例的操作作为知识点的补充讲解。

第6步 返回工作表，即可看到财务部的在职员工信息已经被筛选出来。工作簿的左下方显示“在 364 个记录中筛选出 6 个”，表示财务部的在职员工人数为 6，如下图所示。

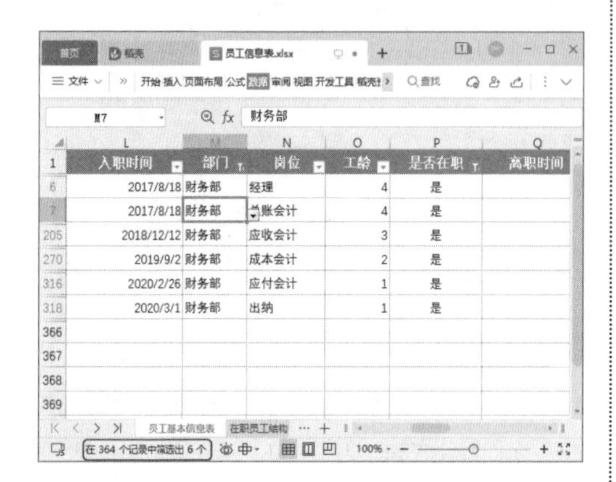

第7步 切换到“在职员工结构”工作表，在 B3 单元格中输入“6”，如下图所示。

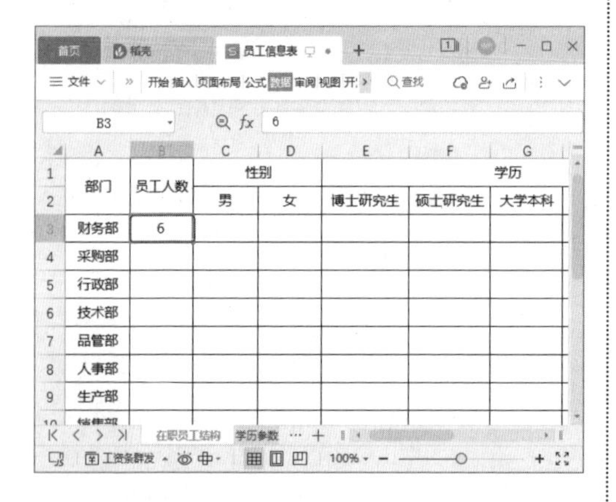

第8步 切换到“员工基本信息表”工作表，❶ 单击【性别】右侧的下拉按钮；❷ 在弹出的下拉列表中选择【男】选项；❸ 单击右侧出现的【仅筛选此项】命令，如下图所示。

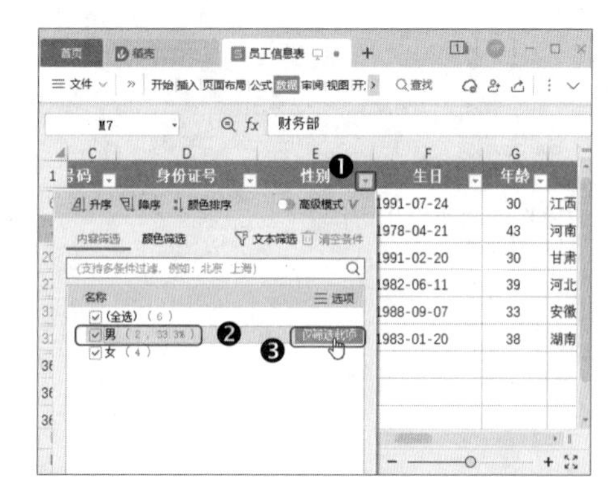

第9步 返回工作表中，即可看到财务部男性在职员工信息已经被筛选出来。工作簿的左下方显示“在 364 个记录中筛选出 2 个”，表示财务部的男性在职员工人数为 2，如下图所示。

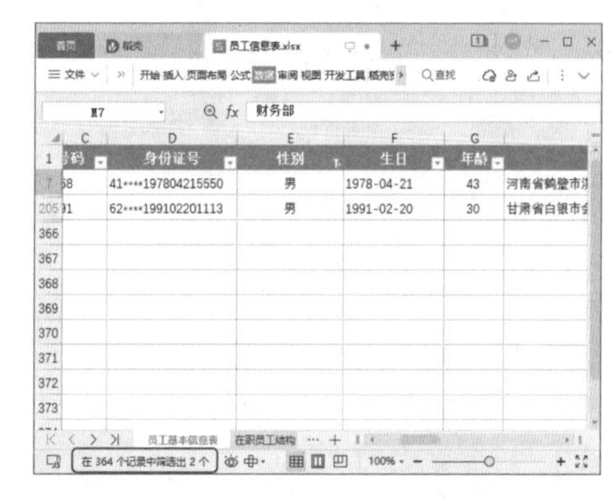

第10步 切换到“在职员工结构”工作表，在 C3 单元格中输入“2”，如下图所示。

第11步 在 D3 单元格中输入公式“=B3-C3”，计算出财务部的女性在职员工人数，如下图所示。

第12步 下面统计财务部不同学历在职员工的人数。切换到“员工基本信息表”工作表，❶ 单击【性别】右侧的下拉按钮；❷ 在打开的下拉列表中单击【清空条件】按钮，如下图所示。

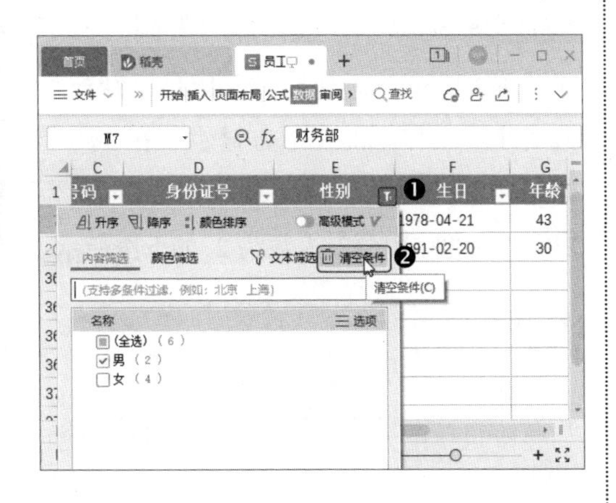

第13步 ❶ 单击【学历】右侧的下拉按钮；❷ 在弹出的下拉菜单中选择【大学本科】选项，单击右侧出现的【仅筛选此项】命令，如下图所示。

第14步 返回工作表，即可看到财务部学历为大学本科的在职员工信息已经被筛选出来。工作簿的左下方显示“在 364 个记录中筛选出 5 个”，表示财务部学历为大学本科的在职员工人数为 5，如下图所示。

第15步 切换到“在职员工结构”工作表，在 G3 单元格中输入“5”，如下图所示。

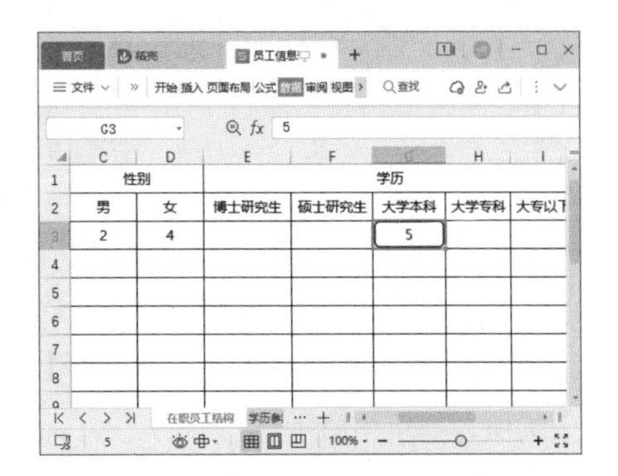

第16步 本例中财务部员工的学历除了大学本科就是大学专科，因此可以使用公式来计算大学专科员工的人数。在H3单元格中输入公式“=B3-G3”，按【Enter】键计算出财务部学历为大学专科的在职员工人数，如下图所示。

第17步 下面计算财务部各年龄段员工的人数。切换到“员工基本信息表”工作表，❶ 单击【学历】右侧的下拉按钮；❷ 在弹出的下拉列表中选择【全选】选项，单击右侧出现的【清除筛选】按钮，如下图所示。

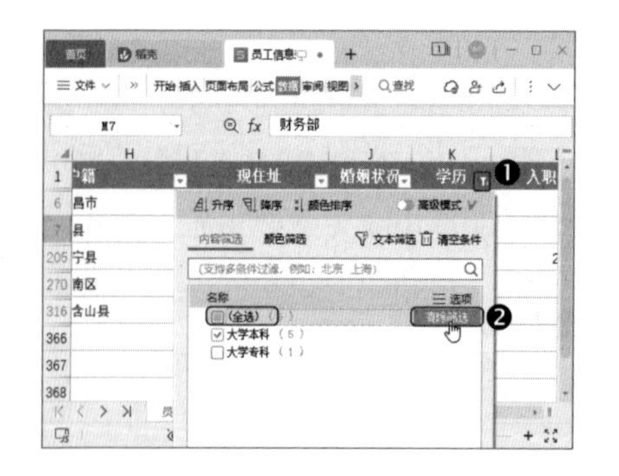

第18步 ❶ 单击【年龄】右侧的下拉按钮；❷ 在弹出的下拉列表中单击【数字筛选】命令；❸ 在弹出的子菜单中选择【介于】选项，如下图所示。

第19步 打开【自定义自动筛选方式】对话框，❶ 在【大于或等于】右侧的文本框中输入“21”，在【小于或等于】右侧的文本框中输入“30”；❷ 单击【确定】按钮，如下图所示。

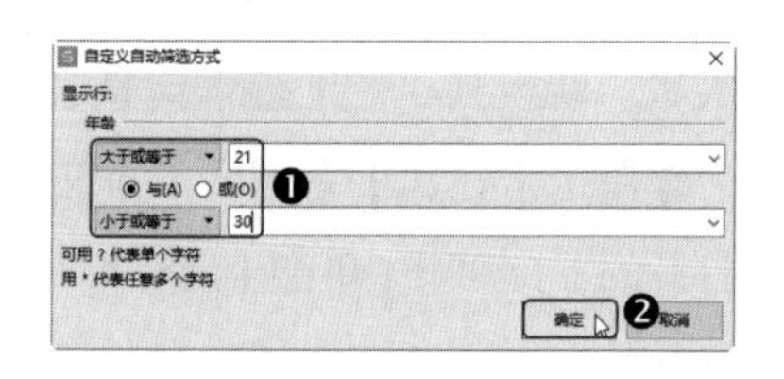

第20步 返回工作表，即可看到财务部年龄为21~30岁的在职员工信息已经被筛选出来。工作簿的左下方显示“在364个记录中筛选出2个”，表示财务部年龄为21~30岁的在职员工人数为2，如下图所示。

第21步 切换到“在职员工结构”工作表，在 J3 单元格中输入“2”，如下图所示。

第22步 切换到“员工基本信息表”工作表，❶ 单击【年龄】右侧的下拉按钮；❷ 在弹出的下拉列表中单击【数字筛选】命令；❸ 在弹出的子菜单中选择【介于】选项，如下图所示。

第23步 打开【自定义自动筛选方式】对话框，❶ 在【大于或等于】右侧的文本框中输入“31”，在【小于或等于】右侧的文本框中输入“40”；❷ 单击【确定】按钮，如下图所示。

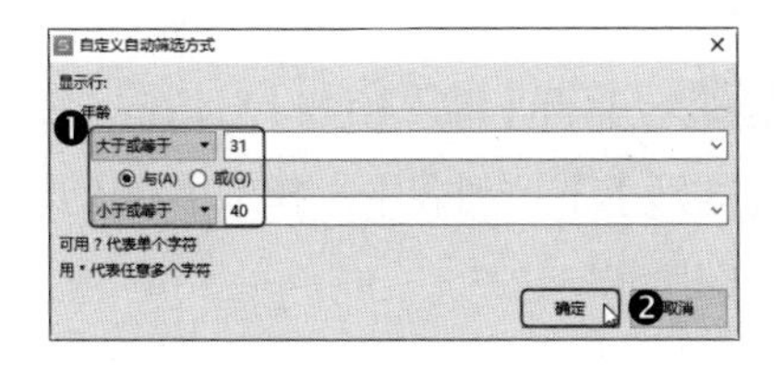

第24步 返回工作表，即可看到财务部年龄为 31~40 岁的在职员工信息已经被筛选出来。工作簿的左下方显示“在 364 个记录中筛选出 3 个”，表示财务部年龄为 31~40 岁的在职员工人数为 3，如下图所示。

第25步 切换到“在职员工结构”工作表，在 K3 单元格中输入“3”，然后使用相同的方法统计财务部其他年龄段的在职员工人数，如下图所示。

第26步 按照相同的方法统计其他部门的员工结构，如下图所示。

部门	员工人数	性别		学历					年龄			
		男	女	博士研究生	硕士研究生	大学本科	大学专科	大专以下	21~30	31~40	41~50	51~60
财务部	6	2	4			5	1		2	3	1	
采购部	9	6	3		1	7	1		4	3	1	1
行政部	9	3	6		1	2	2	4	7	1	1	
技术部	10	8	2		4	6			4	5	1	
品管部	7	4	3		2	4	1		1	4	1	1
人事部	5	2	3		2	3				5		
生产部	223	89	134		2	12	135	74	55	116	41	11
销售部	13	3	10		2	8	3		6	5	1	1
总经办	4	1	3	2	2					2	2	
合计												

第27步 统计所有部门的在职员工人数。❶ 选择 B12 单元格；❷ 单击【公式】选项卡中的【自动求和】按钮，如下图所示。

	A	B	C	D	E	F	G
8	人事部	5	2	3		2	3
9	生产部	223	89	134		2	12
10	销售部	13	3	10		2	8
11	总经办	4	1	3	2	2	
12	合计						

第28步 B12 单元格中将自动填充一个求和公式"=SUM(B3:B11)"，如下图所示。

	A	B	C	D	E	F	G
8	人事部	5	2	3		2	3
9	生产部	223	89	134		2	12
10	销售部	13	3	10		2	8
11	总经办	4	1	3	2	2	
12		=SUM(B3:B11)					

第29步 按【Enter】键完成输入，计算出所有在职员工人数，如下图所示。

	A	B	C	D	E	F	G
6	技术部	10	8	2		4	6
7	品管部	7	4	3		2	4
8	人事部	5	2	3		2	3
9	生产部	223	89	134		2	12
10	销售部	13	3	10		2	8
11	总经办	4	1	3	2	2	
12	合计	286					

第30步 将 B12 单元格中的公式填充到 C12:M12 单元格区域，统计所有部门的在职员工情况，如下图所示。

部门	员工人数	性别		学历					年龄			
		男	女	博士研究生	硕士研究生	大学本科	大学专科	大专以下	21~30	31~40	41~50	51~60
财务部	6	2	4			5	1		2	3	1	
采购部	9	6	3		1	7	1		4	3	1	1
行政部	9	3	6		1	2	2	4	7	1	1	
技术部	10	8	2		4	6			4	5	1	
品管部	7	4	3		2	4	1		1	4	1	1
人事部	5	2	3		2	3				5		
生产部	223	89	134		2	12	135	74	55	116	41	11
销售部	13	3	10		2	8	3		6	5	1	1
总经办	4	1	3	2	2					2	2	
合计	286	118	168	2	16	47	143	78	79	144	49	14

2. 函数法

使用筛选法统计在职员工的结构，操作比较简单，但筛选出结果后，需要手动填写数据，在填写过程中容易发生错误。

为了避免错误，可以使用函数法来统计各部门的员工结构，操作方法如下。

第1步 打开"素材文件\第 10 章\员工信息表 .xlsx"工作簿，❶ 切换到"在职员工结构"工作表，选择 B3 单元格；❷ 单击【公式】选项卡中的【插入函数】按钮，如下图所示。

第2步 打开【插入函数】对话框，在【或选择类别】下拉列表中选择【统计】选项，如下图所示。

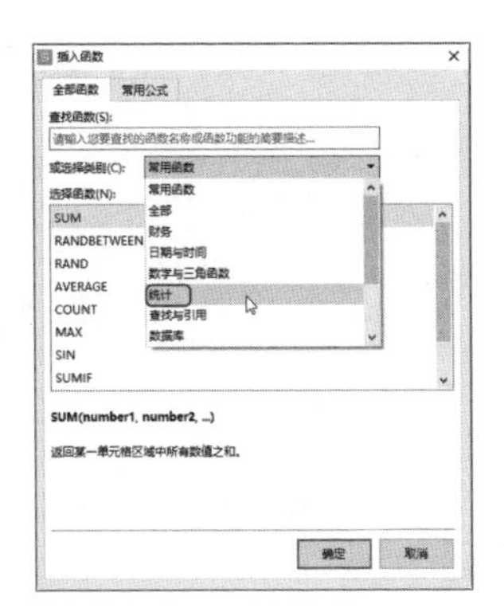

第3步 ❶ 在【选择函数】列表框中选择【COUNTIFS】函数；❷ 单击【确定】按钮，如下图所示。

第4步 打开【函数参数】对话框，单击【区域 1】右侧的 按钮，如下图所示。

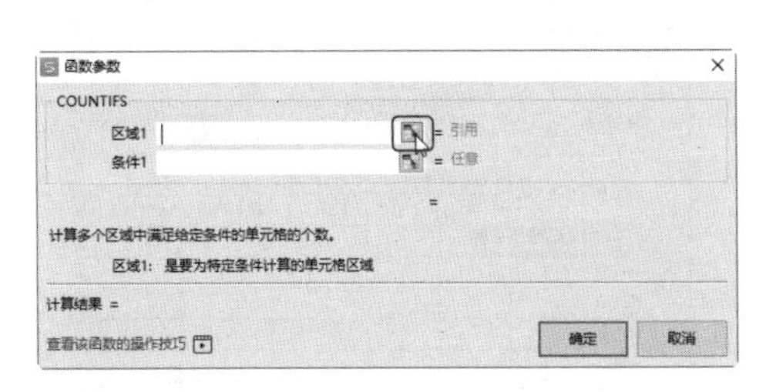

第5步 ❶ 切换到“员工基本信息表”工作表，选择 P2:P365 单元格区域；❷ 单击【函数参数】对话框中的 按钮，如下图所示。

温馨提示

在使用函数统计财务部的在职员工人数时，首先需要弄清楚统计的条件和统计区域。该统计包含两个条件，一个是在职，另一个是财务部，所以这两个条件对应的统计区域是“员工基本信息表”中的 P2:P365 和 M2:M365 单元格区域。

第6步 返回【函数参数】对话框，❶ 在【条件 1】文本框中输入“"是"”；❷ 将光标定位到【区域 2】参数文本框中，如下图所示。

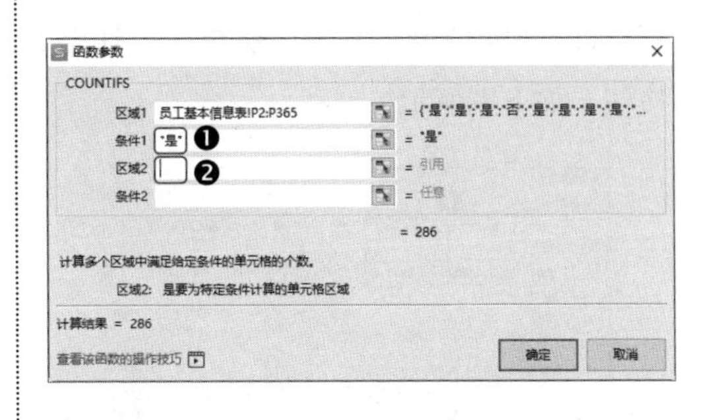

第7步 在“员工基本信息表”中选择 M2:M365 单元格区域，如下图所示。

第8步 ❶ 将光标定位到【条件 2】参数文本框中；❷ 选择“在职员工结构”工作表中的 A3 单元格，如下图所示。

第9步 因为两个条件对应的统计区域是相对固定的，所以可以将其设置为绝对引用。方法是：❶ 分别选中【区域 1】和【区域 2】参数文本框中的数据区域，按【F4】键，即可设置为绝对引用；❷ 单击【确定】按钮，如下图所示。

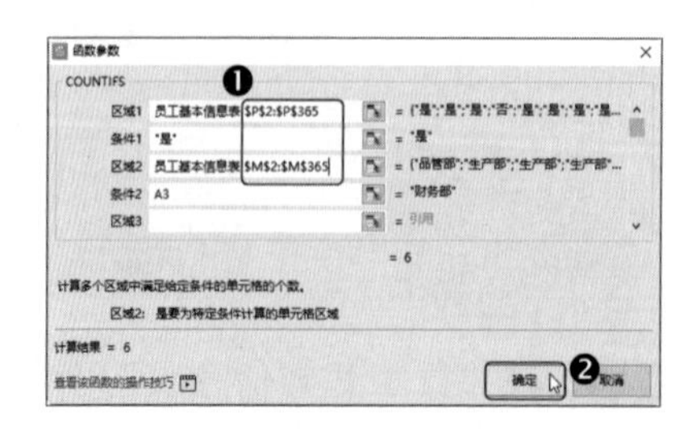

第10步 返回工作表，即可看到统计出的财务部的在职员工人数，如下图所示。

第11步 将 B3 单元格中的公式向下填充到 B4:B11 单元格区域，即可统计出其他部门的在职员工人数，如下图所示。

第12步 下面统计各部门不同性别员工的人数。❶ 双击 B3 单元格，进入编辑状态；❷ 在编辑栏中选中公式，然后按【Ctrl+C】组合键复制，如下图所示。

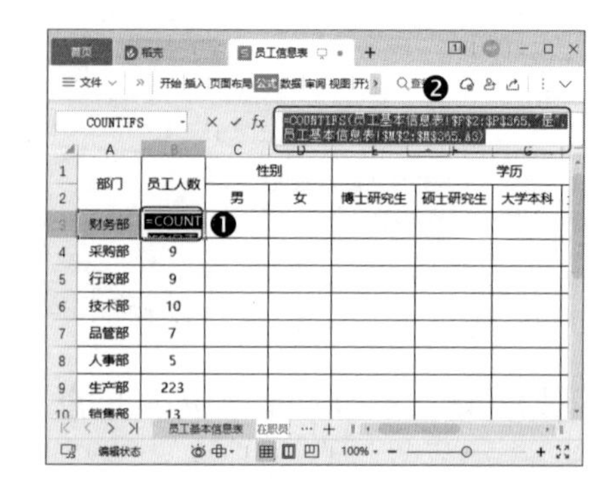

第13步 按【Esc】键退出编辑状态。❶ 双击 C3 单元格进入编辑状态，按【Ctrl+V】组合键，将公式粘贴到 C3 单元格中，按【Enter】键得出计算结果，然后选中 C3 单元格；❷ 单击编辑栏左侧的【插入函数】按钮 fx，如下图所示。

温馨提示

在统计财务部不同性别员工的人数时，有 3 个条件，分别是在职、财务部、男或女。在统计不同性别的员工人数时，前两个条件与统计财务部在职员工人数相同，只需要在原公式的基础上增加一个条件，所以可以复制之前的公式添加条件。

第14步 打开【函数参数】对话框，❶ 单击【条件 2】参数文本框，即可添加一个新的参数文本框，将光标定位到【区域 3】参数文本框中；❷ 在“员工基本信息表”工作表中选择 E2:E365 单元格区域，如下图所示。

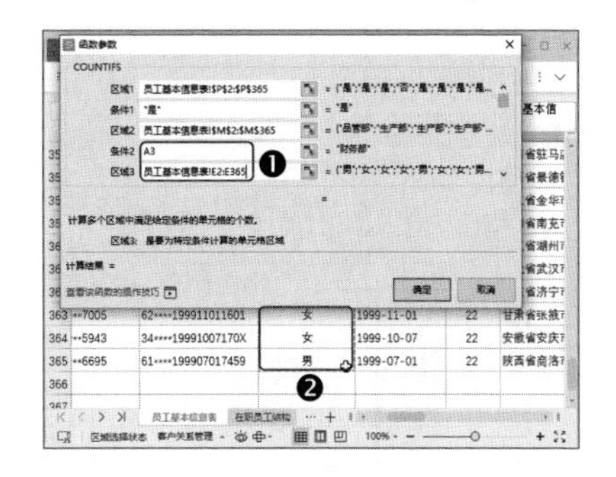

第15步 ❶ 拖曳函数参数右侧的滚动条，可以看到下方的【条件 3】，将光标定位到右侧的参数文本框中；❷ 在“在职员工结构”工作表中选择 C2 单元格，如下图所示。

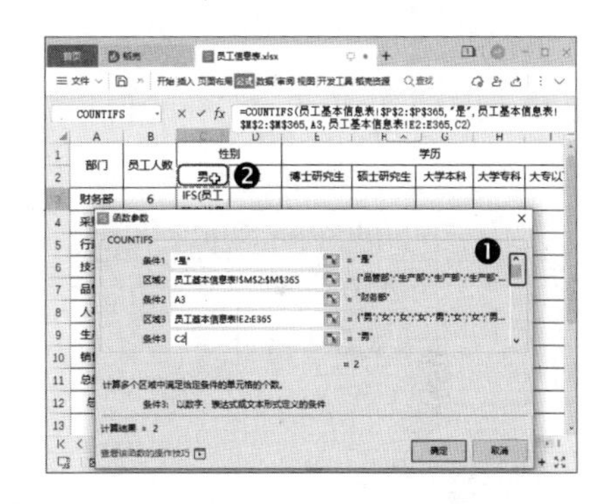

第16步 ❶ 将【区域 3】和【条件 3】参数文本框中的统计区域设置为绝对引用；❷ 单击【确定】按钮，如下图所示。

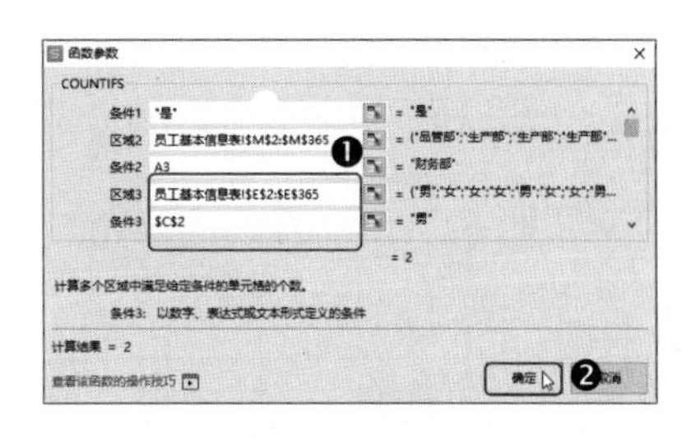

第17步 返回工作表，将 C3 单元格中的公式填充到 C4:C11 单元格区域中，即可统计出财务部男性在职员工的人数，如下

图所示。

第18步 将 C3 单元格中的公式复制到 D3 单元格中，将公式最后的参数“$C$2”更改为“$D$2”，如下图所示。

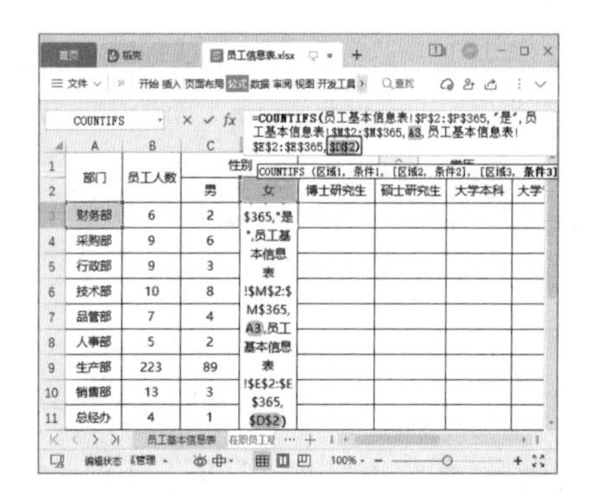

第19步 将 D3 单元格中的公式填充到 D4:D11 单元格区域中，即可统计出财务部女性在职员工的人数，如下图所示。

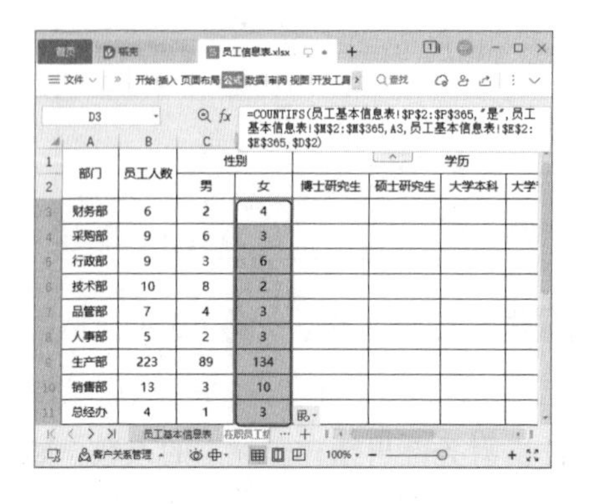

第20步 下面统计财务部不同学历的在职员工人数。❶ 首先统计博士研究生，将 C3 单元格中的公式复制到 E3 单元格，然后打开【函数参数】对话框，将【区域 3】中的统计区域更改为“$K$2:$K$365”，【条件 3】更改为“$E$2”；❷ 单击【确定】按钮，如下图所示。

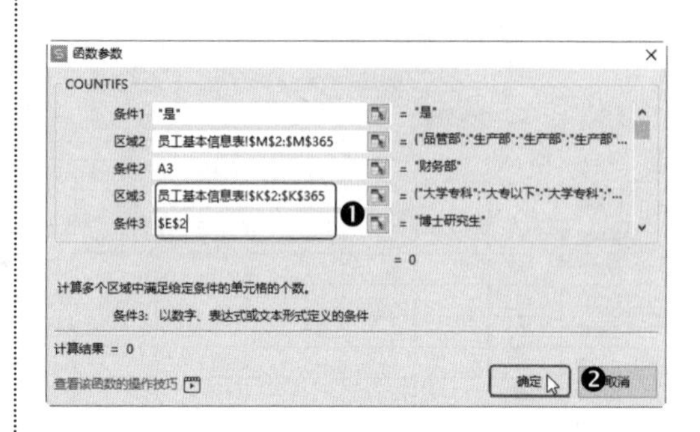

第21步 返回工作表，即可看到财务部学历为博士研究生的员工人数，复制 E3 单元格中的公式到 F3 单元格，将公式最后的参数“$E$2”更改为“$F$2”，如下图所示。

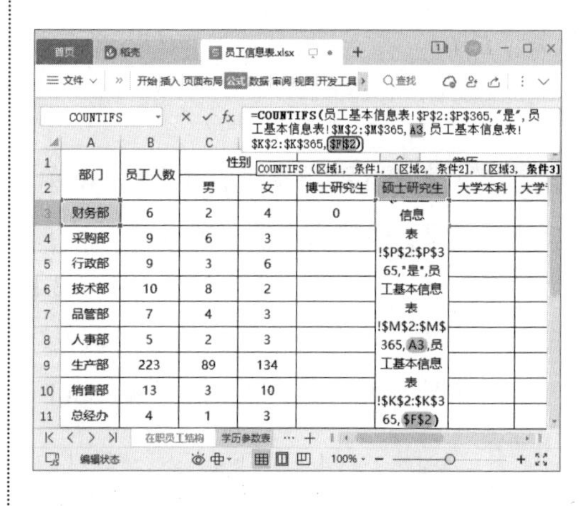

第22步 使用相同的方法分别统计大学专科和大专以下学历员工的人数，如下图所示。

第23步 选择 E3:I3 单元格区域，向下填充公式到 E4:I11 单元格区域，即可统计出其他部门不同学历的在职员工人数，如下图所示。

第24步 统计各部门不同年龄段在职员工的人数。❶ 首先统计年龄为 21~30 岁的员工人数。将 C3 单元格中的公式复制到 J3 单元格，然后打开【函数参数】对话框，将【区域 3】中的统计区域更改为“员工基本信息 !\$G\$2:\$G\$365”，【条件 3】更改为“>=21”；❷【区域 4】中的统计区域与【区域 3】相同，为“员工基本信息 !\$G\$2:\$G\$365”，【条件 4】设置为“<=30”；❸ 单击【确定】按钮，如下图所示。

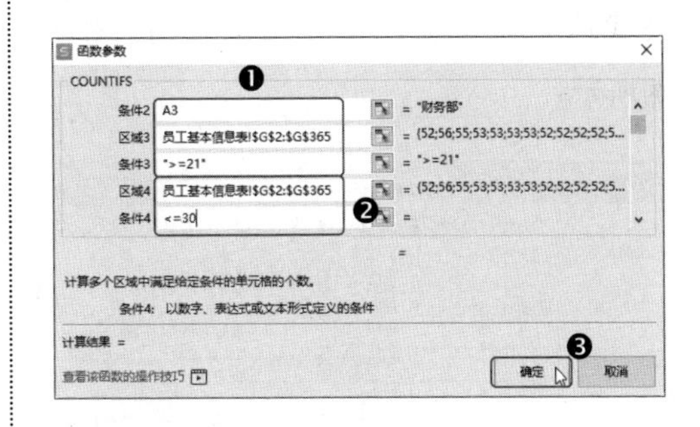

第25步 返回工作表，将 J3 单元格中的公式复制到 K3 单元格，并更改公式中的统计条件为“>=31”和“<=40”，如下图所示。

=COUNTIFS(员工基本信息表!$P$2:$P$365,"是",员工基本信息表!$M$2:$M$365,A3,员工基本信息表!$G$2:$G$365,">=31",员工基本信息表!$G$2:$G$365,"<=40")

	F	G	H	I	J	K	L
2	硕士研究生	大学本科	大学专科	大专以下		31~40	41~50
3	0	5	1	0	2	=40")	
4	1	7	1	0			
5	1	2	2	4			
6	4	6	0	0			
7	2	4	1	0			
8	2	3	0	0			
9	2	12	135	74			

第26步 使用相同的方法统计出 41~50 岁和 51~60 岁的在职员工人数，如下图所示。

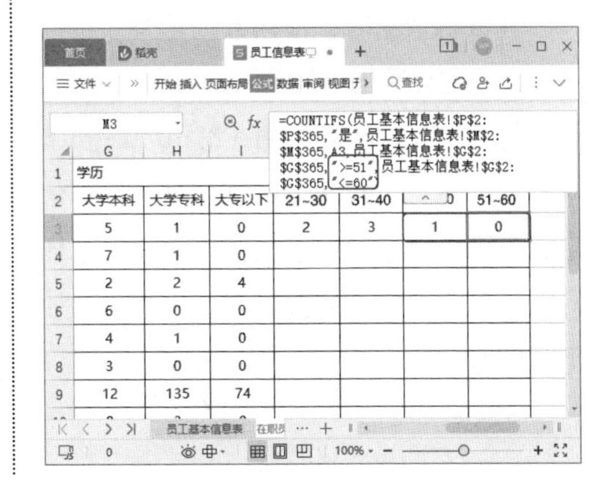

=COUNTIFS(员工基本信息表!$P$2:$P$365,"是",员工基本信息表!$M$2:$M$365,A3,员工基本信息表!$G$2:$G$365,">=51",员工基本信息表!$G$2:$G$365,"<=60")

	G	H	I	J	K	L	M
2	大学本科	大学专科	大专以下	21~30	31~40		51~60
3	5	1	0	2	3	1	0
4	7	1	0				
5	2	2	4				
6	6	0	0				
7	4	1	0				
8	3	0	0				
9	12	135	74				

第27步 选中 J3:M3 单元格区域，然后将公式填充到 J4:M11 单元格区域中，如下图所示。

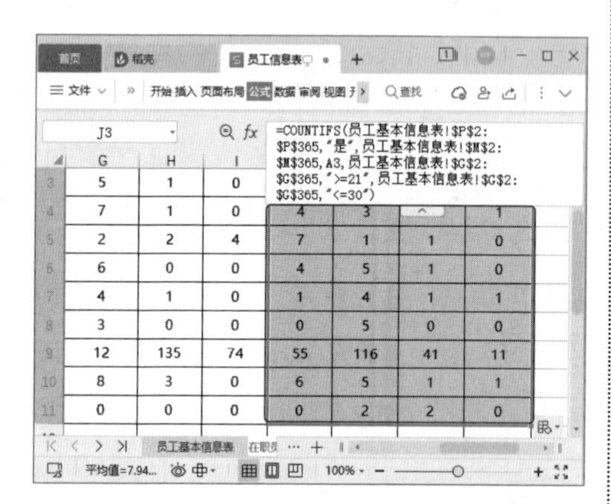

第28步 在 B12 单元格中输入公式"=SUM(B3:B11)"，然后向右填充即可完成统计，如下图所示。

B12 =SUM(B3:B11)

部门	员工人数	性别		学历					年龄			
		男	女	博士研究生	硕士研究生	大学本科	大学专科	大专以下	21~30	31~40	41~50	51~60
财务部	6	2	4	0	0	5	1	0	2	3	1	0
采购部	9	6	3	0	1	7	1	0	4	3	1	1
行政部	9	3	6	0	1	2	2	4	7	1	1	0
技术部	10	8	2	0	4	6	0	0	4	5	1	0
品管部	7	4	3	0	2	4	1	0	1	4	1	1
人事部	5	2	3	0	2	3	0	0	0	5	0	0
生产部	223	89	134	0	2	12	135	74	55	116	41	11
销售部	13	3	10	0	2	8	3	0	6	5	1	1
总经办	4	1	3	2	2	0	0	0	0	2	2	0
总计	286	118	168	2	16	47	143	78	79	144	49	14

3. 数据透视表法

在分析数据时，使用数据透视表可以更方便地统计数据，操作方法如下。

第1步 打开"素材文件\第 10 章\员工信息表.xlsx"工作簿，❶ 在"员工基本信息表"中选中任意数据单元格；❷ 单击【插入】选项卡中的【数据透视表】按钮，如下图所示。

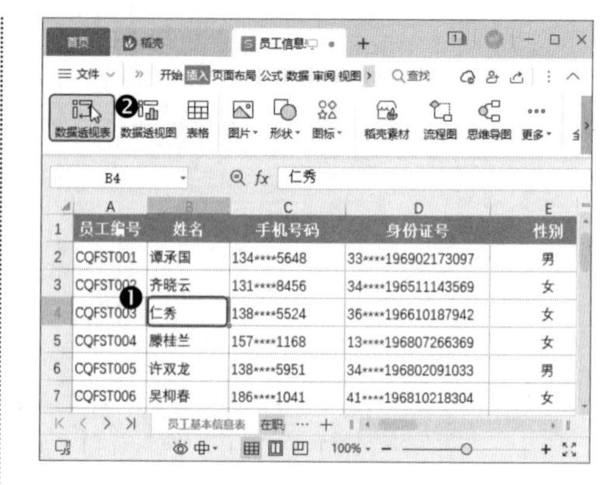

第2步 打开【创建数据透视表】对话框，此时已经自动选择了整个数据区域，并默认选择将数据透视表放置在新工作表中，直接单击【确定】按钮，如下图所示。

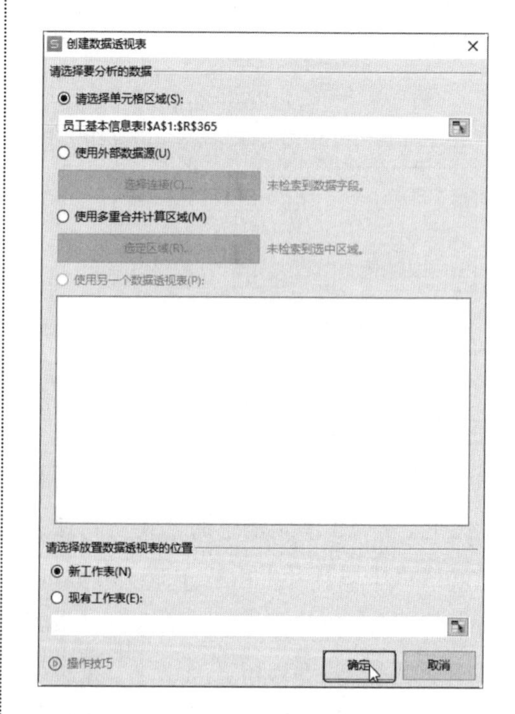

第3步 返回工作表，即可看到已经新建了一个工作表，并创建了一个数据透视表的框架，如下图所示。

第4步 在【数据透视表】窗格的【字段列表】中勾选需要的字段，本例勾选【员工编号】和【部门】复选框，如下图所示。

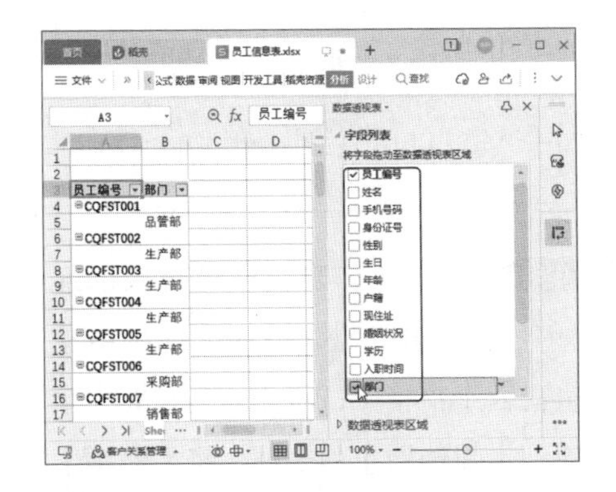

第5步 ❶ 在【数据透视表区域】组中单击【员工编号】选项；❷ 在弹出的下拉菜单中选择【移动到值】命令，如下图所示。

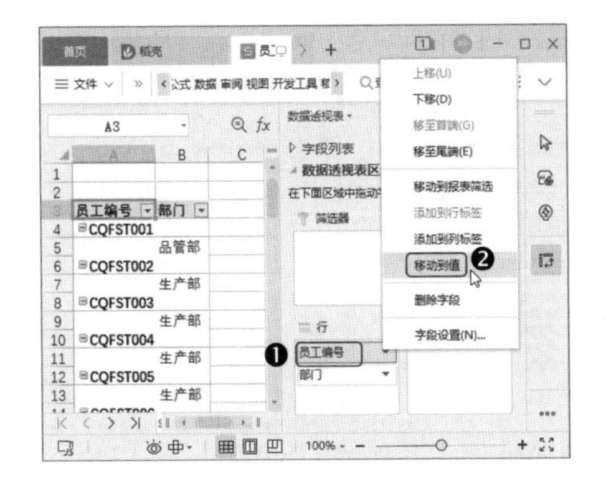

第6步 操作完成后，即可统计出各部门的员工人数。由于没有筛选在职员工，数据透视表中统计的是所有员工的人数，如下图所示。

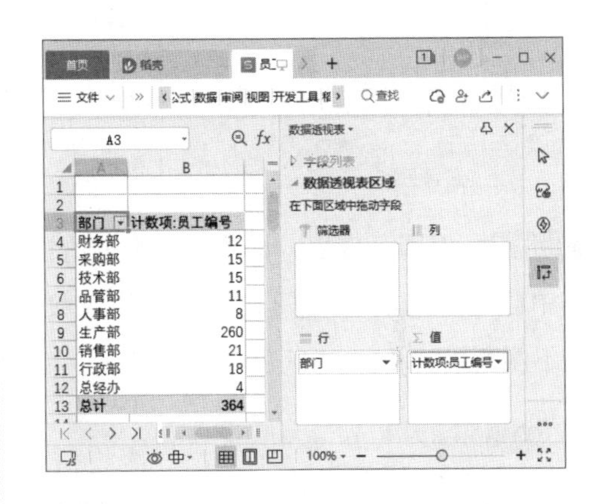

第7步 ❶ 在【字段列表】中单击【是否在职】右侧的下拉按钮▼；❷ 在弹出的下拉菜单中选择【添加到报表筛选】命令，如下图所示。

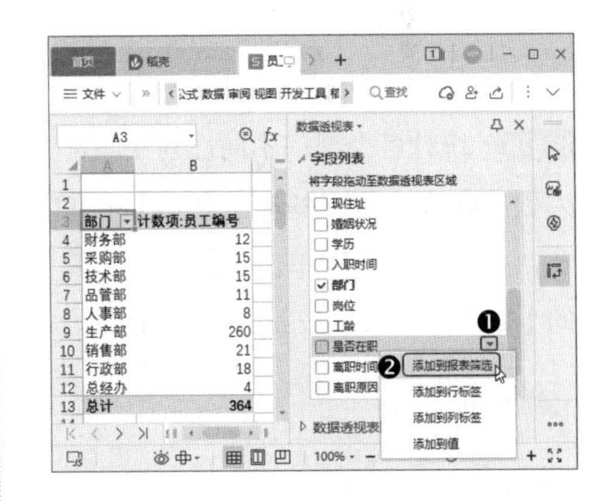

第8步 即可在数据透视表中添加一个筛选字段【是否在职】，❶ 单击该字段右侧的下拉按钮▼；❷ 在弹出的下拉列表中选择【是】选项，然后单击右侧出现的【仅筛选此项】命令，如下图所示。

第9步 返回工作表，即可看到数据透视表中已经筛选出各部门在职员工的人数，如下图所示。

第10步 统计各个部门不同性别在职员工的人数。❶ 在【员工基本信息表】中选中任意数据单元格；❷ 单击【插入】选项卡中的【数据透视表】按钮，如下图所示。

第11步 打开【创建数据透视表】对话框，此时已经自动选择了整个数据区域，❶ 在【请选择放置数据透视表的位置】区域中选择【现有工作表】单选按钮；❷ 将光标定位到下方的参数框中，选择“Sheet1”工作表中的 D1 单元格；❸ 单击【确定】按钮，如下图所示。

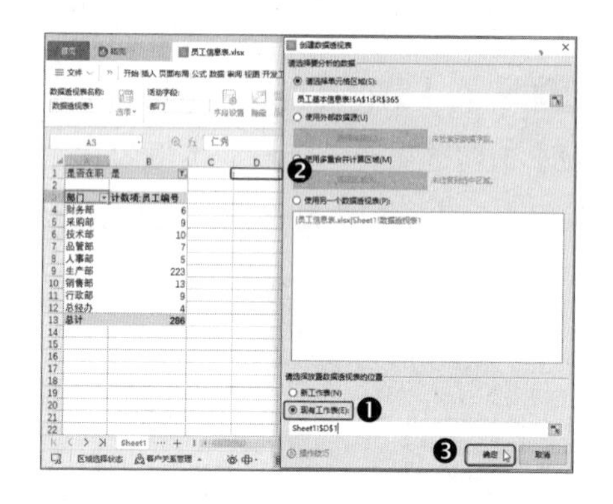

第12步 返回工作表，即可看到已经在 Sheet1 工作表中创建了数据透视表，在【数据透视表】窗格中，将【是否在职】字段添加到【筛选器】列表框；将【性别】字段添加到【列】列表框；将【部门】字段添加到【行】列表框；将【员工编号】字段添加到【值】列表框，如下图所示。

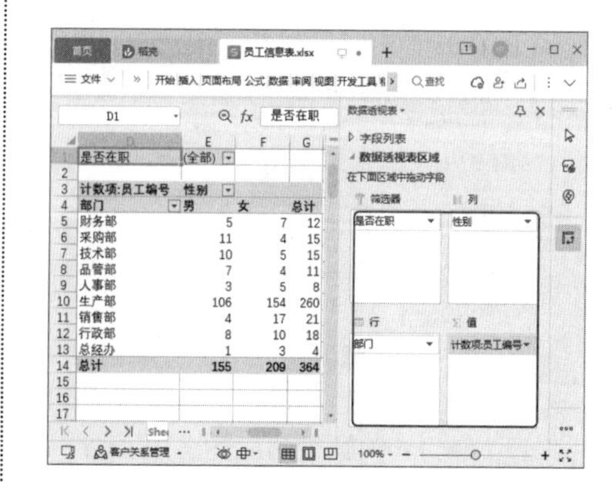

第13步 ❶ 单击【是否在职】字段右侧的下拉按钮；❷ 在弹出的下拉列表中选择【是】选项；❸ 单击【确定】按钮，如下图所示。

第14步 即可统计出各部门不同性别在职员工的人数，如下图所示。

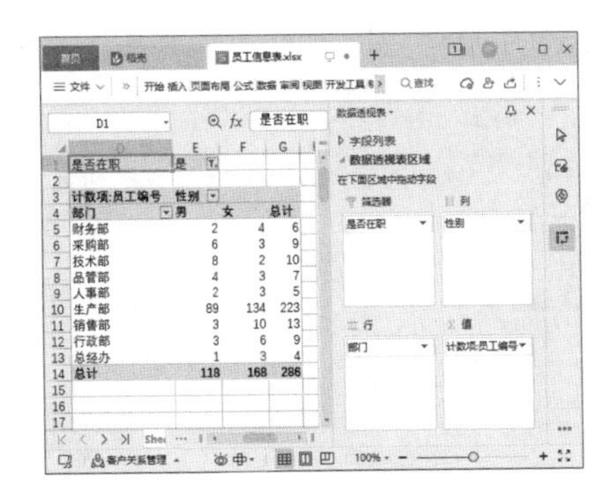

第15步 使用相同的方法统计不同部门不同学历在职员工的人数，如下图所示。

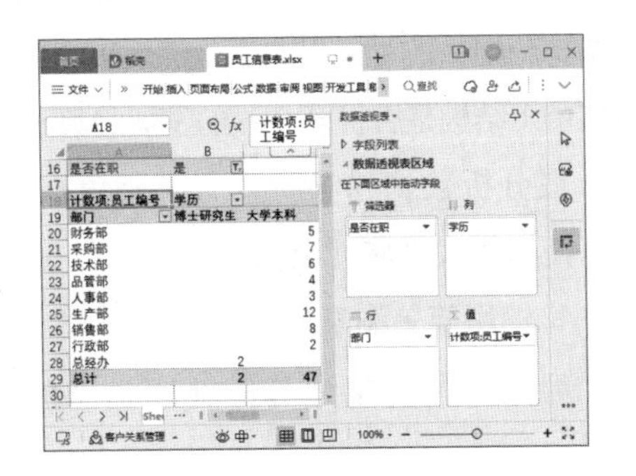

第16步 统计完成后，可以看到学历是按照首字母升序排列的，但是在日常工作中更习惯按学历高低排列，因此可以将“硕士研究生”移动到“博士研究生”之后。选中“硕士研究生”所在的单元格，将鼠标指针移动到单元格的边框处，鼠标指针将变为可移动状态，如下图所示。

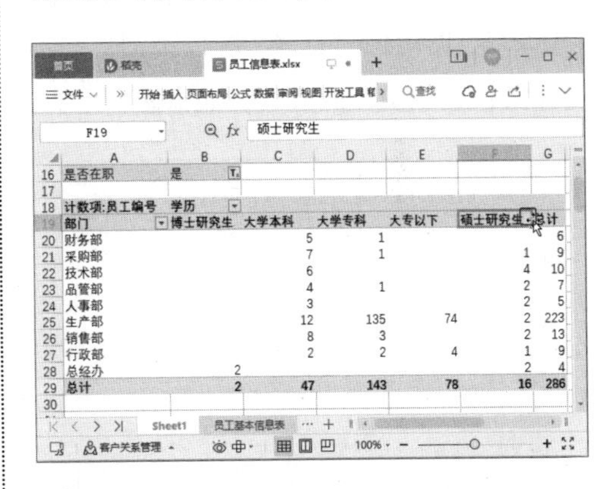

第17步 按住鼠标左键，将“硕士研究生”拖曳到“博士研究生”之后释放鼠标左键，如下图所示。

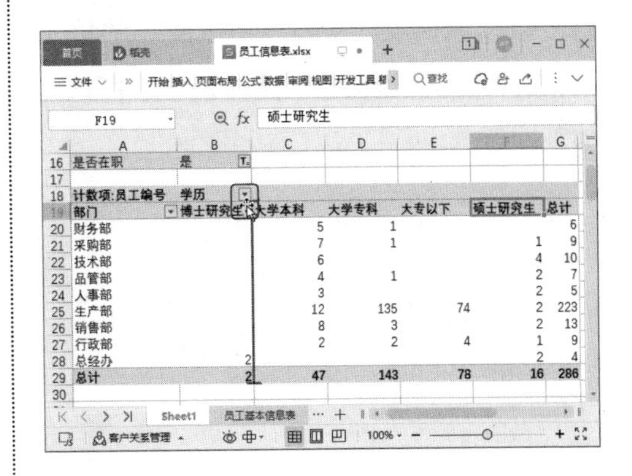

第18步 操作完成后，即可将“硕士研究生”字段移动到“博士研究生”字段之后，如下图所示。

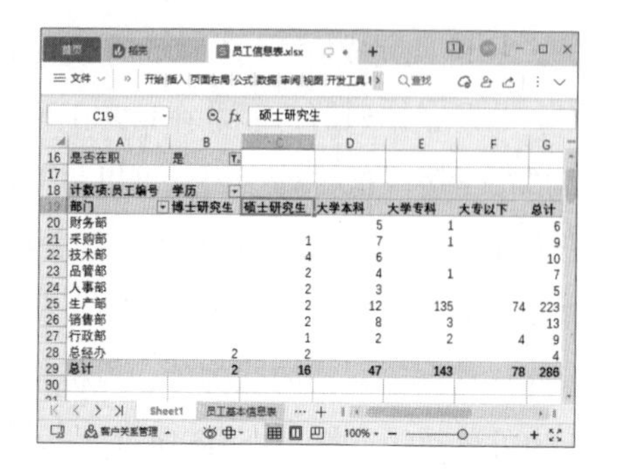

第19步 使用相同的方法统计不同部门不同年龄段在职员工的人数，如下图所示。

第20步 数据透视表默认按具体年龄划分字段，需要根据实际的需求划分年龄段。右击数据透视表“年龄”字段所在的单元格，在弹出的快捷菜单中选择【组合】命令，如下图所示。

第21步 打开【组合】对话框，❶ 在【起始于】文本框中输入“21”，在【终止于】文本框中输入“60”，在【步长】文本框中输入“10”；❷ 单击【确定】按钮，如下图所示。

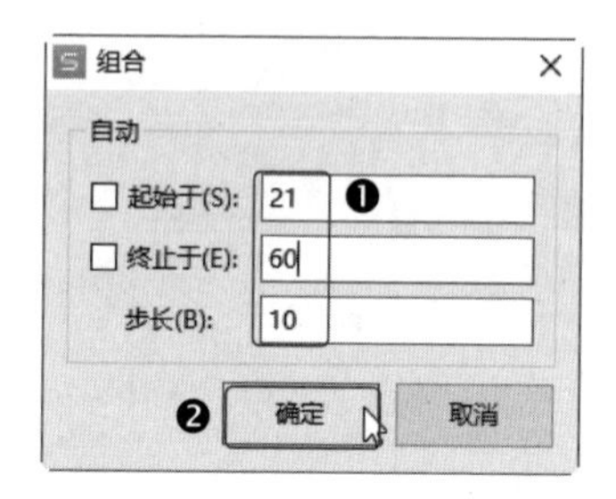

第22步 返回数据透视表，即可看到不同部门在职员工已经按照不同年龄段进行了汇总，如下图所示。

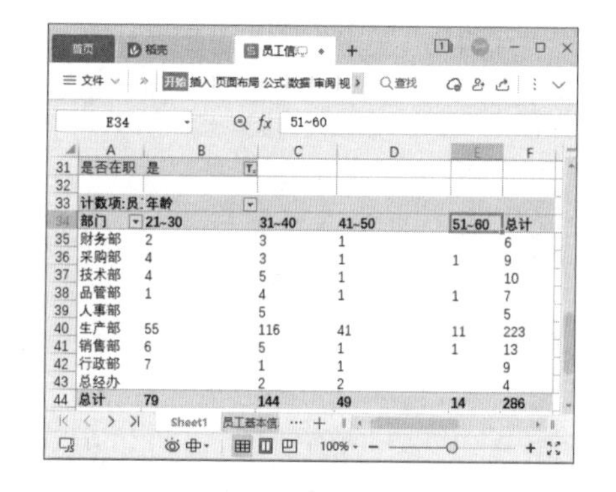

10.3.3 分析员工结构

分析员工结构，不仅可以了解企业的员工结构分配，还可以根据企业的发展来判断当前员工结构是否符合企业的发展趋势。

在分析数据趋势时，为了避免枯燥，可以使用图表来展现数据。

1. 使用简单图表分析

如果只是简单地分析在职员工的结

构，可以使用简单图表，如分析部门人数、员工的性别占比、员工的学历分布情况、员工的年龄分布情况等，操作方法如下。

第1步 打开“素材文件\第 10 章\员工信息表 1.xlsx”工作簿，首先分析各部门员工人数。❶ 在“在职员工结构”工作表中选择 A3:B11 单元格区域；❷ 单击【插入】选项卡中的【全部图表】按钮，如下图所示。

第2步 打开【图表】对话框，❶ 在左侧选择【柱形图】选项；❷ 在右侧选择【簇状柱形图】，然后单击下方的预设图表，如下图所示。

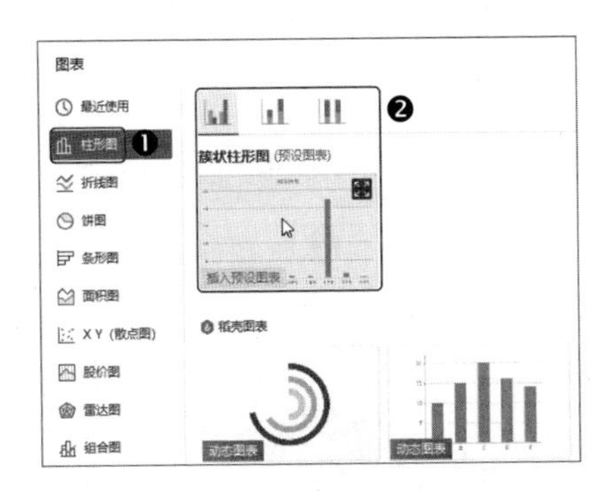

第3步 返回工作表，即可看到已经插入了图表，如下图所示。

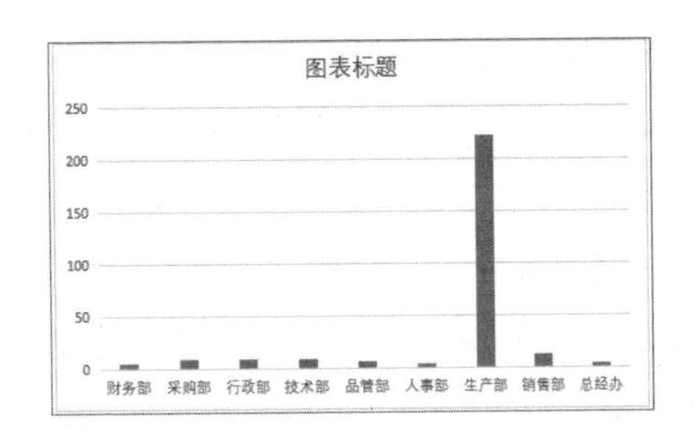

第4步 ❶ 删除图表标题文本框中的默认文本，输入需要的图表标题；❷ 在【文本工具】选项卡中设置图表标题的文本样式，如下图所示。

第5步 ❶ 选中图表；❷ 单击【图表工具】选项卡中的【添加元素】下拉按钮；❸ 在弹出的下拉菜单中选择【数据标签】选项；❹ 在弹出的子菜单中单击【数据标签外】选项，如下图所示。

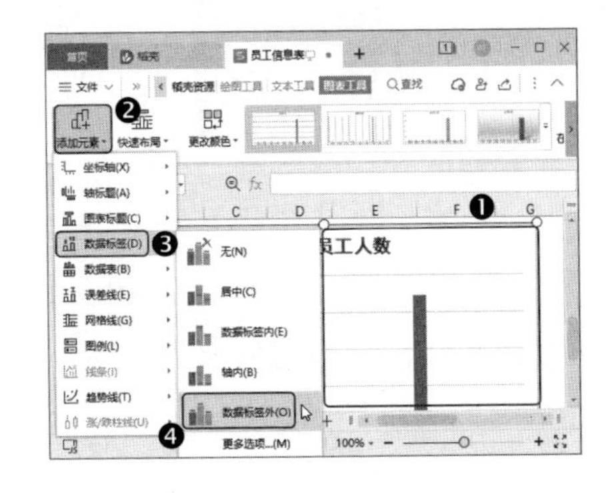

第6步 从图表中可以看出，生产部的在职员工人数最多，可以为其设置单独的填充颜色，加深记忆。❶ 单击两次【生产部】所在的数据系列；❷ 单击【绘图工具】选项卡中的【填充】下拉按钮；❸ 在弹出的下拉菜单中选择【红色】，如下图所示。

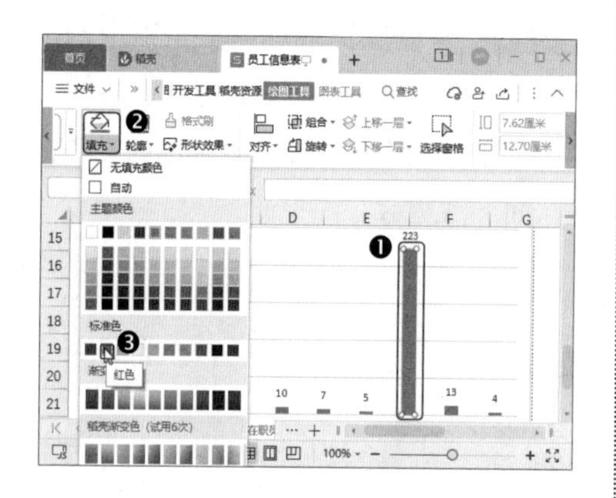

第7步 ❶ 单击两次【生产部】的数据标签；❷ 单击【文本工具】选项卡中的【字体颜色】下拉按钮 A·；❸ 在弹出的下拉菜单中选择【红色】，如下图所示。

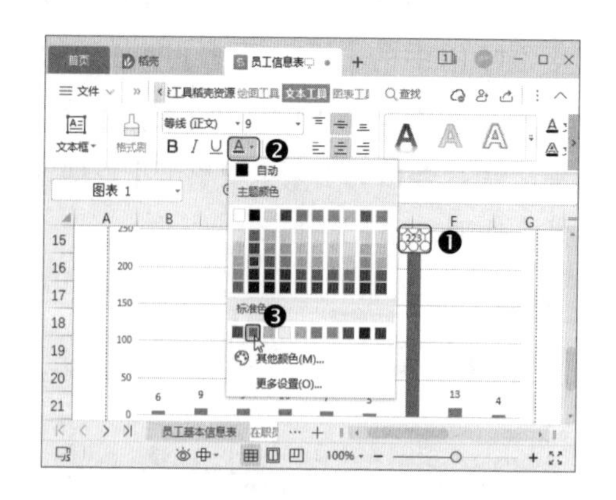

第8步 操作完成后，可以看到图表中员工人数最多的生产部已经被突出显示，如下图所示。

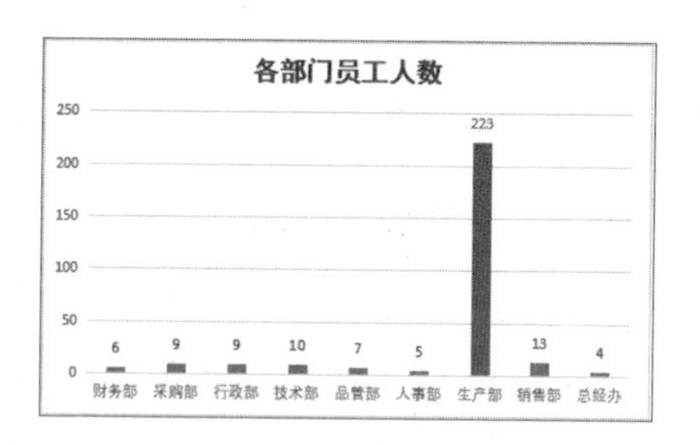

第9步 分析员工的性别占比。❶ 在“在职员工结构”工作表中分别选择 C2:D2 和 C12:D12 单元格区域；❷ 单击【插入】选项卡中的【插入饼图或圆环图】下拉按钮 ◔·；❸ 在弹出的下拉菜单中选择【饼图】选项 ●，如下图所示。

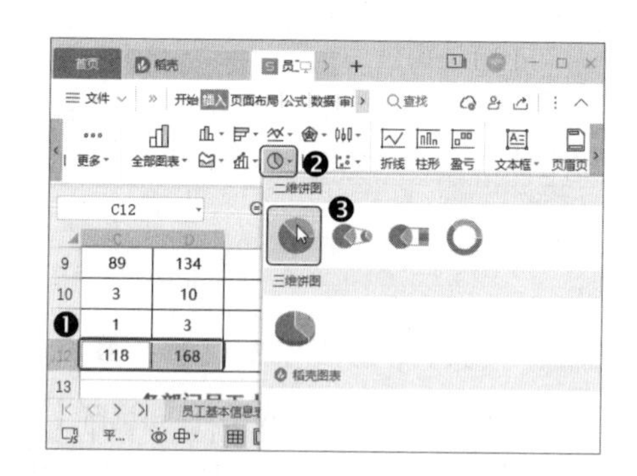

第10步 ❶ 选中饼图；❷ 在【图表工具】选项卡中选择一种内置样式，如【样式 3】，如下图所示。

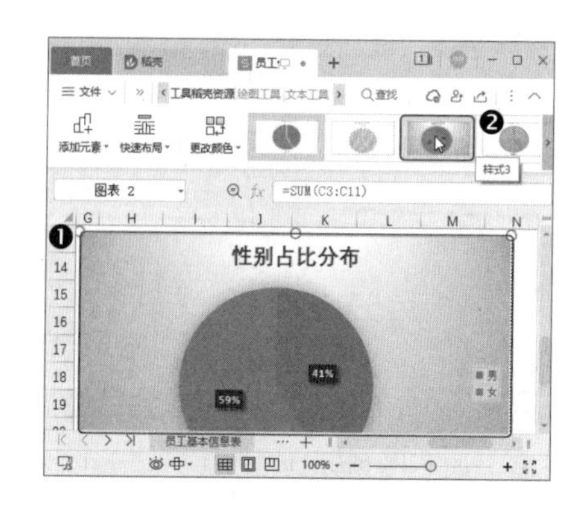

第11步 操作完成后即可看到员工性别占比分布，如下图所示。

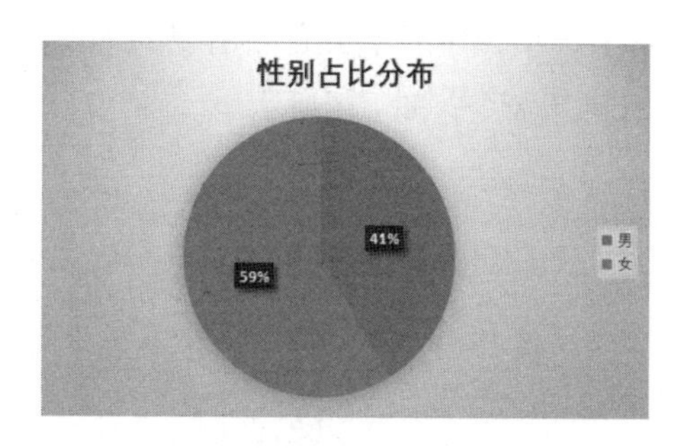

2. 多级联动图表

简单图表多用于分析单一因素的数据，如果需要分析多因素对在职员工人数的影响，如分析各部门员工的性别分布情况、学历分布情况、年龄分布情况，可以使用多级联动图表，操作方法如下。

第1步 打开“素材文件\第 10 章\员工信息表 1.xlsx”工作簿，❶ 在“员工基本信息表”工作表中选择任意数据单元格；❷ 单击【插入】选项卡中的【数据透视图】按钮，如下图所示。

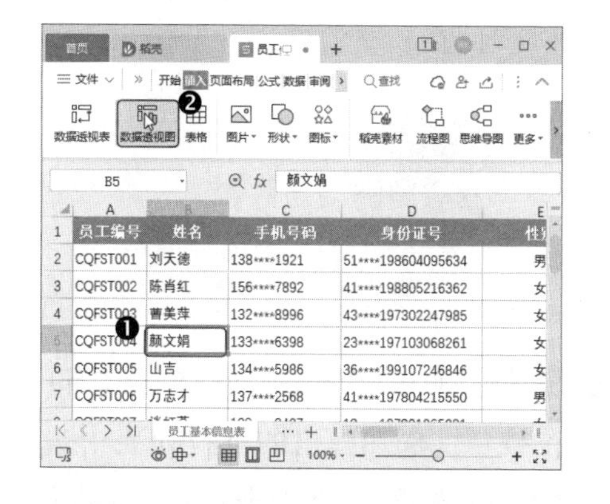

第2步 打开【创建数据透视图】对话框，保持默认设置，单击【确定】按钮，如下图所示。

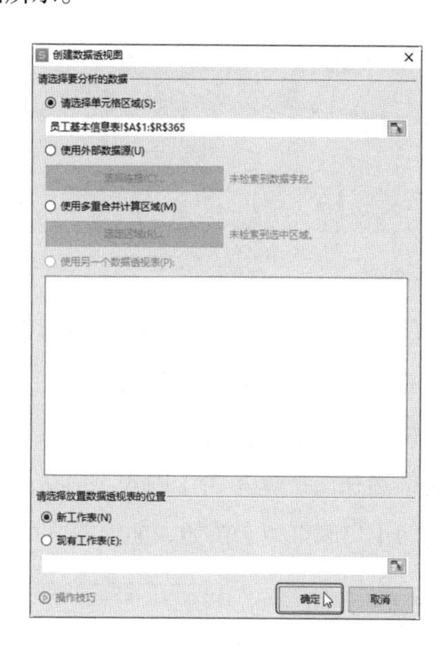

第3步 返回工作表，即可看到已经在新工作表中创建了一个空白的数据透视表和一个空白的数据透视图，如下图所示。

第4步 在数据透视图窗格中，将【是否在职】字段拖曳到【筛选器】列表框；将【部门】字段拖曳到【图例(系列)】列表框；将【性别】字段拖曳到【轴(类别)】列表框；将【员工编号】字段拖曳到【值】列表框，如下图所示。

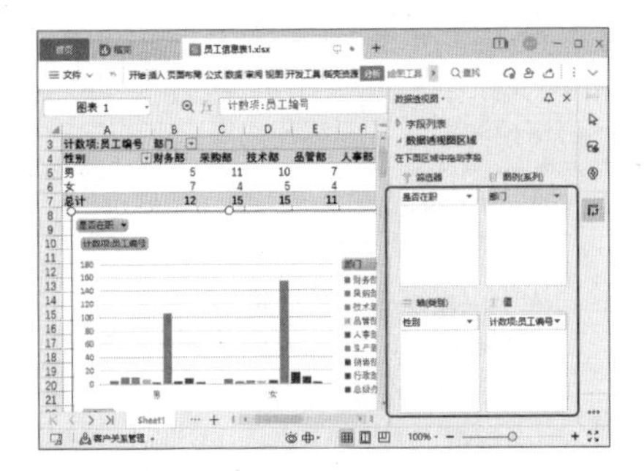

第5步 默认创建的数据透视图为条形图，并不能清晰地展示出需要的员工性别分布情况，所以需要更改图表类型。❶ 选中数据透视图；❷ 单击【图表工具】选项卡中的【更改类型】按钮，如下图所示。

第6步 打开【更改图表类型】对话框，❶ 在左侧选择【饼图】选项；❷ 在右侧选择【饼图】◔，然后单击下方的预设图表，如下图所示。

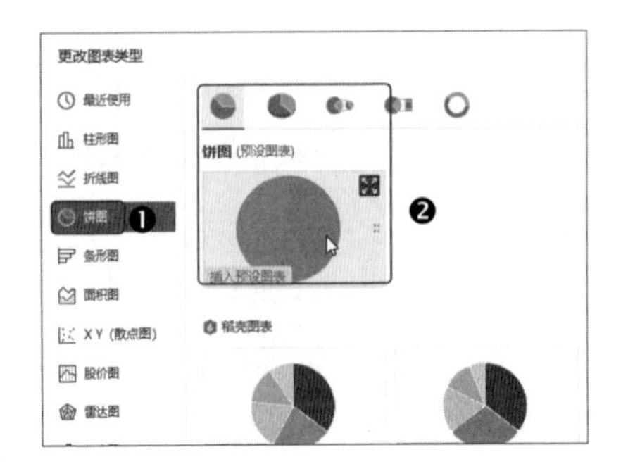

第7步 ❶ 单击图表中的【是否在职】下拉按钮；❷ 在弹出的下拉菜单中选择【是】选项，然后单击右侧出现的【仅筛选此项】命令，如下图所示。

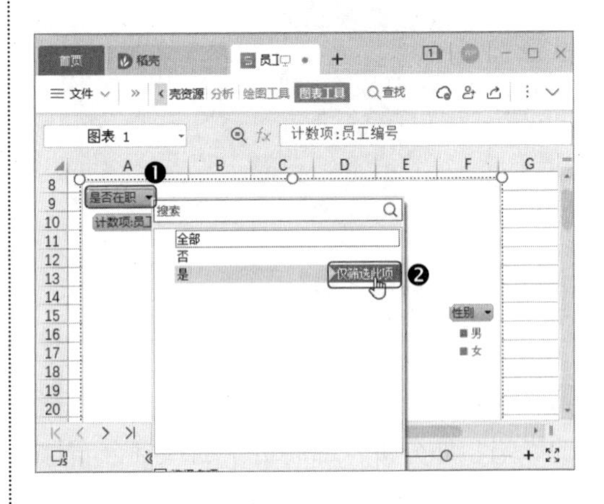

第8步 此时数据透视图和数据透视表同时更改为在职员工的性别分布情况，如下图所示。

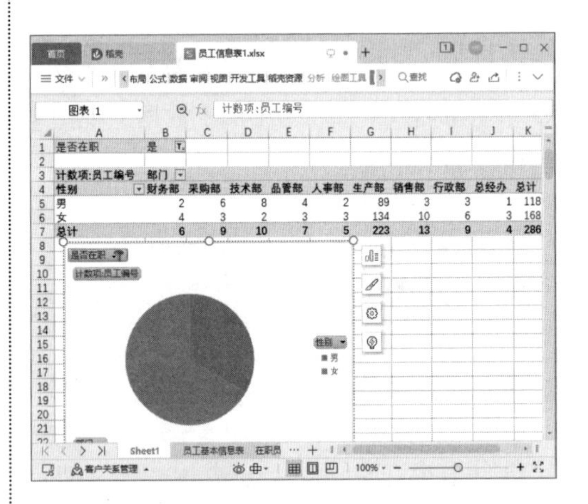

第9步 ❶ 在数据透视图中单击【部门】下拉按钮；❷ 在弹出的下拉列表中选择【财务部】选项，然后单击右侧出现的【仅筛选此项】命令，如下图所示。

第10步● 此时，数据透视图和数据透视表同时更改为财务部在职员工的性别分布情况，如下图所示。

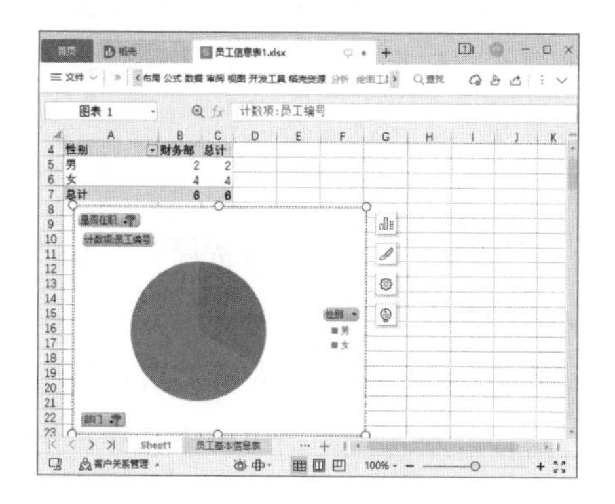

第11步● 为了更方便地筛选，还可以添加切片器。❶ 选中数据透视表的任意数据单元格；❷ 单击【分析】选项卡中的【插入切片器】按钮，如下图所示。

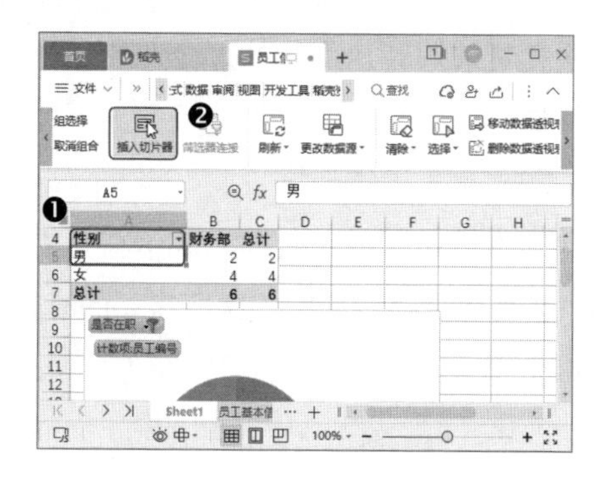

第12步● 打开【插入切片器】对话框，❶ 在列表框中勾选【部门】复选框；❷ 单击【确定】按钮，如下图所示。

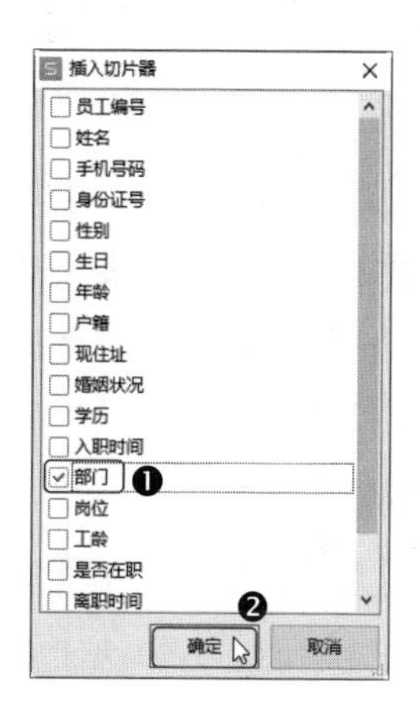

第13步● 返回工作表，在切片器中单击任意部门，即可筛选出该部门在职员工的性别分布情况，如下图所示。

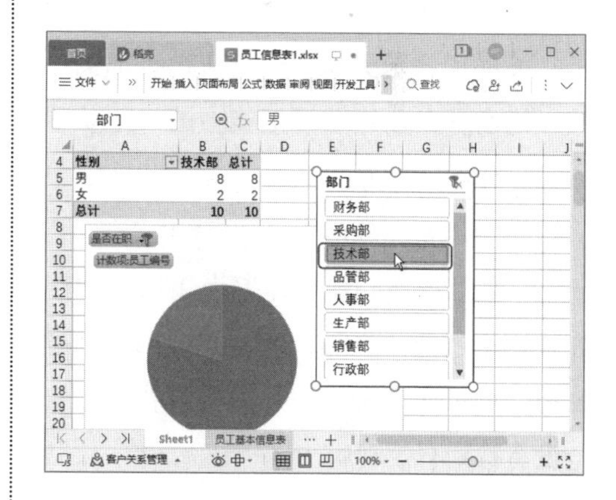

10.4 案例 4：财务比率分析

财务比率分析是对财务报表中的有关项目进行对比，从而得出一系列的财务比率。进行财务比率分析，可以了解企业的财务状况和经营中存在的问题。

10.4.1 案例目标

进行财务比率分析主要是查看变现能力比率、资产管理比率、负债比率和盈利能力比率 4 种指标项目。

1. 变现能力比率

变现能力是短期内偿债能力比率，是企业产生现金的能力，取决于短期内可以转换为现金的流动资产。反映变现能力的比率指标主要包括流动比率和速动比率两种。

（1）流动比率

流动比率是流动资产与流动负债的比值，是衡量企业短期偿债能力的一个重要指标。计算公式为：

流动比率＝流动资产 ÷ 流动负债。

一般情况下，流动比率为 2（即 2:1），如果比率过低，说明企业可能会出现债务问题；如果比率过高，则说明该企业的资金没有得到有效利用。

（2）速动比率

速动比率是扣除存货后的流动资产与流动负债的比值，它比流动比率更能表现企业的偿债能力。计算公式为：

速动比率＝（流动资产－存货）÷ 流动负债。

一般情况下，速动比率为 1（即 1:1），如果比率过低，说明该企业的偿债能力偏低；如果比率过高，则说明该企业的资金没有得到有效利用。

2. 资产管理比率

资产管理比率是用于衡量企业资产管理效率的指标，主要包括总资产周转率、流动资产周转率、存货周转率和应收账款周转率等。

（1）存货周转率

存货周转率又称为存货周转次数，是衡量和评价企业购入存货、投入生产及销售回收货款等各个环节管理状况的综合指标，可以反映企业的销售效率和存货使用效率。计算公式为：

存货周转率＝销售成本 ÷ 平均存货；

平均存货＝（期初存货余额＋期末存货余额）÷ 2。

一般情况下，企业存货周转率越高，说明存货的周转速度越快，企业的销售能力越强。

（2）存货周转天数

存货周转天数用时间来表示存货周转率，代表的是存货周转一次所需要的时间。计算公式为：

存货周转天数=360÷存货周转率=360×平均存货÷销售成本。

存货周转天数越短，说明存货周转的速度越快。

（3）应收账款周转率

应收账款周转率是年度内应收账款转换为现金的平均次数，可以反映企业应收账款的变现速度和管理效率。计算公式为：

应收账款周转率=销售收入÷平均应收账款；

平均应收账款=(期初应收账款净额+期末应收账款净额）÷2。

应收账款周转率越高，说明企业催收应收账款的速度越快；应收账款周转率过低，则说明企业催收应收账款的效率太低，会影响企业资金的利用率和现金的正常周转。

（4）应收账款周转天数

应收账款周转天数又称为平均收现期，是用时间表示的应收账款周转率，表示应收账款周转一次所需要的天数。计算公式为：

应收账款周转天数=360÷应收账款周转率=360×平均应收账款÷销售收入。

（5）营业周期

营业周期是从取得存货开始到销售存货并收回现金为止的时间段，其长短取决于存货周转天数和应收账款周转天数。计算公式为：

营业周期=存货周转天数+应收账款周转天数。

营业周期短，说明资金周转速度快；营业周期长，说明资金周转速度慢。

（6）流动资产周转率

流动资产周转率是企业销售收入与流动资产平均余额的比值，反映了企业在一个会计年度内流动资产周转的速度。计算公式为：

流动资产周转率=销售收入÷平均流动资产；

平均流动资产=(流动资产期初余额+流动资产期末余额）÷2。

流动资产周转率越高，说明企业流动资产的利用率越高，反之企业流动资产的利用率则越低。

（7）固定资产周转率

固定资产周转率是企业销售收入与固定资产平均净值的比值，主要用于分析厂房设备等固定资产的利用效率。计算公式为：

固定资产周转率=销售收入÷固定资产平均净值；

固定资产平均净值=(固定资产期初净值+固定资产期末净值)÷2。

（8）总资产周转率

总资产周转率是企业销售收入与平均资产总额的比值，反映了企业全部资产的使用效率，计算公式为：

总资产周转率=销售收入÷平均资产总额；

平均资产总额 =（期初资产总额 + 期末资产总额）÷2。

如果总资产周转率较低，说明企业利用其资产进行经营的效率较差，会降低企业的获利能力。

3. 负债比率

负债比率又称为长期偿债能力，比率是债务和全部资金来源的关系，反映了企业偿付到期长期债务的能力。负债比率指标主要包括资产负债率、产权比率、有形净值债务率和获取利息倍数等。

（1）资产负债率

资产负债率是企业负债总额与资产总额的比率，反映了企业偿还债务的综合能力。计算公式为：

资产负债率 = 负债总额 ÷ 资产总额。

资产负债率越高，说明企业的偿还能力越弱，反之则说明偿还能力越强。

（2）产权比率

产权比率又称为负债权益比率，是企业负债总额与股东权益总额的比率，反映了债权人提供资金与股东提供资金的对比关系。计算公式为：

产权比率 = 负债总额 ÷ 股东权益总额。

产权比率越低，说明企业的长期财务状况越好，债权人贷款的安全越有保障，企业的财务风险越小。

（3）有形净值债务率

有形净值债务率是产权比率的延伸概念，是企业负债总额与有形净值的比率。有形净值是股东权益减去无形资产后的净值，也就是股东具有所有权的有形资产的净值。计算公式为：

有形净值债务率 = 负债总额 ÷（股东权益 − 无形资产净值）。

有形净值债务率越低，说明企业的财务风险越小。

（4）获取利息倍数

获取利息倍数又称为利息保障倍数，是企业经营业务收益与利息费用的比率，用来衡量企业偿付借款利息的能力。计算公式为：

获取利息倍数 = 息税前利润 ÷ 利息费用。

一般情况下，企业的获取利息倍数至少要大于 1，否则将难以偿还债务及利息。

4. 盈利能力比率

盈利能力比率是企业赚取利润的能力，指标主要包括销售毛利率、销售净利率、资产报酬率和股东权益报酬率等。

（1）销售毛利率

销售毛利率又称为毛利率，是企业的销售毛利与销售收入净额的比率。计算公式为：

销售毛利率 = 销售毛利 ÷ 销售收入净额；

销售毛利 = 销售收入 − 销售成本。

销售毛利率越大，说明销售收入净额中销售成本所占的比重越小，企业通过销售获取利润的能力越强。

（2）销售净利率

销售净利率是企业的净利润与销售收入净额的比率，反映了企业赚取利润的能力。计算公式为：

销售净利率＝净利润 ÷ 销售收入净额。

（3）资产报酬率

资产报酬率又称为投资报酬率，是企业在一定时期内的净利润与平均资产总额的比率，反映了企业资产的利用效率。计算公式为：

资产报酬率＝净利润 ÷ 平均资产总额。

（4）股东权益报酬率

股东权益报酬率又称为净资产收益率，是一定时期内企业的净利润与股东权益平均总额的比率，反映了企业股东获取投资报酬的高低。计算公式为：

股东权益报酬率＝净利润 ÷ 股东权益平均总额；

股东权益平均总额＝(期初股东权益＋期末股东权益) ÷ 2。

股东权益报酬率越大，说明企业的获利能力越强，反之获利能力则越弱。

10.4.2 计算变现能力比率

计算变现能力比率指标的操作方法如下。

第1步 打开“素材文件 \ 第 10 章 \ 财务分析 .xlsx”工作簿，❶ 在“财务比率分析”工作表的 B2 单元格中输入“=”；❷ 单击“资产负债表”工作表标签，如下图所示。

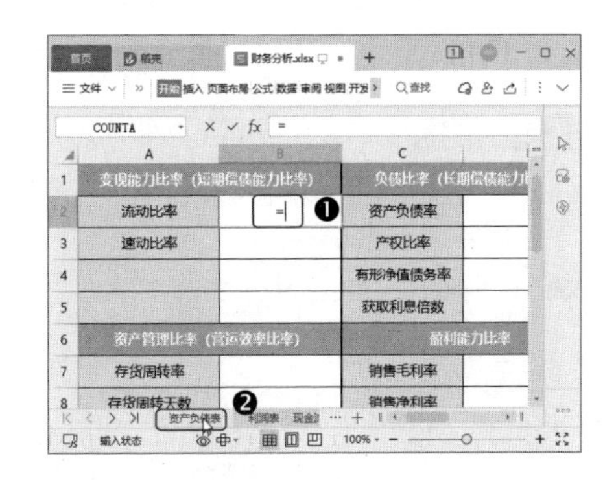

第2步 切换到资产负债表，选择 D9 单元格，如下图所示。

第3步 ❶ 在编辑栏中输入“/”；❷ 单击“资产负债表”工作表中的 H9 单元格，如下图所示。

第4步 按【Enter】键完成输入，返回“财务比率分析”工作表，即可计算出流动比

率，如下图所示。

变现能力比率（短期偿债能力比率）		负债比率（长期偿债能力比率）	
流动比率	1.67	资产负债率	
速动比率		产权比率	
		有形净值债务率	
		获取利息倍数	
资产管理比率（营运效率比率）		盈利能力比率	
存货周转率		销售毛利率	
存货周转天数		销售净利率	

第5步 在 B3 单元格中输入公式“=(资产负债表 !D9- 资产负债表 !D7)/ 资产负债表 !H9”，如下图所示。

负债及所有者权益	行次	期初数	期末数
流动负债:			
短期借款	12	¥500,000.00	¥500,000.00
应付账款	13	¥0.00	¥277,230.00
应付职工薪酬	14	¥50,710.00	¥66,130.64
应交税费	15	¥38,849.00	¥78,562.23
其他应付款	16	¥0.00	¥0.00
流动负债合计	17	¥589,559.00	¥921,922.87

第6步 按【Enter】键完成输入，即可计算出速动比率，如下图所示。

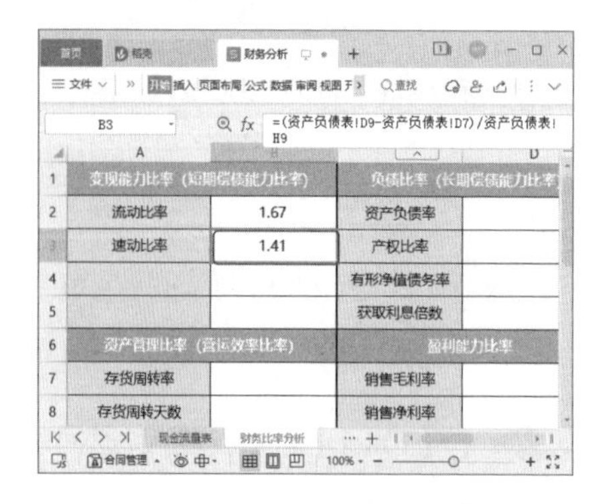

10.4.3 计算资产管理比率

计算资产管理比率指标需要使用利润表中的数据，如下图所示。

项 目	行次	本期数	本年累计数
一、主营业务收入	1	¥538,000.00	¥538,000.00
减：主营业务成本	2	¥433,000.00	¥433,000.00
营业税金及附加	3	¥0.00	¥0.00
二、主营业务利润	4	¥105,000.00	¥105,000.00
加：其他业务利润	5	¥0.00	¥0.00
减：销售费用	6	¥8,800.00	¥8,800.00
管理费用	7	¥82,697.08	¥82,697.08
财务费用	8	¥640.00	¥640.00
三、营业利润	9	¥12,862.92	¥12,862.92
加：投资收益	10	¥0.00	¥0.00
补贴收入	11	¥0.00	¥0.00
营业外收入	12	¥0.00	¥0.00
减：营业外支出	13	¥0.00	¥0.00
四、利润总额	14	¥12,862.92	¥12,862.92
减：所得税	15	¥6,223.23	¥6,223.23
五、净利润	16	¥6,639.69	¥6,639.69

其计算方法如下。

第1步 接上一例操作，选择“资产负债表”工作表，在 B7 单元格中输入公式“=利润表 !C3/((资产负债表 !C7+ 资产负债表 !D7)/2)”，如下图所示。

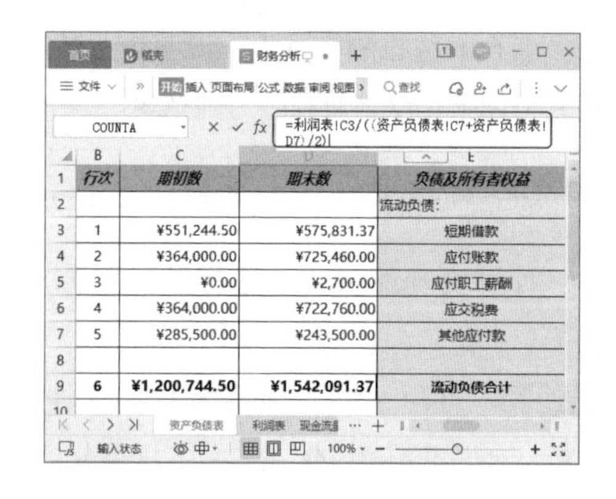

第2步 按【Enter】键完成输入，即可计算出存货周转率，如下图所示。

第3步 在 B8 单元格中输入公式"=360/B7"，如下图所示。

第4步 按【Enter】键完成输入，即可计算出存货周转天数，如下图所示。

第5步 在 B9 单元格中输入公式"=利润表!C2/((资产负债表!C6+资产负债表!D6)/2)"，如下图所示。

第6步 按【Enter】键完成输入，即可计算出应收账款周转率，如下图所示。

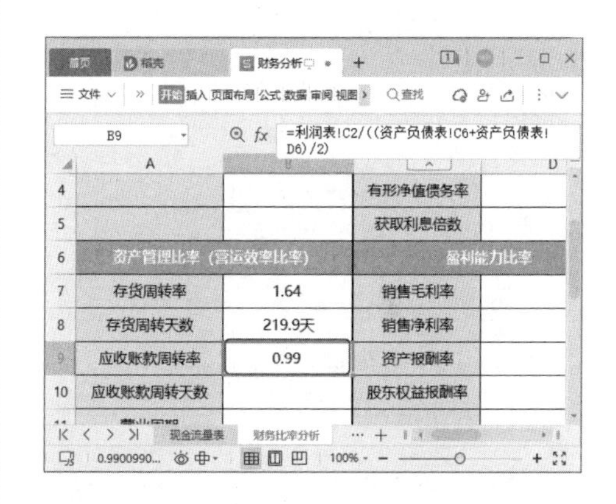

第7步 在 B10 单元格中输入公式"=360/B9"，如下图所示。

第8步 按【Enter】键完成输入，即可计算出应收账款周转天数，如下图所示。

第9步 在 B11 单元格中输入公式“=B8+B10”，如下图所示。

第10步 按【Enter】键完成输入，即可计算出营业周期，如下图所示。

第11步 在 B12 单元格中输入公式“=利润表!C2/((资产负债表!C9+资产负债表!D9)/2)”，如下图所示。

第12步 按【Enter】键完成输入，即可计算出流动资产周转率，如下图所示。

第13步 在 B13 单元格中输入公式“=利润表!C2/((资产负债表!C14+资产负债表!D14)/2)”，如下图所示。

第14步 按【Enter】键完成输入，即可计算出固定资产周转率，如下图所示。

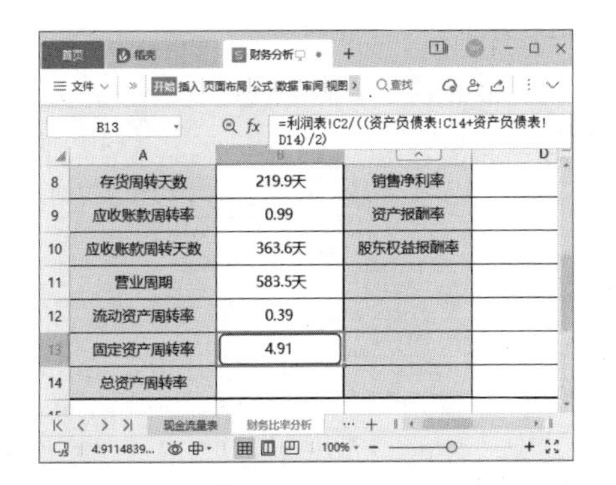

第15步 在 B14 单元格中输入公式 “= 利润表 !C2/((资产负债表 !C18+ 资产负债表 !D18)/2)”，如下图所示。

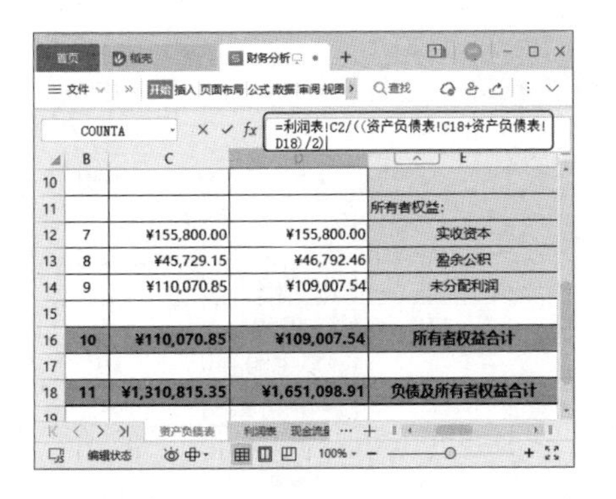

第16步 按【Enter】键完成输入，即可计算出总资产周转率，如下图所示。

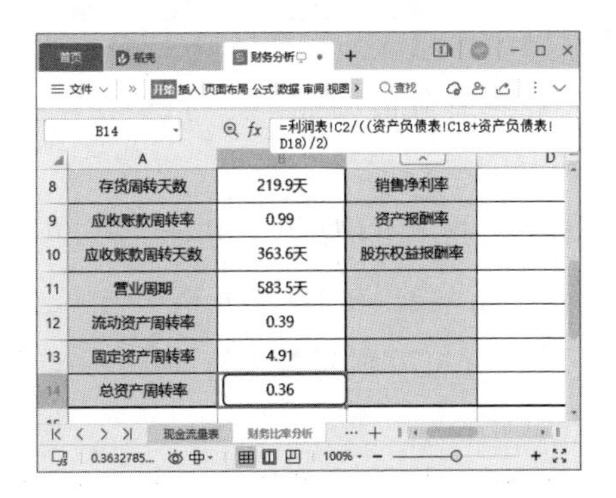

10.4.4 计算负债比率指标

计算负债比率指标的操作方法如下。

第1步 接上一例操作，在 D2 单元格中输入公式 “= 资产负债表 !H9/ 资产负债表 !D18”，如下图所示。

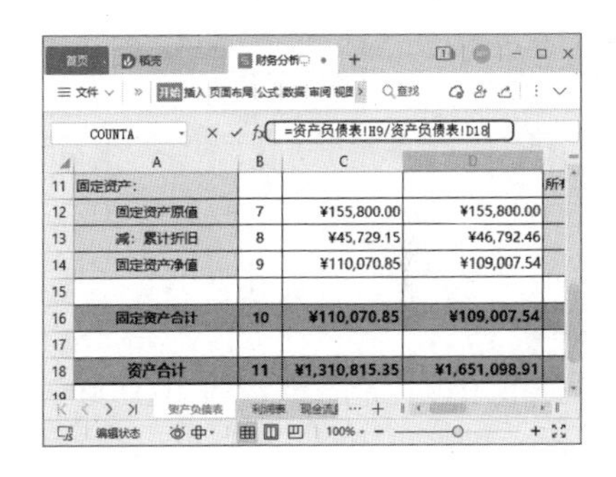

第2步 按【Enter】键完成输入，即可计算出资产负债率，如下图所示。

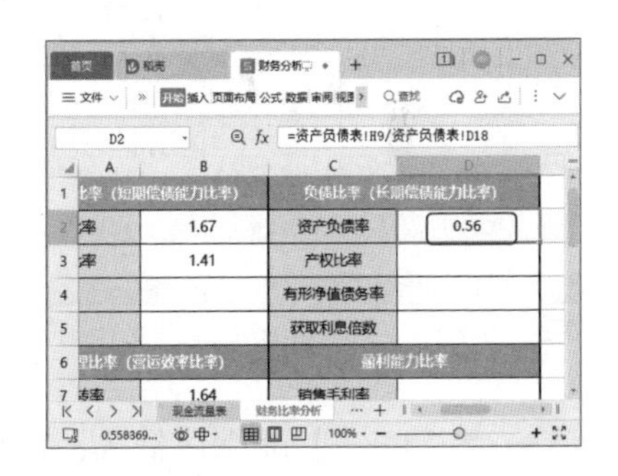

第3步 在 D3 单元格中输入公式 “= 资产负债表 !H9/ 资产负债表 !H16”，如下图所示。

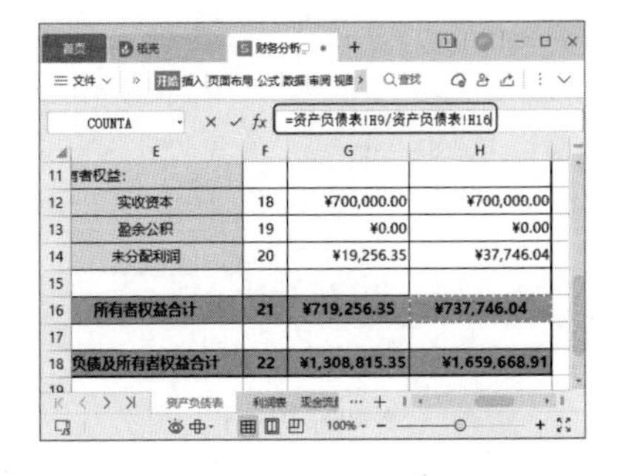

第4步 按【Enter】键完成输入，即可计算出产权比率，如下图所示。

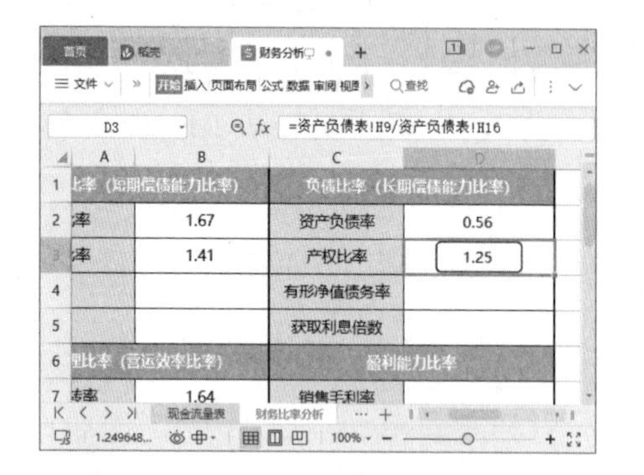

第5步 在 D4 单元格中输入公式“= 资产负债表 !H9/(资产负债表 !H16-0)”，如下图所示。

第6步 按【Enter】键完成输入，即可计算出有形净值债务率，如下图所示。

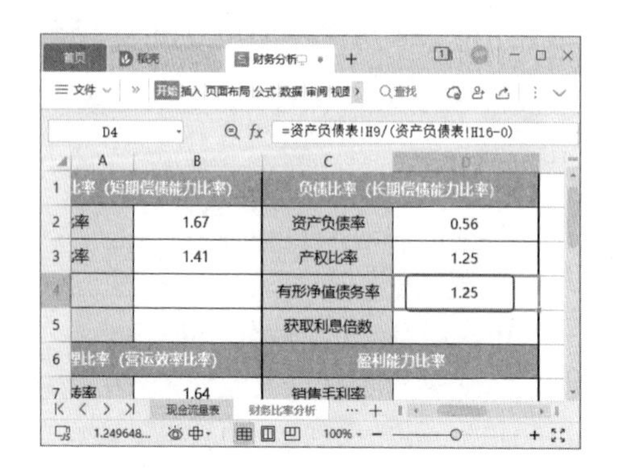

第7步 在 D5 单元格中输入公式“=(利润表 !D15+ 利润表 !D9)/ 利润表 !D9”，如下图所示。

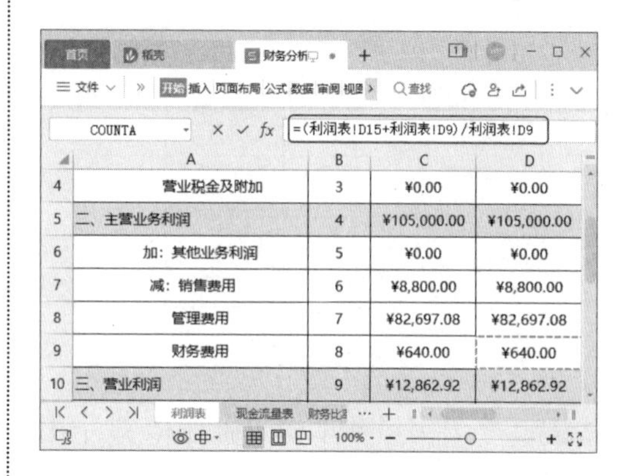

第8步 按【Enter】键完成输入，即可计算出获取利息倍数，如下图所示。

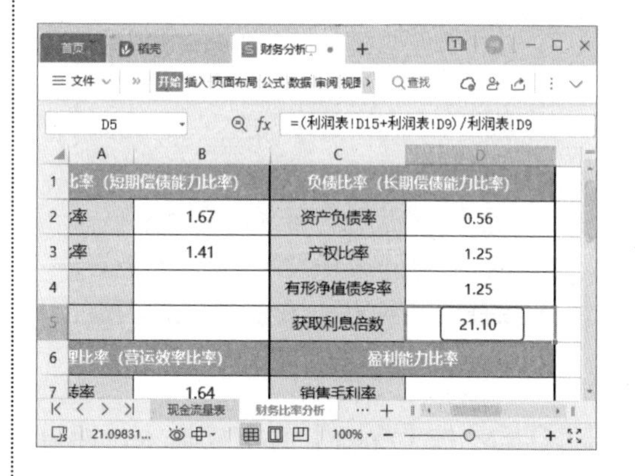

10.4.5 计算盈利能力比率指标

计算盈利能力比率指标的操作方法如下。

第1步 接上一例操作，选择“财务比率分析”工作表，在 D7 单元格中输入公式“=(利润表 !C2- 利润表 !C3)/ 利润表 !C2”，如下图所示。

第2步 按【Enter】键完成输入，即可计算出销售毛利率，如下图所示。

第3步 在 D8 单元格中输入公式“= 利润表 !C17/ 利润表 !C2”，如下图所示。

第4步 按【Enter】键完成输入，即可计算出销售净利率，如下图所示。

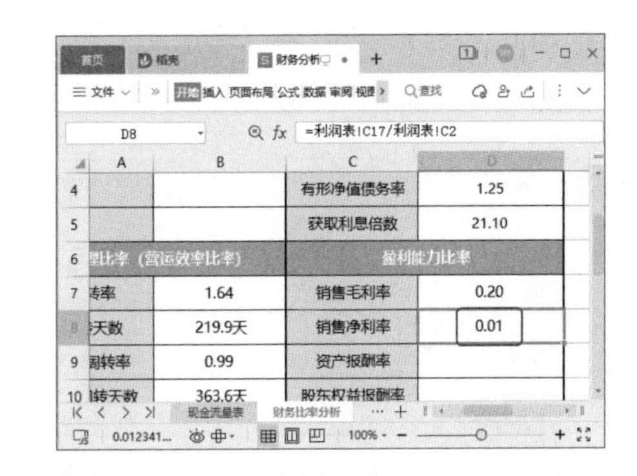

第5步 在 D9 单元格中输入公式“= 利润表 !C17/((资产负债表 !C18+ 资产负债表 !D18)/2)”，如下图所示。

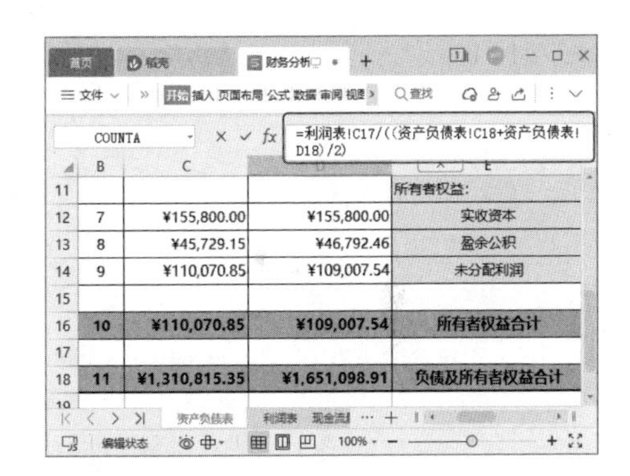

第6步 按【Enter】键完成输入，即可计算出资产报酬率，如下图所示。

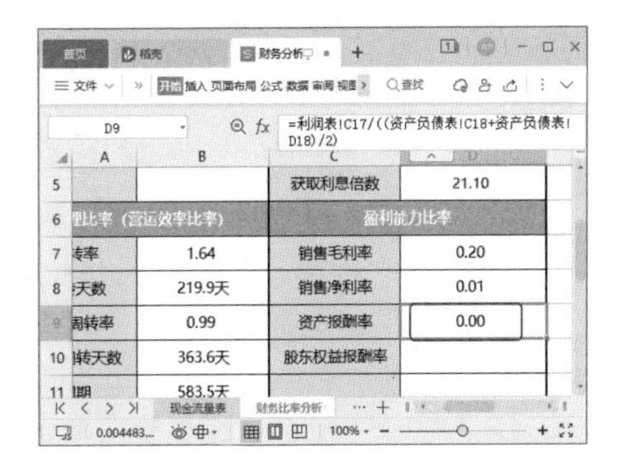

第7步 在 D10 单元格中输入公式“= 利润表 !C17/((资产负债表 !G16+ 资产负债表 !H16)/2)”，如下图所示。

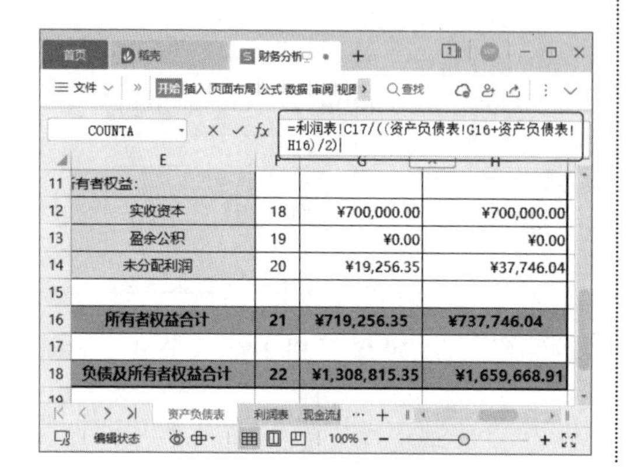

第8步 按【Enter】键完成输入，即可计算出股东权益报酬率，如下图所示。

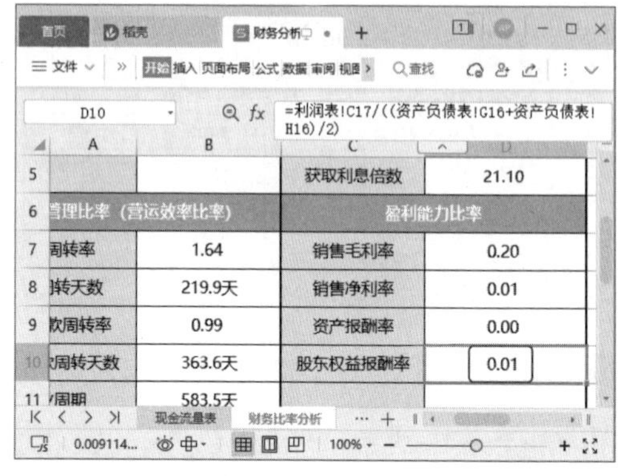